Vertriebscontrolling

Jörg B. Kühnapfel

Vertriebscontrolling

Methoden im praktischen Einsatz

 Springer Gabler

Jörg B. Kühnapfel
Wiesbaden, Deutschland

ISBN 978-3-658-01243-4   ISBN 978-3-658-01244-1 (eBook)
DOI 10.1007/978-3-658-01244-1

Die Deutsche Nationalbibliothek verzeichnet diese Publikation in der Deutschen Nationalbibliografie;
detaillierte bibliografische Daten sind im Internet über http://dnb.d-nb.de abrufbar.

Springer Gabler
© Springer Fachmedien Wiesbaden 2013

Gedruckt auf säurefreiem und chlorfrei gebleichtem Papier

Springer Gabler ist eine Marke von Springer DE. Springer DE ist Teil der Fachverlagsgruppe Springer
Science+Business Media.
www.springer-gabler.de

Inhaltsverzeichnis

Abkürzungsverzeichnis

ABC	Activity Based Costing
Abzgl.	Abzüglich
ACD	Automatic Call Distribution - automatische Anrufverteilung als Funktion einer Telefonanlage
AE	Auftragseingang
AktG	Aktiengesetz
BCG	Boston Consulting Group
BGB	Bürgerliches Gesetzbuch
BEP	Break-Even-Point
Bsp.	Beispiel
Bspw.	Beispielsweise
Btlg.	Beteiligung
b-to-b	Business to business
b-to-c	Business to consumer
BW	Barwert
Bzgl.	Bezüglich
Ca.	Zirka, ungefähr
CLV	Customer Lifetime Value
CpI	Cost per Interested Party
CpL	Cost per Lead
CpO	Cost per Order
CpP	Cost per Proposal
CpTP	Cost per Target Prospect
CRM	Customer Relationship Management (-System)
DBU	Deckungsbeitrag pro Umsatz
Engl.	Englisch
ERP	Enterprise Ressource Planning
EZB	Europäische Zentralbank
	Folgende
f.	
FdI	Fehlerkoeffizient der Interessentenqualifikation
ff.	Fortfolgend(e)
gew.	Gewichtet(e)
ggf.	Gegebenenfalls
GmbHG	GmbH-Gesetz
GuV	Gewinn- und Verlustrechnung

HGB	Handelsgesetzbuch
Ident.	Identifikation
Insb.	Insbesondere
IT	Informationstechnologie
ITK	Informations- und Kommunikationstechnologie
Kat.	Kategorie
Kaufw´keit	Kaufwahrscheinlichkeit
KCI	Knowledge of Customer Index
KDB	Kundendeckungsbeitrag
KEW	Kundenerfolgswert
KF	Korrekturfaktor
Kfz.	Kraftfahrzeug(e)
KMU	Kleine- und mittelständische Unternehmen
Korr.	Korrekturfaktor
KPI	Key Performance Indicator
Krit.	Kriterium
KW	Kapitalwert
LEH	Lebensmitteleinzelhandel
LiMa	Lichtmaschine
Max.	Maximum
MFI	Monetary Financial Institution
Min.	Minimum
Mio.	Millionen
MIS	Management Information System
Mon.	Monat(e)
MS	Microsoft
n.a.	Not applicable
NLP	Neurolinguistische Programmierung
NN	Nomen Nominandum
NPS	Net Promotor Score
o.ä.	Oder ähnlich
OEM	Original Equipment Manufacturer
p.a.	Per annum
PR	Public Relation

Qual.	Qualifikation	**V**´Kanal	Vertriebskanal
		Var.	Variabel bzw. variable
resp.	Respektive	VC	Vertriebscontrolling
RHB	Roh-, Hilfs- und Betriebsstoffe	VCL	Vertriebscontroller
		Vgl.	Vergleiche
S.	Seite	VIS	Vertriebsinformationssystem
Satell.	Satellit	VKF	Verkaufsfördermaßnahme(n)
sec.	Sekunde(n)	VP	Vertriebspartner
SEK	Sondereinzelkosten	vs.	Versus
SPSS	Softwareunternehmen SPSS Inc.	VUS	Vertriebsunterstützungssystem
SSS	Sales Support System		
SWOT	Strengths, Weaknesses, Opportunities, Threats	**W**	Wert
		W´keit	Wahrscheinlichkeit
Sz.	Szenario	WKZ	Werbekostenzuschuss
		Wo´Tag	Wochentag
tbd.	To be definied		
TQM	Total Quality Management	**z**.B.	Zum Beispiel
Tsd.	Tausend	ZG	Zielerreichungsgrad
u.a.	Unter anderem		
UWG	Gesetz gegen den unlauteren Wettbewerb		

Abbildungsverzeichnis

Tabellenverzeichnis

1 Wem nutzt dieses Buch?

Es gibt keine geregelte Ausbildung für Vertriebscontroller. Nicht als Lehrberuf, nicht an Hochschulen, nicht in Unternehmen. Vertriebscontroller sind per se fachfremd, haben ihr Rüstzeug bestenfalls als Verkäufer und Controller erlernt und müssen oder wollen sich nun dem Planen, Steuern, Koordinieren und Kontrollieren des Vertriebes widmen. Aber wie geht das? Wer benötigt welche Informationen, um seine Ziele zu erreichen? Welches Werkzeug ist erforderlich? Wie wird es eingesetzt?

Dieses Buch richtet sich an diejenigen, die

1. das Vertriebscontrolling erlernen oder

2. als Vertriebscontroller eine Aufgaben lösen wollen.

Es handelt sich um eine Beschreibung von Methoden, die ein Vertriebscontroller beherrschen muss, um seinen Beitrag zur Entwicklung des Unternehmens zu leisten. Der Anspruch ist, dass diese Methoden so beschrieben werden, dass sie im Arbeitsalltag eingesetzt werden können. Hierfür sind jedoch grundlegende Kenntnisse vorauszusetzen, und die schlechte Nachricht ist, dass ohne diese ein Vertriebscontroller seinen Job nicht annähernd sinnvoll erledigen kann:

1. Mathematisches Grundverständnis

2. Grundkenntnisse in Statistik

3. Betriebswirtschaftlicher Sachverstand (insb. Kostenrechnung)

4. Kenntnisse des Tabellenkalkulationsprogramms MS-Excel oder vergleichbarer Software

Dieses Buch eignet sich nicht dafür, etwas über am Markt erhältliche Vertriebsunterstützungs- und CRM-Software zu lernen. Diese Programme haben ihren Siegeszug schon längst angetreten und sie werden ihren Raum in diesem Buch bekommen. Aber sie haben – partiell – durch die Pseudointelligenz ihrer beeindruckend schicken Optik das Vertriebscontrolling als intellektuell anspruchsvolle unterstützende Funktion ersetzt: Unternehmens- und Vertriebsleiter verlassen sich in erschreckendem Maße auf die Outcomes solcher Programme. Das ist zuweilen akzeptabel und reicht oft aus, um den Anschluss am Markt nicht zu verlieren. Doch da diese Programme, die sich im Kern nicht voneinander unterscheiden, von allen Akteuren eingesetzt werden, bieten sie keine komparativen Vorteile. Ein intelligenter Vertriebscontroller jedoch ist in der Lage, über die Grenzen der Input-Output-Relationen und bunten Ergebnischarts hinaus zu blicken und mit einem Taschenrechner Hypothesen zu begründen, die den Handlungsraum für seine unternehmensinternen Kunden erweitern. Die Kombination aus beidem macht´s und dieses Buch hilft dem Menschen, sein spezifisches Wissen zu ergänzen.

Nicht fehlen darf hier die Klarstellung, wozu dieses Buch **nicht** dient: Es ist keinesfalls ein Handbuch für das Vertriebsmanagement, es ist kein „How-to-sell"-Ratgeber und schon gar kein Grundlagenwerk zum Controlling. Es ist eine Methodensammlung für ein eingegrenztes Gebiet in der Schnittmenge von Vertriebsführung, Verkauf und Controlling. Darum werden sich hier auch keine die Intelligenz der Leser beleidigende „Checklisten" finden, keine Pseudo-Fallstudien namhafter Unternehmen, die sich sowieso nicht auf den konkreten Einzelfall übertragen lassen und auch keine eingerahmten „Praxistipps". Was sich findet, ist eine Vielzahl von Hinweisen auf wissenschaftliche Literatur, vor allem auf Studien, welche die Wirkung von Methoden theoretisch und praktisch untersuchen. Diese Literatur ist wichtig, um sich nicht auf einen persönlichen Eindruck oder Vorlieben verlassen zu müssen und um sachlich begründet zu entscheiden, wie sinnvoll eine Methode ist. Allerdings ist diese Literatur überwiegend auf Englisch erschienen, liest sich sperrig und findet sich in akademischen Periodika, die nicht für jeden frei zugänglich sind. Auf den Homepages der Zeitschriften sind die Artikel in der Regel käuflich zu erwerben, zuweilen sind sie auch kostenlos über den Suchdienst „Google Scholar" zu bekommen.

2 Was ist Vertriebscontrolling?

2.1 Die Aufgabe des Vertriebscontrollings im Unternehmen

> Die Funktion des Vertriebscontrollings an der Schnittstelle zwischen Verkauf, Vertriebs-
> führung und Controlling ist die Planung, Steuerung, Koordination und Kontrolle aller
> vertrieblichen Prozesse und Institutionen.

„Es soll

1. Verkaufsprozesse berechenbar machen,

2. vertriebsinduzierte Transaktionskosten im Unternehmen senken und

3. Vertriebseffizienz steigern."[1]

Somit hat das Vertriebscontrolling eine Informationsversorgungs- und Unterstützungsfunktion und
zwar, dies sei hier ausdrücklich herausgestellt, in erster Linie für die Vertriebs- und Unternehmensführung und erst in zweiter Linie für das zentrale Controlling.

Kunden des Vertriebscontrollings sind ausschließlich unternehmensintern und hier im weiteren Sinne
alle betrieblichen Funktionalbereiche, die Daten aus dem Vertrieb für ihre eigene Wertschöpfung benötigen, so, wie z.B. die Beschaffung und die Produktion Daten über die voraussichtlichen
Abverkaufszahlen von Produkten benötigen, um eine Mengenplanung vornehmen zu können. Im engeren Sinne arbeitet das Vertriebscontrolling für die Vertriebs- und Unternehmensleitung sowie das
Controlling (und zwar in dieser Reihenfolge). Darum sollte Vertriebscontrolling organisatorisch Teil des
Vertriebs sein.

In der betrieblichen Praxis ist dies zumeist anders: Das Vertriebscontrolling findet sich überwiegend im
zentralen Controlling wieder, in dem – je nach Unternehmensgröße – eine mehr oder minder große
Anzahl von Controllern den ihnen zugeteilten betrieblichen Funktionalbereich „betreuen", so, wie eben
den Vertrieb auch.[2] Dass hierbei die Kontroll- vor der Unterstützungsfunktion steht, ist immanent.
Auch droht, dass das Vertriebscontrolling zu einer auftragsabarbeitenden Stelle reduziert wird, anstatt
eine treibende, investigative und initiierende Rolle zu übernehmen. Der Netto-Wertschöpfungsbeitrag,
also die Wertschöpfung abzüglich der dafür entstehenden Kosten, bleibt dann auf die Messung von
Vorgängen und Ergebnissen begrenzt. Tatsächlich aber kann das Vertriebscontrolling mehr leisten,
um die drei eingangs aufgeführten Ziele des Vertriebscontrollings zu erreichen. Die zentralen Aufgaben sind in Tabelle 1 aufgeführt.[3]

---

[1] Kühnapfel, 2013

[2] Vgl. die eindeutigen Ergebnisse einer Studie, nach der nur in knapp 2% von über 2.400 ausgewerteten Stellenanzeigen der gesuchte Vertriebscontroller explizit der Organisationseinheit Vertrieb zugewiesen wurde.
Kühnapfel, 2013.

[3] Angelehnt an: Ehrmann & Kühnapfel, 2013 und Kühnapfel, 2013. Vgl. hierzu auch die Darstellungen der Aufgaben des Vertriebscontrollings in Pufahl, 2010, als Überblick Mantrala, 2010 und Krügerke & Linnenlücke, 2009,
S. 6.

Schwerpunkt	Teilaufgabe
Optimierung der Vertriebs-ausrichtung	Markt- und Segmentrentabilitätsanalyse
	Wettbewerbsanalyse
	Benchmarkanalysen
Verkaufserfolgsoptimierung	Kundenwertanalyse
	Angebots- und Preiskalkulation
	Produktrentabilitätsrechnung
Organisationsoptimierung	Optimierung von Vertriebseffizienz und –effektivität
	Vertriebsprozess- und Kostenoptimierung
	Vertriebssteuerungs- und -anreizsysteme

Tabelle 1: Aufgaben des Vertriebscontrollings

Bezeichnend ist, dass das Vertriebscontrolling erst durch die Unvollkommenheit von Organisationen wichtig wird. Würden Unternehmen perfekt funktionieren, wären die Aufgaben des Vertriebscontrollings auf Effizienzvergleiche reduziert. Ob ein Kunde, ein Vertriebskanal, eine Vermarktungsaktion oder ein Rabatt sich lohnen, wäre mit Hilfe einfacher rechnerischer Vergleiche zu ermitteln. Erst personeninduzierte, intraorganisationale und umweltbedingte Informationsasymmetrien bringen ein spekulatives Moment in die Kalkulation, das sich zunächst in unvollkommenen Inputdaten bemerkbar macht (vgl. auch Abbildung 6).

Während nun die umweltbedingten Informationsasymmetrien fremdverschuldet sind oder doch zumindest eine in Kauf genommene Folge einer strategischen Markteintrittsentscheidung ist, entstehen personeninduzierte und organisationale Informationsasymmetrien nicht automatisch. Erst

- die Verteilung von Entscheidungsbefugnissen,

- die Erteilung von Handlungsaufträgen,

- die Notwendigkeit von Motivation und Kontrolle,

- eine nicht korrelierende Verteilung von Verantwortung und Risiko,

- eine unterstellte eingeschränkte Rationalität,

- vermuteter Opportunismus und individuelles Gewinnmaximierungsstreben

- sowie die Ausbildung spezifischen Wissens

lassen Transaktionskosten entstehen.[4]

Durch die von Nobelpreisträger Ronald Coase beschriebene Zwangsläufigkeit, mit der es Organisationen in ihrem Wachstumsprozess immer schwerer gelingt, ihre Ricardianischen und Schumpeterschen Renten zu optimieren,[5] erscheint es zunächst selbstverständlich, dass es für die Zwecke des Abbaus der Informationsasymmetrien im Vertrieb einer Instanz bedarf, die sich als Informationsvermittler zwischen dem Verkäufer und dem Manager positioniert. Für diese sehr spezifische

---

[4] Aus der Prinzipal-Agent-Theorie sind Hidden Actions, Hidden Characteristics und Hidden Information als Ursachen solcher Asymmetrien und damit verbundener Transaktionskosten bekannt. Vgl. ausführlich Jost, 2001 und Fabel, et al., 2001.

[5] Coase, 1937

Aufgabe ist ab einer bestimmten Organisationsgröße bzw. Aufgabenmenge ein Spezialist erforderlich, der sich im Vertrieb und im Controlling gleichermaßen auskennt. Der Netto-Wertschöpfungsbeitrag und somit der Nutzen des Vertriebscontrollings für das Unternehmen ließe sich nun durch eine direkte Operationalisierung der Transaktionskosten mit einem Vorher-/Nachher-Vergleich errechnen, indem von den Opportunitätskosten der Beschaffung der für die Steuerung des Vertriebs erforderlichen Informationen, die gleichsam den Gewinn des Vertriebscontrollings repräsentieren, die Direktkosten des Vertriebscontrollings, die im Wesentlichen aus den Personalkosten bestehen werden, abgezogen werden.[6]

Erstaunlich ist nun, dass die betriebliche Praxis ein anderes Bild zeichnet. Eine Auswertung von 2.416 Online-Stellenanzeigen für Vertriebscontroller aus den Jahren 2006 bis 2012[7] macht deutlich, dass die meisten Unternehmen als Vertriebscontroller klassische Controller suchen, die sich dem Vertrieb widmen, so, wie sie sich auch jedem anderen Funktionsbereich widmen könnten. Vertriebs- oder Verkaufsspezifisches lassen die in den Anzeigen formulierten Anforderungen, wie Abbildung 1 zeigt, kaum erkennen.

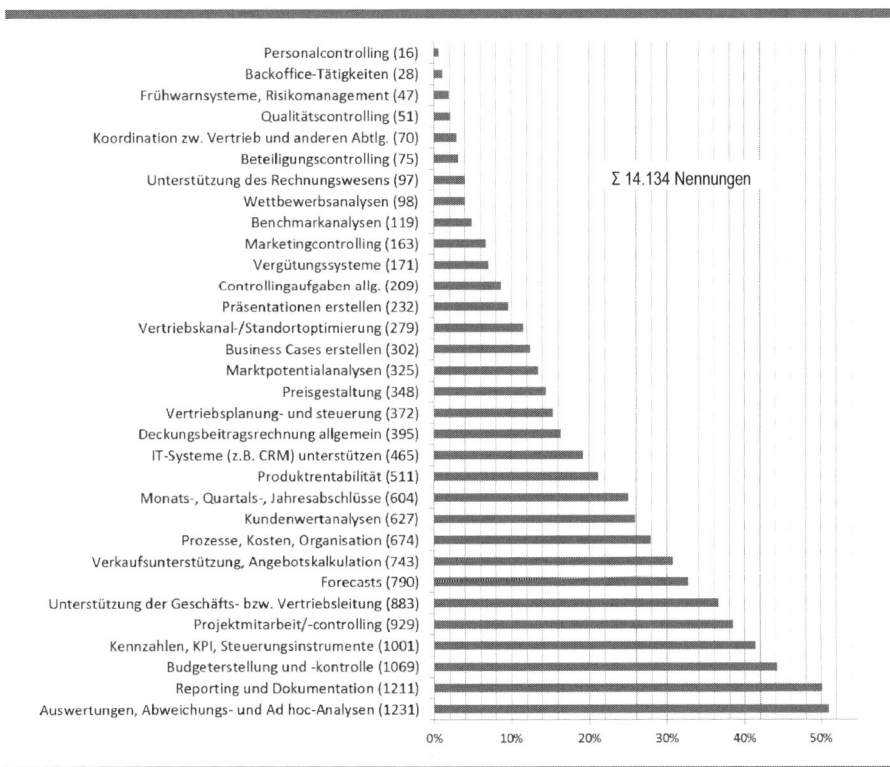

Abbildung 1: Nennung von Aufgaben des Vertriebscontrollings in Online-Stellenanzeigen

---

[6] Albach, 1988 und Windsperger, 2001. Für eine ausführliche Darstellung dieser Aspekte siehe Ehrmann & Kühnapfel, Dezember 2011, und Ehrmann & Kühnapfel, 2013.

[7] Kühnapfel, 2013

2.2 Das Anforderungsprofil eines Vertriebscontrollers

Grundsätzlich gilt: Vertriebscontrolling ist eine Rolle. In kleineren Unternehmen oder in der Frühphase der Entwicklung eines Vertriebs wird der Vertriebsleiter, zuweilen der Unternehmensführer oder der Unternehmenscontroller, diese Rolle ausfüllen. Später, wenn der Vertrieb als Organisationseinheit wächst, lohnt sich die Einstellung eines Spezialisten. Auch in diesem Buch wird Vertriebscontrolling zunächst als Rolle verstanden. Wenn also nachfolgend eine Aufgabe „dem Vertriebscontrolling" zugeschrieben wird, ist grundsätzlich keine bestimmte Person oder Stelle gemeint. So ist z.B. je nach Organisationsform möglich, die Verantwortung für die Produktrentabilitätsrechnung entweder dem Produktmanager im Marketing oder aber dem Vertriebscontroller zu übertragen. Beides ist praktikabel, sofern beide Personen die erforderlichen Fähigkeiten besitzen.

Allen, die sich mit Vertriebscontrolling beschäftigen, wird ein taugliches Fundament an spezifischem Wissen, und das ist vor allem Methodenwissen, helfen, über das trügerische Bauchgefühl hinaus Entscheidungen substanziell zu begründen und Unsicherheiten zu reduzieren.

> Grundsätzlich liegt der Netto-Wertschöpfungsbeitrag des Vertriebscontrollings darin, durch die Reduktion von Unsicherheit die innerbetrieblichen Transaktionskosten zu reduzieren.

Der Mechanismus ist einfach: Je präziser alle Organisationseinheiten in einem Unternehmen über gegenwärtige und vor allem zukünftige Ergebnisse des Vertriebs Bescheid wissen, desto geringer fallen deren geplante Risikopuffer aus. Je genauer z.B. die Verkaufsmenge für den nächsten Monat geplant werden kann, desto geringer sind die Kosten für Übermengen im Lager, die Kosten für zu beschaffende Vorprodukte oder das Cash-Management.

Somit, wenn auch mit Augenzwinkern, hat Vertriebscontrolling viel mit Quantenphysik zu tun: In beiden Fällen geht es um die Abbildung von Realität, um die Abschätzung von zukünftigen Ereignissen, deren Einflussfaktoren entweder unbekannt oder in ihren Auswirkungen nicht abschätzbar sind. Beide arbeiten mit einem Konglomerat von Theorien und Axiomen, von denen keines das Erkenntnisobjekt, sei es das Universum oder der Vertrieb, in Gänze beschreiben kann, sondern immer nur als Ausschnitt. Wechselwirkungen bleiben rätselhaft. Doch in Bereichen, in denen die Theorien und die Axiome das jeweils gleiche Phänomen beschreiben, müssen sie auch zu gleichen Aussagen führen. Für dieses Konglomerat hat die Quantenphysik den Begriff „M-Theorie" gefunden, im Vertriebscontrolling fehlt bislang das Verständnis dafür und – es sei an dieser Stelle wiederholt – noch so ausgefuchste Software wird nicht helfen, ein Gesamtbild der Wirkung des Vertriebes zu zeichnen.

Ein Vertriebscontroller im engeren Sinne, so, wie er hier verstanden wird, ist eine Person, die versucht, die Wirkung des Verkaufs zu beschreiben und so zu übersetzen, dass sie zu Planungsgrößen für seine innerbetrieblichen Kunden werden. Immer wieder wird dabei auf „effektive Theorien", Heuristiken und Annahmen zurückzugreifen sein, doch nur, wenn diese fachgerecht in Modelle eingebunden sind, werden die Berechnungen des Vertriebscontrollers die erforderliche Qualität haben.

Aus diesen Überlegungen folgt ein abstraktes Anforderungsprofil für einen Vertriebscontroller. Es lassen sich zunächst drei Grundprinzipien unterstellen, nach denen er agiert:

1. **Abstraktion**: Verallgemeinerung von Erkenntnissen, die sich als geeignet heraus gestellt haben, Zusammenhänge allgemeingültig zu erklären.

2. **Fragmentierung**: Zerlegung von Wirkzusammenhängen in Einzelrelationen („Tue ich dies, bewirkt das jenes") , die sich beschreiben und bewerten lassen.

3. **Objektivierung**: Translation von „empfundenen" oder „vermuteten" Wirkzusammenhängen oder Zuständen in messbare Relationen.[8]

Nun kristallisiert sich auch heraus, welche Fähigkeiten ein Vertriebscontroller mitbringen muss, nämlich

- analytisches Verständnis,

- Methodenwissen und

- Kreativität, ohne die Abstraktion nicht möglich ist.

Der Schwerpunkt liegt dabei auf dem Methodenwissen. Dies unterscheidet den Vertriebscontroller von anderen Mitarbeitern des Vertriebs. Wenn deren für den Vertrieb erforderliche Fähigkeiten in die drei Bereiche Produktwissen, Methodenwissen und empathisches Wissen zusammengefasst werden, zeigt sich, dass hier Menschen miteinander arbeiten, die über ganz unterschiedliche Fähigkeitenprofile verfügen – eine Quelle von Missverständnissen.[9] Abbildung 2 zeigt dies auf.[10]

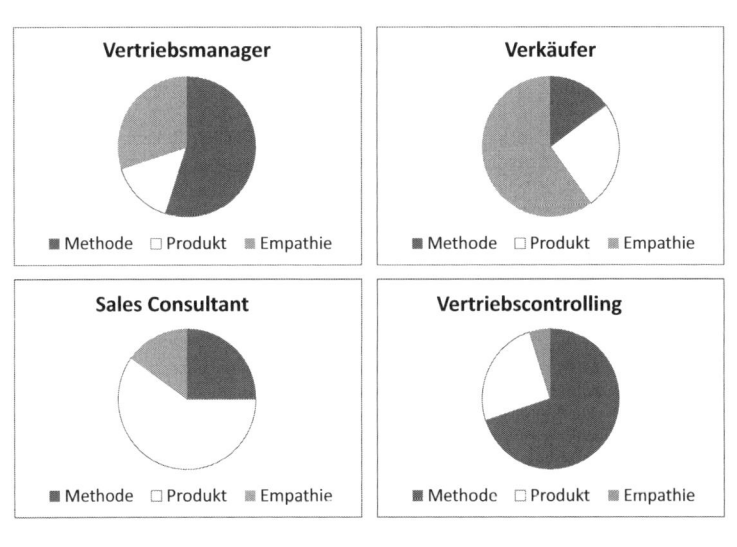

Abbildung 2: Schwerpunkte spezifischen Wissens verschiedener Rollen im Vertrieb

---

[8] Vgl. zu diesem Punkt auch den Beitrag von Linnenlücke, 2009.

[9] Ausführlich: Ehrmann & Kühnapfel, Dezember 2011 und Kühnapfel, 2013

[10] Die Größe der jeweils drei Segmente in den vier Grafiken ist exemplarisch und dient der Illustration. Ehrmann & Kühnapfel, 2013.

Mit seinem Set an Fähigkeiten, über das ein durchschnittlicher Vertriebscontroller verfügt, muss er nun fünf Milieuprobleme des Vertriebscontrollings lösen:

1. **Unklare Determinanten**: Welche Kenngrößen beeinflussen ein gesuchtes Ergebnis? In der Werbewirkungslehre, um nur ein Beispiel zu nennen, ist dieses Problem allgegenwärtig und wird über empirische Tests und anschließende Korrelationsanalysen mittels Näherungen gelöst. So auch hier: Ist es der Preis, der die Auftragsvergabe bestimmt, die Produktgestaltung, das Auftreten des Verkäufers oder das nicht beeinflussbare Verhalten des Wettbewerbs?

2. **Unklare Ausgangskonstellation**: Um die Abschlusswahrscheinlichkeit eines Verkaufsprojektes zu bestimmen oder zumindest einzugrenzen, müssen grundsätzliche Parameter zu Beginn der Analyse bekannt sein. Hat z.B. der Kunde bzw. der Repräsentant des Kunden, der mit dem Verkäufer über den Preis verhandelt, überhaupt Entscheidungsbefugnis oder nur den Auftrag, Grenzen auszuloten, bevor ein Berechtigter vorliegende Angebote prüft und schließlich entscheidet? Welchen Wertschöpfungsbeitrag leistet das angebotene Produkt für den Kunden? Welche Vorerfahrungen hat er?

3. **Unklare Informationsbedarfe**: Interne Kunden, also

   a. die Verkäufer,

   b. die Unternehmens- und Vertriebsführung sowie

   c. andere betriebliche Funktionalbereiche

   fragen Informationen nach, doch ist nicht klar, ob diese angeforderten Informationen auch deren Fragen beantwortet. So ist die Frage nach dem effizientesten Vertriebskanal scheinbar eindeutig und mit einer einfachen Deckungsbeitragsrechnung zu beantworten, inkludiert aber nicht die Frage nach den Grenzen des Wachstums eines Kanals, also einer möglichen Limitierung der Marktanteilsausweitung.

4. **Subjektivität**: Der Vertriebscontroller ist auf Inputdaten angewiesen. Diese erhält er entweder mathematisch korrekt und nicht manipulierbar z.B. aus Kassensystemen oder der Buchhaltung, oder von Menschen und hier vor allem von Verkäufern. Diese werden die weitergegebenen Informationen jedoch bewusst oder unbewusst filtern, entsprechend ihren persönlichen Zielen „veredeln" oder einem Wunschszenario anpassen. So schätzen Verkäufer, um ein in der Praxis sattsam bekanntes Beispiel zu nennen, Abschlusswahrscheinlichkeiten, die elementar wichtig für Forecasts sind, stark unterschiedlich ein, auch dann, wenn für bestimmte Zwischenschritte Prozentsatzkorridore vorgegeben werden.

5. **Begriffe**: Die Sprache des Verkaufs ist qualitativ. Die aussagebestimmenden Adjektive sind reichhaltig und zuweilen blumig. Die Kernkompetenz des Verkaufs, das empathische Wissen (siehe Abbildung 2), hört nicht an der Bürotür auf, sondern sorgt auch im Dialog zwischen Verkäufer und Vertriebscontroller für Missverständnisse. So liegt es in der Verantwortung des Vertriebscontrollers, klare Begrifflichkeiten zu etablieren und Missverständliches zu hinterfragen.

In der bereits erwähnten Auswertung von 2.416 Stellenanzeigen wurden auch die geforderten Fähigkeiten betrachtet.[11] Abbildung 3 zeigt, dass neben einem kaufmännischen Studium Computer- und Englischkenntnisse gefragt sind. Aber Erfahrungen im Vertrieb oder zumindest im Marketing? Nein, diese werden nur selten gefordert und das erstaunt doch sehr. Erklären lässt sich das nur mit einem immer noch typischen Verständnis von Vertriebscontrolling: Controlling, das sich dem Vertrieb widmet, unabhängig vom Sachverstand der Materie.

---

[11] Kühnapfel, 2013

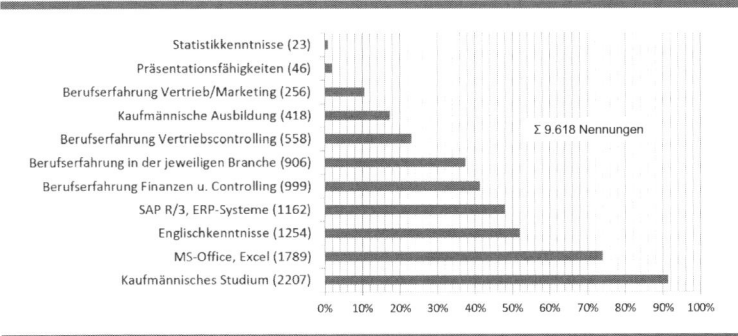

Abbildung 3: Von Vertriebscontrollern in Online-Stellenanzeigen geforderte
"Hard Skills"

Offensichtlich zu kurz kommen bei der Beschreibung des erforderlichen Kompetenzprofils des Vertriebscontrollers dessen **Soft Skills**. Wenn seine Fähigkeit, verlässliche Inputdaten des Vertriebs zu erhalten, so wichtig für die Qualität des vom Vertriebscontrolling produzierten Outputs und somit für das Unternehmen ist, dann benötigt ein Vertriebscontroller auch die Kompetenz, Verkäufer zu motivieren, korrekte Daten zu liefern, und zwar auch dann, wenn der Verkäufer selbst keinen Eigennutzen darin erkennen kann oder gar jene Daten liefern soll, mit denen er selbst kontrolliert werden kann. Die Informationshoheit des Verkäufers ergibt sich aus dem exklusiven Zugang zu Primärinformationen über die Kundenkontaktsituation, die dieser gleichzeitig gestaltet und bewertet. Aufgabe des Vertriebscontrollers ist nun, zumindest an der Bewertung der Situation mitzuwirken, was aber nur gelingt, wenn der Verkäufer bestenfalls freiwillig, schlechtesten Falls per Direktive, Informationen über den Verlauf des Kontakts liefert. Doch kann das ein Vertriebscontroller, wenn er im Sinne der Abbildung 2 ein aufgabenadäquates, also von Methodenwissen dominiertes Kompetenzprofil besitzt?

Den bisher gewonnenen Eindruck vervollständigt der Blick auf die „sonstigen Fähigkeiten" (Abbildung 4, gleiche Untersuchung). Die oben herausgearbeiteten Besonderheiten in der Zusammenarbeit mit empathieorientierten Verkäufern werden im Suchprofil ignoriert. Lediglich die universellen und nach einem Textbaustein klingenden Anforderungen „Teamorientierung" bzw. „Kommunikative Fähigkeiten" erinnern daran, dass der Vertriebscontroller nicht alleine im Felde steht. Doch ist mit „Team" fast immer die Gruppe der Controller gemeint. Dass der Vertriebscontroller und die Verkäufer ebenfalls ein aufgabenorientiertes Team bilden, das für den monetären Vertriebserfolg des Vertriebs und den Netto-Wertschöpfungsbeitrag des Vertriebscontrollers eine ungleich größere Rolle spielt, scheint ohne Belang zu sein.

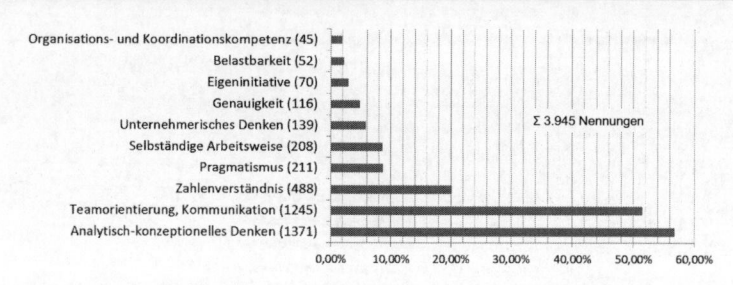

Abbildung 4: Von Vertriebscontrollern in Online-Stellenanzeigen geforderte „sonstige" Fähigkeiten

2.3 Die Entwicklung des Vertriebscontrollings im Unternehmen

Entsprechend der Unternehmensgröße und des Entwicklungsstadiums eines Unternehmens ist auch das Vertriebscontrolling organisiert. Ein gutes Verständnis hierfür ergibt sich, wenn die Entstehungsgeschichte des Vertriebscontrollings anhand der fiktiven Entwicklung eines Unternehmens bzw. dessen Vertriebs erläutert wird.

Diese vollzieht sich in vier Phasen, die in Abbildung 5 dargestellt sind.[12] Um die Aufgaben des Vertriebscontrollings in den unterschiedlichen Entwicklungsphasen zu beschreiben, ist es sinnvoll, sich noch einmal die Aufgaben vor Augen zu führen, die bereits beschrieben wurden: Das Vertriebscontrolling soll Verkaufsprozesse berechenbar machen, vertriebsinduzierte Transaktionskosten senken und die Vertriebseffizienz steigern. Dies sind die Referenzziele.

---

[12] Die Logik der vier Entwicklungsphasen ist beschrieben in Ehrmann & Kühnapfel, 2013.

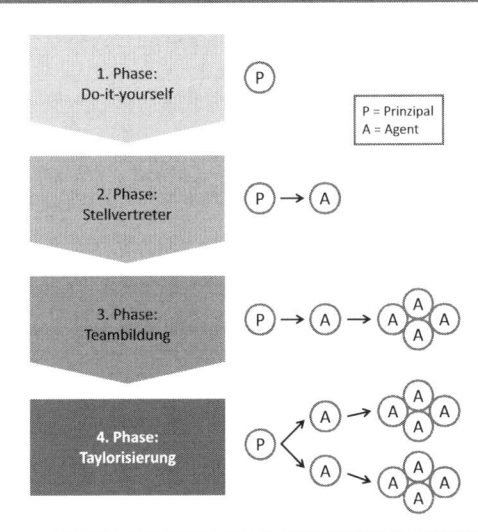

Abbildung 5: Entwicklungsphasen von Vertriebsorganisationen in Unternehmen

Do-it-yourself-Phase

Der Unternehmer ist zugleich der Verkäufer. In diesem Einmannmodell fallen keinerlei Transaktionskosten an, sofern der Unternehmer bei klarem Verstand ist und planvoll handelt. Er gestaltet die Kundenkontaktsituation und bewertet sie, aber vor allem bewertet er sie für sich selbst. Jeglicher Selbstbetrug oder nicht beabsichtigte Wahrnehmungsverzerrung (Überoptimismus usw.) in der Analyse zieht Handlungsfolgen nach sich, die der Unternehmer gänzlich und alleine trägt. Auf seiner Einschätzung basiert sein Handeln in den anderen Funktionalbereichen, etwa die Festlegung der Beschaffungs- oder Produktionsmenge, das Vorhalten von Kapital oder die Planung seines Urlaubs. Ein Vertriebscontrolling existiert auch hier, wenn auch nur im Sinne einer Rolle, die der Unternehmer selbst ausfüllt. Die Aufgaben sind grundsätzlich jene, wie sie in Tabelle 2 dargestellt wurden. Die Referenzziele zu erreichen ist durch die Einheit von planender, führender und ausführender Instanz einfach – oder sollte es zumindest sein. Tabelle 2 führt die wichtigsten Aspekte des Vertriebscontrollings in der Do-it-yourself-Phase auf.[13]

---

[13] Tabelle 2 bis Tabelle 5 entnommen aus: Ehrmann & Kühnapfel, Dezember 2011

Entwicklung des Vertriebscontrollings			Beispiel: Provisions- kalkulation
Planung	Steuerung und Koordination	Kontrolle	
Unternehmer kann finanzielle und Pro- duktionskapazitäten selbst einschätzen und seine Ver- triebsanstrengunge n daran ausrichten.	Unternehmer verantwortet und bestimmt Lieferkondi- tionen, Preise und Ge- winne selbst. Fehler und Erfolge sind eindeutig ihm persönlich zuzuordnen. Verantwortung und Risiko liegen in einer Hand.	Das Verhalten des Unterneh- mers wirkt sich unmittelbar als Belohnung oder Bestrafung aus. Rechtfertigungen sind ohne Belang.	Eine verkaufsfallab- hängige Provision gibt es nicht. Der Unternehmergewinn ist die Provision.

Tabelle 2: Vertriebscontrolling in der Do-it-yourself-Phase

Stellvertreterphase:

Eine zweite Person kommt hinzu. Der Unternehmer, nennen wir in „Prinzipal", beauftragt einen Stell-vertreter, den „Agenten" mit dem Verkauf.[14] Der Stellvertreter wird zum Spezialisten für die Ausgestal-tung der Kundenkontaktsituation. Ziel ist ausschließlich, die Verkaufskapazitäten zu erweitern, aber nicht, Aufgaben zu delegieren. Da der Unternehmer jedoch weiterhin verkäuferisch aktiv bleibt, ent-stehen Informationsasymmetrien allenfalls hinsichtlich konkreter Einzelfälle (Kunde xyz), aber nicht grundsätzlich. Die Auswirkungen zeigt Tabelle 3. Die Referenzziele bleiben relativ leicht erreichbar, sofern der Unternehmer und sein Stellvertreter ihre Aktivitäten abstimmen. Es ist darüber hinaus so-gar mir einer gegenseitigen Befruchtung zu rechnen, entweder durch Wissensvermehrung oder durch Zuweisung von Kundenkontakten nach Talenten bzw. Fähigkeiten. Die Vertriebseffizienz könnte stei-gen.

Entwicklung des Vertriebscontrollings			Beispiel: Provisionskalkulation
Planung	Steuerung und Koordination	Kontrolle	
Die Datengrund- lage entspricht jener der ersten Phase. Der Agent erhält Vorgaben. Der Unternehmer kann auf eigene Erfahrungen zurückgreifen.	Gründe für Planab- weichungen werden direkt erkannt oder können durch Aus- schlussverfahren auf Leistungsmängel im Kundenkontakt redu- ziert werden. Ent- scheidungsbefugnis- se werden delegiert. Eine Abstimmung erfolgt unmittelbar.	Der Agent hat kein spe- zifisches Wissen, das der Prinzipal nicht auch hätte. Informations- asymmetrien gibt es keine, die Kontrolle erfolgt unmittelbar durch Beobachtung und Einflussnahme im Be- darfsfall. Referenzwert der Zielerreichung ist jene des Unternehmers.	Eine verkaufsfallab- hängige Provisionskal- kulation kann einge- führt werden, in der Regel erfolgt jedoch eine Leistungsvergü- tung in Form einer Gewinn(wachstums)- Beteiligung und somit einer Partizipation an der Gesamtzielerrei- chung.

Tabelle 3: Vertriebscontrolling in der Stellvertreterphase

---

[14] Diese Begriffe und die damit verbundene Logik sind der Prinzipal-Agent-Theorie entlehnt. Bei weitergehendem Interesse an diesem Thema sei das Studium eines der in der Betriebswirtschaftslehre am häufigsten zitierte Auf-sätze empfohlen: Jensen & Meckling, 1976.

Teambildungsphase:

Die Teambildungsphase bringt einen wesentlichen Wandel im Organisations- und hier vor allem im Prozessgefüge mit sich: Es kommen weitere Verkäufer hinzu, wiederum mit dem Ziel der Ausweitung der Vertriebskapazitäten, so dass der Unternehmer zunehmend nicht mehr in der Lage ist, die Kundenkontaktsituationen zu bewerten. Unterschiedliche Herangehensweisen durch unterschiedliche Fähigkeiten bzw. Talente der hinzukommenden Verkäufer bedingen nun Führung, die zu Beginn noch der Unternehmer selbst ausübt, später ein Intermediär: Der Vertriebsmanager. Dieser steuert und koordiniert die Verkäufer, kommuniziert mit ihnen und ist die erste Eskalationsstufe bei kritischen Kundenkontaktsituationen. Er ist somit auch der erste, der sich innerhalb der entstehenden Vertriebsorganisation auf eine nicht direkt dem Verkauf gewidmeten Aufgabe konzentriert. Die Transaktionskosten steigen. Der Nutzen für den Unternehmer, Kapazitäten für andere Aufgaben frei zu haben, wird mit dem Verlust von Wissen über die Kunden und Verkaufsaktivitäten bezahlt. Es wird ein Vertriebscontrolling institutionalisiert, je nach Organisationsgröße z.B. als Aufgabe des Vertriebsmanagers oder gar als dedizierte Stelle. Die Referenzziele zu erreichen ist keine Selbstverständlichkeit mehr, sondern es sind nunmehr Prozeduren erforderlich, um Zielabweichungen festzustellen und ihnen entgegen zu wirken.

Vermutlich beginnen in dieser Phase, in der sich die meisten mittelständischen Unternehmen befinden werden, destruktive Verhaltensweisen, genährt vom informatorischen Abstand. Verkäufer können z.B. die Kundenkontaktsituation, die sie gestalten, ohne Kontrolle interpretieren und beispielsweise für einen Misserfolg äußere Umstände anführen.[15] Tabelle 4 fasst die wesentlichen Aspekte zusammen.

Entwicklung des Vertriebscontrollings			Beispiel: Provisions-kalkulation
Planung	Steuerung und Koordination	Kontrolle	
Es entsteht ein mehrstufiger Planungsprozess durch Aggregation und Iteration, beeinflusst von individuellen Zielsystemen. Die Qualität der Inputdaten und Eintrittswahrscheinlichkeiten kann der Unternehmer erst ex post bewerten. Andere Organisationsbereiche nutzen die Planungsdaten, etwa die Produktion oder das Controlling, und lösen sukzessive den Unternehmer als wichtigsten Outputdatennutzer ab. Methoden bilden sich heraus.	Vergleiche zwischen einzelnen Verkaufsinstanzen, z.B. Verkäufern, entstehen. Preisverhandlungskompetenzen werden mehrstufig, Fragmentierung von Kundenkontaktprozessen (Pre-Sales, Produktpräsentation, Endverhandlung) und -situationen (z.B. charaktergetriebene Differenzierung in „Hunter" und „Farmer"). Teamaktivitäten entwickeln sich. Erstmals Budgetierung von Vertriebsaufwendungen.	Motivations- und Kontrollaufgaben nehmen sprunghaft zu. Entwicklung und Anwendung eines Regelwerkes zur Leistungsmessung und Sanktionierung individueller Verkaufsleistung.	Individuelle Verkaufsleistung wird durch Soll-/Ist-Vergleiche bewertet und provisioniert. Persönliche Anstrengung führt zu Einkommenssteigerung. Messgrößen sind nachvollziehbare Primärdaten wie Umsatz, Auftragseingang, Gewinn oder Deckungsbeitrag. Mathematische Korrelation der Summe aller Individualerfolge und dem Unternehmenserfolg.

Tabelle 4: Vertriebscontrolling in der Teambildungsphase

---

[15] Jamail, 2010

Taylorisierungsphase:

Mehrere Verkaufsinstanzen wirken parallel nebeneinander, etwa mehrere Vertriebsabteilungen, Regionalvertriebsrepräsentanzen oder Filialen. Je nach Branche sind alternative Vertriebswege hinzugekommen, etwa ein indirekter Vertrieb über Handelsvertreter oder ein Online-Vertrieb. Innerhalb des Verkaufs bilden sich Spezialisten aus, etwa für bestimmte Zielgruppen (Branchen, Regionen, Kundengröße) oder für Verwaltungs- und Managementaufgaben (Vertriebssupport, After-Sale-Service, Sekretärin). Das sowieso schon spezifische Wissen über den Verkauf spezialisiert – oder besser: fragmentiert – sich weiter. Ziel ist, die Vertriebseffizienz durch Fokussierung zu steigern; auch sollen dadurch die Verkaufsprozesse berechenbarer werden. Gleichzeitig steigen aber durch den erhöhten Organisationsaufwand die Transaktionskosten. Der Unternehmer kennt die Kundenkontaktsituationen nicht mehr oder begleitet sie allenfalls der Honneurs wegen. Er erfasst die Tätigkeiten und Resultate des Verkaufs per Kennziffern oder in Form von Ergebnislisten, also in Darstellungen, deren Informationsgehalt auf das Endergebnis reduziert ist. Tabelle 5 zeigt die Effekte. Das Vertriebscontrolling etabliert sich, um das Prozesspaket rund um den Vertrieb effektiv und effizient zu machen oder dieses zumindest zu unterstützen. Sein Netto-Wertschöpfungsbeitrag ist positiv.

Entwicklung des Vertriebscontrollings			Beispiel: Provisionskalkulation
Planung	Steuerung und Koordination	Kontrolle	
Es wird eine Instanz beauftragt, die einen Planungsprozess initiiert, der wiederum selbst Gegenstand von Bewertungen sein wird. Inputdatenquellen werden anonym, zumindest wird mangelnde Lieferqualität und Lieferbereitschaft nur gering sanktioniert. In Folge dessen werden Inputdaten mit Blick auf gewünschte Prognoseverläufe korrigiert. Methoden und Modelle werden standardisiert.	Vertriebsmanagement aller Ebenen stützt sich auf aggregierte und aufbereitete Daten, vor allem in Form von Kennzahlen. Steuerinstrumente werden eingeführt, z.B. die Balanced Scorecard. Die Fragmentierung des Verkaufsprozesses erlaubt Teilprozessoptimierung. Verkaufsunterstützungsinstanzen entstehen, etwa Sekretariat, Vertriebsingenieure, After-Sale-Service, Angebotserstellung. Zunehmende Datenbankunterstützung (z.B. CRM).	Informelle Gruppen (Pakte) und Informationsbörsen zur Umgehung von Kontrollen entstehen. Verkäufer bilden sich als Elite aus und grenzen sich vom Rest des Vertriebs ab. Die Kontrolle umfasst nicht mehr den gesamten Verkaufsprozess, sondern konzentriert sich auf Check-Points, die mit Kennzahlen, KPIs, abgebildet werden.	Provisionsmodelle umfassen komplexe Formeln, um KPIs abzubilden. Summe der Verkaufserfolge bildet nicht mehr den Unternehmenserfolg ab. Zielsurrogate und Teilziele werden bewertet; nichtquantitative Sekundärziele fließen ein, etwa Gruppenentwicklung, Prämien für die Erschließung besonderer Zielgruppen, deckungsbeitragsunabhängiger Bonus für den Verkauf bestimmter Produkte usw. Direkter Einfluss von Provision auf Handlung schwindet.[16]

Tabelle 5: Vertriebscontrolling in der Taylorisierungsphase

Spätestens in dieser Phase erfüllt das Vertriebscontrolling die in Tabelle 1 beschriebenen Aufgaben und es kann von einem in Abbildung 6 widergegebenen Produktionsergebnis des Vertriebscontrollings gesprochen werden, dass dessen Wertschöpfungsbeitrag deutlich macht.

---

[16] Vgl. hierzu die kritischen Stimmen in: Stegmüller & Anzengruber, 2010, Winter, 2010 und vor allem Misra & Nair, 2009, Update 2010.

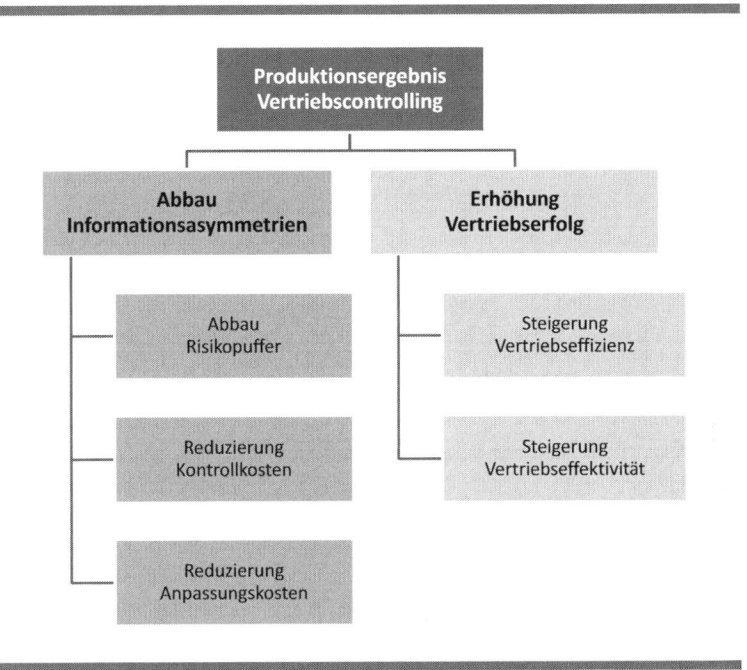

Abbildung 6: Produktionsergebnis des Vertriebscontrollings[17]

Empirische Untersuchungen, die den Nutzen von Vertriebscontrolling in den dargestellten Entwicklungsphasen untersuchen, gibt es nur sehr wenige. Becker hat zumindest versucht zu ermitteln, welche Daten von einem funktionierenden Vertriebscontrolling erwartet werden und in welchem Maße diese verfügbar sind (Tabelle 6).[18] Unabhängig von einer kritischen Würdigung der angewendeten Messmethode wird deutlich, dass (Kunden-) Wunsch und Verfügbarkeit stark voneinander abweichen. Dies mag als Beleg dafür gelten, dass in der betrieblichen Praxis das Vertriebscontrolling am Bedarf seiner Kunden vorbei arbeitet, kann aber auch heißen, dass bestimmte Informationswünsche aus technischen oder methodischen Gründen nicht gedeckt werden können.

---

[17] Ehrmann & Kühnapfel, 2013
[18] Becker, 2001, S. 26

Output des Vertriebscontrollings	Wunsch	Verfügbarkeit
Kennzahlensystem	70%	15-20%
Vollkostenrechnung	2%	>90%
Deckungsbeitragsrechnung	45%	30%
Marketinglogistik (z.B. Tourenplanung)	30%	10%
Projektkalkulation	75%	50%
Sonderrechnungen (z.B. Make-or-buy)	35%	10-15%
Schnittstellen		
• zu Markforschungsdaten	45%	5%
• zum Personalbereich	25%	20%
• zum Fertigungsbereich	35%	55%
Steuerungen (z.B. Gesprächs- und Besuchsplanung)	20%	5%
Statistische Hilfen (Trend, Regression, etc.)	75%	40%
Strategische Hilfen (z.B. Portfolio)	40%	1%
Budgetierungshilfen	75%	40%
Einzelhilfen (z.B. Rabattrechnung, Scoring, Media-Planung etc.)	20%	15%

Tabelle 6: Informationslieferung durch das Vertriebscontrolling

Eine der wenigen Studien, die untersuchen, welche Leistungen das Controlling für den Vertrieb erbringen, stammt aus dem Jahr 2008 und basiert auf 183 Antworten von Personen in unterschiedlichen Positionen und Branchen.[19] Tabelle 7 gibt das Ergebnis wieder. Dabei gibt der Wert in der Spalte „Btlg.-Stärke" an, wie stark die Beteiligung des Controllings an Aufgaben des Vertriebs wahrgenommen wird. Der Maximalwert liegt bei 6. Allerdings wurden lediglich Mitarbeiter des Controllings oder artverwandter Aufgabenbereiche befragt, so dass die Tabelle das Selbstbild wiedergibt. Die Vertriebsmitarbeiter werden es wohl anders sehen.

Controllingaufgabe	Unterstützungsleistung	Btlg.-Stärke
Informationsversorgung im Vertrieb	Versorgung mit finanziellen Informationen	5,0
	Versorgung mit nicht-finanziellen Informationen für die Vertriebssteuerung	3,1
	„Zuschnitt" der Informationen auf vertriebliche Belange	4,2
	Bedarfsgerechte und empfängerorientierte Bereitstellung der Informationen	4,4
	Konzeption und Pflege des vertrieblichen Informationssystems	4,6
	Koordination des vertrieblichen Informationssystems	4,1

---

[19] Krügerke, 2009

	Unterstützung bei der Festlegung konkreter Zielvorgaben für die zu planenden Vertriebseinheiten	4,2
Vertriebsplanung	Unterstützung bei der Bestimmung von langfristigen Vertriebsstrategien	3,9
	Sicherstellung der Eignung der konkreten operativen Vorgaben	4,0
	Beteiligung an der vertriebsspezifischen Maßnahmenplanung in der Budgetierung	4,0
	Mitarbeit an Anreiz- und Vergütungssystemen für die Vertriebsmitarbeiter	3,5
	Konzeption und Pflege des vertrieblichen Planungssystems	4,3
	Koordination des vertrieblichen Planungssystems	4,7
Vertriebskontrolle	Durchführung von Soll-Ist-Vergleichen zur Wirtschaftlichkeit vertrieblicher Maßnahmen	5,2
	Analyse der Gründe aufgetretener Soll-Ist-Abweichungen	4,6
	Anregung von Anpassungsmaßnahmen bei Abweichung von Zielvorgaben	4,0
	Entwicklung von aus den Kontrollergebnissen abgeleiteten Gegensteuerungsmaßnahmen	3,8
	Konzeption und Pflege des vertrieblichen Kontrollsystems	4,3
	Koordination des vertrieblichen Kontrollsystems	4,3
Beratungsleistungen für den Vertrieb	Durchführung betriebswirtschaftlicher (Sonder-) Analysen	4,5
	Vertriebserfolgsrechnungen (z.B. nach Produkten, Kunden, Regionen)	5,0
	Erarbeitung von operativen Verbesserungsmaßnahmen	3,7
	Erarbeitung von (Geschäftsfeld-) Strategien	3,3
	Unterstützung bei der Implementierung von operativen Verbesserungsmaßnahmen	3,8
	Unterstützung bei der Implementierung von (Geschäftsfeld-) Strategien	3,6
Kritisches Hinterfragen vertrieblicher Entscheidungen bezüglich der …	… strategischen Positionierung	3,8
	… Kundenpriorisierung und Ressourcenallokation	3,8
	… Preise und Rabatte	4,3
	… Kosten und Kostenstruktur	4,9
	… Umsatz- und Absatzplanung	4,9
	… Aufbau- und Ablauforganisation des Vertriebs	3,2

Tabelle 7: Unterstützungsleistungen von Controllern für den Vertrieb laut Studie der WHU

2.4 Strategisches und operatives Vertriebscontrolling

Eine Unterscheidung zwischen strategischem und operativem Vertriebscontrolling ist in Theorie und Praxis ebenso etabliert wie unsinnig. Die Unterscheidung geschieht gemeinhin durch die Parameter „Zeit" und „Abstraktionsgrad". Da beide jedoch stetige Größen sind, ist jede Differenzierung willkürlich. Ist der Horizont von weniger als einem Jahr operativ? Ist die Erstellung von drei Szenarien strategisch? Für kaum einen relevanten Aspekt des unternehmerischen Alltags ist eine Unterscheidung in strategisches und operatives Vertriebscontrolling von Bedeutung, sondern es kommt alleine auf die Erkenntnisobjekte an. Diese sind:[20]

- Kunden

- Märkte

- Produkte

- Vertriebswege

- Prozesse

- Wettbewerb

Dennoch sollen hier der Vollständigkeit halber drei Beiträge zur Unterscheidung von operativem und strategischem Vertriebscontrolling zitiert werden:

So beschreibt Becker die Aufgaben des strategischen Vertriebscontrollings wie folgt:[21]

    1. Vorbereitung strategischer Marktplanung

- Auswahl, Analyse und Entwicklung strategischer Planungsmethoden

- Unterstützung bei der Umsetzung strategischer Planungen in vertriebliche Aktivitäten und Maßnahmen

    2. Umsetzung der strategischen in operative Vertriebsplanungen

- Strategieüberprüfung auf Realisierungsreife und Machbarkeit

- Erstellung von Zeitplänen für die Umsetzung

    3. Durchführung der strategischen Kontrolle

- Definition der anzuwendenden Kontrollgrößen und -kriterien

- Entwicklung von Frühwarnindikatoren

- Abweichungsermittlung und -analyse

Graumann gibt den in Tabelle 8 wiedergegebenen Überblick, wie zu differenzieren sei.[22] Diese beschreibt Controlling in Gänze, jedoch lassen sich die Inhaltspunkte problemlos auf das Vertriebscontrolling übertragen.

---

[20] Pufahl, 2010
[21] Becker, 2001, S. 26, weiterführend auch Duderstadt, 2006

Merkmal	Strategisches Controlling	Operatives Controlling
Hierarchische Stufe	Oberste Führungsebene	Einbeziehung aller Stufen mit Schwerpunkt auf mittlerer Führungsebene
Orientierung	Primär Richtung Umwelt	Primär nach innen (Leistungserstellung)
Zeithorizont	Langfristig (3 bis 5 Jahre)	Kurz- bis mittelfristig (max. 2 Jahre)
Unsicherheit	Eher hoch	Eher niedrig
Art der Probleme	Meistens unstrukturiert, unscharf	Strukturiert, konkret und repetitiv
Alternativen	Spektrum an Alternativen grundsätzlich weit	Spektrum eingeschränkt
Umfang	Konzentration auf einzelne wichtige Problemstellungen	Umfasst alle funktionalen Bereiche und integriert alle Teilpläne
Detaillierungsgrad	Grober und weniger detailliert	Relativ groß
Zielgrößen	Existenzsicherung, Erfolgspotenzial	Wirtschaftlichkeit, Gewinn, Rentabilität
Dimensionen	Chancen/Risiken, Stärken/Schwächen	Aufwand/Ertrag, Kosten/Leistung
Methoden	Analyse der gegenwärtigen Potenziale:	Rechnungslegungsorientiert:
	Szenarioanalyse	Jahresabschluss
	Markt- und Wettbewerbsanalyse	Kostenrechnung
	Stärken-Schwächen-Analyse	Kostenmanagement
	Gap-(Lücken-)Analyse	Erfolgsrechnung
	Entwicklung zukünftiger Strategien	Budgetierung und Budgetkontrolle
	Produktlebenszyklusanalyse	Berichtswesen
	Erfahrungskurvenansatz	Investitions- und Finanzplanung
	Portfolioanalyse	
Leitsatz	„To do the right things"	"To do the things right"

Tabelle 8: Abgrenzung zwischen strategischem und operativem Controlling nach Graumann

---

[22] Graumann, 2003, S. 20

Unstrittig ist, dass die Ergebnisse des Vertriebscontrollings durchaus unterschiedlichen Betrachtungs-horizonten, je nach Nomenklatur einem „operativen" oder einem „strategischen", dienen können. Die-se Verbindung stellt Haag her (Abbildung 7).[23]

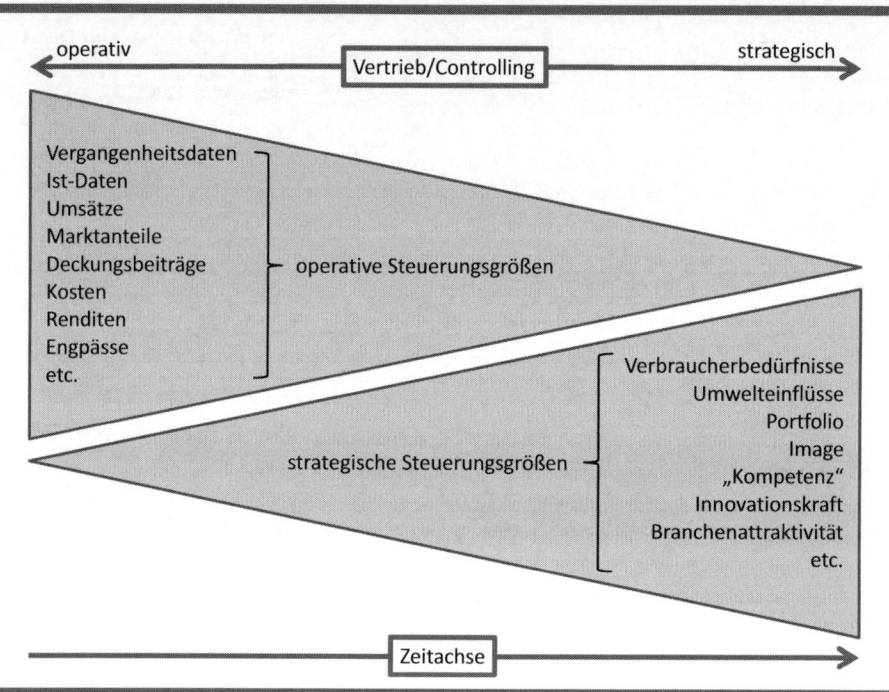

Abbildung 7: Operative und strategische Steuerungsgrößen des Vertriebs-controllings nach Haag

---

[23] Haag, 1990, S. 202

3 Quantitativen Methoden als Grundlage des Vertriebscontrollings

Die Frage, was eine quantitative Methode ausmacht, ist komplexer als sie aussieht. Eine naheliegende Definition wäre, dass die ausschließlich formelanalytische Ermittlung des Ergebnisses den Kern ausmacht. Dieses Kriterium könnten aber nur wenige Methoden erfüllen. Vielmehr bedürfen quantitative Methoden nicht-mathematischer Ergänzung. Diese findet bei der Auswahl und Gewichtung der Inputdaten ebenso statt wie bei der Interpretation der Ergebnisse. Auch sind quantitative Methoden oftmals in umfangreichere, mehrstufige Verfahren integriert, so, wie dies z.B. bei der Nutzwertanalyse der Fall ist, und spätestens hier ist eine klare Abgrenzung nicht mehr möglich.

> Quantitative Methoden des Vertriebscontrollings dienen dazu, Ausschnitte der Wirklichkeit in Form mathematischer Verknüpfungen darzustellen. Sie können in reiner Form oder in Kombination mit nicht-quantitativen Methoden als Instrumente des Vertriebscontrollings genutzt werden.

Welche Bedeutung die jeweiligen quantitativen Methoden des Vertriebscontrollings in der unternehmerischen Praxis haben, wurde bislang nur ansatzweise ermittelt. Zumindest für die Instrumente und Methoden des thematisch verwandten Marketingcontrollings liegt eine Untersuchung aus dem Jahr 2004 vor.[24] Die Ergebnisse sind in Abbildung 4 wiedergegeben.

---

[24] Reinecke, 2004, S. 91 ff.

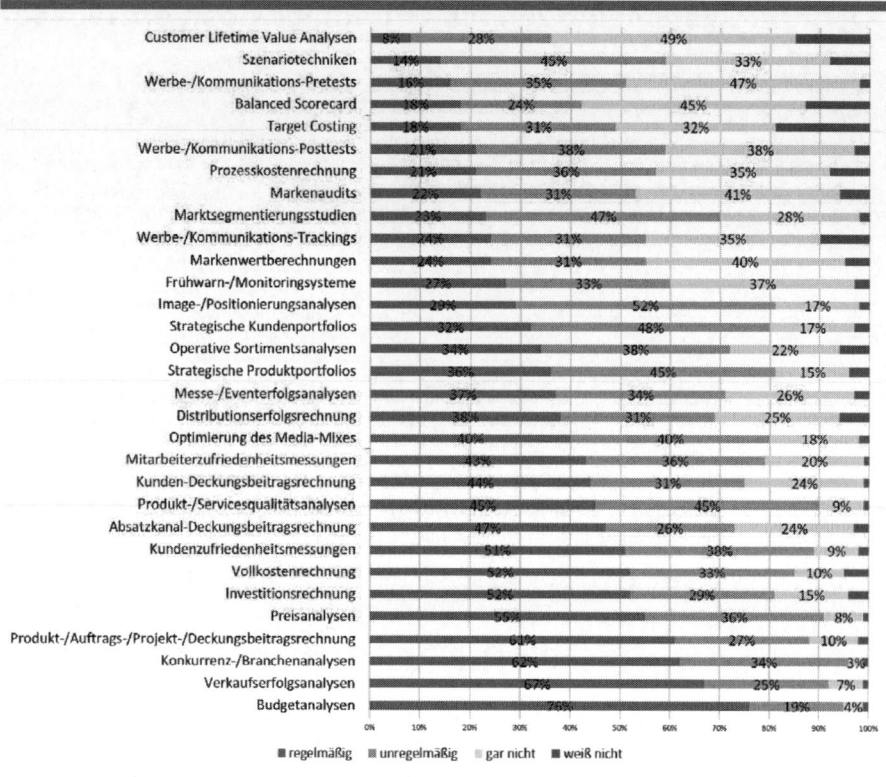

Abbildung 8: Einsatz von Methoden des Marketingcontrollings nach Reinecke

In den nachfolgenden Kapiteln werden einige grundlegende Verfahren erläutert, die auf den verschiedenen Gebieten des Vertriebscontrollings eingesetzt werden. Naturgemäß fällt das Kapitel 3.2, in dem
ein methodisches Fundament gelegt wird, zu dünn aus und es sei empfohlen, bei Schwierigkeiten im
Umgang insbesondere mit statistischen Methoden auf einführende Literatur zurück zu greifen – Vertriebscontrolling ist ohne Statistik unmöglich. Kapitel 3.2.1 sollte sehr gründlich gelesen werden:
Kennzahlen sind die Essenz der finanziellen Führung und nicht umsonst wurde auf die ausführliche
Einführung in dieses Thema wert gelegt. In den Kapiteln 3.4 bis 3.6 werden grundlegende Methoden
vorgestellt, auf die im späteren Verlauf immer wieder verwiesen wird. Aber zunächst folgt in Kapitel
3.1 die „Erdung".

3.1 Erwartungen an und Grenzen von quantitativen Methoden

Quantitative Methoden basieren auf der allgemeingültigen Sprache der Mathematik. Ihr Nutzen manifestiert sich in folgenden Aspekten:

1. **Unverfälschbarkeit**: Die Abbildung von wahrgenommener Wirklichkeit in einer Formel
   schreibt fest, welche Ursachen (Variablen) durch ihr Verhältnis zu einander (Formelzeichen)

welches Ergebnis beschreiben. Ist dies festgelegt, ist eine spätere Manipulation nur noch durch die Veränderung der Inputdaten möglich. Wahrnehmungsverzerrungen des interessengetriebenen Betrachters, wie sie Tabelle 134 beschreiben, werden ausgeschlossen.

2. **Nachvollziehbarkeit**: Ist die Formel als Abbild des zu beschreibenden Wirklichkeitsausschnitts formuliert, kann sie von jedem gelesen werden. Es gibt keine Mysterien, welche Faktoren bei der Ermittlung des Ergebnisses eine Rolle gespielt haben könnten.

3. **Klarheit**: Eine quantitative Methode benennt, welche Ursachen in die Ergebnisermittlung einbezogen werden und welche nicht. Es herrscht Klarheit über die Komplexität, die Annahmen, die Lücken und die Vereinfachungen, die zur Beschreibung des Wirklichkeitsausschnitts geführt haben. Ihre Ergebnisse sind plakativ und werden in der Einfachheit einer oder weniger Zahlen wie ein Richtspruch wahrgenommen.

4. **Wiederholbarkeit**: Die Ergebnisse sind bei gleichen Inputvariablen immer die gleichen. Dies ermöglicht, Veränderungen der Umwelt zu simulieren, in dem experimentell einzelne Inputgrößen verändert werden. Auch ermöglicht die Wiederholbarkeit der Berechnung erst, dass Vergleiche, z.B. verschiedener Periodenergebnisse, ermöglicht werden.

5. **Übertragbarkeit**: Wird eine Formel entwickelt, kann sie in verschiedenen Organisationseinheiten oder Unternehmen eingesetzt werden und liefert vergleichbare Ergebnisse. Universelle Kennziffern, etwas jene, die das später in Abbildung 14 erläuterte DuPont-Schema liefert, basieren auf der Notwendigkeit der Übertragbarkeit.

Diese Auflistung lässt die Nachteile quantitativer Methoden ahnen. Der wichtigste ist, dass jede Festlegung auf eine bestimmte Menge von Inputgrößen und deren Beziehung zu einander immer bedeutet, jede andere Zusammensetzung des Inputs auszuschließen. Eine solche Festlegung ist statisch und stellt immer eine Vereinfachung der Realität dar. Ein zweiter wichtiger Nachteil ist, dass eine Formel wie ein Gesetz erscheint, eine unumstößliche Tatsache. Tatsächlich aber existieren auch bei den scheinbar so objektiven quantitativen Methoden ausreichend Möglichkeiten der Manipulation, also der Beeinflussung des Ergebnisses durch denjenigen, der für die Methode verantwortlich zeichnet.

Um beide Nachteile auszuschließen oder zumindest zu reduzieren, sind an eine quantitative Methode zwei Anforderungen zu stellen:

- **Beschreibung des Wirklichkeitsausschnitts**: Was wird durch die Auswahl und Verknüpfung der Inputdaten ausgedrückt? Welche Aspekte werden einbezogen, welche ausgeschlossen? Gibt es Alternativen dazu?

- **Beschreibung des Verfahrens**: Woher kommen die Inputdaten, wie wurden sie erhoben und bearbeitet, bevor sie verarbeitet wurden? Wie werden die Ergebnisse berechnet? Welche Effekte treten dabei auf?

Ein guter Vertriebscontroller wird diese Aspekte dokumentieren und z.B. in einem Reporting oder bei einer Präsentation nicht unerwähnt lassen. Sie dienen der Beschreibung des Modells.

> Eine quantitative Methode besteht immer aus zwei Komponenten, dem mathematischen Verfahren und der Modellbeschreibung.

Eine häufige Kritik an mathematischen Verfahren, die vor allem in der betrieblichen Praxis immer wieder angebracht wird, ist, dass die Intuition zu kurz käme. Gerade diese mache einen erfolgreichen Verkäufer aus. Es sei das Gespür für die Situation, für die Bedürfnisse des Ansprechpartners und die Fähigkeit, die richtigen Mittel zu finden, um den Interessenten zur einzig richtigen Entscheidung zu bringen, die einen guten von einem schlechten Verkäufer unterscheide. Was helfe da z.B. die Kundendeckungsbeitragsrechnung? Das ist zweifelsohne richtig und als Argument unwiderlegbar. Aber es suggeriert eine Konkurrenzsituation, die es nicht gibt. Empathisches und Methodenwissen stehen nicht im Wettbewerb zu einander, sondern sollen sich ergänzen. Da nur wenige Menschen auf beiden Gebieten stark sind und sich der größtmögliche Nutzen für das eigene Unternehmen dann ergibt, wenn sich jeder auf seine komparativen Stärken konzentriert, geht es um ein Miteinander. Das ist keine Sozialromantik, sondern ein Erfolgsfaktor!

3.2 Methodische Grundlagen des Vertriebscontrollings

Dieses Fachbuch maßt sich nicht an, die Grundlagen statistischer Methodenlehre zu lehren. Das ist auch nicht erforderlich, denn die Literatur zu diesem Thema ist umfangreich und für jedes Einstiegsniveau ist etwas zu haben. Dennoch ist es erforderlich, einige Grundlagen in Erinnerung zu rufen, die für das Verständnis der Methoden des Vertriebscontrollings unabdingbar sind. Die Auswahl fiel so knapp wie möglich aus und beschränkt sich auf die Kosten- und die Deckungsbeitragsrechnung sowie die Erläuterung von Elastizitäten.

3.2.1 Kostenrechnung als Basis des Vertriebscontrollings

Der Vertriebscontroller arbeitet nicht isoliert, sondern ist Teil eines Informationsstroms im Unternehmen, dessen Sinn die finanzielle Führung ist. Die Hauptsäulen dieser finanziellen Führung sind

1. Informationen, welche die Wertschöpfungskette im Unternehmen beschreiben, planen, koordinieren und kontrollieren helfen,

2. die interne Rechnungslegung, bestehend aus der Kosten- und Leistungsrechnung sowie

3. die externe Rechnungslegung, deren Ergebnisse in einen Jahresabschluss, bestehend aus Bilanz, Gewinn- und Verlustrechnung und zumeist einem Anhang, münden.

Das Vertriebscontrolling interagiert mit den ersten beiden Säulen und ist mit dessen Informationsströmen eng verwoben. Es gehört zum Berufsbild des Vertriebscontrollers, das Vokabular, die Methoden und die Grundbegriffe von Controlling und Kostenrechnung zu beherrschen. Auch zum Verständnis dieser Methodensammlung ist dies erforderlich, wie die folgenden Hauptkapitel zeigen werden.

Die Kostenrechnung gliedert sich in die Kostenarten-, Kostenstellen- und Kostenträgerrechnung.[25] Die **Kostenartenrechnung** stellt die Grundlage dar. Hier werden sämtliche Kosten, die angefallen sind oder anfallen werden (Planungsrechnung), nach ihrem Wesen (einmalig, wiederkehrend) und Wert (pekuniär) erfasst. Diese Erfassung erfolgt fast immer in Form von Konten. Wesentlich ist, dass tatsächlich alle Kosten, die im Unternehmen oder im Organisationsbereich, etwa dem Vertrieb, anfallen, erfasst werden. Dies ist insbesondere bei der Plankostenrechnung eine nicht zu unterschätzende Aufgabe und Herausforderung für die beteiligten Personen. Vergisst der Vertriebscontroller, der Kostendaten zuliefert, z.B. gewährte zukünftige Boni oder Abschlussprovisionen, wird das Ergebnis zwangsläufig fehlerhaft sein.

Anschließend werden in der **Kostenstellenrechnung** diese Kosten den Stellen, die sie verursacht haben, zugerechnet. Eine Stelle entspricht meist, wenn auch nicht zwangsläufig, einer Organisationseinheit. Das Problem ist, dass viele Kosten mehreren Stellen zugerechnet werden müssen, etwa jene für den Pförtner oder jene für die Renovierung des Eingangsbereichs. Auch müssen innerbetriebliche Leistungen verrechnet werden, wenn z.B. das Hausmeisterteam, das eine Kostenstelle bildet, als interner Dienstleister im Einsatz ist. Als Tool für die Verrechnung der Gemeinkosten wird der Betriebsabrechnungsbogen verwendet. Zunächst werden Einzelkosten, also solche, die dediziert einer

---

[25] Der Vollständigkeit halber sei erwähnt, dass je nach Betrachtungsweise auch andere Gliederungen etabliert sind.

Kostenstelle zugerechnet werden können, verursachungsgerecht zugewiesen. Anschließend werden über einen zu bildenden Schlüssel die Gemeinkosten auf alle Kostenstellen umgelegt und innerbetriebliche Leistungen verrechnet. Das Ergebnis des Verfahrens sind Gemeinkostenzuschlagssätze, die in der dritten Stufe, der Kostenträgerrechnung, benötigt werden.

Diese **Kostenträgerrechnung** dient dazu, alle Produkte mit den Kosten, die zu deren Erstellung verursacht wurden, zu belasten. Dies sind zunächst die Einzelkosten (bei einem Tisch das Holz, die Schrauben, der Lack, die Arbeitszeit für die Erstellung, die Maschinenstunden usw.). Diese werden sodann mit einem prozentualen Satz beaufschlagt, den die Kostenstellenrechnung liefert, z.B. einem Material-, Fertigungs-, Verwaltungs- oder Vertriebsgemeinkostensatz, um sämtliche Gemeinkosten nach dem Tragfähigkeitsprinzip den Produkten zuzuschlagen. Das Ergebnis sind die Vollkosten einer Leistung, also eines Produktes (des Tischs), die z.B. für eine Preiskalkulation oder die Bewertung von Lagerbeständen benötigt werden.

Die Kostenträgerrechnung wird in die **Kostenträgerstückrechnung** und die **Kostenträgerzeitrechnung** aufgeteilt. Erstere dient der Kalkulation der Kosten je Produkt und wird in Kapitel 7.1 behandelt, zweitere ist eine Periodenrechnung und zeigt die Kosten eines Zeitraums auf: Es werden alle Kosten eines Produktes innerhalb eines Zeitraums dargestellt, von der Forschung und Entwicklung über die Produktion und Lagerung bis hin zum Vertrieb. Werden diese Kosten von den Erlösen[26], die in der gleichen Periode realisiert werden, abgezogen ergibt sich die Zielgröße der Kostenträgerzeitrechnung: Das Betriebsergebnis (Kapitel 7.2).

3.2.2 Grundlagen der Deckungsbeitragsrechnung

Ihr Ziel ist, zu ermitteln, wie sich die Kosten eines „Objektes" zusammensetzen und ob ein Erlösüberschuss, also ein Gewinn, nach Abzug der Kosten übrig bleibt. Solche Objekte sind im Falle des Vertriebscontrollings Produkte, Kunden oder Verkaufsinstanzen. Statt der Produkte (Auto) werden auch Produktteile (Zusatzausstattung) oder Produktaggregationen betrachtet, etwa Produktgruppen (Fahrzeugvarianten), Sortimente (Fahrzeuge einer Marke) oder Produktbereiche (alle Mittelklassefahrzeuge der zu einem Konzern gehörenden Autofirmen). Hinsichtlich der Kunden werden in der Mehrzahl der Fälle die Deckungsbeiträge je Einzelauftrag des Kunden oder aber für alle Aufträge eines Kunden über einen festgelegten Betrachtungszeitraum, etwa ein Jahr, berechnet.

Für die weiteren Betrachtungen steht die Produktdeckungsbeitragsrechnung im Vordergrund. Die Kundendeckungsbeitragsrechnung ist Gegenstand des Kapitels 6.2.1, Deckungsbeiträge der Verkaufsinstanzen werden in Kapitel 5 diskutiert.

Wie aus Abbildung 9 ersichtlich, stellen von der folgenden, eingerahmten Definition ausgehend zwei einfache Formeln das Grundgerüst der Deckungsbeitragsrechnung dar:

> Der Deckungsbeitrag ist die Differenz zwischen den Erlösen und den variablen Kosten.

$$Deckungsbeitrag = Erlös - Kosten_{variabel}$$

$$Gewinn = Deckungsbeitrag - Kosten_{fix}$$

---

[26] Unter „Erlösen" werden hier alle in einer GuV verbuchten Einnahmen aus dem Verkauf von Produkten, also Waren und Dienstleistungen, verstanden. Vgl. bei Fragen zur Auslegung des Erlösbegriffes Schmöller, 2001, S. 22 ff.

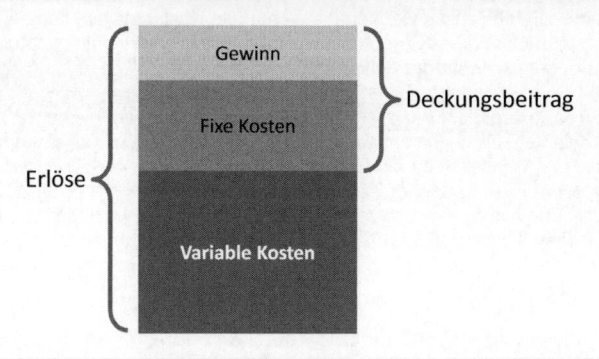

Abbildung 9: Ermittlung des Deckungsbeitrags

Für die Berechnung müssen zunächst die variablen Kosten eines Produktes bekannt sein. Diese werden selten im Vertriebscontrolling ermittelt, sondern stammen aus dem zentralen Controlling, dem Rechnungswesen oder aus jenem Bereich, der sich mit der Produktentwicklung beschäftigt. Lediglich dann, wenn die variablen Kosten vom Einsatz eines oder nur weniger Faktoren dominiert werden, wie es z.B. bei einer Unternehmensberatung der Fall sein wird (Personenstunden der Berater), kann es auch dem Vertriebscontrolling obliegen, zur Kalkulation eines Angebotspreises die variablen Kosten zu ermitteln.

Die Ziele der Produktdeckungsbeitragsrechnung sind im Wesentlichen:

1. Ermittlung des absoluten Wertbeitrags je Produkt (Kunde, Verkaufsinstanz)

2. Ermittlung des relativen Wertbeitrags je Produkt (Kunde, Verkaufsinstanz) in Relation zum Erlös

3. Ermittlung der kurzfristigen Preisuntergrenze

4. Ermittlung der langfristigen Preisuntergrenze

5. Fokussierung des Vertriebs auf deckungsbeitragsstarke Produkte

6. Fokussierung des Marketing

7. Eliminierungsentscheidungen

Im betrieblichen Alltag taucht der Begriff des Deckungsbeitrags entsprechend häufig auf. Er impliziert, dass in den meisten Fällen die Kosten Dreh- und Angelpunkt von Profitabilitätsbetrachtungen sind: Ist der Preis durch „den Markt" vorgegeben, so lässt sich der Gewinn nur steigern, wenn die Kosten gesenkt werden. Hierin liegt eine Gefahr: Die Fixkosten sind durch den Vertrieb oder das Produktmanagement selten beeinflussbar. Sie werden vorgegeben. Folglich liegt, um kurzfristig die Profitabilität zu steigern, die Konzentration auf der Reduzierung der variablen Kosten. Werden diese jedoch zu sehr reduziert, wird irgendwann die Qualität der Produkte leiden. Diese können anschließend den anvisierten Preis nicht mehr erzielen und der Kreislauf beginnt von neuem. Guter Wein zum Beispiel, der in einer Plastikflasche verkauft wird, weil diese billiger ist und die variablen Kosten reduziert, wird von Kunden weniger nachgefragt werden und einen geringeren Marktpreis erzielen. Vermutlich wird der Mindererlös größer sein als die Einsparungen und neuer Druck auf die variablen Kosten ausgeübt und so fort.

Aus Sicht des Vertriebscontrollings ist die Deckungsbeitragsrechnung folglich ein gutes Instrument, den Fixkostenblock zur Diskussion zu stellen. Ist der Marktpreis vorgegeben, der Gewinn als gesetzte Zielgröße fix und sind die variablen Kosten so, dass ein preiswürdiger Qualitätsstandard des Produktes gerade noch gesichert werden kann, gilt es, die Fixkosten des Produktes in Frage zu stellen. Ein aufwändiger Prozess, der vom Vertriebscontrolling alleine nicht geleistet werden kann.

Einstufige Deckungsbeitragsrechnung

Die einstufige Deckungsbeitragsrechnung wird auch als „Direct Costing" bezeichnet. Der englische Titel bezeichnet das Vorgehen: Einem Produkt, oder in der Sprache der Kostenrechnung: einem Kostenträger, werden alle direkt zurechenbaren Kosten angelastet. Selbstverständlich verbleibt ein Block an Fixkosten, der vielleicht einer Produktart, aber nicht einem einzelnen Produkt zugerechnet werden kann, sondern lediglich anteilig, wenn am Ende der Betrachtungsperiode die gesamten Fixkosten sowie die gesamte Stückmenge feststeht.

Werden die Kosten relativ zu den Erlösen betrachtet, so kann mit der einstufigen Deckungsbeitragsrechnung auf vereinfachtem Wege die Produktrentabilität ermittelt werden. Wohlgemerkt ist dies eine Vereinfachung der durchaus komplexeren, im betrieblichen Rechnungswesen anzuwendenden Rentabilitätsanalyse. Für den Vertriebscontroller ist diese Abkürzung aber akzeptabel, liefert sie doch rasche Erkenntnisse mit einer für die meisten Fragestellungen ausreichenden Genauigkeit. Tabelle 9 zeigt eine solche einstufige Deckungsbeitragsrechnung für eine beliebig ausgewählte Sach- sowie für eine Dienstleistung.

Position	Produktbeispiel: Bügeleisen	Produktbeispiel: Beratungsprojekt, 50 Personentage
Materialkosten	12,87 €	1.287,00 €
Fertigungskosten	10,23 €	15.600,00 €
Sonstige variable Kosten	2,12 €	2.350,00 €
Summe variable Kosten	25,22 €	19.237,00 €
Verkaufserlös	38,33 €	42.500,00 €
= (Stück-) Deckungsbeitrag	13,11 €	23.263,00 €

Tabelle 9: Beispiel einer einstufigen Deckungsbeitragsrechnung

Sind für eine Periode, z.B. einen Monat, die Absatzmengen bekannt oder planbar, so lässt sich aus dem Stückdeckungsbeitrag zunächst der Gesamtdeckungsbeitrag und dann der Betriebserfolg des betreffenden Produktes unter Einbeziehung der Fixkosten errechnen (Tabelle 10).

Position	Produktbeispiel: Bügeleisen	Produktbeispiel: Beratungsprojekt, 50 Personentage
(Stück-) Deckungsbeitrag	13,11 €	23.263 €
Verkaufte Menge im Vormonat	2.500	2
Gesamtdeckungsbeitrag	32.775 €	46.526 €
abzgl. Fixkosten im Vormonat	12.453 €	38.120 €
= Betriebserfolg gesamt	20.322 €	8.406 €
= Betriebserfolg je Stück	8,13 €	2.403 €

Tabelle 10: Erlöskalkulation auf Basis der einstufigen Deckungsbeitrags-rechnung

In einem Mehrproduktunternehmen werden die Fixkosten erst nach der Aufsummierung der Gesamt-deckungsbeiträge aller Produkte subtrahiert, um den Betriebserfolg zu errechnen. Eine vorherige Ver-teilung auf die einzelnen Produkte, über welchen Schlüssel auch immer, wäre möglich und wird an späterer Stelle noch gezeigt werden, ergäbe aber kein anderes Ergebnis. Tabelle 11 zeigt exempla-risch das Ergebnis für einen Hersteller „weißer Ware", bei dem fixe Kosten einzelnen Produkten nicht eindeutig zugerechnet werden können, etwa die Kosten für Produktionsmaschinen, auf denen alle Produkte hergestellt werden.

Beträge teilw. gerundet	Produktgruppe Wäsche			Produktgruppe Küche		
	Reisebü-geleisen	Dampfbü-geleisen	Bügelauto-mat	Toaster	Eierkocher	Mixer
Einzelerlös	38 €	42 €	256 €	27 €	12 €	76 €
variable Stückkosten	25 €	19 €	186 €	15 €	8 €	52 €
Absatzmenge	2.500	2.100	375	5.260	4.520	1.560
Gesamterlös	95.825 €	87.318 €	96.120 €	139.810 €	55.776 €	117.952 €
Abzgl. variable Kosten	63.050 €	40.383 €	69.836 €	79.531 €	35.527 €	80.917 €
(Gesamt-) Deckungsbeitrag	32.775 €	46.935 €	26.284 €	60.279 €	20.220 €	37.034 €
(Stück-) Deckungsbeitrag	13,11 €	22,35 €	70,09 €	11,46 €	4,48 €	23,74 €
Summe aller Deckungsbeiträge	223.557 €					
Fixkosten	179.084 €					
Betriebserfolg	**44.473 €**					

Tabelle 11: Einstufige Deckungsbeitragsrechnung im Mehrproduktunter-nehmen

In einer weiteren Analyse lässt sich mit dieser recht simplen Kalkulation der Wertschöpfungsbeitrag jedes einzelnen Produktes zum Betriebserfolg darstellen, indem die Fixkosten proportional zu einer Bezugsgröße verteilt werden. Als Bezugsgröße bieten sich

- der Deckungsbeitrag,

- die variablen Kosten,

- der Erlös

an. Grundsätzlich ist keine dieser Bezugsgrößen falsch oder richtig. Da jedoch die Ergebnisse signifikant voneinander abweichen können, wie Tabelle 12 zeigt, ist von Bedeutung, dass im Vertriebscontrolling dokumentiert wird, welche Berechnungsvariante gewählt wurde. Erst dann sind Ergebnisse mit solchen anderer Perioden oder zwischen Produktbereichen vergleichbar, ohne dass es z.B. durch eine wechselnde Bezugsgröße zu einer Fehlinterpretation der Ergebnisse kommt.

Beträge teilw. gerundet	Produktgruppe Wäsche			Produktgruppe Küche		
	Reisebü-geleisen	Dampfbü-geleisen	Bügelau-tomat	Toaster	Eierko-cher	Mixer
Erlös	95.825 €	87.318 €	96.120 €	139.811 €	55.777 €	117.952 €
Summe variabler Kosten	63.050 €	40.383 €	69.836 €	79.531 €	35.527 €	80.917 €
Deckungsbeitrag	32.775 €	46.935 €	26.284 €	60.280 €	20.250 €	37.034 €
Gesamterlös	592.802 €					
Variable Kosten gesamt	369.245 €					
Fixkosten	179.084 €					
Betriebserfolg	44.473 €					
Summe aller Deckungsbeiträge	223.557 €					
Modellrechnung 1: Bezugsgröße „Deckungsbeitrag"						
Fixkostenanteil relativ zum Deckungsbeitrag	26.255 €	37.598 €	21.055 €	48.288 €	16.221 €	29.667 €
Wertschöpfungsbeitrag	14,66%	20,99%	11,76%	26,96%	9,06%	16,57%
Modellrechnung 2: Bezugsgröße „Erlöse"						
Fixkostenanteil relativ zum Erlös	28.948 €	26.379 €	29.038 €	42.236 €	16.850 €	35.633 €
Wertschöpfungsbeitrag	8,60%	46,22%	-6,19%	40,57%	7,64%	3,15%
Modellrechnung 3: Bezugsgröße „Variable Kosten"						
Fixkostenanteil relativ zu den variablen Kosten	30.579 €	19.586 €	33.871 €	38.573 €	17.231 €	39.245 €
Wertschöpfungsbeitrag	4,94%	61,50%	-17,06%	48,81%	6,79%	-4,97%

Tabelle 12: Erweiterte einstufige Deckungsbeitragsrechnung eines Mehrproduktunternehmens

Wie sehr die kalkulierten Wertschöpfungsbeiträge der jeweiligen Produkte von der Berechnungsgrundlage zur Verteilung der Fixkosten abhängen (Tabelle 12), verdeutlicht die Abbildung 10 sehr anschaulich.

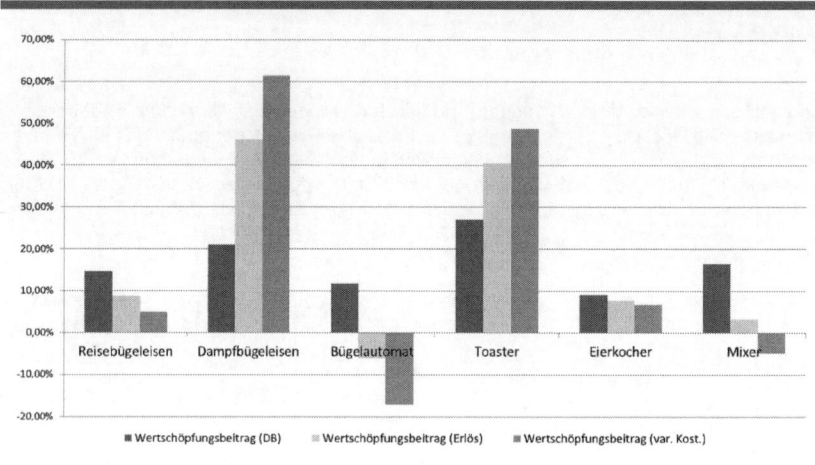

Abbildung 10: Auswirkung der Wahl der Bezugsgröße der Fixkostenverteilung auf die Berechnung der Wertschöpfungsbeiträge

Empfehlenswert ist, vor weitreichenden Entscheidungen, die mit Hilfe der einstufigen Deckungsbeitragsrechnung getroffen werden sollen, zu überprüfen, welche Auswirkung die Veränderung der Be-
zugsbasis zur Verteilung von Fixkosten hat. Sind die Auswirkungen wie in dem hier gezeigten Beispiel
signifikant, bedarf es einer weitergehenden Analyse der Kostenstrukturen.

Ferner ist bei der einstufigen Deckungsbeitragsrechnung zu beachten, dass die Produktionsmenge
nicht immer der Absatzmenge entspricht. Für die Produkte, die nicht abgesetzt werden können und
die somit aufs Lager gelegt werden müssen, kann der gleiche Verkaufserlös angesetzt werden, aber
nur, wenn zu erwarten ist, dass sich die Produkte zu dem gleichen Preis verkauft werden können. Die
Bewertung der Lagerbestände im Rahmen der internen Rechnungslegung erfolgt hingegen prinzipiell
zu Herstellkosten.

Werden Absatz- und Lagermenge addiert, wird vom „Leistungsbezogenen Deckungsbeitrag" gesprochen. Dies wird regelmäßig so gehandhabt, wenn die Mehrproduktion beabsichtigt ist, etwa, weil ein
Sicherheitspuffer angelegt werden soll, die optimale Produktionsmenge im Vordergrund stand, bei
einer chargenorientierten Produktion bewusst auf Vorrat erzeugt wurde oder auf der Beschaffungssei-
te fixe Losgrößen zu verwerten waren. Sind die Übermengen jedoch unbeabsichtigt und es ist zwei-
felhaft, ob sie noch verkauft werden können, weil z.B. ein Nachfolgeprodukt am Markt eingeführt wird,
so kann die zu Herstellkosten bewertete Lagermenge der Betrachtungsperiode als Fixkosten zugerechnet werden, entweder en bloc oder – besser, weil genauer – je Produkt.

Mehrstufige Deckungsbeitragsrechnung

Ziel der mehrstufigen Deckungsbeitragsrechnung, die auch Fixkostendeckungsrechnung oder „mehr-
stufiges Direct Costing" genannt wird, ist die schrittweise Zurechnung von Fixkosten. Hierzu ist zunächst erforderlich, dass Fixkosten nicht als „anonymer" Restblock betrachtet werden, sondern es
durch das interne Rechnungswesen gelingt, diese Stufe für Stufe dem Produkt, der Produktgruppe,
der Abteilung, dem Bereich usw. zuzuordnen. Je präziser und dedizierter, desto besser. Abstraktionsstufe für Abstraktionsstufe werden Kosten zugeteilt, ein Verfahren, dass durch das Zusammenspiel

aus „Betrieblichem Abrechnungsbogen", der in der Kostenstellenrechnung verwendet wird, und Kalkulationsverfahren der Kostenträgerrechnung gelingt.[27] Tabelle 13 verdeutlicht das Vorgehen.[28]

	Position	Beispiele
	Brutto-Erlöse	Verkaufspreis (ohne Mehrwertsteuer)
abzgl.	Erlösschmälerungen	Rabatte, Skonti, Boni
=	Netto-Erlöse	
abzgl.	variable Kosten	Material, Fertigungskosten
=	Deckungsbeitrag 1	
abzgl.	produktbezogene Fixkosten	Fertigungsanlage, Werkzeuge, Konzessionen
=	Deckungsbeitrag 2	
abzgl.	produktgruppenbezogene Fixkosten	Werbung für Produktgruppe
=	Deckungsbeitrag 3	
abzgl.	Abteilungsfixkosten	Gehälter, Raumkosten
=	Deckungsbeitrag 4	
abzgl.	Unternehmensfixkosten	Alle bisher nicht erfassten Gehälter, Kantine, Versicherungen
=	**Kalkulatorisches Betriebsergebnis**	

Tabelle 13: Grundmodell der mehrstufigen Deckungsbeitragsrechnung

Im Falle eines Mehrproduktunternehmens ist es mit der mehrstufigen Deckungsbeitragsrechnung möglich, Rentabilitätsschwächen im Sortiment aufzudecken, ähnlich, wie es möglich war, mit der einstufigen Deckungsbeitragsrechnung den Wertschöpfungsbeitrag einzelner Produkte zu vergleichen (vgl. Tabelle 12). In Tabelle 14 wird das bereits bekannte Beispiel aufgegriffen und der Mechanismus verdeutlicht.

---

[27] Weiterführend siehe die Fachliteratur zur Kostenrechnung, etwa Coenenberg, et al., 2009 oder Walter & Wünsche, 2005.

[28] Angelehnt an: Fischbach, 2012

Beträge gerundet	Produktgruppe Wäsche			Produktgruppe Küche		
	Reisebü-geleisen	Dampfbü-geleisen	Bügelau-tomat	Toaster	Eierko-cher	Mixer
Erlös	95.825 €	87.318 €	96.120 €	139.811 €	55.777 €	117.952 €
variable Kosten	63.050 €	40.383 €	69.836 €	79.531 €	35.527 €	80.917 €
Deckungsbeitrag 1	32.775 €	46.935 €	26.284 €	60.280 €	20.250 €	37.034 €
Fixkosten (des Produkts)	20.303 €	18.500 €	20.365 €	29.622 €	11.818 €	24.991 €
Deckungsbeitrag 2	12.472 €	28.435 €	5.919 €	30.658 €	8.432 €	12.044 €
Fixkosten der Produktgruppe	12.498 €			7.345 €		
Deckungsbeitrag 3	34.328 €			33.789 €		
Fixkosten des Unternehmens	23.643 €					
Betriebserfolg	**44.473 €**					

Tabelle 14: Beispiel einer mehrstufigen Deckungsbeitragsrechnung

Wie viele Deckungsbeitragsstufen errechnet werden, richtet sich nach der gewünschten Aussagekraft sowie der Möglichkeit, die Fixkosten verursachungsgerecht zu verteilen.[29] In dem in Tabelle 14 darge-stellten Beispiel sind es drei Stufen. Eine vierte wäre sinnvoll, wenn das Unternehmen neben den Haushaltsgerätesortiment beispielsweise noch ein zweites Sortiment mit Küchenmöbeln anbieten würde. Dann ließen sich durch den Vergleich der Bereichsdeckungsbeiträge Aussagen über den je-weiligen Beitrag zum Betriebsergebnis treffen.

Selbstverständlich lassen sich mit der mehrstufigen Deckungsbeitragsrechnung nicht nur Produkte kalkulieren, sondern alle anderen für das Vertriebscontrolling relevanten Entitäten auch, z.B. Ver-kaufsinstanzen, Kunden, Projekte oder Regionen.

Zu beachten ist, dass Deckungsbeitragsrechnungen, gleich ob ein- oder mehrstufig, stets nur einen kurzfristigen Horizont besitzen. Veränderungen in den variablen Kosten, etwa durch andere Beschaf-fungspreise, oder den Wegfall eines Produktes und damit verbunden auch eine andere Verteilung der Fixkosten, beeinflussen die Deckungsbeiträge. Von gewisser Tragweite ist dabei, dass variable Kos-ten per Definition von der Ausbringungsmenge abhängig sind. Fixkosten sind das nicht und es kommt erschwerend hinzu, dass Fixkosten bei einer Erhöhung der Ausbringungsmenge relativ schnell stei-gen (wenn auch nicht proportional zur Menge, denn dann wären sie variabel), aber bei einer Senkung – und damit bei einem Umsatzrückgang – nur langsam sinken. Dieser Effekt der Kostenremanenz ist aus der Praxis hinreichend bekannt und sollte bei einer zukunftsgerichteten Planungsrechnung des Vertriebscontrollings antizipiert werden.[30]

3.2.3 Elastizitäten als Maß zur Darstellung von Zusammenhängen

Eine Elastizität zeigt an, wie „elastisch" eine abhängige Variable auf die Veränderung einer oder meh-rerer unabhängiger Variablen reagiert.

Die wohl bekannteste Elastizität ist die **Preiselastizität der Nachfrage** (vgl. auch Kapitel 7.3.3). Sie ist die heilige Kuh der Preispolitik eines jeden Unternehmens, das auf einem Massenmarkt anbietet: Die Antwort auf die Frage, um wie viel Prozent sich der Absatz eines Produktes bei einer relativen Preisänderung verändern wird, würde die Unternehmensplanung erheblich vereinfachen. Abbildung

---

[29] Siehe hierzu auch den plakativen Beitrag von End, 2005.

[30] Vgl. Coenenberg, et al., 2009, S. 68 sowie Mahlendorf, 2009. Sehr empfehlenswert in diesem Zusammenhang: Anderson, et al., 2003.

11 zeigt das prinzipiell zu erwartende Ergebnis auf diese Frage, nämlich, dass mit sinkendem Preis die Absatzmenge steigt. Ausnahmen wie Veblen- und „Snob"-Güter, bei denen die Absatzmenge steigt, obwohl der Preis erhöht wird, werden hier zunächst nicht berücksichtigt.

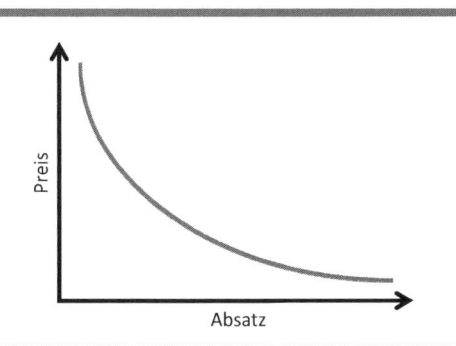

Abbildung 11: Schema einer Preis-Absatz-Funktion

Die Herausforderung ist nun, aus wenigen Ausgangsdaten, die z.B. mittels eines Markttests gewonnen wurden, regressiv eine Funktion darzustellen, die prognostiziert, wie sich die Absatzmenge bei einer Preisveränderung verhält. Parallel dazu ist der verbleibende Deckungsbeitrag je Produkt und nach der Multiplikation mit der Absatzmenge der Gesamtdeckungsbeitrag zu errechnen, um als Ergebnis die gewinnoptimale Zielabsatzmenge zu erhalten.

Was sich nachvollziehbar anhört, entpuppt sich als Aufgabenstellung für den Vertriebscontroller als äußerst schwierig. Es gilt, in Markttests die Wirkung einer Preisänderung zu ermitteln, dabei aber gleichzeitig alle anderen Einflussfaktoren auszuschließen. Während dies noch für Güter des täglichen Bedarfs, das Shampoo, die Margarine oder den Joghurt, funktionieren mag, ist dies im Projektgeschäft, in dem jedes Absatzgut individuell konfiguriert wird, nahezu unmöglich. Lediglich Näherungslösungen, die von Einzelbeispielen abstrahieren und mit zahlreichen Annahmen arbeiten, führen zu einem – wenn auch wenig befriedigenden – Ergebnis.

Die Berechnungsformel für die Preiselastizität der Nachfrage (ε) lautet:

$$\varepsilon = \frac{\dfrac{neue\ Absatzmenge - alte\ Absatzmenge}{alte\ Absatzmenge}}{\dfrac{neuer\ Preis - alter\ Preis}{alter\ Preis}}$$

Tabelle 15 hilft bei der Interpretation von Elastizitätswerten.

Elastizität	Bedeutung
0	Die Absatzmenge ist vollkommen unsensibel gegenüber dem Preis. Die Absatzmenge ist **vollkommen unelastisch**.
$-\infty$	Zu gegebenem Preis ist jede beliebige Menge absetzbar. Die Absatzmenge ist somit **vollkommen elastisch**.
-1	**Proportionale Elastizität**: Eine Preisänderung von z.B. +1% bewirkt eine Mengenänderung von -1%. Beträgt die Elastizität bei jeder denkbaren Preisänderung -1, wird dies auch als **isoelastisch** bezeichnet.
$\varepsilon < -1$	**Überproportionale Elastizität**: Eine Preisänderung von z.B. 1% bewirkt eine Absatzmengenänderung von mehr als 1%.
$-1 < \varepsilon < 0$	Eine Preisänderung von 1% bewirkt eine Absatzmengenänderung von weniger als 1%. Sie verhält sich **unelastisch**.
+1	**Umgekehrte Proportionalität**: Eine Preisänderung von z.B. +1% bewirkt eine Absatzmengenänderung von ebenfalls +1%.
$\varepsilon > +1$	Eine Preisänderung von z.B. 1% bewirkt eine Absatzmengenänderung von mehr als 1%. Sie verhält sich **anomal elastisch**. Die relative Mengenänderung ist somit größer als die relative Preisänderung.

Tabelle 15: Bedeutung von Elastizitätswerten

3.3 Kennzahlensysteme als Rückgrat des Vertriebscontrollings

Unternehmerisches Handeln ist zielgerichtet. In der Regel ist der Gewinn die Resultante und der primäre Fokus der Aktivitäten, aber je nach Zielsetzung der finanziellen Führung können auch die (Eigen-) Kapitalrentabilität oder die Unternehmenswertentwicklung im Vordergrund stehen. Sicherlich gibt es begleitende Ziele, von der sozialen Verantwortung über den Umweltschutz bis zur Nachhaltigkeit hinsichtlich des Vermögenserhalts, jedoch bleibt an dieser Stelle als Grundannahme und strategische Maxime die langfristige Gewinnmaximierungsabsicht zuvorderst.

Der Gewinn ist zunächst eine schlichte absolute Zahl mit hoffentlich positivem Vorzeichen. Um nun bewerten zu können, ob er gut oder schlecht ist, wird er in Bezug zu einem anderen quantitativen Wert gesetzt, z.B. zum Gewinn des Vorjahres, zum Umsatz oder zum Gewinn eines gleich großen Wettbewerbers – und schon tauchen wir ein in die Welt der Kennzahlen.

Das Vertriebscontrolling „lebt" von Kennzahlen. Viele andere Instrumente und Methoden, von der Balanced Scorecard über die Benchmarkanalyse bis hin zur Customer Value Analysis basieren auf Kennzahlen und Kennzahlensystemen. Das erleichtert die Arbeit, lassen sich doch komplexe Sachverhalte in einer einfachen, geschickt hergeleiteten Zahl abbilden. Mehr noch: Erst durch Kennzahlen werden Handlungsfolgen mess- und vergleichbar.

Natürlich drängt sich die Kritik auf und ist entsprechend häufig zu lesen und zu hören, dass insbesondere das Empathie-betonte Verkaufen nicht mit Kennzahlen beschrieben werden kann. Die Reduzierung der Vertriebssteuerung auf quantitative Messgrößen sei eine Vereinfachung, der ein mechanistisches Weltbild zugrunde läge und die dazu führe, dass Verkäufer ihre Talente nicht nutzen würden, weil sie dem Primat der Kennzahlenerfüllung unterlägen. Diese Kritik ist richtig. Aber es wäre fatal, auf Kennzahlen als Führungsinstrument zu verzichten. Vielmehr gilt es, die richtigen Kennzahlen zu konstruieren. Was nutzt es beispielsweise, die Kundenkontakthäufigkeit je Key Account und Monat zu messen, wenn nicht gleichzeitig die „Qualität des Kundenkontakts" gemessen und als Korrekturfaktor einbezogen wird? Die Schlagzahl des Ruderers zu zählen ist gut, aber ohne zu wissen, mit welcher

Kraft ein Ruderer jede Durchzugbewegung ausführt, ist es unmöglich, zu erahnen, wie schnell sich das Boot fortbewegen wird.

Gewichtiger ist die Kritik, dass Kennzahlen dazu führen, sich auf interne Daten zu konzentrieren, nur, weil sie verfügbar sind. Diese Daten sind zudem noch vergangenheitsorientiert. Beide Kritikpunkte sind vorbehaltlos richtig. Vor allem die rückwärtsgewandte Betrachtung wird zu einem Problem, wenn versucht wird, durch Extrapolation die Zukunft zu beschreiben.

Das Hauptproblem einer Kennzahlen-Ideologie jedoch ist, dass nicht-messbare Faktoren unbeachtet bleiben. Somit bleiben gerade die empathischen Qualitäten eines Verkäufers unberücksichtigt, auch, wenn sie ein entscheidender Faktor für mehr Verkaufserfolg sind. Hier hat die Messbarkeit von Faktoren ihre Grenze, da sowohl ein Messsystem als auch eine Skala fehlen, um „empathische Qualität" zu messen. Lediglich die Folgen des Einsatzes sind beobachtbar.

> Gutes Vertriebscontrolling unterstützt die Unternehmens- und Vertriebsführung durch ein Kennzahlengerüst, das ermöglicht, den Wirkungszusammenhang zwischen Stellgrößen (Was wird verändert?) und Messgrößen (Was wird dadurch erreicht?) objektiv zu messen.

So gelingt die geforderte Objektivierung bzw. „Entmystifizierung" von verkaufsgerichteten Handlungen.

In Kapitel 3.3.1 wird die Konstruktion von Kennzahlen beschrieben, denn ein Vertriebscontroller wird oft mit der Aufgabe konfrontiert, eigene Kennzahlen zu bilden. Beispiele hierfür finden sich in Kapitel 3.3.2. In Kapitel 3.3.3 werden diese zu Kennzahlensystemen aggregiert. Wie diese in der Praxis eingesetzt werden, zeigen anschließend drei verschiedene Führungsinstrumente, nämlich die Balanced Scorecard, die Benchmark- und die Frühwarnsysteme, die in den Kapiteln 3.3.4 bis 3.3.6 erläutert werden.

3.3.1 Kennzahlenkonstruktion

Kennzahlen sind das wichtigste Werkzeug des Vertriebscontrollings. Um sie dreht sich nahezu alles. Sie sind einzigartig darin, zum Teil äußerst komplexe Sachverhalte in einer einzigen Zahl auszudrücken. Sie determinieren Managemententscheidungen, sie bestimmen Meetings, sie sind Beweis, sie sind Behauptung.

> Eine Kennzahl beschreibt einen vergangenen, gegenwärtigen oder erwarteten zukünftigen Zustand mittels einer Relation.

Die Kennzahl ist sehr oft das Ergebnis einer quantitativen Methode, zumindest aber einer Formel. Sie besteht immer aus zwei Teilen:

- Messgröße

- Bezugsgröße

Eine Messgröße alleine anzugeben (10 Mitarbeiter), macht noch keine Kennzahl aus. Diese entsteht erst, wenn die Messgröße in Relation zu einer Bezugsgröße gesetzt wird (Filiale, Monat, Abteilung).

Erst dann entsteht eine Kennzahl (10 Mitarbeiter pro Filiale usw.), die sich verwenden lässt. Jede Kennzahl ist somit eine Relativzahl.[31]

Der Nutzen von Kennzahlen ähnelt der Auflistung des Nutzens von quantitativen Methoden in Kapitel 3.1. Hinzu kommen jedoch die folgenden Aspekte:

- **Verständnisqualität**: Kennzahlen sind schnell zu erfassen, insbesondere dann, wenn sie in Unternehmen eine Tradition entwickeln. In der Mobilfunkbranche wird bspw. mit der Kennzahl „ARPU" gearbeitet (Average Revenue per User and Month). Diese resultiert aus einem relativ komplexen mathematischen Verfahren, in das nach über Jahre entwickelten Regeln Parameter zur Berechnung einbezogen oder ausgeschlossen werden. In ihrer Bedeutung hat sie jedoch Leuchtturmcharakter und dient der Steuerung von Vertriebskanälen ebenso wie der Entscheidung über kommunikationspolitische Maßnahmen im Zielgruppenmarketing.

- **Schnelligkeit**: Kennzahlen vermögen komplexe betriebswirtschaftliche Verflechtungen und Abhängigkeiten in einer einzigen Zahl auszudrücken. Statt mühsamer Beschreibung von Wirkzusammenhängen reicht zuweilen in erster Annäherung an eine Aufgabenstellung eine Kennzahl. Das DuPont-Schema (vg. Abbildung 14) z.B. umfasst ein sich auf eine einzige Kennzahl verdichtendes Konglomerat von Unterkennzahlen. Diese Resultante (hier der Return on Investment als Produkt aus Kapitalrentabilität und Kapitalumschlaghäufigkeit) drückt den Wert eines Unternehmens bzw. eines Untersuchungsgegenstandes aus, schnell und hoch verdichtet.

- **Zuverlässige Beschreibung von Veränderungen:** Zur Bewertung von Handlungskonsequenzen lassen sich Kennzahlen wie Messinstrumente nutzen. Sie zeigen auf der gewünschten Aggregationsstufe auf, welche Wirkung die Veränderung einer Inputvariablen hat. Bei der Erstellung des Vertriebsbudgets z.B. wird die Kennzahl „Deckungsbeitrag je Vertriebsabteilung" als Resultante beobachtet, während die Unterkennzahlen (Auftragseingang je Verkäufer und Monat, Gehalt je Verkäufer, Akquisitionsdauer je Auftrag usw.) – gleichsam als Stellschrauben – verändert werden: Der Grundstein jeder Sensitivitätsanalyse.

- **Ansatzpunkt für Analysen:** Als Ausgangspunkt, gleichsam als „Suchschema für die Ursachen- und Schwachstellenanalyse"[32] bilden Kennzahlen den Ausgangspunkt für Analysen. Das DuPont-Schema ist wiederum ein sehr anschauliches Beispiel hierfür.

Kennzahlen haben jedoch auch ihre Grenzen. Nach Groll lassen sie sich wie folgt auflisten[33]:

- Informationsgehalt der Kennzahl ist nicht kongruent zum Informationsbedarf des Adressaten

- Mangelnde Aussagekraft durch unzureichende Grundlage hinsichtlich der Inputdaten

- Falsche oder unvollständige kausale Zusammenhänge

- Falsche Formeln

- Falsche Interpretation

- Verzerrung der Wirklichkeit durch unausgewogene Information

---

[31] Der Vollständigkeit halber sei erwähnt, dass je nach Autor Absolutzahlen sehr wohl zu den Kennzahlen gerechnet werden. Vgl. hierzu exemplarisch Stelling, 2003, S. 275. Absolute Kennzahlen haben in der betrieblichen Praxis kaum Bedeutung.

[32] Stelling, 2003, S. 275

[33] Groll, 2004, S. 22

- Mangelnde Aktualität

Diese Liste ließe sich problemlos verlängern, drückt sie doch aus, dass Kennzahlen Ausschnitte der Wirklichkeit repräsentieren, aber nicht sind. So, wie ein Foto einer Landschaft diese nur in optischer, zweidimensionaler, verkleinerter und eingegrenzter Form repräsentiert und Variablen wie Gerüche, Geräusche, Wind oder in zeitlicher Hinsicht die Geschichte und zu erwartende Zukunft der Landschaft nicht wiedergeben kann, kann mittels einer Kennzahl immer nur ein bestimmter Betrachtungswinkel eingenommen werden. Lebrenz warnt in einem bemerkenswerten Beitrag vor einem Kennzahlen- bzw. KPI-Fetischismus, aber nicht, weil er ihren Sinn und Nutzen in Frage stellt, den er vollumfänglich anerkennt, sondern weil er im modernen Management einen Missbrauch ausgemacht haben will: Kennzahlen als Feigenblatt, als Schild, als Pseudoargument, das nicht weiter begründet werden muss. Kennzahlen als Argumentationszentrum in emotional belastenden Gesprächen. Kennzahlen als Allheilmittel, sogar zur Abbildung naturgemäß nur qualitativ erfahrbarer Phänomene.[34]

Die Kunst guten Vertriebscontrollings ist nun, der Kennzahl in ihrer Bedeutung und ihrem Entstehen den richtigen Platz zu geben. Hierzu empfiehlt sich, für jede Kennzahl ein Datenblatt zu erstellen, dass z.B. einer Präsentation als Anlage beigelegt oder aber im Intranet eines Unternehmens zur Verfügung gestellt wird.

Folgendes Format eines Kennziffer-Datenblatts dient als Vorschlag und enthält die wichtigsten Angaben:

---

[34] Lebrenz, 6.8.2012

Kennzahlen Datenblatt der XYZ GmbH	
Bezeichnung	**Netto-Verkäufer-Auftragseingang (NVAE)**
Formel	$NVAE(V,M) = AE(V,M) + PAE(V,M) - AERed(V,M) - (MG(V) * KZ)$
Erläuterung der Inputgrößen	*AE(V,M)*: Auftragseingang des Verkäufers im betreffenden Berichtsmonat. *PAE(V,M)*: Anteiliger (partieller) Auftragseingang des Verkäufers im betreffenden Berichtsmonat bei im Team gewonnenen Aufträgen. *AERed(V,M)*: Anteilige Reduzierung des Auftragseingangs wegen Unterstützung durch andere Verkäufer. *MG(V)*: Monatsgehalt des Verkäufers. *KZ*: Korrekturkoeffizient als Aufschlagssatz zum Monatsgehalt.
Regeln bzgl. der Ermittlung der Inputgrößen	*PAE*: Den Anteil des Verkäufers legt der Vertriebsleiter fest. Die Summe der Anteile muss stets 100% betragen. *AERed*: Die Reduzierung und Umbuchung auf den einem anderen Verkäufer anzurechnenden Auftragseingang entscheidet der Vertriebsleiter. *MG*: Brutto-Monatslohn bei 100% Zielerreichung in einem 30-Tage-Monat ohne Berücksichtigung von Sonderzulagen. Quelle: Personalabteilung. *KZ*: Vertriebsassistent und Junior Sales Manager: 1,2; Sales Manager: 1,25; Senior Sales Manager: 1,35.
Aussagewert der Kennzahl	Die Kennzahl gibt wieder, welchen Auftragseingangsüberschuss nach Abzug der persönlichen Personal- und Personalnebenkosten ein Verkäufer erwirtschaftet. Bezugsgröße ist der Zeitraum von einem Monat.
Aussagegrenzen	Urlaube, Krankheiten oder Umorganisationen werden nicht berücksichtigt. Schwankungen auf Monatsbasis werden nicht erklärt. Die Kennzahl ist lediglich zur Darstellung der mittel- und langfristigen Entwicklung von Verkäufern geeignet.
Erstellung der Kennzahl	Für die Erstellung ist das Vertriebscontrolling der Zentrale, Abteilung XYZ, verantwortlich. Die Erstellung erfolgt automatisch monatlich seit 07/2003. Eine Unterbrechung gab es im Zeitraum von 09/2006 bis 11/2006.
Verwendung der Kennzahl	Die Kennzahlen für alle Verkäufer werden dem Vertriebsleiter bis zum 5. Werktag eines Monats für den jeweils zurückliegenden Berichtsmonat per Excel-Datei übermittelt.
Sonstiges	Die Kennzahl erlaubt den Rückschluss auf das Gehalt des Verkäufers. Sie unterliegt der Vertraulichkeit und darf nur an Mitarbeiter der Führungsstufe B oder höher weitergeleitet werden.
Ansprechpartner	Fritz Müller, Vertriebscontrolling zentral, Tel. -12345

Tabelle 16: Beispiel eines Kennzahlen-Datenblatts

3.3.2 Kennzahlen im Vertriebscontrolling

Nachfolgend sind mögliche Kennzahlen, mit denen das Vertriebscontrolling arbeitet, aufgelistet.[35] Die Liste in Tabelle 17 erhebt keinen Anspruch auf Vollständigkeit oder Rangfolgenlogik, sondern soll der Inspiration, also als Ideenlieferant, dienen. Sie wird durch die Kennzahlen, die u.a. in Kapitel 5.4.1 dargestellt werden, ergänzt. Auf die mathematisch erforderliche Parametrisierung der Kennzahlen (nach Zeit, Produkt, Kunden usw.) wird aus Gründen der Übersichtlichkeit zunächst verzichtet.

---

[35] Auflistung zusammengestellt aus Weis, 2008, S. 52 ff. und Reinecke, 2004 sowie eigene Ergänzungen.

Kennzah-lenbereich	Mögliche Kennzahlen
Umsatz	$Umsatz = Absatzmenge * Preis$ $Umsatzentwicklung = \dfrac{aktueller\ Umsatz}{Vorperiodenumsatz} * 100$ $Umsatzanteil = \dfrac{Umsatz\ Produkt\ A\ oder\ Filiale\ A}{Gesamtumsatz} * 100$ $Ausgeschöpftes\ Umsatzpotential = \dfrac{Umsatz\ eigenes\ Unternehmen}{Marktvolumen} * 100$
Deckungs-beitrag[36]	$Deckungsbeitrag = Umsatzerlöse - variable\ Kosten$ $Produktdeckungsbeitrag = Nettoumsatz\ des\ Produktes - Produkteinzelkosten$ $Auftragsdeckungsbeitrag = Nettoauftragsvolumen - Auftragseinzelkosten$ $Kundendeckungsbeitrag$ $\qquad = Nettoumsatz\ des\ Kunden$ $\qquad - direkt\ der\ Kundenbeziehung\ zurechenbare\ Kosten$
Akquisition und Ver-kaufsinstanz en	$Kontakthäufigkeit = Anzahl\ Kundenkontakte\ pro\ Periode$ $Kontaktintensität = \dfrac{Nettoumsatz}{Anzahl\ Kundenkontakte}$ $Kontakterfolgsquote = \dfrac{Terminvereinbarungen}{Anzahl\ kontaktierter\ Interessenten} * 100$ $Angebotsquote = \dfrac{Anzahl\ abgegebener\ Angebote}{Anzahl\ besuchter\ Interessenten} * 100$ $Abverkaufsquote = \dfrac{Anzahl\ Kunden\ (Laden, Online - Shop)}{Verkäufe} * 100$ $Besuchseffizienz = \dfrac{Anzahl\ Aufträge}{Anzahl\ Kundenbesuche} * 100$ $Effizienz\ der\ Verkaufsinstanz = \dfrac{Anzahl\ Kundenkontakte}{Anzahl\ Abverkäufe} * 100$ $Verkaufszeitanteil = \dfrac{Zeit\ in\ direktem\ Kundenkontakt}{Arbeitszeit} * 100$ $Instanzeneffektivität = \dfrac{Kosten\ der\ Verkaufsinstanz}{Nettoumsatz} * 100$

---

[36] Vgl. hierzu auch Kapitel 3.2.2

	$Personalquote = \dfrac{Anzahl\ Verk\ddot{a}ufer\ in\ der\ Filiale}{Nettoumsatz\ oder\ Anzahl\ Abverk\ddot{a}ufe} * 100$
Angebote	$Angebotsentwicklung = \dfrac{Angebote\ der\ Istperiode}{Angebote\ der\ Vorperiode} * 100$
	$Angebotserfolgsquote\,(Anzahl) = \dfrac{erfolgreiche\ Angebote}{Gesamtzahl\ Angebote} * 100$
	$Angebotserfolgsquote\,(Volumen) = \dfrac{Umsatz\ der\ erfolgreichen\ Angebote}{Umsatz\ aller\ abgegebenen\ Angebote} * 100$
	$Loss\ Order\ Rate = \dfrac{Anzahl\ abgelehnter\ Angebote}{Anzahl\ aller\ abgegebenen\ Angebote} * 100$
	$Loss\ Order\ Quote = \dfrac{Anzahl\ abgelehnter\ Angebote}{Anzahl\ angenommener\ Angebote} * 100$
Aufträge	$Auftragseingangsquote = \dfrac{bisheriger\ Auftragseingang\ (Umsatz)}{geplanter\ Gesamtumsatz\ in\ der\ Periode} * 100$
	$Auftragseingangsentwicklung = \dfrac{Auftragseingang\ der\ Periode}{Auftragseingang\ der\ Vorperiode} * 100$
Preis	$Preisdurchsetzung = \dfrac{Auftr\ddot{a}ge\ mit\ Preisnachlass\ auf\ Angebotspreis}{Anzahl\ Angebote} * 100$
	$Rabattquote = \dfrac{Summe\ aller\ gew\ddot{a}hrten\ Rabatte}{Umsatz\ (netto\ oder\ brutto)} * 100$
	$Rabattintensit\ddot{a}t\ Produkt\ A = \dfrac{Summe\ aller\ Rabatte\ auf\ Produkt\ A}{Summe\ aller\ Rabatte} * 100$
Qualität	$Liefertreue = \dfrac{Anzahl\ nicht\ vertragskonformer\ Auslieferungen}{Summe\ aller\ Auslieferungen} * 100$
	$Stornoquote = \dfrac{storniertes\ Auftragsvolumen}{Nettoumsatz} * 100$
	$Umtauschquote = \dfrac{Anzahl\ Umt\ddot{a}usche}{Anzahl\ Verk\ddot{a}ufe} * 100$
	$Beschwerdequote = \dfrac{Anzahl\ sich\ beschwerender\ Kunden}{Anzahl\ Kunden} * 100$
Kunden	$Kundenwiedergewinnungsquote = \dfrac{Zur\ddot{u}ckgezogene\ K\ddot{u}ndigungen}{K\ddot{u}ndigungen} * 100$
	$Zahlungstreue = \dfrac{Offene\ Debitorenrechnungen\ nach\ Zahlungsziel}{Nettoumsatz} * 100$
	$Kundenverteilung = Anteil\ der\ Kunden, die\ x\,\%\ des\ Umsatzes$ $(Gewinns, St\ddot{u}ckmenge, Anzahl\ Abver\ddot{a}ufe\ usw.)ausmachen$
	$Kundentreue = \varnothing\ Vertragszeit$

	Stammkundenquote $= Anteil\ der\ Kunden, die\ länger\ als\ x\ Monate\ oder\ Jahre\ Kunden\ sind$ $Neukundenquote = \dfrac{Neukundenumsatz}{Nettoumsatz} * 100$ $Neukundenanteil = \dfrac{Anzahl\ Neukunden}{Gesamtkunden} * 100$
Marktpositi-on	$Marktvolumentanteil = \dfrac{Nettoumsatz}{realisierter\ Gesamtmarktumsatz} * 100$ $Marktpotentialanteil = \dfrac{Nettoumsatz}{geschätzter\ möglicher\ Gesamtmarkt} * 100$

Tabelle 17: Kennzahlen im Vertriebscontrolling

Dieses Kapitel abschließend seien die Ergebnisse einer Studie wiedergegeben, in der die Schlüsselkennzahlen im Marketing und Verkauf von Unternehmen in der Schweiz und in Deutschland ermittelt wurden (Abbildung 12). Hierzu wurden 419 Unternehmen befragt, die angaben, welche Kennzahlen sie nutzen. Untersucht wurde zudem, ob die angegebene Kennzahl zu den fünf wichtigsten des jeweils befragten Unternehmens gehörte. [37]

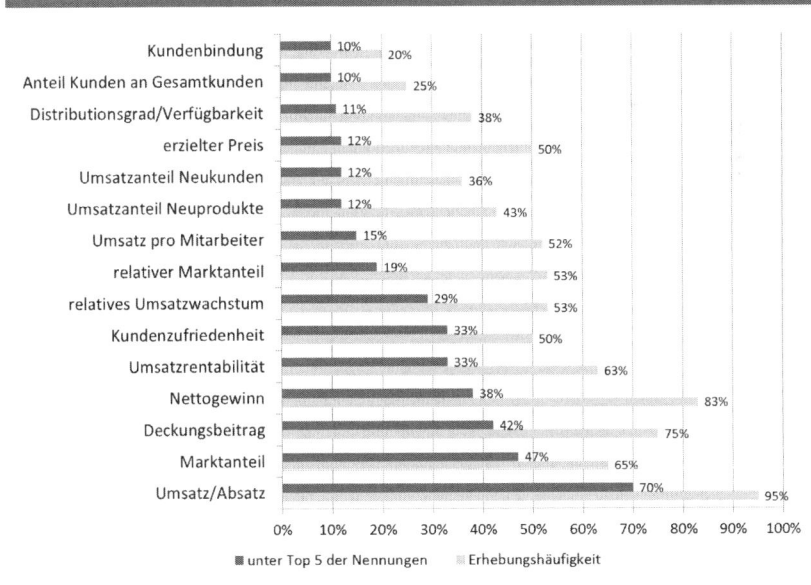

Abbildung 12: Schlüsselkennzahlen in Marketing und Verkauf nach Reine-cke

---

[37] Reinecke, 2004, S. 23

3.3.3 Kennzahlensysteme

Werden Kennzahlen miteinander kombiniert, indem eine Kennzahl zur Inputgröße für eine andere wird, entsteht ein System von Kennzahlen. Die Aufgabe dieses Systems ist die gleiche wie jene für eine einzelne Kennzahl und Nutzen und Nachteile sind ebenso kongruent. Der Unterschied besteht darin, dass Kennzahlensysteme den darzustellenden Wirklichkeitsausschnitt detaillierter bzw. umfassender repräsentieren können. Zum Foto kommt, um das obige Beispiel aufzugreifen, eine Beschreibung der Gerüche, die bei der Betrachtung der abgebildeten Landschaft wahrgenommen werden könnten, wäre man vor Ort.

Nach Reinecke[38] lassen sich die Anforderungen an ein Kennzahlensystem wie in Tabelle 18 dargestellt zusammenfassen.

Anforderungen an Kennzahlensysteme	
problemgerecht	Zeitliche und sachliche Entsprechung der Ziele
	Aktueller, periodengerechter und verdichteter Informationsgrad
	Valide und zuverlässige Informationsqualität
	Gegenüber Manipulation und Suboptima robust
konsistent	Frühwarnung
	Ursache-Wirkungs-Zusammenhang
	Widerspruchsfrei
	Ausgewogen
	Eindeutige Operationalisierung der Messung
flexibel	Dynamisch an Veränderungen anpassbar
	Koppelung interner und externer Daten
	Modularer Aufbau
benutzer- und organisationsgerecht	Harmoniert mit der Organisationsstruktur
	Nutzen des Systems ist wahrnehmbar
	System ist realitätsnah, vollständig, widerspruchsfrei und glaubwürdig
	Standardisiert
	Eingebunden in Management und Controllingprozesse
	Kompakt und transparent
wirtschaftlich	Aufwand der Datenerhebung
	Automatisierungsgrad

Tabelle 18: Anforderungen an ein Kennzahlensystem nach Reinecke

Ein gutes Beispiel eines Kennzahlensystems ist das in Abbildung 13 wiedergegebene System nach Reichmann[39]. Auf den ersten Blick erscheint es komplex, doch letztlich wird sich jedes Vertriebscontrolling einen solchen Katalog von mehr oder weniger miteinander verwobenen Kennzahlen zulegen müssen, um die regelmäßigen Aufgaben der Planung, Steuerung, Koordination und Kontrolle des Vertriebs abarbeiten zu können. Erst durch die Entwicklung vergleichbarer, quantitativer und somit reproduzierbarer Aussagesysteme werden Vertriebe kalkulier- und letztlich steuerbar. Kennzahlensys-

---

[38] Reinecke, 2004, S. 14

[39] Reichmann, 2011, S. 449

teme sind der Schlüssel dazu und ihre vermeintliche Komplexität löst sich schnell auf, denn der Vertriebscontroller wird sich rasch in seinem Gebiet auskennen und seine Kunden, also die Adressaten und Nutzer der Kennzahlen, sehen in der Regel nur jenen Ausschnitt, der sie interessiert oder werden mit Kennzahlen erst dann konfrontiert, wenn ein vorher festgelegter Schwellwert über- oder unterschritten wird.

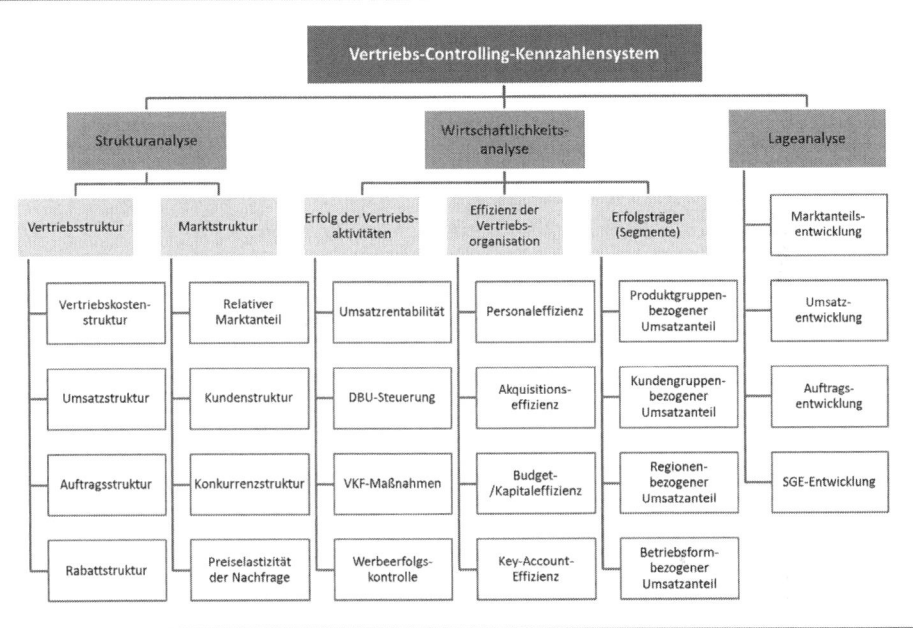

Abbildung 13: Kennzahlensystem nach Reichmann, gekürzte Darstellung

Im Ergebnis kann es zwei Arten von Kennzahlensystemen geben:

1. Der Kennzahlenkatalog

2. Das Kennzahlenschema

Der Unterschied besteht darin, dass in einem Kennzahlenschema Kennzahlen zu Inputgrößen anderer Kennzahlen werden. Während bei einem Kennzahlenkatalog durchaus einzelne Kennzahlen einmal fehlen dürfen, wäre dies im Schema nicht möglich, denn dann ließe es sich in Gänze nicht ausrechnen, oder aber es müssen Regeln formuliert werden, wie mit fehlenden Größen umzugehen ist (z.B.: „Fehlt eine Inputgröße, ist jene des Vormonatsberichts zu verwenden."). Das obige Kennzahlensystem nach Reichmann entspricht dem Entwurf eines Kennzahlenkatalogs.

Um die Idee eines Kennzahlenschemas und damit den Unterschied zum Kennzahlenkatalog in Abbildung 13 zu verdeutlichen, sei in Abbildung 14 das bereits mehrfach erwähnte DuPont-Schema wiedergegeben, auch, wenn es nicht unmittelbar das Vertriebscontrolling betrifft:

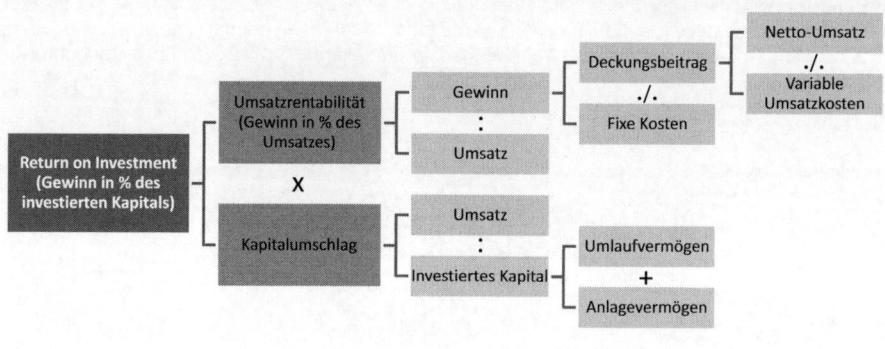

Abbildung 14: DuPont-Kennzahlenschema

Bei der Entwicklung von Kennzahlensystemen, sofern sie nicht im Zeitverlauf sukzessive entstehen, ist – das liegt auf der Hand – die **Informationsnachfrage** der wesentliche Ausgangspunkt: Wer benötigt wann welche Information? Jedoch ist immer auch zu unterstellen, dass Adressaten ihren eigenen Informationsbedarf nicht voll umfänglich kennen oder aus anderen Gründen, etwa, um sich in bestimmten Bereichen nicht messen lassen zu wollen, die Entwicklung einer Kennzahl ablehnen.

Der zweite Aspekt ist die **Informationsverfügbarkeit**. Kennzahlensysteme benötigen die permanente Verfügbarkeit von Inputdaten gleichbleibender Qualität. Mehr noch als bei der Fortschreibung einzelner, regelmäßig ermittelter Kennzahlen sind bei einem Kennzahlensystem Fehlerquellen nur schwer zu erkennen. Eine fehlerhafte Inputgröße wird sich im System, sofern Kennzahlen höherer Aggregationsstufen Kennzahlen geringerer Stufen implizieren, fortschreiben. Neben der grundsätzlichen Verfügbarkeit der Information ist somit auch auf gleichbleibende Qualität zu achten.

Der dritte Aspekt sind die **Rechenmethode** bzw. die **Erstellungsregel**. Sind die mathematischen Verknüpfungen korrekt und ist der Zeitbezug konsistent (Tag, Monat usw.), können Folgefehler ausgeschlossen werden?

Als vierter und letzter Aspekt spielt die Frage der **Darstellung der Ergebnisse** eine Rolle. Das sich insbesondere sozio-empathisch geprägte Personen, etwa die Verkäufer, nicht von einem Blatt voller Zahlen angezogen fühlen, ist einsichtig. Aber auch die Vertriebs- und Unternehmensleitung will durch eine lesefreundliche Aufbereitung der Daten für die Inhalte gewonnen werden. Zugegeben, viele Controller glauben, ihre Arbeit durch Ausdrucke möglichst komplexer Excel-Sheets adeln zu müssen, doch findet ein animiertes Dashboard mit Sicherheit mehr Beachtung. Und darauf kommt es an.

3.3.4 Balanced Scorecard

Fundament der Balanced Scorecard ist ein Kennzahlensystem. Doch damit wäre sie nur unzureichend beschrieben, denn ihre Idee ist keineswegs die Beschreibung einer vergangenen oder gegenwärtigen Situation des Unternehmens oder eines Teilbereichs wie den Vertrieb.

> Die Balanced Scorecard ist ein Kennzahlen-Cockpit, um Zielerreichung messen zu kön-
> nen. Es operationalisiert die strategische Zielsetzung und macht diese mess- und steuer-
> bar.[40]

Referenzgrößen sind Ziele, die zuvor festgelegt und in messbare Größen übersetzt werden müssen. Diese Ziele können sich auf das gesamte Unternehmen erstrecken, sowohl hinsichtlich dessen Position im Markt (Kunden, Wettbewerb) als auch intraorganisational (Mitarbeiter, Aufbau- und Ablauforganisation). Ferner ist möglich, eine Balanced Scorecard für einen betrieblichen Funktionalbereich, etwa eine Abteilung oder einen Bereich wie den Vertrieb, zu erstellen und als Steuerungsinstrument zu verwenden. Und damit beschäftigt sich dieses Kapitel.

Zunächst sind einige wichtige Voraussetzungen zu erfüllen:

- **Zielsystemkongruenz**: Das Zielsystem, das mittels der Balanced Scorecard abgebildet werden soll, entspricht den Zielen des Vertriebes und ist integraler Bestandteil des Gesamtzielsystems des Unternehmens.

- **Zielsystemabdeckung**: Die einbezogenen Kennzahlen spiegeln das Zielsystem wider. Umgekehrt: Die einzelnen Ziele sind operationalisierbar. Es lassen sich Kennzahlen finden, welche einen Hinweis darauf geben, ob und in welchem Maße Ziele erreicht oder noch nicht erreicht wurden.

- **Bedingung der Quantifizierbarkeit von Zielen**: Ziele, für die keine Kennzahlen und somit keine Möglichkeit der Quantifizierung gefunden werden, können grundsätzlich nicht in einer Balanced Scorecard abgebildet werden.

- **Bedingung der Beeinflussbarkeit von Zielen**: Nur jene Ziele sind für die Vertriebs-Balanced Scorecard relevant, die vom Vertrieb beeinflussbar sind.

- **Wirkungszusammenhang**: Die in die Balanced Scorecard aufgenommenen Kennzahlen repräsentieren einen Ursache-Wirkungs-Zusammenhang zwischen einzelnen Faktoren. Die Beeinflussung einer Kennzahl durch eine Aktivität führt zur Veränderung der Ergebnisse des gesamten Kennzahlensystems.

- **Bedingung der Quantifizierbarkeit von Kennzahlen**: Es sind solche Kennzahlen zu finden, die einen relevanten Output messen.

- **Adäquater Detaillierungsgrad**: Die Anzahl der Kennzahlen und somit der Kriterien, nach denen der Erreichungsgrad der jeweiligen Sub-Ziele gemessen werden soll, sollte so sein, dass ein gesunder Ausgleich von „Messgenauigkeit" und „Übersichtlichkeit" gewahrt bleibt.

Im Kern hat sich die Balanced Scorecard seit der ersten Beschreibung des Konzepts durch Kaplan und Norton[41] nicht verändert, doch wurden seit dem zahlreiche Varianten publiziert, die eine Anpassung auf Brachen, Funktionalbereiche oder Unternehmensgrößen darstellen. Auch hat sich ein munterer Markt für Software, Berater, Trainer und Publikationen rund um die Balanced Scorecard entwickelt. Leider leiden viele Ausführungen daran, dass nach der vermeintlich als Pflicht empfundenen Beschreibung des Konzeptes der Balanced Scorecard Ansätze für eine operationale Umsetzung fehlen.[42] Nachfolgend wird folgerichtig versucht, für die Zwecke des Vertriebscontrollings ein Vorgehen

---

[40] „Was Du nicht messen kannst, kannst Du auch nicht lenken", wie es Peter Drucker treffend formulierte.

[41] Kaplan & Norton, 1992 und 1997

[42] So z.B. in Zimmer & Brakensiek, 2006, S. 300 ff.. Vgl. auch Wedler & Funk, 2011

zu beschreiben, das pragmatisch genug ist, damit es von der Organisationsgröße unabhängig angewendet werden kann.[43]

Der grundsätzliche Aufbau einer Balanced Scorecard entspricht einer vierarmigen Waage. Jeder Arm repräsentiert einen strategisch bedeutsamen **Entwicklungsbereich** eines Unternehmens oder eines Funktionalbereichs. Diese vier Arme sind miteinander verbunden. In jeder Waagschale befindet sich eine überschaubare Anzahl von **Zielen**, die jeweils durch eine oder mehrere **Kennzahlen** gemessen werden (Abbildung 15). Den Mittelpunkt der vierarmigen Waage bildet die Strategie des Unternehmens bzw. des Bereichs. Diese Strategie entspricht dem Primärziel, also der Spitze des Zielsystems.

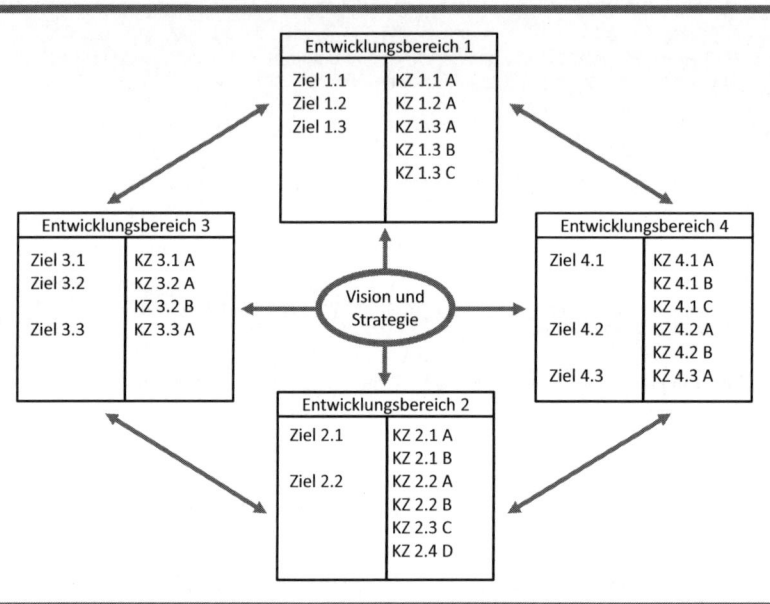

Abbildung 15: Grundmodell einer Balanced Scorecard: die vierarmige Waage

Die originären vier **Entwicklungsbereiche**, auch Perspektiven genannt, waren die Finanzen, die Kunden, die internen Geschäftsprozesse sowie das Lernen im Sinne der Personalentwicklung.[44] Für das Gesamtunternehmen könnte die Balanced Scorecard wie in Abbildung 16 dargestellt aussehen. Die Entwicklungsbereiche wurden mit **Leitfragen** ergänzt, welche zum Verständnis der strategischen Ziele beitragen. Die Pfeile zwischen den vier Entwicklungsbereichen symbolisieren die gegenseitige Abhängigkeit, aber durchaus auch den möglichen Zielkonflikt: So steht beispielsweise die Steigerung der Kundenzufriedenheit mit der Senkung der Kundenbetreuungskosten (Finanzen) in Konkurrenz. Zu guter Letzt symbolisieren die Pfeile auf operationaler Ebene mögliche Abhängigkeiten der Kennzahlen untereinander: Kennzahlen eines Entwicklungsbereiches können und dürfen bspw. als Inputgrößen für weitere Kennzahlen eines anderen Entwicklungsbereichs verwendet werden.

---

[43] Ein abstrakteres, vor allem für große Organisationen mit mehreren Hierarchiestufen geeignetes Vorgehensmodell findet sich in Kaplan & Norton, 1993.

[44] Kaplan & Norten, 1996, S. 4

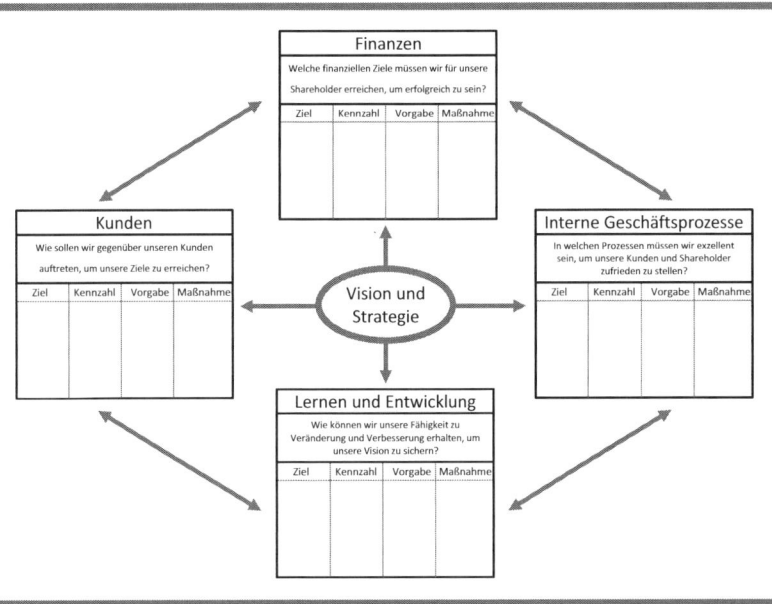

Abbildung 16: Balanced Scorecard für das Gesamtunternehmen[45]

Für den Vertrieb als betrieblichen Funktionalbereich kann nun in Ableitung der Balanced Scorecard für das Gesamtunternehmen eine Vertriebs-Balanced Scorecard erstellt werden. Das typische Vorgehen vollzieht sich in den nachfolgend beschriebenen Schritten:

Schritt 1: Festlegung der Vertriebsstrategie

Vertriebsziele sind niemals eindimensional. Es ist stets ein Ausgleich verschiedener Ziele, die in einer partiell substitutiven Beziehung zu einander stehen. In der betrieblichen Praxis spielen oft folgenden Ziele, die graduell miteinander kombiniert werden, bei der Festlegung der Vertriebsstrategie eine Rolle:

- Maximierung der Abverkaufsmenge (Stück, Chargen, Aufträge, Projekteinsatztage o.ä.)

- Maximierung des Umsatzes

- Minimierung der Vertriebskosten

- Maximierung des Deckungsbeitrags (je Kunde, je Absatzeinheit, je Auftrag, je Zeitperiode)

---

[45] Texte frei übersetzt nach: Kaplan & Norten, 1996, S. 4

Ferner werden bei bestimmten Unternehmens- und Vertriebstypen weitere Ziele eine große Rolle spielen, etwa solche, welche die Zufriedenheit und Wiederkaufbereitschaft von Kunden betreffen. Je nach Markt- und Wettbewerbskonstellation und somit je nach Handlungsspielraum des Unternehmens wird die Vertriebsstrategie und mit ihr das Vertriebs-Zielsystem unterschiedlich ausgeprägt sein.

Bedeutsam ist dieser Schritt vor allem auch dadurch, dass an der Erreichung der Vertriebsziele die Steuerung der Verkaufsinstanzen auszurichten ist. Je klarer die Ziele sind und formuliert werden, desto fokussierter kann auch das Intensivierungsschema gestaltet werden.[46] Im Zweifel und für den Fall, dass keine andere Vertriebsstrategie definiert wurde, sei als primäres Vertriebsziel „Umsatzmaximierung bei einem Deckungsbeitrag von mindestens x € je Stück" ausreichend. Es beinhaltet sowohl eine quantitative Vorgabe („Verkauft so viel wie möglich!") als auch eine qualitative Nebenprämisse („Aber nicht unter der Preisgrenze."); das Vertriebscontrolling wäre hier als Deckungsbeitragswächter gefordert. Präzisieren ließe sich ein solches Ziel durch die Vorgabe einer Mindest-Verkaufsmenge, die sich wiederum aus den Marktanteilszielen oder der geplanten Produktionsmenge und somit aus Vorgaben anderer betrieblicher Teilbereiche ableiten ließe, z.B. „Absatz von 8.000 Tonnen Rohgetreide mit einem Mindest-Durchschnittsdeckungsbeitrag von z.B. 17,- € je Tonne."

Schritt 2: Festlegung der Entwicklungsbereiche

In der Literatur finden sich zahlreiche Ansätze, die Entwicklungsbereiche einer Vertriebs-Balanced Scorecard zu definieren. Je nach Zielsetzung haben sie alle ihre Berechtigung. Zwei Ansätze seien hier ausführlicher erläutert:

Zum einen ist möglich, die jeweiligen Entwicklungsbereiche, die in der Balanced Scorecard für das Gesamtunternehmen genannt werden, also „Finanzen", „Kunden", „Interne Geschäftsprozesse" sowie „Lernen und Entwicklung" beizubehalten und die Ziele und zugehörigen Kennzahlen anzupassen. Daraus leiten sich die relevanten Vorgaben und Maßnahmen ab. Eine solche derivative Vertriebs-Balanced Scorecard sähe wie in Abbildung 17 dargestellt aus.

---

[46] Vgl. Kapitel 5.6.1 und 5.6.4

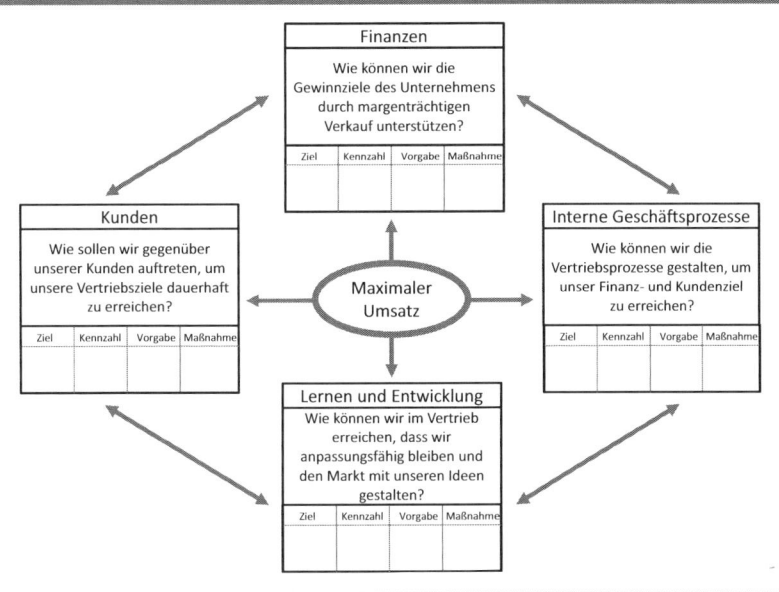

Abbildung 17: Derivative Vertriebs-Balanced Scorecard

Zum anderen könnten die Entwicklungsbereiche konsequenter auf vertriebliche Aspekte zugeschnitten werden. Zu berücksichtigen wären dann

1. Kunden

2. Produkte

3. Vertriebsprozesse

4. Verkaufsinstanzen

So groß ist der Unterschied zu obigem Beispiel nicht, denn die ursprünglichen Entwicklungsbereiche „Finanzen" und „Lernen und Entwicklung" finden sich in die Bereiche „Produkte" respektive „Verkaufsinstanzen" integriert. Eine dedizierte Balanced Scorecard könnte dann wie in Abbildung 18 dargestellt aussehen.

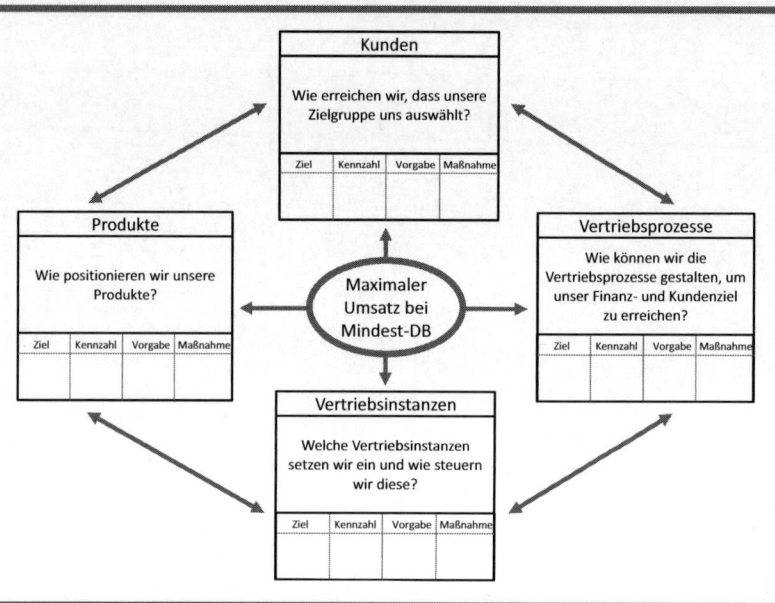

Abbildung 18: Dedizierte Vertriebs-Balanced Scorecard

Einer Erläuterung wert sind die Zielformulierungen, die jeweils als Leitfragen die Entwicklungsbereiche umreißen (Tabelle 19). Die hier gewählten sind als Beispiele zu begreifen.

Entwicklungs-bereich	Leitfrage	Bedeutung
Kunden	Wie erreichen wir, dass unsere Zielgruppe uns auswählt?	Eine Zielgruppe ist die aus der Grundgesamtheit theoretisch möglicher Kunden ausgewählte Teilgruppe derjenigen, die mit absatzpolitischen Maßnahmen adressiert werden sollen. Die Beantwortung der Kernfrage führt zum Handlungsrahmen, der sich in den Aktivitäten des Marketingmix operationalisiert.
Produkte	Wie positionieren wir unsere Produkte?	Selten genug kann der Vertrieb signifikanten Einfluss auf die Produktpolitik nehmen, so dass in der Mehrzahl der Unternehmen die Produkte zumindest kurzfristig als vorgegeben zu akzeptieren sind. Folglich geht es nicht um die Frage, ob die Produkte die richtigen sind, sondern darum, wie die vorhandenen Produkte zu positionieren sind.
Vertriebs-prozesse	Wie können wir die Vertriebsprozesse gestalten, um unser Finanz- und Kundenziel zu erreichen?	Aussagen darüber, dass Vertriebspersonal zu viel Zeit mit Verwaltungsarbeit und zu wenig Zeit beim Kunden verbringen, sind Legion. Folglich ist das Ziel, den Anteil der Arbeitszeit der produktiven Verkaufsinstanzen in Kundenkontaktsituationen zu maximieren. Relevant sind hier neben den Kundenzielen die Finanzziele des Unternehmens, die in den übrigen Entwicklungsbereichen bisher keine Rolle spielten, denn die Vertriebsprozesse laufen niemals isoliert ab, sondern greifen in die Prozesse anderer Funktionalbereiche ein.
Vertriebs-instanzen	Welche Verkaufsinstanzen setzen wir ein und wie steuern wir diese?	Es werden – je nach Darstellung – eine Vielzahl von unterschiedlichen Vertriebsarten unterschieden (vgl. Abbildung 39). Die Initial-, Steuer- und Transaktionskosten sind ebenso unterschiedlich wie der Output, so dass eine Optimierung des Portfolios von Vertriebsarten zu den Entwicklungsbereichen gehört.

Tabelle 19: Kernfragen der Entwicklungsbereiche einer Vertriebs-Balanced Scorecard

Schritt 3: Festlegung der Ziele je Entwicklungsbereich

Im Wesentlichen gehen die Ziele bereits aus der Erläuterung der Bedeutung der jeweiligen Leitfrage (vgl. Tabelle 19) hervor. Zu beachten ist, dass die oben formulierten Voraussetzungen erfüllt werden:

- Erstens muss die Erreichung der Ziele mittels Kennzahlen überprüfbar sein. Nur dann lassen sich auch Vorgaben erstellen und per Soll-Ist-Abgleich Defizite erkennen.

- Zweitens sind nur solche Ziele sinnvoll, die auch tatsächlich durch Wirken und Managen des Vertriebes beeinflusst werden können. Die Produktrentabilität beim Zielpreis z.B. ist durch den Vertrieb nicht verbesserbar und somit kein Ziel, aber die aus der Priorisierung von einzelnen Produkten innerhalb eines Verkaufssortiments resultierende Sortimentsrentabilität kann eines sein.

- Drittens sollten Ziele Outputs repräsentieren, die in unmittelbarem Zusammenhang mit der Vertriebsstrategie stehen. Die Recherche von Interessentenadressen z.B. stellt kein Ziel des Entwicklungsbereichs „Kunden" dar, obgleich es die Voraussetzung für weitere vertriebliche Aktivitäten ist. Erst die Kontaktaufnahme könnte ein Ziel sein.

Tabelle 20 stellt exemplarisch einige Ziele je Entwicklungsbereich für einen Versicherungsvertrieb vor und entwickelt unser Beispiel weiter.

Entwicklungs-bereich	Leitfrage	Mögliche Ziele
Kunden	Wie erreichen wir, dass unsere Zielgruppe uns auswählt?	• Treue Kunden • Hoher Anteil von Neukunden • Geringe Kündigungsquote
Produkte	Wie positionieren wir unsere Produkte?	• Erweiterungsverkäufe von Altprodukten • Schnelle Marktdurchdringung mit Neuprodukten • Wettbewerbsvorteile auf Produktebene • Preiswürdigkeit
Vertriebs-prozesse	Wie können wir die Vertriebsprozesse gestalten, um unser Finanz- und Kundenziel zu erreichen?	• Geringer Akquisitionsaufwand • Schnelle Auftragsabwicklung • Niedrige Reklamationskosten • Hohe Wiedergewinnungsquote bei Kündigungen
Vertriebs-instanzen	Welche Verkaufsinstanzen setzen wir ein und wie steuern wir diese?	• Maximale Marktpräsenz • Niedrige langfristige Provisionskosten • Führend bei Mehrproduktvertrieben

Tabelle 20: Ziele je Entwicklungsbereich am Beispiel eines Versicherungs-vertriebs

Schritt 4: Priorisierung der Ziele

Sind die Ziele je Entwicklungsbereich definiert, ist der nächste Arbeitsschritt, diese zu priorisieren. Erforderlich ist dies, um im siebenten Schritt ein strategiekonformes Bündel an Maßnahmen vor dem Hintergrund begrenzter Ressourcen definieren zu können. Die intuitive Herangehensweise, zunächst innerhalb der Entwicklungsbereiche eine Zielhierarchie zu erstellen, ist zur Darstellung einer Ordnung durchaus sinnvoll, führt aber nicht weiter, denn je nach Geschick bei der Durchführung des dritten Schritts (Festlegung der Ziele je Entwicklungsbereich) „erscheinen" Ziele wichtig oder weniger wichtig. Darum empfiehlt sich – wie bei der Nutzwertanalyse – die Objektvierung der individuellen Einschätzung. Der Referenzpunkt ist die Vertriebsstrategie bzw. Vision, die den Mittelpunkt der Vertriebs-Balanced Scorecard markiert. Die Frage, die bei jedem Ziel zu stellen ist, lautet folglich: „Inwieweit beeinflusst die Zielerreichung die Vertriebsstrategie." Zu beachten ist, dass nicht nur positive, förderliche Effekte eine Rolle spielen. Zuweilen ist der Einfluss der Erreichung des Ziels geringer als der Einfluss bei einer Verfehlung des Ziels, die vektoriellen Auswirkungen (Ziel erreicht vs. Ziel nicht erreicht) sind also nicht gleich. Dies erschwert die Bewertung des Beitrages eines Ziels zur Vertriebsstrategie.

Zu empfehlen ist eine Nutzwertanalyse, wie sie in Kapitel 3.5 beschrieben wird. Die Schwierigkeit hier ist, einen sinnvollen Kriterienkatalog zu finden. Jedoch ist der Aufwand hierfür in der unternehmerischen Praxis überaus hilfreich, führt er doch dazu, dass sich alle an dem Prozess der Erstellung der Vertriebs-Balanced Scorecard beteiligten Personen intensiv mit dem Wirkungsgeflecht der eigenen Organisation sowie der Verknüpfungen mit dem Marktumfeld auseinander setzen müssen.

Eine akzeptable Vereinfachung des Aufwands zur Priorisierung der Ziele ist, die in Kapitel 3.5 beschriebene Paarvergleichsmethode anzuwenden. Auch hier wird durch die Einzelbetrachtung eines Zielpaares durch alle Teilnehmer des Prozesses eine Objektvierung des Gesamtproblems erreicht. Die Schwierigkeit wird darin liegen, bei einer Anzahl von vielleicht 20 oder mehr Zielen konzentrierte Vergleiche anzustellen, denn bei 20 Zielen sind immerhin 190 Vergleiche mit der Frage anzustellen, ob Ziel A wichtiger sei als Ziel B. Tabelle 21 stellt exemplarisch ein mögliches Ergebnis dar.

Entwicklungsbereich	Ziel	Nutzwert	Ressourcen-anteil je Ziel	Ressourcenan-teil je Bereich
Kunden	Ziel 1	86	15%	26%
	Ziel 2	45	8%	
	Ziel 3	16	3%	
Produkte	Ziel 1	76	13%	22%
	Ziel 2	52	9%	
Vertriebsprozesse	Ziel 1	46	8%	24%
	Ziel 2	43	7%	
	Ziel 3	32	6%	
	Ziel 4	19	3%	
Verkaufsinstanzen	Ziel 1	74	13%	28%
	Ziel 2	65	11%	
	Ziel 3	22	4%	
Summe		576	100%	100%

Tabelle 21: Priorisierung der Ziele einer Vertriebs-Balanced Scorecard

Schritt 5: Festlegung der Kennzahlen je Ziel

Die in Tabelle 20 aufgeführten Ziele lassen sich allesamt operationalisieren und somit in Form von Kennzahlen darstellen. Je direkter die Zielerreichung per Kennzahlen abgebildet wird, desto eindeutiger fallen im nächsten Schritt die Maßnahmen aus. In Tabelle 22 finden sich für jedes der oben definierten Ziele eine oder mehrere Kennzahlen für den hier als Beispiel angenommenen Versicherungsvertrieb. Die Kennzahlen beziehen sich dabei entweder auf eine für Vergleiche zu wählende Zeitperiode oder sie bilden Relationen ab. Sie werden hier zugunsten der Übersichtlichkeit und Deutlichkeit zumeist ohne die dahinter stehende mathematische Relation aufgelistet.

Entwicklungs-bereich	Ziele	Kennzahl
Kunden	Treue Kunden	• Kündigungen je 100 Versicherungsverträge p.a. • Abverkäufe (Neuprodukt, Erweiterung) je 100 Bestandskunden p.a. • Anzahl Verträge je Kunde
	Hoher Anteil von Neukunden	• Anteil Neukunden an Aufträgen (gemessen in Stück oder als Umsatzanteil) • Gewonnene Neukunden im Verhältnis zu gewonnenen Aufträgen bei Bestandskunden
	Geringe Kündigungsquote	• Vertragskündigungen • Kundenabgänge (alle Verträge eines Kunden)
Produkte	Erweiterungsverkäufe von Altprodukten	• Erweiterungen von Altverträgen bei Bestandskunden • Anteil verkaufter Produkte, die sich länger als x Jahre im Portfolio befinden
	Schnelle Marktdurchdringung mit Neuprodukten	• Anteil Neuprodukte am verkauften Portfolio • Vertragsakquisitionsdauer in Prozent der durchschnittlichen Akquisitionsdauer über alle Produkte
	Wettbewerbsvorteile auf Produktebene	• Platzierungen bei Vergleichstests unabhängiger Dritter • Ranking im Produktvergleichstest eines selbst beauftragten Marktforschungsinstituts
	Preiswürdigkeit	• Platzierungen bei Vergleichstests unabhängiger Dritter • Ranking im Produktvergleichstest eines selbst beauftragten Marktforschungsinstituts
Vertriebsprozesse	Geringer Akquisitionsaufwand	• Vertragsakquisitionskosten, gewichtet um die Vertragsakquisitionserfolgsquote • Rücklaufquote wegen fehlerhafter oder nachzubessernder Angebote • Zeitaufwand von Erstkontakt bis Vertrag • Verkaufszeitanteil (Kundenkontaktzeit im Verhältnis zur Gesamtarbeitszeit)
	Schnelle Auftragsabwicklung	• Zeitaufwand von Vertragseingang bis Zusendung der Police • Anzahl erforderlicher Rückfragen je Auftrag
	Niedrige Reklamationskosten	• Kosten je Reklamation • Anteil Ø Reklamationskosten an den Ø Prämiendeckungsbeiträgen
	Hohe Wiedergewinnungsquote bei Kündigungen	• Quote zurückgezogener Kündigungen • Neuvertragsabschlüsse nach Kündigungen bei jeweiligen Kunden

Vertriebs-instanzen	Maximale Marktpräsenz	• Anzahl Haushalte je Verkäufer • Ø Entfernung der Haushalte vom nächsten Ver-käufer • Haushalte je Verkäufer • Bekanntheitsquote (gestützt oder ungestützt)
	Niedrige langfristige Provisionskosten	• Ø Provisionskosten je Neuvertag • Barwert der kumulierten zukünftigen Provisionen • Summe aller Provisionsverpflichtungen
	Führend bei Mehrpro-duktvertrieben (Han-delsvertreter)	• Anteil des eigenen Produkts am Set angebotener Produkte • Anteil des eigenen Produkts am Portfolio der Vertragsabschlüsse des Handelsvertreters

Tabelle 22: Kennzahlen je Ziel am Beispiel eines Versicherungsvertriebs

Schritt 6: Festlegung von Vorgaben je Kennzahl

Sind Kennzahlen definiert, werden sie „mit Leben gefüllt". Dies geschieht, indem zum einen der Wert der Kennzahl zum Ist-Zeitpunkt ermittelt wird und zum anderen ein Zielwert bestimmt wird. Dieser Zielwert entspricht einer Sollvorgabe und wird somit zum Steuerungs- und Kontrollinstrument. Jeder Zielwert besteht grundsätzlich aus vier Komponenten:

1. Die quantitative Größe und Einheit (Euro, Menge) der Kennzahl

2. Der Zielerreichungskorridor, sofern nicht nur ein fixer Wert angestrebt wird

3. Der Zeitpunkt bzw. die Intervalle, zu dem bzw. in denen die Kennzahl gemessen wird

4. Der Zeitraum, für den ein Wert zu ermitteln ist

Ferner ist festzulegen, wie offen mit den ermittelten Werten umgegangen wird, denn nicht jede Kennzahl ist für eine Veröffentlichung im Mitarbeiterkreis geeignet.

Schritt 7: Definition der Maßnahmen

Sind Kennzahlen, wie sie in Tabelle 22 exemplarisch aufgeführt wurden, gefunden und repräsentieren diese Kennzahlen die vom Vertrieb beeinflussbaren Ziele, die wiederum dazu dienen, die Vertriebs-strategie umzusetzen, so folgt nun der letzte Schritt: Es gilt, Maßnahmen bzw. Aktivitäten zu definieren, welche die Kennzahlen beeinflussen. Hier ist selbstkritisches Handeln erforderlich, um eine praktikable Relation von Maßnahmen und per Kennzahl gemessenem Zielerreichungsgrad zu erreichen. Ungünstig sind zwei Konstellationen:

• Keine Maßnahmen für eine Kennzahl: Wenn für eine Kennzahl keine sinnvollen Maßnahmen gefunden werden, weil diese z.B. einen unrealistisch hohen Aufwand erfordern würden oder das Ergebnis der Maßnahmen die Kennzahl nur marginal beeinflussen würden, so ist die Kennzahl unbrauchbar.

• Keine Kennzahl für Maßnahmen: Finden sich viele sinnvollen Maßnahmen, die zu tun wären, um die in Tabelle 20 aufgeführten Ziele zu erreichen, deren Ergebnisse jedoch in keiner Kennzahl erfasst und somit gemessen werden, so sind die Kennzahlen neu zu überdenken.

Wurde alles richtig gemacht, ist das Ergebnis ein praktikables Set von Maßnahmen, die umzusetzen sind. Diese Maßnahmen konkurrieren naturgemäß um die begrenzten Ressourcen des Vertriebs. Hier kommt nun die im vierten Schritt durchgeführte Priorisierung der Ziele zum Tragen. Allerdings ist nicht die sequentielle Abarbeitung der Maßnahmen je Ziel anzuraten, sondern wünschenswert wäre eine Verteilung der Ressourcen proportional zu den sich aus der Nutzwertanalyse ergebenden Nutzwerten oder aber der sich aus der Paarvergleichsmethode ergebenden Ranking-Ziffern, wie sie in Tabelle 21 dargestellt sind. Aber aufgepasst: Je Maßnahme signifikant unterschiedliche Setup- und Fixkosten verhindern diese proportionalisierende Vorgehensweise, weil das Kostenrisiko jeweils unterschiedlich ist. Darum ist im Zweifel jenen Maßnahmen der Vorzug zu geben, deren Kosten variabel verlaufen. Ausführlich wird dieser Aspekt in Kapitel 6.4 dargestellt.

Selbstverständlich ließen sich nun innerhalb der Ziele die jeweiligen die Kennzahlen beeinflussenden Maßnahmen wiederum per Nutzwertanalyse oder zumindest per Paarvergleichsmethode priorisieren und so ein auf diese entfallender Ressourcenanteil zuweisen. Methodisch wäre das sauber und korrekt, doch stellt sich in der Praxis oft heraus, dass auf dieser Ebene die Erfahrung der handelnden Personen, zumindest aber deren pragmatische Einschätzung der Möglichkeiten, zu einer ausreichenden Näherungslösung führt.

Schritt 8: Controlling der Maßnahmen und der Zielerreichung

Aufgabe des Vertriebscontrollers ist die Planung, Steuerung, Koordination und Kontrolle der Maßnahmen, die in den bisherigen sieben Schritten festgelegt wurden. Dies ist eine Serviceleistung für die Führungskräfte und sollte diesen im Arbeitsalltag nützlich sein. Insbesondere das frühe Erkennen und Aufzeigen von Abweichungen der Ist- von den Plankennzahlen spielt hierbei eine große Rolle. Diese Abweichungen lassen sich nur dann als Tendenz erkennen, wenn die Kennzahlen in adäquaten Intervallen zur Verfügung stehen. Oft wird dies durch einen unverhältnismäßig hohen Datenerfassungsaufwand verhindert, so dass ein vernünftiges Abwägen der Informationsbedürfnisse und Informationsbeschaffungskosten angezeigt ist.

Das übliche Leitmotiv beim Controlling der Maßnahmen ist deren Zielerreichungsbeobachtung mittels eines Armaturenbretts – des **Dashboards**. Letztlich handelt es sich dabei um eine mehr oder weniger ansehnliche Darstellung der Kennzahlen. Ob dieses automatisch aktualisiert wird, per Handarbeit vom Vertriebscontroller erstellt und an die Adressaten verteilt bzw. in regelmäßigen Meetings präsentiert und diskutiert wird, ist letztlich eine Frage des Aufwands und des erwarteten Nutzens.

Grenzen der Vertriebs-Balanced Scorecard

Eine Vertriebs-Balanced Scorecard hilft, von der Vertriebsstrategie ausgehend die Aktionsfelder des Vertriebs in eine sinnvolle Balance zu bringen. Resultat ist ein Maßnahmenpaket, das per Kennzahlensystem gesteuert wird. Kritikpunkte an der Balanced Scorecard gibt es viele und kaum eine Publikation lässt den erhobenen Zeigefinger aus, mit dem warnend darauf hingewiesen wird, dass eine Balanced Scorecard methodisch sauber und konsequent anzuwenden sei, damit sie funktioniere. [47] Dem ist nichts hinzuzufügen.

In der betrieblichen Praxis scheitern Vertriebs-Balanced Scorecards in der Mehrzahl der Fälle, weil sie methodisch unsauber aufgebaut sind oder der Aufwand der ständigen Pflege gescheut wird. Sie werden als Workshop-Tool verstanden, nicht aber als Instrument der Vertriebssteuerung. Oftmals erodieren sie zu Kennzahlenlisten und die Zielsetzung, allen Vertriebsmitarbeitern und insbesondere dem Management die Führung durch klare Vorgaben zu erleichtern, wird nicht erfüllt. Dass sie niemals mehr sind, als die unvollkommene Abbildung eines komplexen Geschehens, das nur bedingt der eigenen Kontrolle untersteht und von einer unberechenbaren Umweltdynamik beeinflusst wird, versteht sich von selbst. Doch ohne solche Modelle gelingt es nicht, ein Unternehmen – oder eine größere

---

[47] Exemplarisch, aber gelungen: Deking & Meier, 2000, S. 266

Vertriebsorganisation – zu führen. Die Aufgabe des Vertriebscontrollings ist es, die Vertriebs-Balanced Scorecard als ein mögliches Führungsinstrument beizusteuern.

3.3.5 Benchmarkanalysen

Benchmarkanalysen sind – wie die Vertriebs-Balanced Scorecard auch – ein Kennzahlensystem, das der Feststellung des gegenwärtigen Leistungsstands des Untersuchungsobjektes oder -subjekts dient. Es handelt sich dabei um ein diagnostisches Instrument, auf dessen Befund sich eine Therapie gründet.

Benchmarkanalysen werden in der betrieblichen Praxis des Vertriebscontrollings seltener eingesetzt, als es die Bekanntheit des Verfahrens vermuten lässt. Die Ursache liegt weniger darin, dass die Ergebnisse nicht nützlich wären – im Gegenteil –, sondern darin, dass der Verkauf als primäre Aufgabe des Vertriebs ein wie oben erläutert unscharfer Prozess ist, der nicht lückenlos in seiner Wertschöpfungskette beschrieben und dessen Erfolgswahrscheinlichkeit nicht anhand der eingesetzten Produktionsfaktoren berechnet werden kann. Und ein unscharfer Prozess lässt sich nur schwer mit anderen „unscharfen" Prozessen vergleichen. Jedoch kann für definierbare Prozessschritte das Ergebnis des Handelns in Relation zum geleisteten Einsatz, also den Kosten, ausgedrückt werden und ein Vergleich dieser Relation mit jener von Wettbewerbern oder innerhalb konkurrierender innerbetrieblicher Verkaufsinstanzen kann nützliche Einblicke bieten.

> Ziel von Benchmarkanalysen ist, Ausprägungen messbarer Leistungsdimensionen von Untersuchungsobjekten bzw. Untersuchungssubjekten anhand eines Referenzwertes zu bewerten. Die Stärke der Benchmarkanalyse liegt im Messen von Abweichungen von den Vergleichswerten, nicht aber im Erkennen der Gründe.

Ein Zusatznutzen ist, dass sich anhand der Benchmarkanalyse aufzeigen lässt, wie ein methodisch sauberer Vergleich von Leistungsdimensionen stattfinden kann. Die nachfolgenden Erläuterungen sind durchaus auch auf andere Formen von Parametervergleichen anwendbar.

Originär dienen Benchmarkanalysen dazu, Leistungen eines Unternehmens mit entweder anderen oder aber mit Durchschnittswerten von Unternehmen der betrachteten Branche zu vergleichen. Tabelle 23 zeigt exemplarisch das Ergebnis einer Benchmarkanalyse im Einzelhandel. Verglichen wurden die Leistungsdimensionen „Umsatz je Quadratmeter" sowie die Umsätze je Mitarbeiter und die Anzahl Mitarbeiter je Filiale. In der Interpretation ist zu erkennen, dass die Ausprägungen der Ergebnisse mal besser, mal schlechter als der Branchendurchschnitt sind. Auch ist zu erkennen, dass eine Leistungsdimension selbst bereits eine Wertung beinhalten kann: Im Beispiel der Tabelle 23 ist eine möglichst geringe Anzahl von Mitarbeitern je Filiale positiv, aber je nach Geschäftsmodell kann eine hohe Anzahl z.B. auf mehr Beratungsintensität hinweisen. Dass in Schritt 3 der Methodik festzulegenden Kennzahlen-Raster weist also einen präjudizierenden Charakter auf.

Vergleichsgröße bzw. Kennzahl	Eigenes Unternehmen	Bestes Unternehmen der Branche	Branchendurchschnitt
Umsatz je qm	2.043 €	3.129 €	2.134 €
Umsatz je Mitarbeiter	234.000 €	287.000 €	212.000 €
Mitarbeiter je Filiale	12,6	10,3	11,3

Tabelle 23: Beispiel einer Benchmarkanalyse des Einzelhandels

Zu unterscheiden sind im Beispiel Untersuchungsobjekte, hier der Umsatz, und Untersuchungssubjekte, hier die Mitarbeiter. Mögliche andere Untersuchungsobjekte für das Vertriebscontrolling sind:

- Vertriebsorganisationen (Abteilungen, Vertriebsdienstleister, Vertriebsunterstützungsbereiche)

- Vertriebsprozesse (Aufwand, Zeitdauer, Kosten, Fehlerhäufigkeit, Anzahl von Ausnahmefällen, Schulungsaufwand)

- Rentabilität von Produkten oder Projekten

- Vertriebsstrategien

Als Untersuchungssubjekte bieten sich beispielsweise an:

- Vertriebs-, oder spezieller: Verkaufsmitarbeiter

- Vertriebsunterstützer

- Vertriebsmanager

- Kunden

Die Leistungsdimensionen sind entweder direkt messbar, etwa Umsätze, Auftragseingänge, Kosten, Marktdurchdringung, Penetrationsraten, Bekanntheit, Qualität oder Zeitaufwand, oder aber durch Befragungen ermittelbar, etwa Beliebtheit, Zufriedenheit oder die Wiederkaufabsicht.

In jedem Falle kann sowohl unternehmensintern als auch unternehmensextern verglichen werden, wobei einsichtig ist, dass in letzterem Falle die Beschaffung der Informationen das größte Problem darstellen wird: Welcher Wettbewerber stellt schon freiwillig seine internen Leistungsdaten zur Verfügung? Dies ist nur mittels anonymisierten Befragungen zu bewerkstelligen, die von unabhängigen Dritten wie Branchenfachverbänden oder Beratungsgesellschaften durchgeführt werden.

Die Bewertung der eigenen Zielerreichung kann sich an einem Maßstab wie dem Branchendurchschnitt oder an der Zielerreichung des Besten orientieren. Das Vorgehen folgt dem in Abbildung 19 dargestellten Modell.[48]

---

[48] Ein alternatives, detaillierteres Phasenkonzept findet sich in Müller, 1998, S. 65.

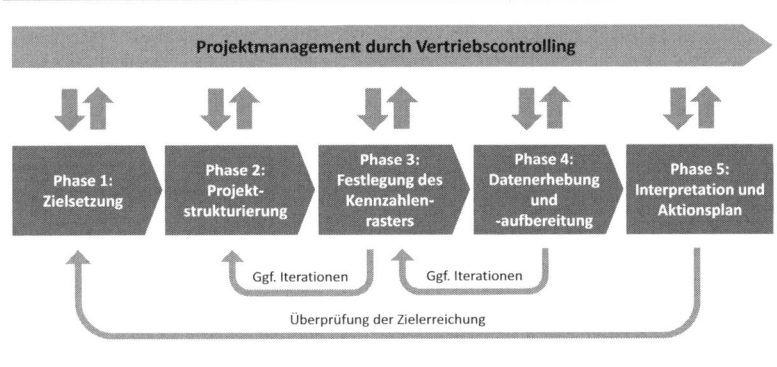

Abbildung 19: Benchmark-Prozess im Vertriebscontrolling

Schritt 1: Zielsetzung

Kern des ersten Schritts ist es, herauszufinden, welcher Informationsbedarf besteht. Oftmals können die auftretenden Fragestellungen auf einfachem Wege über Kennzahlenvergleiche beantwortet werden und der weitere Aufwand erübrigt sich, insbesondere bei unternehmensinternen Analysen. Der Vertriebscontroller tut gut daran, die erarbeitete und ausformulierte Zielsetzung der anstehenden Benchmarkanalyse festzuhalten und seinem Management, sofern dieses ihn beauftragt hat, noch einmal vorzulegen. Diese Schleife diszipliniert dazu, die Fragestellung so präzise wie möglich auszuformulieren und somit den Prozess der Benchmarkanalyse selbst bewertbar zu machen, indem am Ende der Wissensgewinn mit der Fragestellung verglichen wird.

Schritt 2: Projektstrukturierung

Insbesondere bei externen Benchmarkanalysen kann der Aufwand beträchtlich sein, gilt es doch, Wettbewerber davon zu überzeugen, eigene Daten preis zu geben. In vielen Fällen wird dies akzeptiert, zuweilen aber müssen vertrauenswürdige Dritte die Daten einsammeln und anonymisiert den Teilnehmern zur Verfügung stellen. Dies ist zu organisieren, was im Sinne des klassischen Projektmanagements Ressourcen kostet, also Zeit, Kosten und Personal.

Bei internen Benchmarkanalysen sollten die erforderlichen Informationen zur Verfügung stehen. Quelle der Informationen ist oftmals das interne Rechnungswesen (Kosten- und Leistungsrechnung), das mindestens die Kosten von Organisationseinheiten benennen kann. Im besten Falle können über Rentabilitäts- und Deckungsbeitragsrechnungen Vergleichsdaten gewonnen werden, z.B. immer dann, wenn ERP-Systeme im Einsatz sind.

Eine Hürde stellen in der betrieblichen Praxis Betriebsvereinbarungen dar, z.B., wenn große Vertriebseinheiten mit Einzelhandelspersonal oder Call Center-Mitarbeitern, die regelmäßig von einem Betriebsrat vertreten werden, in die Analysen mit einbezogen werden sollen. Oft sind individualisierte Auswertungen untersagt, auch dann, wenn die Telefonanlage bspw. die Länge von Telefonaten oder die Länge der Nachbearbeitungszeit liefern könnte.

Resultat des zweiten Schritts ist ein Projektplan, der das Vorgehen sowie die benötigten Ressourcen beinhaltet. Auch dieser ist vom beauftragenden Management zu genehmigen.

Schritt 3: Festlegung des Kennzahlenrasters

In diesem Schritt wird konkretisiert, welche Leistungsdimensionen der Untersuchungsobjekte bzw. -subjekte gemessen und womit (Benchmark) sie verglichen werden sollen. Folglich werden mit den Kennzahlen auch die erforderlichen Inputgrößen und damit der Informationsbedarf bestimmt. Wenn unsicher ist, dass dieser befriedigt werden kann, drängt sich eine Schleife zu Schritt 2 und eine Neudefinition der Untersuchungsziele auf.

Von Bedeutung ist die methodische Anforderung, dass die erhobenen Daten je Untersuchungsobjekt oder -subjekt vergleichbar sein müssen. Werden in einer Filiale, um beim Beispiel, das in Tabelle 23 skizziert wurde, zu bleiben, alle Mitarbeiter, aber in einer anderen nur die Vollzeitangestellten gezählt, ist das Resultat wertlos. Ergebnis des dritten Schritts ist somit zum einen ein Kennzahlensystem und zum anderen ein Katalog zu beschaffender Informationen.

Schritt 4: Datenerhebung und -aufbereitung

Sie ist die eigentliche Arbeitsphase. Ob die Datenerhebung per Abfrage in einem ERP-System, per Interviews oder durch die Auswertung von Berichten erfolgt, ist Frage des Projektplans bzw. der Festlegung des Kennzahlenrasters. Iterationen zu Schritt 3 ergeben sich dann, wenn festgestellt wird, dass erforderliche Datenquellen aus technischen, juristischen oder anderen Gründen nicht zur Verfügung stehen.

Die Datenaufbereitung erfolgt in einer methodisch nachprüfbaren, kommentierten Form. Die Anforderungen an die Daten respektive Kennzahlen, wie sie in Schritt 3 definiert wurden, werden aufgegriffen und es wird beschrieben, inwieweit diese erfüllt wurden. Üblicherweise wird MS Excel eingesetzt, um die Daten zu erfassen. Grundsätzlich werden immer

- der „Best performer" einer Leistungsdimension sowie

- der Durchschnittswert aller Untersuchungsobjekte bzw. -subjekte

gefunden. Diesen zwei Werten wird dann jener für das jeweils zu betrachtende Objekt oder Subjekt gegenübergestellt und ermittelt, ob der Untersuchungsgegenstand schlechter, besser oder gleich gut wie der Vergleichsgegenstand ist. Schlussendlich wird kontrolliert, ob damit die in Schritt 1 gestellten Fragen beantwortet wurden.

Die Benchmarkanalyse ist damit abgeschlossen. Die methodische Aufgabe ist erfüllt, die relative Position eines Untersuchungsobjekts oder -subjekts in Bezug auf die untersuchten Leistungsdimensionen ist ermittelt.

Schritt 5: Interpretation und Aktionsplan

Doch mit Abschluss des vierten Schritts ist das erhoffte Ziel einer Benchmarkanalyse, „von den Besten zu lernen", noch nicht erreicht. Zwar sind Defizite nun erkennbar, aber warum eine andere Einheit, etwa ein Wettbewerber, besser ist, bleibt unklar. Bei externen Analysen ist das nicht verwunderlich, denn die Geheimnisse der Leistungserstellung wird ein Unternehmen so gut es geht für sich behalten. Auch wird es, etwa beim Vergleich der Kundenzufriedenheit, nicht ohne weitergehende Analysen und Befragungen möglich sein, herauszufinden, welches Zusammenspiel von Einzelmaßnahmen den Unterschied ausmacht, vor allem dann nicht, wenn keine offensichtlichen Unterschiede im Vorgehen auszumachen sind.

Ebenso komplex ist es beim Vergleich von Verkaufsinstanzen: Zwar können der Output und der dafür jeweils erforderliche Ressourceneinsatz quantitativ ausgedrückt werden und sie sind somit vergleichbar, aber in der Wertschöpfungskette des Vertriebs spielen immer noch Determinanten eine Rolle, die sich als Inputgröße nicht fassen lassen, etwa die in Abbildung 2 dargestellte „empathische" Komponente. Aber genau dies kann ein wertvolles Ergebnis einer Benchmarkanalyse sein, etwa: „Ist der Ressourceneinsatz von auf das gleiche Ziel ausgerichteten Verkaufsinstanzen ähnlich, aber das Ergebnis weicht voneinander ab, so werden (sollten, könnten) emphatische Fähigkeiten die (eine, eine mögliche) Ursache der Zielerreichungsunterschiede sein."[49]

Aus solchen oder ähnlichen Erkenntnissen leitet sich in einem weiteren Schritt ein Aktionsplan ab, um die Lücke in dem gewünschten Maße mit der Restriktion eines als angemessen erscheinenden Ressourceneinsatzes zu schließen. Dieser letzte Schritt ist jedoch nicht mehr originärer Teil der Benchmarkanalyse, für die das Vertriebscontrolling verantwortlich zeichnet, sondern Aufgabe des Vertriebsmanagements.

Abschließend zu erwähnen ist noch, dass Benchmarkanalysen keineswegs ohne Kritik sind. So ist gemeinhin zu lesen, dass die Orientierung an einem Durchschnitt oder das Lernen von den Besten eben auch nur zu Durchschnittsergebnissen oder einem Kopieren führt, aber nicht dazu, selbst die Nummer eins in der jeweiligen Leistungsdimension zu werden. Dem ist wieder einmal nichts hinzuzufügen.

3.3.6 Frühwarnsysteme

> Die Aufgabe von Frühwarnsystemen ist es, für die Vertriebs- bzw. Unternehmensziele gefährliche Ereignisse und Trends so früh wie möglich zu erkennen, um ihnen rechtzeitig, so lange die Handlungskosten noch gering sind, entgegen wirken zu können.

Frühwarnsysteme sind somit Teil des Risikomanagements. Allerdings ist diese Definition noch nicht fertig, denn es sind für die Zwecke des Vertriebscontrollings noch einige Begriffsdefinitionen bzw. Präzisierungen erforderlich:

- Frühwarnsignale weisen einen **Vorlauf** auf, der es ermöglicht, durch Entscheidungen und Handeln den zu erwartenden Trend abzuwenden oder zumindest im Sinne der Vertriebsstrategie zu beeinflussen.

- Frühwarnsignale weisen eine **Eintrittswahrscheinlichkeit** auf, mit der ein Indikator eintrifft, der die Warnung auslöst.

- Das Eintreffen eines Ereignisses, vor dem gewarnt werden soll, kann für den Vertrieb oder das Unternehmen unterschiedlich kritisch sein. Dieses **Risikopotential** rechtfertigt auch den Aufwand, der getrieben wird, um das Frühwarnsystem zu etablieren und zu pflegen.

- Die Eintrittswahrscheinlichkeit der mittels des Frühwarnsystems beobachteten Werte, die den jeweils relevanten Trend beschreiben, darf abnehmen, je weiter das Ereignis in der Zukunft liegt.

Mit diesen Annahmen sind auch die Hauptelemente eines Frühwarnsystems angesprochen:

1. Zu beobachtender Trend

---

[49] Erwähnenswert sind Ansätze z.B. von Unternehmensberatungen, die Qualität von Verkäufern oder Vertriebsmanagern mittels Benchmarkanalysen vergleichbar zu machen, vgl. exemplarisch http://www.baumgartner.de/content/best-practice-strategie_im_vertrieb_(kurzfassung).pdf, zuletzt geprüft am 4.3.2013.

2. Zeithorizont

3. Messgröße bzw. Indikator

4. Eintrittswahrscheinlichkeit und Risikobewertung

5. Handlungsmöglichkeiten bei Frühwarnsignalen

ad 1: Der zu beobachtende Trend

Das Etablieren eines Frühwarnsystems ist nur für Trends sinnvoll, die nicht offensichtlich sind, die an kein bestimmtes Eintrittsdatum gebunden sind und deren Entwicklung unterschiedliche Handlungsalternativen ermöglichen. Gemessen werden festzulegende Intervalle oder kontinuierlich Werte, die den Trendverlauf beschreiben.

Aber welche Trends sind für das Vertriebscontrolling sinnvoll, im Rahmen eines Frühwarnsystems beobachtet zu werden? Es sind all jene, die für die Vertriebsstrategie und deren Operationalisierung von Bedeutung sind. Im Vordergrund steht dabei oft der Grad der Zielerreichung der Verkaufsinstanzen, angefangen von Umsatz- und Auftragseingangstrends bis hin zur Beobachtung der Phasen eines Vertriebsprozesses. Für solche Systeme stehen alle Daten im eigenen Unternehmen zur Verfügung. Tabelle 24 führt häufig anzutreffende Frühwarnsysteme auf.[50]

Die einfachste Möglichkeit der Trendbeobachtung ist, Vergangenheitswerte mit mehr oder weniger komplexen mathematisch Verfahren zu extrapolieren, um früh zu erkennen, wenn die Voraussetzungen in der Gegenwart nicht mehr gegeben sind, angestrebte Ziele in der Zukunft zu erreichen. Die Verfahren der Trendextrapolation werden in Kapitel 8.7.3 erörtert.

Komplexer sind Frühwarnsysteme, in die externe Daten mit einbezogen werden, z.B. das Nachfrageverhalten von Konsumenten. In diesen Fällen ist eine Validierung der Basisdaten erforderlich, die sich in der Eintrittswahrscheinlichkeit eines Frühwarnsignals niederschlagen muss. Seriöses Vertriebscontrolling arbeitet - hier wird es deutlich - immer mit solchen Wahrscheinlichkeiten. Absolut normative Aussagen sind ihm fremd. Eintrittsunsicherheiten werden bewertet und es ist Aufgabe des Vertriebscontrollings, vorzuschlagen, inwieweit die Unsicherheiten in die Entscheidungsfindung einbezogen werden sollten.

---

[50] Die meisten Frühwarnsysteme sind quantitativer Natur. Wenige, z.B. das System „Marktumfeld", basiert jedoch auf qualitativen Indikatoren, die entgegen der oben formulierten Voraussetzung keine Messgrößen darstellen, sondern Ereignisse, die sich zunächst vage ankündigen, dann zunehmend konkretisieren und schließlich durch die Entscheidung Dritter zu Realität werden.

Frühwarnsysteme auf Basis unternehmensinterner Daten			
Systembezug	Aufgabe	Betrachtungsobjekt	Messgröße/Indikator
Verkaufsinstanzen	Erkennen, wenn Instanzen ihren operativen Beitrag nicht mehr leisten	Verkäufer, Abteilung, Filiale, Vertriebspartner, Reseller, Großhändler	Umsatz, Auftragseingang, Abrufmenge, (Neukunden-) Termine, Wiederverkaufsquote
Vertriebsprozesse	Erkennen, wenn sich kosten- und effizienzdeterminierende Prozesse verschlechtern	Verkäufer, Vertriebsunterstützung, dem Vertrieb zuarbeitende Bereiche wie Rechtsabteilung, Preiskalkulation oder Technik	Quotale Verkaufseffizienz (Besuche pro Auftrag), Akquisitionsdauer, Angebotserstellungsdauer, Angebotsnachkorrekturen
Produkte und Nachfrage	Erkennen, wenn sich die Nachfrage so verändert, dass das Produktportfolio suboptimal ist	Produkte, Produktlebenszyklus, Kunden, Interessenten	Produktabsatz, Preise, Stückdeckungsbeitrag, Rabatterfordernis, Absatz von Nebenleistungen
Frühwarnsysteme auf Basis unternehmensinterner und -externer Daten			
Systembezug	Aufgabe	Betrachtungsobjekt	Messgröße/Indikator
Kunden	Erkennen, wenn sich Einkaufs- bzw. Konsumverhalten der Kunden und Interessenten ändern	Kunden, Zielgruppe, Einkaufskanäle, Indikatormärkte, Pioniermärkte im In- und Ausland	Relevantes Budget, Einkaufs- und Beschaffungsverhalten (z.B. Online statt Präsenzhandel), Verhandlungsmacht, demographische Merkmale
Substitutionsgüter	Erkennen, wenn alternative Güter (bzw. „Nutzenstifter") die eigenen Produkte verdrängen	Produkte, die um das gleiche Beschaffungsbudget konkurrieren	Umsätze, Absatzmengen, Anzahl von Einkaufsvorgängen, Umsatz je Einkaufsakt
Wettbewerber	Erkennen, wenn im Markt aktive Unternehmen forcieren oder neue Wettbewerber in den Markt eintreten	Bekannte Wettbewerber, „verdächtige" Wettbewerber	Anzahl Akteure im Angebotsmarkt, relative Verteilung der Umsätze auf Anbieter, Wettbewerbsintensität, absolute/relative Konzentration (Gini-Koeffizient bzw. Lorenzkurve)
Marktumfeld	Erkennen, wenn sich die nicht-ökonomischen Marktbedingungen verändern	Regulierungsbehörden, Gesetzgeber, EU-Kommission, Zertifizierer, Forschungsinstitute	Beschaffungsgrenzen, Gesetzesvorlagen, politische Tendenzen, Wahlen

Tabelle 24: Beispiele für Frühwarnsysteme im Vertriebscontrolling

ad 2: Der Zeithorizont

Ein Tanker, der auf ein Riff zusteuert, benötigt wesentlich früher als ein Sportboot eine Untiefenwarnung, z.B. die eines Leuchtturms. Das Sportboot kann nicht nur mit weniger Aufwand und kürzerer Verzögerungszeit dem Hindernis ausweichen, sondern auch die korrigierende Maßnahme selbst nachjustieren, also den Ausweichkurs schnell ändern. Ein Tanker hingegen benötigt außer der Warnung selbst zusätzliche Informationen, vor allem, wie stark das Ausweichmanöver ausfallen muss. Eine Kurskorrektur lässt sich nur mit hohem Aufwand nachjustieren. Fällt sie zu groß aus, fallen hohe Kosten an, fällt sie zu klein aus, droht trotz Frühwarnung und Korrektur die Havarie.

Leider gestaltet sich eine analoge Situation im betrieblichen Umfeld komplexer: Dort ist das Riff nur selten "sicher". Zumeist meldet das Frühwarnsystem ein "mögliches" Riff, idealerweise mit einer Wahrscheinlichkeit beschrieben, mit der das Riff existiert. Was wird der Vertriebsmanager tun, wenn ihm vom Vertriebscontrolling beispielsweise ein kritisches Ereignis in 6 Monaten mit einer Eintritts- wahrscheinlichkeit von 25% gemeldet wird? Er kann sich und sein Umfeld frühzeitig auf das drohende Ereignis einstellen. Er wird aufmerksamer agieren. Er wird sich einen Notfallplan zurecht legen. Er wird anderen betrieblichen Teilbereichen eine Warnung geben und vielleicht wird er eine Kurskorrek- tur prophylaktisch einleiten, wenn die dann eingeschlagene Route keine höheren Kosten verursacht, aber das mögliche kritische Ereignis auslässt.

Wesentlich ist immer, dass das Warnsignal so früh erfolgt, dass ein steuernder Eingriff mit betriebs- wirtschaftlich sinnvollem Vorlauf möglich ist (auch der Steuermann der Titanic wurde vor dem Eisberg gewarnt, aber wohl zu kurzfristig und so gab es für ihn nicht den Hauch einer Chance, rechtzeitig den Kurs des Schiffes zu ändern). Der Gewinn an Vorbereitungszeit wird jedoch mit zunehmender Unsi- cherheit bezahlt. Dies ist ein akzeptabler Preis, sofern das Vertriebscontrolling die Parameter mitlie- fert, die für den Vertriebsmanager entscheidungsrelevant sind.

Im Unternehmen ist die wesentliche Größe zur Bestimmung eines sinnvollen Zeithorizonts die Dauer einer Handlung, die das Ereignis, vor dem gewarnt wird, abwendet, selbstverständlich zuzüglich eines Vorlaufs für den Entscheidungsprozess. Das können durchaus Jahre sein, wenn es z.B. um die Ver- änderung von Produkten bzw. der Produktion geht, bezüglich des Beschaffungsmarktes Monate und bezüglich der Vertriebsaktionen Tage oder Wochen. Sofern methodisch sinnvoll, kann auch ein Puffer für die Nachkorrektur von handlungsabwendenden Maßnahmen einbezogen werden.

ad 3: Die Messgröße

Die Messgröße ist eine Kennziffer. Zumeist wird sie aus der algebraischen Verknüpfung von Inputda- ten gewonnen. Um die Messgröße für ein Frühwarnsignal nutzbar zu machen, wird zudem ein **Signal- oder Schwellwert** als Indikator für das Eintreffen eines Ereignisses, vor dem gewarnt werden soll, benötigt, so, wie durch die Farbe auf dem Lackmuspapier ein kritischer Säure- oder Basenwert indi- ziert wird. Durchschreitet der beobachtete Trend diesen Wert in der als gefährlich eingeschätzten Richtung, unter- oder überschreitet er ihn also, wird das Warnsignal ausgelöst und die vorgesehenen Handlungen werden eingeleitet.

Von Bedeutung ist hier die bereits angesprochene Qualität der Inputdaten, auf denen das Frühwarn- system basiert. Je exakter diese die Realität abbilden, desto verlässlicher kann das Frühwarnsystem arbeiten. Dies ist bspw. bei Daten der Fall, die aus einem integrierten Kassensystem automatisch in ein ERP-System übermittelt und ausgewertet werden. Ist die Qualität nicht zu gewährleisten, weil sie bspw. auf Informationen beruhen, die Verkäufer abends in ein CRM-System tippen, können entweder Sicherheitszu- und -abschläge vorgenommen oder die Messgröße mit einem relativen Korrekturfaktor versehen werden, der die aufgrund von Erfahrungen bekannte mögliche Abweichung kompensiert. Beide Varianten sind methodisch nicht befriedigend und können schnell zu einem übervorsichtigen Handeln führen, sind aber pragmatisch; zudem lassen sie sich korrigieren, wenn neue Erfahrungswer- te vorliegen. Eine Korrektur ist hingegen nicht erforderlich, wenn die Inputdaten eine repräsentative Auswahl der Grundgesamtheit bieten und mit einer Durchschnittsgröße als Kennziffer gearbeitet wer- den kann.

ad 4: Die Eintrittswahrscheinlichkeit und die Risikobewertung

Ein Frühwarnsystem ist nur dann sinnvoll, wenn es nicht nur das Warnsignal liefert, sondern auch die Wahrscheinlichkeit, mit welcher der kritische Wert erreicht wird. Bei obigem Beispiel aus der Schifffahrt ist das einfach: Das Riff wird durch einen Leuchtturm markiert und wenn dessen Funkfeuer empfangen wird, steht zu 100% fest, dass ein Hindernis vorhanden ist und umschifft werden muss. Ein Eisberg hingegen sendet aktiv kein Signal aus. Ein Beispiel: Das Schiffsradar erkennt den Eisberg zu vielleicht 70% rechtzeitig. Die Seewetterprognose sagt mit einer Wahrscheinlichkeit von 20% Eisberge auf der vorgesehenen Route voraus. Und es liegen keine Warnhinweise anderer Schiffe vor, wobei keines davon auf der exakt gleichen Route unterwegs ist bzw. war. Letztere Information ist für den Kapitän nicht verwertbar, also ist die resultierende Gesamtwahrscheinlichkeit, dass ein Eisberg angetroffen wird:

$$Wahrscheinlichkeit\ des\ Eisbergkontakts = 70\% * 20\% = 14\%$$

Dies wird für den Kapitän ein ausreichend hoher Wert und damit sein Risiko zu groß sein, bei einem Kontakt nicht mehr ausweichen zu können. Er wird die Geschwindigkeit drosseln, um die Radarortungswahrscheinlichkeit auf vielleicht 90% zu erhöhen und eine zusätzliche Sichtkontrolle zu ermöglichen. Hoffentlich.

Dieses Beispiel zeigt jedoch auch eine Gefahr auf, die sich im betrieblichen Alltag wieder findet: Wir gehen in solchen Beispielen entweder von einer Gleich- oder von einer Normalverteilung der Wahrscheinlichkeiten aus. Diese Annahme ist akzeptabel. Falsch wäre es hingegen, auch die Abschätzung der Kosten bei Eintreffen des vom Frühwarnsystem angekündigten negativen Ereignisses kongruent zu der unterstellten Verteilung der Eintrittswahrscheinlichkeit vorzunehmen. Vielmehr ist die separate Frage zu stellen, bei welchem Eintritt welche Kosten entstehen.[51]

Im Falle des Schiffes kann der vielleicht noch so unwahrscheinliche Fall, dass das Schiff mit einem Eisberg kollidiert, der zu spät entdeckt wird, zu einem Totalverlust führen. Im Falle eines Unternehmens, dass Mobilfunktelefone herstellt, kann das frühe Signal, dass eine Produktlinie, auf der das Rohergebnis des Unternehmens fast ausschließlich basiert, nicht mehr nachgefragt wird, zwar ein unwahrscheinliches Ereignis darstellen, das bei dessen Eintreffen aber - einem sinkenden Schiff gleichsam - das Unternehmen in arge Nöte bringen wird.[52]

Neben der Eintrittswahrscheinlichkeit ist somit die Risikohöhe zu bewerten,

$$Risikopotential = Risikohöhe * Eintrittswahrscheinlichkeit$$

aber sobald die Risikohöhe eine individuell und subjektiv festzulegende kritische Größe (Existenzgefährdung) aufweist, sind darüber hinausgehende Sicherungsmaßnahmen erforderlich.

ad 5: Die Handlungsmöglichkeiten bei Frühwarnsignalen

Zu unterscheiden sind das alarmierende und das initiierende Frühwarnsystem. Das **alarmierende** ist schnell beschrieben: Seine Aufgabe ist, eine Warnung zu geben, wenn ein Schwell- oder Grenzwert erreicht wird. Das war´s. Anschließend werden die Verantwortlichen über korrigierende Maßnahmen beraten und adäquat handeln.

---

[51] Weiand, 2011

[52] Vgl. hierzu die modernen Value-at-risk-Modelle, etwa: Mandelbrot oder die Gaußsche Verteilung. Bei Interesse sei als Einführung Duffie & Pan, 1997 empfohlen. Dieser Beitrag beschreibt das Value-at-risk-Modell aus Sicht der Finanzwirtschaft, aber umfassend und präzise. Weiterführend: Dowd, 1999 und Hendricks, 1996.

Das **initiierende Frühwarnsystem** geht einen erheblichen Schritt weiter: Es sieht vor, dass mit Erreichen des Schwell- oder Grenzwertes ein vorher festgelegter Prozess, bestehend aus seinem Set von Aktionen, gestartet wird. Dieses nennen wir das „**Standardprotokoll**". Mit diesem sind

- die zu ergreifenden Maßnahmen definiert,

- die dafür erforderlichen Weisungsrechte und Prioritäten von den und für die Rechteinhaber(n) beschlossen,

- die dafür erforderlichen Ressourcen bewilligt und

- es ist festgelegt, wer das Recht hat, die Korrekturmaßnahmen fein zu justieren.

Neben diesem Standardprotokoll, mit dem auf einen unerwünschten Trend reagiert werden kann, bieten sich möglicherweise alternative Handlungsmöglichkeiten an, die sich hinsichtlich zu erwartetem Ergebnis, Ressourceneinsatz und Konsequenzen unterscheiden. In der Praxis ist oft zu beobachten, dass das Durchdenken alternativer Reaktionsmöglichkeiten auf ein Frühwarnsignal dazu führt, dass in einer Iteration Messgrößen angepasst oder zuweilen sogar der zu beobachtende Trend anders als ursprünglich definiert wird.

3.4 Cluster-Analysen

Um unübersichtliche Mengen von Objekten (Kunden, Produkten, Vertragsverhandlungen, Handelsvertreter usw.) homogen erfassen und behandeln zu können, bietet sich an, sie in Gruppen zusammen zu fassen. Innerhalb der jeweiligen Gruppe, die als Cluster bezeichnet wird, sollen die Objekte hinsichtlich der relevanten Merkmale homogen sein, und gleichzeitig sollen sich die Cluster deutlich voneinander unterscheiden.

In einem ersten Schritt werden die Variablen bzw. Merkmale festgelegt, welche die Ähnlichkeit der Objekte determinieren sollen. Für „Kunden" könnten dies z.B. das Einkaufsvolumen, die Größe oder die Anzahl der Aufträge pro Jahr sein. Sodann kann die Homogenität innerhalb eines Clusters berechnet und mit einem Ähnlichkeitswert – das Proximitätsmaß – bewertet werden. Hierzu gibt es diverse Verfahren, auf deren Darstellung an dieser Stelle verzichtet und wiederum auf die weiterführende statistische Literatur verwiesen wird. An dieser Stelle genügt die pragmatische Variante der Cluster-Analyse, bei der homogene Gruppen nach subjektiver, „optischer" Einschätzung gebildet werden, aus. Für die allermeisten Anwendungsfälle im Vertriebscontrolling ist dies akzeptabel.

In Abbildung 20 ist exemplarisch eine Beziehung zwischen dem Auftragsvolumen pro Monat und der Dauer der Kundenbeziehung (z.B. in Monaten, hier aber irrelevant) für die 24 als Punkte dargestellten Kunden hergestellt worden.

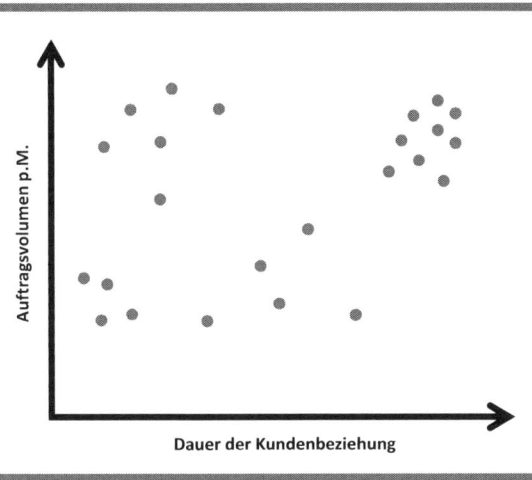

Abbildung 20: Erster Schritt des Clusterings

In einem zweiten Schritt (Abbildung 21) werden Cluster gebildet, allerdings, wie oben begründet, nicht auf mathematischem Wege, sondern durch die Zusammenfassung nahe bei einander liegender Punkte. Dies erfolgt mehr oder weniger willkürlich, insbesondere das Ein- und Ausgrenzen von nicht eindeutig einem Cluster zuordenbaren Objekten – hier der Kunden. Können Objekte keinem Cluster zugeordnet werden, bleiben sie als „Exoten" außen vor. Dieses Vorgehen ist praktikabel, denn das Ziel ist, für Gruppen ähnlicher Objekte Maßnahmen zu beschließen und der Aufwand einer mathematisch exakten Gruppenzuweisung wird in der Mehrzahl der Anwendungsfälle die Qualität der Ergebnisse nicht wesentlich verbessern. Üblicherweise werden nun den Clustern plakative Namen gegeben. Das Ergebnis sind Zielgruppen, die hinsichtlich der für das Clustering verwendeten Merkmale homogen bearbeitet werden können.

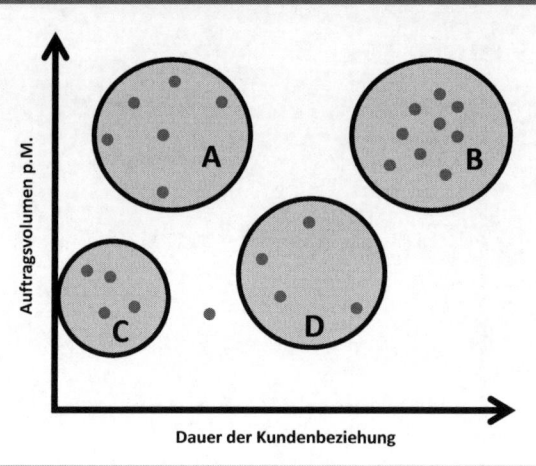

Abbildung 21: Zweiter Schritt des Clusterings

Eine Verfeinerung der optischen Darstellung von Clustern gelingt dadurch, dass ein drittes Merkmal, das jedoch nicht zur Positionierung der Objekte innerhalb des Koordinatenkreuzes, sondern lediglich zur differenzierteren Beschreibung dient, einbezogen wird. Abbildung 22 zeigt dies durch die Größe der Punkte, die jeweils einen Kunden markieren. Die Größe könnte z.B. für die Anzahl an Akquisitionstagen stehen, für die Unternehmensgröße in Umsatz p.a. oder auch für die Anzahl einzelner Aufträge. Eine zusätzliche Legende als Lesehilfe ist selbstverständlich erforderlich.

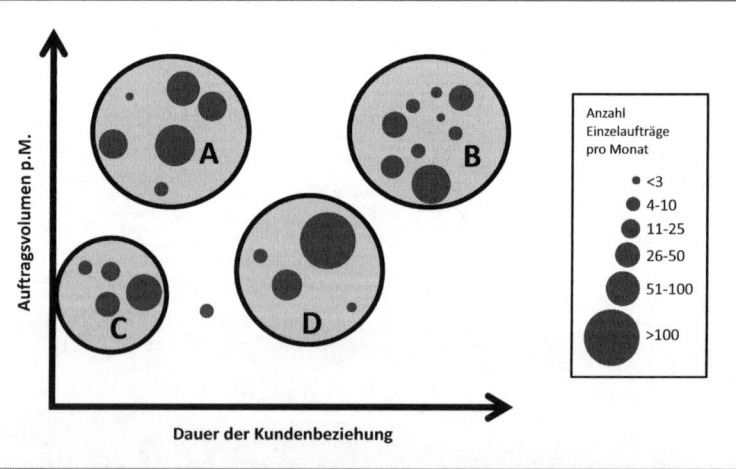

Abbildung 22: Erweiterung der Cluster-Darstellung

3.5 Nutzwertanalysen bzw. Scoring-Modelle

Ein häufig angewendetes Instrument des Vertriebscontrollings ist die Nutzwertanalyse bzw. das „Scoring". Die Methode kommt in zwei Fällen zum Einsatz:

1. Nicht-quantifizierbare Entscheidungsprobleme (und das dürften die allermeisten des betrieblichen Alltags sein) werden – so gut wie möglich – objektiviert. Die Nutzwertanalyse dient der Entemotionalisierung und hilft, die verschiedenen Aspekte eines Gesamtproblems systematisch zu betrachten.

2. Umfassende Problemstellungen werden seziert. Die entstehenden Fragmente können anschließend leichter betrachtet und deren Bedeutung entsprechend bearbeitet werden. Anschließend werden die Teilergebnisse wieder zu einem Gesamtergebnis, dem Nutzwert, zusammengeführt.

> Die Nutzwertanalyse dient dem Vergleich von Entscheidungsalternativen auf Basis qualitativer Faktoren und Einschätzungen. Leitprinzip ist die Fragmentierung einer Fragestellung in einzelne Kriterien, die isoliert beurteilt werden. Hierdurch gelingt der Vergleich von Alternativen unter Ausschluss vorgefasster Urteile. Das Ergebnis ist der Nutzwert (Score) jeder betrachteten Alternative.

Die Nutzwertanalyse gehört zu jenen Instrumenten, deren Ergebnisse nur dann verlässlich sind, wenn die Methodik korrekt angewendet wird. Sie sollten einen Warnhinweis tragen, denn nur allzu leicht lassen sich die Ergebnisse manipulieren, ohne dass dies sofort auffällt. Brainstormings, Szenarioanalysen, Forecasts oder Scoring-Modelle: Viele Methoden laden förmlich dazu ein, in Jahres-Kick-offs des Vertriebs als pseudointellektuelle Volksbelustigung eingesetzt zu werden, um die Teilnehmer zu bespaßen und zu vorher mehr oder weniger beschlossenen Ergebnissen zu führen.

Die Nutzwertanalyse ist ein Zwitter: Der originäre Input ist qualitativer Natur und erst im Verlauf der Methode wird quantifiziert, um den Nutzwert, den Score, je Entscheidungsalternative zu errechnen. Der Nachteil besteht in den Verlockungen von Abkürzungen: Durch Auslassungen und scheinbare Vereinfachungen wird nicht mehr erreicht, als das vorherige Präferenzen der Teilnehmer in Zahlen übersetzt werden und dann unvermittelt einen Beweischarakter erhalten. Hier ist der Vertriebscontroller als Moderator bzw. Projektleiter gefordert. Er hat dafür zu sorgen, dass immer dann, wenn ihm die Methode Varianten bietet, er jene auswählt, die zu einer maximalen Fragmentierung der Ausgangsfragestellung führt. Hierdurch gewährleistet er, dass vorherige Präferenzen der Teilnehmer für die eine oder andere Entscheidungsalternative keine Rolle mehr spielen und sich erst ganz zum Schluss ein Bild zusammen fügt.

Das Vorgehen bei der Nutzwertanalyse ist weitestgehend standardisiert[53] und hat sich etabliert. Nachfolgend wird jedoch eine Form der Nutzwertanalyse beschrieben, wie sie sich in der üblichen Fachliteratur nicht findet. Die Nutzung der als optional bezeichneten Schritte führt zu höherer methodischer Komplexität, aber zugleich zu verlässlicheren, weil objektiveren Ergebnissen.

Schritt 1: Festlegung des Zielsystems und etwaiger Nebenbedingungen

Jedes Entscheidungsproblem bedarf zu dessen Lösung eines Zielsystems als die „bekannte Menge aller handlungsbestimmenden Ziele, die bei der Ableitung einer rationalen Entscheidungsempfehlung zu berücksichtigen sind"[54]. Ob zunächst der Markteinstieg in Frankreich oder England – als durch die

---

[53] Zangemeister, 1976

[54] Zangemeister, 1976, S. 89

Nutzwertanalyse zu bewertende Handlungsalternativen – angegangen wird, ist nicht sinnvoll zu entscheiden, wenn nicht gleichzeitig bekannt ist, welches Ziel mit dieser Expansion ins Ausland erreicht werden soll. Je nachdem, ob Umsatz, Gewinn, Produktionsmengenausweitung, Bekanntheitsgrad oder andere Ziele im Vordergrund stehen, kann das weitere Verfahren (konkret: die Kriterienauswahl in Schritt 3) gänzlich andere Inhalte haben. Tabelle 25 stellt mögliche Zielformulierungen vor, zum Teil mit Nebenbedingungen, die für das weitere Verfahren determinierend sind.

Entscheidungsproblem	Zielformulierung
Konzentration auf Zielgruppe A oder Zielgruppe B.	Deckungsbeitragsmaximierung bei begrenzten Vertriebsressourcen.
Markteinstieg zuerst in Frankreich oder in England.	Profitabilität der zu gründenden Auslandsgesellschaft ab dem vierten Geschäftsjahr.
Durchführung des Markttests in der Filiale Marburg, Gießen oder Wetzlar.	Repräsentativität des Ergebnisses für Deutschland.
Verkauf durch unterstützte Vertriebsbeauftragte (Einzelkämpfer), durch Verkaufsteams oder durch Handelsvertreter.	Maximierung der Ausbringungsmenge zur Senkung der Produktionskosten, jedoch zu Grenzkosten >= 0.
Skimming- oder Penetration-Strategie bei der Preisgestaltung zur Produkteinführung.	Produktdeckungsbeitrag 4 kumuliert ab Markteinführung nach spätestens 24 Monaten positiv unter Berücksichtigung degressiver Produktionskosten.

Tabelle 25: Varianten zur Formalisierung des Entscheidungsproblems und der Entscheidungsziele bei der Nutzwertanalyse

Die Festlegung von Nebenbedingungen birgt einen Fallstrick: Es ist verlockend, bereits an dieser Stelle den Korridor möglicher Ergebnisse zu begrenzen. Dies verhindert jedoch ungewöhnliche und überraschende Lösungsansätze, indem der Rahmen für die Bestimmung der Bewertungskriterien (Schritt 3) zu eng gefasst wird. Hier ist das richtige Maß zu finden.

Schritt 2: Auswahl der Entscheidungsalternativen

Die Nutzwertanalyse vergleicht in der Regel zwei oder mehr Alternativen miteinander, obgleich die Betrachtung eines einzelnen Problems, im Sinne der Entscheidungsalternativen „durchführen" oder „nicht durchführen", grundsätzlich ebenso möglich ist. Das zu lösende Problem ist in jedem Falle eindeutig zu formulieren. Den Bezugsrahmen bildet das Zielsystem, das in Schritt 1 festgelegt wurde.

Wünschenswert ist nun, festzustellen, ob die zur Auswahl stehenden Entscheidungsalternativen tatsächlich alle relevanten sind. Oder gibt es noch weitere Alternativen, die lediglich durch eine oberflächliche Vorauswahl „vergessen" wurden? Grundsätzlich ist zu beachten, dass die Entscheidungsalternativen drei Axiome erfüllen:[55]

1. Alle Alternativen sind miteinander vergleichbar.

2. Die Alternativen stehen in widerspruchsfreiem Rangordnungsverhältnis zu einander (Anforderung der Transitivität). Wenn A besser ist als B und B besser als C, so muss auch A besser sein als C.

---

[55] Zangemeister, 1976, S. 63-64

3. Wenn A und B in allen Kriterien gleich gut bewertet sind, so müssen die Alternativen A und B auch insgesamt gleich nützlich sein (Reflexivität).

Typische Beispiele für Entscheidungsalternativen aus dem Vertriebscontrolling finden sich bereits in der ersten Spalte der Tabelle 25.

Schritt 3: Bestimmung von Kriterien

Es werden Kriterien gesucht, die für die Entscheidung des Problems relevant sind. Zielsystem und etwaige Nebenbedingungen sind zu berücksichtigen. Die Kriteriensuche ist ein kreativer Prozess und im Ergebnis sollte ein Katalog von Kriterien gefunden worden sein, der bestmöglich das Entscheidungsproblem vor dem Hintergrund der Zielsetzung und des Handlungsrahmens beschreibt.

Relevant ist die Frage, wie viele Kriterien sinnvoll sind. Erfahrungsgemäß ist ein Set von 10-20 Kriterien zum einen umfangreich genug, um das Problem ausreichend zu fragmentieren und in allen seinen Facetten zu beleuchten, aber nicht zu groß, um das Verfahren zu überfordern. Eine solche Überforderung zeigt sich darin, dass mit zunehmender Anzahl von Kriterien die Verfahrensteilnehmer immer oberflächlicher über die später folgende Bewertung der Kriterien nachdenken.

An die Kriterien können einige generelle Anforderungen gestellt werden:

- **Vollständigkeit**: In Summe müssen die Kriterien ein Problem vollständig umfassen. Kein für die Zielsetzung relevanter Aspekt darf ausgelassen werden. Für das Beispiel der Frage, ob der Markteinstieg zuerst in Frankreich oder in England in Angriff genommen werden soll, wären das z.B. Kriterien wie:

    - rechtliche Einstiegshürden

    - Wettbewerbsintensität

    - Verfügbarkeit von Vertriebskanälen

    - Preisniveau

    - Wechselwilligkeit der Kunden

    - Sprachkenntnisse im eigenen Unternehmen

    - Positive Erfahrungen anderer Unternehmen, die in dem betreffenden Land investiert haben („Vorbilder")

    - Subjektive Motivation der eigenen Mitarbeiter

    - Produktanpassungsaufwand

    - Notwendigkeit eigenständiger Werbung

    Aus dieser unvollständigen Aufzählung ist bereits zu erkennen, dass sich Kriterien zu Kategorien zusammenfassen lassen, hier z.B. die Kategorien „Regulierung", „Marketing-Mix", „Markt & Wettbewerb" und „Eigene Fähigkeiten". Diese Kategorisierung wird als Schritt 4a erläutert.

- **Überschneidungsfreiheit**: Ein Aspekt darf nicht von mehr Kriterien beschrieben sein als alle anderen. Die Gefahr ist, das ein Aspekt, z.B. einer, bei dem Handlungsalternative A einen Vorteil gegenüber Handlungsalternative B hat, von mehreren ähnlich formulierten Kriterien beschrieben wird. Das Ergebnis wäre, dass A in der im weiteren Verfahren folgenden mathematischen Aggregation mehr Nutzwertpunkte erhielte, als würde nur ein Kriterium den betreffenden Aspekt beschreiben. In der Missachtung der Überschneidungsfreiheit der Kriterien liegt einer der häufigsten Fehler bei der Anwendung der Nutzwertanalyse.

- **Bewertbarkeit**: Jedes Kriterium muss für die Verfahrensteilnehmer bewertbar sein. Das ist es regelmäßig nicht, wenn z.B. der sachliche oder fachliche Hintergrund unbekannt ist. Im obigen Beispiel muss also bekannt sein, welche Gesetze, Verordnungen und Auflagen in den jeweiligen Ländern existieren. Unter Umständen kann dieser Mangel an Wissen dadurch behoben werden, dass nur fachkundige Verfahrensteilnehmer eine Bewertung der Kriterien vornehmen.

- **Relevanz**: Das Kriterium muss für die Bewertung der Handlungsoptionen bedeutsam sein. Dies ist freilich nicht objektiv eindeutig bestimmbar, denn es ließe sich für die meisten Problemstellungen keine Messlatte finden, anhand derer die Relevanz festgelegt werden können. In obigem Beispiel wäre das Kriterium „Qualität der Landesküche" vielleicht für die Mitarbeiter wichtig, aber sicherlich nicht für das in Schritt 1 beschriebene Zielsystem. Das Kriterium „Arbeitsbedingungen", zu denen bei großzügiger Auslegung das Essen gehören mag, kann jedoch bedeutsam sein, z.B. dann, wenn diese so schlecht sind, dass Mitarbeiter sich weigern, im Zielland zu arbeiten.

- **Reproduzierbarkeit**: Die letzte Anforderung an das Kriterium ist die Reproduzierbarkeit seiner Bewertung. Ist diese z.B. dadurch nicht gegeben, weil bekannt ist, dass die Bewertung zu anderer Zeit signifikant anders ausfallen würde und hat der Grund für diese Instabilität nichts mit dem Zielsystem zu tun, so ist das Kriterium nicht brauchbar. Wenn, um das Beispiel weiter zu strapazieren, als Handlungsoption für einen Markteinstieg im Ausland neben Frankreich und England auch Ägypten zur Auswahl stünde, wäre des Kriteriums „Arbeitsbedingungen" vom Zeitpunkt der Bewertung abhängig. Erfolgte diese z.B., während die Nachrichten voller Berichte über Aufstände und gewaltsame Demonstrationen sind, würde dies das Ergebnis verfälschen, denn das Zielsystem (Profitabilität ab dem vierten Geschäftsjahr) impliziert einen Prognosezeitraum, der (hoffentlich) weit über die meinungsbildenden Geschehnisse hinaus reicht.

Schritt 4: Gewichtung der Kriterien

Ein entscheidender Schritt ist, die Gewichtung der Kriterien fest zu legen. Diese entspricht der relativen Bedeutung jedes einzelnen Kriteriums für die Problemstellung. Die zur Verfügung stehenden 100 Prozentpunkte sind zu verteilen. Allerdings ist es bei einer Anzahl von zehn oder mehr Kriterien nicht mehr möglich, eine problemadäquate und sinnvolle Verteilung von Prozentzahlen auf die Kriterien vorzunehmen. Es ist schlichtweg zu unübersichtlich und auch bei Einsatz einer Tabellenkalkulation wäre die Folge, dass, um in der Summe auf 100% zu kommen, ständig die Gewichte der einzelnen Kriterien verändert und angepasst werden würden.

Somit ist ein Verfahren vorzuziehen, dass eine objektivere Gewichtung ermöglicht. Und auch hier ist die Handlungsmaxime die Fragmentierung des Problems mit dem Ziel, durch den gedanklichen Fokus auf Details objektiver zu bewerten.

Das Verfahren sieht ein Vorgehen in zwei Schritten vor. Im ersten Schritt werden den Kriterien einfach zu erfassende Wertnoten zugeteilt, etwa Schulnoten von 1 („sehr wichtig") bis 6 („unwichtig"). Auch eine Skala von 1 bis 10 oder 1 bis 100 wäre denkbar. Aber Achtung: Die Skala hat einen signifikanten Einfluss auf das Ergebnis! Wenn die Kriterien ähnlich wichtig sind, kann eine geringere Skalenspreizung (z.B. Schulnoten) akzeptiert werden. Es kann dann keine herausragend wichtigen Kriterien geben, wie das nachfolgende Beispiel in Tabelle 26 zeigt.[56]

Im zweiten Schritt werden auf Basis der vergebenen Punkte oder Noten die relativen Bedeutungsanteile mit einfachem Dreisatz errechnet. Natürlich muss dazu in dem Fall, dass eine niedrige Bewertung (z.B. Schulnote 1) einen hohen Bedeutungsanteil repräsentiert, der Wert zuvor in einen „Punktwert" gewandelt werden. So entspräche der Schulnote 1 der Punktwert 6, der Schulnote 2 der Punktwert 5 und so fort.

Kriterium	Note	Punktwert	Gewicht
Rechtliches	2	5	12%
Wettbewerb	1	6	15%
Vertriebskanäle	3	4	10%
Preisniveau	4	3	7%
Wechselwilligkeit	2	5	12%
Sprachkenntnisse	5	2	5%
Vorbilder	6	1	2%
Motivation	2	5	12%
Produktanpassung	1	6	15%
Werbung	3	4	10%
Summe		**41**	**100%**

Tabelle 26: Gewichtung von Kriterien mit Schulnoten

Der Bedeutungsunterschied zwischen dem wichtigsten und dem unwichtigsten Kriterium beträgt hier 13%-Punkte. Wären es statt der hier dargestellten 10 Kriterien derer 20, so würde sich auch der maximale Unterschied halbieren. Je mehr Kriterien in die Untersuchung einbezogen werden, desto mehr zeigt sich in der Praxis eine Nivellierung ihrer jeweiligen Bedeutung.

Soll dieser Effekt vermieden werden und ein größerer Bedeutungsunterschied ermöglicht werden, so ist auch eine Skala zu wählen, die dies erlaubt. Tabelle 27 zeigt dies für das gleiche Beispiel unter der Annahme, dass eine Punkteskala, die von 1 bis 100 reicht, gewählt wurde. Allerdings wurde die Bewertung der Kriterien zur Verdeutlichung des Effekts verändert. Eine Werteumkehr muss hier nicht mehr erfolgen, weil hier eine hohe Punktzahl direkt eine hohe Bedeutung wiedergibt. Statt der obigen 13%-Punkte ist nun eine maximale Spreizung der Kriteriengewichte von immerhin 16%-Punkten festzustellen.

---

[56] Da eine niedrige Note mathematisch auch einer niedrigen Punktzahl entspricht, aber eine hohe Bedeutung wiedergibt, werden zunächst die Noten in zugehörige Werte gewandelt. Der Schulnote 1 entspricht dann der Punktwert 6, der Note 2 der Punktwert 5 usw.

Kriterium	Note	Gewicht
Rechtliches	75	14%
Wettbewerb	90	16%
Vertriebskanäle	60	11%
Preisniveau	20	4%
Wechselwilligkeit	90	16%
Sprachkenntnisse	20	4%
Vorbilder	10	2%
Motivation	50	9%
Produktanpassung	100	18%
Werbung	40	7%
Summe	**555**	**100%**

Tabelle 27: Gewichtung von Kriterien mit Skala von 1 bis 100

Soll, aus welchem Grund auch immer, ein Kriterium eine Gewichtung erfahren, die sich mit dem hier vorgestellten Verfahren nicht darstellen lässt, so kann dieses mit einem Gewicht versehen werden (z.B. 40%) und nur noch die restlichen Prozentpunkte (hier: 60) werden auf die übrigen Kriterien verteilt.

Optionaler Schritt 4a: Gewichtung der Kriterien mit Hilfe von Kategorien

Die Kategorisierung von Kriterien verfolgt das Ziel, eine möglichst zieladäquate Gewichtung von Einflussfaktoren vorzunehmen. Es sollen zwei fehlleitende Effekte vermieden werden:

1. **Verfügbarkeitsheuristik**: Wie oben bereits beschrieben kann das Vorhandensein zahlenmäßig vieler Kriterien eines bestimmten Aspekts zu einer Wahrnehmungsverzerrung führen. Aber nur, weil sich viele Kriterien finden lassen, muss der betreffende Aspekt nicht unbedingt besonders wichtig sein. Typisch ist, dass Aspekte, die im Zusammenhang mit einem Entscheidungsproblem häufig diskutiert werden, z.B., weil sie „beliebt" oder „aktuell" sind, eben: verfügbar, als Kriterium überdurchschnittlich starken Eingang in die Nutzwertanalyse finden.

2. **Demokratisierung bzw. Nivellierung**: Durch eine hohe Anzahl von Kriterien gelingt eine durchaus subjektive Gewichtung immer unzureichender. Eine Summe von 100 Prozentpunkten auf fünf Kriterien zu verteilen, mag noch funktionieren, aber wenn es sich um vielleicht 20 Kriterien handelt, ist, wie bereits erwähnt, die Gefahr groß, tendenziell jedem Kriterium ein dem statistischen Mittel angenähertes Gewicht zuzugestehen (hier: 5%).

Beide fehlleitenden Effekte werden vermieden oder zumindest abgeschwächt, indem Kriteriengruppen gebildet werden. Diesen Gruppen, in der Praxis hat sich eine Anzahl von drei bis maximal sechs als sinnvoll erwiesen, werden Gewichte zugeordnet, wie Tabelle 28 es zeigt.

Kriteriengruppe	Kriterium	Gewicht	Gruppen-gewicht
Gruppe A	Kriterium A1	40%	40%
	Kriterium A2	10%	
	Kriterium A3	25%	
	Kriterium A4	25%	
Gruppe B	Kriterium B1	30%	20%
	Kriterium B2	35%	
	Kriterium B3	35%	
Gruppe C	Kriterium C1	15%	15%
	Kriterium C2	15%	
	Kriterium C3	30%	
	Kriterium C4	20%	
	Kriterium C5	20%	
Gruppe D	Kriterium D1	25%	25%
	Kriterium D2	35%	
	Kriterium D3	18%	
	Kriterium D4	22%	
Summe			100%

Tabelle 28: Gewichtung von Kriteriengruppen

Innerhalb jeder einzelnen Gruppe werden die Kriterien ihrer Bedeutung entsprechend gewichtet. So weist, um bei Tabelle 28 zu bleiben, das Kriterium A1 ein Gewicht von 40% innerhalb der Gruppe A auf und so weiter. Mathematisch wäre es nun selbstverständlich möglich und auch korrekt, nachdem alle Kriterien sowie die Einzel- und Gruppengewichte feststehen, die Gruppengewichte aufzulösen. Das Gewicht von Kriterium A1 betrüge 40% von 40%, also insgesamt 16%, jenes von Kriterium B1 30% von 20%, also 6% und so fort.

Optionaler Schritt 4b: Gewichtung der Kriterien mit Hilfe der Paarvergleichsmethode

Ein wesentlicher Schwachpunkt der Nutzwertanalyse bleibt der subjektive Faktor bei der Gewichtung der Kriterien. Je nach Ziel und Interessenlage der Teilnehmer des Verfahrens werden Endergebnisse präjudiziert und die Idee, nämlich die Objektivierung der Ergebnisse durch Fragmentierung des Ent-scheidungsproblems, konterkariert. Es existiert jedoch ein Hilfsverfahren, das eine weitgehend objek-tive Gewichtung unterstützt – die Paarvergleichsmethode. Die Idee ist wie bei der Nutzwertanalyse insgesamt die Sezierung der Gesamtaufgabe in Einzelentscheidungen. Zu Beginn werden alle zu gewichtenden Kriterien in einer Kreuztabelle aufgelistet (Tabelle 29).

	Krit. A	Krit. B	Krit. C	Krit. D	Krit. E	Krit. F	Krit. G
Kriterium A							
Kriterium B							
Kriterium C							
Kriterium D							
Kriterium E							
Kriterium F							
Kriterium G							

Tabelle 29: Kreuztabelle zur Gewichtung von Kriterien

Anschließend werden alle Verfahrensteilnehmer aufgefordert, nacheinander und jeweils für sich zu entscheiden, ob im direkten Vergleich Kriterium A wichtiger sei als Kriterium B, Kriterium A wichtiger als Kriterium C, Kriterium A wichtiger als Kriterium D usw. bis zur letzten Entscheidung, ob Kriterium F wichtiger sei als Kriterium G. Die Gegenfrage ist nicht erforderlich: Wenn bewertet wurde, ob A wichtiger als B ist, muss B unwichtiger als A sein. Es wird jedoch der zugehörige Wert in das betreffende Feld eingetragen.

In die Kreuztabelle wird nun eingetragen, von wie vielen Teilnehmern das zuerst genannte Kriterium als wichtiger als das als zweites genannte Kriterium eingeschätzt wurde. Tabelle 30 gibt ein mögliches Ergebnis wieder, wobei hier die Anzahl der Teilnehmer mit 10 angenommen wurde. Enthaltungen im Sinne von „Kriterium A ist gleich wichtig wie Kriterium B" sind nicht erlaubt. So wurde von sieben Verfahrensteilnehmern das Kriterium A wichtiger als Kriterium B eingeschätzt, von acht das Kriterium F wichtiger als Kriterium G und so fort. Die letzte Spalte addiert, wie of ein Kriterium als wichtiger als das jeweils mit diesem verglichene eingeschätzt wurde.

	Krit. A	Krit. B	Krit. C	Krit. D	Krit. E	Krit. F	Krit. G	Σ
Kriterium A	X	7	4	2	5	9	4	31
Kriterium B	3	X	3	7	10	6	5	34
Kriterium C	6	7	X	8	8	9	6	44
Kriterium D	8	3	2	X	7	5	3	28
Kriterium E	5	0	2	3	X	3	4	17
Kriterium F	1	4	1	5	7	X	8	26
Kriterium G	6	5	4	7	6	2	X	30

Tabelle 30: Kreuztabelle zur Gewichtung von Kriterien mit „Ist-wichtiger-als"-Stimmen

Den letzten Schritt der Paarvergleichsmethode zeigt die Tabelle 31. Proportional zu den „Ist-wichtiger-als"-Stimmen werden mittels Dreisatz die Gewichte verteilt.

	Stimmen	Gewicht
Kriterium A	31	14,7%
Kriterium B	34	16,2%
Kriterium C	44	21,0%
Kriterium D	28	13,3%
Kriterium E	17	8,1%
Kriterium F	26	12,4%
Kriterium G	30	14,3%
Summe	210	100%

Tabelle 31: Ergebnis der Gewichtung anhand der Kreuztabelle

In der betrieblichen Praxis angewandt, ist nun oftmals die Versuchung da, eine Korrektur der Werte vorzunehmen. Es ist zu beobachten, dass sich sogar die Mehrheit der Teilnehmer darüber einig sein kann, dass beispielsweise Kriterium E unterrepräsentiert ist. Jedoch ist dringend davon abzuraten, eine Anpassung „aus dem Gefühl heraus" vorzunehmen.

Nicht unerwähnt bleiben sollte, dass der Paarvergleich methodische Schwächen aufweist. Zum einen ist die fehlende Transitivität zu nennen. Ist beispielsweise Kriterium A im direkten Vergleich bedeutsamer als Kriterium B und dieses wiederum bedeutsamer als Kriterium C, kann es trotzdem sein, dass im Endergebnis Kriterium C bedeutsamer ist als Kriterium A. Eine zweite Schwäche ist, dass passieren kann, dass ein Kriterium nie wichtiger ist als eines der anderen der mit diesem verglichenen Kriterien. Es erhält dann das relative Gewicht 0 und scheidet aus der Nutzwertanalyse aus, obwohl es möglicherweise trotzdem eine absolute Bedeutung hat. In der Praxis erweist sich dieser methodische Mangel als umso unbedeutender, je mehr Kriterien mittels der Paarvergleichsmethode miteinander verglichen werden. Sind es mehr als 10, empfiehlt es sich erfahrungsgemäß, das Ausscheiden des Kriteriums zuzulassen, denn es darf dann davon ausgegangen werden, dass es tatsächlich unbedeutend für die Bewertung der Problemstellung ist.

Schritt 5: Wahl einer Bewertungsskala (Vorbereitung für Schritt 6)

Eine sinnvolle Skala für die Bewertung der Kriterien muss eindeutig und praktikabel sein. Einfach bedeutet, dass es keinen Interpretationsspielraum hinsichtlich der Bedeutung der Bewertungsrichtung und Bewertungsstufen gibt, praktikabel, dass jedem Verfahrensteilnehmer die Anwendung der Skala geläufig sein muss. Grundsätzlich kommen mehrere Skalenarten in Betracht, die nachfolgend beschrieben werden:

Anwendung einer Ordinalskala:

Es werden je Kriterium die Entscheidungsalternativen von den Verfahrensteilnehmern in eine Rangordnung sortiert.[57] Ein Beispiel für eine Ordinalskala, die in der Nutzwertanalyse eingesetzt werden kann, ist die Schulnotenskala. Der wesentliche Nachteil ist, dass kein Intervall, also „Abstand", zwischen jeweils zwei Alternativen berücksichtigt wird; der Abstand zwischen einer 2 und einer 3 ist mathematisch genau so groß ist wie jener zwischen einer 4 und einer 5, obgleich die Anstrengung, statt mit einer 3 mit einer 2 bewertet zu werden, wesentlich größer sein kann, als jene, um von einer 5 auf eine 4 zu kommen. So kann bei einer Entscheidungsalternative Kriterium A wesentlich nützlicher sein

---

[57] Zangemeister, 1976, S. 158 ff.

als B, B jedoch nur geringfügig nützlicher als C. Diese Unterschiede werden ignoriert und das Ergebnis so möglicherweise verzerrt.

Anwendung einer Intervallskala:

Intervallskalen sind übliche Ordnungsverfahren, wenn der Abstand zwischen der Bewertung von Kriterien eine Rolle spielt. Anders als bei z.B. der Schulnotenskala, bei der die Note 2 nicht „doppelt so gut" wie die Note 4 bedeutet, wird eine Spreizung der Einschätzung ermöglicht. Letztlich handelt es sich um einen Zahlenraum, z.B. 1 bis 100, wie bei einem Thermometer. Hier wäre eine Temperatur von 40 Grad „doppelt" so warm wie eine von 20 Grad. Die Intervalle zwischen zwei Einschätzungen können beliebig und individuell ausgewählt werden.

Zwei Gefahren spielen jedoch eine Rolle, die vom Vertriebscontroller als Projektleiter, der die Durchführung einer Nutzwertanalyse moderiert, angesprochen und den teilnehmenden Personen ins Bewusstsein gebracht werden müssen:

1. Die Bewertung ist willkürlich. Vorherige Präferenzen für eine Entscheidungsalternative können und werden die Bewertung bewusst und – was noch viel gefährlicher ist – unbewusst beeinflussen. Hilfreich ist, Korridore vorzugeben und die Ordinal- mit der Intervall- oder einer Verhältnisskala zu verbinden, wie es Abbildung 23 zeigt, um Bewertungsrichtlinien vorzugeben.

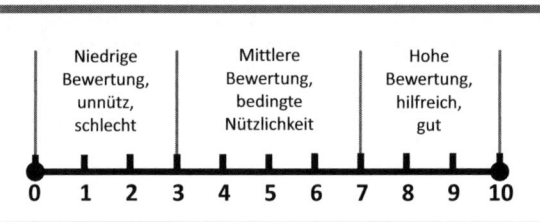

Abbildung 23: Kombination von Skalen

2. Die Bewertung ist von Teilnehmer zu Teilnehmer unterschiedlich. Es gibt keinen absoluten Maßstab für die Bewertung eines Kriteriums, den alle Teilnehmer unisono anwenden. Der eine ist streng, der andere lax bzw. polarisierend. Auch hier hilft die Vorgabe von Korridoren, wie es Abbildung 23 zeigt, um eine gewissen Einheitlichkeit zu gewährleisten. Dies ist insbesondere dann wichtig, wenn am Ende des Prozesses die resultierenden Nutzwerte je Entscheidungsalternative aller Teilnehmer summiert werden sollen, um einen Gesamtwert zu erhalten, denn dies führt nur dann zu einem methodisch akzeptablen Ergebnis, wenn ein abgestimmtes Grundverständnis über die „Strenge", mit der bewertet wird, besteht. Andernfalls würden die höheren Punktwerte der tendenziell höher bewertenden Teilnehmer die niedrigeren Punktwerte der strengeren übersteuern. Tabelle 34 und Tabelle 35 zeigen den Unterschied auf.

Anwendung einer Verhältnisskala:

Die Verhältnisskala ist für die Nutzwertanalyse in der Regel ungeeignet, da sie voraussetzt, dass Teilnehmer in der Lage sind, Quotienten zwischen subjektiven Einschätzungen bilden zu können.[58] Dies kann durch die Anwendung der Paarvergleichsmethode (Schritt 4b) geheilt werden. Der ursprünglichen Idee der Nutzwertanalyse, durch Fragmentierung der Aufgabenstellung eine möglichst objektive Lösung zu finden, wird damit entsprochen.

Nachfolgend sind einige typische Skalen aufgeführt, die bei einer Nutzwertanalyse angewendet werden:

Schulnotenskala

Die Schulnotenskala (1-6) erfüllt beide Kriterien, ist also eindeutig und praktikabel. Ihr Nachteil besteht darin, dass aus mathematischen Gründen zum späteren Multiplizieren der Bewertung mit dem Gewicht eines jeden Kriteriums der Schulnote ein umgekehrter Wert zugewiesen werden muss, der Note 1 der Wert 6, der Note 2 der Wert 5 usw. Somit wäre die Skala:

- Note 1: Kriterium ist sehr gut erfüllt.

- Note 2: Kriterium ist gut erfüllt.

- Note 3: Kriterium ist in befriedigendem Maße erfüllt.

- Note 4: Kriterium ist ausreichend erfüllt.

- Note 5: Kriterium ist nur unter Inkaufnahme wesentlicher Mängel erfüllt.

- Note 6: Kriterium ist nicht bzw. ungenügend erfüllt.

Oberstufen-Punktwertskala

Die in den deutschen Oberstufen übliche Notenskala von 0 bis 15 Punkten kann direkt angewendet werden; eine Umrechnung der Werte ist nicht erforderlich. Allerdings ist die Spreizung auf insgesamt 16 Skalenwerte unpraktisch und lässt zu viel Raum für subjektive Empfindungen („Strenge", „Milde"). Abhilfe schafft die in Abbildung 23 dargestellte Vorgabe von Korridoren als Orientierungshilfe, so, wie es an den Schulen auch gehandhabt wird. Hier entsprechen die Punkte 13 bis 15 der Schulnote 1, die Punkte 10 bis 12 der Schulnote 2, die Punkte 7 bis 9 der Note 3 usw.

10-Punkte-Skala

Eine Reduzierung auf die Maximalpunktzahl 10 erhöht die Übersichtlichkeit. Eine Erläuterung der Punktwerte wird zusätzliche Übersicht bringen, etwa in folgender Weise:

- 0 Punkte: Kriterium ist nicht erfüllt.

- 1 bis 3 Punkte: Kriterium ist unzureichend und nur mit erheblichen Mängeln erfüllt.

---

[58] Zangemeister, 1976, S. 207

- 4 bis 6 Punkte: Kriterium ist hinreichend, aber mit Mängeln erfüllt.

- 7 bis 9 Punkte: Kriterium ist in gutem Umfang erfüllt.

- 10 Punkte: Kriterium ist in sehr gutem Umfang erfüllt.

Die Spreizungen (1-3, 4-6 und 7-9) erlauben eine feinere Abstufung der Wertungen, wobei es dringend angeraten ist, eine „Legende" der Skalenwerte den Verfahrensteilnehmern an die Hand zu geben, um eine Einheitlichkeit bei der Interpretation der Werte zu sichern.

Drei-Punkte-Skala

In besonders heterogenen Teilnehmergruppen empfiehlt sich eine möglichst einfache Skala, z.B. reduziert auf drei Werte:

- 1 Punkt: Kriterium ist in nicht befriedigendem Maße erfüllt.

- 2 Punkte: Kriterium ist grundsätzlich erfüllt, wenn auch mit Mängeln.

- 3 Punkte: Kriterium ist gut oder sehr gut erfüllt.

Möglich ist auch, bei Beibehaltung der Dreiteilung die Punktwerte zu spreizen:

- 1 Punkt: Kriterium ist in nicht befriedigendem Maße erfüllt.

- 3 Punkte: Kriterium ist grundsätzlich erfüllt, wenn auch mit Mängeln.

- 5 Punkte: Kriterium ist gut oder sehr gut erfüllt.

Der Effekt ist zunächst, dass sich die Teilnehmer intensiver mit der Vergabe von Punkten auseinandersetzen werden, weil in deren Wahrnehmung die Wirkung einer Bewertungsentscheidung größer ist. Im Ergebnis der Nutzwertanalyse zeigt sich bei einer Spreizung der Skala, dass klare Entscheidungen noch klarer werden, also eine Alternative, die schon bei der ersten Variante gewonnen hätte, einen deutlicheren Vorsprung hat, aber knappe Entscheidungen knapp bleiben. Wird eine Spreizung, so, wie die zweite Variante (1-3-5) zeigt, verwendet, wird die Kontrolle des Ergebnisses auf mathematischem Wege durch eine Sensitivitätsanalyse (siehe Schritt 8) empfohlen.

100-Punkte-Skala

Die aus der Prozentrechnung gewohnte Skala von 0-100 Punkten empfiehlt sich selten, da der subjektive Spielraum der Teilnehmer zu groß ist und im Ergebnis eine Nivellierung der Bewertung („um die 50 herum") zu beobachten ist.

Schritt 6: Bewertung der Kriterien

Dieser Schritt ist die eigentliche Nutzwertanalyse. Ihr Wert hängt entscheidend davon ab, wie sorgfältig die Schritte eins bis fünf durchgeführt wurden. Zunächst werden, wie in Tabelle 32 gezeigt, die Entscheidungsalternativen anhand der Kriterien bewertet. Üblich ist ist, Kriterium für Kriterium vorzugehen, was die Verfahrensteilnehmer zu einem kriterienweisen Alternativenvergleich zwingt. Die Höhe der vergebenen Werte ist somit immer auch relativ. Im hier dargestellten Beispiel wurde eine Werteskala von 0 bis 10 Punkten verwendet.

	Alternative X	Alternative Y	Alternative Z
Kriterium A	3	1	7
Kriterium B	4	7	5
Kriterium C	2	4	3
Kriterium D	7	9	6
Kriterium E	9	10	7
Kriterium F	5	4	5
Kriterium G	10	2	8

Tabelle 32: Bewertung der Alternativen anhand der Kriterien

Schritt 7: Mathematische Aggregation der Nutzwerte

Anschließend erfolgt das Multiplizieren des Wertes mit dem Gewicht eines jeden Kriteriums. Die Addition der Produkte einer jeden Entscheidungsalternative ergibt deren Nutzwert (Tabelle 33). Die Gewichte wurden der obigen Beschreibung „Schritt 4b" entnommen. Das Ergebnis des Verfahrens ist eine Präferenzordnung, die hier in diesem abstrakten Beispiel zeigt, dass die Alternative Z der Alternative X und diese wiederum der Alternative Y vorzuziehen ist

Kriterium	Gew.	Alternative X		Alternative Y		Alternative Z	
		Bewertung	Punktwert	Bewertung	Punktwert	Bewertung	Punktwert
A	14,7%	3	0,441	1	0,147	7	1,029
B	16,2%	4	0,648	7	1,134	5	0,810
C	21,0%	2	0,420	4	0,840	3	0,630
D	13,3%	7	0,931	9	1,197	6	0,798
E	8,1%	9	0,729	10	0,810	7	0,567
F	12,4%	5	0,620	4	0,496	5	0,620
G	14,3%	10	1,430	2	0,286	8	1,144
Summe	**100,0%**		**5,219**		**4,910**		**5,598**

Tabelle 33: Ergebnis der Nutzwertanalyse

Wenn das Verfahren bis zu diesem Schritt in der Form durchgeführt wurde, dass mehrere Teilnehmer unabhängig voneinander eine Nutzwertanalyse durchführten, gilt es nun, die Ergebnisse aller Verfahrensteilnehmer zusammen zu fassen. Dies kann durch einfache Addition geschehen, wenn vorausgesetzt werden darf, dass die Teilnehmer bei der Bewertung der Kriterien einen gleichen Maßstab angelegt haben (siehe die Erläuterungen zu den Ordnungsskalen oben), wie es Tabelle 34 zeigt.

Teilnehmer	Nutzwert Alt. A	Nutzwert Alt. B	Nutzwert Alt. C	Nutzwert Alt. D	Nutzwert Alt. E
Hr. Müller	36	54	78	23	31
Hr. Meier	69	56	82	42	36
Fr. Schulz	67	50	62	32	12
Fr. Walter	41	64	74	36	52
Hr. Bäcker	59	52	71	36	42
Summe	272	276	367	169	173
Gesamtplatz	3	2	1	5	4

Tabelle 34: Aggregation der Nutzwertanalysen aller Teilnehmer durch Werteaddition

Wenn dies jedoch nicht gegeben ist, empfiehlt sich, stattdessen zunächst je Teilnehmer eine Rangordnung der Entscheidungsalternativen aufzustellen und danach durch das Auszählen der Platzierungen eine resultierende Reihenfolge zu errechnen (Tabelle 35). Tatsächlich zeigt sich hier, dass die Entscheidungsalternativen A und B ihre Plätze getauscht haben.

Teilnehmer	Nutzwert Alt. A	Nutzwert Alt. B	Nutzwert Alt. C	Nutzwert Alt. D	Nutzwert Alt. E
Hr. Müller	3	2	1	5	4
Hr. Meier	2	3	1	4	5
Fr. Schulz	1	3	2	4	5
Fr. Walter	4	2	1	5	3
Hr. Bäcker	2	3	1	5	4
Summe	12	13	6	23	21
Gesamtplatz	2	3	1	5	4

Tabelle 35: Aggregation von Nutzwertanalysen aller Teilnehmer durch Rankingaddition

Optionaler Schritt 8: Sensibilitätsanalyse

Die obigen Ergebnisse erscheinen klar und eindeutig. Bei korrekter Anwendung der Methode darf davon ausgegangen werden, dass der Nutzen einer jeden Entscheidungsalternative so korrekt wie es das Urteilsvermögen und die prognostischen Fähigkeiten der Verfahrensteilnehmer zulassen, ermittelt wurde. Wahrnehmungsverzerrungen, von der hyperbolischen Diskontierung von Zukunftserwartungen bis hin zu störenden Einflüssen durch z.B. Verfügbarkeitsheuristiken, wurden reduziert.

Im obigen Beispiel beträgt der Abstand der Nutzwerte zwischen Z und X immerhin 0,379 Nutzwertpunkte. Z ist um ca. 7,3% „nützlicher" als X und um ca. 14% „nützlicher" als Y. Ob dieser Abstand zwischen den Entscheidungsalternativen deutlich ist oder als knapp bewertet wird, hängt von der jeweiligen Fragestellung ab. Einen Hinweis auf die Belastbarkeit der Ergebnisse gibt nun die Sensibilitätsanalyse, und hierbei insbesondere die Variation

- der Kriteriengewichte sowie

- der Nutzwerte.

Ziel ist, zu ermitteln, wie robust die Ergebnisse hinsichtlich variierter Einschätzungen sind. Praktikabel ist dabei ein Vorgehen in zwei Schritten.

Analyseschritt 1: Variation der Kriteriengewichte

Die Kriteriengewichte werden variiert, jedoch nicht die Nutzwerte je Entscheidungsalternative und Kriterium. Zu diesem Schritt sind die Verfahrensteilnehmer nicht erforderlich. Ausgangspunkt ist die Gleichsetzung der Gewichte je Kriterium. Für obiges Beispiel ist das Ergebnis in Tabelle 36 dargestellt, bei dem jedes Kriterium ein gleiches relatives Gewicht von 14,29% erhält. Zwar hat sich in diesem Beispiel die Präferenzordnung nicht verändert, jedoch reduzierte sich der Abstand der Entscheidungsalternative Z zur zweitbesten Alternative X (nur noch ca. 2,63%).

Kriterium	Gew.	Alternative X		Alternative Y		Alternative Z	
		Bewertung	Punktwert	Bewertung	Punktwert	Bewertung	Punktwert
A	14,29%	3	0,43	1	0,14	7	1,00
B	14,29%	4	0,57	7	1,00	5	0,71
C	14,29%	2	0,29	4	0,57	3	0,43
D	14,29%	7	1,00	9	1,29	6	0,86
E	14,29%	9	1,29	10	1,43	7	1,00
F	14,29%	5	0,71	4	0,57	5	0,71
G	14,29%	10	1,43	2	0,29	8	1,14
Summe	**100%**		**5,71**		**5,29**		**5,86**

Tabelle 36: Beginn der Sensitivitätsanalyse der Nutzwertanalyse durch Gleichsetzung der Kriteriengewichte

Zur weiteren Variation kann ein Durchschnittswert der zwei wichtigsten sowie der zwei unwichtigsten Kriterien gebildet werden, um „Bewertungsspitzen" zu nivellieren. Die wichtigsten Kriterien B und C (vgl. Tabelle 33) erhalten jeweils das relative Gewicht von 18,6%, die unwichtigsten Kriterien E und F einen von 10,25%.

Das Ergebnis sieht dann wie folgt aus:

- Nutzerwert der Entscheidungsalternative Z: 5,76

- Nutzerwert der Entscheidungsalternative X: 5,32

- Nutzerwert der Entscheidungsalternative Y: 5,01

Z ist hier um ca. 8,3% „nützlicher" als die zweitbeste Alternative X.

Schlussendlich kann die Spreizung der Kriteriengewichtung erhöht statt wie bisher reduziert werden. Ein schlüssiges mathematisches Verfahren mit vertretbarem Aufwand bietet sich nicht an, um eine Spreizung darzustellen. Da die Ergebnisse jedoch nur dokumentierenden Charakter haben, ist es möglich, ein quasi-willkürliches Verfahren zu nutzen. Bewährt hat sich eine Faustregel, nach der die ca. 20% derjenigen Kriterien mit den höchsten Gewichten um jeweils 25% wichtiger sind und alle anderen Kriterien pro rata unwichtiger. Diese Näherung ist mit einer einfachen Tabellenkalkulation darstellbar. Im Vergleich zu Tabelle 33 erhöhen die zwei wichtigsten Kriterien B und C ihre relativen Gewichte um jeweils 25%, im Falle von C also von 21% auf 26,25% und im Falle von B von 16,2% auf 20,25%, während alle anderen Gewichte pro rata abgewertet werden. Tabelle 37 zeigt das Ergebnis.

Kriterium	Gew.	Alternative X		Alternative Y		Alternative Z	
		Bewertung	Punktwert	Bewertung	Punktwert	Bewertung	Punktwert
A	12,52%	3	0,376	1	0,125	7	0,877
B	20,25%	4	0,810	7	1,418	5	1,013
C	26,25%	2	0,525	4	1,050	3	0,788
D	11,33%	7	0,793	9	1,020	6	0,680
E	6,90%	9	0,621	10	0,690	7	0,483
F	10,56%	5	0,528	4	0,423	5	0,528
G	12,18%	10	1,218	2	0,244	8	0,975
Summe	100%		4,871		4,969		5,342

Tabelle 37: Erweiterung der Sensitivitätsanalyse der Nutzwertanalyse durch Spreizung von Kriteriengewichten

Das Ergebnis hat sich dahingehend verändert, dass statt X nun Y die zweitbeste Alternative ist. Der Abstand zwischen der besten Alternative Z und der nun zweitbesten Alternative Y beträgt 7,5%. Im Ergebnis wäre für dieses Beispiel festzuhalten, dass bei einer Variation der Kriteriengewichte das Ergebnis der Nutzwertanalyse (Z ist die nützlichste Entscheidungsalternative) robust und nicht sensitiv ist.

Analyseschritt 2: Variation der Nutzwerte

Auch in diesem Schritt der Sensitivitätsanalyse geht es nicht darum, die Ergebnisse des Verfahrens in Frage zu stellen, sondern darum, die Eindeutigkeit der Ergebnisse zu überprüfen. Grundsätzlich können wie oben dargestellt die drei Varianten

1. Durchschnittswertbildung

2. Nivellierung der Bewertungen

3. Spreizung der Bewertungen

berechnet werden. Die Durchschnittswertbildung, bei der die Kriterienwerte aus Tabelle 32 addiert werden, ohne die Kriteriengewichte zu beachten, entspricht im Ergebnis der Addition aller Bewertungspunkte (hier: X = 40 Punkte, Y = 37 Punkte, Z = 41 Punkte). Ihr Aussagegehalt ist gering, denn ein zentraler Punkt der Nutzwertanalyse, die Gewichtung der Kriterien, wird ausgeklammert. Wichtiger ist, die vergebenen Punktwerte in der oben beschriebenen Weise zunächst zu nivellieren und anschließend zu spreizen, um herauszufinden, wie robust das Ergebnis ist.

Die Nivellierung der Punktwerte (Bildung der Durchschnittswerte der zwei höchsten sowie der zwei niedrigsten Werte aus Tabelle 32) liefert die in Tabelle 38 dargestellten Ergebnisse. Anzumerken ist, dass für den Fall, dass es gleich hohe zu nivellierende Punktwerte gibt, der Durchschnittwert der dann drei oder gar vier höchsten respektive niedrigsten Punktwerte zu bilden ist, so, wie hier für Entscheidungsalternative Z exerziert.

Kriterium	Gew.	Alternative X		Alternative Y		Alternative Z	
		Bewertung	Punktwert	Bewertung	Punktwert	Bewertung	Punktwert
A	14,7%	2,5	0,368	1,5	0,221	7,333	1,078
B	16,2%	4,0	0,648	7,0	1,134	4,333	0,702
C	21,0%	2,5	0,525	4,0	0,840	4,333	0,910
D	13,3%	7,0	0,931	9,5	1,264	6,000	0,798
E	8,1%	9,5	0,770	9,5	0,770	7,333	0,594
F	12,4%	5,0	0,620	4,0	0,496	4,333	0,537
G	14,3%	9,5	1,359	1,5	0,215	7,333	1,049
Summe	100,0%		5,220		4,938		5,668

Tabelle 38: Erweiterung der Sensitivitätsanalyse der Nutzwertanalyse durch Nivellierung der kriterienbezogenen Nutzwertpunkte

Deutlich wird hier, dass die Präferenzordnung nicht wesentlich beeinflusst wird. Dies zeigt sich auch bei einer in der dritten Variation durchgeführten Spreizung, hier durch die Erhöhung der zwei größten Punktwerte um 25% bei gleichzeitiger Reduzierung aller anderen Werte pro rata. Tabelle 39 zeigt das Ergebnis: Der Abstand zwischen der präferierten Handlungsalternative Z und der zweitbesten Alternative X beträgt nun sogar ca. 11,3%. Die Kriterien mit den laut Tabelle 32 höchsten Werten werden mit dem Faktor 1,25 multipliziert und sind in Tabelle 39 schwarz und kursiv markiert. Da bei Alternative Z gleich zwei Kriterien den zweithöchsten Wert aufweisen (Kriterium A und Kriterium E), wird die Aufwertung um 25% auf diese beiden Werte aufgeteilt und diese jeweils mit dem Faktor 1,125 multipliziert. Anzumerken ist, dass die Werte durch die artifizielle Höherbewertung um hier 25% durchaus über das ursprünglich definierte Maximum (ursprünglich 10 Punkte) hinausgehen können.

Kriterium	Gew.	Alternative X		Alternative Y		Alternative Z	
		Bewertung	Punktwert	Bewertung	Punktwert	Bewertung	Punktwert
A	14,7%	2,643	0,389	0,861	0,127	*7,875*	1,158
B	16,2%	3,524	0,571	6,028	0,977	4,279	0,693
C	21,0%	1,762	0,370	3,444	0,723	2,567	0,539
D	13,3%	6,167	0,820	*11,250*	1,496	5,135	0,683
E	8,1%	*11,250*	0,911	*12,500*	1,013	*7,875*	0,638
F	12,4%	4,405	0,546	3,444	0,427	4,279	0,531
G	14,3%	*12,500*	1,788	1,722	0,246	*10,000*	1,430
Summe	100,0%		5,395		5,009		5,672

Tabelle 39: Erweiterung der Sensitivitätsanalyse der Nutzwertanalyse durch Spreizung der kriterienbezogenen Nutzwertpunkte

3.6 Abweichungs- bzw. Gap-Analysen

Sowohl in der betrieblichen Praxis als auch in der Literatur finden sich unter dem Begriff Abweichungs- bzw. Gap-Analyse diverse Ansätze. Drei wesentliche Arten lassen sich dabei unterscheiden, die nachfolgend beschrieben werden. Für die Arbeit des Vertriebscontrollers ist erforderlich, dass er, wird er zu einer Abweichungsanalyse aufgefordert oder fertigt er eine solche an, zunächst klärt, welche Variante eingefordert wird.

Operative Abweichungsanalyse

Ziel der operativen Abweichungsanalyse ist es, möglichst gegenwartsnah Differenzen zwischen einem Plan- und dem Istwert zu erkennen. Die Messgröße muss dabei eine quantitativ erfassbare Größe sein, die als Sollwert in exakt gleicher Definition und Abgrenzung geplant wurde. Zumeist sind dies im Vertriebscontrolling der Umsatz, die Anzahl der Auftragseingänge, die verkauften Stückmengen, die Anzahl der Reklamationen, die Besuchstermine, die Kundenrückgewinnungsquote oder die Anzahl an potentiellen Kunden in einem Verkaufsraum, um nur einige Beispiele zu nennen. Bezugsgröße ist jeweils die Zeit, wobei die Intervalle sich nach den Planungsintervallen richten. Ist z.B. der Planumsatz als Monatswert ausgewiesen, gibt es für die tägliche Erfassung des Umsatzes keine Vergleichsgröße. Abhilfe schafft dann nur die Interpolation, wenn z.B. der Plan-Monatsumsatz durch die Anzahl der Verkaufstage dividiert wird, um einen Planwert für den gemessenen Ist-Tagesumsatz zu erhalten, so, wie in Abbildung 24 dargestellt, bei der davon ausgegangen wird, dass im laufenden Monat Umsatzwerte bis zum 22. Tage vorliegen.

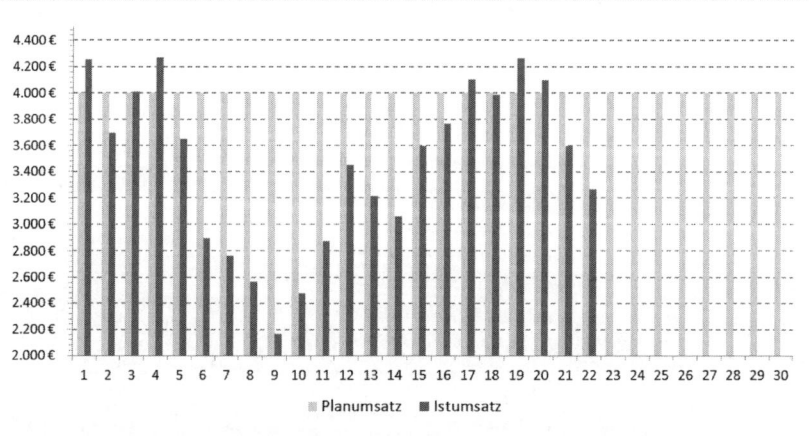

Abbildung 24: Abweichungsanalyse für Monatsumsatz, Tagesdarstellung

Sonderlich hilfreich ist die Darstellung der Ist-Tagesumsätze im Vergleich zu den aus dem Monatsumsatz abgeleiteten durchschnittlichen Planwerten allerdings nicht. Zwar ließe sich eine tageweise Abweichung erkennen, aber eben nur eine zu einem nicht geplanten, sondern aus einem Monatswert als Durchschnitt errechneten Ziel. Wochentagübliche Schwankungen, Feiertage oder Verkaufsspitzen wegen anstehender Wochenenden werden ignoriert. Und ob das Monatsziel erreicht wird, ist ebenfalls nicht zu erkennen.

Zur besseren Übersicht sind also die Tageswerte zu kumulieren, wie es Abbildung 25 zeigt. Erwähnenswert ist, dass zur Darstellung ein Liniendiagramm gewählt wurde, um die Abweichung zu zeigen. Dies ist mathematisch nicht korrekt, denn es gibt keine Werte zwischen den Tagen. Vielmehr müsste ein Balkendiagramm wie jenes in Abbildung 24 verwendet werden. Allerdings ist die Darstellung mittels zweier Linien intuitiver und darum für den praktischen Einsatz akzeptabel.

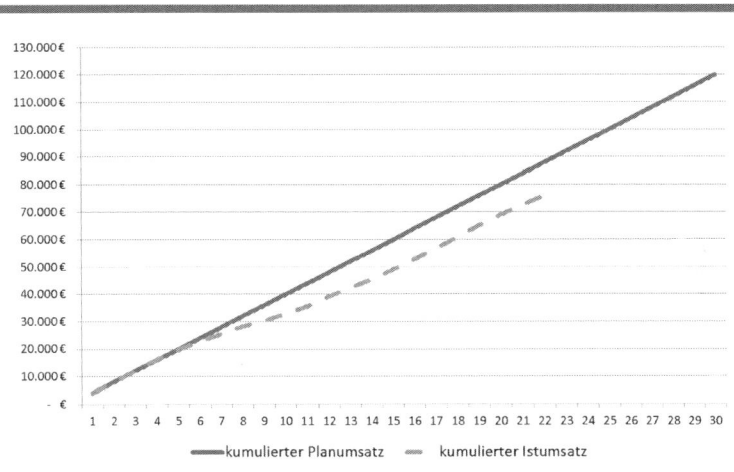

Abbildung 25: Abweichungsanalyse für Monatsumsatz, kumulierende Tagesdarstellung

Diese Form der Abweichungsanalyse stellt die einfachste Form dar, denn sie ist ausschließlich retrospektiv, betrachtet also die Vergangenheit. Obgleich primitiv, wird sie in der Praxis sehr häufig eingesetzt. Beispielsweise arbeitet der filialisierende Einzelhandel mit Tageszielen. Diese werden allerdings wesentlich komplexer ermittelt als in obigem Beispiel dargestellt. Einen Monatsumsatz durch die Anzahl der Verkaufstage zu dividieren, führt zu Tageswerten, die die üblichen Schwankungen nicht berücksichtigen. Sind diese regelmäßig feststellbaren, nachgerade naturgesetzlichen Schwankungen signifikant, überlagern sie Umsatzschwankungen, verfälschen zumindest aber das Bild. Folglich werden Wochentage, Feiertage oder gar Ferienzeiten berücksichtigt.

Dies ist methodisch sehr viel einfacher, als es zunächst aussieht: Es reicht, mittels einer Tabellenkalkulation den Plan-Jahreswert auf 365 Tage zu verteilen und die Tage mit Korrekturfaktoren zu belegen, die sich aus Erfahrungswerten ableiten. Abbildung 26 zeigt als Ausschnitt einer Tabellenkalkulation gleich drei aufeinander aufbauende Korrekturfaktoren, um die ursprünglichen durchschnittlichen Planwerte an die Gegebenheiten des Kalenders anzupassen. Mit solchen korrigierten Plänen lassen sich sinnvolle Abweichungsanalysen durchführen. Korrekturfaktor „Wo´Tag" berücksichtigt, dass an z.B. Freitagen mehr Umsatz gemacht wird als an Sonntagen, Korrekturfaktor „Feiertag" spiegelt Nachfrageschwankungen durch bevorstehende oder zurückliegende Feiertage wider (hier: Ostern) und Korrekturfaktor „Ferien" Umsatzrückgänge durch Urlaubszeiten.

Planumsatz, ungewichteter Durchschnitt	Datum +	Korrekturfaktor Wochentag	Korrekturfaktor Feiertag	Korrekturfaktor Ferien	Zielumsatz
1.000 €	18.03.2013 Montag	1,01			1.010 €
1.000 €	19.03.2013 Dienstag	1,12			1.120 €
1.000 €	20.03.2013 Mittwoch	1,12			1.120 €
1.000 €	21.03.2013 Donnerstag	0,95			950 €
1.000 €	22.03.2013 Freitag	1,35			1.350 €
1.000 €	23.03.2013 Samstag	0,83			830 €
1.000 €	24.03.2013 Sonntag	0,62			620 €
1.000 €	25.03.2013 Montag	1,01		0,95	960 €
1.000 €	26.03.2013 Dienstag	1,12		0,95	1.064 €
1.000 €	27.03.2013 Mittwoch	1,12		0,95	1.064 €
1.000 €	28.03.2013 Donnerstag	0,95	1,2	0,95	1.083 €
1.000 €	29.03.2013 Freitag, Karfreit	1,35	0,75	0,95	962 €
1.000 €	30.03.2013 Samstag	0,83	1,35	0,95	1.064 €
1.000 €	31.03.2013 Sonntag	0,62	0,75	0,95	442 €
1.000 €	01.04.2013 Montag, Ostern	1,01	0,75	0,95	720 €
1.000 €	02.04.2013 Dienstag	1,12	1,35	0,95	1.436 €
1.000 €	03.04.2013 Mittwoch	1,12		0,95	1.064 €
1.000 €	04.04.2013 Donnerstag	0,95		0,95	903 €
1.000 €	05.04.2013 Freitag	1,35		0,95	1.283 €
1.000 €	06.04.2013 Samstag	0,83			830 €
1.000 €	07.04.2013 Sonntag	0,62			620 €
1.000 €	08.04.2013 Montag	1,01			1.010 €
1.000 €	09.04.2013 Dienstag	1,12			1.120 €
1.000 €	10.04.2013 Mittwoch	1,12			1.120 €
1.000 €	11.04.2013 Donnerstag	0,95			950 €
1.000 €	12.04.2013 Freitag	1,35			1.350 €
26.000 € (Summe)					26.044 €

Korrekturfaktoren

Wochentag

Montag	1,01
Dienstag	1,12
Mittwoch	1,12
Donnerstag	0,95
Freitag	1,35
Samstag	0,83
Sonntag	0,62
Durchschnitt	1

Feiertag

Ein Tag vor Feiertag	1,2
Feiertag	0,75
Ein Tag nach Feiertag	1,35

Osterferien

25.3.2013 bis 5.4.2013	0,95

Abbildung 26: Beispiel für Korrekturfaktoren zur Berechnung von Plan-Tagesumsatzwerten

Operative extrapolierende Abweichungsanalyse

Ziel der extrapolierenden Abweichungsanalyse ist es, die rückschauende Betrachtung der operativen Abweichungsanalyse, deren Aussagequalität wie zuletzt dargestellt mittels einer realitätsnahen Zielplanung verbessert werden kann, um eine kurzfristige Prognose zu erweitern. Dies gelingt recht einfach durch die Methoden der Trendprognose, wie sie in Kapitel 4.2.1 erläutert werden. Abbildung 27 stellt dies auf Basis der Daten dar, die auch Abbildung 25 zugrunde lagen. Gewählt wurde hier eine lineare Trendprognose. Deutlich erkennbar ist, dass, sofern keine korrigierenden Maßnahmen ergriffen werden, der Planumsatz nicht erreicht werden wird.

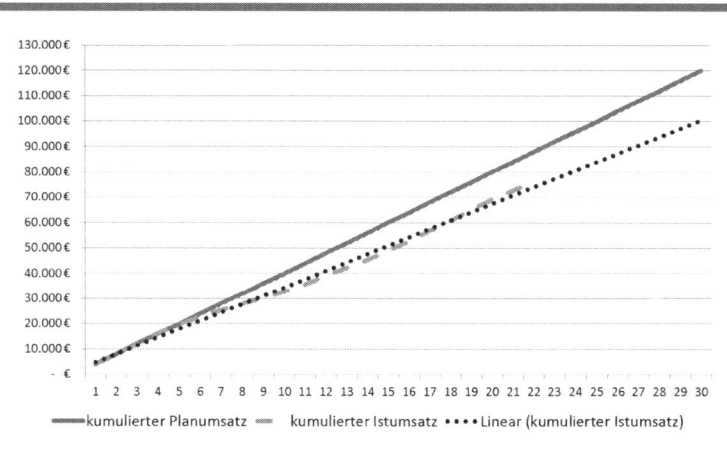

Abbildung 27: Abweichungsanalyse für Monatsumsatz, kumulierte Tagesdarstellung mit Trendprognose

Je nach Anwendungsfall kann die Berechnung der relativen Abweichung von Ist zu Plan in die extrapolierende Abweichungsanalyse mit aufgenommen werden, wie es Abbildung 28 zeigt. Zu beachten
ist, dass in dieser Darstellung die Abweichung der kumulierten Werte aufgeführt ist. Selbstverständlich
könnte auch jene der Tageswerte verwendet werden; in diesem Falle würde sich dann auch die Darstellung einer Trendlinie anbieten, um die zu erwartende prozentuale Zielabweichung in den folgenden
Tagen ermitteln und ggf. Korrekturmaßnahmen einleiten zu können.

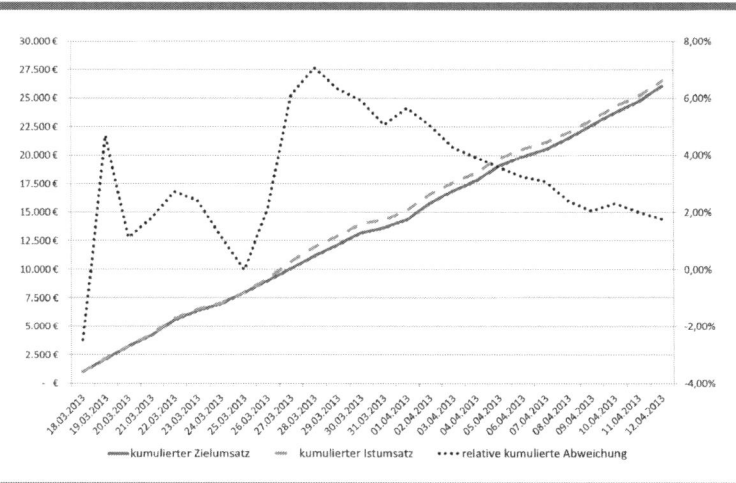

Abbildung 28: Abweichungsanalyse, ergänzt um relative Tagesabweichung

Strategische Abweichungsanalyse

Im Unterschied zu den bisher gezeigten Varianten der operativen Abweichungsanalyse ist die strategische ein Instrument, das die langfristige Planung unterstützt. Ziel ist es, zu untersuchen, inwiefern Veränderungen des Marktes oder des eigenen Unternehmens die ursprüngliche Planung beeinflussen. Wird beispielsweise im Rahmen der Unternehmens- oder Konzernplanung für das kommende Geschäftsjahr ein Finanzplan erstellt, so beträgt der Planungshorizont leicht 18 Monate. Sollten nun nach Fertigstellung (Genehmigung, Inkrafttreten) des Finanzplans Störungen von signifikantem Ausmaß auftreten, gilt es, im Rahmen eines Projektes zu untersuchen, ob und wenn ja welche Auswirkungen dies auf das eigene Unternehmen haben wird. Oft wird die strategische Abweichungsanalyse als „Gap-Analyse" bezeichnet und ist eng mit der SWOT-Analyse verbunden, denn die Veränderungen des Umfelds schlagen sich in den Chancen und Risiken des Marktes bzw. den Stärken und Schwächen des Unternehmens nieder.[59]

Somit ist die strategische Abweichungsanalyse der Vergleich zweier Prognosen:

1. Ursprüngliche Entwicklung ($Plan_{alt}$)

2. Nach aufgetretenen Ereignissen nun erwartete Entwicklung ($Plan_{neu}$)

Ziel ist es erstens, frühzeitig zu erkennen, welche Auswirkungen eingetretene Ereignisse haben und zweitens, ob Korrekturmaßnahmen, deren Wirkung in einer korrigierten Planrechnung quantifiziert werden, ausreichen, die aufgetretene Lücke zu schließen. Solche Korrekturmaßnahmen werden z.B. mit der Delphi- oder der Szenariotechnik entwickelt (Kapitel 4.2.4 bzw. Kapitel 4.2.5). Abbildung 29 stellt – schematisch – das Ergebnis einer strategischen Abweichungsanalyse dar: Nach einem Ereignis, etwa dem Eintritt eines neuen, starken Wettbewerbers, droht der ursprüngliche Planumsatz nicht mehr erreicht werden zu können. Die Differenz zwischen dem ursprünglichen Planumsatz und dem nun erwarteten Umsatz ist offensichtlich und gebietet Gegenmaßnahmen. Es werden zwei Szenarien entwickelt, die bei der Berechnung der Umsatzerwartungen beide jedoch zunächst zu niedrigeren erwarteten Umsätzen als bei Nicht-Reagieren führen, anschließend jedoch in unterschiedlichem Maße die Lücke zum ursprünglichen Planumsatz schließen.

---

[59] Horvath, 2009, S. 334

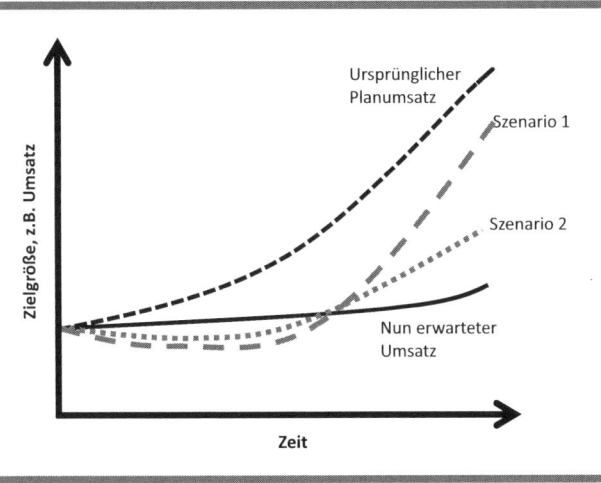

Abbildung 29: Strategische Abweichungsanalyse

Natürlich reicht diese Darstellung nicht aus, um unternehmerische Entscheidungen zu treffen, denn allein schon die Frage nach den jeweiligen Kosten der Szenarien bleibt unbeantwortet. Dennoch ist die strategische Abweichungsanalyse ein sinnvolles Instrument, um dem Unternehmen und letztlich auch dem Vertrieb bei Planungsanpassungen zu helfen und deren Dringlichkeit darzustellen. Gäbe es eine solche Kategorie in der Taxonomie der Methoden, wäre die Gap-Analyse ein „deskriptives" Tool. Für den Vertriebscontroller ist es wichtig, über solche Werkzeuge zu verfügen, denn die Verbindung aus einem bekannten Namen und einer plakativen, prägnanten Darstellung macht ein Tool, sinnvoll in die Argumentationskette eingebaut, mächtig.

4 Markt- und Wettbewerbsanalysen für den Vertrieb

Markt- und Wettbewerbsanalysen werden in der Regel dem „strategischen" Vertriebscontrolling zuge-ordnet, freilich ohne dass dies in der betrieblichen Praxis eine Rolle spielen würde. Entscheidender ist die Frage, wie intensiv sich das Vertriebscontrolling an der Marktforschung und hier der Primärdaten-erhebung beteiligt. In der Regel wird „das Marketing", wie auch immer es im Unternehmen aufgestellt ist, die Aufgabe der Markt- und Wettbewerberforschung für sich reklamieren und der Vertriebscontrol-ler unterstützt diese Aufgabe mit Zulieferungen.

Darum werden nachfolgend Methoden vorgestellt, die dazu dienen, die Primärinformationen weiter zu verdichten und aufzubereiten. Ferner werden Hinweise auf die Kernfragen, die bei Markt- und Wett-bewerbsanalysen aus Sicht des Vertriebs zu stellen sind, gegeben. Dem Vertriebscontroller kommt hier die Aufgabe zu, darauf zu achten, dass die Marktforschungsergebnisse methodisch korrekt und für den Vertrieb im Allgemeinen und die Verkaufsinstanzen im Speziellen praxisrelevant nutzbar sind. Folglich werden in diesem Kapitel grundsätzlich keine Marktforschungsmethoden dargestellt; diesbe-züglich sei auf die Fülle von Fachliteratur verwiesen.[60]

4.1 Marktvolumen, Marktpotential und Marktanteil

Bekommt das Vertriebscontrolling eine Markt- oder Wettbewerbsanalyse vorgelegt, beginnt die Inter-pretation. Hierzu hat sich eine strukturierte Vorgehensweise bewährt, die nachfolgend erläutert wird.

Schritt 1: Abgrenzung des untersuchten Marktes

Zu Beginn der Analyse eines Markt- oder Wettbewerbsreports steht immer die Frage, ob der **relevan-te Markt** untersucht wurde; nur dann sind die Ergebnisse auf die eigene Situation übertrag- und ar-gumentativ anwendbar. Was jedoch als „relevant" bezeichnet wird, ist zuweilen eine Frage der per-sönlichen Interpretation. In der Literatur finden sich recht umfangreiche Definitionsansätze[61], die hier auf folgende Parameter reduziert werden:

Relevant ist der Markt für einen Vertrieb, wenn

- mit den vorhandenen oder geplanten **Verkaufsinstanzen**

- die vorgesehene **Zielgruppe** mit den

- vorhandenen oder geplanten **Produkten**

- in den erreichten oder zu erreichen geplanten **Regionen**

adressiert werden. Trifft eine dieser Voraussetzungen nicht zu, ist der Markt nicht relevant. Für eine Drogeriemarktkette ist der Markt für Staubsauger nicht relevant (Produkt), für einen Obsthändler nicht

---

[60] Empfohlen sei bei weitergehendem Interesse vor allem auch ein Blick in die Methodik der Marktforschung: Raab, et al., 2009.

[61] Vgl. exemplarisch die Definition im Gabler Wirtschaftslexikon: http://wirtschaftslexikon.gabler.de/Archiv/4793/relevanter-markt-v7.html, zuletzt geprüft am 21.9.2012, sowie Meffert, et al., 2008, p. 185.

die Nachbarstadt (Region), für einen Online-Versandhändler nicht die beratungsintensive Individuallösung (Verkaufsinstanz).

Schwierig wird die Abgrenzung, wenn Substitutionseffekte zu erwarten sind: Wenn die Konsumenten zum Einkaufen in die Nachbarstadt fahren, werden sie möglicherweise dort auch ihr Obst kaufen. Ist das Obstangebot in der Nachbarstadt dann doch Teil des relevanten Marktes? Die korrekte Antwort ist: Ja! Substitutive Märkte sind Teil des relevanten Marktes, denn sie konkurrieren um das gleiche Beschaffungsbudget der Kunden, und da ist es egal, ob die Substitution räumlich (Nachbarstadt) stattfindet, auf der Produktebene (Smartphone statt Kompaktkamera) oder durch alternative Beschaffungswege (Buchkauf im Web anstatt im Präsenzhandel).

Schlussendlich ist abzugrenzen, ob sich die Untersuchung auf den derzeit adressierten Markt konzentriert, oder ob ein zusätzlich anvisierter berücksichtigt wurde. Ist dies nicht sauber abgegrenzt, wird die Trennung schwierig.

Schritt 2: Unterscheidung zwischen Marktvolumen und Marktpotential

In der Darstellung der Kennzahlen des Vertriebscontrollings wurde am Ende von Tabelle 17 bereits der Unterschied zwischen Marktvolumen und Marktpotential dargestellt.

> Das Marktvolumen ist der sich durch real stattgefundene Verkäufe ergebende Umsatz (oder zuweilen auch Stückmengen bzw. Volumina), das Marktpotential hingegen ist der mögliche Umsatz.

Aber was heißt „möglich"? Die gängige Interpretation besagt, dass der mögliche, also potentielle Markt die Summe aller Umsätze ist, die entstünden, wenn alle Nachfrager, die das betrachtete Produkt sinnvoll verwenden könnten, dieses auch kaufen würden. Aber Informationslücken, individuelle Präferenzen und nicht-rationales Verhalten sorgen dafür, dass Interessenten Produkte auch dann nicht kaufen, wenn sie ihren Nutzen erhöhen würden.[62]

Das berechnete Marktpotential hängt also von der Einschätzung des Marktforschers ab, ob ein Kunde ein Produkt gebrauchen könnte. Je nach Markt ist das natürlich eine willkürliche Einschätzung: Das Marktpotential für Staubsauger liegt vielleicht bei 100% der Haushalte, jenes für Mobilfunktelefone bei 120% der Anzahl der Bevölkerung zwischen 15 und 85 Jahre, aber wo liegt das Marktpotential für strategische Managementberatung? Um dieses abzuschätzen, wird der Marktforscher Annahmen treffen (Unternehmensgröße, Umsatz oder Rechtsform des potentiellen Kunden) und genau diese Annahmen sind es, die der Vertriebscontroller hinterfragen sollte, um die Anwendbarkeit der Marktpotentialabschätzung auf den von ihm vertretenen Vertrieb zu prüfen und z.B. überzogene Absatzerwartungen zu dämpfen.

Schritt 3: Überprüfung der angewendeten Methodik

Je nach Professionalität der Marktforschungsaktivitäten ist es mehr oder weniger einfach, die zugrunde liegende Methodik nachzuvollziehen. Und um es gleich vorweg zu nehmen: Handelt es sich z.B. um eine Konsumentenbefragung mit umfangreichem Primärdatenmaterial, ausgewertet mit Statistikprogrammen wie SPSS und errechneten Korrelationen und Regressionen, kann der Methodik nur vertraut werden, denn die Überprüfung verlangt umfangreiches Know-how und natürlich den Zugriff auf die Primärdaten. In den meisten Fällen, mit denen sich ein Vertriebscontroller konfrontiert sieht,

---

[62] Hier wäre ein Exkurs in die Nutzentheorie angezeigt, muss aber aus Platzmangel entfallen. Bei Interesse sei auf den „Urvater" verwiesen: Gossen, 1854.

handelt es sich aber entweder um weniger komplex aufbereitete Primärdaten, transkribierte Interview-ergebnisse oder Sekundärdaten, die von Verbänden, Marktforschungsunternehmen oder Unternehmensberatungen zur Verfügung gestellt werden. Inwieweit solchen „Berichten", „Reports" oder „Studien" getraut werden kann, hängt vom Einzelfall ab. Qualitätsindizien sind jedoch zum einen die langjährige Marktpräsenz eines Forschungsergebnisses, das immer wieder aktualisiert wird, und zum anderen das Vorhandensein einer Beschreibung der Forschungsmethodik.

4.2 Abschätzung der Marktentwicklung

Marktveränderungen rechtzeitig zu erkennen, ist eine der wichtigsten Aufgaben der Marktforschung. Der gesamte Marketingmix, aber auch betriebliche Funktionsbereiche wie die Beschaffung oder das Cash Management sind davon abhängig, Marktveränderungen rechtzeitig signalisiert zu bekommen. Eine wichtige Erkenntnisquelle dafür ist der Vertrieb. Zwischen dem Vertriebscontrolling und „der Marktforschung", wie auch immer sie im jeweiligen Unternehmen organisiert und bezeichnet sein sollte, gibt es im Idealfall eine Arbeitsteilung: Während die Marktforschung die relevanten Märkte analysiert, und das durchaus auch mit strategischem Weitblick, wertet das Vertriebscontrolling Performance-Daten der Verkaufsinstanzen, Kunden und Produkte aus und erkennt so Veränderungen, wenn sie das Unternehmen erreichen.[63] Besonders klar wird diese Arbeitsteilung im Falle eines Online-Konfektionswarenhändlers oder einer Supermarktkette: Die ERP-gestützten Ordering-, Kassen- und Bezahlsysteme erfassen eine Fülle von Daten zu jedem einzelnen Verkaufsakt, und Aufgabe des Vertriebscontrollers wird es ggf. nur noch sein, die Marktforschung durch Auswertungen der teils komplexen Systeme zu unterstützen.

4.2.1 Vergangenheitsorientierte Verfahren

Mittels der Retrospektive auf die zukünftige Entwicklung zu schließen, ist ein alltägliches und geübtes Verfahren. Unvermittelt und unbewusst schreiben wir Erlebnisse fort und nennen dies „Erfahrung". Auf Basis dieser Erfahrung argumentieren wir und rechtfertigen Entscheidungen in der Erwartung, dass sich die Zukunft gleich oder ähnlich entwickelt, wie wir es aus der Vergangenheit gelernt haben.[64]

Es wäre nun leicht, dieses Verhalten zu geißeln, zu betonen, wie gefährlich es ist, die eigene Vergangenheit zum Maßstab für die Zukunftsentwicklung zu machen, ohne auf externe Effekte zu achten usw. Aber so leicht ist es nicht, denn Kontinuität in der Entwicklung, auch jener von Vertriebserfolgen, kann erwünscht sein. Die Fortschreibung der Entwicklung der Vergangenheit ist oft eine Anforderung, um alle Unternehmensteile sich gleichmäßig entwickeln zu lassen (Produktion, Personal, Liquidität usw.), und so wird aus der „Gefahr", die Entwicklung der Vergangenheit überzubewerten, eine Anforderung, den bisherigen Trend beizubehalten.

Wenn nachfolgend also vergangenheitsorientierte Verfahren dargestellt werden, sollte sich der Vertriebscontroller der Gefahr von Rückschaufehlern, wie sie in der Verhaltensökonomie ausführlich beschrieben sind, bewusst sein, aber gleichzeitig auch die strategische Anforderung einer kontinuierlichen Entwicklung im Auge behalten. Da Extrapolationen der Vergangenheit aber keine Störgrößen, die erst in der Zukunft auftreten, berücksichtigen können, empfiehlt sich bei der Marktveränderungsanalyse ein zweistufiges Vorgehen:

---

[63] Die in der Literatur anzutreffende Vorstellung, dass das Vertriebscontrolling als Mittler zwischen den Verkaufsinstanzen und der Marktforschung steht, dürfte hingegen theoretischer Natur sein. Warum sollte sich ein Marktforscher oder Marketier den direkten Draht zum Verkauf kappen lassen und somit auf direktes Feedback aus dem Vertrieb verzichten?

[64] Nur bei Absatzprognosen gehen wir anscheinend anders vor, dort wird nur allzu oft ein „exponentielles Wachstum des Verkaufserfolgs schon in wenigen Jahren" prognostiziert ☺.

Für eine vollständige Marktveränderungsanalyse wird im ersten Schritt mit einem vergangenheitsorientierten Modell ein Zukunftstrend ermittelt. Im zweiten Schritt wird dieser mit kreativen Verfahren auf seine Robustheit hin überprüft.

Bei der Fortschreibung vergangener Entwicklungen, der **Trendextrapolation**, haben sich in der Praxis nur wenige Verfahren bewährt. Die Idee ist stets, die bisherige Entwicklung in einer mathematischen Funktion auszudrücken und in die Zukunft fortzuschreiben. Das Problem ist jedoch, dass sich die bisherige Entwicklung selten an eine mathematische Funktion hält, sondern ihrerseits Sprünge aufweist, die durch außergewöhnliche Effekte ausgelöst wurden. Abbildung 30 zeigt ein Beispiel hierfür.

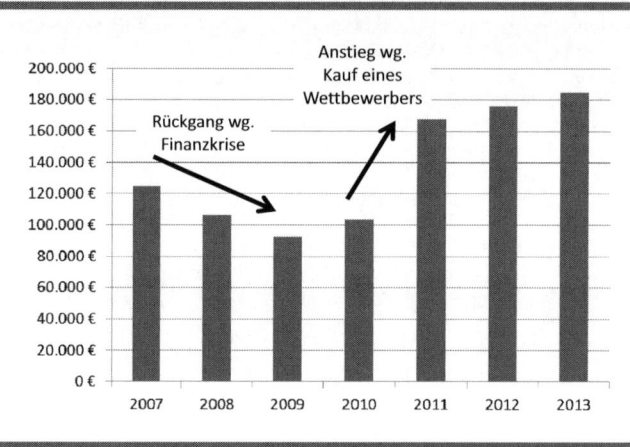

Abbildung 30: Darstellung eines Umsatzverlaufs, beeinflusst durch Sondereffekte

Gleich zwei Effekte haben eine kontinuierliche Entwicklung beeinflusst, die Finanzkrise, die zu einem Umsatzrückgang geführt hat, sowie der Kauf eines Wettbewerbers, der zu einem sprunghaften Anstieg führte, da dessen Umsatz erstmalig in 2011 zum eigenen Umsatz hinzugezählt wurde. Wie soll nun der Umsatz in der Zukunft geschätzt werden?

Möglichkeit 1: Trendextrapolation auf Basis des gleitenden Durchschnitts

Beim „gleitenden Durchschnitt" oder „gleitenden Mittelwert" wird der Durchschnitt der letzten n Perioden berechnet. Abbildung 31 zeigt drei Varianten gleitender Durchschnitte, die sich darin unterscheiden, wie viele vergangene Perioden jeweils einbezogen wurden.

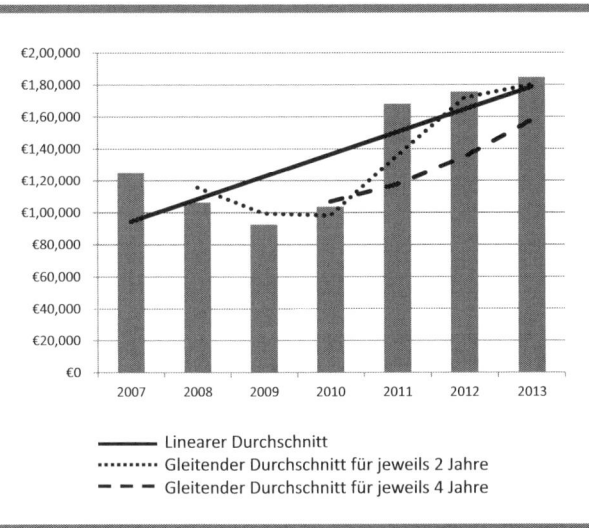

Abbildung 31: Arten gleitender Durchschnitte

Aber das ist noch keine Prognose. Die sich ergebenden Durchschnittsverläufe müssen zunächst in die Zukunft fortgeschrieben werden. Allerdings lassen die gleitenden Durchschnitte eine Extrapolation nur zu, wenn ihre mathematische Funktion ermittelt werden kann. Für den linearen Durchschnitt ist das unproblematisch, denn dort wird schlichtweg die Steigung des Strahls auch für die Zukunft unterstellt, wie Abbildung 32 zeigt, zumal Tabellenkalkulationsprogramme wie MS Excel sowohl die Durchschnitte als auch die Trendextrapolation automatisch errechnen.

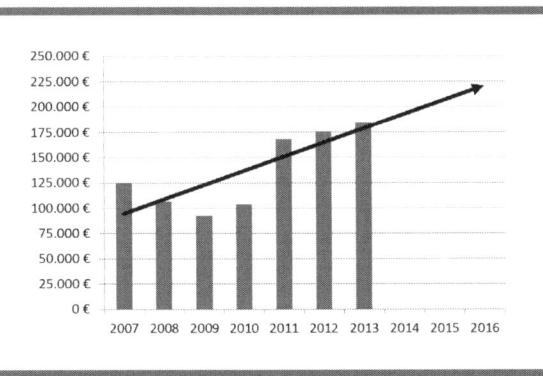

Abbildung 32: Trendextrapolation auf Basis des linearen Durchschnitts

Hilft dies weiter? Ja, wenn die Umsätze der Vergangenheit stabil verliefen, keine Sondereffekte die Berechnung einer kontinuierlichen Entwicklung vereiteln und auch für die Zukunft keine Störungen zu erwarten sind. In unserem Beispiel jedoch führt die Berechnung eines Zukunftstrends auf Basis des linearen Durchschnitts zu einer Vertriebsprognose, deren Steigerungsrate nur in zwei der letzten sechs betrachteten Periodenintervallen erreicht wurde, nämlich von 2011 auf 2012 und von 2012 auf 2013. Zu allen anderen Zeiten waren die Steigerungsraten zum Teil dramatisch anders.

Bei den gleitenden Durchschnitten ist die Interpretation verführerisch, vor allem bei jenem auf Basis der jeweils letzten vier Jahreswerte. Hier zeigt sich ein leicht exponentieller Trend, bei dem die Zuwachsrate von Jahr zu Jahr steigt. Würde dieser Trend fortgeschrieben werden, wären die Vertriebsvorgaben für das jeweils kommende Jahr immer höher, und das nur, weil durch die Sondereffekte der Vergangenheit von MS Excel eine Kurve errechnet und dargestellt wird, die wir in unserer Suche nach Mustern als Trend wahrnehmen.

Möglichkeit 2: Trendextrapolation auf Basis des exponentiellen Durchschnitts

Prinzip des exponentiellen (gleitenden) Durchschnitts ist es, dem Umsatz des jeweils jüngeren Jahres ein höheres Gewicht beizumessen, ein für die Praxis sinnvoller Ansatz. Über eine festzulegende Glättungskonstante, den Alpha-Wert, nimmt die Bedeutung älterer Werte ab, je weiter diese zurück liegen. Die gute Nachricht ist: MS Excel erledigt für einfache Varianten der exponentiellen Glättung die Mathematik. Abbildung 33 zeigt das Ergebnis für unser Beispiel. In Kapitel 8.7.3 werden die unterschiedlichen Verfahren der exponentiellen Glättung, vor allem aber auch die Wirkungsweise des Alpha-Wertes, am Beispiel von Vertriebs-Prognosen ausführlich erläutert. Ziel ist es, die Zukunft immer exakter vorhersehen zu können. Der Preis ist eine komplexer werdende Mathematik. Hierzu kommen wir später.

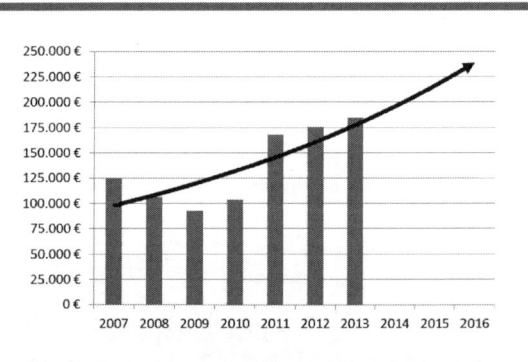

Abbildung 33: Trendextrapolation auf Basis des exponentiellen gleitenden Durchschnitts

Grundsätzlich bietet der exponentielle Durchschnitt ein mathematisch exakteres Abbild des Trendverlaufs der Vergangenheit. Die Verzerrungen durch die Sondereffekte in unserem Beispiel machen aber deutlich, dass die Erläuterungen und Einschränkungen zu Möglichkeit 1 grundsätzlich auch hier gelten. Der exponentielle Durchschnitt ist immer dann zu empfehlen, wenn der Verlauf in der Vergangenheit zwar ohne nennenswerte Sondereffekte, aber mit größeren Schwankungen der Einzelwerte war.

Möglichkeit 3: Selektive Auswahl sowie Bereinigung von Umsatzwerten

Ziel ist es, ein dem gewöhnlichen Geschäftsverlauf entsprechendes Bild der Vergangenheit als Basis der Prognose zu ermitteln. Die Bereinigung erfolgt durch

1. Substitution von Werten, die durch Sondereffekte verzerrt wurden, mit Durchschnittswerten und

2. zusätzliche Korrektur von zurückliegenden Werten mittels rückprojizierender Faktoren.

Ad 1: Es werden nur jene Jahresumsatzwerte in die Trendextrapolation aufgenommen, die aufgrund einer Analyse und entsprechend der Einschätzung des Vertriebscontrollers den gewöhnlichen, von Effekten bereinigten Umsatz wiedergeben. Somit wären die Jahre 2008 bis 2010 nicht zu berücksichtigen; die Jahreswerte werden stattdessen durch Werte ersetzt, die einem linearen Verlauf entsprächen.

Ad 2: Der Effekt, der durch den Kauf des Wettbewerbers in 2010 erzielt wurde und der sich auf den Umsatz 2011 auswirkte, wird dadurch in die Trendextrapolation einbezogen, dass die prozentuale Erhöhung des Umsatzes, die der Zukauf brachte, auch auf die Jahre 2007-2009 aufgeschlagen wird. Brachte der aufgekaufte Wettbewerber z.B. 12% zusätzlichen Umsatz, so wird der Umsatz 2007 um 12% erhöht bzw. „justiert".[65] Abbildung 34 zeigt das Resultat.

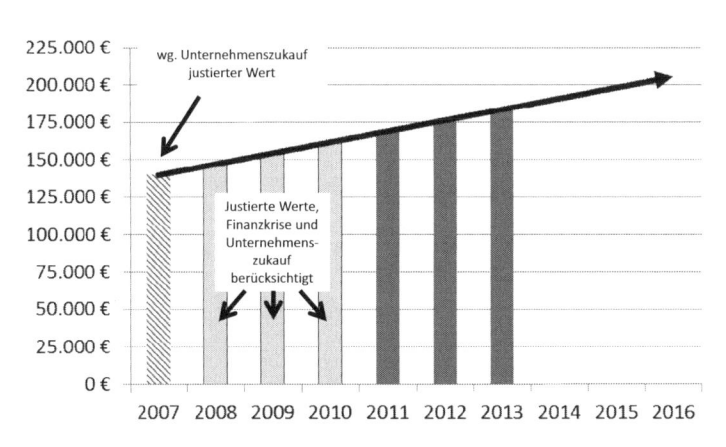

Abbildung 34: Trendextrapolation auf Basis des exponentiellen Durchschnitts selektierter und justierter Werte

Der Vorteil dieser Methode liegt darin, Sondereffekte der Vergangenheit mathematisch zu eliminieren. Der Nachteil ist, dass eine Korrektur nur dann erfolgen darf, wenn auch wirklich Sondereffekte vorgelegen haben. Werden hingegen im Übereifer auch marktübliche Absatzschwankungen nivelliert, ge-

---

[65] Der scheinbar leichtere Weg wäre, den zusätzlichen Umsatz der Jahre 2011-2013 heraus zu rechnen oder eine zweite Zeitreihe für den Zusatzumsatz zu berechnen. Beide Varianten sind nicht praktikabel. Der summarische Umsatz entspricht ab 2011 dem realen betrieblichen Geschehen und ist somit fortzuschreiben.

hen Informationen z.B. für das Risikomanagement des Unternehmens verloren. Das in Abbildung 34 die Jahresumsätze 2011-2013 recht genau auf der Trendextrapolationslinie liegen, ist übrigens nur zufällig so.

4.2.2 Analogiemethode

Die Analogie-„Methode" ist gar keine. Jedenfalls keine Methode im engeren, mathematischen Sinne. Es ist jedoch eine gute Möglichkeit, Zukunftsprognosen anzustellen. Ziel ist es, Entwicklungen entweder **„artverwandter Märkte"** oder **„nicht-verwandter, aber korrelierender Märkte"** als Vor- und Leitbild für den eigenen Markt zu verwenden. Dabei wird unterstellt, dass der bisherige Verlauf des Referenzmarktes, der als Analogie dienen soll, also dessen Vergangenheit, der eigenen Zukunft entspricht: „So, wie Markt x bisher verlief, wird unser Markt y in Zukunft verlaufen." Folglich ist die Analogiemethode nur sinnvoll, wenn ein Markt gefunden wird, dessen Entwicklung früher begonnen hat.

Auch hier gibt es einen „Warnhinweis": Wenn in Managermagazinen leuchtende Beispiele erfolgreicher Unternehmen, Markterschließungskampagnen oder Produkteinführungen beschrieben werden, und der unweigerliche Wille aufkommt, es genauso machen zu wollen, so handelt es sich nicht um eine Analogiemethode. Abgesehen davon, wie sinnvoll es ist, (temporär strahlende) Leuchttürme der Weltwirtschaft wie Dell, General Electric, Porsche, Shell, Nokia oder zuletzt Google oder Apple als Ideal eigenen Handelns oder zumindest als Blaupause für eigene Kreativität zu machen, fallen diese Ansätze nicht in den Zuständigkeitsbereich eines Vertriebscontrollers und bieten auch methodisch wenig Wirkungsfläche.

Artverwandte Märkte

Märkte gelten dann als „verwandt", wenn sie die folgenden Voraussetzungen erfüllen:

- Die Zielgruppe ist hinsichtlich ihres **Beschaffungsverhaltens** vergleichbar.

- Die Produkte sind hinsichtlich ihrer **Nutzenstiftung** für die Käufer vergleichbar (konkurrierende bzw. Substitutionsgüter).

- Die Regionen sind hinsichtlich der **Käuferpräferenzen** vergleichbar.

- Die Regionen sind hinsichtlich der gesetzlichen und strukturellen **Rahmenbedingungen** vergleichbar.

Alle vier Bedingungen müssen gleichzeitig erfüllt sein. Je ähnlicher sich die Märkte sind, je höher also der Grad der Vergleichbarkeit in den Kriterien Beschaffungsverhalten, Nutzenstiftung, Käuferpräferenzen und Rahmenbedingungen ist, desto wahrscheinlicher ist es, dass der eigene zu prognostizierende Trend dem bisherigen Verlauf des Referenztrends entspricht.

Typische artverwandte Märkte sind z.B. der Absatzmarkt für Computerspiele in Japan, dem der deutsche Markt mit einem mehrmonatigen Abstand folgt, die Verkaufszahlen bei regional sukzessiver Einführung eines Produktes (Automobil, Mobilfunktelefon oder Unterhaltungselektronik), der Markt für Zubehör (Verkauf von Sonderausstattung für neu eingeführte Motorräder) oder die Entwicklung des Nachfrageverhaltens bei Bioprodukten, ausgehend von Referenzgruppen.

Nicht-verwandte, aber korrelierende Märkte

Zuweilen ist es möglich, Märkte zu identifizieren, die in der Vergangenheit eine akzeptable Korrelation mit der eigenen Entwicklung bewiesen haben. Solche statistischen Parallelen zu entdecken ist freilich schwierig und in der Literatur sind nur wenige Fälle dokumentiert, so die Korrelation zwischen der Nachfrage nach Haushaltsgeräten („weiße Ware") und dem Angebot neuer Wohnungen in den USA.

4.2.3 Kreative Verfahren

Kreative Verfahren zur Abschätzung der Marktentwicklung werden in der betrieblichen Praxis vom Vertriebscontroller selten angewendet. Dabei ist Vertriebscontrolling ein Tätigkeitsbereich, der durchaus Kreativität verlangt: Die Frage, wie aus den Daten eines Kassensystems sinnvolle Daten für Produkt- und Preisentscheidungen gewonnen werden können, **ist** ein kreativer Prozess. Auch nutzen kreative Verfahren, über die Leitplanken eingespielten Denkens hinaus zu schauen.

Die Abschätzung von Markttrends obliegt für gewöhnlich dem Marketing bzw. der Marktforschung. Auch ist es eine strategische Aufgabe und so lässt sich das Top-Management selten nehmen, diese Prognosen selbst vorzunehmen. Im Folgenden sollen dennoch die wichtigsten Kreativverfahren vorgestellt werden, deren Technik selbstverständlich universell anzuwenden ist und nicht nur im Zusammenhang mit der Marktentwicklungsabschätzung. Doch warum werden diese Verfahren hier vorgestellt? Für den Vertriebscontroller ist vor allem wichtig, die Korrektheit der Methode einschätzen zu können, um zu beurteilen, wie tragfähig ein Ergebnis ist, auf welchem er seine Empfehlungen für das Vertriebsmanagement aufbaut. Der Schwerpunkt der Erläuterungen liegt somit auf der Methode, die Details sind der zahlreichen Fachliteratur zu entnehmen.

Brainstorming

> Das Brainstorming ist ein Verfahren der Ideenfindung zu einem vorgegebenen Thema innerhalb einer Gruppe, das auf dem Prinzip der gegenseitigen Inspiration beruht: „Eine Idee ruft die andere".

Von dieser Definition ausgehend wird es bereits immer schon kreativen Austausch gegeben haben, sobald mehrere Personen zusammen saßen und über ein Problem sinnierten. Das Brainstorming als systematische Methode erfordert jedoch zahlreiche Regeln, die im betrieblichen Alltag nur allzu oft vernachlässigt werden. Und, um es deutlich zu sagen: Diese Regeln sind keine Folklore, sondern zwingende Voraussetzungen, um zu gewährleisten, dass die Methode funktioniert.

Das bewährte Vorgehenskonzept sieht wie folgt aus:

1. **Organisation**: Der Organisator wählt einen Moderator aus und lädt die Teilnehmer ein. Der Ort sollte ruhig, vielleicht sogar langweilig sein, damit die Gruppe nicht von Äußerem abgelenkt wird. Es ist ein adäquater zeitlicher Rahmen zu wählen; inkl. der An- und Abmoderation haben sich 90 Minuten bewährt. An Materialien sollte zumindest ein Flipchart zur Verfügung stehen. Die gängige Alternative, ein Laptop, an dem ein Beamer angeschlossen ist, hat sich als zu „unruhig" erwiesen und lenkt zu sehr ab.

2. **Spielregeln** zu Beginn des Meetings festlegen: Auch wenn die Teilnehmer erfahren sind, sollte der Moderator die wesentlichen Spielregeln benennen, um einen Konsens für die Verhaltensweisen herzustellen.

3. **Thema benennen**: Der Moderator nennt noch einmal das Thema, schreibt es sichtbar auf und umreißt es gegebenenfalls. Je klarer die Grenzen des Möglichkeitenraums dargestellt werden, desto zielgerichteter werden die kreativen Gedanken gelenkt.

4. **Notieren der Ideen**: Der Moderator notiert alle Einfälle sichtbar für die Teilnehmer, z.B. auf das Flipchart, auch wenn sie zunächst keinen Sinn ergeben mögen. Es obliegt dem Moderator, bei nachlassenden Zurufen die Teilnehmer neu zu weiterem Nachdenken anzuregen.

5. **Vorsortierung**: Je nach Fragestellung streicht der Moderator anschließend klar erkennbar unsinnige, doppelt genannte oder bereits bekannte und verworfene Ideen; dieser Schritt geschieht oftmals ohne das Beisein des Teams und erst im Nachhinein.

6. **Verwertung**: In diesem letzten Schritt werden die Ideen verwertet. Ohne Nennung der Urheber einzelner Gedanken und Vorschläge werden die Umsetzbarkeit und die Sinnhaftigkeit bewertet. Leider werden an dieser Stelle gerade unkonventionelle und vom Mainstream abweichende Gedanken mit aussortiert, so dass sich in der Praxis bei umfassenden und bedeutsamen Themen ein weiterer Schritt anbietet:

7. **Verteidigung**: Die Teilnehmer überprüfen die Verwertung ihrer Gedanken und werden aufgefordert, ihre Ergebnisse zu verteidigen. Oftmals reichen die rhetorischen Mittel der Gedankenmitteilung, die Durchsetzungskraft in der Gruppe oder aber die Fähigkeit des Moderators, den Kern des Gedanken zu erfassen, nicht aus, um das volle Potential zu berücksichtigen. Dann ist ein zweites Meeting zur Diskussion der Ergebnisse hilfreich.

Ferner müssen für ein erfolgreiches Brainstorming folgende Voraussetzungen erfüllt sein:

- **Gruppengröße**: Ideal ist eine Anzahl von 4-8 Personen. Weniger Teilnehmer sind möglich, aber das kreative Potential ist dann zu schnell erschöpft. Mehr Teilnehmer führen zu negativen gruppendynamischen Effekten, insbesondere jenem, dass weniger durchsetzungsstarke oder introvertierte Teilnehmer dazu neigen werden, sich zurückzuhalten.

- **Gruppenzusammensetzung**: Je heterogener die Gruppe zusammengesetzt ist, desto besser. Ideal ist die Beteiligung von Fachleuten gänzlich anderer Fachrichtungen. Neuere Forschungen zeigen allerdings, dass Personen, die tendenziell wenig kreativ agieren und sich mehr auf die Bewertung von Ideen oder Verhaltensweisen anderer konzentrieren, auch in einem Brainstorming keine Impulse geben können. Eine Vorauswahl der Teilnehmer wäre also wünschenswert, auch, wenn dies im betrieblichen Alltag durch die üblichen organisatorischen Sachzwänge nicht immer durchsetzbar ist.

- **Hierarchiefreiheit**: Ist ein oder sind mehrere „Chefs" anwesend, verändert sich das Diskussionsverhalten aller Personen signifikant. Das kann, muss aber nicht schädlich sein. Das Problem ist auch nicht, dass eher schüchterne Personen sich nicht mehr trauen werden, ihre Ideen zu äußern. Das Problem ist zum einen, dass Vorschläge unbewusst gefiltert werden, um nichts vermeintlich Unsinniges zu sagen. Zum anderen werden manche Teilnehmer das Brainstorming nutzen, um sich in Szene zu setzen. Im betrieblichen Alltag wird oftmals ein Vorgesetzter anwesend sein und meist die Rolle des Moderators übernehmen. Sofern er über ein akzeptables Feingefühl verfügt und in der Gruppe als Gesprächspartner angstfrei wahrgenommen wird, ist dies auch in Ordnung.

- **Kritikfreiheit**: Kritikfrei bedeutet, dass Ideen zunächst nicht bewertet werden dürfen und das schließt auch das Loben mit ein: Schon das wie ein pawlowscher Reflex einsetzende Kopfnicken der Mitarbeiter, nur, weil der Chef eine Idee in den Raum geworfen hat, ist eine Form der Bewertung dieser Idee und verfälscht deren inhaltlichen Wert, denn es geht fortan nur noch darum, sie durch darauf aufbauende Vorschläge zu würdigen. Das vor allem negativ wertende Kritik in einer Phase der Ideensuche auszubleiben hat, dürfte sich herumgesprochen haben. Nicht ausgeschlossen sind das Nachfragen und die Bitte einer weitergehenden Erläuterung, sofern dies keine Bewertung impliziert.

- **Dauer**: Die Frage der Länge eines Brainstormings wurde in einschlägiger Literatur oft diskutiert und scheint angesichts der Unterschiedlichkeit der Ergebnisse ein fast willkürlicher Punkt zu sein. Tatsächlich aber zeigt sich in einem Brainstorming ein typischer „Rhythmus": Nach anfänglicher Euphorie, in der sich zugerufene Gedanken nur so überschlagen, kommen „Täler" des Schweigens, gefolgt von weiteren Ideen, weiteren Tälern und so fort. Ob 15 Minuten der richtige Zeitraum ist, die siebzigste Idee die statistisch Beste oder jedes Brainstorming unter 45 Minuten Zeitverschwendung sein mag, ist oft untersucht, aber nicht eindeutig wissenschaftlich belegt worden. Tendenziell werden Brainstormings aber zu früh abgebrochen und nicht die Geduld aufgebracht, auf die nächste Welle guter Ideen zu warten. Ein Zeitraum von 30 Minuten sollte die Untergrenze markieren, 90 Minuten sind, wie oben bereits dargestellt, besser.

Für die Zwecke der Abschätzung der Marktentwicklung nutzt das Brainstorming vor allem, um Störgrößen zu identifizieren und/oder bei bekannten zu erwartenden Störungen eigene Reaktionsmöglichkeiten zu entwickeln.

Brainwriting

> Das Brainwriting ist die an das Brainstorming angelehnte Ideenfindung zu einem vorgegebenen Thema innerhalb einer Gruppe. Ideen werden nicht mündlich in einem Meeting, sondern schriftlich im Umlauf geäußert.

Anstatt eines Treffens werden die eingeladenen Teilnehmer aufgefordert, ihre Ideen schriftlich zu äußern. Typischerweise werden hierzu Mails an den Verteiler, der aus allen Gruppenmitgliedern besteht, versendet. Dies erfolgt nicht in einem eng definierten zeitlichen Rahmen, sondern über einen längeren Zeitraum; Tage oder gar Wochen sind typisch. Selbstverständlich ist die Intensität, mit der sich Teilnehmer am Brainwriting-Prozess beteiligen, von Person zu Person und von Tag zu Tag unterschiedlich, was jedoch kein Nachteil sein muss.

Der Vorteil liegt zum einen im geringen Aufwand, der auch Themendiskussionen über Standortgrenzen hinweg ermöglicht, zum anderen darin, dass auch introvertierte Personen ihre Ideen äußern können. Der Nachteil ist, dass die Ideen nicht spontan geäußert werden, sondern aufgeschrieben werden müssen, was ein Vorformulieren erfordert, das nur allzu oft dazu führt, dass die betreffende Person ihren eigenen Gedanken, der möglicherweise inspirierend gewesen wäre, verwirft.

Ein Moderator sammelt die Ideen in einem Dokument, dass er immer wieder versenden kann, um die Diskussion neu anzuregen. Ob und in welcher Form er die Ideen strukturiert, ist von Fall zu Fall zu entscheiden. Seine Aufgabe ist auch, fleißige, kreative Teilnehmer vor dem Verdacht zu schützen, ihre originäre Aufgabe im Unternehmen zu vernachlässigen. Allerdings, auch das soll vorkommen, sollte er regulativ eingreifen, wenn sich Teilnehmer – ohne die mindeste Voraussetzung an Kompetenz – mit Verve auf jede neue Sau stürzen, die durchs Dorf getrieben wird.

Sinnvoll ist der Einsatz von Internet-Foren oder „Schwarzen Brettern" bzw. „Special Bulletin Boards", wie sie leicht in Intranets eingerichtet werden können. Schriftlich geäußerte Ideen können mit ihrer Hilfe besser allen Teilnehmern angezeigt werden, aber vor allem animieren Foren zur Diskussion und die direkte, Chat-artige Kommunikation macht Spaß.

Für die Zwecke der Abschätzung der Marktentwicklung hat sich das Brainwriting zur Diskussion von Trends bewährt. Die Frage, was passieren würde, wenn dieses oder jenes einträte, steht dabei im Vordergrund. Szenarien werden propagiert und diskutiert, Handlungsmöglichkeiten definiert.

Free-Wheeling

> Free-Wheeling ist das Brainstorming mit sich selbst.

Nicht immer stehen Gruppen für ein Brainstorming zur Verfügung. Auch kann jeder Einzelne eine Fülle von Ideen produzieren, wenn er nicht schon nach der ersten Idee aufhört, das Problem zu durchdenken. Bekannt sind unterschiedliche Techniken des Free-Wheelings; gemeinsam ist allen, dass die Person ihre eigenen Ideen aufschreibt und von diesen ausgehend versucht, weitere zu finden. Manche malen dabei zur Aktivierung ihres kreativen Potentials skurrile Muster auf ein Blatt Papier, andere laufen im Zimmer auf und ab und wiederum andere kauen auf einem Bleistift herum – was immer das Gehirn ankurbelt und hilft, ein Thema zu durchdenken, kann getan werden.

Typische in der Praxis anzutreffende Techniken sind:

- **Notizblock**: Auf einem offen herum liegenden Blatt werden Ideen stichpunktartig in einer Liste notiert. Dies sollte unmittelbar geschehen, denn oftmals geraten Geistesblitze genauso schnell in Vergessenheit, wie sie auftraten.

- **Post-its**: Ein Geschenk von 3M an die Menschheit! Ganze Büro- und Schrankwände werden mit kleinen, selbstklebenden gelben Zetteln verziert, um Ideen festzuhalten. Der Vorteil ist, dass die Zettel umgeheftet werden können, was dem Free-Wheeling eine Struktur gibt. Es entsteht ein geordnetes Poster, das einer Mindmap oder einer Metaplan-Wand gleicht.

- **Smartphone-Notiz**: Das Smartphone hat sich als allzeit bereiter Helfer bewährt. Spontane Ideen, die oft an den unmöglichsten Orten und zu ungelegenen Zeiten kommen, werden mit der Notiz-Funktion, die jedes Smartphone besitzt, notiert und stehen somit später zur Strukturierung oder als Inspiration zur Verfügung.

- **Mindmap**: In den 70er Jahren entwickelte der Gehirnforscher Tony Buzan eine Technik, bei der die assoziativen Fähigkeiten beider Gehirnhälften genutzt werden.[66] Die Idee ist die Visualisierung von organisierten, methodisch strukturierten Schlüsselbegriffen. Einem Thema, das in die Mitte eines Blattes geschrieben wird (zur Visualisierung), werden Unterpunkte zugeordnet, jenen wiederum Unterpunkte usw. Eine sinnvolle Struktur der Gliederungsebenen stellt sich unmittelbar ein oder kann zu jedem beliebigen Zeitpunkt nachgeholt werden. Dies unterstützt ein Blatt Papier, besser aber Software, die mittlerweile kostenlos zu haben ist[67]. Grundsätzlich handelt es sich um ein Brainstorming, das jedoch strukturierter abläuft und somit einerseits begrenzter, andererseits „genauer" hinsichtlich der zu betrachtenden Themen ist. Es kommt vor allem der eigenen Denkstruktur entgegen und eignet sich somit ideal für ein Free-Wheeling. Das Beispiel in Abbildung 35 verdeutlicht das Prinzip.

---

[66] Buzan & Buzan, 2005

[67] Z.B. „FreeMind" für Windows-Rechner (http://www.chip.de/downloads/FreeMind_30513656.html, zuletzt geprüft am 24.9.2012), oder zu geringen Kosten die iPhone-/iPAD-App „SimpleMind+".

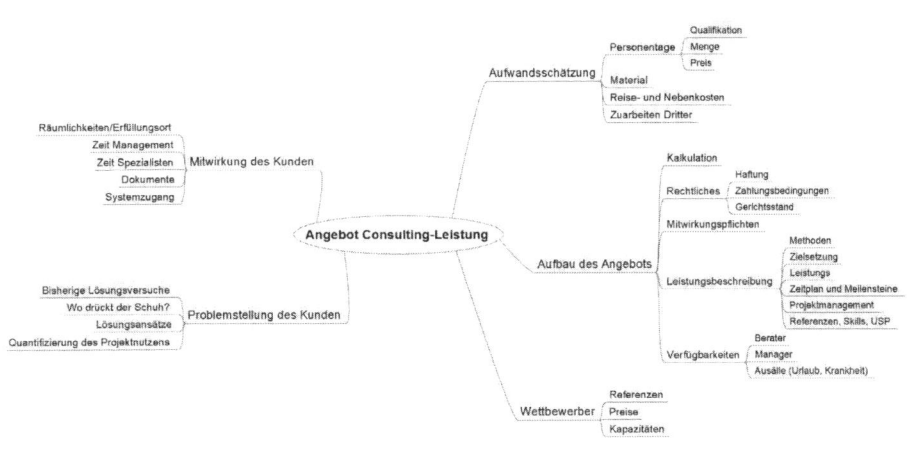

Abbildung 35: Beispiel einer Mindmap

Der Nutzen des Free-Wheelings für die Abschätzung von Markttrends liegt darin, Handlungsmöglichkeiten beim Eintreten möglicher Zukunftsereignisse zu definieren. Insbesondere die Mindmap-Methode hat sich bewährt, um die Handlungsfolgen auf die einzelnen betrieblichen Teilbereiche möglichst vollständig zu erfassen. Free-Wheeling sollte folglich dann eingesetzt werden, wenn es gilt, die Folgen von erwarteten Markttrends abzuschätzen.

4.2.4 Delphi-Methode

> Die Delphi-Methode ist eine Form der Expertenbefragung. In einem mehrstufigen Verfahren wird eine Konsensmeinung zu Zukunftsprognosen eingeholt, aber verzerrende Effekte, die durch Meinungsdispute in einer offenen Diskussion entstehen würden, vermieden.[68]

Experten neigen dazu, ihre Meinungen vehement zu vertreten. Dies ist nur zu verständlich, sofern diese Meinung das Resultat strukturierter, zum Teil langjähriger Arbeit und einem umfangreichen Erkenntnisprozess entsprungen ist. Eine spontan gebildete Meinung wird häufig aufgegeben, aber hat diese Meinung argumentative Wurzeln getrieben und ist sie gar zur Rechtfertigung des Expertenstatus geworden, wird sie – zuweilen auch über ein vernünftiges Maß hinaus – verteidigt. Die Delphi-Methode umschifft dies durch das nachfolgend beschriebene Verfahren, das in der Praxis durchaus variiert wird, solange das Grundprinzip der mehrstufigen, anonymisierten Diskussion nicht konterkariert wird. Die typische Fragestellung der Delphi-Methode ist die Einschätzung eines Trends, z.B. die Abschätzung einer Marktentwicklung. Das Vorgehen gestaltet sich wie folgt:

---

[68] Eine ausführliche Beschreibungen der Delphi-Methode finden sich zahlreich, z.B. in Gisholt, 1976, S. 140 ff. Empfehlenswert ist wie immer, sich mit dem Klassiker zu beschäftigen: Linstone & Turoff, 1975

1. **Spielregeln definieren**: Auch wenn die Teilnehmer mit der Delphi-Methode erfahren sind, sollte der allen Teilnehmern bekannte Moderator bzw. Projektleiter die wesentlichen Spielregeln und das Vorgehen erläutern.

2. **Thema benennen**: Der Moderator definiert das Thema und übermittelt es in Form einer Fragestellung den teilnehmenden Experten. Oft wird das Thema in Form von Hypothesen umrissen und die Experten werden gebeten, diese Hypothesen zu kommentieren. Ergänzt wird die Themenstellung gerne von zusammenfassenden, pointierten Einzelfragen, die den Experten zwingen, sich für eine Trendvariante zu entscheiden. Auch geschlossene Zusatzfragen, die einer Abstimmung gleichkommen (stimme zu – stimme nicht zu), sind möglich. Zur Erleichterung der nächsten Schritte wird der Moderator einige Anforderungen an die Form der Stellungnahmen formulieren, z.B.:

   • Vorgabe eines zeitlichen Rahmens, bis wann Stellungnahmen abzugeben sind

   • Vorgabe eines Seitenumfangs für Stellungnahmen

   • Vorgabe der Dokumentenform, z.B. auszufüllender Fragebogen, Text oder Präsentation

   • Vorgabe eines Formats, z.B. einer festen Gliederung, zu beantwortender Unterpunkte oder vorzulegende Belege

3. **Antworten in erster Runde**: Die Experten liefern ihre Ergebnisse in schriftlicher Form ab. Sie können und sollen ihre Darstellung untermauern, Quellen zitieren und ihre Prognosemodelle begründen. Je fundierter ihre Meinung, und Experten wissen in der Regel, wie aus akademischer Sicht ein solides Argumentationsfundament auszusehen hat, desto „wichtiger" werden sie genommen.

4. **Aggregation der ersten Antworten**: Der Moderator aggregiert die Beiträge der Experten. Dabei stellt er zu den jeweiligen Fragestellungen heraus, in wieweit Konsens besteht und an welchen Punkten Divergenzen in den Einschätzungen auftreten. Zu jedem Aspekt, aber vor allem zu den divergenten, werden die Argumentationen aufgeführt. Diese Auswertung ist jedoch ein äußerst komplexes Unterfangen und der Moderator muss Fachwissen, Geschick als Autor und Neutralität mitbringen. Er muss die jeweiligen Argumentationsstränge verstehen und deren Substanzgehalt bewerten können, um nicht der Gefahr zu erliegen, jene Meinung als die wertvollste heraus zu stellen, die am häufigsten auftaucht. Dies liefe auf eine simple Abstimmung hinaus.

   Das Ergebnis ist ein Gutachten, in dem das Meinungsbild der Experten dargestellt wird. Dies sollte in einer präzisen Form erfolgen und unter keinen Umständen darf genannt werden, welcher Experte welche Meinung vertritt. Wichtig ist, darzustellen, welches Meinungsbild öfter oder gar mehrheitlich auftaucht. Davon abweichende Bilder sind mitsamt der dazugehörigen Argumentation darzustellen und auch extreme Meinungen sollten Erwähnung finden, sofern sie begründet wurden. Als Format des Gutachtens hat sich ein gut strukturierter Text oder – häufig anzutreffen – eine Präsentation etabliert. Erkenntnisquellen (Studien, Fachbeiträge, Literatur usw.) werden aufgelistet, die Ergebnisse der geschlossenen Fragestellungen genannt.

   Anschließend wird das aus den Antworten der ersten Runde aggregierte Gutachten den Experten zugesandt.

5. **Antworten in zweiter Runde**: Die Experten werden aufgefordert, ihre eigenen Gedanken und Beiträge zu überdenken: Können Sie sich der sich herausbildenden Mehrheitsmeinung anschließen? Revidieren Sie ihre eigene Trendprognose in Angebracht der Argumentationen anderer oder der Quellenlage? Denkbar ist das, und hier zeigt sich der Sinn der Anonymität: Nur, wenn der Experte sicher sein kann, vor seinen Kollegen hinterher nicht als „Umfaller", dazustehen, wird er seine Meinung ändern. Erst das geschützte Umfeld erlaubt innere Bekenntnisse. Die Antworten werden ein zweites Mal dem Moderator in der vorgegebenen Form zugestellt.

6. **Aggregation der zweiten Antworten**: Wiederum werden die Rückläufe durch den Moderator zusammengefasst. Das Ergebnis sind Prognosen, die mehrheitlich von den Experten als wahrscheinlich angesehen werden. Doch auch dann, wenn sich kein klares Mehrheitsbild heraus gestellt hat, ist das ein Ergebnis der Delphi-Befragung und entsprechend zu bewerten. Offensichtlich ist dann kein Trend mit einer überzeugenden Eintrittswahrscheinlichkeit zu finden. Dieses Ergebnis wird einen Manager nicht erfreuen, ist aber im Sinne des Risikomanagements – auch und insbesondere für das Controlling – eine wertvolle Information.

Offensichtlicher Nachteil der Delphi-Befragung ist der Aufwand, der nur gerechtfertigt ist, wenn die Fragestellung von strategischer Natur ist. Aus Sicht des Vertriebscontrollings sind dies beispielsweise Fragen zum langfristigen Beschaffungsverhalten der Kunden und – damit durchaus zusammenhängend – zur Entwicklung von Vertriebskanälen.

4.2.5 Szenariotechnik

> Die Szenariotechnik dient dazu, eine begrenzte Anzahl alternativer Zukunftsverläufe, z.B. Markttrends, zu entwickeln. Dabei werden Interdependenzen der Einflussfaktoren berücksichtigt und die Eintrittswahrscheinlichkeit der jeweiligen Verläufe – der „Szenarien" – ermittelt.[69]

Eine Vorbemerkung: Das Kreuz mit der Szenariotechnik ist die Reduktion der Methode auf eine Sensitivitätsanalyse. Nein, die Variation der prognostizierten Absatzzahlen in einem Finanz- oder Budgetplan ist keine Szenariotechnik, auch dann nicht, wenn die unterschiedlichen Ergebnisse mit Recht als Szenarien bezeichnet werden dürfen. Derartige Analysen auf Basis einer Tabellenkalkulation heißen Sensibilitäts- oder Sensitivitätsanalysen und wurden hier beispielsweise im Zusammenhang mit der Nutzwertanalyse erörtert.

Die Szenariotechnik verlangt zum einen nach einem streng einzuhaltenden Vorgehensmodell und zum anderen nach einer Software, mit der Abhängigkeiten von Einflussfaktoren untereinander, also Korrelationen und Faktorladungen, berechnet werden können. Ohne diese ist eine Auswertung nicht möglich. Das Ergebnis des nachfolgend beschriebenen Prozesses ist eine kleine Anzahl von Szenarien, deren Eintreten für wahrscheinlich gehalten wird. In der Praxis häufig anzutreffen ist die Beschränkung auf drei Szenarien, die oft den Beinamen „optimistisch", „realistisch" oder „pessimistisch" erhalten. Dies ist jedoch gefährlich, wenn die Fragestellung für das Unternehmen oder für die Entwicklung des Vertriebs von strategischer oder gar existentieller Bedeutung ist. Gerade dann, wenn das Eintreffen eines Rand- oder Extremszenarios das Aus bedeuten könnte, verdienen diese bei der Verwertung der Ergebnisse der Szenarioanalyse in Form durchzuführender Handlungen besondere Beachtung, wie dies bereits im Zusammenhang mit Frühwarnsystemen und hier den Value-at-risk-Modellen erörtert wurde. Das archetypische Vorgehen der Szenariotechnik für die Zwecke der Abschätzung von Markttrends gestaltet sich folgendermaßen[70]:

1. **Vorgehen erläutern**: Die Szenariotechnik ist mit Sicherheit das methodisch anspruchsvollste hier vorgestellte Verfahren. Es sei ausdrücklich darauf hingewiesen, dass es nicht möglich ist, ohne statistische Kenntnisse und das Studium detaillierter Literatur, eine Analyse mit belastbaren Ergebnissen durchzuführen. Entsprechend müssen alle Verfahrensteilnehmer umfassend eingewiesen werden.

---

[69] Ausführlich siehe Reibnitz, 1998, Wilms, 2006, detailliert zur Methodik Dönitz, 2009 und speziell zum Einsatz der Szenariotechnik für Vertriebsprognosen Schnaars & Topol, 1987.

[70] Anzumerken ist, dass je nach Anwendungszweck das Vorgehen bei der Szenariotechnik variieren kann, insbesondere dann, wenn Risikoanalysen oder politische Krisenszenarien entwickelt werden sollen. Das „klassische" Vorgehensmodell, das durchaus umfangreicher ist als hier vorgestellt, ist anschaulich beschrieben in Dönitz, 2009, S. 9 ff.

2. **Fragestellung formulieren**: Wie auch bei allen anderen hier vorgestellten Methoden und insbesondere den kreativen Verfahren, zu denen ausdrücklich – aber nicht unumstritten – auch die Szenariotechnik gehört, ist die Fragestellung sauber und präzise zu formulieren. Führt beispielsweise ein Baugroßhandel eine Szenariotechnik durch, um über anstehende Erweiterungsinvestitionen in Vertrieb und Lager zu befinden, böte sich die Frage an: „Wie werden mittelständische Bauhandwerksbetriebe in 10 Jahren ihre Materialien beschaffen?"

3. **Einflussfaktoren identifizieren**: Welche Faktoren beeinflussen die Szenarien, in unserem Beispiel also das Beschaffungsverhalten der Bauhandwerksbetriebe? Diese Einflussfaktoren werden „Deskriptoren" genannt, weil sie durch ihre Ausprägung den Verlauf der Zukunft beschreiben. Typisch ist, dass je nach Themenstellung 10 bis über 30 Faktoren gefunden werden.

4. **Interdependenzen der Einflussfaktoren bewerten (Einflussanalyse)**: In einer Einflussmatrix wird bewertet, wie sich die Faktoren gegenseitig beeinflussen. Das Verfahren ist ähnlich der im Zusammenhang mit der Nutzwertanalyse in Kapitel 3.5 dargestellten Paarvergleichsmethode. Für jedes Faktorpaar wird bewertet, inwieweit sich die betrachteten Faktoren gegenseitig beeinflussen. Die Bewertung darf in einfacher Form erfolgen (gar nicht – gering – unbekannt – mittel – hoch). Die Auswertung erfolgt mittels der Faktorenanalyse, und spätestens hier muss der Vertriebscontroller wissen, was das ist und wie es funktioniert. Das Ergebnis ist, dass die vormals meist recht große Anzahl von Einflussfaktoren auf eine überschaubare Anzahl von Hauptfaktoren reduziert wird. Diese wenigen übrig bleibenden Faktoren beschreiben das Szenario stellvertretend für die Gesamtheit aller Faktoren. Für diese Haupteinflussfaktoren werden nun jeweils einige wenige Entwicklungsverläufe angenommen, im Baubedarfshandelsbeispiel für den willkürlich ausgewählten Faktor „Bedeutung von Lieferantenkrediten" sind dies die Entwicklungsverläufe

- „hoch": Großhandel überbrückt die Vorfinanzierung der zu beschaffenden Materialien, bis der Bauherr bezahlt,

- „mittel": Zahlungsziel von 4-6 Wochen bleibt marktüblich oder

- „niedrig": Banken sehen dies zukünftig als Kerngeschäft, stellen Working Capital und finanzieren vor.[71]

5. **Kombination möglicher Entwicklungsverläufe der Hauptfaktoren**: Es werden Verläufe der verbleibenden Hauptfaktoren miteinander kombiniert. Dies lässt eine große Anzahl von Szenarien entstehen, die dem Produkt aus der Anzahl der Haupteinflussfaktoren mit der Anzahl der jeweiligen Entwicklungsverläufe je Faktor entspricht. Bei z.B. sieben Hauptfaktoren und jeweils drei Entwicklungsverläufen verbleiben 21 Szenarien. Zum Glück werden sich Kombinationen untereinander offensichtlich ausschließen oder sind doch zumindest derart unrealistisch, dass es wenig sinnvoll ist, diese weiter zu beachten. Solche Szenarien können gestrichen werden. Als Verfahren für die Zusammenstellung der Hauptfaktoren und zur Überprüfung deren Widerspruchsfreiheit haben sich sowohl die intuitive Herangehensweise als auch die Anwendung komplexer Algorithmen durchgesetzt.[72] Das Problem ist, dass intuitive Verfahren auf der Subjektivität der Teilnehmer basieren und für die Anwendung der Algorithmen Software erforderlich ist, den Verbreitung im Markt gering ist. Beides ist unbefriedigend.

6. **Auswahl der weiter zu betrachtenden Szenarien**: Dieser Schritt ist der methodisch unsauberste und folglich passieren hier auch die meisten Fehler. Es ist eine handhabbare Zahl von Entwicklungsverläufen der Hauptfaktoren auszuwählen; typisch ist eine Anzahl von drei bis acht, die verbal beschrieben werden. Auch ist es klug, den Szenarien einen plakativen Namen zu geben, um sie in der Diskussion eindeutig benennen zu können. Empfehlenswert ist, die zwei Szenarien, die im Set der verbliebenen zwar als realistisch eingestuft und darum beibehalten wurden, aber die Extreme markieren, nicht zu streichen, sondern weiterhin zu betrachten. Oft zeigt sich, dass deren

---

[71] Es sind nur Beispiele! Ob Banken jemals so agieren werden, weiß ich auch nicht.

[72] Dönitz, 2009, S. 15

Eintrittswahrscheinlichkeit zwar gering, deren Auswirkungen auf das Unternehmen jedoch extrem folgenreich sind.

Normalerweise wird in der gängigen Literatur nun empfohlen, die Eintrittswahrscheinlichkeiten der jeweiligen Szenarien zu berechnen. Allerdings ist bei dem bis hier beschriebenen Vorgehen nicht möglich, mehr zu tun, als eine subjektive Einschätzung vorzunehmen. Diese ist wenig hilfreich. Vielmehr sollte ganz bewusst auf diesen Zwischenschritt verzichtet und zunächst davon ausgegangen werden, dass jedes Szenario, auch das extremste, mit der gleichen Wahrscheinlichkeit eintreffen kann.

7. **Bewertung der Auswirkungen der Szenarien auf das Unternehmen (Wirkungsanalyse)**: Für jedes einzelne Szenario wird untersucht, welche Auswirkungen es auf das Unternehmen hat. Sinnvoll ist ein strukturierter Vergleich, um für alle Szenarien die jeweils gleiche Folgeabschätzung vorzunehmen, z.B. in Form einer Tabelle. Je nach Fragestellung können die Auswirkungen sogar quantifiziert werden. Wenn beispielsweise ein Szenario eine Zunahme von Systemmodulen anstelle von Einzelbauteilen um x% voraussagt, so entspräche dies einem ausgleichslosen Absatzrückgang von Einzelbauteilen, sofern die Systemmodule vom Hersteller direkt an das Bauhandwerk ausgeliefert werden und den Großhandel als Verkaufsinstanz umgehen würden.

8. **Aktivitätenplan**: Für jedes Szenario ist ein Aktivitätenplan zu entwickeln, um das Unternehmen bestmöglich zu rüsten. Zuweilen werden die Aktivitäten für unterschiedliche Szenarien die gleichen sein oder sich zumindest ähneln. Doch andere wiederum sind konträr, was eine – strategische – Entscheidung verlangt. Die Bewertung, welche Aktivität durchzuführen ist, ist zugleich eine Einschätzung der Eintrittswahrscheinlichkeit eines Szenarios, und diese wird nicht vom Vertriebscontroller als Projektleiter bzw. Moderator vorgenommen, sondern vom Management.

Der Nutzen der Szenariotechnik für das Vertriebscontrolling zeigt sich deutlich: Mögliche Zukunftsverläufe werden hergeleitet und statt zu reagieren, kann sich der Vertrieb auf die erwartete Entwicklung einstellen. Doch auch dann, wenn die Markttrends nicht klar erkennbar sind und möglicherweise, z.B., weil regulatorische und politisch motivierte Rahmenbedingungen noch nicht feststehen, vollkommen gegensätzlich verlaufen könnten, ist es gut, sich dies vorab bewusst gemacht zu haben, um rechtzeitig einen Aktivitätenplan zur Verfügung zu haben. Hier ist die Kombination der Szenariotechnik mit einem Frühwarnsystem, wie es in Kapitel 3.3.6 beschrieben wurde, augenfällig.

4.3 Zielmarktanalysen

Ein Markt ist der Ort, an dem Anbieter und Nachfrager ihre Güter austauschen. Der Anbieter übergibt dem Nachfrager ein Produkt und erhält einen ausgehandelten Gegenwert, zumeist in Geld. Dieser Ort kann ein physikalischer sein, z.B. der Einkaufsladen, oder ein virtueller, etwa das Internet. Auch das Produkt kann dinglich vorhanden (Sachleistung) oder eine Leistungsverrichtung (Dienstleistung) sein. Mehrere Faktoren beschreiben das, was gemeinhin als „Markt" verstanden wird:

1. Art und Menge von Anbietern

2. Art und Menge von Nachfragern

3. Ort des Marktgeschehens

4. Art der Präsenz von Anbietern und Nachfragern

5. Art des Produktes

6. Art und Weise, **wie** der Preis des Produktes ausgehandelt wird

7. Preis und sonstige Bedingungen des Güteraustauschs

8. Wettbewerb

9. Regulatorische Rahmenbedingungen

Diese Faktoren haben jeweils unterschiedliche Ausprägungen und so ergibt sich eine große Anzahl denkbarer Märkte, nicht nur theoretisch, sondern auch praktisch. Ausgehend von den Möglichkeiten eines Unternehmens gilt es nun, die richtigen Märkte auszuwählen.

> Aufgabe der Zielmarktanalyse ist es, die absatzmarktbeschreibenden Faktoren so zu kombinieren, dass der wirtschaftlich beste und somit relevante Markt identifiziert wird.[73]

Diese Aufgabe ist originär die des Marketings. Für das Vertriebscontrolling bleiben eine unterstützende und eine interpretierende Rolle: Einerseits liefert der Vertrieb, vertreten durch das Vertriebscontrolling, Input, um die Möglichkeiten des eigenen Unternehmens zu umreißen, um das Verhalten der Wettbewerber zu beschreiben und ein Gefühl für Reaktionen der Kunden zu vermitteln, andererseits hilft das Vertriebscontrolling dem Vertriebsmanagement dabei, einen wirtschaftlich optimalen Weg zur Bearbeitung des Zielmarktes zu finden. In der Praxis bedeutet dies, eine ständige Anpassung der Vertriebsmaßnahmen vorzunehmen.

Eine praktische Bedeutung bekommen die oben genannten und im Folgenden weiter ausgeführten neun Faktoren des Zielmarktes dann, wenn durch das Management bzw. das Marketing ein neuer Zielmarkt definiert wird. Der Vertriebscontroller kann anhand der Faktorenliste prüfen, ob die Beschreibung vollständig ist und er damit seinen Wertschöpfungsbeitrag, die Gestaltung der Planung, Steuerung, Koordination und anschließend Kontrolle der vertrieblichen Maßnahmen, erfüllen kann.

Ad 1: Art und Menge von Anbietern

Die Analyse der Art und Anzahl der Anbieter ist eine wesentliche Aufgabe, mit der sich alle absatzmarktorientierten Teile des Unternehmens befassen, also idealerweise alle Funktionalbereiche, mindestens aber das Management, das Marketing und der Vertrieb. Sie wird in Kapitel 4.4 separat behandelt.

Ad 2: Art und Menge von Nachfragern

Die Nachfrager, die zu Interessenten und dann zu Kunden werden sollen, stellen den Mittelpunkt des vertrieblichen Handelns dar. Den Beitrag des Vertriebscontrollings beschreibt Kapitel 6.

Ad 3: Ort des Marktgeschehens

„Ort" ist hier im weiteren Sinne zu verstehen. Es kann sowohl ein physikalischer Ort sein, also ein Laden, ein Marktstand oder ein Verhandlungstisch im Hinterzimmer eines Restaurants, als auch ein virtueller Ort, etwa eine Internet-Präsenz, ein Telefongespräch oder ein Versandhandelskatalog.

---

[73] Vgl. die ausführlichen Darstellungen des relevanten Marktes in Backhaus & Schneider, 2009, S. 55 ff.

Fall 1: Markt = physikalischer Ort, Anbieter und Kunde treffen zusammen

Die Zielmarktanalyse dient in diesem Fall dazu, das Marktpotential, also die Summe erzielbarer Umsatzerlöse, zu ermitteln und die Kosten der Marktbearbeitung dagegen zu rechnen. Die Differenz ist der Gewinn, zumindest aber der Deckungsbeitrag, der dazu dient, die bis zu dieser Stufe nicht verrechneten Gemeinkosten sowie den Gewinn zu decken. Das Vertriebscontrolling liefert hierzu der Marktforschung bzw. dem Marketing Kennzahlen und Relationen, die bei der Berechnung der potentiellen Erlöse und Kosten dienlich sind, im Falle eines außendienstgestützten Vertriebs von Montagematerial an Handwerksbetriebe z.B.

- die Relation von Anzahl möglicher Kunden zu Interessenten,

- die zu erwartende Relation von Außendienstmitarbeitern und Interessenten,

- die Abschlussquote,

- die Auftragshöhe je Abschluss,

- die Anzahl von Unterstützungskräften für den Verkauf und

- eine Abschätzung des zu erwartenden Vorlaufs, bis ein Kundenstamm in der neu erschlossenen Region aufgebaut ist.

Diese Kennzahlen und Werte fließen in die Geschäfts- und Finanzplanung ein und führen zu einem Budget für den Vertrieb. Aufgabe des Vertriebscontrollers sollte es anschließend sein, das Budget auf seine Belastbarkeit hin zu prüfen: Stimmen die Personalpläne? Sind die Kosten für Vertriebsunterstützungsleistungen richtig kalkuliert? Ist ein Preisverhandlungsspielraum berücksichtigt, damit Kunden „überzeugt" werden können?

Fall 2: Markt = virtueller Ort

Der Prototyp dieses Falls ist der Versandhandel, egal, ob Katalog- oder Internet-gestützt, egal, ob die Bestellannahme telefonisch, per Fax, Brief oder Web-Seite erfolgt. Der Kunde nutzt ein Medium, also einen Papierkatalog, eine Fernsehsendung oder seinen Computer, um Produktangebote des Anbieters zu studieren. Er kann die Ware physisch nicht erfahren, was grundsätzlich dann kein Problem ist, wenn der Kunde bereits Erfahrung mit dem betreffenden Produkt gesammelt hat und aus seiner Sicht gut genug die Nutzenstiftung approximieren kann. Letztlich geht es um das empfundene Restrisiko eines Kaufs, das im Falle des Versandhandels z.B. durch kostenlose Rücksendemöglichkeiten verringert wird.

Das Vertriebscontrolling hat hier die gleichen Aufgaben wie im ersten Fall, also die Ermittlung und Bereitstellung von Kennzahlen, die dazu dienen, die Kosten-Leistungs-Relation dieses Vertriebskanals zu berechnen. Allerdings sind die Herausforderungen gänzlich andere, wenn bisher der Präsenzhandel die einzige Vertriebsform war und nun erstmals der Versandhandel „ausprobiert" werden soll. Dann werden keine eigenen Erfahrungswerte vorliegen und das Vertriebscontrolling ist auf ein Benchmarking oder Schätzungen angewiesen.

Ad 4: Art der Präsenz von Anbietern und Nachfragern

Die wesentliche Frage ist, welche Handlungsentscheider auf welche Art und Weise an dem Kaufvorgang beteiligt sind. Der Nutzen dieser Sezierung ist, im späteren Verlauf die Vertriebsmaßnahmen fokussieren zu können. Der Regelfall auf einem Markt ist, dass Anbieter und Nachfrager durch Entscheider vertreten sind. Solche Entscheider sind Personen, die in eigener Verantwortung, in Vertretung Verantwortlicher oder als Vertreter von Gruppen („Buying Center", Einkaufsverbund usw.) agieren. Der Beitrag des Vertriebscontrollings für die Zielmarktanalyse ist hier, auf Basis von Erfahrungswerten Kennzahlen zu liefern, die helfen zu planen.

Interessant und ungleich komplizierter wird es, wenn außergewöhnliche Konstellationen der Anbieter-Nachfrager-Beziehung vorliegen, z.B., wenn der Wert eines Produktes in einem Dreiecksverhältnis bestimmt wird, so, wie der Preis für TV-Werbezeiten zwar durch die durch den Anbieter gestaltete Attraktivität des Programms beeinflusst, aber letztlich erst durch Einschaltquoten bestimmt wird, auf die weder Anbieter (TV-Sender) noch Nachfrager (werbende Unternehmen) unmittelbaren Einfluss haben. Die Aufgabe des Vertriebscontrollings ist immer noch die Gleiche, aber die Bedeutung der zu liefernden Kennzahlen wächst, da es immer schwieriger wird, Ursache-Wirkungs-Beziehungen mit Zahlungsströmen abzubilden.

Ad 5: Art des Produktes

Für die Zwecke der Zielmarktanalyse ist die Art des Produktes insofern wichtig, als dass davon die Art des Vertriebs beeinflusst wird. In der Praxis wird die Beratungsintensität in der Kundenkontaktsituation der wichtigste Faktor sein, der die Art des Vertriebs und hier vor allem die zu wählenden Verkaufskanäle bestimmt. Meist, wenn auch keineswegs immer, korreliert diese mit der Höhe des Dienstleistungsanteils bzw. dem Grad der Standardisierbarkeit. Aufgabe des Vertriebscontrollings ist hier über die übliche Bereitstellung von Kennzahlen hinaus, mittels einer Produktdeckungsbeitragsrechnung nachzuprüfen, inwieweit der anvisierte Zielmarkt rentabel ist bzw. sein kann.

Ad 6: Art und Weise, wie der Preis des Produktes ausgehandelt wird

Nicht immer steht ein Preisschild am Produkt. Gerade im b-to-b-Vertrieb sind Preise Verhandlungssache und für die Zielmarktanalyse ist relevant, welche Grenzen dem Preisgestaltungsspielraum gesetzt sind. Das Vertriebscontrolling liefert hierzu Eckdaten, insbesondere auf Basis der Produktdeckungsbeitragsrechnung die kurzfristige Preisuntergrenze (= variable Kosten), die langfristige Preisuntergrenze (= variable und fixe Kosten) sowie die diversen Deckungsbeiträge.

Ad 7: Preis und sonstige Bedingungen des Güteraustauschs

Durch Kalkulation der Kosten von Preisnachlässen oder anderweitigen Zugeständnissen ermittelt das Vertriebscontrolling den Einnahmeverzicht, um Marketing und Vertrieb aufzuzeigen, welche Auswirkungen preispolitische Maßnahmen auf die Wirtschaftlichkeit haben. Selbstverständlich reichen diese Informationen nicht aus, um eine Marktbearbeitungsstrategie zu entwickeln, solange ein direkter Zusammenhang zwischen Produktpreis und Abnahmemenge nicht bekannt oder vorgegeben ist. Günstigstenfalls liegen Erfahrungswerte vor, ob in vergleichbaren Fällen Rabatte, Boni, Produktzugaben oder großzügige Lieferbedingungen steigende Vertriebserfolge induzierten und welche Stück- und Gesamtdeckungsbeiträge hierdurch eingebüßt oder hinzugewonnen wurden. Funktioniert das Zusammenspiel von Marketing, Vertriebscontrolling und Verkauf, entsteht ein produktives Miteinander, bei dem Zielmärkte analysiert, deren Bearbeitung mittels ausgewählter Szenarien simuliert und die monetären Folgen berechnet werden.

Ad 8: Wettbewerb

Die Wirkung von Wettbewerb ist die Verteilung des Marktvolumens und perspektivisch auch des Marktpotentials auf mehrere Anbieter. Die quotale Verteilung wird durch zahlreiche Faktoren bestimmt, von denen der Preis in der gängigen Wirtschaftstheorie als der wichtigste angenommen wird. Dies wird auch in der betrieblichen Praxis so sein, vor allem dann, wenn die Produkte vergleichbar sind und die Kunden Wettbewerbsangebote kennen. Ziel der Produktpolitik ist dann, die Produkte im wahrsten Sinne des Wortes „unvergleichlich" zu machen, um damit eine Preisdifferenz zu rechtfertigen. Aber auch die Präsenz des Verkaufs ist ein entscheidender Faktor. Zahlreiche Märkte werden fast ausschließlich durch den Standort der Verkaufsflächen determiniert, etwa Tankstellen oder Bäckereifilialen. Der Umsatz steigt durch schiere Steigerung der Verkaufsinstanzen und jede weitere Filiale oder jeder weitere Verkäufer wird zu mehr Absatz führen. Allerdings steigen auch die Kosten und natürlich ist irgendwann der Grenznutzen einer weiteren Verkaufsinstanz Null. Dies markiert das Optimum an Verkaufspräsenz und dieses zu ermitteln, ist Aufgabe des Vertriebscontrollings.

Ad 9: Regulatorische Rahmenbedingungen

Rahmenbedingungen, die der Gesetzgeber, die Exekutive, die Branchenverbände oder freiwillige Vereinbarungen vorgeben, stellen Schranken dar. Diese beeinflussen die Wirtschaftlichkeitsberechnungen des Vertriebs. So muss z.B. ein Verbot des Verkaufs von Alkohol an Jugendliche stellt eine gesellschaftspolitisch unzweifelhaft sinnvolle Restriktion dar, muss bei der Analyse des Zielmarktes jedoch berücksichtigt werden.

4.4 Konkurrenzanalyse

Die **systematische** Konkurrenzanalyse ist, wie die meisten der in diesem Hauptkapitel beschriebenen Themen, eine Aufgabe der Marktforschung als Teil des Marketings. Aufgabe ist die „Archivierung, Auswertung und Weitergabe von Informationen mit dem Ziel [sic!] rechtzeitig Bedrohungen oder Chancen durch Wettbeweraktivitäten zu erkennen, um dann mit adäquaten Maßnahmen reagieren zu können."[74] Auf Basis dieser Informationen lässt sich die eigene Strategie justieren oder sogar auswählen.[75] Wenn diese Aussagen stimmen, handelt es sich bei der Konkurrenzanalyse um einen Prozess von strategischer Bedeutung, der kontinuierlich erfolgen und aufbau- (Wer macht es?) und ablauforganisatorisch (Wie wird es gemacht?) fest verankert sein sollte.

Das Vorgehen ist in der gängigen Marketing- und Marktforschungsliteratur ausführlich beschrieben[76] und behandelt unter anderem die folgenden Aspekte:

- Identifikation der am Markt aktiven und der potentiellen Wettbewerber

- Identifikation der Informationsfelder

- Ermittlung der Beschaffungswege und Quellen für Informationen über die Wettbewerber

- Speicherung der gewonnenen Informationen für Analysen und Trendermittlung

- Festlegung, an welchen Adressatenkreis welche Informationen übermittelt werden

Für das Vertriebscontrolling von größerer Bedeutung ist die **unsystematische** Konkurrenzanalyse. Dabei herrschen zwei Methoden vor: Zum einen die Aufnahme und Interpretation von Aussagen der

---

[74] Kairies, 2008, p. 19

[75] Vgl. weiterführend hierzu Berekoven, et al., 2001, S. 291 ff.

[76] Exemplarisch erfolgt hier eine gekürzte Wiedergabe des Modells von Kairies. Vgl. ausführlich Kairies, 2008, S. 23 ff., aber auch Backhaus & Schneider, 2009 und Porter, 2010.

Verkäufer bzw. Verkaufsinstanzen, zum anderen die Auswertung von elektronisch aufgezeichneten Ereignissen innerhalb des Verkaufsprozesses.

Unsystematische Konkurrenzanalyse auf Basis von Aussagen der Verkäufer

Es werden Informationen, die Verkäufer bzw. die Verkaufsinstanzen im direkten Kundenkontakt gewinnen, aufbereitet und bei Abweichungen von den „üblichen" bzw. „erwarteten" Zuständen näher untersucht. Werden Gesetzmäßigkeiten bei den Abweichungen erkannt, erfolgt eine Rückmeldung an das Marketing. Die unsystematische Konkurrenzanalyse ist somit eine Art Frühwarnsystem für eine Veränderung des Beschaffungsverhaltens von Kunden im Allgemeinen und für Aktivitäten der Konkurrenz im Speziellen. Gerade die Wettbewerbsbeobachtung ist hier von Bedeutung: Noch bevor sich Aktivitäten der Konkurrenten auftragseingangsmindernd auswirken, werden diese als schwache Signale identifiziert und so wird Zeit für Reaktionen gewonnen. Die originäre Informationsquelle, also die Kunden, ist als „Quell der Erkenntnis" schon allein deshalb so wertvoll, weil alle Konkurrenzaktivitäten im Rahmen des Marketing-Mix beim Kunden bzw. Interessenten ansetzen und jeder Wettbewerber bemüht sein wird, seine Alleinstellungsmerkmale herauszustellen. Leider werden Kunden als Informationsquelle gerne unterschätzt.[77]

In der oben formulierten Aufgabenbeschreibung finden sich mehrere unklare Begriffe: Was sind das für Informationen? Was ist ein „üblicher" Zustand? Ab wie vielen Wiederholungen handelt es sich um eine Gesetzmäßigkeit? Unsystematisch ist die Konkurrenzanalyse somit vor allem deshalb, weil es keine quantitative Methode gibt, Informationen, die vom Verkäufer beim Kunden gesammelt und über das Vertriebscontrolling an das Marketing übermittelt wurden, auszuwerten. Es bleiben qualitativ zu interpretierende Informationen, welche die systematische Konkurrenzanalyse ergänzen, aber deswegen nicht weniger spannend oder wichtig sind.

Das Hauptproblem im betrieblichen Alltag ist, dass die Informationen über die Konkurrenten nicht direkt von den Kunden kommen, sondern durch die Wahrnehmung der Verkaufsinstanzen gefiltert werden. Handelt es sich bei diesen um Verkäufer, z.B. im b-to-b-Vertrieb, so ist mit allen denkbaren Wahrnehmungsverzerrungen und Wirklichkeitskonstruktionen zu rechnen. Einige typische seien hier erläutert:

- **Schutzbehauptungen** („Die Wettbewerber sind viel billiger." „Das Produkt von ABC GmbH ist im Vergleich zu unserem topmodern."): Die Wahrnehmung des Verkäufers wird durch die Angst bestimmt, bei objektiv messbaren Produkteigenschaften oder Preisen nicht mithalten zu können. Schon wenige Hinweise des Kunden, und seien sie noch so subtil formuliert, führen zu dem bekannten Bild, dass die Kirschen in Nachbars Garten süßer sind. Für den Verkäufer ist klar: Das Produkt oder der Preis müssen besser werden, (erst) dann ist der erfolgreiche Verkauf möglich.[78]

- **Einseitigkeit** (selektive Wahrnehmung): Positives Feedback der Kunden bezüglich des Leistungsangebots wird seltener weiter gegeben als negatives.

- **Zufälligkeit**: Informationen werden erratisch gewonnen, je nachdem, wie intensiv der Verkäufer dem Kunden zuhört und inwieweit es dem Verkäufer in einer Kundenkontaktsituation gelingt, den Kunden zu Äußerungen über das Wettbewerbsangebot zu animieren. Auch sind Verkäufer auf Themen, die innerbetrieblich aktuell sind und diskutiert werden, sensibilisiert. Jede Aussage eines Kunden hierzu wird begierig aufgenommen und als Argument „von der Front" in die Diskussion eingebracht. Themen, die nicht en vogue sind, bleiben hingegen unbeachtet.

---

[77] Rothschild, 1986, p. 230

[78] Vgl. hierzu die polarisierenden Ausführungen in Jamail, 2010.

- **Interpretationshoheit**: Der Verkäufer interpretiert die Äußerungen des Kunden. Andeutungen werden zur Gewissheit, Anspielungen zu normativen Aussagen. Der Unterschied zwischen Informationssammlung und Erkenntnisgewinn, bei dem Bedeutungsinhalte erfasst und verstanden werden, ist fließend.[79]

- **Selektive Wahrnehmung und Verallgemeinerung**: Unterstützt eine Aussage eines Kunden die Position des Verkäufers bei einer innerbetrieblichen Diskussion, so werden aus einzelnen Aussagen schnell vermeintliche Gesetzmäßigkeiten.

Diese Aufzählung, die wie ein Warnhinweis auf dem Beipackzettel eines Medikaments zu lesen ist, darf keinesfalls darüber hinweg täuschen, wie wertvoll die direkte Rückmeldung der Verkäufer ist. Diese sind es, die als erstes die Wirkung von Aktivitäten der Wettbewerber erleben und nur diese sind es, die die Wirkung eigener Maßnahmen, seien es proaktive oder reaktive, feststellen, noch bevor sie sich in den Auftragsbüchern niederschlagen.

Die oben skizzierten „Warnhinweise" wären übrigens unnötig, wenn es eine sinnvolle Methode gäbe, die Verkäufer als Informationssammler zu überspringen. Gerne werden darum Kundenbefragungen durchgeführt, doch ist der Nutzen direkter Befragungen, um es deutlich zu sagen, meist recht gering. Insbesondere hypothetische Fragestellungen, etwa: „Wie viel mehr würden Sie von Produkt x kaufen, wenn es y% günstiger wäre?", liefern kaum verwertbare Erkenntnisse. Auch sind Kunden selten in der Lage, ihre Verhaltensmuster zu reflektieren und das es eine Mähr ist, dass im b-to-b-Bereich vorwiegend objektive Einkaufsentscheidungen getroffen werden, dürfte sich herum gesprochen haben. Jede Befragung von Kunden führt dazu, dass dieser sich als Teil einer Befragung sieht und er wird mit seinen Antworten – bewusst oder unbewusst – Botschaften senden wollen, ein Effekt, der bereits in den 1920ern Jahren als „Hawthorne-Effekt" beschrieben wurde.[80]

Das Einsammeln von Kundenfeedback gelingt dem Vertriebscontroller am besten über persönliche Gespräche und die Teilnahme an Vertriebsmeetings. Voraussetzung ist, dass Verkäufer und Vertriebscontroller ein Verhältnis zueinander haben, das den Informationsaustausch ermöglicht. Aber dazu ist in Kapitel 2.2 mehr zu lesen.

Unsystematische Konkurrenzanalyse auf Basis von Datenauswertungen

Auf sicherem Terrain bewegt sich der Vertriebscontroller, wenn er Daten auswertet, die (Zwischen-) Ereignisse im Rahmen des Verkaufsprozesses repräsentieren. Diese stammen z.B. aus Web-Statistiken, ERP-, CRM-, oder Vertriebsinformationssystemen. Allen Quellen ist gemeinsam, dass die Daten erst dann anfallen, wenn ein Nachfrager in direktem Kontakt mit dem eigenen Unternehmen steht. Nicht erfasst werden die Aktivitäten der Nachfrager **vor** dem Kontakt mit dem eigenen Unternehmen sowie all jene, die beim Konkurrenten landen.

Erkenntnisquelle sind Abweichungen von erwarteten Trends: Die Auftrags- oder Kassenbonsummen werden kleiner, die Nachbestellhäufigkeit nimmt ab, der Abverkauf des Randsortiments stagniert. Sofern die Ursache nicht offensichtlich ist (oder zumindest zu sein scheint), z.B., weil ein Produktwechsel ansteht oder die Preise angehoben wurden, könnten gesteigerte Konkurrenzaktivitäten diese Veränderungen bewirkt haben.

Die unsystematische Konkurrenzanalyse auf Basis vorhandener Daten ist somit eine Mischung aus Trendextrapolation, Abweichungsanalyse und Frühwarnsystem. Es handelt sich um eine durchaus kreative Aufgabe, bei der Erfahrung und Spürsinn des Vertriebscontrollers gefragt sind und eingesetzt werden sollten.

---

[79] Rothschild, 1986, S. 204

[80] Roethlisberger, et al., 1966 (Original: 1939)

4.5 Portfoliomodelle

Es gibt in der der Betriebswirtschaftslehre eine Reihe von Modellen, die es in den Kanon des Einmal-eins des Unternehmensmanagements geschafft haben. Jeder kennt die Schlagworte, jeder weiß etwas dazu und in einem Meeting erntet man beifälliges Nicken, wenn diese Modelle zitiert werden. Sie gehören zum Handwerkszeug. Die allgemeine Bekanntheit macht diese Modelle zu wertvollen Helfern. Geschickt in die Argumentation eingebunden, erhalten sie fast schon Beweischarakter. Für einen Vertriebscontroller bedeutet dies, dass er diese Modelle kennen muss, und zwar auch dann, wenn er ihre Methodik ablehnt. Allzu oft wird in Controllerkreisen die Nase gerümpft ob dieser „Marketing-Sprache" (um es höflich auszudrücken), dabei aber verkannt, dass auch innerorganisational Erkenntnisse „verkauft" werden müssen: Was nutzt es dem Unternehmen, wenn der Vertriebscontroller ein Frühwarnsignal auf Basis komplexer Kennzahlenrelationen vorstellt, es ihm mit seinen Excel-Tabellen aber nicht gelingt, die Tragweite des sich daraus ergebenden Risikos zu vermitteln? Erst dann, wenn er es versteht, die Bedeutung seiner Erkenntnis allen betroffenen Personen klar zu machen, hat er seinen Job gemacht und einen Wertschöpfungsbeitrag geleistet. Aus diesem Grunde werden nach einem methodischen Hinweis (Kapitel 4.5.1) die zwei bekanntesten Portfoliomodelle, welche die Position des eigenen Unternehmens im Markt beschreiben, vorgestellt (Kapitel 4.5.2 und 4.5.3).

4.5.1 Methodische Tücken der Portfoliomodelle

In kaum einer anderen Art und Weise können Ergebnisse so klar, prägnant und somit überzeugend dargestellt werden wie mittels eines Portfoliomodells.[81] Sie kommen auf dem Schlachtfeld der Power-Point-Charts und wohlfeilen Konzeptpräsentationen trainierter Unternehmensberater leicht und schwebend wie eine Eiskunstläuferin daher, ein „ja klar, so ist es" kommt schnell über die Lippen des Betrachters. Doch sind Manipulationen wie bei kaum einer anderen Visualisierungsmethode möglich, egal, ob Märkte, Kunden- (siehe Kapitel 6.1.2) oder Produktportfolios dargestellt werden. Diese Manipulationsmöglichkeiten werden hier kurz dargestellt und dienen dem Vertriebscontroller als Prüfliste, um die Plausibilität von Darstellungen zu hinterfragen.

1. **Wahl der Faktoren**: Ideal ist, einen intrinsischen und einen extrinsischen Faktor in einer Matrix zusammen zu bringen. Der intrinsische ist jener, der vom Unternehmen selbst durch eigene Anstrengung, also eigenen Ressourceneinsatz, beeinflusst werden kann. Der extrinsische Faktor ist jener, der nicht direkt beeinflusst werden kann und auf den die zu beschließende Maßnahmen wirken sollen. Typisch hierfür sind Parameter, welche die Marktkonstellation oder den Kunden beschreiben.

2. **Erhebung der Messwerte**: Die Faktoren sind nur dann sinnvoll, wenn ihnen ein Messverfahren zugrunde liegt, das zu objektiven Werten führt. Diese ermöglichen dann eine Einordnung des Untersuchungsobjektes in die Matrix. Basieren die Werte auf Vermutungen, Unterstellungen, Annahmen oder persönlicher Einschätzung, muss darauf hingewiesen werden. Die Belastbarkeit der Ergebnisse als Grundlage strategischer Entscheidungen ist in solchen Fällen geringer.

3. **Skalen**: Die Skalierung der Messwerte spannt den Matrix-Raum auf. Die Gefahren logarithmischer Skalen sind sicherlich bekannt, aber viel tückischer sind Skalierungen, die methodisch korrekt sind, aber manipulativ eingesetzt werden. Tabelle 40 zeigt ein Kundenportfolio, das mit den Faktoren „Deckungsbeitrag" und „Strategischer Nutzwert" als Portfolioachsen erstellt wurde. Die Wahl der Skalierung bestimmt ganz offensichtlich, an welcher Stelle des Portfolios die Kunden einsortiert werden. Vollkommen unterschiedliche Strategien könnten auf Basis ein und derselben Untersuchung beschlossen werden und das nur, weil – wer auch immer – die Skalierung in seinem Sinne instrumentalisiert hat. Die Lösung ist, entweder den minimalen und maximalen Wert der jeweiligen Messung als Skalenwerte zu verwenden, so, wie es das dritte Beispiel in Tabelle 40 zeigt, oder besser noch, nicht absolute Werte zu verwenden, sondern relative Kennzahlen. In dem

---

[81] Siehe hierzu die grundlegenden Arbeiten zur Portfoliotheorie von Markowitz, 1952 und Sharpe, 1967.

hier gezeigten Beispiel böten sich statt des Deckungsbeitrags der relative Anteil der Kunden am Gesamtdeckungsbeitrag und statt des Nutzwerts die jeweilige Abweichung vom Median an (Min./Max.-Wert als Skalenenden).

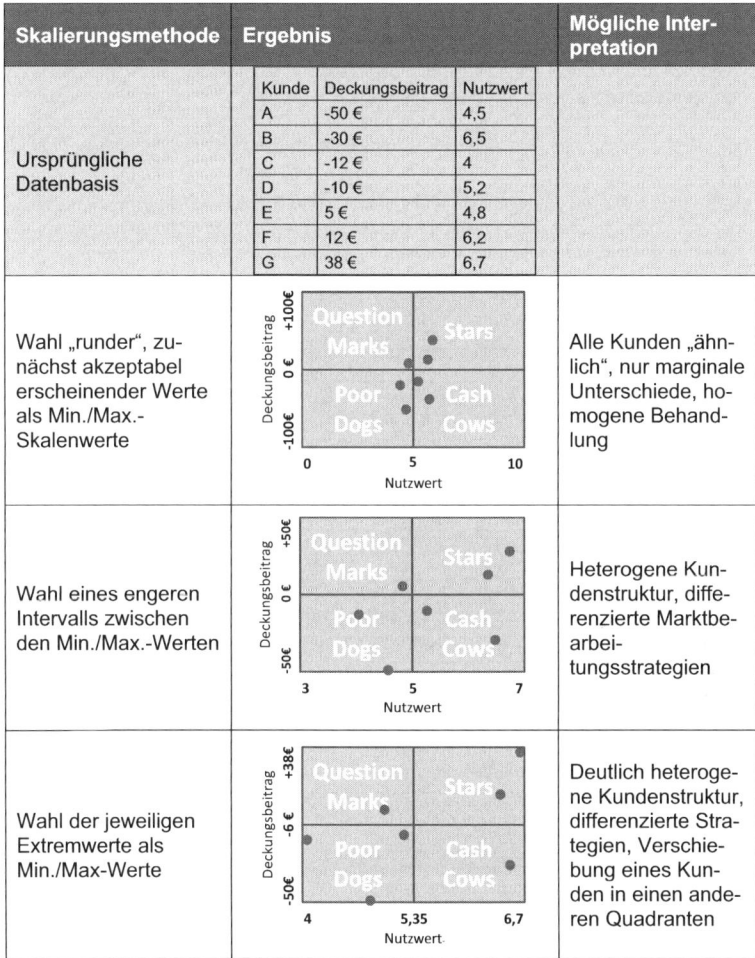

Skalierungsmethode	Ergebnis			Mögliche Interpretation
Ursprüngliche Datenbasis	Kunde	Deckungsbeitrag	Nutzwert	
	A	-50 €	4,5	
	B	-30 €	6,5	
	C	-12 €	4	
	D	-10 €	5,2	
	E	5 €	4,8	
	F	12 €	6,2	
	G	38 €	6,7	
Wahl „runder", zunächst akzeptabel erscheinender Werte als Min./Max.-Skalenwerte				Alle Kunden „ähnlich", nur marginale Unterschiede, homogene Behandlung
Wahl eines engeren Intervalls zwischen den Min./Max.-Werten				Heterogene Kundenstruktur, differenzierte Marktbearbeitungsstrategien
Wahl der jeweiligen Extremwerte als Min./Max-Werte				Deutlich heterogene Kundenstruktur, differenzierte Strategien, Verschiebung eines Kunden in einen anderen Quadranten

Tabelle 40: Veränderung einer Portfoliomatrix mit gleicher Datenbasis durch die Verwendung unterschiedlicher Skalen

4.5.2 Marktattraktivitäts-/Wettbewerbsvorteilsanalyse

Die Realisierung von **Wettbewerbsvorteilen** ist eines der zentralen Themen der Marketing-Literatur. Ziel ist, eine im Vergleich zur Konkurrenz exponierte Position im Markt zu erreichen, um langfristig wirtschaftliche Vorteile zu realisieren. Hierzu wird eine Marktstrategie erarbeitet und in Richtung des relevanten Marktes mit Hilfe der Instrumente des Marketing-Mix umgesetzt. In den meisten Arbeiten zu diesem Thema wird dabei gerne von einem international, mindestens aber national agierenden

Unternehmen, besser noch einem Konzern, ausgegangen.[82] Diese Sichtweise blendet die Handlungsmöglichkeiten kleiner und mittelständischer Unternehmen zumindest teilweise aus, die oft pragmatisch und (im positiven Sinne) opportunistisch auf lokalen Märkten agieren. Aber für kleine wie für große Unternehmen steht letztlich die Frage im Mittelpunkt, auf welche Weise ein im Vergleich zur Konkurrenz tragfähiger Wettbewerbsvorteil erarbeitet werden kann. Dieser wird auch als „komparativer" Wettbewerbs- oder Konkurrenzvorteil bezeichnet[83] und er dient z.B. dazu,

- Kundenaufträge zu gewinnen (Neukunden),

- Nachfolgeaufträge zu generieren (Kundentreue),

- weiter empfohlen zu werden (Reduzierung von Neukundenakquisitionskosten),

- einen Preisgestaltungsspielraum zu realisieren (Deckungsbeitragserhöhung) oder

- ein Toleranzpolster für temporäre Qualitätsmängel aufzubauen.

Entscheidend ist hierbei, dass dieser Wettbewerbsvorteil von Kunden als Vorsprung gegenüber anderen Anbietern nutzengleicher Produkte auch erkannt wird. Nicht der Produktvorteil an sich macht den Vorsprung aus, sondern erst die Wahrnehmung des Vorteils.

Interessant ist nun, worin dieser Vorteil bestehen kann. Zumeist wird spontan an Produktmerkmale und Preisvorteile gedacht, aber dies sind nur zwei Parameter, die einen Wettbewerbsvorteil ausmachen. Andere sind z.B. ein Garantieversprechen, das Produktimage, die Verfügbarkeit von Ersatzteilen und die Qualität der Kundenbetreuung. Ein weiterer, hier besonders wichtiger Faktor, ist diejenige Instanz, die den Kundenkontakt gestaltet (Verkäufer, Web-Auftritt, Call Center-Agent usw.). Deren Auftreten, Kontaktfreudigkeit, Klarheit und Fähigkeit, dem Kunden ein Gefühl des Vertrauens und des Verstandenwerdens zu vermitteln, kann vor allem in Märkten mit homogenen Produkten erfolgsentscheidend sein. [84]

Dem Vertriebscontroller kommt nun die Rolle zu, das Marketing durch die Auswertung von Verkaufsprozessdaten dabei zu unterstützen, herauszufinden, welche Auswirkungen die Veränderung der Vertriebsqualität in Relation zu den jeweiligen Kosten hat. Wichtig ist natürlich auch, was die Kunden wahrnehmen und wie dies zu deren Erwartungshaltung passt. An das Verkaufspersonal eines 1 €-Ramschladens werden keine Erwartungen gerichtet, ganz im Gegensatz zum Personal in einem Kaufhaus. Wären beide Verkäufer exakt gleich aufmerksam, kompetent und freundlich, würde derjenige des Ramschladens die besseren Noten bekommen und der Kunde wäre angenehm überrascht. Beim Verkäufer des Kaufhauses würden die Erwartungen erfüllt werden, aber auch nicht mehr. Die Bewertung wäre „neutral".

Die Bestimmung der Wettbewerbsvorteile geschieht nun in einem mehrstufigen Verfahren. Entscheidend ist der erste Schritt: Es wird versucht, zu ermitteln, welcher Faktor hinsichtlich des Beschaffungsverhaltens der Kunden einen Vorteil gegenüber den Wettbewerbern bringt. Sind solche Faktoren identifiziert, werden diese hinsichtlich ihres Wirkungsgrads gewichtet und zu jedem Faktor die Position des eigenen Unternehmens im Vergleich zu jener der Wettbewerber bewertet. Die Summe der Faktorwerte ergibt auf einer Skala, deren Maximum durch die höchste Faktorsumme desjenigen Unternehmens mit dem größten Wettbewerbsvorteil markiert wird, ein Ranking aller untersuchten Unternehmen. Das Vorgehen entspricht jenem eines Scorings bzw. einer Nutzwertanalyse, wie es in Kapitel 3.4 beschrieben ist.

---

[82] So auch im Standardwerk Porter, 2010, S. 409 ff.

[83] Zur ausführlichen Darstellung des komparativen Konkurrenzvorteils vgl. Backhaus & Schneider, 2009. Siehe auch den interessanten Ansatz bei Plinke, 1994.

[84] Vgl. hierzu die den Vertrieb leider nur stiefmütterlich berücksichtigende Darstellung in Porter, 2010, S. 171, 175 und 202 f.

Der methodische Bruch ist offensichtlich: Die Kosten der Maßnahmen werden nur unzureichend berücksichtigt. Verglichen wird alleine, wie das eigene Unternehmen je Faktor im Vergleich zu konkurrierenden Unternehmen steht. Die Kosten der Faktoren bleiben unbeachtet, weil vorausgesetzt wird, dass diese je Unternehmen relativ gleich sind. Sind sie aber nicht: Im betrieblichen Alltag erarbeiten sich Unternehmen faktorspezifische Vorteile und erreichen dadurch auch faktorspezifische Kostenunterschiede, die ignoriert werden. Hier gilt es, aufzupassen.

Ist der Wettbewerbsvorteil ermittelt bzw. sind die Faktoren bekannt, die diesen Vorteil ausmachen, gilt es, die **Marktattraktivität** zu bestimmen. Augenscheinlich bringt ein Wettbewerbsvorteil nichts, wenn der Markt, auf dem er errungen wird, nicht groß genug ist, um die Erlösziele des Unternehmens zu erreichen. Die wichtigsten Parameter zur Bestimmung der Marktattraktivität sind – wie in Kapitel 4.1 dargestellt – Volumen und Potential. Hinzu kommen Faktoren wie Marktzugangsschranken, berechenbare regulatorische Rahmenbedingungen, planbares Absatzvolumen durch marktüblich langfristige Lieferverträge und wirtschaftlich stabile Kunden. In der Regel wird die Marktattraktivität aber nicht berechnet, sondern wie schon die Wettbewerbsposition anhand eines Scoring-Verfahrens ermittelt.

So ist z.B. ein relevantes Marktpotential für sich genommen eine notwendige, aber keine hinreichende Bedingung für einen attraktiven Markt. Wäre das Marktpotential zu einem hohen Prozentbetrag bereits realisiert, betrüge also beispielsweise das Marktvolumen bereits 85% des Marktpotentials und wäre dies unter etablierten Unternehmen aufgeteilt, so wäre der Marktzugang nur durch kostenintensive und risikoreiche Verdrängung möglich. Die Marktattraktivität wäre gering. Hätte das eigene Unternehmen in einer solchen Konstellation jedoch einen signifikanten Produkt- bzw. Kundennutzenvorteil, so wäre der Markt wiederum sehr attraktiv, weil davon ausgegangen werden könnte, dass die etablierten Unternehmen schlafen.[85]

Die Kombination der zwei Faktoren „Komparativer Wettbewerbsvorteil" und „Marktattraktivität führt schließlich zu dem in Abbildung 36 wiedergegeben Portfolio-Modell[86], dessen Nutzen es ist, auf sehr einfache Art und Weise strategische Handlungsoptionen aufzuzeigen.

---

[85] So geschehen im Markt für Mobilfunkgeräte, den Apple mit ihrem iPhone tüchtig aufmischte, obgleich eine ausreichende Marktsättigung vorlag, die ersten Anbieter wie Siemens sich sogar wieder vom Markt zurückzogen und etablierte Unternehmen (allen voran Nokia und Motorola) eine stabile Position besaßen.

[86] Angelehnt an Nieschlag, et al., 1988, S. 879

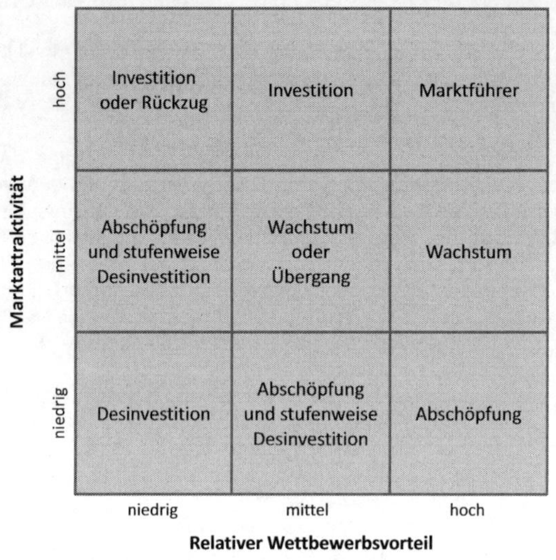

	niedrig	mittel	hoch
hoch	Investition oder Rückzug	Investition	Marktführer
mittel	Abschöpfung und stufenweise Desinvestition	Wachstum oder Übergang	Wachstum
niedrig	Desinvestition	Abschöpfung und stufenweise Desinvestition	Abschöpfung

Marktattraktivität

Relativer Wettbewerbsvorteil

Abbildung 36: McKinsey-Portfolio in Neun-Felder-Darstellung

4.5.3 Marktwachstums-/Marktanteils-Portfolio

Ähnlich bekannt wie das Marktattraktivitäts-/Wettbewerbsvorteil-Modell von McKinsey ist das Marktwachstums-/Marktanteils-Portfolio der Boston Consulting Group. Die Idee ist die gleiche, nämlich die Reduktion der Komplexität auf einige wenige Schlüsselfaktoren – hier zwei. Während McKinsey jedoch die Entwicklung des Marktes fokussiert, konzentriert sich BCG auf die Kombination eines exogenen Faktors (Marktwachstum) mit einem endogenen, also vom Unternehmen beeinflussbaren Faktor (Marktanteil).[87] Ehrmann betont in diesem Zusammenhang, dass das Marktwachstum durch den Produktlebenszyklus beschrieben werden kann, der Marktanteil hingegen analog zur Erfahrungskurve verläuft, so, wie es Abbildung 37 zeigt.[88]

---

[87] Ehrmann, 2006, S. 142
[88] Ehrmann, 2006, S. 145. Ähnlich auch Thommen & Achleitner, 2003, S. 915 und Gabele, 1981, S. 46.

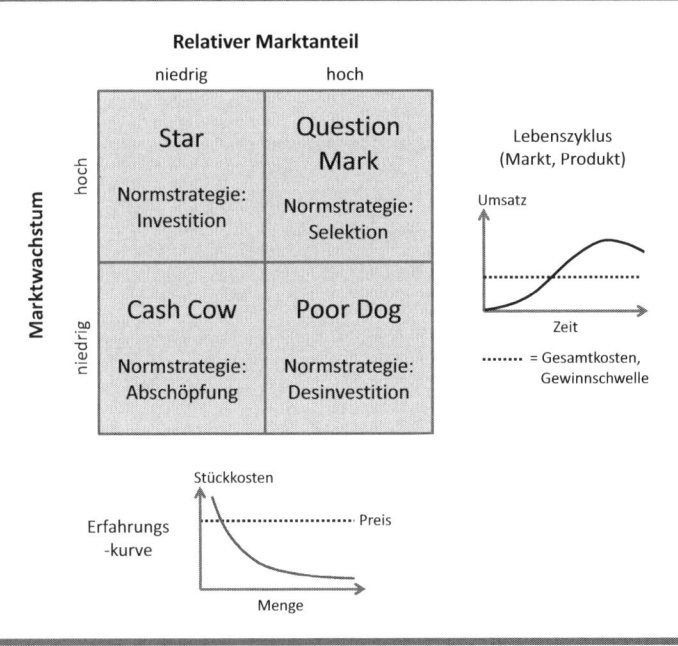

Abbildung 37: BCG-Modell

Dieses Portfoliomodell dürfte in kaum einem Lehr- oder Managementbuch über strategische Planung fehlen. Ebenso häufig wird daran Kritik geübt[89] und unabhängig davon, inwieweit diese berechtigt ist, soll sie hier nicht wiedergegeben werden. Vielmehr ist noch einmal abschließend zu betonen, dass Modelle wie die hier vorgestellten als deskriptive Methoden wunderbare Hilfsmittel sind, komplexe Sachverhalte auf wesentliche Aussagen zu reduzieren. Für einen Vertriebscontroller wäre es mehr als nur blamabel, sich mit solchen Darstellungen nicht auszukennen.

---

[89] So ausführlich in Ehrmann, 2006, S. 147 ff.

5 Verkaufsinstanzenerfolgsrechnung

Die Verkaufsinstanzenerfolgsrechnung ermittelt, wie effektiv und wie effizient diejenige Wertschöpfungsstufe ist, die unmittelbar mit Interessenten bzw. Kunden in Kontakt steht, um die Produkte des Unternehmens zu verkaufen.

Umgangssprachlich ausgedrückt, steht die Frage im Mittelpunkt, „wie gut" die Verkäufer sind. Aber diese zweifellos griffigere Formel wäre unvollständig. Eine Verkaufsinstanz ist aus Sicht des Unternehmens das, was als organisatorisch erfass- und somit bewertbare Einheit an der Kontaktschnittstelle zum Interessenten bzw. Kunden steht und das kann viel mehr sein als nur ein Verkäufer, wie das Kapitel 5.1 zeigen wird.

Ziel des Vertriebscontrollers ist es, das Vertriebsmanagement dabei zu unterstützen, die Daten zu liefern, die benötigt werden, um das Portfolio an Verkaufsinstanzen so zu gestalten, dass gemäß dem ökonomischen Prinzip ein bestmöglicher Verkaufserfolg unter Berücksichtigung von Nebenbedingungen erzielt wird. Dieses Zielsystem ist mehrdimensional, denn es geht nicht allein um die Maximierung der Absatzmenge oder darum, den bestmöglichen Preis je Produkt zu erzielen. Abbildung 38 zeigt für ein beliebiges Unternehmen auf, welche Einflussfaktoren die Bewertung beeinflussen, ob eine Verkaufsorganisation erfolgreich ist oder nicht. Für andere Unternehmen werden selbstverständlich weitere Faktoren hinzukommen, für Dienstleister hingegen z.B. Faktoren, die die Logistik betreffen, wegfallen bzw. durch Faktoren, die die Auslastung der Verrichtungsfaktoren (Berater, Masseure usw.) beschreiben, ersetzt.

Abbildung 38: Einflussfaktoren auf die Bewertung von Verkaufserfolg

Vor diesem Hintergrund erscheint die Wahl der richtigen Zusammensetzung des Verkaufsinstanzen-portfolios ein betriebswirtschaftliches Optimierungsproblem zu sein, dass durch die Methoden der Operations Research zu lösen wäre. In der Praxis, und hierauf wird das Kapitel 5.2 eingehen, ist die Wahl der Instanzen eher eine strategische Entscheidung.[90] Die Aufgabe des Vertriebscontrollings ist es, diese strategische Entscheidung durch fundamentale quantitative Analysen und Szenarienberechnungen zu unterstützen.

Um Redundanzen zu vermeiden, sind Methoden, die für den personalgestützten Direktvertrieb (Kapitel 5.6) ausführlich dargestellt werden, für das Controlling des indirekten Vertriebs (Kapitel 5.7) nur erwähnt. Auch werden in Kapitel 5.8, in dem die Steuerung von Vertriebskanälen erläutert wird, Verfahren und Prozeduren vorgestellt, die sich ebenso gut auf die Steuerung des direkten oder indirekten Vertriebs anwenden lassen. Es wird dem Leser jedoch keine Probleme bereiten, den Transfer der Methoden auf andere Anwendungsfälle als die explizit beschriebenen zu leisten.

5.1 Arten von Verkaufsinstanzen und deren Anforderungen an ein Controlling

Abbildung 39 benennt die grundsätzlich möglichen Verkaufsinstanzen. Die wichtigste Unterteilung ist die Frage, ob die Instanzen unternehmensintern oder -extern anzusiedeln sind. Die Kriterien sind die

- **Weisungsbefugnis** sowie die

- **Vertriebsexklusivität** hinsichtlich der Produkte.

Ist die disziplinarische Weisungsbefugnis gegeben und kann die Exklusivität hinsichtlich der zu verkaufenden Produkte durchgesetzt werden, so, wie es beispielsweise bei unternehmensinternen Filialen der Fall ist, sind verkaufsgerichtete Maßnahmen schnell und direkt umsetzbar. Auch sind die Ergebnisse der Verkaufsaktivitäten vollends bekannt. Das Misserfolgsrisiko trägt das Unternehmen. Zugriff, Exklusivität und Vollständigkeit der Informationen machen somit den Vorteil unternehmensinterner Verkaufsinstanzen aus.

---

[90] z.B. Porter, 1999

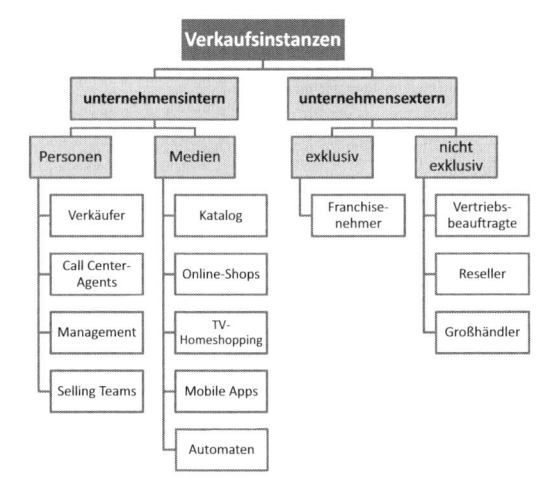

Abbildung 39: Arten von Verkaufsinstanzen

Die jeweiligen Arten von Verkaufsinstanzen sind selbstverständlich nur bedingt miteinander vergleichbar, weil die Art der Gestaltung der Kundenkontaktsituation von jeweils spezifischer Qualität ist und einen jeweils spezifischen Zweck erfüllt. Ein Web-Auftritt ist zum Verkauf einer Abfüllanlage vollkommen ungeeignet, aber ideal für den Verkauf von Tonträgern, klar, aber beim Verkauf von Büroartikeln an Unternehmen wird es schon schwieriger, denn auch dann, wenn Bestellungen per Web üblich sein sollten, wird ein gelegentlicher Besuch eines Außendienstmitarbeiters wirkungsvoll sein (Kundenbindung, Nachbestellmotivation etc.).

Die nachfolgenden „Steckbriefe" in den Tabelle 41 bis Tabelle 50 beschreiben wichtige Verkaufsinstanzen mit den typischen Aspekten, die für das Vertriebscontrolling relevant sind. Branchenspezifische Besonderheiten sind nicht vollständig berücksichtigt. Ausführlichere Beschreibungen finden sich in der Fachliteratur zum Thema Vertrieb bzw. Vertriebsmanagement.[91]

---

[91] Vgl. exemplarisch Detroy, et al., 2007

Verkaufsinstanz: Verkäufer	
Andere Bezeichnung	Account-Manager, Sales Manager, Key-Account-Manager, Sales Representative, Vertriebsbeauftragter, Akquisiteur, Kundenberater, Kundenbetreuer.
Kundenkontakt	Persönlich, ggf. langfristig und wiederkehrend. Kundenkontaktqualität hängt maßgeblich von den empathischen Fähigkeiten des Verkäufers ab.
Vertrag	Arbeitsvertrag mit Zielvereinbarung.
Entlohnung und Kosten	Teilung zwischen Fixgehalt und erfolgsabhängiger Vergütung üblich; variabler Anteil je nach Branche meist 10-30%. Der Fixkostenblock überwiegt somit deutlich. Bei Reduktion der Vertriebsstärke hohe Remanenzkosten wg. Kündigungsfristen und Aufhebungsverträgen.
Grenzen der Weisungsbefugnis	Vertrag, Arbeitsrecht, Betriebsvereinbarungen.
Planbarkeit	Hoch hinsichtlich Produkten, Preisen und Zielgruppen, regional begrenzt.
Steuer- und Koordinierbarkeit	Exklusivität gegeben. Motivation über finanzielle Anreize nur kurzfristig möglich, individuelle Interessenslage der Verkäufer macht Steuerung zur ständigen Führungsaufgabe.
Kontrollierbarkeit	Über die Zielerreichungserfüllung und über den Leistungsvergleich mit anderen Verkäufern gut. Bei Änderungen der Aufgabenstellung während der Kontrollperiode (neue Produkte, neue Preise usw.) Verlust der Kontrollmöglichkeiten. Kontrolle der Kontaktqualität durch Beobachtung durch den Vorgesetzten, Rückmeldungen der betreuten Interessenten bzw. Kunden sowie ex post durch die Analyse der Ergebnisse.
Aufgaben des Vertriebscontrollings	Vollumfängliche Vertriebsinstanzenerfolgsrechnung, insb. Kosten-Monitoring, Prozesse, Forecast und Vergleichsanalysen.

Tabelle 41: Charakterisierung der Verkaufsinstanz „Verkäufer"

Verkaufsinstanz: Call Center-Agent, unternehmensintern	
Andere Bezeichnung	Telefonakquisiteur, Telefonberater.
Kundenkontakt	Bedingt persönlich, Wirkung lediglich über das telefonische Gespräch. Kundenkontaktqualität hängt maßgeblich von den empathischen Fähigkeiten und dem Geschick der Gesprächsführung ab.
Vertrag	Arbeitsvertrag, ggf. mit Zielvereinbarung.
Entlohnung und Kosten	Fixkostenlastig, meist nur geringe erfolgsabhängige Vergütung üblich, z.B. in Form einer Team-Prämie. In Deutschland seltener individuelle verkaufserfolgsabhängige Bezahlung. Bei größeren Call Centern geringere Remanenzkosten durch Nicht-Neubesetzung offener Stellen bei Fluktuation.
Grenzen der Weisungsbefugnis	Arbeitsvertrag, Arbeitsrecht, Betriebsvereinbarungen. Oftmals existieren bei Call Centern im Unternehmen Sondervereinbarungen mit dem Betriebsrat, welche die individuelle Leistungskontrolle mit Hilfe der Telefontechnik (ACD, Automatic Dialing usw.) begrenzen.
Planbarkeit	Hoch durch Lastausgleich.
Steuer- und Koordinierbarkeit	Exklusivität gegeben. Spezialisierung der Agents möglich, Etablierung von Teams mit spezifischen Fähigkeiten (Fremdsprachen, Produkte, Prozesse) sowie Agents mit erweiterten Handlungsrechten üblich. Die Arbeitslastverteilung erfolgt per Telefontechnik, was allerdings schnell zu „mechanistischem Abarbeiten" von Kundenkontakten führen kann.
Kontrollierbarkeit	Bei existierenden Betriebsvereinbarungen erschwert, sonst anhand von Daten, welche den Rahmen des Kundenkontakts beschreiben (Anzahl und Länge der Anrufe). Messung der Kontaktqualität nur per Mitschnitt, wie er heute „zu Schulungszwecken" üblich, aber nur mit Einverständnis beider Gesprächsparteien erlaubt ist.
Aufgaben des Vertriebscontrollings	Vollumfängliche Vertriebsinstanzenerfolgsrechnung, insb. Kosten-Monitoring, Prozesse, Forecast und Vergleichsanalysen. Nutzung von Anrufmessungen, sofern statthaft. Turnusmäßig Ermittlung entscheidungsrelevanter Daten für make-or-buy-Entscheidungen (Call Center-Outsourcing).

Tabelle 42: Charakterisierung der Verkaufsinstanz "unternehmensinterner Call Center-Agent"

Verkaufsinstanz: Selling Team	
Beschreibung	Virtuelle, für Projekte zusammengestellte Arbeitsgruppen, welche die Aufgabe haben, kundenindividuelle Anforderungen vor dem Hintergrund der Leistungsfähigkeit des Unternehmens in einem zu bepreisenden Angebot abzubilden.
Kundenkontakt	Wird vom Verkäufer als Teammitglied organisiert. Je nach Thema eines Kontakts werden Fachexperten hinzugezogen, um Lösungskompetenz darzustellen.
Vertrag	Vertriebsunterstützung und Teilnahme an Kundenkontakten kann Bestandteil des Arbeitsvertrages sein, gehört aber in der Regel zu den üblichen Grundaufgaben eines Beschäftigungsverhältnisses.
Entlohnung und Kosten	Teilung zwischen Fixgehalt und erfolgsabhängiger Vergütung bei anderen Teammitgliedern als den Verkäufern nicht einheitlich üblich. Profitieren die Teammitglieder in unterschiedlichem Maße unmittelbar von dem Verkaufserfolg, kann dies zu Motivationsunterschieden führen. Die Kosten sind durch zusätzliche Transaktionskosten, sowohl innerhalb der Gruppe als auch hinsichtlich der Organisation der Hauptaufgabe der Teammitglieder hoch.
Grenzen der Weisungsbefugnis	Arbeitsverträge, Arbeitsrecht, Betriebsvereinbarungen, Freistellung der Teammitglieder für dedizierte Projekte durch deren Vorgesetzte.
Planbarkeit	Die Verfügbarkeit ist bei Projektbeginn zu prüfen. Die sich im Laufe des Projektes herausarbeitende Gruppendynamik erschwert die Einschätzung der Arbeitseffizienz im Vorfeld. Ein erfahrener Projektleiter, der nicht immer der Verkäufer sein muss, verbessert die Erfolgsaussicht.
Steuer- und Koordinierbarkeit	Eigenkontrolle innerhalb der Gruppe und durch den Projektleiter ergänzt bzw. ersetzt externe Kontrolle. Erschwerend wirkt sich aus, wenn die Gruppenmitglieder gleichzeitig in mehreren Projekten arbeiten und/oder gleichzeitig weiterhin für ihre Kernaufgabe verantwortlich sind. Die Wirkung von selbstverwalteten Teams ist grundsätzlich positiv[92], erschwert aber die Einsatzplanung für die einzelnen Mitglieder.
Kontrollierbarkeit	Gering, insbesondere im Misserfolgsfall.
Aufgaben des Vertriebscontrollings	Angebotsdeckungsbeitragsrechnung unter Berücksichtigung der Team- und Transaktionskosten, Optimierung der Prozesse.

Tabelle 43: Charakterisierung der Verkaufsinstanz "Selling Team"

---

[92] So Batt, 1999 und McGregor, 2006, S. 6 -15

Verkaufsinstanz: Katalog (Print)	
Kundenkontakt	Unpersönlich über Bilder und Produktbeschreibung, beeinflusst durch die haptische und gestalterische Qualität des Katalogs. Das Medium ist seit Jahrzehnten etabliert und vertraut. Verkaufsdruck kann nicht ausgeübt werden, die Produktnutzenargumentation berücksichtigt keine kundenindividuelle Problemstellung. Die Preisgestaltungsmöglichkeiten sind durch die hohe Markttransparenz reduziert.
Verbreitung	Abhängig von Verfügbarkeit und Qualität der Zielkundenadressen.
Kosten	Gestaltung, Druck, Versand. Bei der Distribution und je nach Produkt z.T. hohe Retourenquote (insb. Schuhe, Bekleidung).
Verbindlichkeit	Nach Maßgabe des „Haustürgeschäfts" (§ 312 Abs. 1 BGB). Die empfundenen Kaufrisiken werden meist durch großzügige Rücksendemöglichkeiten reduziert.
Planbarkeit	Als Verkaufsinstanz sehr hoch. Verkaufserfolge meist gut planbar. Die hohe Sichtbarkeit für den Wettbewerb macht eigene Produkt- und Preispolitik transparent. Geringe Reaktionsgeschwindigkeit, was sich insbesondere bei vergleichbaren Produkten als kritisch erweisen kann, wenn z.B. Wettbewerber die gleichen (Marken-) Artikel in einem jüngeren Katalog günstiger anbieten.
Steuer- und Koordinierbarkeit	Verbreitung sehr exakt steuerbar, etwa für eine nur begrenzte regionale Verteilung. Jedoch geringe zeitliche Steuerbarkeit, wenn Kunden mit älteren Katalogen arbeiten.
Aufgaben des Vertriebscontrollings	Vollumfängliche Vertriebsinstanzenerfolgsrechnung, insb. Abverkaufsraten. Durch den Ausschluss des menschlichen Faktors auf der Anbieterseite lassen sich statistisch relevante Markttests durchführen, um die wirtschaftlich optimale Marktbearbeitung zu ermitteln.

Tabelle 44: Charakterisierung der Verkaufsinstanz "Print-Katalog"

Verkaufsinstanz: Online-Shop	
Kundenkontakt	Unpersönlich, jedoch durch den Einsatz von Interaktion und eines breiteren medialen Spektrums (Bildsequenzen, Video, Ton, Text) individueller als beim Print-Katalog. Über die Abfrage von Kundenwünschen und datenbankgestützter Informationsangebotsselektion ist eine quasi-persönliche Produktpräsentation möglich; hinsichtlich der Kundenkontaktgestaltung geht dies über das „Abfotografieren" von Print-Katalogen hinaus. Verkaufsdruck kann nicht ausgeübt werden, jedoch werden Cross-Selling-Anreize durch Vorschläge und Empfehlungen geschaffen. Die Preisgestaltungsmöglichkeiten sind durch hohe Markttransparenz reduziert.
Verbreitung	Abhängig von der Verfügbarkeit eines Computers mit Internetverbindung, in Deutschland 2012 79% aller Haushalte.[93] Nutzer von Online-Shops in Deutschland 2012: 42,3 Mio. Personen.[94]
Kosten	Gestaltung und Pflege des Shops.
Verbindlichkeit	Nach Maßgabe des „Haustürgeschäfts" (§ 312 Abs. 1 BGB). Die empfundenen Kaufrisiken werden meist durch großzügige Retourmöglichkeiten reduziert.
Planbarkeit	Geringer als im Kataloggeschäft. Hauptschwierigkeit für alle Anbieter, die nicht im permanenten Mind-Set der Zielgruppe sind, ist es, Interessenten auf die eigene Verkaufspräsenz im Web aufmerksam zu machen. Bei nutzengleichen oder Marken-Produkten höchstmögliche Markttransparenz.
Steuer- und Koordinierbarkeit	Nur bedingt möglich, da Interessenten auf die Präsenz aufmerksam gemacht werden müssen. Hohe Anpassungsgeschwindigkeit möglich.
Aufgaben des Vertriebscontrollings	Umfangreiche Daten durch die E-Commerce-Systeme vorhanden. Jeder Click wird gezählt, jeder Kunde und jeder Verkaufsakt ist bekannt, hierdurch exzellente Analysemöglichkeiten, vor allem für die Präsentation der Produkte und die Abverkaufsprozesse. Analyse von Bestellmengen, Reklamationsquoten, Produkt- und Kundendeckungsbeiträgen.

Tabelle 45: Charakterisierung der Verkaufsinstanz "Online-Shop"

---

[93] Quelle: Statistisches Bundesamt. Vgl. hierzu auch Czajka & Jechová, 2012

[94] Quelle: Statistisches Bundesamt, URL:
https://www.destatis.de/DE/PresseService/Presse/Pressemitteilungen/2012/12/PD12_422_63931.html, zuletzt geprüft am 6.1.2013.

Verkaufsinstanz: TV-Homeshopping	
Auch	Infomercials, Dauerwerbesendung.
Kundenkontakt	Auf der ersten Stufe unpersönlich, aber mittels eines Mediums (TV) mit hoher Basisglaubwürdigkeit. Das Sehverhalten ist gelernt, die Kontaktzeit im Einzelfall hoch. Gerade Produkte, die im Alltag geringe Aufmerksamkeit genießen und deren Nutzenkriterien nicht bewusst sind, aber durch die Werbesendung vermittelt werden können, eignen sich. Persönlicher Kontakt auf der zweiten Stufe (Bestellannahme mittels Call Center-Agent), dann mit der Möglichkeit für Zusatzverkäufe.
Verbreitung	Nahezu 100%, jedoch abhängig vom Aufenthalt zu Hause oder an einem Ort mit TV (Hotel, Bar).
Kosten	Einrichtungskosten, Studiokosten, Sendezeit, sowie Kosten der Bestellannahme, meist per Call Center, Sprachcomputer oder Online-Shop. Kostentreibend wirkt sich die Organisation der persönlichen Bestellannahme aus, da die Mehrzahl von Anrufen während der Sendung oder kurz danach eingehen.
Verbindlichkeit	Nach Maßgabe des „Haustürgeschäfts" (§ 312 Abs. 1 BGB). Die empfundenen Kaufrisiken werden meist durch großzügige Retourmöglichkeiten reduziert.
Planbarkeit	Bei Ankauf von Sendezeit in werbefinanzierten Sendern Planbarkeit über tageszeittypische Einschaltquoten und erwartete Abverkaufsquote (Anrufer/Besteller je 1.000 Zuschauer) gut bis sehr gut. Bei Homeshopping-Sender ist der Austausch von Produkten bzw. eine Verkürzung oder Verlängerung der Präsentationszeiten möglich.
Steuer- und Koordinierbarkeit	Abverkauf in Abhängigkeit von Produktart, Sender und Tageszeit relativ gut steuerbar.
Aufgaben des Vertriebscontrollings	Grundsätzlich wie jene beim Online-Shop. Die Transparenz ist ähnlich gut.

Tabelle 46: Charakterisierung der Verkaufsinstanz "TV-Homeshopping"

Verkaufsinstanz: Apps.	
Andere Bezeichnung	Smartphone-Applikationen.
Kundenkontakt	Wird die App. als Verkaufsinstanz genutzt, ist der Nutzer bereits registriert. Die Qualität des Kundenkontakts ist aufgrund geringerer Darstellungsmöglichkeiten etwas geringer als beim Web-Shop. Der Neuigkeitscharakter der Smartphone-Nutzung geht zurück, die Möglichkeit zu spontanen Einkäufen tritt in den Vordergrund.
Verbreitung	Abhängig von der Verbreitung von Smartphones: Zu Beginn 2012 besaßen 34% der Einwohner Deutschlands ein Smartphone, bei den unter 30-jährigen waren dies 51%.[95]
Kosten	Gestaltungs- und Programmieraufwand, Provision für App-Shop-Betreiber und ggf. Netzwerkanbieter.
Verbindlichkeit	Verbraucherrecht wie bei Online-Shops.
Planbarkeit	Wird über die Apps. Versandhandel betrieben, ist die Planbarkeit die gleiche wie bei Online-Shops.
Steuer- und Koordinierbarkeit	Bedingt gegeben. Über Apps. wird derzeit nur begrenzt Geschäft generiert, dass nicht auch über einen Web-Shop zu realisieren gewesen wäre. Somit ist die AS. als Verkaufsinstanz eine dem Zeitgeist geschuldete Ergänzung und besitzt nur in wenigen Ausnahmefällen Eigenständigkeit.
Aufgaben des Vertriebscontrollings	Vergleiche mit Abverkaufsdaten des parallelen Online-Shops.

Tabelle 47: Charakterisierung der Verkaufsinstanz "Apps"

---

[95] Quelle: Bitkom. URL: http://www.bitkom.org/de/presse/74532_71854.aspx. Zuletzt geprüft am 6.1.2013.

Verkaufsinstanz: Handelsvertreter	
Hier	Selbständiger Gewerbetreibender in der Definition des § 84 HGB. Derzeit sind in Deutschland ca. 48.000 Handelsvertreter aktiv.[96]
Kundenkontakt	Der gleiche wie beim Einsatz angestellter Verkäufer. Oftmals ist dem Interessenten bzw. Kunden die Position und Stellung des Verkäufers resp. Handelsvertreters nicht bewusst und in jedem Falle für die juristische Qualität des Kaufvertrags irrelevant.
Vertrag	Gestaltungsspielraum für einen Handelsvertretervertrag ist im siebenten Abschnitt des HGB ab § 84 geregelt.
Entlohnung und Kosten	Zumeist Provision je Absatzmenge, seltener Vorabprämie, monatliches Fixum („Retainer") oder „Eintrittsgeld" für den Handelsvertreter. Häufig Zusatzprämien für außergewöhnliche Aktionen (Produkteinführung, saisonale Aktionen, Produktbündel). Dennoch sind beiderseits Zusatzkosten für Schulung, Erstausstattung und Organisation erforderlich.
Grenzen der Weisungsbefugnis	Sehr eng durch Regelungen des HGB, jedoch hinsichtlich des Marketing-Mix weitgehend Handlungsfreiheit, sofern der Handelsvertretervertrag keine weiteren Einschränkungen vornimmt. Insbesondere sind Preisverhandlungsspielraum, Produktvariationsmöglichkeiten sowie werblicher Auftritt zu regeln.
Planbarkeit	Gering. Handelsvertreter neigen – je nach Branche in unterschiedlichem Maße – dazu, Verträge mit Produktanbietern zu „sammeln" und nach einem Markttest nur die margenbringenden Produkte anzubieten. Dieses Verhalten ist ökonomisch sinnvoll, verringert aber die Planbarkeit für jeden einzelnen Anbieter.
Steuer- und Koordinierbarkeit	Handelsvertreter sind abhängig von eigenen Verkaufsideen, da sie i.d.R. nicht-exklusiv verkaufen und im Wettbewerb zu anderen Handelsvertretern oder dem anbietenden Unternehmen selbst stehen. Die Kreativität wird durch Regeln begrenzt (Nutzung von Markenlogos, Preis-Bundles usw.), die ständig zu justieren sind.
Kontrollierbarkeit	Risiko, dass der Handelsvertreter inkompetent ist und der eigenen Marke Schaden zufügt. Die Kontrolle erfolgt über Abverkaufszahlen einerseits und die Betreuungs- bzw. Abwicklungskosten sowie Reklamationskosten andererseits.
Aufgaben des Vertriebscontrollings	Vollumfängliche Vertriebsinstanzenerfolgsrechnung. Vergleich mit eigenen Verkäufern, Vergleich der Handelsvertreter untereinander mit periodischer Anpassung des Vertrags-Portfolios.

Tabelle 48: Charakterisierung der Verkaufsinstanz "Handelsvertreter"

---

[96] Quelle: Centralvereinigung Deutscher Wirtschaftsverbände für Handelsvermittlung und Vertrieb (CDH) e.V. URL: http://www.cdh.de/publikationen/pressemeldungen?presseliste2012[uid]=2755, zuletzt geprüft am 6.1.2013.

Verkaufsinstanz: Reseller	
Hier	Unternehmen, die Vorprodukte zukaufen und überarbeitet oder in neuer Kombination als eigene Produkte auf eigenen Namen und für eigene Rechnung an Endkunden verkaufen (Re-Branding, OEM-Geschäft usw.).
Kundenkontakt	Ein Kundenkontakt besteht nur im Verhältnis zum Reseller. Zum End-kunden gibt es keinen Kontakt. Dieser erfährt in der Regel nicht, wer der ursprüngliche Produzent war. Der Reseller wird das eingekaufte Produkt entweder selbst veräußern, womit er zum Wettbewerber wird, oder er veredelt das Produkt und erschließt somit Zielgruppen, die das eigene Unternehmen nicht adressiert hat.
Vertrag	Liefervertrag mit dem Reseller, der Lieferumfang und -preis regelt.
Entlohnung und Kosten	Entfällt bzw. ist Bestandteil des Vertrages. Die Kosten für das eigene Unternehmen sind vergleichsweise gering.
Grenzen der Weisungsbefugnis	Die Grenzen regelt der Vertrag. So könnte dieser beispielsweise aus-schließen, dass die angestammte Zielgruppe adressiert wird.
Planbarkeit	Gut durch Lieferverträge.
Steuer- und Koordinierbarkeit	Gut, sofern die Verträge Exklusivitäten regeln oder bewusst offen las-sen. Schwierig wird es, wenn Regeln beabsichtigt oder unbeabsichtigt umgangen werden, etwa Reimporte von Produkten, die per Vertrag nur im Ausland hätten verkauft werden dürfen.
Kontrollierbarkeit	Vertragsverletzungen sind relativ leicht aufzudecken.
Aufgaben des Vertriebscontrollings	Dem Nutzen einer Produktionsmengensteigerung ist der Margen- und Umsatzverzicht entgegen zu stellen, insbesondere dann, wenn der Reseller nutzengleiche Produkte der gleichen Zielgruppe anbietet.

Tabelle 49: Charakterisierung der Verkaufsinstanz "Reseller"

Verkaufsinstanz: Großhändler	
Auch	Zwischenhandel
Kundenkontakt	Nur indirekt über Aktionen, in denen der Großhändler das eigene Unternehmen (den Produzenten) einbindet. Ferner kann vereinbart werden, dass Kundenreaktionen an das eigene Unternehmen zurückgemeldet werden.
Vertrag	Liefervertrag. Je nach Branche werden Kommissionsverträge vereinbart, bei denen der Großhändler das Recht auf Rückgabe von bereits gelieferter Ware hat bzw. diese erst bei Abverkauf bezahlt. Das Bestellmengenrisiko liegt in diesem Falle beim Produzenten, was insbesondere bei Ware mit technischem Verfallsdatum kritisch sein kann.
Entlohnung und Kosten	Entgelt für gelieferte Ware abzüglich vereinbarter Mengenrabatte, Boni usw. Ferner fallen Kosten in Form von Werbekostenzuschüssen, Aktionen oder Kundenerschließungsprämien an. Jede Branche hat ihren Blumenstrauß an Möglichkeiten entwickelt.
Grenzen der Weisungsbefugnis	In der Regel gibt es keine Exklusivität hinsichtlich der Produkte. Eine Weisungsbefugnis ergibt sich aus dem Vertrag. Nur in dem Fall, in dem der Produzent über eine nennenswerte Marktmacht verfügt, weil eine Nicht-Präsenz zu Umsatzausfällen oder Kundenverlusten führen würde, gibt es auch vertraglich nicht festgelegte Weisungsmöglichkeiten, die sich z.B. in Platzierungsvorgaben niederschlagen.
Planbarkeit	Durchschnittlich. Die Verkäufe sind durch den Multiplikatoreffekt (ein Großhändler erreicht über seine Kunden, die Einzelhändler, zahlreiche Endkunden) planbar, aber die Bestellungen des Großhändlers können unter Umständen ebenso unstetig erfolgen wie umfangreich sein, so dass ein hoher Lagerbestand notwendig sein kann.
Steuer- und Koordinierbarkeit	Gering, da nur bedingte Einflussnahme auf die Verkaufsanstrengungen der Großhändler möglich ist.
Kontrollierbarkeit	Sehr gut, z.B. hinsichtlich der Preise oder hinsichtlich der vertraglich vereinbarten Aktionen.
Aufgaben des Vertriebscontrollings	Deckungsbeitragsrechnung unter Einbeziehung von Sonderaktions- und Lagerkosten.

Tabelle 50: Charakterisierung der Verkaufsinstanz "Großhändler"

5.2 Auswahl von Vertriebsinstanzen

Um es gleich vorweg zu nehmen: Die Auswahl von Vertriebsinstanzen ist nicht die Aufgabe eines Vertriebscontrollers. Er wird aufgrund seiner Funktion den Auswahlprozess unterstützen, aber in aller Regel werden strategische Aspekte bestimmen, mit welchen Marktkräften ein Unternehmen erfolgreich sein will. Die Hauptfragen, die sich dem Management als Entscheider dabei stellen, sind:

1. **Gesetze und Restriktionen**: Verbieten Gesetze oder Branchenvereinbarungen Vertriebsinstanzen (Arzneien, Gifte, militärische Güter) oder gibt es Auflagen, die nur bestimmte Absatzformen erlauben? Sind solche Auflagen zu erwarten?

2. **Kundensicht**: Welche Kontaktform erwarten die Kunden? Was sind sie gewohnt, wann empfinden sie die Kaufrisiken als vertretbar?

3. **Produktsicht**: Wie erklärungsbedürftig sind die Produkte? Muss jedem Kunden das gleiche Wissen vermittelt werden, damit er sich entscheiden kann, oder handelt es sich um jeweils individuelle Informationen? Und wenn dies so ist: Welche Daten des Kunden müssen berück-

sichtigt werden? Wie aufwändig ist dies und welche Intelligenz und Einkaufserfahrung erfordert es?

4. **Kostensicht**: Welchen Aufwand darf der Verkauf verursachen? Darf der Preis kostenbasiert kalkuliert werden oder wird er vom Markt vorgegeben?

5. **Kapitalrentabilitätssicht**: Wie verzinst sich das für den Aufbau und den Betrieb der Vertriebsinstanz eingesetzte Kapital?

6. **Wettbewerbssicht**: Wie verkauft der Wettbewerb? Gelingt es, sich durch die Wahl der Vertriebsinstanz abzusetzen oder gar die Art des Verkaufs zu einem Markenzeichen zu machen (Plastikschüsseln, Staubsauger, Kaffeekapseln)?

7. **Risikosicht**: Welche Verkaufsinstanzen sichern das Unternehmen im Falle einer Absatzkrise? Sind Flexibilität (Handelsvertreter) oder Kontinuität (eigene Verkäufer) entscheidend? Spielt die Geschwindigkeit der Anpassung an Marktveränderungen eine Rolle?

8. **Tradition und Nachhaltigkeit**: Gibt es eine Unternehmensgeschichte, die zu Kontinuität verpflichtet? Werden Vertriebsformen und somit Vertriebsinstanzen dadurch ausgeschlossen oder traditionell bevorzugt? Ist das Unternehmen bereit, auch unorthodoxe Wege zu gehen, um auf experimentellem Weg neue erfolgreiche Verkaufsformen zu entwickeln, auch auf die Gefahr hin, einen Imageschaden zu erleiden?

Nachfolgend werden Instrumente aufgezeigt und Hinweise gegeben, mit denen ein Vertriebscontroller helfen kann, das Portfolio der Vertriebsinstanzen

- zusammenzustellen, was im betrieblichen Alltag vermutlich selten vorkommt,

- zu optimieren, was durchaus ein kontinuierlicher Prozess sein sollte sowie

- bei Strukturentscheidungen im Vertrieb zu unterstützen, etwa, wenn sich durch die Erweiterung des Produktsortiments, eine Expansion ins Ausland oder durch einen Zusammenschluss mit anderen Unternehmen neue Perspektiven eröffnen.

Ad 1: Gesetze und Restriktionen

Der erste und den Handlungsraum am restriktivsten einschränkende Faktor sind geltende Gesetze oder Verordnungen. Regulieren diese die Vertriebsinstanz, scheiden alle nicht erlaubten ebenso aus wie jene, bei denen die Kosten zur Erfüllung der Auflagen eindeutig zu hoch wären. Diese „harten" Grenzen können nur in Ausnahmefällen und dann mit viel Aufwand umgangen werden, aber möglich ist es in Einzelfällen durchaus, wie der Markt für apotheken- und rezeptpflichtige Produkte gezeigt hat.

Darüber hinaus gibt es „weichere" Grenzen, die von nicht-gesetzlichen Restriktionen bestimmt werden, und dies kann durchaus bereits die geringe Verbreitung von Bankkonten (Russland) sein, die beispielsweise ein Versandhandels- oder Zeitschriftenabonnementgeschäft gänzlich anders funktionieren lassen als wir das gewohnt sind.

Je nach Branche und Geschäftsmodell empfiehlt es sich, eine Checkliste von Aspekten anzufertigen, die sich aus der Wertschöpfungskette ergebend iterativ Auswirkungen auf die Art des Verkaufs hat. Wie erhält der Kunde das Produkt? An wen wendet er sich bei Rückfragen? Wie tauscht er sich mit anderen Kunden aus? Ist die gewünschte Verkaufsinstanz, wenn sie nicht selbst aufgebaut wird, am Markt verfügbar?

Ad 2: Kundensicht

Die Kundensicht wird sicherlich den zweitwichtigsten Faktor in der Entscheidung ausmachen, wenn auch immer in Kombination mit der Produkt- und der Kostensicht. Allerdings empfiehlt sich durchaus eine isolierte Betrachtung, um ungewöhnliche Ideen zu kreieren. Ein Beispiel: Durch lähmendes Vorwissen kämen nur die Wenigsten auf die Idee, Plastikschüsseln in Kaffeekränzchen oder Staubsauger an der Haustüre zu verkaufen. Welche Faktoren für den Kunden eine Rolle spielen, ist branchenabhängig. Diese Faktoren wandeln sich jedoch mit der Zeit und sind je nach Zielgruppe – auch bei ein und demselben Produkt – zuweilen unterschiedlich. Entsprechend empfiehlt sich eine methodische Analyse der bestimmenden Faktoren.

Abbildung 40 zeigt einen Vergleich verschiedener Zielgruppen, hier die eines Drogeriemarktes, und deren Anforderungen an eine Vertriebsinstanz. Die Beurteilung der Bedeutung eines jeden Faktors, hier in Form einer Bewertung auf der Skala von 0 bis 10, entstammt der Marktforschung. Der Wert 10 wird auf dem äußersten Rind, der Wert 0 im Zentrum abgetragen.

Das hier gezeigte Beispiel zeigt, dass je nach Faktor die Teilzielgruppen (Weltentdecker, Junge Familie, Etablierte Alte) mal ähnliche, mal unterschiedliche Anforderungen an die Determinanten einer Verkaufsinstanz (Ambiente, Bequemlichkeit, fachliche Beratung usw.) haben. Solche „Bilder" können einen Hinweis darauf geben, ob es geschickt sein könnte, mit parallelen Vertriebsinstanzen zu operieren, um die Bedürfnisse der einzelnen Gruppen zu befriedigen.

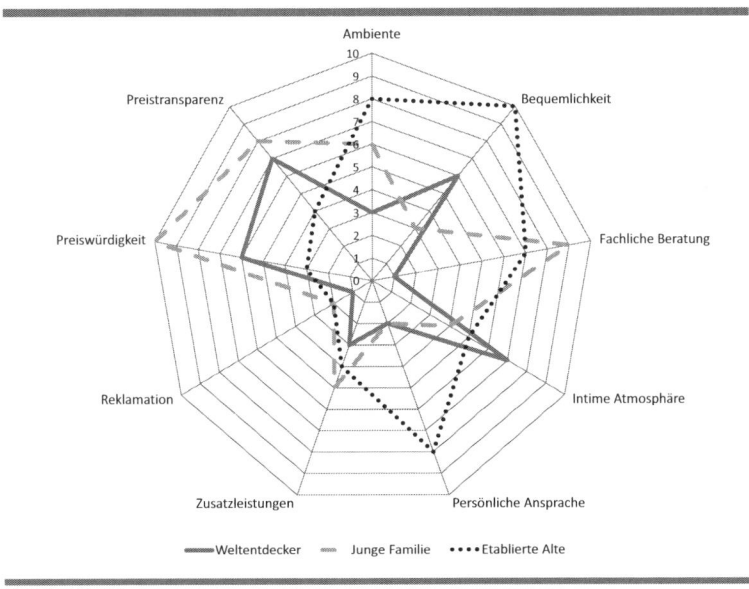

Abbildung 40: Kundeninduzierte Anforderungen an Vertriebsinstanzen

In einem zweiten Schritt werden die verschiedenen in Betracht kommenden Arten von Vertriebsinstanzen in das Spinnendiagramm eingefügt. Ziel ist, zunächst auf optischem Wege einen Überblick zu erhalten, welche Deckung die untersuchte Instanz mit den Anforderungen der Zielgruppen aufweist. In Abbildung 41 ist dies exemplarisch für die Zielgruppe „Junge Familie" und die Vertriebsinstanzen „Präsenzfiliale" und „Web-Shop" dargestellt. Zu sehen ist aber auch der Mangel dieser Methode: Aus

Gründen der Übersichtlichkeit mussten zwei der drei Teilzielgruppen ausgeblendet werden, die in separaten Diagrammen, die hier nicht wiedergegeben sind, abgebildet werden.

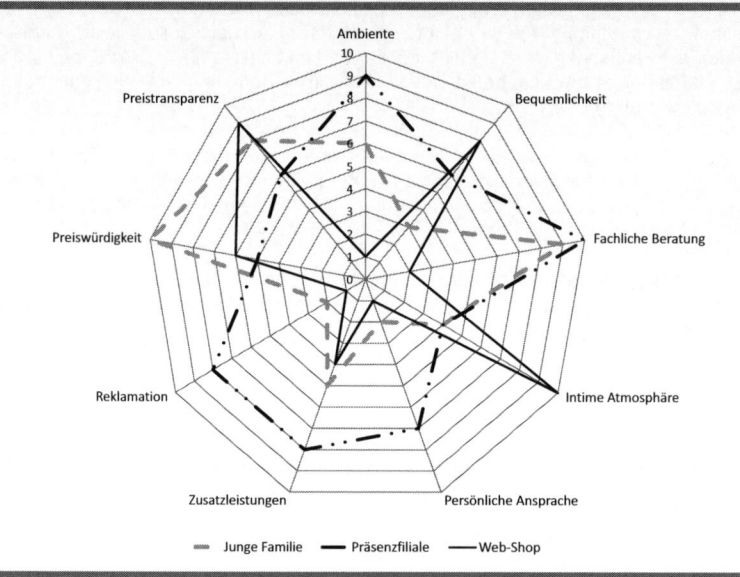

Abbildung 41: Abdeckung kundeninduzierter Anforderungen durch Vertriebs-instanz (gekürzt)

Eine alternative Darstellung, die ein Tabellenkalkulationsprogramm standardmäßig auswirft, ist in Abbildung 42 dargestellt. Alle drei Zielgruppen sowie die zwei untersuchten Vertriebsinstanzen werden gleichzeitig dargestellt; auch die Primärdaten sind tabellarisch wiedergegeben. Übersichtlicher ist das Diagramm leider dennoch nicht.

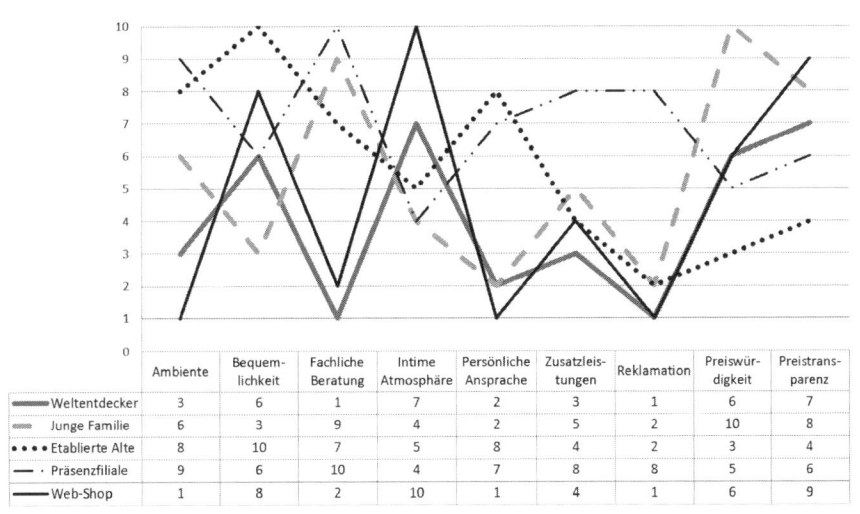

	Ambiente	Bequem-lichkeit	Fachliche Beratung	Intime Atmosphäre	Persönliche Ansprache	Zusatzleis-tungen	Reklamation	Preiswür-digkeit	Preistrans-parenz
Weltentdecker	3	6	1	7	2	3	1	6	7
Junge Familie	6	3	9	4	2	5	2	10	8
Etablierte Alte	8	10	7	5	8	4	2	3	4
Präsenzfiliale	9	6	10	4	7	8	8	5	6
Web-Shop	1	8	2	10	1	4	1	6	9

Abbildung 42: Abdeckung zielgruppeninduzierter Anforderungen durch Vertriebsinstanzen (vollständig)

Ad 3: Produktsicht

Je nach Vertriebsstrategie und Geschäftsmodell spielen Einflussfaktoren, die sich aus dem Produkt bzw. dem Sortiment ergeben, eine mehr oder minder große Rolle. Zwei Beispiele:

Einem fahrenden Händler des Mittelalters konnte es egal sein, ob der von ihm verkaufte Theriak die versprochene Heilwirkung hatte. Bis die Kunden bemerkten, dass sie von einem Quacksalber betro-gen wurden, war dieser über alle Berge und er hatte mangels Kommunikationsmöglichkeiten zwischen den Menschen – Twittern war damals den Vögeln vorbehalten – auch nicht zu befürchten, dass poten-tielle Kunden in anderen Dörfern gewarnt wurden. Für ihn war die situative Deckungsbeitragsmaximie-rung das oberste Ziel.

Anders stellt es sich für einen Hersteller von Notebooks dar: Der Markt ist transparent, professionelle Tests vergleichen konkurrierende Produkte und deren Preise bis ins Details und die Produktionsmen-ge muss zudem noch so berechnet werden, dass der Lagerbestand zum nächsten Modellwechsel abgebaut ist. Reklamationen sind kostenintensiv, Wiederholungskäufe von an das eigene Produkt gewöhnte Kunden machen einen Großteil des Absatzmarktes aus.

Bei einem Mehrproduktunternehmen empfiehlt sich, dass das Vertriebscontrolling ein Profil für die Anforderungen, die sich aus der Beschaffenheit des Produktes ergeben, an den Vertrieb erstellt, um in einem späteren Schritt einen Indikator für die Wahl der richtigen Zusammensetzung des Verkaufsin-stanzenportfolios zu erhalten. Abbildung 43 stellt ein solches Profil dar. Für dieses wurde jeder Ein-flussfaktor auf einer Skala von 0 bis 10 bewertet, wobei 10 einen höchstmöglichen Einfluss repräsen-tiert.

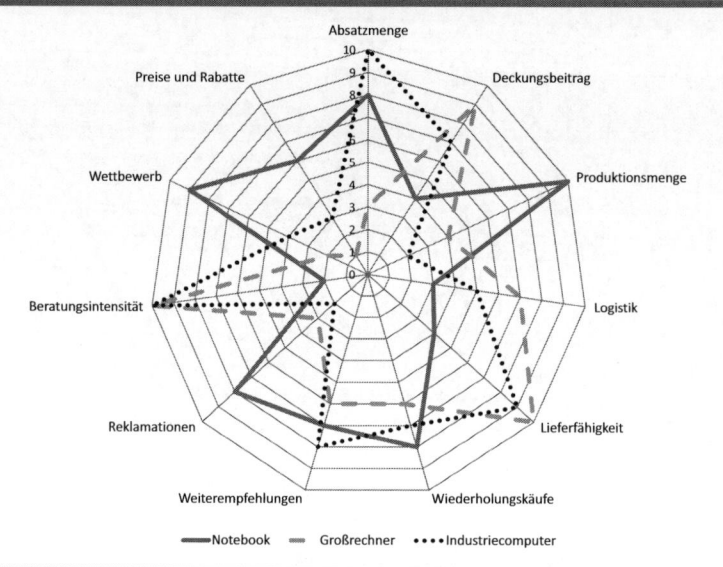

Abbildung 43: Produktinduzierte Anforderungen an Verkaufsinstanzen

Die Bewertung erfolgt strukturiert. Es empfiehlt sich der Einsatz der Paarvergleichsmethode, um ein Ranking der Einflussfaktoren zu erhalten. Andernfalls kann passieren, und das tut es im betrieblichen Alltag sehr oft, dass „alles irgendwie wichtig" ist und die Bewertungen willkürlich und somit nicht nutzbar sind.

Diesen Anforderungen sind, wie methodisch in Abbildung 42 demonstriert, die Möglichkeiten der jeweils zu untersuchenden Vertriebsinstanzen gegenüber zu stellen. Alleine aus der Produkt- und der Kundensicht ergibt sich so schnell ein Katalog von über 20 zu bewertende Kriterien, an denen sich eine zu untersuchende Vertriebsinstanz messen muss. Und es werden noch mehr, wie Abbildung 44 am Ende dieses Kapitels zeigt.

Ad 4: Kostensicht

Vier Aspekte sind es, die bei der Analyse der Verkaufsinstanzenkosten vornehmlich zu beachten sind:

- Relative Verkaufskosten

- Set-up-Kosten

- Kostenstruktur

- Skalierbarkeit der Kosten

Um die **relativen Verkaufskosten** zu ermitteln, wird ein Vergleichsmaßstab benötigt. Dieser wird in der Regel der Umsatz sein. Über die Kennzahl

$$Verkaufskostensatz = \frac{Verkaufskosten\ pro\ Zeiteinheit}{Umsatz\ pro\ Zeiteinheit} * 100$$

lassen sich Vertriebsinstanzen ceteris paribus und unter der Annahme unbegrenzter Verfügbarkeit der Verkaufsressourcen vergleichen. Andere Vergleichsmaßstäbe könnten die Anzahl von Abverkäufen oder die Anzahl verkaufter Produkte sein, sofern diese einen standardisierten Wert haben, oder aber der nach Abzug der Vertriebskosten verbleibende Deckungsbeitrag.

Die **Set-up-Kosten** beinhalten all jene, die für den Aufbau der Vertriebsinstanz anfallen, z.B. Personalbeschaffungskosten, Aufwendungen zur Einrichtung von Präsenzfilialen, Erstlistungsgebühren bei filialisierenden Einzelhändlern oder Schulungskosten für das Verkaufspersonal der Handelsvertreter. Je höher die Kosten sind, desto risikoreicher ist die Verkaufsinstanz.

Ähnlich verhält es sich mit dem **Fixkostenanteil**: Je höher dieser ist, desto größer ist das Kostenrisiko im Falle zurückgehender Verkäufe. Grundsätzlich wird sich ein Unternehmen für den Fall, dass die relativen Gesamtkosten zweier Verkaufsinstanzen ähnlich sind, für jene mit den geringeren Fixkosten entscheiden.

Dies korreliert zumeist mit der Anforderung der **Skalierbarkeit** von Kosten. Im Vordergrund steht oft der Fall des Abbaus von Kosten: Während im Falle eigener Verkäufer die Kosten eines erforderlichen Abbaus der Verkaufskapazitäten zu beachten sind (Kündigungen, Abfindungen, Umschulungen), sind dies bei Handelsvertretern sowohl Nachlaufkosten aufgrund von über die Vertragslaufzeit hinausgehenden Provisionsansprüchen als auch Opportunitätskosten, die dadurch entstehen, dass die nun geschulten Handelsvertreter für Wettbewerber aktiv werden könnten. Ebenso wichtig wie die Möglichkeit, Kosten abzubauen, ist aber auch, darauf zu achten, dass die Kosten bei einem Aufbau möglichst nicht sprungfix verlaufen.

Ad 5: Kapitalrentabilitätssicht

Je nach Ausgestaltung der Unternehmensführung ist die Rolle der finanziellen Führung von Bedeutung. Deren Aufgabe ist, die zur Verfügung stehenden Ressourcen so einzusetzen, dass die Rendite des eingesetzten Kapitals, und hier vor allem des Eigenkapitals, langfristig optimiert wird. Diese vorbehaltlos lebenswichtige Betrachtungsweise macht natürlich auch nicht vor der Gestaltung des Verkaufsinstanzenmix halt. Obgleich dieser sich nicht isoliert betrachten lässt und Interdependenzen nur schwer quantifiziert werden können, wird sich der Vertriebscontroller auch mit der Finanzierung von Verkaufsinstanzen beschäftigen müssen, insbesondere dann, wenn Initialkosten hoch sind und ein signifikanter Fixkostenanteil zu einem erhöhten wirtschaftlichen Risiko führt. Für eine erste näherungsweise Kalkulation der Eigenkapitalrendite reicht es aber aus,

- wenn im Rahmen eines verkaufsinstanzenbezogenen Finanzplans, also einer Gewinn- und Verlust- sowie einer Liquiditätsrechnung, die Aufwände und Erträge ermittelt werden können,

- hieraus der Kapitalbedarf berechnet wird und

- dessen Eigenkapitalquote und der Fremdkapitalzins bekannt sind.

Die Schwierigkeit dieses Vorgehens liegt in der Zuweisung von Gemeinkosten, die im Vertrieb „oberhalb" der betrachteten Verkaufsinstanz, also in der Vertriebs- und Unternehmensverwaltung, anfallen. Um einen Gemeinkostenzuschlagssatz zu errechnen, ist eine abgewandelte Form der mehrstufigen Deckungsbeitragsrechnung erforderlich, wie sie in Tabelle 76 dargestellt ist.

Ad 6: Wettbewerbssicht

Im Vordergrund steht die Frage, welche Verkaufsinstanzen oder – in diesem Fall präziser – welche Vertriebsformen der Wettbewerb nutzt. Hat er über dessen Wahl ein Alleinstellungsmerkmal etabliert, so ist er offensichtlich einen Schritt voraus, jedenfalls dann, wenn er erfolgreich ist. In jedem Falle ist der Blick auf den Wettbewerb unweigerlich mit der Frage verbunden, ob dessen Vertriebsform kopiert oder eine alternative Form entwickelt werden soll. Immer wieder gelingt es Unternehmen, sich über den Vertrieb zu exponieren (Reisen, Modelleisenbahnen, Delikatessen, Tee), so dass dieser Aspekt bedeutsam sein kann. Für einen Vertriebscontroller gibt es hier wenig beizutragen, außer, darauf zu achten, dass die Wettbewerbssicht bei der Auswahl der Vertriebsinstanz Beachtung findet.

Ad 7: Risikosicht

Erst langsam setzt sich die Erkenntnis durch, dass auch der Verkauf ein Faktor des Risikomanagements ist. Dies betrifft im Wesentlichen drei Aspekte:

1. **Planungssicherheit**: Eine Verkaufsinstanz mit direktem Durchgriff und hoher Transparenz ermöglicht früher, negative Veränderungen des Marktes zu erkennen. Somit ist auch die Einrichtung von Frühwarnsystemen einfacher, wenn beispielsweise ein Pflichtreporting Daten hierfür liefert.

2. **Kontinuität**: Um temporäre Absatzeinbrüche zu überstehen und bei einer sich abzeichnenden Erholung wieder auf geschulte, loyale Verkaufskräfte zugreifen zu können, ist eine enge Bindung von Nöten. Dabei wäre voreilig, z.B. Handelsvertreter als weniger loyal zu bewerten als eigene Mitarbeiter. Auch haben sich in zahlreichen Branchen Strukturen etabliert, die sogar ohne formal bindende Verträge langjährige Partnerschaften wachsen ließen, auch und gerade über Krisen hinweg.

3. **Adaptionsfähigkeit**: Haustürgeschäfte spielen heute, z.B. für den Absatz von Zeitschriftenabonnements oder von Mobilfunkverträgen, kaum noch eine Rolle. Märkte verändern sich, wie auch die Beschaffungsgewohnheiten oder die rechtlichen Rahmenbedingungen. Ein Risiko stellt eine Verkaufsinstanz dar, die trotz zu erwartender Veränderungen der Rahmenbedingungen eine starre Struktur darstellt. Nur, wenn entweder die Instanz selbst sich verändern oder aber diese ausgetauscht werden kann, ist das Risiko zu beherrschen.

Auch an dieser Stelle sei noch einmal darauf verwiesen, dass bei einer Risikobewertung keinesfalls nur die Eintrittswahrscheinlichkeit zu beachten ist, sondern auch die mögliche Risikohöhe, wie in Kapitel 3.3.6 dargestellt. So erscheint die Wahrscheinlichkeit gering, dass der Versandhandel für Volksdrogen wie Wein oder Tabakwaren verboten wird, wäre aber dann, wenn ein Web-Shop die bislang einzige Verkaufsinstanz wäre, für das anbietende Unternehmen existenzbedrohend.

Ad 8: Tradition und Nachhaltigkeit

Hat das Unternehmen über die Wahl der Vertriebsinstanz eine Tradition begründet bzw. ein Alleinstellungsmerkmal im Wettbewerb etabliert, so wäre es vermutlich schwierig, auf diesen Absatzkanal plötzlich zu verzichten. Der Aufbau alternativer Vertriebsinstanzen müsste behutsam geschehen, um die angestammte Kundschaft nicht zu irritieren. Der Pfad zwischen Traditionsbewusstsein und dem Zwang zu Aufgeschlossenheit für moderne Vertriebsformen ist schmal. Dies wissen auch Unternehmen, die bestimmte Vertriebsinstanzen grundsätzlich ausschließen und z.B. lediglich Einzelhändler, aber nicht Verbraucher- oder Fachmärkte beliefern (einzelne Hersteller von Spielwaren, Unterhaltungselektronik oder Küchentechnik). Verkaufsinstanzen auszuschließen bedeutet kurzfristig, auf Umsatz zu verzichten in der Hoffnung, dies langfristig über Mehrumsätze oder mehr Deckungsbeitrag aus den etablierten Verkaufsinstanzen oder aber über Imageeffekte ausgleichen zu können.

Summarische Bewertung

Die Komplexität der Auswahl von Vertriebsinstanzen zeigt sich durch die Fülle an Aspekten, die zu beachten sind. Zweifellos ist die Aufgabe eine strategische und ist im Rahmen der Absatzpolitik als Teil des Marketings zu bewältigen. Das Vertriebscontrolling liefert entscheidungsrelevante Inputdaten und sollte, sofern es an dem Auswahlprozess beteiligt ist, darauf achten, dass über die Basismethode der Fragmentierung der Aufgabenstellung größtmögliche Bewertungsneutralität der an dem Thema arbeitenden Personen erreicht wird.[97]

Letztlich eignet sich in Grenzen das methodisch aus der Nutzwertanalyse bekannte Scoring-Modell, um Vertriebsinstanzen zu vergleichen. Dieses kann aber nicht allein eine Entscheidung begründen, denn in der Regel werden einzelne Aspekte dominieren oder Varianten nicht zulassen. Dennoch: Es ist von Zeit zu Zeit empfehlenswert, den vermeintlich mühsamen Prozess der Auswahl der Vertriebsinstanz durchzuführen, und sei es nur, um sich die Konsequenzen des bisherigen Vorgehens vor Augen zu führen und Alternativen zu prüfen.

Zusammenfassend werden in Abbildung 44 die Kriterien der jeweiligen Entscheidungsfaktoren in einer MindMap dargestellt. Diese wird von Branche zu Branche anders aussehen, dient also lediglich als Muster.

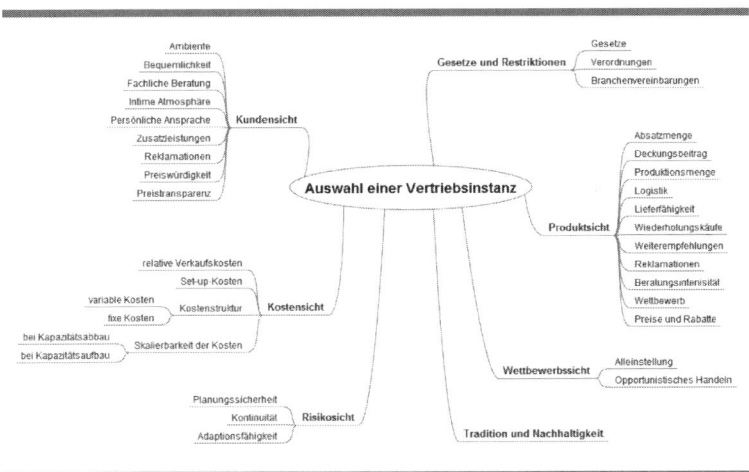

Abbildung 44: MindMap der möglichen Bewertungsfaktoren zur Auswahl einer Vertriebsinstanz

5.3 Vertriebsinstanzen-SWOT

Ein klassisches Modell, um dann zu prüfen, ob das genutzte Portfolio an Vertriebsinstanzen noch zeitgemäß ist, wenn zu wenige quantitative Informationen vorliegen, ist die SWOT-Analyse. Diese ist,

---

[97] Ja, auch Mitarbeiter des Marketings neigen zu vorgefassten Meinungen, die vehement und wortgewandt vertreten, sagen wir, „verkauft" werden.

um es auf den Punkt zu bringen, als „Analyse" recht oberflächlich, erfüllt als Methode aber dennoch ihren Zweck: Sie diszipliniert zu einem strukturierten Vorgehen bei der Beurteilung der Lage und folgt damit einem der Grundprinzipien sehr vieler Methoden: Die Fragmentierung einer Aufgabenstellung in Teilbereiche, die so granular sind, dass sie vorurteilsfrei bearbeitet werden können und die bei ihrer anschließenden Synthese ein möglichst objektives Abbild der Realität bieten.

> Als SWOT-Analyse „bezeichnet man ein Instrument, mit dem Stärken und Schwächen einer Organisationseinheit analysiert und im Zusammenhang mit ihrem Umfeld beurteilt werden kann".[98]

Es geht somit – hier – um die strategische Positionierung des eigenen Vertriebs im Marktumfeld. Das Vorgehen ist einfach: In ausgewählten Teams werden nacheinander die vier in Abbildung 45 dargestellten Bausteine der SWOT-Analyse bearbeitet. Wesentlich ist die sukzessive Konzentration auf die jeweiligen Aspekte. Nicht verwirren sollten die Begrifflichkeiten: Während bisher vorwiegend vom Verkauf als der zu analysierenden Funktion die Rede war, geht es nun um den Vertrieb als Organisationseinheit, der betrachtet wird. Diese erweiterte Sicht ist wichtig, denn sie beinhaltet auch all jene Funktionen, die dazu dienen, den Verkauf erfolgreich zu machen, also das Vertriebsmanagement, das Back-Office, das Vertriebscontrolling oder auch die technische Vertriebsunterstützung.

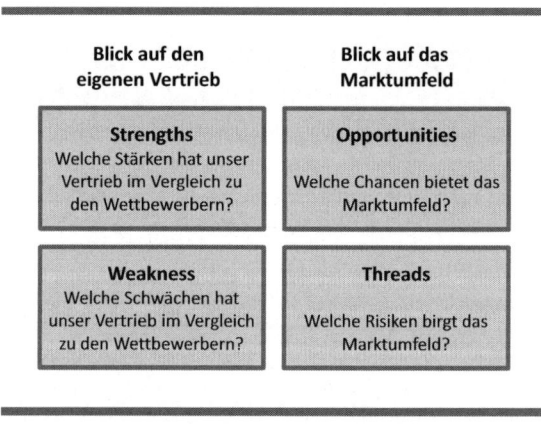

Abbildung 45: Vertriebs-SWOT

Da die SWOT-Analyse letztlich nur eine konzentrierte Beschreibung beobachtbarer Zustände ist und allenfalls partiell auf quantitativen, objektiv nachprüfbaren Fakten basiert, ist sie besonders anfällig für methodischen Budenzauber. Die Deutlichkeit, mit der am Ende das Vierquadranten-Bild die eigene Position des Vertriebs im Marktumfeld aufzeigt, ist größter Nutzen und größte Gefahrenquelle zugleich.

---

[98] Künzli, 2012, S. 126

5.4 Vertriebseffizienz und Vertriebseffektivität

Gerne werden, vielleicht wegen der phonetischen Ähnlichkeit, die Begriffe „Effizienz" und „Effektivität" verwechselt. Während die Effektivität den Grad angibt, mit dem ein Ziel erreicht wurde, bemisst die Effizienz den dafür erforderlichen Ressourceneinsatz. Der umgangssprachliche Ausdruck „Unser Vertrieb ist effektiv/effizient" sollte also einem Vertriebscontroller sauer aufstoßen, denn „effektiv" oder „effizient" sind keine Zustände, sondern graduell zu messende Ausprägungen und schreien förmlich nach einem Vergleichsmaßstab. Dieser kann die Effektivität oder die Effizienz eines Wettbewerbsvertriebs sein, aber da hierzu nur in wenigen Fällen Daten vorliegen werden, wird der Vergleichsmaßstab innerbetrieblicher sein, etwa die erreichten Ergebnisse der Vorperiode oder ein Planwert.

> Die **Vertriebseffizienz** beschreibt den Wirkungsgrad der Organisationseinheit, die für den Absatz der Produkte verantwortlich ist. Mit **Vertriebseffektivität** wird der Verkaufserfolg (Umsatz/Menge) bezeichnet.

Der Begriff „Vertrieb" umfasst den Verkauf, also die Instanz, welche die Kundenkontaktschnittstelle gestaltet, aber auch alle Kräfte, die auf einen erfolgreichen Verkauf hinarbeiten, also das Vertriebsmanagement und alle Supporter.[99]

Im Folgenden steht die **Messung** von Effizienz und Effektivität durch das Vertriebscontrolling im Vordergrund. Die **Beeinflussung** der Effektivität eines Vertriebs ist hingegen die Aufgabe der Auswahl und Ausbildung des Personals bzw. der Optimierung der verkaufsgerichteten Schnittstelle (Web-Shop, Ladenausstattung, Prospekte) oder vertriebsunterstützender Maßnahmen (Werbung, Messen, Präsentationsmaterial), also eine Aufgabe, die das Vertriebsmanagement bzw. das Marketing verantwortet. Wesentlich ist, Effizienz und Effektivität in Kombination mit den strategischen Vorgaben des Vertriebs gleichzeitig im Auge zu behalten. So wäre z.B. möglich, den Einsatz von Verkäufern bei einem etablierten Herrenausstatter drastisch zu reduzieren, was die Effizienz für eine gewisse Zeit steigern würde. Über kurz oder lang würden die Kunden jedoch ausbleiben, da sie die Preise eines Herrenausstatters in Kombination mit der Beratungsqualität eines Selbstbedienungsladens nicht akzeptieren.

Um Vertriebseffizienz und Vertriebseffektivität zu bewerten, ist zunächst zu klären, wie der Erfolg im Vertrieb zu messen ist. Dies wird in Kapitel 5.4.1 erläutert, bevor in Kapitel 5.4.2 die mehrstufige Deckungsbeitragsrechnung als universelles Instrument detailliert beschrieben wird. Kapitel 5.4.3 rundet das Kapitel mit der Vorstellung einer Methode ab, wie der Erfolg konkreter Maßnahmen im Vertrieb berechnet werden kann.

5.4.1 Vertriebserfolgsrechnung

Eine der wichtigsten Fragestellungen, die an das Vertriebscontrolling gerichtet werden, ist jene nach dem **Erfolg** des Vertriebs. Gemeint ist damit die Bemessung des wirtschaftlichen Beitrags innerhalb der Gesamtwertschöpfung des Unternehmens. Diesen kann der Vertrieb über mehrere Stellgrößen beeinflussen, von denen die augenfälligsten sind:

1. Verkaufte Stückzahlen

2. Erzielte Preise bzw. vermiedene Preisnachlässe

3. Kundenloyalität

4. Reklamationen bzw. vermiedene Reklamationen

---

[99] Vgl. hierzu auch die Differenzierung in Busch, et al., 2008, S. 363 ff.

5. Kosten des Vertriebs

Zu jeder dieser Stellgrößen verfügt das Vertriebscontrolling über Methoden der Messung. In den meisten Fällen handelt es sich dabei um Kennzahlen und Kennzahlensysteme, deren Aufbau und Aufwendung bereits in Kapitel 3.2.3 beschrieben wurde.

Ad 1: Verkaufte Stückzahlen

Die absolut bemessene Absatzmenge zu erhöhen ist regelmäßig Zielvorgabe in Vertriebsplänen. Die Vorteile liegen auf der Hand: Betriebsgrößenvorteile (Economies of Scale) bei der Beschaffung, der Produktion, der Logistik und letztlich auch bei Verwaltung und Management, Unternehmenswertsteigerung durch organisches Wachstum und die Ausweitung der eigenen Marktposition, sofern das Wachstum überproportional ausfällt.

Je nach Branche kann aber auch die Zusammensetzung der Stückzahlen einzelner Produktarten wichtig sein, meist aus produktionstechnischen Gründen. Selbstverständlich sollte ein Vertrieb auch nur verkaufen, was geliefert werden kann, aber die Erfahrung lehrt leider, dass keineswegs jedes Unternehmen über ein funktionierendes Bestands- und Produktionsressourcenmanagement verfügt.

Die verkauften Stückzahlen werden über ein Auftragserfassungssystem gezählt und im Bestand reserviert. Dies funktioniert immer dann, wenn ERP-Systeme im Einsatz sind, die eine Verbindung zwischen den Organisationseinheiten herstellen können. Schwierig wird es, wenn nicht Sachgüter, sondern Dienstleistungen verkauft werden. In diesem Falle sind „Stücke" Kapazitätseinheiten, häufig bemessen in Arbeitszeit (Berater, Zahnarzt, Masseur). Ferner benötigen alle Dienstleistungen eine Sachleistungskomponente[100] (Schreibtisch, Behandlungsstuhl, Massageliege), die ebenfalls einen Lieferengpass darstellen könnte, sofern sie nur in limitierter Anzahl zur Verfügung steht.

Die Bewertung der „Stückzahlen" wird über einfache Kennzahlen erreicht. In der Regel wird ein Zeitraum oder eine Gesamtstückmenge, z.B. das Sortiment oder gesamte Abverkaufsmenge als Bezugsgröße dienen. Der Vergleich erfolgt mit der Vorperiode, einem Planwert, dem Wettbewerb oder mit anderen Vertriebsinstanzen. Tabelle 51 gibt einen Überblick über übliche Kennzahlen zur Messung des Stückmengenverkaufs.

---

[100] Straßenprostitution einmal ausgenommen, obwohl auch diese ein durch den Zuhälter repräsentiertes Vertriebscontrolling besitzt. Aber dies auszuführen würde hier zu weit führen; außerdem werden sich unter den Lesern dieses Buches nicht allzu viele Straßenprostituierte und Zuhälter finden.

Kennzahl	Zusammensetzung
Verkaufs-menge	$$Verkaufsmenge(p,i,t) = \frac{St\ddot{u}ckzahl(p,i)}{t}$$ p steht für ein Produkt oder eine Produktart. i steht für die Verkaufsinstanz, deren Verkaufsmenge gemessen wird. t entspricht einer Zeitperiode, z.B. Tag, Quartal, Jahr, definierte Saison usw.
Produktanteil	$$Produktanteil(p,i,t) = \frac{St\ddot{u}ckzahl(p,i,t)}{Gesamtst\ddot{u}ckzahl(\Sigma p,i,t)} * 100$$
Abverkaufs- und Fehl-mengenquo-te	$$Abverkaufsquote(p,i,t) = \frac{Verkaufte\ St\ddot{u}ckzahl(p,i,t)}{Lieferbare\ St\ddot{u}ckzahl(p,i,t_{ges})} * 100$$ t_{ges} entspricht dem Gesamtplanungszeitraum, während t einen zu messenden Zeitraum, etwa dem ab Periodenbeginn bis zum Messzeitpunkt, darstellt. Die Abverkaufsquote drückt je Produkt, Verkaufsinstanz und Zeitraum aus, wie viel Prozent der verkaufsbereiten Menge bereits verkauft wurde. In der Periodenrück-schau, wenn $t=t_{ges}$, drückt die Abverkaufsquote aus, wie viel Prozent der lieferba-ren Menge im Betrachtungszeitraum verkauft werden konnte. Ist die Quote größer als 100%, ergibt sich eine Fehlmengenquote, die einem Um-satzausfall wegen Präsenzlücken entspricht. $$Fehlmengenquote(p,i,t) = \big(1 - Abverkaufsquote(p,i,t)\big)$$
Zielerrei-chungsgrad (ZG)	Je Verkaufsinstanz: $$St\ddot{u}ckmengenZG\ (p,i,t) = \frac{Istverkaufsmenge(p,i,t)}{Sollverkaufsmenge(p,i,t_{ges})} * 100$$ Je Produktart: $$ProduktabverkaufsZG(p,i,t) = \frac{Istverkaufsmenge(p,i,t)}{Gesamtverkaufsmenge(\Sigma p,i,t_{ges})} * 100$$

Tabelle 51: Kennzahlen zur Bewertung des Vertriebserfolgs anhand verkauf-ter Stückzahlen

Ad 2: Erzielte Preise bzw. vermiedene Preisnachlässe

Die Messung der Zielpreiserreichung gibt dem für die Preispolitik verantwortlichen Marketing wichtige Rückmeldung. Dabei ist es keineswegs so, dass Verfehlungen, wenn also der geforderte Preis trotz adäquater Bemühungen der Verkaufsinstanzen nicht durchgesetzt und somit der mögliche Gesamt-deckungsbeitrag nicht erreicht werden konnten, eine verfehlte Preispolitik bedeuten. So sind z.B. die sogenannte Mondpreispolitik, bei der hohe Rabatte durchaus beabsichtigt sind, oder die Skimming Policy, bei der versucht wird, über einen langen Zeitraum eine erhöhte Zahlungsbereitschaft der Kun-den abzuschöpfen, gängige Instrumente, bei denen zunächst die gesendeten Preissignale zur Positi-onierung des Produktes einen höheren Stellenwert haben als die gewinnmaximale Absatzmenge. Auch gibt eine tendenziell größer werdende Differenz zwischen dem Soll- und dem Istpreis einen Hinweis auf die Stärke der Wettbewerbsprodukte oder die Lebensphase des eigenen Produktes. Kurzum: Das Marketing benötigt so zeitnah wie möglich Informationen – auch jene des Vertriebscon-trollings – über die Preisdurchsetzbarkeit, um korrigierende Maßnahmen einzuleiten zu können.

Ein zweiter Adressat dieser Informationen ist das **Unternehmenscontrolling** im weiteren und das **Cash Management** im engeren Sinne: Konnte im Laufe der geplanten Periode der ursprünglich für die Planung des Working Capitals unterstellte Zielverkaufspreis nicht realisiert werden, droht unter Umständen ein Liquiditätsengpass, der durch alternative Quellen geheilt werden muss. Wäre das nicht schon kritisch genug, ist das Erschließen dieser Quellen oft nur mit zeitlichem Vorlauf möglich. Ergo: Je früher das Cash Management erfährt, dass der Zielpreis nicht realisierbar ist, desto besser.

Nicht vergessen werden sollte natürlich ein dritter Adressat, nämlich das **Vertriebsmanagement**. Insbesondere dann, wenn die Verkaufsinstanz eine Person ist, also vor allem im b-to-b-Vertrieb, zeigen sich Unterschiede in der Fähigkeit der Verkaufsrepräsentanten, einen Zielpreis durchzusetzen. Der Vergleich mit einem orientalischen Souk, schlechterdings das Sinnbild der Preisfeilscherei, mag weit hergeholt sein, aber wer einen solchen schon einmal erlebt hat, weiß, welch unterschiedliche Preise für das gleiche Produkt zu zahlen sind, je nachdem, wie erfolgreich ein Käufer oder Verkäufer zu verhandeln weiß, obwohl die sachlichen Argumente, die während der Verhandlung ausgetauscht werden, immer identisch sind. Beim Verkauf einer Druckmaschine, eines Beratungsauftrags oder einer Büromöbelausstattung ist es nicht anders. Für den Vertriebsleiter ist somit die Information, welche Vertriebsinstanz welche Zielpreiserreichungsquote aufweist, ein wichtiges Führungsinstrument.

Tabelle 52 fasst die wichtigsten Kennzahlen für die Stellgröße „Preis", mit der ein Vertrieb den Vertriebserfolg beeinflusst, zusammen.

Kennzahl	Zusammensetzung
Zielpreiserreichungsquote (Vertriebsmanagement)	$$Zielpreiserreichungsquote(p,i,t) = \frac{\emptyset \, Istpreis(p,i,t)}{Zielpreis(p,i,t)} * 100$$
Zielpreiserreichungsquote (Marketing)	$$Zielpreiserreichungsquote(p,t) = \frac{\emptyset \, Istpreis(p,t)}{Zielpreis(p,t)} * 100$$ Für das Marketing kann neben der Zielpreiserreichungsquote, welche hier keine Differenzierung nach Vertriebsinstanzen vorsieht, auch die Quote je Vertriebskanal oder je Region von Interesse sein.
Zielpreiserreichungsquote für das Cash Management	$$Zielpreiserreichungsquote(p,t) = \frac{Isterlös\left(p_{ges}, t\right)}{Sollerlös\left(p_{ges}, t_{ges}\right)} * 100$$ t_{ges} entspricht dem Gesamtplanungszeitraum, während t den Zeitraum ab Periodenbeginn bis zum Messzeitpunkt darstellt. p_{ges} ist die Gesamtheit aller verkauften Produkte.
Rabattquote	$$Rabattquote(p,t) = \frac{Istpreis(p,t)}{Zielpreis(p,t)} * 100$$ Der *Zielpreis* kann entweder dem Preis des ersten Angebots oder aber dem Planpreis entsprechen. Z.B. wird im Falle einer Mondpreispolitik der Planpreis niedriger als der Angebotspreis und so ein Rabatt bereits berücksichtigt sein.[101]

Tabelle 52: Kennzahlen zur Messung der Zielpreiserreichung

---

[101] Es kann sich somit eine negative Rabattquote ergeben, nämlich dann, wenn sich der vorab in der Planung eingepreiste Rabatt für einen erfolgreichen Verkauf als nicht erforderlich erwies.

Ad 3: Kundenloyalität

Die Erkenntnisse der Verhaltensökonomie haben uns gelehrt, dass Kunden sich nach dem Prinzip der Reziprozität verhalten.[102] Je nachdem, wie der Verkäufer agiert, fühlt sich der Kunde übervorteilt, gerecht behandelt oder in einer Position der Schuld gegenüber dem Verkäufer. Fühlt der Kunde sich übervorteilt, ist Loyalität nicht zu erwarten. Fühlt er sich gerecht behandelt, liegt ein neutrales wechselseitiges Verhältnis vor und er wird den Verkäufer bzw. das Unternehmen möglicherweise weiter empfehlen. Hat er darüber hinaus das Gefühl, einen großen Vorteil zu genießen, empfindet er eine Schuld, die er durch eine Aktivität zugunsten des Verkäufers aufwiegen möchte. Was sich esoterisch anhört, ist ein altbekanntes Phänomen, das leider von so manchem Verkäufer manipulativ eingesetzt wird.[103]

Werden Verkaufsinstanzen eingesetzt, die keinen persönlichen Kontakt mit den Kunden vorsehen, z.B. ein Web-Shop oder ein Selbstbedienungsladen, ist es schwieriger, Loyalität über Reziprozität zu erzeugen, denn es fehlt der zwischenmenschliche Kontakt. Treue gegenüber einem Warenangebot oder einer geglaubten Preiswürdigkeit entfaltet eine wesentlich geringere Bindung („Stickiness"). Zu beobachten ist jedoch beides, um zu entscheiden, welche Maßnahmen zu welchen Kosten ergriffen werden sollen. Folgerichtig sind auch hier die Hauptadressaten der Messwerte rund um die Stellgröße Kundenloyalität das Marketing sowie das Vertriebsmanagement.

Kundenloyalität äußert sich in mehreren Aspekten, z.B.

- Wiederholungskauf (das Wiederholungskäufe von Bestandskunden bei gleichen Umsätzen gewinnbringender sind als Käufe von Neukunden, dürfte bekannt sein),

- Treue bei Krisen und Fehlern,

- Weiterempfehlung,

- Preistoleranz,

- ehrliches, nutzbares Feedback oder die

- Bereitschaft zur Teilnahme an Marktforschung oder am Ausprobieren neuer Produkte.

Diese Aspekte zu messen, erweist sich immer dann als schwierig, wenn das Verhalten der Kunden als externe Variable in die Kennzahl mit einfließt. Anders als bei den bisherigen Beispielen liegen die Daten nicht mehr vollständig im Unternehmen vor. Tabelle 53 listet die üblichen Kennzahlen auf.

---

[102] Vgl. Gouldner, 1960
[103] Rutschmann, 2011, S. 148

Kennzahl	Zusammensetzung
Wiederholungskaufrate	$$Wiederholungskaufrate(t,p,i)$$ $$= \frac{Anzahl\ K\ddot{a}ufe\ von\ Bestandskunden(t,p,i)}{Anzahl\ K\ddot{a}ufe\ gesamt(t,p,i)} * 100$$ Gemessen wird der Anteil der Käufe (Auftragseingänge, Orders, Einkäufe) von Bestandskunden im Verhältnis zu der Summe aller Käufe. Diese Rate kann in Bezug auf Perioden, Produkte, Vertriebsinstanzen oder alle drei Parameter *(t,p,i)* heruntergebrochen werden.
Dauerkundenquote	$$Dauerkundenquote(i,t,m) = \frac{Anzahl\ Wiederholungsk\ddot{a}ufer(i,t)}{Gesamtkunden(i,t)} * 100$$ *m* steht für die Anzahl Käufe, die ein Kunde getätigt haben muss, damit er nicht mehr Erst-, sondern Dauerkunde ist. *m>1*.
Kündigungen	$$K\ddot{u}ndigungsquote(k,i,t,p) = \frac{K\ddot{u}ndigungen(k,i,t,p)}{Liefervertr\ddot{a}ge(k,i,t,p)} * 100$$ *k* steht für Kunden bzw. Kundengruppen. Eine Kündigungsquote kann nur dann ermittelt werden, wenn die Art der Geschäftsbeziehung einen dauerhaften, kündbaren Liefervertrag vorsieht (Abonnement, Stromlieferung, Mietgeschäft, Mobilfunkvertrag). Bei Einzelaufträgen wird die Absicht eines Kunden, zukünftig bei einem Wettbewerber zu kaufen, nur erkannt, wenn der Kunde dies artikuliert. Ersatzweise kann unterstellt werden, dass wenn ein Kunde nicht nach einer festzulegenden Zeitperiode einen Wiederholungskauf tätigte, er kongruent zu einer Kündigung die Beziehung zum eigenen Unternehmen aufgegeben hat. Kündigungsquoten können für Kundengruppen, Vertriebskanäle, Vertriebsinstanzen und Produktarten, jeweils bezogen auf eine festzulegende Periode, bestimmt werden.
Kundenrückgewinnung	$$R\ddot{u}ckgewinnungsquote(k,i,t,p) = \frac{Zur\ddot{u}ckgezogene\ K\ddot{u}ndigungen(k,i,t,p)}{K\ddot{u}ndigungen(k,i,t,p)} * 100$$ $$R\ddot{u}ckgewinnungskosten(k,i,t,p)$$ $$= \Sigma\ Zugest\ddot{a}ndniskosten(k,i,t,p) + Ma\ss{}nahmekosten(k,i,t,p)$$ Zugeständnisse sind hier Gutschriften, Preisnachlässe auf zukünftige Umsätze oder Sachzuwendungen. Maßnahmekosten sind alle fixen und variablen Kosten der Rückgewinnungsaktivität, die auf den Betrachtungsraum *(k,i,t,p)* entfallen und nicht Zugeständniskosten sind. $$R\ddot{u}ckgewinnungskostenquote(k,i,t,p) = \frac{R\ddot{u}ckgewinnungskosten(k,i,t,p)}{Erl\ddot{o}se(k,i,t,p)} * 100$$ Die Rückgewinnungskostenquote kann erst nach einer adäquaten Wiederverweildauer von Kunden ermittelt werden.
Kundenbetreuungskostenquote	$$Kundenbetreuungskostenquote(k,i,t)$$ $$= \frac{Kosten\ der\ Kundenbetreuung(k,i,t)}{Gesamterl\ddot{o}s(k,i,t)} * 100$$ Eine Bewertung ist mit dieser Formel erst am Ende einer Periode möglich, wenn

	die Kosten feststehen. Näherungsweise erfolgt eine Hochrechnung auf Basis von Plan- bzw. Budgetwerten.
Weiter-empfehlung	$$Weiterempfehlungsquote(k,i,t) = \frac{Anzahl\ Weiterempfehler(k,i,t)}{Anzahl\ Bestandskunden(k,i,t)} * 100$$ Die Daten hierfür sind nur über eine Befragung zu ermitteln, mit allen Unwägbar-keiten. Interessant wäre weiterhin, den Erlöswert der Kunden, die aufgrund von Weiterempfehlungen gewonnen werden, im Vergleich mit jenem aller Kunden zu ermitteln.
Preistoleranz	Kongruent mit den Zielpreiserreichungsquoten in Tabelle 52.

Tabelle 53: Kennzahlen zur Messung der Kundenloyalität

Ad 4: Reklamationen

Reklamationen können – je nach Geschäftsart – existentiell bedrohen. Insbesondere das Versand-handelsgeschäft, und hier vor allem Konfektionsware und Schuhe, haben Reklamationen bzw. Rück-laufquoten[104] von bis zu über 50%. Das Erfassen der zurück gesendeten Ware, der Rechnungsaus-gleich, die Logistikprozesse (Prüfung, Neuverpackung, Zurückführung ins Bestandslager) und das Neukommissionieren und Versenden der Ersatzware erzeugt hohe Kosten. Aber auch im klassischen Präsenzeinzelhandel sind Reklamationen, meist in Form von Umtäuschen, kostentreibend. Neben den erforderlichen Prozessen in der Abwicklung, von der Festlegung von Entscheidungsspielräumen für das anwesende Personal („Da muss ich erst den Abteilungsleiter fragen.") bis zu computerkassenge-stützten Buchungsprozesse spielen vor allem die erforderlichen Warenbewegungen eine Rolle. Sie kosten schlichtweg viel Zeit, in der das Verkaufspersonal nicht für seine originären Aufgaben zur Ver-fügung steht. Tabelle 54 stellt die wichtigsten Kennzahlen vor.

Kennzahl	Zusammensetzung
Reklamations-kostenquote	$$Reklamationskostenquote(k,p,t) = \frac{Reklamationskosten(k,p,t)}{Erlöse(k,p,t)} * 100$$

Tabelle 54: Kennzahlen zur Messung der Reklamationskosten

---

[104] Es wird hier davon ausgegangen, dass Rückläufer Reklamationen sind. Es gibt Geschäftsmodelle, bei denen im Vornherein von einer Rücksendung eines Teils der Ware ausgegangen wird. Dabei werden die entstehenden Kosten eingepreist. Diese Planrückläufer sind keine Reklamationen im engeren Sinne.

Ad 5: Kosten des Vertriebs

Um die Stellgröße „Kosten des Vertriebs" zu messen, ist festzulegen, welche Bestandteile dem Vertrieb zuzurechnen sind. Sodann ist erforderlich, die variablen Kosten eines Verkaufsakts von den Fixkosten zu trennen. Zu den variablen Kosten zählen beispielsweise:

- Personalaufwand für die Anbahnung und Durchführung eines Kaufs

  o Aufwand der Verkaufsinstanz

  o Aufwand der unterstützenden Personen

  o Aufwand des Managements

- Materialaufwand

  o Vorleistungen

  o Reise- und Nebenkosten

  o Zulieferleistungen beauftragter Dritter

Die Fixkosten setzen sich aus den verbleibenden Gesamtpersonalkosten im Vertrieb sowie den üblichen Zusatzkosten wie Mieten, Ausstattung, Materialverbrauch, Fortbildung usw. zusammen.

Was in dieser Auflistung nicht deutlich wird, ist, dass je nach Geschäftsmodell die Fixkosten höher sein können als die variablen Kosten. Beim persönlichen Verkauf, etwa im b-to-b-Geschäft, erhöht vor allem die Zeit, die Verkäufer aufwenden, um sich um potentielle Interessenten zu kümmern, die nicht zu Kunden werden, den Fixkostenblock, denn die Kosten dieser Zeit können keinem einzelnen erfolgreichen Kauf verursachungsgerecht zugerechnet werden.

In der Kostenrechnung wird in solchen Situationen oft mit einer Zuschlagskalkulation gearbeitet. Bei dieser werden die Fixkosten den erfolgreichen Verkäufen in Relation zu deren Auftragswert zugeschlagen, ein für die Vollkostenrechnung passables Verfahren. Der Anspruch an die erfolgreichen Verkäufe ist, dass deren Deckungsbeitrag ausreicht, um auch die nicht erfolgreichen Verkaufsversuche zu finanzieren.[105] Ein Problem bereitet die Fixkostenverteilung während einer Periode, denn zunächst stehen die Fixkosten der Gesamtperiode noch nicht fest. Näherungsweise können diese geschätzt werden, z.B. anhand der extrapolierten Vorjahreswerte.

Tabelle 55 zeigt eine typische Kennzahl auf. Weiterführend sei auf die nachfolgenden Kapitel verwiesen, die sich eingehender mit der Analyse und Bewertung von Vertriebskosten beschäftigen.

---

[105] Zu warnen ist in diesem Zusammenhang vor dem Kardinalfehler einer Teilkostenrechnung, bei der lediglich die variablen Kosten betrachtet werden: Alleine durch den erfreulichen Umstand, dass die variablen Kosten präzise gemessen und aufgeschlüsselt werden können, wird versucht, diese zu reduzieren. Die „sperrigen", weniger zugänglichen Fixkosten werden hingegen nicht in Angriff genommen. Die Folge ist, dass, um Kosten zu sparen, z.B. die Kundenkontaktintensität reduziert wird und somit die Qualität leidet. Zu beobachten ist dies z.B. bei der Call Center-gestützten Kundenbetreuung: Anstatt an einer Senkung der Fixkosten zu arbeiten, wird auf die einfach zu kalkulierenden variablen Kostenpositionen fokussiert, etwa die durchschnittliche Gesprächsdauer je Kundenkontakt.

Kennzahl	Zusammensetzung
Verkaufs-kosten	$$Verkaufskosten(a) = Kosten_{variabel(a)} + \frac{Gesamtvertriebsfixkosten(fix,t) * Erlös_{(a)}}{Gesamterlös(t)}$$ a steht für einen erfolgreichen konkreten Verkaufsvorgang (Auftrag, Abverkauf). Die Verkaufskosten implizieren sowohl die variablen als auch die anteiligen Fixkosten. t steht für einen Zeitraum, der aus kostenrechnerischer Sicht repräsentativ und geeignet ist, um den Fixkostenzuschlagssatz zu ermitteln. Ist die Vertriebsorganisation stabil, wären z.B. die Vorjahreswerte geeignet.

Tabelle 55: Kennzahlen zur Messung der Vertriebskosten

5.4.2 Mehrstufige Deckungsbeitragsrechnung als Instrument der Verkaufserfolgsrechnung

Die mehrstufige Deckungsbeitragsrechnung wurde in Kapitel 3.2.2 ausführlich dargestellt. Sie eignet sich als Instrument zur Messung der Vertriebseffizienz, indem von den Erlösen ausgehend Schritt für Schritt Kosten abgezogen werden. Ergebnis ist das Teilbetriebsergebnis, z.B. einer Verkaufsinstanzenart. Durch die schrittweise Einbeziehung von Kostenpositionen ist es zudem möglich, herauszufinden, auf welcher Stufe die Vertriebsinstanz im Vergleich zu anderen kosteninffizient arbeitet. Tabelle 56 entlarvt exemplarisch, dass der hierarchisch höher angesiedelte Key-Account-Manager Zeck trotz eines höheren Nettoerlöses sowie prozentual geringerer Preisnachlässe zwar einen höheren DB 1 als der Account-Manager Müller erzielt, aber durch einen höheren kalkulatorischen Fixkostenzuschlag (Ausstattung, Bürokosten usw.) einen geringeren DB 2 und, da auf der dritten und der vierten Stufe die Kostenzuschläge für beide Mitarbeiter identisch sind, letztlich auch ein schlechteres Betriebsergebnis.

	Account-Manager Müller	Key-Account-Manager Zeck
Nettoerlös	187.345 €	215.031 €
Preisnachlässe	12.598 €	11.546 €
Personalkosten	63.050 €	79.531 €
Deckungsbeitrag 1	111.697 €	123.954 €
Fixkostenzuschlag entsprechend Hierarchie	20.303 €	34.589 €
Deckungsbeitrag 2	91.394 €	89.365 €
Fixkosten Vertrieb	12.498 €	
Deckungsbeitrag 3	85.145 €	83.116 €
Fixkosten Unternehmen	23.643 €	
Betriebserfolg des Verkäufers	73.324 €	71.295 €

Tabelle 56: Einfache mehrstufige DB-Rechnung zum Vergleich zweier Verkäufer

Selbstverständlich werden in dieser Rechnung nur die quantifizierbaren Kosten dargestellt. In der betrieblichen Praxis werden weitere Faktoren berücksichtigt, um die Leistung des Key-Account-Managers Zeck für das Unternehmen im Vergleich zu seinem Kollegen zu beurteilen, beispielsweise seine Vorbildfunktion, seine Hilfestellung für jüngere Kollegen oder aber, dass Zeck – eben wegen seiner Erfahrung – vom Vertriebsleiter die tendenziell schwierigeren Kunden zur Betreuung zugeteilt bekommt. Diese qualitativen Aspekte wird ein Vertriebscontroller mit einer Deckungsbeitragsrechnung nicht erfassen können. Hier böte sich ein Scoring-Verfahren an, in dem der Betriebserfolg des Verkäufers eines von mehreren Kriterien wäre.

Einen Schritt weiter führt die mehrstufige Deckungsbeitragsrechnung, wenn Vertriebskanäle miteinander verglichen werden sollen. Tabelle 57 demonstriert ein durchaus komplexes Beispiel, das weiterer Erläuterung bedarf. In Erweiterung des Grundmodells einer mehrstufigen Deckungsbeitragsrechnung soll hier von DB-Stufe zu DB-Stufe nicht aggregiert werden, um ein Gesamtbetriebsergebnis zu ermitteln, sondern es soll die Vertriebseffizienz jeder einzelnen Verkaufsinstanz ermittelt werden.

	Handelsvertreter nach HBG			Direktvertriebe		
	HV Samsa	HV Merkel	HV Braun	Verkäufer	Web-Shop	Factory Outlet
Erlös	256.884 €	894.561 €	478.215 €	2.568.874 €	1.246.985 €	1.789.214 €
Preisnachlässe	- €	- €	- €	89.457 €	- €	- €
variable Kosten	12.341 €	32.461 €	19.534 €	308.265 €	124.898 €	845.971 €
Deckungsbeitrag 1	244.543 €	862.100 €	458.681 €	2.171.152 €	1.122.087 €	943.243 €
Werbung und VKF	45.268 €		21.578 €	359.874 €	89.654 €	425.741 €
Deckungsbeitrag 2	221.909 €	839.466 €	437.103 €	1.811.278 €	1.032.433 €	517.502 €
Betreuungskosten des Vertriebs	245.681 €			245.897 €	58.798 €	14.568 €
Deckungsbeitrag 3	140.015 €	757.572 €	355.209 €	1.565.381 €	973.635 €	502.934 €
Kanalbezogene Vertriebsgemeinkosten	159.874 €			164.578 €		
Deckungsbeitrag 4	86.724 €	704.281 €	301.918 €	1.510.522 €	918.776 €	448.075 €
Vertriebsgemeinkosten	758.649 €					
Verwaltungsgemeinkosten des Vertriebs	245.896 €					
Unternehmensgemeinkosten	124.578 €					
Zuschlagssatz für die Gemeinkosten	45%, davon in %-Punkten:			55%, davon in %-Punkten:		
	9%	20%	16%	25%	10%	20%
Betriebsergebnis	-10.381 €	478.456 €	121.258 €	1.228.241 €	805.863 €	222.250 €
Vertriebseffizienz	-4,04%	53,49%	25,36%	47,81%	64,62%	12,42%

Tabelle 57: Mehrstufige Deckungsbeitragsrechnung zum Vertriebskanaleffizienzvergleich

Zu Beginn werden die Nettoerlöse je Verkaufsinstanz, die aus dem Auftragserfassungssystem stammen, ermittelt und Preisnachlässe, die als erwartete Boni am Ende einer Periode gewährt werden, subtrahiert. In diesem Beispiel hat lediglich der verkäuferbasierte Direktvertrieb die Möglichkeit, solche Preisnachlässe zu gewähren.

Anschließend werden die variablen Kosten abgezogen, die der Verkaufsinstanz direkt zugerechnet werden können. Im Falle der Handelsvertreter sind dies vor allem die Provisionen, im Falle des Direktverkaufs Personalkosten, beim Web-Shop die IT-Kosten für Pflege und Wartung des Shops. Die absolut und relativ höchsten variablen Kosten hat der Outlet-Shop, da die Personalkosten recht hoch sind. Das Ergebnis ist der Deckungsbeitrag 1.

Im nächsten Schritt werden Kosten für kanalbezogene Werbung und Verkaufsfördermaßnahmen subtrahiert. Bei den Handelsvertretern wird es sich um Werbekostenzuschüsse handeln, beim Web-Shop um Bannerwerbung. Interessant ist, dass die Kostenpositionen für die Handelsvertreter Samsa und Merkel gemeinsam erfasst sind. Offensichtlich arbeiten diese beiden auf dem Gebiet der Werbung zusammen. Die Frage ist nun, wie die Kosten zwischen den beiden Handelsvertretern verteilt werden. Wären Samsa und Merkel weisungsbefugt, würde ein Vertriebscontrolling einen mit dem Erlös korrelierenden Verteilungsschlüssel verwenden und Merkel knapp 78% der Kosten tragen müssen. Aber in diesem Falle haben sich Samsa und Merkel, beides unabhängige Handelsvertreter, aus welchen Grunde auch immer darauf geeinigt, die Kosten je hälftig zu tragen.

Die gleiche starre Verteilung wird auch zur Berechnung der Deckungsbeiträge 2 (für die Handelsvertreter), 3 (getrennt nach Handelsvertretern und Direktvertrieben) und 4 verwendet. Die kanalbezogenen Vertriebskosten, die in diesem Beispiel aus den Kosten der die Kanäle betreuenden Abteilungen bestehen, werden in beiden Kanälen zu jeweils einem Drittel den Instanzen zugerechnet. Auch hier wäre natürlich denkbar, eine Verteilung gemessen am Erlösbeitrag oder aber an den variablen Kosten, jeweils pro rata, vorzunehmen. Hier wird jedoch davon ausgegangen, dass die Betreuung der Instanzen unabhängig von derer „Größe" jeweils gleich viel Aufwand verursacht.

Nach der Ermittlung des Deckungsbeitrags 4 werden drei verschiedene Gemeinkostenblöcke von diesem subtrahiert, die sich nicht auf Vertriebskanäle oder -instanzen aufschlüsseln lassen. Nun aber werden diese Gemeinkosten nicht mehr pro rata zugeteilt. Vielmehr konnte, so das Beispiel, durch ein qualitatives Verfahren, indem die Mitarbeiter der Gemeinkostenstellen für einen bestimmten Zeitraum gebeten wurden, ihre Tätigkeiten und die dafür erforderliche Zeit aufzuschreiben, festgestellt werden, dass für den Direktvertrieb 55% der Zeit aufgewendet wurde. Es konnte sogar noch genauer ermittelt werden, wie viel Zeit für die Verkäufer, den Web-Shop und das Factory-Outlet aufgebracht werden musste. Für Tätigkeiten für die Handelsvertreter konnte eine solche Unterscheidung nicht getroffen werden. Mit diesen sehr präzisen Angaben wurde ein Gemeinkostenzuschlagssatz berechnet. Für die drei Direktvertriebsinstanzen wurden die Werte übernommen, die sich aus der Mitarbeiterbefragung ergaben. Für die Handelsvertreter wurde die Residualgröße (45%) in Relation zu ihrem Erlösbeitrag verteilt, weil davon auszugehen ist, dass die Verwaltung eines Handelsvertreters mit viel Erlös mehr Aufwand erfordert als die Verwaltung eines erlösschwachen. Durch die Subtraktion der so berechneten anteiligen Gemeinkosten vom Deckungsbeitrag 4 ergibt sich nun ein vertriebinstanzenbezogenes Betriebsergebnis. In Relation zum Erlös ergibt sich das Endergebnis: Die Vertriebseffizienz als relativer Wert.

Während – wie das Beispiel zeigt – die variablen Kosten naturgemäß einfach zuzuweisen sind, müssen die Gemeinkosten über zu bestimmende Zuschlagssätze verteilt werden. Diese Zuschlagssätze sind fallweise zu definieren und die Maßgabe ist, die Realität so gut wie irgend möglich abzubilden. Eine schlichte Orientierung am Erlös wäre hier zu einfach, denn oft verursacht ein Vertriebskanal überproportional viel Aufwand, z.B. in der Anfangsphase, wenn die Verkäufer der jeweiligen Instanz erst eingearbeitet werden müssen oder ein medialer Vertrieb sich erst etablieren muss.

Letztlich gibt es für die Stufen und die Granularität der mehrstufigen Deckungsbeitragsrechnung keine festen Vorgaben und so obliegt es dem Vertriebscontroller, durch objektiv nachvollziehbare Regeln ein methodisches Gerüst zu etablieren, das über Jahre stabil angewendet werden kann, um Periodenvergleiche zu ermöglichen.

5.4.3 Messung der Wirkung von Maßnahmen zur Steigerung der Vertriebseffizienz

Es ist Aufgabe des Vertriebsmanagements, durch geeignete Maßnahmen die Vertriebseffizienz zu steigern. In der Regel ist dies ein kontinuierlicher Verbesserungsprozess. Dieser wird jedoch über kurz oder lang seine Wirkung verfehlen, wenn es keine Messgrößen gibt, anhand derer festgestellt werden kann, wie effizient ein Vertrieb zu einem bestimmten Zeitpunkt arbeitet bzw. in einer davor liegenden Periode arbeitete. „Immer besser werden" ist eben eine nur vage Vorgabe, die mangels Zieldefinition, zeitlicher Vorgabe, Meilensteinen für Zwischenziele und Messgrößen wie eine Parole klingt. Managementlitanei.

Aussagefähige Erkenntnisse über die Vertriebseffizienz und damit Ausgangspunkt von Aktivitäten sind hingegen beispielsweise:

- Abweichungen vom Plan

- Abweichungen im Vergleich zu Vorjahreswerten

- Nicht durch strukturelle Besonderheiten erklärbare Unterschiede bei der Vertriebseffektivität oder -effizienz zwischen gleichartigen Verkaufsinstanzen

- Benchmarkanalysen, sowohl interne als auch externe

- Wirkungen eingetretener oder zu erwartender externer Störungen, etwa einem Verbot bzw. einer Erschwernis eines Vertriebsweges (Outbound-Telefonie, Haustürgeschäfte)

Interessanterweise erkennen in der betrieblichen Praxis Vertriebsmanager „schleichende" Veränderungen in der Effizienz der von ihnen verantworteten Verkaufsinstanzen nur selten.[106] Noch arger fällt das Urteil aus, wenn Vertriebsmanager die Effizienz von Vertriebs**maßnahmen** abschätzen sollen. In aller Regel wird nicht einmal die Effizienz – also der Wirkungsgrad – vergangener Maßnahmen bekannt sein. Das ist nicht ungewöhnlich, denn im Rahmen des Marketing-Mix gibt es neben den Verkaufsmaßnahmen weitere Aktionsbereiche, in denen eine Maßnahmenwirkungsmessung nicht oder nur rudimentär stattfindet (Veränderung von Produktmerkmalen, Verpackungsumgestaltung, Variationen), auf anderen Gebieten hingegen werden die Ergebnisse sehr exakt erfasst (Werbewirkung, Preismaßnahmen).[107]

Das Problem speziell im Vertrieb ist, dass der Blick auf die Effizienz von Maßnahmen durch Fleiß, operative Hektik und scheinbare Erfolge (steigende Kontaktzahlen, Telefonate zur Kaltakquise, Besuche, geschriebene Angebote) vernebelt wird. Auch steigende Verkaufszahlen sind zunächst erfreulich und scheinen Maßnahmen zu rechtfertigen. Doch am Ende steht zur Bewertung der Effizienz einer Maßnahme das Verhältnis der verursachten Kosten zum Erlös und erst hier zeigt sich, ob mehr Telefonate, mehr Besuche und mehr Aufträge auch tatsächlich dem Renditeziel zuträglich waren oder nicht.

Aufgabe des Vertriebscontrollings ist daher, den Vertriebsmanager mit objektiven Messwerten zu versorgen, damit dieser auch unbeeindruckt von subjektiv verzerrter Wahrnehmung der Anstrengungen seiner Instanzen ein Bild von der Wirkung ihres Handelns erhält. Hierzu ist ein Verfahrensmodell wichtig, das sicherlich je nach konkreter Situation variiert werden muss und somit als Schablone beschrieben wird.

---

[106] Diese Aussage stütz sich auf Beobachtungen und darf nicht als erwiesen angesehen werden.

[107] Oh Bitte, liebe Marketiers, hört auf zu schimpfen: Dies sind nur Beispiele, zu denen es natürlich Ausnahmen gibt.

Folgende Voraussetzungen müssen erfüllt sein, um eine methodisch korrekte Wirkungsmessung durchführen zu können:

- **Variation immer nur eines Parameters**: Werden durch eingeleitete Maßnahmen gleichzeitig mehrere Paramater des Verkaufs verändert, ist es anschließend nicht möglich, herauszufinden, welcher Parameter eine eintretende Veränderung im Ergebnis bewirkt hat. Wird z.B. in einem Verkaufsraum die Ware neu positioniert und gleichzeitig ihr Preis reduziert, ist es unmöglich zu entscheiden, welche der zwei Maßnahmen zu (hoffentlich) mehr Absatz geführt hat. Ist der Handlungsdruck groß, wird oft der Fehler gemacht, ein Bündel von Maßnahmen zu beschließen in der Hoffnung, dass eine davon greift. Als „Sofortmaßnahme" mag das gerechtfertigt sein, doch sind die Kosten all der Aktionen vermutlich hoch und der Mehrerlös wird teuer bezahlt. Sofern die Zeit für sequentielle Tests zur Verfügung steht oder in mehreren strukturell gleichartigen Verkaufsinstanzen parallele Markttests durchgeführt werden können, empfiehlt sich, Parameteränderungen isoliert zu betrachten. Dies schließt durchaus auch bewusste Kombinationen von Einzelmaßnahmen ein, z.B. eine Preissenkung verbunden mit der medialen Bewerbung des Produktes.

- **Vergleichbarkeit der Messszenarien**: Ziel aller Maßnahmen ist es, die Effektivität und die Effizienz des Vertriebs im Allgemeinen und des Verkaufs im Speziellen zu verbessern. Die Effektivität zu messen ist einfach, eine Fortschreibung der erzielten Erlöse oder abgesetzten Stückmengen reicht aus. Die Effizienzmessung berücksichtigt die Kosten jeder Erlöseinheit (z.B. je Euro Umsatz) oder je verkauftem Stück (z.B. je Teddybär oder je Beratertag). Um die Wirkung von Maßnahmen zu testen, werden diese oft testweise in ausgewählten Verkaufsinstanzen eingeführt. Das Ergebnis ist methodisch korrekt, wenn entweder

  - mit der Vorperiode verglichen wird, unter der Bedingung, dass die Perioden vergleichbar sind (Berücksichtigung von Saisongeschäft, Feiertagen, Ferien), oder

  - mit strukturell gleichartigen Vertriebsinstanzen verglichen wird, die auch in Vorperioden sich kongruent entwickelnde Ergebnisse zu den jeweiligen Kosten lieferten.

- **Objektive Auswertung der Messungen**: Der pessimistische Leitsatz der Ingenieure „Wer misst, misst Mist" gilt auch hier: Seit den Hawthorne-Experimenten ist bekannt, dass wir unser Verhalten ändern, wenn wir wissen, dass wir Teil eines Experiments sind. Dies gilt auch für das Verhalten von Verkaufsinstanzen. Wird eine Gruppe von Account-Managern mit einem neuartigen Präsentationstool ausgestattet, um Verbesserungen in der Vertriebsleistung zu prüfen, steigt deren grundsätzliche Motivation, einerlei, ob sie Spaß am Neuen haben oder sich anstrengen, weil sie wissen, dass sie beobachtet werden. Die Messung wird in jedem Falle verfälscht und es ist vom Vertriebscontroller zu berücksichtigen, dass nachdem das Experiment beendet ist und die Normalität zurückkehrt, die Leistungen – wenn auch nicht auf den Ausgangswert – zurückgehen werden. Ideal sind darum, sofern die zu testende Maßnahme es erlaubt, verdeckte Tests, bei denen die involvierten Vertriebsinstanzen nicht wissen, dass sie Teilnehmer sind. Probleme dieser Art treten selbstverständlich nicht bei Instanzen auf, deren Kundenkontaktschnittstelle ein Medium ist (Web-Shop, Katalog, Mobile Apps.).

- **Angemessener zeitlicher Umfang**: Jede Maßnahme braucht Zeit, um zu wirken. Wirkungstests dauern bei einem gut besuchten Web-Shop manchmal nur Stunden, Schulungsmaßnahmen greifen zuweilen erst nach Wochen, personelle Umstrukturierungen vielleicht erst nach Monaten. In jedem Falle ist ein angemessener zeitlicher Umfang zu definieren. Dies geschieht in der Regel auf zwei Arten:

  - Vorgabe eines Zeitintervalls, welcher der Maßnahme zur Entfaltung ihrer Wirkung zugebilligt wird und messen des erreichten Ergebnisses.

  - Vorgabe eines Zielwertes und messen des Zeitbedarfs:

a. Eine Maßnahme wird dann als erfolgreich eingeschätzt, wenn ein bestimmtes Effizienzziel erreicht wird.

b. Ein Test wird beendet, wenn nach einem erwarteten Peak der Vertriebseffizienz diese wieder auf einen festgelegten Wert zurückfällt.

o Kombination aus Intervall und Zielwert: Ein Test wird beendet, wenn innerhalb eines Zeitintervalls ein Zielwert erreicht oder nicht erreicht wird.

- **Berücksichtigung von Umfeldeinflüssen**: Das Messszenario ist ständig auf außergewöhnliche Einflüsse hin zu überprüfen. Sind Wettbewerber unplanmäßig besonders aktiv? Werden zu beobachtende Verkäufer krank? Gibt es Lieferengpässe, so dass die Verkaufsintensität bewusst gedrosselt wird? Außergewöhnliche Umfeldeinflüsse verfälschen die Messung der Wirkung einer Maßnahme. In solchen Fällen ist die Maßnahme zu wiederholen, oder, wenn dies aus zeitlichen oder inhaltlichen Gründen nicht möglich ist, sind zu dokumentierende Korrekturen vorzunehmen.

Das Vorgehen der Maßnahmenwirkungsmessung geht in mehreren Schritten vor sich. Es kommt ferner bei der Messung des Verhaltens von Verkäufern zum Einsatz und spielt damit als Methode auch in Kapitel 5.6.3 („Kennzahlen zur Steuerung des personalgestützten Direktvertriebs") eine Rolle.

Schritt 1: Beschreibung des Verkaufsprozesses im Istzustand

Um die Effizienzwirkung einer Maßnahme zu erfassen, muss das Delta, also die Abweichung zum ursprünglichen Zustand gemessen werden. Dazu wird der Verkaufsprozess, soweit inhaltlich sinnvoll, in Teilschritte segmentiert. Anhand dieser Darstellung kann aufgezeigt werden, wann die Wirkung der zu testenden oder durchzuführenden Maßnahme zu erwarten ist. Einen üblichen Prozess für einen persönlichen b-to-b-Verkauf gibt Abbildung 46 als Beispiel wider.

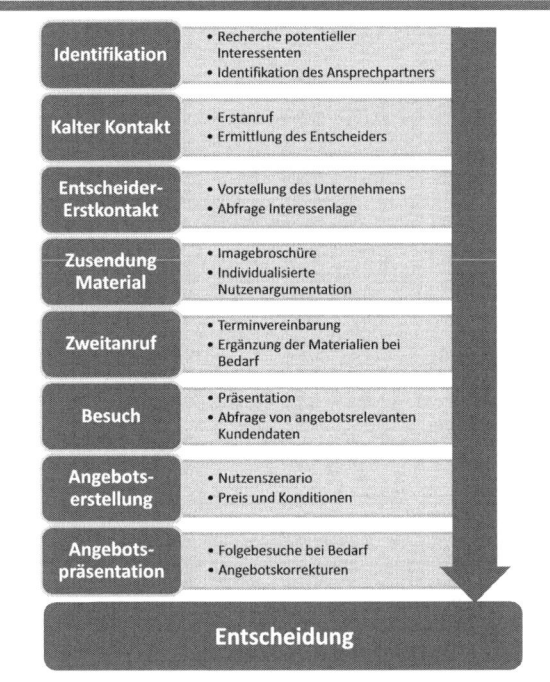

Abbildung 46: Exemplarischer b-to-b-Verkaufsprozess

Schritt 2: Festlegung der Maßnahmenwirkung in der Prozesskette

Mehr oder weniger konkret lassen sich nun die Maßnahmen Prozessschritten zuweisen. Nicht immer sind die vermuteten Wirkungen mit einzelnen Schritten identisch. Darzustellen ist, welcher Schritt durch die Maßnahme direkt beeinflusst wird. Je wirkungsnäher die Zuweisung gelingt, desto deutlicher kann im weiteren Verlauf der Wirkungsmessung der Erfolg nachgewiesen werden. Als Weiterentwicklung des oben dargestellten Beispiels zeigt Abbildung 47, wie drei verschiedene Maßnahmen auf den Verkaufsprozess einwirken.

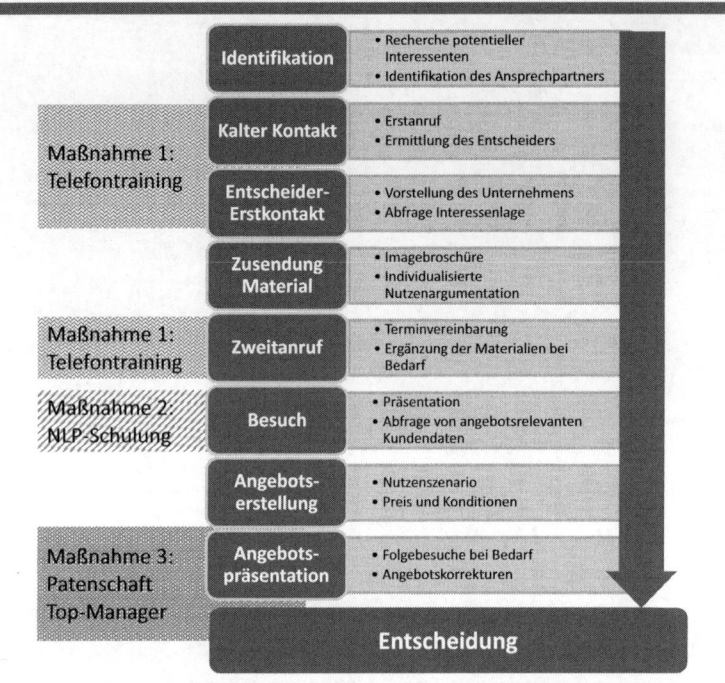

Abbildung 47: Maßnahmen zur Beeinflussung der Effizienz des Verkaufsprozesses

Bemerkenswert ist, dass die Maßnahme 1 an drei Schritten des Verkaufsprozesses ihre Wirkung entfalten soll. Auch ist an dieser Stelle sinnvoll, an die oben aufgeführten Voraussetzungen zu erinnern:
Nur, wenn die Maßnahmen entweder nacheinander oder aber an jeweils anderen Verkaufsinstanzen
ausprobiert werden, kann eine isolierte Wirkungsüberprüfen stattfinden. Werden alle drei Maßnahmen
gleichzeitig bei einer einzigen Verkaufsinstanz, hier also einem Verkäufer, getestet, wird sich nicht
mehr ermitteln lassen, welche Maßnahme für eine Effizienzsteigerung verantwortlich war.

Schritt 3: Festlegung der Messpunkte

Es wird festgelegt, an welchen Stellen in der Prozesskette Messungen vorgenommen werden sollen,
um in Schritt 5 **vor** der Einführung der Maßnahmen Referenzwerte zu ermitteln und mit exakt gleicher
Methode dann in zeitlich definierten Abständen **während** und **nach** Ein- bzw. Durchführung der Maßnahme die Ex-post-Werte zu messen. Aus dem Delta wird dann ein Effizienzgewinn oder – auch das
passiert – ein Effizienzverlust berechnet.

Immer, und das ist obligatorisch, gibt es einen als „Z" wie „Ziel" bezeichneten Messpunkt. Dieser misst
den resultierenden Effekt (siehe Abbildung 48). Im Falle des Telefontrainings wird also nicht nur der
Effizienzgewinn nach dem einführenden Kaltkontakt, dem ersten Kontakt mit dem Entscheider sowie
dem zweiten Anruf gemessen, sondern auch die am Ende des Prozesses und am Erlös gemessene
Gesamteffizienz.

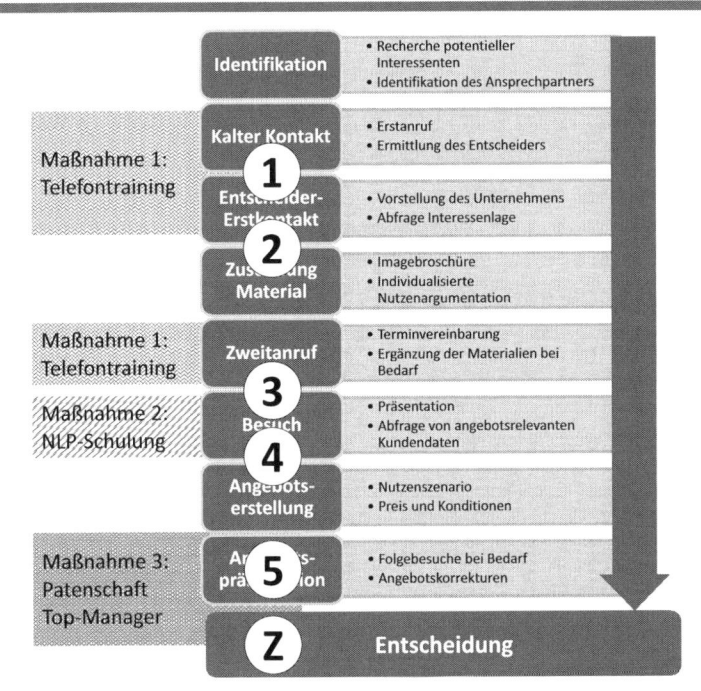

Abbildung 48: Punkte zur Messung der Wirksamkeit von Maßnahmen zur Beeinflussung der Effizienz des Verkaufsprozesses (1)

Schritt 4: Festlegung der Art und Weise der Informationsbeschaffung

Die Überschrift ist selbsterklärend. Wichtig ist, dass die Methodik vor und nach Einführung der Maßnahme die gleiche ist, um keine Messfehler zu generieren. Ein Problem kann sein, dass die Instanz, deren Effizienz durch die Maßnahme beeinflusst werden soll, hier also der Verkäufer, selbst die Messung und Beurteilung vornehmen soll. Auch kann u.U. festgestellt werden, dass eine objektive Messung nicht möglich oder nicht mit vertretbarem Aufwand durchzuführen ist. In diesen Fällen wird kein Weg an der Neufestlegung von Messpunkten vorbei führen und eine Iteration zu Schritt 3 erforderlich sein.

Im hier durchexerzierten Beispiel wäre die Messdatengewinnung wie in Tabelle 58 dargestellt zu organisieren.

#	Messwert	Datenquelle
1	Anzahl ermittelter Entscheider samt Telefonnummer in Relation zur Anzahl kalt angerufener Unternehmen	VIS, CRM, Checklist (manuell, Tagesdatei)
2	Anzahl versendeter Informationsbriefe oder -mails in Relation zur Anzahl erfolgreich ermittelter Entscheiderdaten	
3	Anzahl Besuchstermine in Relation zur Anzahl versendeter Informationen	
4	Anzahl von Angebotsaufforderungen in Relation zur Anzahl besuchter Unternehmen	VIS, CRM, Angebotserfassungstool, Forecast
5	Anzahl von Angebotspräsentationen in Relation zur Anzahl abgegebener Angebote	VIS, CRM, Forecast
Z	Erfolgreiche Verkaufsabschlüsse	Angebotserfassung, Forecast

Tabelle 58: Werte zur Messung der Effizienz von Maßnahmen (# = Nummer des Messpunktes)

Im Messpunkt Z treffen sich Verkaufseffizienz und Verkaufseffektivität. Die zu untersuchenden Maßnahmen werden sich, so ist zu hoffen, effektivitätssteigernd auswirken und zu mehr Erlös führen. Wo und wie aber wäre eine rein kostensenkende Maßnahme zu messen, z.B. das Redesign des Angebotsprüfprozesses? Ziel wäre, vom Verkäufer vorgelegte Angebote schneller als zuvor durch die vorgeschriebenen Instanzen (Controlling, Rechtsabteilung, Produktion) prüfen zu lassen, um interessierten Kunden ein Angebot in kürzerer Zeit vorlegen zu können. In diesem Falle wäre der Messpunkt wie in Abbildung 49 dargestellt anzusiedeln. Die Messdaten wären in einem Mini-Projekt (Prozesskostenrechnung) zu erheben, indem die Arbeitszeit der jeweiligen Instanzen ermittelt wird. Die eingesparte Arbeitszeit entspräche, multipliziert mit den Personalstundensätzen, der Einsparung.

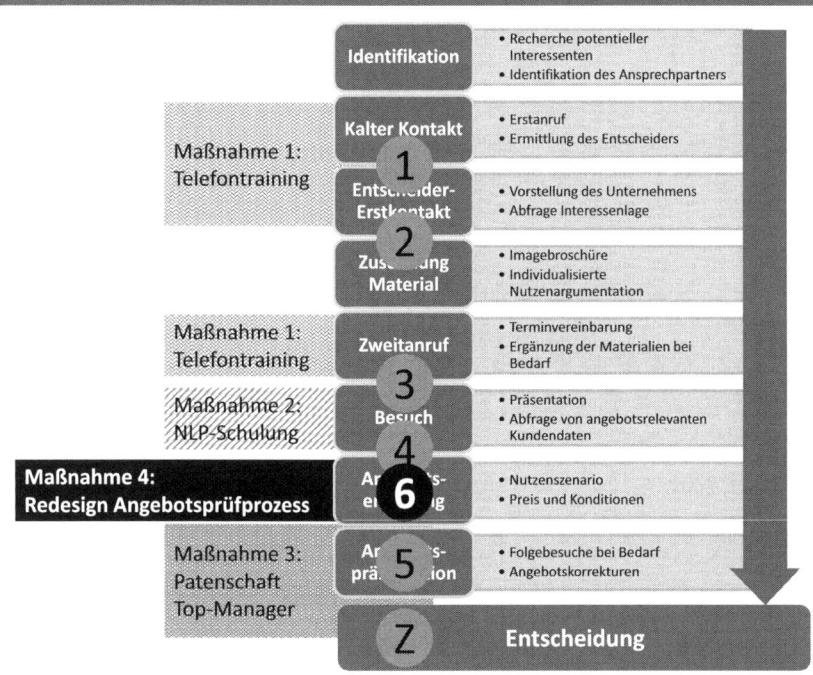

Abbildung 49: Punkte zur Messung der Wirksamkeit von Maßnahmen zur
Beeinflussung der Effizienz des Verkaufsprozesses (2)

Ohne die Komplexität unnötig weiter treiben zu wollen, soll noch der Fall diskutiert werden, dass durch das Redesign keine Arbeitszeit eingespart, sondern lediglich die Gesamtdurchlaufzeit der Angebote verkürzt wird. Dies gelänge z.B. dadurch, dass die Prüfung des Angebots durch die Instanzen nicht wie bisher sequentiell, sondern parallel erfolgt und der Vertriebsmanager nur bei gravierenden durch eine der Prüfinstanzen veranlasste Änderung, einen neuerlichen Rundlauf anordnet. Arbeitszeit wird keine eingespart, im Gegenteil, es ist noch der Aufwand für den Vertriebsmanager hinzuzurechnen, jedoch wird die Durchlaufzeit für „unauffällige" Angebote reduziert. Die entscheidende Frage, die der Vertriebscontroller hier stellt, ist: Cui bono – wem nutzt es? Erhöht sich die Abschlusschance, weil der Interessent früher ein Angebot erhält? Wird der Verkäufer effizienter, weil er motivierter ist? Im Zweifel wirkt sich **jede** Maßnahme auf die Verkaufserlöse aus, sonst wäre sie nicht ausprobiert worden. Darum eignet sich **immer** der Messpunkt Z, wenn kein direkter auf die Maßnahme folgender Messpunkt definiert werden kann.

Schritt 5: Messung der Werte vor, während und nach der Ein- bzw. Durchführung der Maßnahme

Sofern möglich, sind die Werte in kurzen Abständen aufzunehmen, um so früh wie möglich die Wirkung der Maßnahme zu erkennen. Auch ist interessant festzustellen, ob eine zunächst sich einstellende positive Entwicklung wieder wie ein Strohfeuer verpufft. Ideal ist es, wenn die Werte einfach aus elektronischen Systemen entnommen werden können. Dies wird z.B. bei Maßnahmen der Fall sein, welche die Effizienz von medialen Verkaufsinstanzen (Web-Shop) messen. Hier sind kognitive, das Ergebnis verfälschende Effekte ausgeschlossen. Alle Werte sind natürlich zu protokollieren.

Schritt 6: Ermittlung der Kosten der Maßnahme

Die Kosten der Testmaßnahme sind zu kalkulieren, um sie später von den (Mehr-)Erlösen subtrahieren und somit die Effizienz ermitteln zu können. Dabei sind folgende Punkte zu beachten:

- Es werden zunächst die **Istkosten der Testmaßnahme** festgestellt. Wichtig ist, nicht nur die Endsumme zu berechnen, sondern die Kostenarten zu ermitteln.

- Die Kostenarten sind in **Fixkosten** und **variable Kosten** zu unterteilen. Von Bedeutung ist zudem die Skalierung der Kosten hinsichtlich der Anzahl von Verkaufsinstanzen, an und mit welchen die zu untersuchende Maßnahme durchgeführt werden soll. Variabel sind die Kosten somit nicht nur hinsichtlich der Absatzmenge, sondern auch hinsichtlich der Verkaufsinstanzenanzahl.

- Zu achten ist auf **sprungfixe Kosten**, die zwar lästig – weil nicht variabilisierbar – sind, aber für Schritt 8 eine große Rolle spielen, wenn zu entscheiden ist, wie viele Verkaufsinstanzen in den Genuss der Maßnahme kommen sollen.

- Zur Berechnung der Effizienz der Maßnahme sind nun die **Vollkosten** zu kalkulieren, die anfallen werden, wenn die zu testende Maßnahme in geplantem Umfang bei allen Verkaufsinstanzen umgesetzt wird. Dies verlangt eine Extrapolation der nur für den Test bekannten Kosten. Die verkaufsinstanzenvariablen Kosten sind mit der Menge zu multiplizieren, die fixen und sprungfixen manuell auf die geplante Menge hochzurechnen.

Das Ergebnis dieses Schritts sind die durch die Maßnahme bedingten Zusatzkosten, die dem Verkaufsprozess zuzurechnen sind. Eine Maßnahme wird nur dann sinnvoll sein, wenn der Mehrerlös die Kosten deckt, also

$$Maßnahmenerfolg = Erlös\ nach\ Maßnahme - Erlös\ vor\ Maßnahme$$

oder aber die relative Effizienz steigt, also

$$Verkaufseffizienz\ nach\ Maßnahme > Verkaufseffizienz\ vor\ Maßnahme$$

bzw.

$$\frac{Erlös(nach\ Maßnahme) - Kosten(nach\ Maßnahme) - Zusatzkosten\ Maßnahme}{Erlös(nach\ Maßnahme)} * 100$$

$$>$$

$$\frac{Erlös(vor\ Maßnahme) - Kosten(vor\ Maßnahme)}{Erlös(vor\ Maßnahme)} * 100$$

Schritt 7: Interpretation der Ergebnisse

Zeigen die Messergebnisse eine eindeutige Veränderung der Effizienz auf, scheint das Ergebnis klar zu sein. Tatsächlich aber müssen zunächst die in Schritt 6 ermittelten Kosten berücksichtigt werden. Sind die Ergebnisse nur schwach positiv, kommen zudem Risikoüberlegungen hinzu: Lassen sich die Effizienzverbesserungen auch bei den übrigen Vertriebsinstanzen erzielen? Rechtfertigen die Maßnahmen die Zeit und die Konzentration, die das Management und die betroffenen Instanzen aufbringen müssen, um die neuen Maßnahmen umzusetzen?

Zu beachten ist die Differenz der relativen Effizienzgewinne an dem oder den definierten Messpunkte(n) – nennen wir es das „Zwischenergebnis" – im Vergleich zum relativen Effizienzgewinn am Messpunkt Z, dem Endergebnis.

- **Zwischenergebnis > Endergebnis** (Bsp.: Messpunkt 1: 5% Effizienzsteigerung, Messpunkt Z: 2%): Die Maßnahme zeigt eine Wirkung, die jedoch „unterwegs" teilweise verpufft. Dies ist ein Hinweis darauf, dass die Maßnahme auf die folgenden Prozessschritte negativ ausstrahlt, was beim b-to-b-Direktvertrieb, wie er in dem obigen Beispiel unterstellt wurde, unwahrscheinlich ist, aber ein möglicher Effekt z.B. bei Web-Shops sein kann.

- **Zwischenergebnis = Endergebnis** (Bsp.: Messpunkt 1: 5% Effizienzsteigerung, Messpunkt Z: 5%): Ein zufriedenstellender Zustand. Der „unterwegs" erzielte relative Effizienzgewinn setzte sich durch.

- **Zwischenergebnis < Endergebnis** (Bsp.: Messpunkt 1: 5% Effizienzsteigerung, Messpunkt Z: 8%): Der Idealfall. Eine Maßnahme wirkt nicht nur am ansetzenden Prozessschritt, sondern wirkt exponentiell. Ob dies mit der Zunahme der Motivation der Verkäufer oder einer erhöhten Vertrauensbasis der Interessenten zu tun hat, ist im Einzelfall festzustellen.

Schritt 8: Korrektur und Einführung der Maßnahmen

Gegebenenfalls können Maßnahmen nun nachjustiert und verbessert werden, indem wirkungsverstärkende Aktivitäten eingebaut oder die Kosten gesenkt werden. Anschließend erfolgt die Einführung bei allen Vertriebsinstanzen. Sind Widerstände gegen die geplanten Änderungen zu erwarten, können die Messergebnisse bei der Argumentation helfen.

Schritt 9: Kontrolle

Die Messergebnisse aus dem Test dienen zugleich als Referenzwert für ein Verkaufsinstanzen-Benchmarking. Sicherlich wird das Ausmaß der Effizienzsteigerung von Instanz zu Instanz unterschiedlich sein, doch im Schnitt sollte der Referenzwert erreicht werden. Auch ist sinnvoll, sofern messtechnisch umsetzbar, die Kontrolle zu verschiedenen Zeitpunkten zu wiederholen, um die Langzeitwirkung der Maßnahme im Auge zu behalten und diese bei Bedarf erneut „anzupacken".

5.5 Steuerung des indirekten Vertriebs

Der indirekte Vertrieb zeichnet sich dadurch aus, dass zwischen dem eigenen Unternehmen und dem Endabnehmer eines Produktes eine rechtlich eigenständige Verkaufsinstanz geschaltet ist. „Indirekt" bedeutet, dass alle Maßnahmen, die dazu dienen, die Kundenkontaktsituation zu beeinflussen, nur mittelbar wirken, denn die zwischengeschaltete Vertriebsinstanz muss diese umsetzen. Für das Vertriebscontrolling ist nun von besonderer Bedeutung, **wie** die Handlungsrechte des eigenen Unternehmens ausgestaltet werden, um die vertrieblichen Aktivitäten des Vertriebspartners für das eigene Unternehmen plan-, steuer-, koordinier- und kontrollierbar zu machen. Hierauf gehend die Kapitel 5.5.1 und 5.5.2 ausführlicher ein. Anschließend wird in Kapitel 5.5.3 erläutert, wie die Betreuer der Vertriebspartner betreut werden können, bevor abschließend in Kapitel 5.5.4 die Messung der Leistung der Vertriebspartner selbst dargestellt wird.

5.5.1 Handlungsrechte des Unternehmens bei Nutzung des indirekten Vertriebs

Streng definitorisch wäre auch der Verkauf mittels eigener Mitarbeiter ein indirekter Vertrieb, denn diese agieren ebenfalls als eigenständige Rechtspersonen, die ihre Leistungskraft mittels eines Arbeitsvertrages an das Unternehmen vermieten. Der Unterschied besteht jedoch in der Art und Weise, wie das Unternehmen, z.B. über den Vertriebsmanager, Handlungsrechte ausüben darf. Auf Basis der Arbeiten von Jensen und Meckling sind die Wirkungen dieser Rechte auf einen direkten und einen indirekten Vertrieb in Tabelle 59 gegenübergestellt.[108]

Art des auszu-übenden Handlungsrecht	Inhalt des Rechts	Angestellter Verkäufer	Indirekter Vertrieb, hier: Handelsvertreter
Initiation Rights	Recht auf Festlegung der Ressourcenallokation	Direktivrecht, etwa hinsichtlich der zu verkaufenden Produkte, zu adressierenden Kunden usw.	Rechte im Rahmen eines Vertrages, kein Direktivrecht über Zeit- und Mitteleinsatz
Notification Rights	Recht, über Handlungen informiert zu werden und Empfehlungen hierzu geben zu dürfen	Verkäufer muss berichten und die dabei vorgesehenen Berichtsinstrumente und -wege einsetzen bzw. einhalten	Berichte nur im Rahmen der vertraglichen Vereinbarungen; gesetzlich zugesicherte Handlungsfreiheit
Ratification Rights	Recht, über den von anderen vorgeschlagenen Mitteleinsatz zu entscheiden	Verkäufer muss jede Veränderung des Mitteleinsatzes genehmigen lassen, sofern er keine Freiräume für eigene Entscheidungen zugewiesen bekommt	Einflussnahme nur im Vorfeld durch einzelvertragliche Vereinbarungen
Implementation Rights	Recht, den Mitteleinsatz anzuordnen	Einsatz weiterer Ressourcen, sofern vom Vorgesetzten genehmigt; nur mittelbare unternehmerische Verantwortung hierfür	Volle unternehmerische Verantwortung für Mitteleinsatz
Monitoring Rights	Recht, die Ergebnisse des Mitteleinsatzes zu überwachen, zu bewerten und zu belohnen oder zu bestrafen	Kontrolle sowohl des Verhaltens (Behaviour) als auch des Ergebnisses (Outcome) der Verkaufsbemühungen	Kontrolle lediglich des Ergebnisses (Outcome)

Tabelle 59: Handlungsrechte zur Steuerung von direktem und indirektem Vertrieb im Vergleich

Offensichtlich sind die Möglichkeiten der Einflussnahme auf die Aktivitäten eines Vertragspartners, der verkaufen soll, reduziert. Es ist schwer, ihm in die Karten zu schauen, zu beobachten, wie er seine Verkäufer einsetzt, es ist schwer, von ihm Rückmeldungen über die laufenden Projekte zu verlangen

---

[108] Jensen & Meckling, 1998

und es auch schwer, ihn in Zeiten, in denen der Verkauf nicht gut läuft, zu motivieren, seine Anstrengungen zu verstärken.

5.5.2 Vertragsgestaltung für ein zielführendes Controlling des indirekten Vertriebs

Oft wird versucht, über ein stringentes Vertragsmodell den Vertriebspartner zu binden. Die in Tabelle 59 beschriebenen Rechte sollen „durch die Hintertüre" mittels vertraglicher Vereinbarungen bindend oder im Zuge der Provisionierung und Vergütung der Leistungen des Partners mittels eines auf Zahlungen basierenden Anreizsystems motivierend durchgesetzt werden. Je komplexer diese Verträge sind, desto mehr Aufgaben kommen auf das Vertriebscontrolling zu, um die Einhaltung der Vereinbarungen zu messen bzw. die fälligen Zahlungen zu berechnen. Aufgabe des Vertriebscontrollers ist es hier, im Rahmen seiner Handlungsmöglichkeiten darauf hin zu wirken, dass die Vertragsgestaltung mit dem Vertriebspartner so ist, dass die quantitativ fixierten Vereinbarungen fair gestaltet sind. „Fair" lässt sich anhand einiger weniger Kontrollfragen überprüfen, die zugleich das Arbeitsprogramms für den Vertriebscontroller im Rahmen der Vertragsgestaltung darstellen. Diese Fragen entstammen einem Modell von Jensen und Meckling[109], in dem diese versuchen, Organisationsformen zu beschreiben, die bestmöglich funktionieren. Dies machen sie an der Zielerreichung einerseits und den (Transaktions- und Agentur-) Kosten andererseits fest, also an der Effektivität und der Effizienz der Zusammenarbeit. Die drei Hebel sind:

1. Leistungsmessung

2. Belohnungs- und Bestrafungssystem

3. Verteilung der Entscheidungskompetenzen

Ziel ist, die jeweilige Nutzenvorstellung, also letztlich das Handlungsziel, der Vertragsparteien anzugleichen. Das gelingt naturgemäß nur partiell und schon bei der Verteilung der Margen aus den Verkäufen werden die Vertragspartner unterschiedliche egoistische Interessen haben. Da ein Vertriebspartnervertrag eine Liste von Einzelvereinbarungen ist, wird jede Seite Kompromisse eingehen, die bewusst oder unbewusst als Kompromisskosten verbucht werden. Entscheidend für das Zustandekommen des Vertrages ist, dass bei der abschließenden Aufsummierung aller Nutzen einerseits sowie aller Kompromisskosten anderseits für beide Parteien ein Nutzenüberhang bleibt.[110]

Gemessen werden diese Aspekte – wie beschrieben sowohl unbewusst als auch bewusst – an einem imaginären „Normszenario", nämlich einem funktionierenden, also Umsätze erbringenden und Gewinne abwerfenden Geschäft. Können nun aber die Nutzenerwartungen, und das heißt hier, die Verkaufsziele und die damit verbundenen Umsätze resp. Provisionen, nicht erreicht werden, verändert sich der Bewertungsmaßstab, anhand dessen die Nutzen und die Kompromisskosten beurteilt wurden. Die von den Vertragspartnern jeweils akzeptierten Kompromisskosten rücken stärker in den Vordergrund und es kommt zu einer Neubewertung der Vorteilhaftigkeit des Vertrages und infolgedessen zu Neuverhandlungen. Für diese Neuverhandlungen wird wichtig sein, wie klar die Regelungen hinsichtlich der Leistungsmessung, des Belohnungs- und Bestrafungssystems sowie der Verteilung der Entscheidungskompetenzen formuliert waren. Je besser der Vertriebscontroller im Vorfeld seinen Job und seinen Einfluss auf die Vertragsgestaltung geltend gemacht hat, desto leichter wird es nun gelingen, eine Nachjustierung der Zusammenarbeit zu gestalten.

Abbildung 50 zeigt eine Sammlung von Aspekten, welche sich aus den oben dargestellten drei Hebeln ergeben und die Bestandteil des Vertrages sein sollten. Diese werden anschließend im Detail erläutert.

---

[109] Jensen & Meckling, 1994

[110] „Win-Win-Situation"

Abbildung 50: Für das Vertriebscontrolling relevante Aspekte eines Vertriebspartnervertrags

Messbarkeit:

Kontrollfrage: Sind die quantitativen Ziele, die im Vertriebspartnervertrag fixiert werden, messbar?

In der Regel gibt es keine Probleme, die Absatzmenge, bewertet in Geld oder Stücken, zu messen. Schwieriger wird, wenn der Messpunkt außerhalb des direkten Einflussbereichs der beiden Vertragspartner liegt. Tabelle 60 stellt einige mögliche Messverfahren dar und es wird ersichtlich, dass außer der Messgröße in einem Vertrag immer auch der Messpunkt und das Messverfahren (Methode, Intervall, durchführende Stelle) zu bestimmen sind.

Messgröße	Messpunkt	Messverfahren	Mögliche Streitpunkte
Absatzmenge	Liefermenge des eigenen Unternehmens, Verkaufszahlen des Partners	Bestands- und Lagerbuchhaltung zzgl. Inventur	Fehlerhafte Liefermengen, beschädigte Ware
Umsatz	Bei Preisbindung Liefer- oder Absatzmenge, bei freier Preisgestaltung Liefermenge	Bestands- und Lagerbuchhaltung zzgl. Inventur	Fehlerhafte Liefermengen, beschädigte Ware
Marktanteil	Eigene Absatzmenge sowie Marktvolumen	Bestandsbuchhaltung sowie externe Daten (Marktforschung, Branchenverbände)	Erhebung externer Daten, regionale und inhaltliche Marktabgrenzung
Kundenzufriedenheit	Reklamationsquote, Kündigungsquote, Customer Retention Costs	Zählung und Bewertung durch das die Beschwerde annehmende Unternehmen	Objektivität, Schuldzuweisung, Kosten der Beschwerdebereinigung
Stückmarge	Kostenrechnung des eigenen Unternehmens und des Vertriebspartners	Nettoabverkaufspreis minus Kundenrabatte minus Einstandspreis	Rückfordern von gewährten Endkundenrabatten aufgrund des empfundenen Marktdrucks
Vertriebspartnerdeckungsbeitrag	Kostenrechnung des eigenen Unternehmens	Nettoabverkaufserlös abzüglich Kundenrabatte, Partnerbetreuungsvollkosten und Einstandskosten	Kosten von Verkaufsfördermaßnahmen, Betreuung schwieriger Kunden, Verlauf der Anlaufkosten

Tabelle 60: Messung quantitativer Zielvereinbarungen in Vertriebspartner-
verträgen

In der betrieblichen Praxis zeigt sich, dass zwei Parameter die Komplexität des Partnerschaftsmodells steigen lassen:

1. **Hohe Komplexität des Produktes** und hier vor allem dann, wenn die Produkte einen signifikanten Dienstleistungsanteil enthalten und die Endkunden (Konsumenten sowohl als auch Firmenkunden) einen Beitrag, den sogenannten „externen Faktor", zur Erbringung der Dienstleistung beisteuern müssen. Wird dieser Beitrag vom Vertriebspartner im Vertrag mit dem Endkunden nicht klar definiert, z.B., weil der kurzfristige Verkaufsabschluss im Vordergrund steht, wird der Mehraufwand des eigenen Unternehmens (Lieferant) bei der Auftragsabwicklung steigen, es drohen Messprobleme wie in der letzten Spalte der Tabelle 60 exemplarisch dargestellt und in Folge dessen eine belastete Partnerschaftsbeziehung.

2. **Produkte mit hohem Wettbewerbsdruck** (homogene Güter), und zwar unabhängig davon, ob der Vertriebspartner sich auf das Produkt eines Unternehmens festlegen muss (Exklusivität) oder ob er die konkurrierenden Produkte gleichzeitig verkauft (Mobilfunkbranche, Reifenhändler). Weist der Markt eine hohe Reaktionsgeschwindigkeit auf, z.B. dann, wenn eine einzige Anzeigenaktion bereits zu einer Käuferwanderung führt, so wird der Vertriebspartner vom eigenen Unternehmen entweder schnelle Reaktionen verlangen, oder aber er verhält sich opportunistisch, verkauft vom Wettbewerbsprodukt mehr und wird es dem Lieferanten überlassen, zu reagieren.

Wenn also einer der Parameter (Komplexität des Produktes oder Wettbewerbsdruck) vorliegt, neigen Verträge dazu, umfangreich zu werden, um all die Folgen bei Abweichungen von den jeweiligen Nutzenerwartungen der Vertragspartner zu regeln.

Überprüfbarkeit:

Kontrollfrage: Können die Inputdaten von beiden Parteien mit vertretbarem Aufwand gemessen werden? Ist die Möglichkeit der Überprüfung so formuliert, dass der Wunsch nach einer Überprüfung nicht einem Misstrauensvotum gleich kommt?

Über die Probleme, die sich aus unscharf festgelegten Messverfahren ergeben, wurde oben bereits berichtet. Hinzu kommt nun die Gestaltung der Verfahren, welche die jeweiligen Vertragspartner anwenden, um Messwerte zu überprüfen. Oft ist die Einsichtnahme in die Bücher des Partners erforderlich und hier liegt das Problem: In der Vertragsanbahnungsphase wirkt z.B. das Recht des Lieferanten, die Verkäufe des Vertriebspartners durch einen Einblick in dessen Autragserfassungs- oder Kassensystem zu prüfen, unkritisch, denn es ist sehr theoretisch und das zu Beginn einer Vertragsbeziehung stets unterstellte Vertrauen in der optimistischen Erwartung, den anvisierten Nutzen zu erzielen, überwiegt. Was passiert aber, wenn das Vertrauen hinterfragt wird? Ein Buchhalter, Controller, Vertriebsmitarbeiter oder gar Justiziar des einen Vertragspartners verlangt – vertragskonform – Einblick in die Bücher. Die Botschaft ist klar: „Wir misstrauen Euch und verlangen, zu kontrollieren." Egal, wie das Ergebnis der Prüfung ausfällt, in jedem Falle ist das Vertrauensverhältnis erschüttert und damit oft auch die Bereitschaft, über die Regelungen des Vertrags hinaus in die Partnerschaft zu investieren. Bei der nächsten Krise oder dann, wenn sich vorteilhaftere Konstellationen auftun, erweist sich die Bindungsstärke als nicht belastbar, der Vertrag wird gekündigt.

Es ist an dieser Stelle Aufgabe des Vertriebscontrollers, dann, wenn die Autoren des Vertrages juristisch sicherlich akzeptable Kontrollverfahren wie das oben beschriebene vorschlagen, im Interesse der langfristigen Beziehungshygiene alternative Prüfverfahren vorzuschlagen. Hier haben sich in der Praxis, allerdings abhängig von der jeweiligen Branche, zwei grundsätzliche Verfahren etabliert:

1. **Beauftragung einer Drittinstanz**: Nicht die Vertragspartner prüfen im Bedarfsfall, sondern unabhängige Dritte. Dies können, müssen aber nicht rechtlich Dritte sein, etwa Vertreter von Branchen- oder Industrieverbänden bzw. Wirtschaftsprüfer. Da der Vertrag im Alltag die Vertriebsorganisationen an einander binden, reicht es zuweilen aus, als Prüfinstanz die Hausjuristen zu beauftragen. Dies funktioniert allerdings nur, wenn die innerorganisationale Trennung auf beiden Seiten gleich groß und groß genug ist. Die inhaltlichen Vertragspartner, die täglich miteinander zusammen arbeiten, werden auf beiden Seiten zu Zuschauern und sind nur begrenzt in den die Prüfung veranlassenden Konflikt involviert.

2. **Regelmäßige Kontrollen**: Werden Kontrollen nicht auf einen konkreten Anlass bezogen, sondern finden sie sowieso regelmäßig statt, gibt es auch keinen Grund für eine Belastung der Beziehung. Darum werden „Standardintervalle" für Kontrollen eingeführt, die, um die Schärfe weiter abzumildern, gerne auch „Review", „Audit" oder „Appraisal" genannt werden.

All dieser Aufwand ist natürlich unnötig, wenn die Überprüfung durch eine systemische Verknüpfung der Messpunkte gelänge, etwa die Kopplung von Auftragseingangs- oder Kassensystemen. Das eigene Unternehmen (Lieferant) erhielte dann Einblick in sämtliche Kundenkontaktsituationen des Vertriebspartners, vom Abverkauf über die Reklamation bis hin zu individuellen Rabatten. Aber wer lässt sich schon gerne in die Karten schauen?

Strategiekongruenz:

> Kontrollfrage: Sind die Messdaten, etwa Verkaufsziele, und die damit verbundenen Provisionen so gewählt, dass tatsächlich die vertriebsstrategischen Ziele des eigenen Unternehmens gefördert werden?[111]

Die festgelegte Vertriebsstrategie, wie sie beispielsweise im Rahmen der Erstellung einer Vertriebs-Balanced Scorecard ermittelt wird, ist Referenzpunkt der Bewertung des Vertrages und die einzelnen Bestandteile malen ein mehr oder weniger objektiv zu greifendes Bild des Zielsystems beider Vertragspartner. Letztlich möchte sich das liefernde Unternehmen eine Verkaufsinstanz sichern, der Vertriebspartner sucht nach einer weiteren Erlösquelle. Hinter diesen offensichtlichen Zielen verstecken sich oft unausgesprochene Nebenziele, die dann wichtig werden, wenn der Vertrag sie nicht berücksichtigt. Ein Indikator hierfür ist, dass in den Vertragsverhandlungen für eine Seite unwichtige Punkte für die andere Seite eine große Bedeutung bekommen.

Hilfreich ist, dass der Vertriebscontroller darauf drängt, vor der Formulierung oder der Interpretation eines Vertrages festzulegen, welche strategischen Unternehmens- und Strategieziele bestehen. Wenn diese so konkret wie möglich feststehen, können die Verhandlungsführer einer jeden Seite für sich entscheiden, an welchen Stellen höhere Kompromisskosten akzeptiert werden oder welche Aspekte für die Strategieverfolgung unabdingbar sind.

Grundsätzlich eignen sich zahlreiche Verfahren, um die Strategiekonformität eines Vertrages sicher zu stellen. Das einfachste ist eine Checkliste. Der Vorteil ist die Klarheit, der Nachteil ist, dass die jeweiligen Punkte selten digital abzuhaken („erreicht" versus „nicht erreicht"), sondern graduell zu bewerten sind. Ist beispielsweise die Formulierung „Der Vertriebspartner soll sich im Rahmen seines eigenen Ermessens an die Preisempfehlungen des Herstellers halten", die vielleicht juristisch akzeptabel ist, weil sie keine vertikale Preisbindung induziert, sinnvoll, wenn zu den strategischen Zielen der Ausschluss eines Preiswettbewerbs zwischen verschiedenen Vertriebskanälen gehört?

Ausgewogenheit:

> Kontrollfrage: Partizipieren bei Über- oder Unterschreitungen von quantitativen Zielen beide Parteien in angemessenem Maße?

Die Nutzenerwartungen beider Vertragsparteien münden meist in konkreten Absatzzielen, was oben als „Normszenario" bezeichnet wurde. Diese werden in Verträgen zuweilen fixiert, entweder als Schwellwerte oder durch Zielkorridore, und Leistungen an deren Erreichen geknüpft (Provision, Prämien, Zertifikate, Schulungen). Beide Parteien werden sich auf Leistungen und Gegenleistungen innerhalb dieses vermuteten Zielerreichungskorridors konzentrieren. Wenn nun aber dieser Korridor verfehlt wird, rücken die Leistungsvereinbarungen ins Blickfeld, die für den Fall einer Abweichung vorgesehen sind. Erschreckend häufig ist zu beobachten, dass erst dann erkannt wird, dass das ursprünglich Vereinbarte für einen der Partner überproportional günstig und somit für den anderen ungünstig ist. Je nach Verhandlungsmacht ist dies nun zwar juristisch durchsetzbar, aber sicherlich schädlich für eine langfristige Beziehungshygiene.

Ein Vertriebscontroller sollte bei der Festlegung der Leistungsbeziehung auch für den Eventualfall der Zielverfehlung, in welcher Richtung auch immer, berechnen, ob das Belohnungs- und Bestrafungssystem unter diesen Voraussetzungen immer noch geeignet ist, die strategisch und operativ gewünsch-

---

[111] So könnten Margenziele nicht ausschließlich mit einer Stückmengenprämie erreicht werden, wenn nicht zugleich die Preise bzw. verkaufsabhängigen Kosten reguliert wären. Vgl. hierzu den wunderbaren Beitrag von Kerr, 1975.

ten Effekte zu erzielen. Hat der Vertriebspartner beispielsweise seine Verkaufsziele verfehlt und erhält er aufgrund dessen eine geringere Provision, so wirkt dies demotivierend, der Vertriebspartner wird seine Aufmerksamkeit auf andere Produkte lenken (sofern er die Möglichkeit dazu hat) und der Absatz wird weiter sinken. Eine Spirale ist in Kraft gesetzt, die zwar auch in positiver Richtung wirkt, aber die eine Verkaufsmengenprognose schwieriger macht. Wünschenswert wäre hingegen ein sich selbst stabilisierendes System, das ein permanentes, aber vom Lieferanten beherrschbares Wachstum fördert. In diesem Falle müsste – so die rein mikroökonomische Überlegung ohne weiteren Praxisbezug – in den Vertriebspartner investiert werden, wenn dieser seine ursprünglichen Ziele nicht erreicht und desinvestiert, wenn er sie um mehr als das vorgesehene Maß überschreitet.

In der betrieblichen Praxis findet sich diese Überlegung zuweilen in sozialromantischen, butterweichen Formulierungen á la „… ist dem Vertriebspartner durch geeignete Maßnahmen zu helfen, seine Ziele zu erreichen" wieder. Das ist nicht nützlich, denn solche Maßnahmen können nicht eingefordert werden und berücksichtigen auch nicht den konkreten Grund für eine Zielverfehlung. Besser sind Vereinbarungen über konkrete Maßnahmen, die umzusetzen sind, wenn bestimmte Schwellwerte überschritten werden.

WENN „Schwellwert" >/</= „Referenzwert" DANN „Maßnahme"

Der Vorteil ist, dass beide Parteien verpflichtet sind, aktiv zu werden. Der das Absatzziel verfehlende Vertriebspartner kann sich nicht mehr darauf verlassen, vom Lieferanten mit einer Verkaufsfördermaßnahme unterstützt zu werden, er hat selbst einen Beitrag zu leisten, der vertraglich geregelt wird.

Berechenbarkeit:

> Kontrollfrage: Ist bekannt, was passiert, wenn der Markt sich anders als erwartet entwickelt? Können die Handlungsmöglichkeiten des Vertragspartners in diesem Falle mit ausreichend zeitlichem Vorlauf identifiziert werden, so dass Reaktionsmöglichkeiten bestehen?

Die Aufgabe des Vertriebscontrollings ist die Planung, Steuerung, Koordination und Kontrolle aller verkaufsgerichteten Maßnahmen. Je berechenbarer die Handlungskräfte sind, desto leichter fällt diese Aufgabe und desto größer ist der Nettowertschöpfungsbeitrag des Vertriebscontrollings für das Unternehmen. Eine dieser Kräfte sind die „Handlungen des Vertragspartners" und Ziel sollte sein, diese berechenbar zu machen.

Ein Beispiel: Es reicht nicht aus, eine großzügige Kündigungsfrist für den Vertriebspartnervertrag zu verlangen. Kündigt der Vertriebspartner, steht sein Entschluss, zukünftig das eigene Produkt nicht mehr zu verkaufen, fest und er wird nur noch so viele Ressourcen investieren, die er benötigt, um eine wirtschaftlich optimale Vergütung für die Restvertragslaufzeit durchzusetzen. Zukunftsinvestitionen finden keine mehr statt. Somit wäre wichtig, eine Handlung des Vertragspartners schon zu kennen, wenn diese von ihm als Option betrachtet, aber noch nicht entschieden ist. Dies gelingt, weil der Vertriebspartner naturgemäß wirtschaftlich unabhängig ist, jedoch nicht durch Vertragsklauseln, sondern nur durch einen engen persönlichen Kontakt. Genau dieser ist im Vertrag vorzusehen. Ob dann regelmäßiger Austausch, Betreuungstermine, Chef-zu-Chef-Kaminabende und eine datentechnische Verzahnung ausreichen, um ein System von Frühindikatoren aufzubauen, wird sich dann zeigen.

Risiko:

Kontrollfrage: Welches sind die maximalen Kosten des Vertrags?

Während der größtmögliche Nutzen einer Vertragsbeziehung durch das Vertriebsmanagement ermittelt wird, ist es Aufgabe des Vertriebscontrollers, das größtmögliche Risiko des Vertriebs zu ermitteln; gemeint sind nicht die höchstmöglichen Vertragsverluste, zu denen z.B. Schadenersatzzahlungen gehören könnten, sondern jene, die aus Sicht der Verkaufsorganisation zu erwarten sind. Hierbei sind die Positionen von Bedeutung, die in Tabelle 61 aufgelistet sind.

Kostenposition	Risiko	Beispiel
Initialaufwendungen	Alle Kosten, die getätigt wurden, um den Vertriebspartner in die Lage zu versetzen, erfolgreich zu verkaufen	Prospektmaterial, Ladenausstattung, Verkaufsschulung, Bestückung mit Testprodukten, Integration in IT-Systeme, Buchhaltung
Laufende Betreuungskosten	Monatlich wiederkehrende Fixkosten der Partnerschaft	Vertriebliche Betreuung, ständige Schulung, Abrechnung, Managementkosten
Logistik	Aufwendungen der Lagerhaltung und der physischen Distribution	Bestandsmengenvorhaltung, Kosten der gelieferten, aber nicht verkauften Stücke, Risiko der Wertminderung überlagerter Produkte
Forderungsausfall	Zahlungsausfall, Kosten des Inkassoprozesses	Nichtbezahlen gelieferter Stücke oder Rückforderung im Voraus gezahlter Werbekostenzuschüsse bei Insolvenz
Reklamationsaufwendungen	Aufwendungen für Mängelbeseitigung	Fehlerhafte Leistungszusagen aus Unwissenheit oder um einen Abschluss zu erzielen
Kundenunzufriedenheit	Aufwendungen zur Vertragserhaltung und zur Kundenrückgewinnung	Beigaben, Rabatte, Gutschriften in der Hoffnung, dass der Kapitalwert der zukünftigen Kundenbeziehung positiv ist
Umsatzausfall	Zeitverlust bei der Markterschließung oder Produkteinführung	Bestandslücken beim übervorsichtigen Vertriebspartner
Aufgabe exklusiven Wissens	Ausbildung eines Vertriebspartners, der dann Wettbewerbsprodukte verkauft	Kenntnisse der Strategien des Lieferanten, allgemeine verkäuferische Kenntnisse
Vertriebspartnerversagen	Nicht realisierte Mehrumsätze durch Nichtwahl eines potenteren Vertriebspartners, Opportunitätskosten	Vertrag mit nur einem Partner je Region/Einwohnerzahl
Personalfrustration	Demotivation der die Vertriebspartner betreuenden Mitarbeiter	Provisionsreduktion bei eigenen Betreuern, reduziertes Engagementniveau
Management Attention	Verlust der investierten Zeit und Aufmerksamkeit	Vertriebspartnerakquisitionszeit geht unter

Tabelle 61: Risiken von Vertriebspartnerschaften

Sanktionierung:

> Kontrollfrage: Sind die Folgen einer Verfehlung quantitativer Ziele klar beschrieben?

Häufiger Streitpunkt bei Zielverfehlungen ist die Frage nach der „Schuld". Nur, wenn diese geklärt ist, sollten die Sanktionen greifen, und eine Klärung hängt davon ab, wie deutlich die sanktionsauslösenden Parameter beschrieben werden. Der Protest des Vertriebspartners, dass er die Absatzmenge nicht erreichen konnte, weil der Wettbewerb ein besseres Produkt auf den Markt gebracht hat, ist z.B. dann wirkungslos, wenn im Vertrag dieser Fall angesprochen wurde, etwa mit der Formulierung

> „Wird die Absatzmenge von 2.500 Stück pro Monat **gleich aus welchem Grunde (Lieferschwierigkeiten, mangelnde Konkurrenzfähigkeit usw.)** nicht erreicht, dann …"

Ungeachtet dessen, ob solch eine Formulierung gefällt, eignet sie sich doch, Klarheit zu bringen, ob, wann und warum eine Sanktion ausgelöst wird. Abmildernde Maßnahmen, z.B. der (Teil-)Verzicht auf die vertraglich zugesicherte Sanktion, wirkt dann wie ein Geschenk, eine Zugabe, die Reziprozität[112] bewirken kann.

Außer dem Ereignis, das die Sanktion auslöst, sind Art und Höhe klar zu beschreiben. Die Höhe ist dabei keinesfalls nur ein monetärer Posten, sondern auch ein emotional empfundener, denn die Sanktion wirkt wie eine Bestrafung für Versagen. Es dürfte klar sein, dass die Formulierungen in einem Vertriebspartnervertrag dies berücksichtigen sollten und – auch wenn Juristen es sich hier gerne einfach machen – eher wie „Anpassungen" und „Motivation" wirken sollten.

Die Bemessung der Höhe der Sanktion richtet sich dabei nach drei Aspekten:

- Ausgleich von in der Vergangenheit in der Erwartung einer bestimmten Zielerreichung geleisteter Investitionen

- Anpassung der auf die Zukunft gerichteten Investitionen an den nachjustierten Wert

- Angemessenheit der finanziellen Einbußen

Typische Sanktionen sind die Anpassung der Vertriebspartnerprovision, der Qualität und des Umfangs der Ladenausstattung, der Werbekostenzuschüsse, der Verkaufsfördermaßnahmen oder auch des nach außen sichtbaren Status („Goldpartner-Club"). Rückforderungen von bereits gezahlten Vertriebspartnerprovisionen sind nur sinnvoll, wenn auf den Vertriebspartner verzichtet werden könnte oder gar soll, denn eine solche Maßnahme wirkt sich erschütternd auf die Beziehung aus.

---

[112] Reziprozität beschreibt den Wunsch des Menschen nach einem Ausgleich von Geben und Nehmen. Jeder Verkäufer kennt dieses Konzept und setzt es bewusst oder unbewusst ein. Außerordentliche, vom Kunden nicht erwartete Leistungen, vor allem auf der persönlichen Ebene, schaffen ein Schuldverhältnis, das der Kunde durch einen Auftrag auszugleichen versucht. Soweit die Theorie, sehr schön beschrieben in Gouldner, 1960.

Resilienz:[113]

> Kontrollfrage: Sind Ereignisse geregelt, die für eine der Vertragsparteien einen nur vorübergehenden Nachteil bringen?

Mit den vorgenannten Aspekten ist die Frage der Resilienzfähigkeit der Vertragsbeziehung verknüpft. Gemeint ist damit die Fähigkeit einer Vertragsbeziehung, nach Störungen möglichst schnell in das ursprünglich ausgeglichene Verhältnis der Nutzenerwartungen zurück zu kehren. Beispielsweise deutete die unter dem Aspekt der Ausgewogenheit beschriebene Abwärtsspirale auf mangelnde Resilienzfähigkeit des Vertrages hin.

Wenn Abweichungen von den vertraglich vereinbarten Zielen aufgrund von „schicksalshaften" Effekten auftreten, wenn z.B. dem Vertriebspartner seine besten Verkäufer kündigen, eine Grippewelle diese außer Kraft setzt oder ein Streik die Lieferfähigkeit des eigenen Unternehmens reduziert, und diese Effekte nicht gesondert geregelt sind, werden sie meist über Kulanz und punktuell wirkende Sondervereinbarungen geheilt. Hier ist allein die Intensität, mit der das persönliche Verhältnis gepflegt wird, für den Toleranzgrad der Vertragspartner entscheidend.

Doch zeigen diese Beispiele auch, dass ein Vertrag überfordert wäre, alle Eventualitäten abzubilden. Vielmehr wird die Resilienzfähigkeit des Vertrags gerade dadurch erreicht, dass beide Vertragspartner die Chance haben, über den Vertrag hinaus Maßnahmen zu ergreifen, die zu einem schnellen Wiederherstellen der Verhältnisse führen - zum beiderseitigen Wohl.

Entscheidungskompetenzen bei außergewöhnlichen Kundenkontaktsituationen:

> Kontrollfrage: Wer entscheidet über Maßnahmen, die der Vertrag ursprünglich nicht vorgesehen hat?

Ein probates Mittel ist, Eskalationsstufen zu benennen. Hierzu wird festgelegt, wen der Vertriebspartner kontaktieren darf, wenn er mit einem Zustand oder einem Lösungsvorschlag unzufrieden ist. Den Eskalationsstufen entsprechen Positionen im Unternehmen, die sogar mit den zum Zeitpunkt des Vertragsschlusses relevanten Namen und den dazu gehörigen Telefonnummern oder Mailadressen ergänzt werden. Dies macht einen Eskalationsplan konkret und vertrauenserweckend. Im Gegenzug verpflichtet sich der Vertriebspartner, die Eskalationsstufen einzuhalten. Er darf nicht, nur, weil er sein Problem für besonders wichtig hält, sofort den „Chef" anrufen, sondern muss zunächst mit der auf dem Plan jeweils als nächste vorgesehenen Stufe einen Lösungsversuch unternehmen. Der disziplinarische Effekt ist immens und je nach Problemlösungsphantasie ergeben sich rechtzeitig Ergebnisse.

---

[113] Resilienz ist die Fähigkeit eines Materials, nach einer Verformung in seinen ursprünglichen Zustand zurück zu kehren. Dieser Begriff wird auch auf emotionale Zustände angewendet: Eine hohe Resilienz bedeutet hier, dass ein Mensch nach einer emotionalen Störung (Verletzung, Beleidigung, Enttäuschung) rasch wieder in sein emotionales Gleichgewicht gelangt.

Ausstiegs- und Änderungsmöglichkeit:

Kontrollfrage: Gibt es für beide Parteien die Möglichkeit, die quantitativen Ziele des Vertrages zu verändern? Sind in diesem Fall die Kosten und der Nutzen des Änderungswunsches so ausbalanciert, dass zum einen Veränderungen nicht leichtfertig („aus der Laune heraus") verlangt werden dürfen und sie zum anderen nicht zu existentiellen Problemen führen, die eine spätere erneute Partnerschaft ausschließen?

Ein Vertrag, der eine Partnerschaft regelt, soll beiden Seiten eine Planungsgrundlage für die Mittelverwendung geben. Beide Parteien sollen sich darauf verlassen können, dass die jeweils andere ihren Verpflichtungen nachkommt. Dennoch ist es möglich, dass sich die Interessenkonstellation ändert. Sind es externe Parameter (regulatorische Rahmenbedingungen, signifikante und nicht absehbare Veränderungen des Umfeldes, Katastrophen), die einen unterstellten Markt verändern, wird eine Änderung des Vertrages kein nennenswertes Problem darstellen, da beide Parteien an einer Anpassung interessiert sind. Desgleichen trifft zu, wenn eine der Parteien Insolvenz anmelden muss. Hier regelt das Insolvenzrecht, wie weiter zu verfahren ist. Schwierig wird es dann, wenn nur ein Vertragspartner eine Änderung des Vertrages durchsetzen möchte. Sei es, dass Konditionen angepasst oder aber dass der Vertrag gekündigt werden soll, weil sich im Zusammenschluss mit einem Wettbewerber eine günstigere Chance auftut, in jedem Falle sind die Konditionen zu verhandeln, zu denen der Partner, der die Änderung nicht möchte, diese akzeptiert: Es ist immer eine Frage des Handlungsdrucks und der Handlungsoptionen, welcher Ausstiegs- oder Änderungspreis zu bezahlen ist.

Wichtig ist für das Vertriebscontrolling jedoch vor allem, dafür zu sorgen, dass überhaupt Möglichkeiten vorzusehen sind, einen Vertrag zu verändern. So kann es beispielsweise sein, dass sich für einen Haushaltsgerätehersteller die Einzelhandelsstruktur signifikant ändert. In diesem Falle muss er dem Markttrend Rechnung tragen und wenn bestehende Vertriebspartnerverträge ihn an eine antiquierte Struktur binden, wäre das existentiell bedrohlich für ihn. Hier ist der Ausgleich zwischen der Berechenbarkeit der Beziehung und der Möglichkeit zur opportunistischen Anpassung zu finden.

Der Vertrag wird gelebt:

Die Steuerung des indirekten Vertriebs auf Basis des Vertriebspartnervertrags ist eine Aufgabe der betreuenden Instanz bzw. des Vertriebsmanagements. Unternehmen, für die diese Vertriebsform eine Rolle spielt, werden eigene Organisationseinheiten unterhalten, deren originäre Aufgabe es ist, Umsatz, Deckungsbeitrag, Abverkaufsstückzahlen oder was auch immer die strategische Maxime sei, über die Vertriebspartner als Multiplikator zu erhöhen. Die Schwierigkeiten, die sich aus solchen Organisationen für das Vertriebscontrolling ergeben, sind, dass

1. alle Daten, die das Vertriebscontrolling über die Kundenkontaktsituation erhält, zweifach gefiltert werden: Vom Verkäufer des Vertriebspartners zum einen und vom Betreuer des eigenen Unternehmens zum anderen (Imputdatengenerierung) und dass

2. alle Erkenntnisse, die sich als Ergebnisse aus den Methoden des Vertriebscontrollings ergeben (Outputdatenverwendung), immer nur indirekt wirken, also zunächst vom Betreuer des Vertriebspartners verstanden und in konkrete Maßnahmen übersetzt und anschließend vom Vertriebspartner umgesetzt werden müssen.

Oft sieht sich das Vertriebscontrolling nur als Protokollant von Ergebnissen, die mit den Planwerten verglichen werden. Aber eine Analyse der Gründe bei einer möglichen Abweichung bleibt dem Betreuer vorbehalten, der durchaus ohne die Absicht, das Bild der Situation verfälschen zu wollen, relevante Aspekte übersehen könnte, die einem methodisch geschulten Vertriebscontroller ins Auge stechen würden.

Während jedoch die Einführung und die Nutzung von sinnvollen Methoden vom Vertriebsleiter direktiv durchgesetzt werden können (denn er ist der Nutznießer), ist der für den Vertriebscontroller kritischere Aspekt, korrekte Inputdaten zu erhalten. Ohne diese liefert keine Methode der Welt brauchbare Ergebnisse, auf deren Schultern sich Maßnahmen stützen ließen.[114] Das Ziel muss sein, die Kundenkontaktsituation so objektiv wie möglich zu analysieren und das heißt auch, sie von der Interpretation durch die Verkäufer zu „befreien".

Am einfachsten gelingt dies, wenn die Endkunden Verbraucher sind und es sich bei den Produkten um Güter des täglichen Bedarfs handelt. Dann stehen Daten der Registrierkassensysteme oder Web-Shops zur Verfügung und in Kombination mit Beobachtungsdaten und Kostenanalysen lassen sich Kennzahlen ermitteln, die weitestgehend objektiv sind und somit Periodenvergleiche oder Benchmarkanalysen ermöglichen. Findet die Kundenkontaktsituation jedoch im Face-to-face-Kontakt mit einem Verkäufer statt, so, wie dies oft im b-to-b-Geschäft der Fall ist, so wird der Verkäufer ein Interpretationsmonopol haben und für den Vertriebscontroller die einzige mögliche Datenquelle während des Verkaufsprozesses sein. Erst das Ende dieses Prozesses, wenn es zu einem Vertragsabschluss kommt oder eben nicht, ist die Datenlage wieder gesichert. Scheinbar! Denn möglicherweise hat ein Betreuer bewusst mehr Ressourcen in den Vertriebspartner und dessen Kundenkontakte investiert, weil er über den konkreten vorliegenden Abschluss hinaus Folgegeschäft erwartet oder auf Weiterempfehlungen hofft.

5.5.3 Kennzahlen und Methoden zur Steuerung der Vertriebspartnerbetreuer

Die Kennzahlen, die ein Vertriebscontrolling einsetzen kann, um die Performance des indirekten Vertriebs zu steuern und zu kontrollieren, analysieren entweder den Betreuer als Mitarbeiter des eigenen Unternehmens oder den Vertriebspartner.

Tabelle 62 zeigt zunächst eine Auswahl von Kennzahlen, die eingesetzt werden, um die Leistung der Betreuer zu erfassen. Verzichtet wird an dieser Stelle darauf, die üblichen bereits dargestellten Kennzahlen zur Erfassung des Leistungsergebnisses, also insbesondere des Erlöses pro Zeiteinheit je Vertriebspartner und insgesamt, des Deckungsbeitrags, Stückgewinns usw. darzustellen. Im Vordergrund steht die Frage, wie erfolgreich die Aktivitäten sind, die der Betreuer zur Erzielung des Verkaufsergebnisses des jeweiligen Vertriebspartners bzw. der Gesamtheit der von ihm betreuten Vertriebspartner durchführt. Aus dem Vergleich der Kennzahlen mehrerer Betreuer lassen sich dann Erkenntnisse über die kritischen Erfolgsfaktoren, also die „Stellschrauben" des Erfolgs, gewinnen.

---

[114] Im amerikanischen Sprachraum gibt es hierfür das geflügelte Wort „Garbage in – garbage out".

Kennzahl	Beschreibung
Betreuungs-spanne	$$Betreuungsspanne\ 1 = Anzahl\ der\ betreuten\ Vertriebspartner$$ $$Betreuungsspanne\ 2$$ $$= Anzahl\ der\ betreuten\ Verkaufsstellung\ der\ Vertriebspartner$$ Diese Kennzahlen sind relevant, wenn eine direkte Verbindung zwischen dem Betreuer des eigenen Unternehmens und den Verkäufern des Vertriebspartners bzw. dessen Verkaufsstellen möglich ist (z.B. bei Besuchsbegleitung, Store-Visiten).
Betreuungs-quote	$$B.-Quote(t) = \frac{Anzahl\ besuchte\ Verkaufsstellen\ (t)}{Betreuungsspanne} * 100$$ t bezeichnet die Periode, für die eine Betreuungsintensität gemessen werden soll.
Betreuungs-intensität	$$Betreuungsintensität(t) = \frac{Anzahl\ besuchte\ Verkaufsstellen(t)}{Verkäufe(t)} * 100$$ Wird diese Kennzahl im Zeitverlauf beobachtet, kann analysiert werden, wie stark Betreuung und Verkäufe korrelieren.
Betreuungs-erfolg	$$Betreuungserfolg(t) = \frac{Anzahl\ besuchte\ Verkaufsstellen(t)}{Verkaufserlöse(t)} * 100$$ Zur weiteren Analyse kann der Betreuungserfolg statt an den Verkaufserlösen auch am Gesamtdeckungsbeitrag gemessen werden. Dann würde diese Kennzahl auch die Betreuungskosten berücksichtigen.
Betreuungs-aufwands-quote	$$Betreuungsaufwandsquote(t) = \frac{Vollkosten\ der\ Betreuung(t)}{Erlös(t)\ oder\ DB(t)}$$

Betreuungs-kostenmaß	Gemessen wird, in welchem Maß sich die Betreuungskosten mit dem Verkaufserfolg decken. Dies gibt einen Hinweis auf die Arbeitseffizienz des Betreuers und hilft ihm, sich auf die wirklich wichtigen Vertriebspartner zu konzentrieren. Hierzu wird zunächst ein Durchschnittsmaß errechnet, wobei Kosten und Erlöse der vom jeweils betrachteten Betreuer betreuten Vertriebspartner in die Rechnung einbezogen werden: $$Gesamtbetreuungskostenmaß(t) = \frac{Gesamtbetreuungskosten(t)}{Gesamterlös(t)} * 100$$ Anschließend werden die Betreuungskosten je Vertriebspartner ermittelt und mit dem Gesamtbetreuungskostenmaß verglichen. Fixkosten werden über den Schlüssel „Anteil am Gesamterlös" zugeschlagen. Plakativer ist die optische Darstellung (siehe Grafik): Es werden die Erlöse und Betreuungskosten der Vertriebspartner kumuliert dargestellt. Die durchgehende Durchschnittslinie markiert das oben definierte Gesamtbetreuungskostenmaß. Die kurzen Linien innerhalb der jeweiligen Balken, die das gleiche Verhältnis, nun aber je Vertriebspartner darstellen, werden an die durchgehende Durchschnittslinie angelegt. Ist die Steigung der vertriebspartnerspezifischen, kurzen Linie geringer als die der durchgehenden, wird der Vertriebspartner effizient betreut, hier z.B. D und E. Ist die Steigung größer, so wie bei A, B und C, sollte die Effizienz verbessert werden.
Preisdurch-setzungsfä-higkeit	Verfügt der Betreuer über einen Preisgestaltungsspielraum, ist für ein internes Benchmarking zu ermitteln, wie oft und wie er diesen nutzt. Die Abweichung vom Durchschnittswert aller Betreuer dient als Maß für seine Verhandlungsstärke. $$Rabattausreichungen = \frac{Anzahl\ von\ Verkäufen\ mit\ Rabatten}{Anzahl\ Verkäufe(t)} * 100$$ $$Rabattquote(t) = \frac{Summe\ aller\ Rabatte(t)}{Gesamterlös(t)}$$

Tabelle 62: Kennzahlen zur Steuerung von Vertriebspartnerbetreuern

Die Jahrzehnte alte Diskussion, die Wissenschaft und Praxis gleichermaßen intensiv führen, ob Verkäufer (bzw. hier: Betreuer) vorwiegend über

- die Belohnung des reinen **Outputs** (Verkaufsergebnis) oder über

- die Belohnung gewünschter **Verhaltensweisen**

gesteuert werden sollten (siehe mehr dazu in Kapitel 5.6.1), kann für Betreuer von Vertriebspartnern wenn schon nicht eindeutig und keineswegs bewiesen, so doch mit einer der plausiblen Praxiserfahrung entlehnten Tendenzaussage entschieden werden: Es ist das **Verhalten** des Betreuers, das Gegenstand des Vertriebscontrollings und das zu beeinflussen Zielobjekt der Maßnahmen ist, die ein Vertriebsleiter beschließt. Argument hierfür ist jedoch keineswegs das naheliegende, dass ein Betreuer keinen unmittelbaren Einfluss auf das Verkaufsergebnis habe, sondern ein produktions- und prozessorientiertes: Die Kombination von Einzelmaßnahmen und Ereignissen ist derart komplex, dass der Betreuer, auf sich alleine gestellt und allein am Output gemessen, allenfalls zufällig zu einem für das Unternehmen optimalen Ergebnis gelangen kann. Nur in der durch das Vertriebscontrolling erreichten ständigen Bewertung der Input-Output-Relationen gelingt es, in der Summe über alle Betreuer und alle betreuten Vertriebspartner hinweg eine permanente Steigerung von Vertriebseffizienz und Vertriebseffektivität zu gewährleisten. Ein einzelner Betreuer kann die Masse an Kombinationsmöglichkeiten von Maßnahmen nicht überblicken und würde sich auf Urteilsheuristiken verlassen, mal mit mehr, mal mit weniger Erfolg, aber der Vertriebscontroller kann erfolgreiche Maßnahmenbündel erkennen und deren Umsetzung über die Beeinflussung von Verhaltensweisen steuern.

Eine weitere und häufig praktizierte Möglichkeit, die Qualität der Betreuer zu erfassen, ist eine Meinungsumfrage unter den Vertriebspartnern. Hiervon ist abzuraten. Gemessen wird die Beliebtheit von Betreuern, allenfalls deren Bereitschaft zu Zugeständnissen. Dieses sind jedoch keine Kriterien für die Vertriebssteuerung. In den meisten Fällen ergeben selbst indirekte Fragen keine anderen Erkenntnisse als jene, die üblicherweise erwartet werden würden. Dann aber hat die Befragung zwar den Nutzen, Interesse an den Wünschen und Bedürfnissen der Vertriebspartner zu zeigen, aber auch den Nachteil, dass die Befragten erwarten, dass die in der Befragung genannten gewünschten Maßnahmen auch ergriffen werden. Es entsteht Handlungsdruck, der von den Betreuern abgefangen werden muss.

Mit den in Tabelle 62 dargestellten Kennzahlen lassen sich Rennlisten und Rankings erstellen. Diese können als absolute Ergebnisse oder in Relation zu den Vollkosten des Betreuers dargestellt werden. Um das Problem der Rückrechenbarkeit auf das persönliche Einkommen zu umgehen, werden zuweilen die absoluten Ergebnisse mit Leistungserwartungsfaktoren korrigiert, wie es Tabelle 63 zeigt. Weitere Korrekturfaktoren können angebracht sein, wenn einzelne Betreuer mit Sonderaufgaben belegt werden, die sie von ihren verkaufsfördernden Aktivitäten abhalten.

Rang	VP-Betreuer	Erlöse bis heute	Korr.	korrigierte Erlöse
1	Steinbrück	789.546 €	1,0	789.546 €
2	Hollande	595.213 €	1,2	714.256 €
3	Westerwelle	818.596 €	0,8	654.877 €
4	Grillo	633.598 €	1,0	633.598 €
5	Berlusconi	382.489 €	1,2	458.987 €

Tabelle 63: Beispiel eines Vertriebspartnerbetreuerrankings

Bezüglich der Vergütung von Betreuern von Vertriebspartnern gelten die gleichen Voraussetzungen und es finden die gleichen Modelle Anwendung wie im Direktvertrieb, also der Vergütung eigener Vertriebsinstanzen. Entsprechend sei auf die Ausführung in Kapitel 5.6.4 verwiesen.

5.5.4 Kennzahlen und Methoden zur Steuerung der Vertriebspartner

Ein steuernder Durchgriff auf die Verkäufer des Vertriebspartners ist nur indirekt möglich. Vor allem fehlen in der Regel leistungsmessende Inputdaten, um einzelne Instanzen analysieren zu können. Nur in wenigen Fällen, z.B. im filialisierenden Einzelhandel, bekommen Produzenten gelegentlich Einzeldaten, etwa je Filiale, um Rückschlüsse auf regionale Besonderheiten ziehen und die Wirkung regional begrenzter Verkaufsfördermaßnahmen messen zu können.

In den meisten Fällen werden die Vertriebspartner jeweils in Gänze zu betrachten sein, so dass die in Tabelle 64 dargestellten Kennzahlen zur Steuerung und Kontrolle herangezogen werden müssel. Im Vordergrund werden hier die Kosten- und Erlösrelationen sowie die Kundenkontaktqualität stehen. Ferner gilt es zu ermitteln, welchen Marktanteil der Vertriebspartner erreicht und hier wird schon deutlich, dass viele der Kennzahlen nicht nur der Verbesserung von Effizienz und Effektivität der jeweils analysierten Vertriebsinstanz dienen, sondern auch der strategischen Entscheidung, welcher Vertriebskanal der günstigste ist.

In Anlehnung an die oben beschriebene Diskussion, ob Verkäufer erfolgreicher über ihren Output oder ihr Verhalten zu steuern sind, zeigt sich an der Wahl der Kennzahlen bereits, dass hier weniger das Verhalten, sondern der **Output** im Vordergrund steht: So interessant es auch wäre, das Verhalten der Verkäufer des Vertriebspartners zu steuern, zu koordinieren und zu kontrollieren – der Durchgriff, die Daten und die Rechte dazu fehlen und was bleibt, ist der Blick auf die Endergebnisse.

Kennzahl	Beschreibung
Verkaufs-erfolg	Der Verkaufserfolg bemisst sich nach der verkauften und somit provisionsberechtigenden Menge oder dem Verkaufserlös abzgl. gewährter Preisnachlässe
Vollkosten des Vertriebspartners	$Vertriebspartnerkosten(vp,t)$ $= Produkteinstandskosten(vp,t)$ $- Lagerbestandskosten(vp,t)$ $- Laufende\ vertriebliche\ Betreuungskosten(vp,t)$ $- Abschreibung\ auf\ Initialkosten(vp,t)$ $- Verkaufsprovision(vp,t)$ $- Verkaufsunterstützung\ und\ Werbekostenzuschüsse(vp,t)$ $- Rückstellungen\ für\ Jahresendgratifikationen$ $- Reklamationskosten(vp,t)$ $- Kosten\ der\ Administration(vp,t)$ $- Kalkulatorische\ Wagniskosten(vp,t)$ *vp* steht für den zu analysierenden Vertriebspartner.
Einzelkosten	$$WKZ - Quote(vp,t) = \frac{Werbekostenzuschüsse(vp,t)}{Erlöse(vp,t)} * 100$$ $$Relativer\ Verkaufsmaterialverbrauch(vp,t) = \frac{Wert\ des\ bereitgestellte\ Materials(vp,t)}{Erlöse(vp,t)} * 100$$ $$Kommissionswarenkosten(vp,t,p)$$ $$= Wert\ der\ Kommissionsware(vp,t)$$ $$- Abschreibung\ (vp,t)$$ $$- Kosten\ aus\ Verlusten\ und\ Beschädigungen(vp,t)$$ $$- Administrationskosten(vp,t)$$ $$- Logistikkosten(vp,t)$$ $$- Versicherungen(vp,t)$$

Verkaufs-unterstüt-zungskosten	$Kosten\ der\ direkten\ Verkaufsunterstützung(vp, t)$ $= Personalaufwand(vp, t)$ $+ Nebenkosten(vp, t)$ $+ Materialkosten(vp, t)$
Deckungs-beitrag des Vertriebs-partners	$Deckungsbeitrag(vp, t) = Verkaufserlös(vp, t) - variable\ Kosten(vp, t)$ Der Deckungsbeitrag kann weiterhin für Produkte, Produktgruppen, Regionen oder Zielgruppen berechnet werden, die bei der Analyse des Vertriebspartners eine besondere Rolle spielen.
Verkaufs-qualität des Vertriebs-partners	Die Verkaufsqualität ist kein durchgehend definierter Begriff und bedarf der Erläuterung. Erfasst werden soll die Einschätzung der Endkunden, vom Vertriebspartner den erwarteten Nutzen auch erhalten zu haben. Dies lässt einen Rückschluss auf die vom Kunden unterstellte Qualität des Produktes bzw. dessen Hersteller zu und ist somit von strategischer Bedeutung. Ein solide arbeitender Vertriebspartner kann dem Image des eigenen Unternehmens förderlich sein, ein schludriger abträglich. $Reklamationsquote(vp, t, p)$ $= \dfrac{Anzahl\ beanstandeter\ Produkte(vp, t)}{Gesamtmenge\ der\ verkauften\ Produkte(vp, t)} * 100$ Präziser sind die Daten, wenn der Reklamationsgrund bekannt ist. Dabei werden objektive Produktfehler oder andere Sachmängel („qualifizierbare Reklamationsgründe") aus der Rechnung ausgeklammert, so dass nur die Beratungsmängel, die der Vertriebspartner verantwortet, übrig bleiben: $Quote\ nicht\ qualifizierbarer\ Reklamationsgründe(vp, t, p)$ $= \dfrac{Anzahl\ nicht\ qualifizierbarer\ Reklamationen(vp, t, p)}{Gesamtmenge\ verkaufter\ Produkte(vp, t)} * 100$
Eigenpro-duktanteil	$Eigenproduktanteil(vp, t, p)$ $= \dfrac{Verkaufte\ Eigenprodukte(vp, t)}{Gesamtmenge\ verkaufter\ Produkte\ aller\ Lieferanten(vp, t)}$ $* 100$
Marktvolu-menausschö-pfung	$Marktvolumenanteil(vp, t) = \dfrac{Erlöse(vp, t)}{Marktvolumen(vp, t)} * 100$

Tabelle 64: Kennzahlen zur Steuerung von Vertriebspartnern

Diese Auswahl an Kennzahlen gibt einen guten Überblick, in welchen Bereichen eine Performance-Messung stattfinden kann. Die Daten sind Arbeitsgrundlage für die Betreuer, deren Aufgabe es dann ist, die Leistungen des Vertriebspartners zu verbessern. Dies gelingt am besten, wenn ein Referenz- oder Zielwert bekannt ist. Dieser kann beispielsweise durch eine **Benchmarkanalyse** ermittelt werden. Voraussetzung ist hier, dass die Vertriebspartner miteinander vergleichbar gemacht werden. Bezugsgrößen sind z.B. das geplante Jahresziel, die Anzahl aktiver Verkäufer oder die Ladenfläche. Motivationsförderlich können auch hier wieder Rennlisten sein, deren Sieger eine Prämie erhalten. Gibt es datenschutzrechtliche Bedenken, kann jedem einzelnen Vertriebspartner sein Stand im Ranking auch ohne Nennung der Namen der übrigen Teilnehmer mitgeteilt werden, so, wie dies bei z.B. branchenweiten Benchmarkanalysen üblich ist. Tabelle 65 zeigt hierfür ein Beispiel.

Rang	Vertriebspartner	Zielerreichung bis heute
1	NN	45,0%
2	NN	43,5%
3	Westerwelles Bagger-schaufelvertrieb	28,2%
4	NN	27,5%
5	NN	23,9%

Tabelle 65: Neutralisierte Rennliste

Neben der Kontrolle des Leistungsstandes ist die Aufgabe des Vertriebscontrollers, dem Betreuer sachdienliche Hinweise zu liefern, an welchen Stellen der Wertschöpfungskette die von ihm betreuten Vertriebspartner besser oder schlechter als der Durchschnitt sind. Hierzu empfiehlt es sich, nach dem in Kapitel 5.4.3 dargestellten Muster die Wertschöpfungskette eines indirekten Vertriebes zu ermitteln, Messpunkte und Messverfahren festzulegen und die Abweichungen von den Referenz- oder Durchschnittswerten mit dem Betreuer zu besprechen.

5.6 Steuerung des personalgestützten Direktvertriebs

Der personalgestützte Direktvertrieb umfasst die Gesamtheit aller angestellten Verkäufer eines Unternehmens, die in direktem Kundenkontakt stehen, welche Bezeichnung auch immer sie tragen. Auch Call Center-Agents gehören dazu, wenn ihre Aufgabe der Verkauf ist. Wesentliches Merkmal ist, dass die Verkäufer disziplinarisch unmittelbar dem Unternehmen unterstehen und sie die Kundenkontaktschnittstelle mit dem Ziel des Verkaufs bilden.

Je nach Größe des Vertriebs werden die Verkäufer in einer gemeinsamen Organisationseinheit, dem „Vertrieb" geführt. Dieser Vertrieb ist funktional betrachtet Teil des Marketings, denn durch ihn verwirklichen sich die absatzpolitischen Instrumente des Marketing-Mix. Aufbauorganisatorisch jedoch ist der Vertrieb in der Mehrzahl der Unternehmen auf gleicher hierarchischer Stufe wie das Marketing angesiedelt. Beide Einheiten werden dann auf einer höheren hierarchischen Stufe, z.B. der Geschäftsführung, zusammengeführt. Eine Aufteilung der Verantwortung für Vertrieb einerseits und Marketing andererseits auf zwei Geschäftsführungsbereiche ist selten anzutreffen.

Es wäre wie Eulen nach Athen zu tragen, zu behaupten, dass zahlreiche Unternehmen die Umorganisation des Vertriebs zu einem regelmäßig wiederkehrenden Ritual gemacht haben. Solange dies einem planvollen Handeln entspricht, mag es gut sein. Nur allzu oft aber wird versucht, eine immanente Unzufriedenheit mit dem Vertrieb auf diese Weise zu heilen. Hier ein Zitat aus einer aktuellen Studie, in der Horvath & Partner ca. 200 Unternehmen aus dem Investitionsgüterbereich über ihre Zufriedenheit mit dem Vertrieb befragten:

> „Die Befragung brachte ein überraschendes Ergebnis: Lediglich ein Fünftel der Teilnehmer schätzen ihre Performance im Vertrieb insgesamt als „gut" ein. Noch überraschender sind die wesentlichen Gründe für die Unzufriedenheit:
> 1. Zentrale und dezentrale Vertriebsaufgaben sind nicht klar definiert und verankert
> 2. Die internationale Vertriebssteuerung funktioniert nicht
> 3. Der Vertrieb ist international nicht wirksam ausgerichtet und organisiert"[115]

---

[115] Horvath&Partners, et al., 2012

Das Vertriebscontrolling kann nicht die Aufgabe der Vertriebsführung übernehmen. Es soll diese unterstützen und ein methodisch-quantitatives Fundament für Entscheidungen bereitstellen. Erst durch die Messung von Ereignissen, z.B. der Wirkung von Maßnahmen, und der Entemotionalisierung – oder besser: Entmystifizierung[116] – der spezifischen Fähigkeiten von Vertriebsinstanzen, Kundenkontaktsituationen zu gestalten, werden strukturelle und strategische Maßnahmen berechenbar.

Auf der operativen und sowohl für die Vertriebsführung als auch für das Vertriebscontrolling hier relevanten Ebene steht die Frage im Vordergrund, wie die Zuordnung von Verkäufern und Interessenten bzw. Kunden organisiert werden soll. Ziel ist ein maximaler Vertriebserfolg. Dieser bemisst sich an der strategischen Zielsetzung, zumeist einer gewinnmaximierenden Kombination der Zielgrößen Umsatz und Menge, ergänzt um Nebenziele wie eine langfristige Kundenbindung (Sicherheit) und kontrollierbares Wachstum (Planbarkeit).[117] Die Fragestellung der Aufteilung des Zielmarktes auf die Verkäufer und somit die Zuweisung von Verantwortung wird in Kapitel 5.6.2 behandelt.

Den Einstieg markiert jedoch eine grundsätzliche Fragestellung, deren Beantwortung den Arbeitsauftrag für den und das Selbstverständnis des Vertriebscontroller(s) signifikant beeinflusst und der in Kapitel 5.6.1 nachgegangen wird: Ist das Endergebnis, also der Output, oder das Verhalten der Verkäufer zu steuern? Hieraus leiten sich unterschiedliche Kennzahlen ab, derer sich der Vertriebscontroller bedient und die in Kapitel 5.6.3 beschrieben werden. Abschließend werden in Kapitel 5.6.4, sicherlich nicht erschöpfend, Provisionssysteme für den Vertrieb diskutiert.

5.6.1 Verhaltens- vs. ergebnisorientierte Vertriebssteuerung

Basierend auf den Arbeiten von Erin Anderson und Richard L. Oliver[118], deren Lektüre auch dem pragmatisch orientierten Vertriebsleiter dringend angeraten sei, wird bis heute die Frage diskutiert, an welcher Stelle eine zielführende Vertriebssteuerung anzusetzen sei. Unterschieden wird in zwei grundsätzliche „Schulen", die sich in der Praxis zumeist in einer Melange wiederfinden. Dennoch ist für das Vertriebscontrolling wichtig, zunächst die jeweiligen Ansatzpunkte zu verstehen.

Ein **ergebnisorientiertes Steuerungssystem**[119] benötige, so Anderson und Oliver, relativ wenig „Involvement" der Vertriebsführung und überlässt die Art und Weise, wie Vertriebserfolge erzielt werden, den Verkäufern. Es zählen nur die Verkaufsergebnisse. Das **verhaltensorientierte System**[120] hingegen verlangt nach umfangreicher Einbeziehung des Managements; die genutzten Methoden fokussieren hier auf die Steuerung und Kontrolle der Art und Weise, wie Verkäufer den Verkaufsprozess gestalten.

Der Vorteil der ergebnisorientierten Steuerung, so Anderson und Oliver weiter, sei, dass die Steuerung dort ansetze, wo das strategische Ziel der Vertriebsorganisation auch ansetze: Beim Verkaufserfolg. Verkäufer seien viel unterwegs, an ein unabhängiges Arbeiten gewöhnt und damit sowieso nur schwer zu steuern. Auch sei es viel schwerer als gemeinhin angenommen, die Erfolgsfaktoren aus dem Verhalten erfolgreicher Verkäufer zu isolieren, um sie in Form von Patentrezepten anderen Verkäufern zugänglich zu machen, denn die „Magie", das Talent, die empathischen Fähigkeiten, wie auch immer diese Komponente bezeichnet wird, die sich nur im Ergebnis, nicht aber im Prozess erfassen und messen lässt, mache einen guten Verkäufer aus. Der Nachteil sei, dass die ultimative Konzentration auf den Abschluss zu langfristigen Nachteilen für das Unternehmen führen könne: Kundenbin-

---

[116] Diesen Begriff nutzt übrigens auch Herndl auf S. 51 seines bemerkenswerten und zur Lektüre empfohlenen Buches Herndl, 2010.

[117] Vgl. hierzu die in Mühlberger, 2009 wiedergegebene Diskussion über das Zielsystem des Vertriebs.

[118] Anderson & Oliver, 1987, S. 76

[119] Engl.: „Outcome-Based Salesforce Control System". Dabei sollte „Control System" nicht mit „Vertriebscontrolling" übersetzt werden, sondern der Begriff bezeichnet eher eine Attitüde der Vertriebsleitung, wie die Verkaufsinstanzen zu führen sind.

[120] Engl.: „Behaviour-Based Salesforce Control System"

dende Aktivitäten hätten einen geringeren Stellenwert als ein schneller Abschluss, die Einführung neuer Produkte, die schwieriger zu verkaufen seien als alte, dauere länger.

Das verhaltensorientierte Steuerungssystem erlaube nach Anderson und Oliver dem Vertriebsmanagement, Einfluss auf die Ausgestaltung der verkaufsgerichteten Aktivitäten zu nehmen. Im Rahmen des Verkaufsprozesses werden für die als relevant erachteten Prozessschritte Aktivitäten vorgegeben und deren Durchführung kontrolliert. Der Vorteil sei einerseits, dass Verkaufsaktivitäten vergleichbar und deren Optimierung somit einfacher seien, andererseits, dass Aktivitäten durchgeführt werden, die sich mit einem ergebnisorientierten Führungssystem nicht sinnvoll darstellen ließen. Verhaltensorientierte Steuerungssysteme haben allerdings den wesentlichen Nachteil komplex zu sein, und hier können wir vom Konjunktiv zum Indikativ zurück kehren, denn es liegen zahlreiche Praxiserfahrungen vor. Es werden umfangreiche Methoden benötigt, um die richtigen Messgrößen und Messpunkte zu finden, um das gewünschte Verhalten eines Verkäufers zu beobachten. Die Gefahr besteht, dass Verkäufer und Vertriebsleitung die strategische Zielsetzung aus dem Blick verlieren.

Es gibt also gute Gründe für beide Ansätze. Die Entscheidung liegt bei der Vertriebsleitung und das Vertriebscontrolling unterstützt den gewählten Ansatz, in dem es über geeignete Methoden die für die Führung erforderlichen Daten generiert und zur Verfügung stellt.

Tabelle 66 ist ein Exzerpt aus einer Darstellung der empfohlenen Steuerungsansätze.[121] Sie führt nicht zu einer klaren Empfehlung in Abhängigkeit bestimmter Kriterien, sondern zeigt auf, welcher Ansatz tendenziell unter welchen Umständen vorzuziehen ist. Das „V" steht für „verhaltensorientierte Vertriebssteuerung, dass „E" entsprechend für „ergebnisorientierte Vertriebssteuerung".[122]

---

[121] Zusammengestellt aus Anderson & Oliver, 1987, S. 80 und Anderson & Oliver, 1994, S. 55. Die Tabelle gibt die Ergebnisse der vorliegenden Studien nicht vollständig wieder, sondern reduziert die Erkenntnisse auf die für die Zwecke dieses Buches relevanten Aspekte. Dies ist auch der Grund dafür, dass die Aufzählung der Parameter ungeordnet erscheint.

[122] Bei weiter gehendem Interesse sei die Originalliteratur empfohlen, aber auch deren empirische Überprüfung und Bestätigung, z.B. durch Arbeiten von Cravens, et al., 1993, Ahearne, et al., 2010 und Krafft, 1999.

Parameter	V	E
Unsichere Nachfrage	X	
Große Schwankungen bei den Verkaufsmengen	X	
Hohe Unbeständigkeit der nicht-spezialisierten Verkäufer		X
Hohe Unbeständigkeit der spezialisierten Verkäufer	X	
Geringe Anzahl Verkäufer		X
Verkaufsergebnis kann nicht gemessen werden	X	
Verkaufsergebnis kann nur ungenau gemessen werden	X	
Verkaufsergebnis kann eindeutig gemessen und zugewiesen werden		X
Verhaltensmessung ist schwierig oder teuer		X
Kosten eines bestimmten Verhaltens sind unklar zu bestimmen		X
Ziel des Verkäufers ist das Ziel des Unternehmens		X
Verkäufer müssen ihre Aktivitäten langfristig planen	X	
Hoher Anteil an Telefon- und Mailkontakten		X
Verkaufstätigkeit hat hohen Anteil an Arbeitszeit		X
„Hard-Selling" überwiegt		X
Beteiligung an Managemententscheidungen gewünscht	X	
Geld als Kontrollmechanismus ist akzeptiert		X
Hoher Spezialisierungsgrad der Verkäufer	X	
Hohe Eigenmotivation	X	
Eher Motivation durch Zuwendungen erforderlich		X
Akzeptanz der Vertriebsleitung	X	
Akzeptanz von Teamarbeit	X	
Akzeptanz von Leistungsmessung	X	
Verkäufer sind tendenziell Risikovermeider	X	
Verkäufer sind tendenziell Risikosucher		X

Tabelle 66: Empfehlungen für die Ausgestaltung des Vertriebssteuersystems nach Anderson und Oliver

Die verhaltensorientierte Steuerung stellt an das Vertriebscontrolling bedeutend höhere Ansprüche als an die ergebnisorientierte. Die Verantwortung für die Wahl der richtigen Verkaufsmaßnahmen liegt mehr beim Vertriebsleiter als beim Verkäufer, welcher nun daran gemessen wird, wie gut er die vorgegebenen Maßnahmen umsetzt. Folglich ist der Verkaufserfolg nun nicht mehr primär von der „magischen" Komponente des Verkäufers (in Ergänzung zum sachlichen Mix der absatzpolitischen Instrumente Preis, Produkt und Werbung/PR/VKF) abhängig, sondern von der Fähigkeit des Vertriebsleiters, die den Erfolg bringenden Maßnahmen zu finden und von den Verkäufern umsetzen zu lassen.

Statt auf die Talente der einzelnen Verkäufer stützt sich der Vertriebsleiter auf die objektiven Erkenntnisse des Vertriebscontrollings, welches einen Zusammenhang zwischen den Kosten und der Wirkung einer Maßnahme herstellen muss. Hier dient das Vertriebscontrolling der „Rationalitätssicherung der Führung", wie es Müller prägnant formuliert.[123] Interessant (aber für dieses Buch nicht weiter relevant) ist in diesem Zusammenhang die Frage, welche Vertriebsführungskraft aufgrund welchen Persönlichkeitsprofils zu welcher Art der Vertriebssteuerung tendiert. Jaworski unterscheidet hierzu in eine for-

---

[123] Müller, 2009, S. 12

male (Input, Ergebnis) und eine informale (Selbstregulationskräfte durch Kollegen) Steuerung.[124] Darmon und Martin erweitern diesen konzeptionellen Rahmen um die Einflussfaktoren „Management-Stil" (zentral oder dezentral wirkend) und „Zeithorizont der Management-Ziele".[125]

Interessant sind in diesem Zusammenhang die Ergebnisse von Churchill et al., die in einer Metaanalyse herauszufinden versuchten, welche Faktoren die Performance von Verkäufern treiben. Hierzu werteten Sie einige hundert Studien aus, verdichteten die zunächst unüberschaubar große Zahl untersuchter Einflussfaktoren und bewerteten deren Einfluss auf den Verkaufserfolg.[126] Dass diese Analyse bereits 1985 veröffentlicht wurde und folglich auf noch ältere Studien zurückgreifen musste, bedeutet, dass die Erkenntnisse heutzutage nicht unreflektiert übernommen werden dürfen. Spannend bleiben die Ergebnisse dennoch, denn die grundsätzlichen Gesetzmäßigkeiten von Motivation und Engagement dürften immer noch die gleichen sein.

Tabelle 67 stellt die Ergebnisse der Meta-Studie vor, in der die konkrete Fragestellung lautete, durch welchen Faktor sich die „Performance" einer „Sales Person" voraussagen lässt. Die Interdependenzen zwischen den Faktoren wurden leider nicht untersucht. Churchill et al. weisen darauf hin, dass die Bedeutung der Art des Geschäfts (Produkt, Kundenart) in ihrer Analyse nicht ausreichend berücksichtigt werden konnte, aber von Bedeutung sei.

Diese Kritik berücksichtigend bleiben für den Vertriebscontroller drei spannende Erkenntnisse:

1. Die Abhängigkeit der Performance von weitgehend objektiv messbaren Faktoren ist viel größer, als das in vielen Unternehmen gepflegte Verständnis des Vertriebs als ein Hort der magischen Fähigkeit, Kunden verzaubern zu können, vermuten lässt. **Vertrieb ist erlernbar und keine Gottesgabe.**

2. Es wäre verkehrt, sich als Vertriebsleiter bei der Personalauswahl und vor allem bei der Steuerung als Führungsaufgabe auf nur einen Einflussfaktor zu konzentrieren. Lehrreich ist die hier zitierte Meta-Analyse in der Hinsicht, dass sich die in Tabelle 67 dargestellten Faktoren gut als Eckpfeiler der Führungsarbeit verwenden lassen, die gemeinsam die auf eine Verbesserung der Vertriebseffizienz und -effektivität ausgerichtete Organisationsentwicklung tragen.

3. Wenn die untersuchten Faktoren in Summe nur ca. ein Viertel bis ein Drittel des Einflusses auf die Performance des Vertriebs ausmachen, welche hier offensichtlich nicht untersuchten Faktoren bestimmen dann noch den Vertriebserfolg? Ohne dass dies in der vorliegenden Literatur diskutiert wird, müssen es wohl die objektiven Faktoren sein, also das Produkt, der Preis, das Wettbewerbsumfeld oder die Position des eigenen Unternehmens im Markt.

> Noch einmal das Ergebnis: Die „magische" Komponente des Verkäufers macht maximal ein Drittel der Verkaufsperformance aus. Dieses Drittel kann entscheidend sein! Doch ist es eben maximal ein Drittel!

---

[124] Jaworksi, 1988

[125] Darmon & Martin, 2011

[126] Churchill, et al., 1985. Interessant ist ein Vergleich mit der umfangreichen Analyse der einen Verkaufsakt determinierenden Faktoren von Dubinsky. Diese ist in Kapitel 8.4.3 mitsamt der zugehörigen Tabellen ausführlich wiedergegeben.

Faktor	Einfluss auf Performance	Erläuterung
Persönliche Faktoren (Personal factors) und Rollenverständnis (Role variables)	9-14%	Alter, Geschlecht, Ausbildung, Gewicht, Familienstand usw. haben von allen untersuchten Faktoren den stärksten Einfluss auf die Performance. Entscheidend scheint auch das eigene Verständnis des Verkäufers für seine Funktion zu sein, letztlich ein Ausdruck für Verantwortungsgefühl.
Fähigkeiten (Skills)	7-10%	Die persönlichen Fähigkeiten wurden in vergleichsweise wenigen Studien untersucht und oft wurde angenommen, dass diese vorauszusetzen seien. Auch wurde selten erläutert, um welche Art von Fähigkeiten es sich handelt.
Motivation	3-7%	Die ausgewerteten Untersuchungen sind meist neueren Datums (kurz vor 1985).
Talent (Aptitude)	2%	Die Ergebnisse der untersuchten Studien weisen eine hohe Standardabweichung auf. Klar ist jedoch, dass die persönliche Wahrnehmung täuscht: Talent bzw. „natürliche Befähigung" ist im Verkauf wenig bedeutend als gemeinhin unterstellt.
Organisation (Organizational and environmental factors)	1%	In einigen Studien wird explizit darauf hingewiesen, dass eine misslungene Organisation indirekt über alle anderen Faktoren wirkt, während der positive Einfluss einer gelungenen Organisation nur gering ist.

Tabelle 67: Einflussfaktoren auf die Performance von Verkäufern: Ergebnisse einer Metaanalyse von Churchill et al.

5.6.2 Aufteilung der Zielklientel auf Verkaufsinstanzen

Unter „Zielklientel" ist hier die Summe aller Kunden, Interessenten und potentiellen Interessenten zu verstehen. Es gilt, nach geeigneten Kriterien die Verantwortung für deren Adressierung auf die Verkäufer aufzuteilen. Solche Kriterien sind beispielsweise:

- **Kundenkenntnis**: Je mehr die einzelne Verkaufsinstanz über seine Kunden bzw. die Interessenten weiß, desto erfolgreicher wird, so die gängige Vermutung, der Verkauf sein.

- **Produktkenntnis**: Die Produktkenntnis dürfte bei Verkäufern unterschiedlich ausgeprägt sein. Es gilt, die Verkäufer mit den besten Produktkenntnissen auch jenen Kunden bzw. Interessenten zuzuteilen, die diese fordern.

- **Erfahrung**: Die Kunden bzw. Interessenten mit dem höchsten Umsatz- und Renditepotential sollten auch von den Verkäufern mit der meisten Erfahrung adressiert werden.

- **Kontinuität**: Sofern die Annahme stimmt, dass eine stabile Kundenbeziehung durch den Kontakt von Menschen abhängig ist, sollten die Kunden, die langfristig an das Unternehmen gebunden werden sollen, auch von jenen Verkäufern adressiert werden, von denen anzunehmen ist, dass sie langfristig diese Aufgabe übernehmen.

- **Organisations- und Prozesskosten**: Die Aufteilung führt zu geringstmöglichen operativen Kosten, zu denen Reiseaufwendungen oder Nebenkosten gehören.

Es ist leicht ersichtlich, dass diese Kriterien nicht eindeutig und vollständig erfüllt werden können. Die erfahrensten Verkäufer können nicht überall gleichzeitig eingesetzt werden und weniger erfahrene müssen eine Chance bekommen, sich zu entwickeln. Auch ist keine Belegschaft stabil, vielmehr gehört zum Alltag, dass Verkäufer kündigen und neue hinzukommen. Bei der Verteilung der Interessenten und Kunden auf die Verkäufer handelt es sich also um ein Optimierungsproblem und da „Talente" nicht quantifizierbar sind und „Fähigkeiten" sich verändern, wird jede Lösung eine Näherung sein, die morgen schon wieder obsolet sein kann. Darum gibt es auch keine eindeutige, mathematisch fundierte Lösung für diese Aufgabenstellung. Vielmehr haben sich in der Praxis heuristische Verfahren bewährt, deren Ergebnis ständig überprüft werden muss. Es ist nicht verwunderlich, dass insbesondere Vertriebsorganisationen häufig verändert werden. Oft wird „ausprobiert" und auch, wenn den verantwortlichen Akteuren bewusst ist, dass solche „Trial & Error"-Maßnahmen dazu führen können, dass Verkäufer immer weniger bereit sind, Arbeit in langfristige Beziehungen zu investieren, deren positive spätere Effekte ihnen nicht mehr selbst zu Gute kommen, sind sie als Instrument der Organisationsentwicklung beliebt.

Nachfolgend werden einige typische Ansätze dargestellt, wie Verantwortung für die Zielklientel auf Verkäufer bzw. Verkaufsorganisationen verteilt werden kann:

Dominanz der Reisezeit: Regionen

Die vermutliche älteste und klassische Verteilung ist die regionale. Jedem Verkäufer wird ein Verkaufsgebiet zugewiesen, das er bearbeitet. Hauptgrund ist die Minimierung von unproduktiver Reisezeit. Die Grenzziehung ist dabei von den drei Parametern

- örtliche Verteilung der Zielklientel,

- Umsatzpotential sowie

- Klientelkontaktfrequenz

abhängig. Die Reisezeit sollte in sinnvoller Relation zur Kundenkontaktzeit stehen, das Umsatzpotential sollte die Kosten rechtfertigen und die Klientelkontaktfrequenz sollte so bemessen sein, dass die Chance besteht, das Klientpotential auch tatsächlich zu bearbeiten. Je nach Branche können generische Grenzen verwendet werden (Postleitzahlgebiete, Telefonvorwahlbereiche, Bundesländer, Staatsgrenzen). Zu entscheiden ist, ob die durchschnittliche Entfernung der Klientel vom Büro des Verkäufers oder die Anzahl von Zielklienten das führende Kriterium sein soll.

Dominanz der Kundenkenntnis: Branchen

Insbesondere beim Verkauf beratungsintensiver Dienstleistungen (Consulting, IT, Wirtschaftsprüfung) hat sich eine Branchengliederung des Vertriebes durchgesetzt. Dabei wird unterstellt, dass spezifisches Wissen über die Branche des Kunden zu mehr Verkaufserfolg führt. Dies scheint auch plausibel, denn je mehr ein Verkäufer die Ziele und Restriktionen seiner Klientel kennt, desto eher wird er in der Lage sein, eine Nutzenargumentation aufzubauen, welche die Verkaufschance erhöht. Auch ist zu vermuten, dass sich die Ansprechpartner der Interessenten oder Kunden lieber mit einem Verkäufer unterhalten, von dem sie vermuten, dass er sich in der Branche auskennt. Und schlussendlich wird der Aufbau von Kontakten innerhalb einer Branche – das „Personal Networking" – vereinfacht.

Vom konkreten Leistungsangebot ist abhängig, mit welcher Granularität die Branchen gegliedert werden. Eine praktikable Struktur liefert die Deutsche Bundesbank mit folgender Liste, die auf der Branchengliederung des Statistischen Bundesamtes basiert: [127]

- Land- und Forstwirtschaft, Fischerei
- Bergbau und Gewinnung von Steinen und Erden
- Verarbeitendes Gewerbe
- Energieversorgung
- Wasserversorgung; Abwasser; Abfallentsorgung; Beseitigung von Umweltverschmutzung
- Baugewerbe
- Handel; Instandhaltung und Reparatur von Kfz.
- Verkehr und Lagerei
- Gastgewerbe
- Information und Kommunikation
- Erbringung von Finanz- und Versicherungsdienstleistungen
- Grundstücks- und Wohnungswesen
- Erbringung von freiberuflichen, wissenschaftlichen und technischen Dienstleistungen
- Erbringen von sonstigen wirtschaftlichen Dienstleistungen
- Öffentliche Verwaltung; Verteidigung; Sozialversicherungen
- Erziehung und Unterricht
- Gesundheits- und Sozialwesen
- Kunst, Unterhaltung und Erholung
- Erbringung von sonstigen Dienstleistungen

Diese Branchen werden feiner untergliedert, wie das nachfolgende Beispiel für die Branche „Erbringung von Finanz- und Versicherungsdienstleistungen" zeigt:

ABSCHNITT K – ERBRINGUNG VON FINANZ- UND VERSICHERUNGSDIENSTLEISTUNGEN
- 64A Deutsche Bundesbank
- 64B Banken (MFIs)
- 64C Beteiligungsgesellschaften mit aktivem Versicherungsgeschäft
- 64D Beteiligungsgesellschaften mit überwiegend finanziellem Anteilsbesitz
- 64E Treuhand- und sonstige Fonds und ähnliche Finanzinstitutionen
- 64F Institutionen für Finanzierungsleasing
- 64G Übrige Finanzierungsinstitutionen
- 64H Investmentaktiengesellschaften und Fonds von Kapitalanlagegesellschaften (ohne Geldmarktfonds)
- 64I Geldmarktfonds
- 64J Verbriefungszweckgesellschaften
- 650 Versicherungen, Rückversicherungen und Pensionskassen (ohne Sozialversicherung)
- 660 Mit Finanz- und Versicherungsdienstleistungen verbundene Tätigkeiten

Der Nutzen gerade dieser Gliederung ist, dass sie von Unternehmensdatenbanken wie der Hoppenstedt Firmendatenbank oder von Adressbrokern verwendet werden. Bei einer datenbankgestützten Recherche ist also keine „Übersetzung" in die unternehmenseigene Gliederung erforderlich.

---

[127] URL: http://www.bundesbank.de/Redaktion/DE/Downloads/Veroeffentlichungen/Statistische_Sonderveroeffent lichungen/Statso_2/statso_2_01_bankenstatistik_kundensystematik.pdf?__blob=publicationFile, zuletzt geprüft am 16.10.2012

Dominanz der Vernetzung mit dem Kunden: Größe

Werden mit den gleichen Produkten Zielklienten unterschiedlicher Größe angesprochen, etwa mittelständische Unternehmen ebenso wie Großunternehmen, kann die Spezialisierung des Verkaufs Vorteile bringen. Ziel ist, jedem Klienten eine erfolgsmaximierende Kontakt- und Bearbeitungszeit zu widmen: Ein Privatkunde wird reaktiv bedient, ein Mittelständler per Telefon plus maximal zwei persönlichen Besuchen und für das Großunternehmen wird ein dedizierter Verkäufer (Key-Account-Manager) etabliert, dessen Aufgabe es ist, sämtliche Bedarfsträger (Nachfrager) innerhalb des Großunternehmens zu bedienen. Die „Größe" dient folglich als Surrogat für die zunächst unbekannte Maßzahl „potentielles Einkaufsvolumen" und es wird unterstellt, dass je größer ein Unternehmen ist, desto mehr an dieses verkauft werden kann.

Ob eine einfache Unterscheidung in Großkunde, KMU und Privatkunde, wie sie heute vielfach z.B. bei Telekommunikationsunternehmen anzutreffen ist, adäquat ist, oder die Einteilung von Abnehmern nach der Quadratmeterzahl ihrer Verkaufsfläche, wie es im Handel häufig praktiziert wird, hängt vom konkreten Fall ab. Immer aber muss ein Ersatzmaßstab gefunden werden, der die Umsatzerwartung repräsentiert. Ein solcher Ersatzmaßstab kann z.B. sein:

- Umsatz

- Anzahl Mitarbeiter

- Produktionsmenge

- Verkaufsfläche

- Anzahl Verkaufsstellen (Filialen)

- Position in einem Branchen-Ranking (z.B. „Top 50")

Dominanz des Kundennutzens: Produkte

Bei lösungsorientiertem Geschäft, bei dem für die jeweiligen Kunden individuelle Leistungen erbracht werden (Baugeschäft, Ingenieurdienste, Prüf- und Zertifizierungsleistungen), aber auch dann, wenn das eigene Unternehmen eine sehr breite Palette recht unterschiedlicher Produkte anbietet (PKW, LKW, Spezialfahrzeugbau), bietet sich ein egozentrierter Ansatz an: Die Zielklientel wird nicht aufgeteilt, sondern die Verkäufer spezialisieren sich auf Produkte. Sie werden zu „Lösungsspezialisten" und sollen mit diesem spezifischen Wissen kundennutzenoptimale Leistungspakete schnüren. Der Nachteil ist, dass bei einer unidirektionalen Produktspezialisierung der Verkäufer ein Klient von mehreren Verkäufern gleichzeitig angesprochen werden könnte. Oft wird darum einem aus dem Kreis der Verkäufer die „Kundenführung" übertragen, dessen wichtigste Aufgabe die Koordination von Verkaufsaktivitäten ist. Das „Selling Team" entsteht.

Ein zweiter Ansatz ist, dass ein Verkäufer mit allgemeiner, aber nicht in die Tiefe gehender Produktkenntnis den Kundenkontakt in der Frühphase nach seinem Ermessen gestaltet und im Falle konkreter Gespräche einen Spezialisten hinzuzieht. Diese Spezialisten benötigen dann nur noch wenig verkäuferisches Know-how und werden auch vor dem Interessenten bzw. Kunden als Fachexperten positioniert.

Ein produktorientierter Verkaufsansatz findet sich auch bei einigen filialisierenden Einzelhändlern sowie in Kaufhäusern und in Verbrauchermärkten: Das Produktangebot wird in Abteilungen gegliedert, in denen Fachverkäufer das Warenangebot organisieren und Kunden beraten.

Zuweisung von „Named Accounts" durch den Vertriebsleiter

Viel häufiger als zu vermuten wird die namentliche Zuweisung von Klienten zu Verkäufern praktiziert. Insbesondere dann, wenn der Zielmarkt begrenzt ist und langfristige Kundenbeziehungen von eminenter Wichtigkeit sind, werden Verkäufern „Named Accounts" zugewiesen, um die sie sich konzentriert kümmern sollen. Häufig finden sich dann auch Prioritätslisten, auf denen die wichtigsten Zielkunden einer Branche, bei denen das größte Beschaffungsvolumen vermutet wird, namentlich aufgeführt sind, ergänzt um eine mehr oder weniger anonyme Anzahl der weniger wichtig erscheinenden Interessenten bzw. Kunden, die nur dann bedient werden sollen, wenn Zeit dafür zur Verfügung steht.

Mischmodelle und Zuweisungsprobleme

In der Praxis finden sich natürlich oft Mixturen aus den vorgenannten Modellen, etwa die Produktorientierung mit zusätzlich regionaler Verantwortung.

Fazit

Für ein gelungenes Vertriebscontrolling ist nun wichtig, diese Modelle transparent zu gestalten und die Demarkationsgrenzen objektiv prüf- bzw. messbar festzulegen. Unscharfe Abgrenzungen führen zu Unzufriedenheit, denn ohne dass diese Aussage bewiesen werden kann, ist doch häufig zu beobachten, dass Verkäufer immer dann, wenn ihr Aufgabengebiet nicht klar umrissen ist, dazu neigen, zunächst die Grenzen zu markieren; und zwar großzügig. Das fassungslose Kopfschütteln des Vertriebsleiters, der die Zeitverschwendung ob solcher Abgrenzungsstreitigkeiten in einem Vertriebsmeeting nicht nachvollziehen kann, kommt dann zu spät.

5.6.3 Kennzahlen zur Steuerung des personalgestützten Direktvertriebs

Kennzahlen für die ergebnisorientierte Steuerung

Für eine ergebnisorientierte Steuerung, wie sie in Kapitel 5.6.1 beschrieben wurde, werden die je nach strategischer Zielsetzung des Vertriebs relevanten Outputdaten gemessen. Diese werden der Umsatz, die Stückmenge, der Auftragseingang oder der Auftragsdeckungsbeitrag sein, vielleicht auch quantitative Größen, die je nach Branche Äquivalente dessen darstellen. Werden bedingte Ziele formuliert, so sind diese in ein entsprechendes Kennzahlensystem zu überführen. Kombinierte bzw. „bedingte" Ziele sind beispielsweise:

- Jahresumsatzmaximierung bei gleichzeitiger optimaler Gestaltung des Gesamtproduktdeckungsbeitrags

- Maximierung der Stückmenge bei Mindest-Stückdeckungsbeitrag von 23,- €

- Auftragseingangsmaximierung bei einem Gini-Koeffizienten des Umsatzes je Kunde von unter 0,2[128]

- Gewinnmaximierung unter Berücksichtigung eines Mindestabsatzes von Produkt A von 230 Tsd. €

---

[128] Ein Gini-Koeffizient von 0 würde eine Gleichverteilung des Umsatzes auf Kunden bedeuten: Mit jedem Kunden wird der gleiche Umsatz erzielt, die Risikoverteilung wäre optimal. Ein Gini-Koeffizient von 1 hieße, dass der gesamte Umsatz mit nur einem Kunden erzielt würde und implizierte ein maximales Risiko.

Zuweilen sind limitierende Faktoren in der Produktion oder eine gewünschte Risikoverteilung Grund für Nebenbedingungen. Häufiger ist allerdings, einen sinnvollen Ausgleich von Absatzvolumen einerseits und Gewinnerzielung andererseits in die Zielformulierung einzubauen, da unterstellt wird, dass Verkäufer in der Lage zu sein glauben, die Absatzstückmenge durch Preisreduktion erhöhen zu können. Verkäufer unterstellen somit eine hohe Preiselastizität der Nachfrage. Doch sprechen gleich mehrere Gründe dafür, als Vertriebsleiter hier vorsichtig zu sein:

1. **Gewinnmaximierung**: Mit sinkendem Preis sinken der Deckungsbeitrag je Produkt und somit auch der Gewinn. Ein Gewinnmaximum ist leicht zu errechnen, wenn die Kostenstruktur bekannt ist und die Preis-Absatz-Funktion geschätzt werden kann. Allerdings stehen diese Daten dem einzelnen Verkäufer selten zur Verfügung, also handelt er aus nachvollziehbaren Gründen egoistisch.

2. **Preis als Verkaufsargument**: Verkäufer neigen dazu, „über den Preis zu verkaufen", selbst dann, wenn sie an einem Deckungsbeitragsergebnis gemessen werden. Der Preis gilt als das am stärksten umkämpfte Element einer Verhandlung, doch während für den Einkäufer ein herausgehandelter Preisnachlass eine Trophäe darstellt, ist für den Verkäufer der Auftrag an sich der Erfolg.

3. **Preishygiene** kann für das eigene Unternehmen dann von großer Bedeutung sein, wenn ein Preisnachlass Folgewirkungen hat. Dies könnten Preisnachlassforderungen anderer Interessenten sein. Auch bildet der erste Preis die Grundlage zukünftiger Bestellungen. Zumindest im b-to-b-Sektor haben Kunden, die über einen günstigen Einstiegspreis angefüttert wurden, sich selten im weiteren Verlauf der Beziehung auf einen höheren Preis eingelassen. Konsumenten als Kunden scheinen für eine solche Penetrationsstrategie eher empfänglich, da sie ursprüngliche Preise schneller vergessen.

4. **Mengenanpassung**: Die Absatzmenge entspricht der Produktionsmenge zuzüglich des Abbaus und abzüglich des Aufbaus von Lagerbeständen. Soll die Absatzmenge eines Produktes verringert werden, weil Produktionskapazitäten für andere Produkte genutzt werden sollen, so wäre dies über eine Preiserhöhung zu steuern. In der Praxis werden die Verkäufer jedoch einen Provisionsausgleich einfordern, da sie ihre Verkaufschancen aufgrund nicht von ihnen beeinflussbarer Entscheidungen beschnitten sehen. So gerne Preissenkungen angenommen werden, so kritisch sind die Reaktionen bei Preiserhöhungen.

5. **Preis-Absatz-Funktion**: Sie gilt als der Heilige Gral des Marketings. Sie ist von vielen Faktoren abhängig und es gelingt allenfalls mittels Markttests, sie näherungsweise und dann auch nur für einen kurzen Zeitraum zu ermitteln. In der Praxis zeigt sich, dass die Nachfrage unelastischer reagiert als gemeinhin unterstellt, und diese Aussage gilt für die meisten Produkte und Branchen. Der Grund ist meist in Überlagerungseffekten zu suchen, die sich nur verhaltensökonomisch erklären lassen, und das gilt explizit auch für den b-to-b-Sektor, von dem fälschlicherweise angenommen wird, dass Einkaufsentscheidungen rational getroffen werden. Beispielsweise führen Preissenkungen für Produkte eines etablierten Marktes, deren Preis gelernt und bekannt ist, nicht zwingend zu mehr Absatzmenge, was anzunehmen wäre, da den Einkäufern der Preisvorteil ins Auge stechen sollte. Vielmehr kommt ein zweiter Effekt hinzu, nämlich das Misstrauen gegenüber einem Produkt, dessen Preis zwar erkennbar sinkt, aber zugleich mit dem sinkenden Preis eine Qualitätsreduktion vermutet wird: Der „Haken an der Sache". Die Preis-Absatz-Funktion ist hier unelastisch.

Kennzahlen für die verhaltensorientierte Steuerung

Für die verhaltensorientierte Steuerung ist eine Vielzahl von Kennzahlen denkbar. Immer geht es darum, Messwerte zu finden und die Messpunkte zu definieren. Die Methode wurde bereits in Kapitel 5.4.3 erläutert. Ausgangspunkt ist der Verkaufsprozess, der gedanklich einem Trichter gleich Schritt für Schritt die zunächst große Anzahl potentieller Interessenten zur geringen Anzahl Kunden verdichtet. Äquivalent zur Messung der Wirkung vertriebseffizienzsteigernder Maßnahmen wird die Umsetzung der Maßnahmen bewertet, die die Vertriebsleitung anordnet.

Zu definieren sind die Messpunkte und die Art und Weise der Erhebung der Inputdaten (Messmethode). Gesetzt ist dabei stets der Messpunkt „Z", also die Messung der letztendlichen Zielerreichung (Umsatz, Gewinn, Absatzmenge). Besteht eine neue Maßnahme beispielsweise darin, eine neue Zielgruppe mit den vorhandenen, aber leicht modifizierten Produkten zu erschließen, ist das grundsätzliche Vorgehen im b-to-b-Verkauf mehr oder weniger vorgegeben. Der Einfachheit halber wird hier unterstellt, dass die bereits in Kapitel 5.4.3 vorgestellten Prozessschritte zu durchlaufen sind. Abbildung 51 zeigt, welche Messpunkte für dieses Beispiel relevant sein könnten.

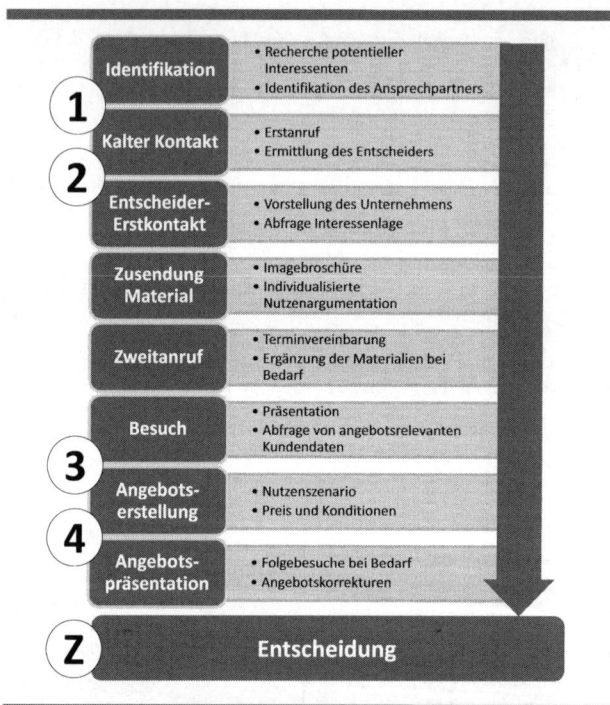

Abbildung 51: Messpunkte zur Bewertung der Umsetzung der Maßnahme
"Zielgruppenerschließung"

Messpunkt 1: Anzahl potentieller Interessenten

Dies ist die Referenzgröße, um den Gesamterfolg in der neuen Zielgruppe bewerten zu können. Eine schiere Messung des Umsatzes im Messpunkt Z wäre wenig aussagekräftig, wenn nicht zugleich ermittelt worden wäre, wie groß die Grundgesamtheit der potentiellen Kunden zu Beginn des Prozesses war. Nur so lässt sich der Marktanteil bzw. die Marktpenetration ausrechnen und nur so kann mittels des Vergleichs mit den Verkaufsergebnissen in den bisher adressierten Branchen bzw. Zielgruppen ermittelt werden, wie erfolgreich die Aktion war. Tabelle 68 stellt die (fiktiven) Ergebnisse für diesen und die weiteren Messpunkte im Vergleich mit einer Referenzbranche zusammen, für die eine gleiche Messung in früherer Zeit durchgeführt wurde.

Messpunkt 2: Quote erfolgreicher Erstkontakte

Je nach konkretem Fall könnte ein „erfolgreicher" Erstkontakt sein, wenn nach dem initialen Anruf die Kontaktdaten des Entscheiders ermittelt werden konnten. Diese stellen die Grundlage der weiteren Verkaufstätigkeit dar. Diesem Punkt kommt deswegen eine besondere Bedeutung zu, weil oftmals der Erstanruf von anderen als den Verkäufern selbst getätigt wird, z.B. von einem Outbound-Call Center oder von Junior-Verkäufern. Die Messung des Erfolgs der eigenen Verkäufer kann gerechterweise somit erst hier beginnen und Messpunkt 2 stellt den Basiswert z.B. für die Provisionsrechnung für die Verkäufer dar.

Messpunkt 3: Besuchsquote

Dieser dritte Messpunkt erfolgt auf den ersten Blick recht spät. Grund ist, bezogen auf das hier vorgestellte Beispiel, dass vom Erstkontakt zwischen Verkäufer und potentiellem Kunden dem Verkäufer größtmögliche Handlungsfreiheit eingeräumt wird. Es ist ihm und seinem Geschick überlassen, wie er zu einem Besuchstermin gelangt. Der Vertriebsleiter verzichtet bewusst darauf, die dazwischen liegenden Schritte zu kontrollieren. Selbstverständlich wäre dies möglich, wenn es gewünscht wäre.

Die Besuchsquote misst, wie viel Prozent der entweder ursprünglich angerufenen Unternehmen (Messpunkt 1) oder wie viel Prozent der vom Verkäufer Kontaktierten (Messpunkt 2) ein erster Verkaufstermin abgestattet werden konnte. Da für den Vertriebsleiter in unserem Beispiel die Leistung der eigenen Verkäufer wesentlich ist und er auch nur hierfür einen Vergleichswert der Referenzbranche hat, wählt er das Verhältnis der Besuche zur absoluten Anzahl von Unternehmen in Messpunkt 2.

Messpunkt 4: Angebotsquote

Dieser Messpunkt, der scheinbar nur einen unbedeutenden Fortschritt im Verkaufsprozess misst (Wie vielen der Besuchten darf ein konkretes Angebot unterbreitet werden?), hat für die Arbeit des Verkäufers eine große Bedeutung: Während er bisher mit Geschick und zuweilen auch mit Tücke einen Besuchstermin ergattern konnte, zählt jetzt vornehmlich, ob die Produkte des Unternehmens die Bedürfnisse des Kunden befriedigen können. Es darf unterstellt werden, dass bei einem Markttest, wie dem hier als Beispiel unterstellten, ein Verkäufer kein Interesse daran hat, eine möglichst große Anzahl von Angeboten zu erstellen. Erstens bedeutet jedes Angebot Mehrarbeit, zweitens würde eine hohe Angebotsquote als Referenz für die spätere Arbeit die Ziele unnötig hoch setzen und drittens dient der Markttest dazu, zu überprüfen, ob der Nutzen der modifizierten Produkte Interessenten zum Kauf motiviert. Angebote mit geringer Erfolgsaussicht würden dem Verkäufer nichts nutzen und ein falsches Bild des Marktes zurückspiegeln.

Natürlich ist auch für den Messpunkt 4 wichtig, die Bezugsgröße festzulegen. Hier wird wiederum auf die Anzahl der vom Verkäufer kontaktierten Unternehmen referenziert (Messpunkt 2), z.B. aus dem Grund, dass einige Unternehmen zwar keine Besuche, wohl aber nach weiteren Telefonaten ein Angebot haben wollten. Diese würden nicht mitgezählt werden, wenn die Anzahl besuchter Unternehmen (Messpunkt 3) den Nenner der Relation bilden würde.

Messpunkt Z: Zielerreichungsquote

Im Falle dieses Beispiels möchte der Vertriebsleiter messen, wie viele Unternehmen einen Auftrag platziert haben und wie hoch der durchschnittliche Auftragswert ist. Ferner weist er den Vertriebscontroller an, zum Vergleich zu ermitteln, wie hoch der letztere Wert bei der Referenzbranche war.

#	Beschreibung des Messpunktes	Wert in der Referenzbranche	Neue Branche
1	Anzahl potentieller Kunden, ermittelt durch Datenbankrecherche	2.546	1.875
2	Quote erfolgreicher Erstkontakte durch Call Center	34% (entspricht 107 Entscheiderdaten)	29% (entspricht 544 Entscheiderdaten)
3	Verkaufstermine im Verhältnis zu von den Verkäufern kontaktierten Unternehmen	15% (= 47 Termine)	22% (= 120 Termine)
4	Erstellte Angebote im Verhältnis zu den von den Verkäufern kontaktierten Unternehmen	7% (= 22 Angebote)	2,9% (= 16 Angebote)
Z	Zielerreichungsmessung	5,4% (= 17 Aufträge); 77% der Angebote führten zu einem Auftrag; Ø AE[129]: 124 Tsd. €	2,2% (= 12 Aufträge); 76% der Angebote führten zu einem Auftrag; Ø AE: 122 Tsd. €

Tabelle 68: Ergebnisse der Messungen zur verhaltensorientierten Steuerung des Verkaufs

Die Interpretation der Ergebnisse aus Tabelle 68 erlaubt dem Vertriebsleiter nun Rückschlüsse auf den Verkaufsprozess. Während die Quote der erfolgreichen Erstkontakte bei der neuen Zielgruppe noch 5%-Punkte schlechter war als bei der alten (Referenz), gelang es den Verkäufern, signifikant mehr Besuchstermine abzuhalten (22% anstatt 15%). Vielleicht diente der bisherige Markterfolg in der Referenz- oder in anderen Branchen als gutes Argument, vielleicht lag auch nur eine Messungenauigkeit vor, weil für die Referenzbranche nur die Werte der letzten Kampagne verfügbar war, auf jeden Fall zeigt sich, dass die Entscheider der neuen Zielgruppe interessiert sind. Dieses Bild relativiert sich jedoch beim Blick auf die Ergebnisse des Messpunktes 4: Die Quote abgegebener Angebote ist erstaunlich gering (2,9% anstatt 7%). Es ist zu vermuten, dass die Modifikation der Produkte nur in unzureichendem Maße den Anforderungen der neu zu erschließenden Branche gerecht werden – eine klare Aufforderung an das Produktmanagement, nachzubessern. In Messpunkt Z ist die Welt wieder in Ordnung. Die Quote erfolgreicher Angebote liegt gleichauf mit jener der Referenzbranche und auch der durchschnittliche Auftragswert ist nahezu identisch.

Das Beispiel verdeutlicht, wie das Vertriebscontrolling die verhaltensorientierte Steuerung des Vertriebs unterstützen kann. Es zeigt jedoch auch auf, dass keine methodisch exakte Messung möglich ist, da die Prozesse nicht wie physikalische Experimente durchgeführt und bewertet werden können. Erfahrungen aus früheren Kampagnen schulen die Verkäufer, Eigeninteressen beeinflussen das Verhalten und auch Ablenkungen können nicht ausgeschlossen werden, wenn sich die Verkäufer neben dem Markteintrittsversuch auch noch um ihre Bestandskunden kümmern müssen. Darum sollte akzeptiert werden, dass dem Vertriebscontrolling selten eine exakte Messung von Verhaltensweisen gelingt. Zu empfehlen ist jedem Vertriebscontroller darum eine Dokumentation der Messung, eine Beschreibung der Ergebnisse sowie eine Diskussion der Belastbarkeit der Erkenntnisse. Es fällt immer wieder auf, wie viel glaubwürdiger Messergebnisse sind, wenn sie nicht als Gesetzmäßigkeiten,

---

[129] AE = Auftragseingang

sondern als Richtwerte oder gar nur als Tendenzaussagen vorgestellt werden, deren Nutzen die Objektivierung des Verkaufsprozesses ist.

Tabelle 69 stellt abschließend einige typische, in der Praxis häufig verwendete Kennzahlen zur verhaltensorientierten Steuerung von Verkäufern vor. Wie immer handelt es sich bei den hier vorgeschlagenen Kennzahlen um eine Auswahl.

Verhalten	Kennzahl	Beschreibung
Herstellen eines Erstkontaktes	Erstkontakte je Periode	Anzahl kontaktierter Neu-Interessenten je Tag, Woche, Monat usw.
	Intensivierung der Erstkontakte	$$Intensivierungsquote(n) = \frac{Zweitkontakte(t)}{Erstkontakte(t-n)} * 100$$ n steht für die Anzahl zurückliegender Monate, gemessen ab dem Erstkontakt.
	Quote erfolgreicher Aufträge auf Basis von Erstkontakten einer früheren Periode	$$Umsetzungsquote = \frac{Aufträge\ von\ Erstkontaktierten(t-n)}{Erstkontakte(t-n)} * 100$$
Kontaktpflege	Kundenkontaktintensität[130]	$$Kundenkontaktquote = \frac{Anzahl\ Kontakte(t,m)}{Kunden(t)} * 100$$ m steht für das Medium (Telefon, Mail), sofern eine differenzierte Auswertung gewünscht wird.
	Kundenkontaktverteilung	$$Kontaktverteilung = \frac{Anzahl\ Kontakte\ TOP(x)}{TOP(x)} * 100$$ x steht für die Anzahl der TOP-Kunden, die intensiver betreut werden sollen als die übrigen Kunden.
Arbeitseffizienz	Anteil Kundenkontaktzeit	$$Arbeitseffizienz(t) = \frac{Arbeitszeit\ für\ direkten\ Kundenkontakt(t)}{Geleistete\ Gesamtarbeitszeit(t)} * 100$$
	Verwaltungsarbeitsanteil	$$Verwaltungsarbeit(t) = \frac{Arbeitszeit\ ohne\ Bezug\ auf\ Kundenkontakte(t)}{Gleistete\ Gesamtarbeitszeit(t)} * 100$$
Angebote	Angebotserstellungsdauer	Zeitraum zwischen Angebotsaufforderung durch Interessenten bzw. Kunden und Angebotsabgabe.

---

[130] Zum Nutzen einer hohen Kundenkontaktquote vgl. Rhee & McIntyre, 2008.

	Folgeauftragsquote	$$Folgeauftragsquote(t)$$ $$= \frac{Anzahl\ Folgeaufträge(t)}{Betreute\ Kunden(t)} * 100$$
Fokussierung des Verhaltens auf Verkaufser-folge	Kundentreue bei laufenden Ver-tragsbeziehungen	$$\emptyset\ Kundenhaltedauer = \emptyset\ Vertragslaufzeit\ (Periode)$$ $$Kundenabwanderungsquote = \frac{Kündigungen(t)}{Kunden(t)} * 100$$ $$Umsatzverlustquote(t)$$ $$= \frac{Extrapolierter\ Umsatzverlust(t)}{Umsatz(t)} * 100$$
	Ausnutzung des Kundenpotentials	$$Potentialnutzung(k,t) = \frac{Umsatz(k,t)}{Umsatzpotential(k,t)} * 100$$ *k* steht entweder für einen einzelnen oder die Summe aller vom Verkäufer betreuten Kunden. Das „Umsatzpotential" ist eine Schätzung auf Basis von analogen Einzelfällen.
	Kundentreue bei einzelvertraglichen Beziehungen	$$Folgeauftragsquote(t)$$ $$= \frac{AE\ der\ Kunden\ der\ letzten\ x\ Monate(t)}{Umsatz(t)} * 100$$ *AE* steht für Auftragseingang. Ersatzweise, wenn der Auftrag zeitnah zu Umsatz führt (Warenlieferung), sollte dieser verwendet werden.

Tabelle 69: Kennzahlen zur verhaltensorientierten Steuerung von Verkäufern

5.6.4 Provisionssysteme

Zur Einleitung sei eine generelle Anmerkung über die Sinnhaftigkeit variabler Vergütung im Vertrieb gestattet:

Zur Gestaltung von Provisionssystemen findet sich eine nahezu unüberschaubare Menge an Literatur. Stets geht es darum, die variable Vergütung von Verkaufsinstanzen zu deren Steuerung und Motivation zu nutzen. Dieser Ansatz unterstellt, dass Geld bzw. geldgleiche Zuwendungen ein geeignetes Mittel seien, um Verhalten und Einsatz zu steuern. Umfangreiche Forschungen zu dieser Frage sind sogar zum Bestandteil populärwissenschaftlicher Literatur geworden, zum Beispiel die Arbeiten von Frederick Herzberg[131]. Es ist erstaunlich, dass einerseits die Ergebnisse der meisten empirischen Studien wenig Zweifel daran lassen, dass Leistungsanreize durch variable Gehaltsbestandteile in der Mehrzahl der untersuchten Szenarien nur gering und dann auch nur kurzfristig motivierend wirken, aber das andererseits Vertriebs- und Personalleiter sich nicht davon abbringen lassen, viel Zeit und Energie darauf zu verwenden, ausgefuchste Vergütungssysteme zu entwickeln – die dann im nächs-

---

[131] Wohl bekannt sein dürfte Herzbergs Unterscheidung von Faktoren des Arbeitsumfeldes bzw. der Leistungsentlohnung in „Motivatoren" und „Hygienefaktoren": Herzberg, et al., 1959. Überraschende Ergebnisse präsentiert Herzberg in seinem Aufsatz „One More Time: How Do You Motivate Employees?": Herzberg, 1987.

ten Jahr doch wieder angepasst werden müssen. Mehr noch: In vielen Studien wird ein lediglich „unklarer" Wirkzusammenhang zwischen variabler Vergütung und Leistungsanreiz festgestellt.[132]

Hier drängt sich die Frage auf, warum es in Anbetracht dieser anscheinend eindeutigen Erkenntnisse überhaupt üblich ist, Verkäufer zu einem hohen Anteil proportional zu einer gemessenen individuellen Zielerreichung zu bezahlen. Die Antwort ist erschreckend einfach: **Es wird variabel vergütet, weil es geht!** In keinem anderen Unternehmensbereich lässt sich der Erfolg derart einfach messen wie im Vertrieb. Könnten die individuellen Leistungen von Buchhaltern, Sekretärinnen oder Lageristen ähnlich gut gemessen werden, so würden auch diese einen hohen Anteil ihres Salärs in Form eines variablen Anteils erhalten. Aber woran soll man die Leistung eines Buchhalters messen? An der Anzahl verarbeiteter Belege? Daran, wie oft er im Laufe des Tages eine „5" tippt?

Nein, Provisionssysteme im Vertrieb sind Überbleibsel aus der Zeit der Akkordlöhne für rekapitulative Arbeiten, die beschleunigt werden sollten. Verkaufen ist jedoch ein hochkreativer, von Heuristiken geprägter Job, der naturgemäß eine nur bedingt durch intensive Vorarbeit vermeidbare hohe Fehlerquote hat. Sind hierfür Entlohnungssysteme sinnvoll, die den Charakter dieser Aufgabenstellung weitestgehend ignorieren?[133]

Während in fast allen betrieblichen Teilbereichen Basislöhne in der Regel mehr als 90% der Gesamtvergütung ausmachen, wird im Vertrieb das traditionelle Lohngefüge gepflegt und gehätschelt wie eine lieb gewonnene Reliquie, von der jeder weiß, dass sie eine Fälschung ist, die aber dennoch eine geradezu magnetische Wirkung auf Gläubige ausübt. Ca. 85% aller Verkäufer erhalten eine variable Vergütung und der variable Anteil macht – je nach Studie – im Durchschnitt zwischen 30% und 50% aus. Nach einer Studie von Mohnen und Schmidtlein sind es 42,2%.[134] Und dabei werden noch eklatante Fehler gemacht: Komplexe Vertriebsstrategien werden in einen Provisionsberechnungsalgorithmus übersetzt, so dass das Eine eingefordert aber das Andere belohnt wird. Komplexe Provisionsmodelle behindern eine flexible Marktanpassung und die Verkäufer werden dazu erzogen, Unternehmensinteressen ihrem Portemonnaie zu opfern.[135]

Es gibt – dies sei durchaus auch als provokative Anregung zu eigenen Überlegungen verstanden – vielleicht nur eine einzige Form der variablen Vergütung, die sowohl einfach als auch leistungsmotivierend ist: 100% variabler Anteil bei zugesicherter Zielklientel und berechenbarem Leistungsangebot (stabile Produkte, stabile Preise, stabile Werbeanstrengungen). Und solche Modelle sind auch üblich, z.B. in der nicht-exklusiven Beziehung zu Handelsvertretern. Doch erzeugen sie einen derart starken Leistungsdruck, dass jedwede Form der verhaltensorientierten Beeinflussung dem Verkaufsergebnis untergeordnet wird. Strategische Ziele würden ausgeblendet werden.

Jensen geht noch weiter und unterstellt sehr deutlich, dass klassische Vergütungssysteme, die auf komplexen Kennzahlen basieren, nach unten begrenzt und nach oben gedeckelt sind, zu Lügen und unternehmensschädlicher Maximierung der persönlichen Ziele (Einkommen, Prestige) führen.[136] Er fordert strikt lineare, ggf. leicht exponentielle Entlohnungssysteme ohne Limits sowie „fließende" Ziele. Er bezieht dies nicht nur auf die Vergütung von Verkäufern im Speziellen, sondern auf die Entlohnungssysteme für an der Unternehmensplanung beteiligte Manager im Allgemeinen.

Nach diesem Plädoyer soll nun dennoch erläutert werden, wie ein Provisionssystem methodisch korrekt erarbeitet und wie dessen Wirksamkeit zumindest ansatzweise überprüft werden kann, denn es gehört zum Arbeitsauftrag eines Vertriebscontrollers.

Die größte Schwierigkeit bei der Entwicklung eines Provisionssystems ist es, die Zielgrößen so zu definieren, dass die individuelle Zielerreichung des Verkäufers für das Unternehmen den größtmögli-

---

[132] Vgl. Mohnen & Schmidtlein, 2008

[133] Siehe hierzu auch Pink, 2012

[134] Mohnen & Schmidtlein, 2008

[135] Zur Fehlwirkung von Leistungsanreizen siehe auch Kerr, 1975.

[136] Jensen, 2001

chen Nutzen im Rahmen der formulierten Vertriebsstrategie bringt. Die klassischen Zielgrößen Umsatz, Absatzmenge oder Auftragsdeckungsbeitrag können nur singulär proklamiert werden, wenn Nebenbedingungen formuliert werden. „Umsatz" als Zielgröße verlangt, dass beispielsweise

- der Preis je Stück reglementiert wird, um zu vermeiden, dass Umsatz zu Lasten des Stückgewinns maximiert wird,

- die verkauften Mengen auch geliefert bzw. die Dienstleistungen auch erbracht werden können,

- akzeptiert wird, dass die Bestandskundenbetreuung zugunsten schneller zu generierender Aufträge vernachlässigt wird,

- eine langfristige Kundenentwicklung nicht konsequent betrieben wird,

- der Anteil der nicht dem Kundenkontakt dienenden Arbeitszeit reduziert wird und somit vom Verkäufer als „unproduktiv" empfundene Tätigkeiten, etwa die Pflege einer CRM-Datenbank, unzuverlässig erledigt werden und

- Teamarbeit und gegenseitige Unterstützung im Vertrieb nur stattfindet, wenn sie persönlich nutzt.

Die Folge ist, dass Vergütungssysteme nicht nur eine singuläre Zielgröße haben und z.B. der variable Anteil des Salärs an der Erreichung eines vorher festgelegten Umsatzzieles bemessen wird, sondern dass in dem Versuch, dem Ansatz der verhaltensorientierten Steuerung folgend Nebenbedingungen zu formulieren, komplexe Algorithmen entstehen oder aber der variable Anteil auf Teilziele aufgeteilt wird (z.B. 20% Umsatz, 5% Neukundenakquisition und 5% Teamprämie). Wird das Ziel, die tägliche Arbeit des Verkäufers über Geld zu steuern, damit erreicht?

Dabei sind Vertriebsleiter sehr wohl in der Lage, Rahmenbedingungen für und Anforderungen an ein effizientes Provisionsmodell zu formulieren:[137]

- Unterstützung zur Erreichung des Unternehmensziels

- Fair hinsichtlich der Chancen und Risiken

- Deutlicher Zusammenhang zwischen Leistung und Vergütung

- Transparenz

- Einfachheit und Nachvollziehbarkeit

- Belohnung erfolgt zeitnah

- Bewertung schafft sozialen Druck und wertet erfolgreiche Verkäufer sozial auf

- Flexibel, um auf sich verändernde Situationen reagieren zu können

- Wirtschaftlich sinnvoll

- Förderung von Teamarbeit

- Auch nichtpekuniäre Leistungsanerkennung

---

[137] Vgl. Hettler & Gieringer, 2003, S. 47

- Steigerung die Wettbewerbsfähigkeit des Unternehmens auf dem Personalmarkt

Idealerweise sollte das Vergütungssystem zudem typgerecht sein, also eine individuelle Zielanpassung erlauben, sofern der Aufwand dafür vertretbar ist und die ungleiche Bewertung von Verkäufern zwischen diesen zu keinen Konflikten (Neid) führt.

Dieser Auflistung sind aus Sicht des Vertriebscontrollers, der die Inputdaten zur Berechnung des variablen Gehaltsanteils liefern soll, folgende Aspekte hinzuzufügen:

- Die Zielerreichung muss durch den Verkäufer überprüfbar sein

- Die Zielgrößen müssen gemessen werden können

- Sind die Zielgrößen nicht objektiv messbar (z.B. „Teamintegration", „Unterstützung des Vertriebsnachwuchses"), sollte das Zustandekommen der Bewertung gerechtfertigt werden

- Sondereffekte, die den Verkäufer bei der Zielerreichung ohne sein Verschulden behindert haben (Sonderprojektaufgaben, Lieferengpässe, Änderung der gesetzlichen Rahmenbedingungen, Umorganisation), müssen berücksichtigt werden können

Ein sinnvolles Vorgehensmodell zur Erarbeitung eines praktikablen Vergütungssystems ist das folgende:

Schritt 1: Zielgröße definieren

Unter der Maßgabe der Messbarkeit und eines vertretbaren Aufwands der Datenbeschaffung bieten sich je nach Geschäftsmodell, Markt, Produkt und innerbetrieblicher Aufbau- und Ablauforganisation die in Tabelle 70 aufgelisteten Zielgrößen an. Grundsätzlich eignen sich sämtliche in den Kapiteln 5.5.3 und 5.6.3 exemplarisch aufgeführten Kennzahlen zur Steuerung von Vertriebsinstanzen.

> Die essentielle Frage bei der Festlegung einer Zielgröße für ein Provisionssystem ist, ob diese dazu geeignet ist, das Verhalten einer personalgestützten Verkaufsinstanz im Sinne der Vertriebsstrategie zu steuern.

Zielgröße	Datenquelle	Erläuterungen, typische Fragen
Umsatz	Debitorenbuchhaltung	Umfangreiche Nebenbedingungen (siehe oben) erforderlich.
Auftragseingang	AE-Erfassung, Debitorenbuchhaltung	Werden Nachbestellungen und Folgeaufträge automatisch dem richtigen Verkäufer zugebucht, auch wenn dieser nicht aktiv war?
Gewinn	Internes Rechnungswesen	Soll dem Verkäufer sein Gewinnbeitrag mitgeteilt werden (Begehrlichkeiten, Geheimhaltung)? Ist das buchhalterisch zeitnah möglich?
Deckungsbeitrag	Internes Rechnungswesen	Sollen Produktdeckungsbeiträge offen gelegt werden? Lässt sich mit vereinfachenden Punktwerten arbeiten?
Absatzmenge	AE-Erfassung, Logistik	Sind Nebenbedingungen klar formuliert (Ausschluss von „Verkaufen über den Preis")?
Neukundenquote	Vertriebsunterstützung, CRM-System	Sind Tochterunternehmen von Bestandskunden Neukunden?
Produktverkaufsprämie	AE-Erfassung, manuell	Kann der Produktmix differenziert analysiert werden?
Kundenzufriedenheit	Stichtagsanalysen, Befragungen, CRM: Kündigungs- und Reklamationsquoten	Rückführung von Zufriedenheit auf den Einsatz des Verkäufers uneindeutig. Können externe Effekte ausgeschlossen werden?
Teamerfolgsquote	AE-Erfassung, Debitorenbuchhaltung	Ist die Arbeitsverteilung im Team gerecht? Zuweisung von Wertschöpfungsbeiträgen nur schwer möglich.

Tabelle 70: Ausgewählte Zielgrößen eines Provisionssystems

Diese Zielgrößen können als **Proportional-** oder **Schwellwertziele** definiert werden. Bei Proportionalzielen steigt die Höhe der variablen Vergütung mit dem Grad der Zielerreichung an, im einfachsten Falle linear und stetig, eventuell aber auch nichtlinear, ggf. gedeckelt durch eine maximale Provision (Abbildung 52).

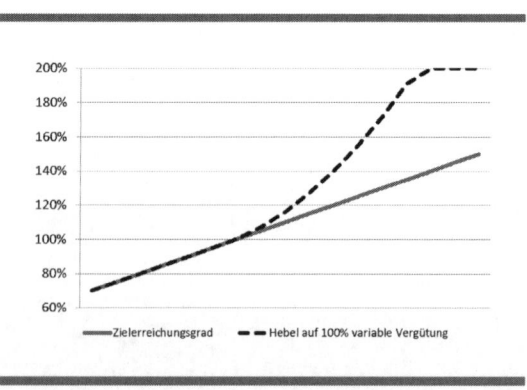

Abbildung 52: Verlaufsgraph einer zunächst linear, dann exponentiell steigenden, dann gedeckelten Provision

Ein unsteter Verlauf von Provisionen wird durch Schwellwertziele vorgegeben: Bei Erreichen eines Absatzzieles springt der Hebel für die variable Vergütung auf einen höheren Wert (Abbildung 53).

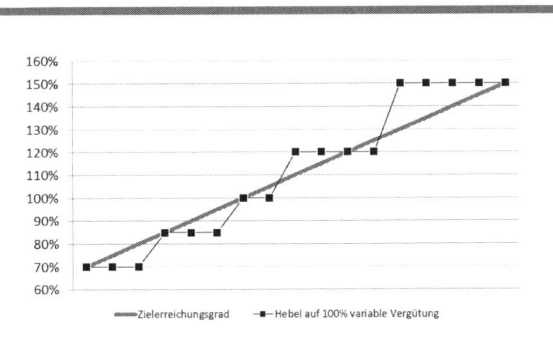

Abbildung 53: Verlaufsgraph einer Provisionsberechnung mittels Schwellwertzielen

Eine Einsatzmöglichkeit der Schwellwertziele ist die Vorgabe mehrstufiger Ziele. Ahearne und Steenburgh untersuchten deren Wirkung und stellten fest, dass es durch diese gelingen kann, „Durchschnittsperformer" zu höheren Leistungen zu motivieren.[138]

Abzuraten ist von Provisionssystemen, deren Zielgröße folgende Eigenschaft hat:

- Mix aus mehreren Zielgrößen

- Komplexe Kennzahl, die keine klare Handlungsaufforderung an den Verkäufer kommuniziert (gut ist: „Tue dieses und Du bekommst mehr Geld!")

- Abstrakte Größen und Handlungsempfehlungen (schlecht sind Indikatorphrasen wie „Engagement für …", „Mitarbeit bei …", „Unterstützung von …")

- Deckelungen, die als Schutz vor als unangemessen eingeschätzten Vertriebsprovisionen bei Großaufträgen dienen sollen

- „Gutsherrenprämien", bei denen ein Vorgesetzter den Grad der Zielerreichung auf Basis eigener Beobachtung und Wahrnehmung festlegt

- Demokratische Zielerreichungsmessung, bei der innerhalb von Verkaufsteams oder innerhalb der Vertriebsorganisation Mitarbeiter ihre Kollegen bewerten

---

[138] So dargestellt in Steenburgh & Ahearne, 2012, S. 36. Wir müssen dieser Behauptung glauben, die in diesem Beitrag zur Beweisführung zitierte Studie wurde leider nicht näher benannt.

Schritt 2: Datenquelle und Informationslieferung festlegen

Neben der Datenquelle, die verlässlich, nicht manipulierbar und in zeitlicher Hinsicht stabil sein muss, ist die Art der Informationsübermittlung an den Vertriebscontroller zu organisieren. Ein automatisierter Prozess ist grundsätzlich günstiger. Zu beachten sind datenschutzrechtliche Aspekte, denn es werden auf den Verkäufer bezogene, individuelle Daten verarbeitet. Im Falle von Call Center-Agents als Verkäufer wurden gerade in den letzten Jahren umfangreiche Hürden etabliert, die eine individuelle Erfolgsmessung verhindern. Teamprämien sind möglich, aber nur ein unzureichender Ersatz.

Da es sich bei der Messung der Zielerreichung um eine äußerst sensible Aufgabe handelt, die, wenn sie misslingt, personalrechtliche Konsequenzen nach sich ziehen könnte, sei dem Vertriebscontroller empfohlen, sein gewähltes Vorgehen zu beschreiben und es sich vom Vertriebsleiter und der Personalabteilung genehmigen zu lassen. Zudem sei an dieser Stelle die Anmerkung gestattet, dass die Aufgabe des Vertriebscontrollers die operative Einrichtung des Provisionssystems ist. Dieses den Verkäufern zu erläutern und schmackhaft zu machen, ist allein Aufgabe der Vertriebsführung.

Schritt 3: Berechnungsalgorithmus festlegen

Das Berechnungssystem soll

- aus Sicht des Unternehmens dazu führen, dass das individuelle Verhalten des Verkäufers kongruent zur Vertriebsstrategie ist und

- aus Sicht des Verkäufers dazu führen, dass dann, wenn er seine Anstrengungen an der Zielgröße ausrichtet, er höchstmöglich entlohnt wird.

Der Berechnungsalgorithmus soll so einfach und transparent wie möglich sein, damit er von den Verkäufern akzeptiert wird. Es gibt hierfür eine probate Rangfolge, welche Verfahren im Zweifel gewählt werden sollten:

1. **Zählen von Ereignissen** oder damit im Zusammenhang stehenden Zahlungs- oder Mengenströmen (Aufträge, Stückabsatzmenge, Umsatz), die der Verkäufer direkt beeinflussen kann

2. **Einfache Relationen**, deren Zustandekommen der Verkäufer direkt beeinflussen kann

3. Zählen von Ereignissen oder bilden einfacher Relationen, deren Zustandekommen der Verkäufer jedoch nicht alleine beeinflussen kann (Produktgruppendeckungsbeitrag, Unternehmensgewinn, Börsenkurs)

4. **Komplexe Kennzahlen** sowie Werte, die zur Berechnung der Prämie und somit am Ende der Handlungsperiode ermittelt werden, aber die während der Periode nur geschätzt werden können

Und weniger empfehlenswert, aber anzuwenden, wenn keine Alternative besteht:

5. **Gruppenprämien**, zu deren Erreichung der Verkäufer auf Zuarbeit anderer angewiesen ist

6. „**Gutsherrenprämien**" (Erläuterung siehe Schritt 1)

7. **Verteilsysteme**, bei denen ein absoluter Betrag auf Mitarbeiter einer Organisationseinheit aufgeteilt wird. Erhält einer mehr, erhalten alle anderen weniger

Ist zu erwarten, dass während der Planperiode wesentliche Umstände eintreten können, die den Erfolg der Verkäufer beeinflussen, sind Korrekturmöglichkeiten in den Berechnungsalgorithmus einzuplanen. Im einfachsten Falle sind dies Korrekturmultiplikatoren auf Basis von **Äquivalenzziffern**: Wird z.B. ein Verkäufer für vier Wochen (20 Arbeitstage) einem Sonderprojekt zugeteilt und kann er in dieser Zeit seine eigentliche Aufgabe nicht mehr wahrnehmen, so wird seine Jahreszielerreichungsprämie bei einer Regelarbeitszeit von 230 Tagen mit dem Quotienten aus 20 und 230, also um ca. 8,7%, beaufschlagt.

Zur Berechnung der jeweiligen Provision wird der Algorithmus so konzipiert, dass ein Zielerreichungsfaktor (z.B. 1,2 oder 120%) resultiert. Mit diesem wird der absolute Betrag der Provision multipliziert. In den zahlreichen Fällen, in denen der variable Anteil der Vergütung aus mehreren Komponenten zusammengesetzt ist, wird die Berechnung natürlich kompliziert, und das ist alles andere als selten der Fall. Dies unterstreicht eine ausreichend aktuelle Untersuchung über mehrere Branchen, in der diverse Arten von variablen Vergütungssystemen und deren Verbreitung analysiert wurden (Tabelle 71).[139]

Einkommensbestandteile	Außendienst-mitarbeiter	Stationäre Ver-triebsmitarbeiter
Gehalt plus Provision	28%	41,7%
Provision mit Einkommensgarantie	12%	0%
Gehalt plus Prämie	20%	25%
Provision plus Prämie	8%	0%
Gehalt plus Provision plus Prämie	32%	33,3%

Tabelle 71: Zusammensetzung der kombinierten Einkommenssysteme

Schritt 4: Beispielrechnungen durchführen und Motivations-Check

Nach erster Konzeption des Provisionssystems ist es erforderlich, Provisionsberechnungen zu simulieren. Hierzu werden mehrere Eintrittsszenarien „durchgespielt", um zu prüfen, ob das System seine steuernde und motivierende Funktion behält. Solche Szenarien könnten z.B. sein:

- **Verteilung der Auftragsgröße**: Was passiert, wenn ein Verkäufer entweder nur kleine, schnell und sicher zu bekommende Kleinaufträge akquiriert? Was passiert, wenn er sich mit höherem persönlichem Risiko auf einige wenige Großaufträge konzentriert?

- **Veränderung im Zielsystem des Vertriebs**: Wer trägt das Misserfolgsrisiko, wenn aufgrund umfassender Maßnahmen (Adressierung neuer Zielgruppen, Einführung neuer Produkte) neue strategische Vorgaben die Arbeit der Verkäufer beeinflussen?

- **Umorganisation im Vertrieb**: Werden Vertriebsgebietsgrenzen neu definiert, Branchen umsortiert oder die Verkaufsteams neu organisiert, gehen Verkäufern mitunter Bestandskunden und damit aufwandsarme Auftragsquellen verloren. Vorarbeiten gehen unter, Vorarbeiten anderer müssen erst aufgenommen und integriert, Kontakte neu geknüpft werden. Kann dies berücksichtigt werden?

- Ist der **Proporz zwischen Junior- und Senior-Verkäufern** gewahrt? Bilden die Unterschiede in der Basisvergütung (Fixgehalt) den unterschiedlichen Wissensstand ab oder wird davon ausgegangen, dass sich mehr Erfahrung in mehr Verkaufserfolg manifestiert und so zu mehr variabler Vergütung führen muss (stringente ergebnisorientierte Steuerung)?

---

[139] Mohnen & Schmidtlein, 2008, S. 82

- **Ausfallzeiten eines Verkäufers**: Was passiert, wenn ein Verkäufer längere Zeit ausfällt? Wird seine ihm verbleibende Basisvergütung ausreichen?

- **Wirksamkeit der variablen Vergütung**: Ist bei realistischer Mehrarbeit (z.B. 50 oder 60 Stunden Wochenarbeitszeit statt 40 Stunden) und bei angenommenem linear steigendem Verkaufserfolg auch eine spürbare Steigerung des persönlichen Einkommens des Verkäufers möglich?[140]

Das Durchspielen dieser und weiterer Szenarien hat vor allem den Zweck, zu überprüfen, ob der gewählte Algorithmus und damit das gewählte Provisionssystem dem Vertriebsleiter genügend operativen Handlungsspielraum lassen. Wenn seine organisatorischen und lenkenden Entscheidungen dadurch blockiert werden, dass das Provisionssystem grundsätzlich neu gestaltet werden muss und damit damit die Verkäufer um die Anrechnung ihrer Vorarbeiten auf die für die Zukunft erwartete Vergütung bangen, macht sich Frustration breit und die Wirkung der variablen Vergütung kehrt sich ins Gegenteil. Hieraus leitet sich die Empfehlung ab, in volatilen Märkten und Organisationen auf eine variable Individualprämie zu verzichten, so, wie bei den allermeisten übrigen Mitarbeitern eines Unternehmens auf eine solche variable Vergütung aufgrund der oben bereits erwähnten Messprobleme auch verzichtet wird.

Beispiel: DBU-Modell nach Kuhlmann[141]

Ein Beispiel eines Provisionssatzberechnungsalgorithmus ist das DBU-Modell von Kuhlmann.[142] Der „DBU" beschreibt das Verhältnis von **D**eckungs**b**eitrag und **U**msatz. Das Modell setzt voraus, dass Deckungsbeiträge für Produkte dem Verkäufer bekannt und die Veränderung derselben durch Preisabschläge transparent sind. Die Provision als Prozentsatz vom Umsatz reduziert sich, je mehr Rabatte der Verkäufer dem Kunden einräumt, je geringer also der Deckungsbeitrag der verkauften Leistung ist. Produkte werden in DBU-Klassen eingeteilt und es wird ausgewiesen, wie hoch die Umsatzprovision bei bestimmten Preisnachlässen ist. Das Verhältnis von Rabatt und Provisionssatz kann grafisch oder mittels einer Formel ausgedrückt werden. Zur Vereinfachung schlägt Kuhlmann jedoch fixe Stufen vor, die es einem Verkäufer erlauben, auf einen Blick zu sehen, wie viel persönliches Einkommen ihn der Mehrrabatt kostet. Es ist eine direkte Form, „Handlungsschmerz" zu erzeugen. Tabelle 72 verdeutlicht das Modell.

---

[140] Ja, klar, „Don´t work harder, work smarter!". Natürlich wäre wünschenswert, wenn Verkäufer ihren Mehrerfolg durch effizienteres, intelligenter organisiertes Arbeiten erzielen könnten, doch lehrt die Praxis, dass dies nur selten gelingt: Unproduktive Arbeitsbelastung, der fixe Zeitbedarf je Kundenbesuch und die natürliche Entscheidungsträgheit eines potentiellen Kunden sind nur drei Beispiele, warum einer Produktivitätssteigerung im Vertrieb Grenzen gesetzt sind. Letztlich wird der Verkäufer die Anzahl seiner „Prospects", also seiner im Entscheidungsprozess befindlichen Interessenten erhöhen und damit mehr Arbeitszeit investieren müssen.

[141] Zahlreiche alternative Modelle für Vertriebsprovisionssysteme finden sich beispielsweise in dem umfassenden Buch von Kieser, 2012.

[142] Kuhlmann, 2001

DBU-Klasse	Produkt	Provisionssatz bei einem Rabatt von ...					
		0%	2%	4%	6%	8%	10%
Über 50%	Router PR2109	11%	9,5%	8,2%	7,3%	6,2%	4,2%
	Router PR2111						
26-50%	Router PR-V-10	8,5%	8%	7,5%	7%	6%	4%
	Splitter XXF						
11-25%	Splitter XXG-1	7%	5,4%	4,3%	3,6%	3,0%	2,7%
Bis 10%	Splitter XXH-1V	3%	2,5%	2%	0%	0%	0%

Tabelle 72: Provisionssystem nach DBU-Klassen

5.7 Steuerung des nicht-personalgestützten Direktvertriebs

Typische Vertreter eines Direktvertriebs, für den keine unmittelbar mit dem Kunden in Kontakt stehenden Personen erforderlich sind, sind mediengestützte Vertriebskanäle. Zu unterscheiden ist für die Zwecke des Vertriebscontrollings, ob die mediale Schnittstelle, an der der Kundenkontakt stattfindet, kontinuierlich oder diskontinuierlich existiert. Zur Präzisierung dieser Unterscheidung dient Tabelle 73.

Medium	Mediale Schnittstelle des Kundenkontakts	
	(quasi-) kontinuierlich	diskontinuierlich
Katalog	Versandhauskatalog; Jahreshauptkatalog	Prospekte mit Hinweisen auf • saisonale Angebote • Aktionswaren
Verkaufsprospekt	Regelmäßige Postwurfsendung (Angebot mit Bestellmöglichkeit)	Prospekte mit Hinweisen auf • Sortimentsprospekte • Lagerräumung • Winter- bzw. Sommerschlussverkauf
WWW	Web-Shop	Produktangebot in fremdbetriebenen Shops
TV	Dedizierter TV-Shopping-Kanal; Infomercials zu festen Sendezeiten	• Abverkaufsorientierte TV-Spots • Unregelmäßig gesendete Infomercials
Radio	n.a.	Abverkaufsorientierte Radio-Spots
Smartphone-Apps.	Nutzeroberfläche zur leichteren Bedienung von Web-Shops; App-in-Verkaufsangebote; Betriebssystemanbieter-Stores (iTunes, Google Store)	n.a.

Tabelle 73: Arten mediengestützter Vertriebskanäle

Nicht-personalgestützte Direktvertriebe, die sich keiner Medien bedienen, sind nur noch selten anzutreffen. Aus vergangenen Zeiten sind sogenannte Hausfrauenvertriebe bekannt, in denen Kunden einen Rabatt erhielten, wenn es ihnen gelang, andere Kunden zu einer Bestellung zu bewegen. Für

Versandhändler waren solche „Sammelbesteller" ein lukrativer Vertriebskanal, der mit vergleichsweise geringen Rabatten entgolten werden konnte. Die bekanntesten heute noch üblichen Formen eines nicht-personalgestützten Direktvertriebs, für den keine elektronischen Medien erforderlich sind, dürften neben dem Automatenverkauf die Leser-werben-Leser-Aktionen von Printmedienverlagen sein. Allerdings ist das zweite genannte Vertriebsmodell zu einem reinen Zugabengeschäft geworden, denn seit nicht mehr erforderlich ist, dass ein Werber selbst Abonnent des Printmediums ist, wird es de facto vom Modell der Direktbestellung (inkl. „Willkommensgeschenk") abgelöst. Ferner, aber das ist eher von akademischem Interesse, wäre legitim, diese Vertriebsform dem indirekten Vertrieb zuzurechnen.

Die Steuerung des nicht-personalgestützten Direktvertriebs stellt den Vertriebscontroller aus mehreren Gründen vor vergleichsweise geringe Probleme:

- Die Inputdaten entstammen Systemen, die objektiv und nachprüfbar Kundenkontakte und letztlich Verkaufsvorgänge aufzeichnen.

- Eine bewusste oder unbewusste Verfälschung der Daten durch interessengesteuerte Verkäufer oder Handelsvertreter ist nicht zu erwarten.

- Die prozessuale Integration der Auftragserfassung (Bestellannahme) mit Distributions-, Bonitätsprüfungs- und Inkassosystemen oder Kundendatenbanken bedingt einen funktionsübergreifenden Datenstrom, der bereichsspezifische Auswertungen erleichtert.

- Die Parameter der Gestaltung der Kundenkontaktschnittstelle sind alleine schon aus produktionstechnischen Gründen stets bekannt. Die Auswirkung von Optimierungsmaßnahmen auf die Vertriebseffizienz und die Vertriebseffektivität lassen sich experimentell ermitteln.

- Die Verantwortung der genannten Vertriebskanäle liegt häufig wenn nicht im Marketing, dann doch in einer separaten Vertriebseinheit, die marketingnah arbeitet. Verkaufserfolge lassen sich mit eventuell existierenden anderen Vertriebsformen vergleichen, ohne dass die Ergebnisse durch eine „Vorinterpretation" der beteiligten Personen verfälscht werden.

Der Hauptkunde für die Aktivitäten des Vertriebscontrollers ist folglich nicht der Vertriebsleiter, sondern jener Bereich, der die Optimierung der medialen Kundenkontaktschnittstelle verantwortet. Dieser wird sich auch, eben weil es einfach ist, die wichtigsten Kennzahlen und Analysen selbst beschaffen. Seien es Auftragserfassungssysteme von Versandhändlern, mit denen Call Center-Agents arbeiten, oder Order-Entry-Systeme von Web-Shops: Die wichtigen Analysen sind stets Bestandteil der Software.

Wenn das Unternehmen einen Vertriebskanalmix unterhält, sind die Aufgaben für den Vertriebscontroller die Folgenden:

1. **Verkaufseffizienzvergleich**: Gemessen werden die Kosten je Umsatz. Die Kosten setzen sich aus den Gesamtkosten zur Gestaltung und Pflege der medialen Schnittstelle sowie Prozesskosten zur vertriebskanalindividuellen Auftragsabwicklung zusammen. Diese werden von Fixkosten dominiert sein, was das spezifische Kanalrisiko erhöht. Die Umsätze werden, wie üblich, in der Auftragserfassung und spätestens in der Debitorenbuchhaltung gezählt, per Auftrag, per Kunde und als Summe pro Periode. Das Ergebnis sind Kennzahlen, die sich mit jenen anderer Vertriebskanäle oder im Rahmen eines unternehmensexternen Benchmarkings mit jenen artgleicher Unternehmen vergleichen lassen, beispielsweise:

  - Kosten je Bestellung (absolut)

  - Kostenanteil je Bestellung (relativ)

  - Mindestumsatz zur Deckung der Vertriebsfixkosten pro Monat

  - Durchschnittlicher Betrag je Bestellung

2. **Kanalinterdependenzen**: Ziel ist zu ermitteln, ob der Erfolg des medialen Vertriebs den Erfolg anderer Kanäle beeinflusst und umgekehrt. Die Effekte können indifferent, schädlich oder förderlich sein. Traditionell werden Verkäufer dem medialen Vertrieb immer skeptisch gegenüber stehen, doch zeigt sich in vielen Branchen, dass die Gesamtumsatzsteigerung den möglicherweise gemessenen Substitutionseffekt überwiegt. Die Bewertung von Kanalinterdependenzen ist nur mit einem Vorher-/Nachher-Vergleich möglich. Werden Vertriebskanäle parallel eingeführt, ist es allenfalls indirekt über Instrumente der Marktforschung möglich, deren Wechselwirkung nachzuweisen. Ferner ist der Zeitpunkt der Messung wichtig: Unmittelbar nach der Einführung eines medialen Vertriebs (sofern dieser erst nach dem personengestützten erfolgt) kann es zu stark vom späteren Zustand eines „eingependelten" Absatzvolumens abweichenden Verkaufszahlen führen, wenn der mediale Kanal entweder euphorisch oder nur zögerlich angenommen wird. Kann nicht klar interpretiert werden, ob solche Ausschläge eine Rolle spielen oder nicht, sollte vor der Messung etwas gewartet werden. Aber wie lange? Wenn der Zeitraum zwischen der Einführung des medialen Vertriebs und der Messung zu groß ist, könnten andere Effekte (Produkte, Preise, Reaktionen der Wettbewerber) die Ergebnisse verzerren. Das Timing ist von Bedeutung und es gibt keine verlässlichen Empfehlungen dafür.

Der Vergleich der Interdependenzen selbst erfolgt über die klassischen, hier mehrfach beschriebenen Kennzahlen.

3. **Provisionszurechnung**: Wechseln Kunden von einem personalgestützten Vertriebskanal in den medialen, ist die Frage zu klären, ob und wenn ja wie sich das auf die Zielerreichung des Verkäufers oder Handelsvertreters auswirkt. Zuweilen wird dieser Aspekt ignoriert und es wird unterstellt, dass der Grund für den Umstieg eines Kunden auf eine mediale Kontaktschnittstelle die Vernachlässigung der Betreuung durch den Verkäufer sei. Aber in den meisten Fällen ist es für den Kunden schlichtweg bequemer, Nachbestellungen per Web-Shop zu tätigen. Aus Sicht des anbietenden Unternehmens wird dies vielleicht sogar gewünscht sein, denn die Bestellkosten sind bei einem Web-Shop niedriger. Sind die Kunden namentlich erfasst, wird es möglich sein, mittels der Auftragsabwicklungs- oder Order-Entry-Systeme eine Zuordnung vorzunehmen. Sind die Systeme jedoch nicht integriert, die Kundendaten nicht erfasst oder ist nicht gewährleistet, dass stets unter dem gleichen Namen bestellt wird, gelingt die Zuordnung nicht. In solchen Fällen geht der Verkäufer leer aus. Dies wird zu einem handfesten Problem, wenn Handelsvertreter ihr Recht geltend machen, eine Provision auf Direktverkäufe an Kunden, die ursprünglich vom Handelsvertreter akquiriert wurden, zu erhalten. Freilich kann diese Provision relativ geringer sein, denn der Verkaufsakt wurde vom Handelsvertreter nicht übernommen, aber er hat dennoch einen Anspruch auf eine Entgeltung seiner Vorleistungen. Die Anzahl an Lösungsmöglichkeiten ist äußerst begrenzt:

- **Kundenmarkierung**: Eine direkte Kennzeichnung der Kunden ist die genaueste Möglichkeit, den exakten Provisionsanteil auszurechnen, sofern die IT-Systeme dies ermöglichen.

- **Kunden-Cluster**: Ungenauer ist eine Schätzung, z.B. mittels Postleitzahlen, sofern der Handelsvertreter einen regionalen Vertriebsschwerpunkt hat.

- **Proportionaler Provisionsaufschlag**: Kongruent zum Verhältnis des Anteils des Umsatzes, der medial erzielt wird, zum Gesamtumsatz, erhält der Handelsvertreter einen Aufschlag auf seine Vergütung. Dies unterstellt, dass seine Kunden ebenso oft direkt beim anbietenden Unternehmen bestellen wie die Kunden, die das Unternehmen selbst akquiriert hat. Allerdings ist zu bedenken, dass jede werbliche Maßnahme, die den medialen Vertriebskanal fördert, zugleich das Provisionsvolumen für die Handelsvertreter steigen lässt; Kosten, die zu berücksichtigen sind.

4. **Kundenbindung**: Je enger sich Kunden mit dem Anbieter verbunden fühlen, desto krisenfester wird das Verhältnis sein. Dies gelingt z.B. über die Marke, aber auch über den persönlichen Kontakt mit der Verkaufsinstanz, etwa einem Verkäufer. Bei einem medialen Direktvertrieb ist letztere Bindungsmöglichkeit per se ausgeschlossen und die Vermutung ist zu prüfen, dass die Kunden dadurch preissensibler reagieren. Gemessen wird folglich die Vertragsbindungsdauer, oder, wenn

es sich um eine einzelvertragliche Beziehung handelt, Anzahl und Beträge von Nachkäufen oder auch die Reklamationsquote. Einen Wert erhalten all diese Kennzahlen aber nur, indem sie entweder in periodischen Abständen ermittelt werden, um einen Trend zu erkennen, oder im Vergleich mit kongruenten Daten anderer Vertriebskanäle. Kundenbindung ist somit immer ein relativer Zustand, aber das wird ja von „Treue", egal in welchem Lebensbereich, sowieso behauptet.

5. **Zufriedenheitsmessung**: Kundenbindung und Kundenzufriedenheit sind Zwillinge. Sind Kunden zufrieden, fühlen sie sich auch gebunden (Reziprozität) und diese Bindung nutzt dem Unternehmen, indem es Neuakquisitionskosten spart und bei Fehlern weniger Kunden verlieren wird. Der Ausgangspunkt ist die Zufriedenheit, doch sie zu messen ist grundsätzlich schwierig und Aufgabe der Marktforschung. Das Vertriebscontrolling kann lediglich die Folgen der Zufriedenheit beobachten und bewerten, etwa Nachkäufe, langfristige Vertragsbeziehungen, Kündigungen oder die Möglichkeiten, Kunden trotz Kündigung zum Bleiben zu bewegen. Diese Zahlen sind, wie oben beschrieben, entweder in einer Zeitreihe oder im Vergleich mit den Daten anderer Vertriebskanäle zu vergleichen, um einen Aussagewert zu erhalten, denn wie auch die Treue ist die Zufriedenheit ein relativer Zustand.

6. **Auftragsabwicklungseffizienz**: Vorausgesetzt, dass das Unternehmen die Warenwirtschafts-, Buchhaltungs-, Reklamations- und Kundenmanagementprozesse im Griff hat, bleibt für das Vertriebscontrolling hier lediglich die Aufgabe, Vergleiche bei der Auftragsabwicklung zwischen den Vertriebskanälen anzustellen. Insbesondere steht die Frage nach den Individualfällen im Vordergrund, also jenen Aufträgen, die außerhalb der rekapitulativen Standardprozesse bearbeitet werden müssen und somit zusätzliche Kosten verursachen.

5.8 Steuerung paralleler Vertriebskanäle

Der Vertriebskanalvergleich dient der Analyse der Vertriebseffektivität (Wie viel wurde verkauft?) und der Vertriebseffizienz (Zu welchen Kosten?). Diese Analyse geschieht in der Mehrzahl der Fälle auf Basis von Kosten- und Verkaufsergebnisanalysen und mittels darauf aufbauender Kennzahlen. Insbesondere Unternehmen, die mehrere parallele Vertriebskanäle betreiben (Multi Channel-Strategie), werden ein besonderes Augenmerk hierauf legen.

Die erste Frage, die der Vertriebskanalvergleich beantworten soll (Kapitel 5.8.1), ist, ob die in die jeweiligen Kanäle investierten Mittel sinnvoll angelegt sind oder ob durch eine Umverteilung der Ressourcen ein besseres Gesamtergebnis erzielt werden könnte. Was dieses „Gesamtergebnis" darstellt, leitet sich aus der Vertriebsstrategie ab und kann eines oder eine Kombination der üblichen Vertriebsziele sein, nämlich

- Maximierung der Verkaufsmenge,

- Minimierung der Vertriebskosten,

- Marktanteil,

- Produktpenetration,

- Warenumschlaghäufigkeit,

- wahrgenommene Sichtbarkeit der Kanäle (Präsenzeffekte) usw.

Der erste Schritt des Vertriebskanalvergleichs ist die Erstellung und Interpretation kanalspezifischer Kennzahlen. Jeder Kanal wird isoliert betrachtet und bewertet (Kapitel 5.8.1). Danach ist zu prüfen, ob die mit den Kosten erkauften Vertriebserfolge strategisch sinnvoll sind, oder ob durch eine andere Zusammensetzung des Vertriebskanalmix eine in Summe „bessere" Gesamtleistung des Vertriebs zu erzielen wäre (Kapitel 5.8.2). Ziel ist, festzustellen, ob es eine Korrelation der Verkaufsergebnisse zwischen den Kanälen gibt. Dies ist nur der Fall, wenn Kunden zwischen den Kanälen wechseln können und setzt aus Sicht der Kunden voraus,

- dass nutzengleiche Produkte in mehreren Vertriebskanälen angeboten werden,

- diese Vertriebskanäle ähnliche Beschaffungskosten verursachen oder

- bei unterschiedlichen Beschaffungskosten, diese durch gegenläufig unterschiedliche Produktpreise ausgeglichen werden, die Gesamtkosten der Beschaffung folglich gleich sind und

- der Wechsel zwischen den Beschaffungskanälen sanktionsfrei ist.

Dies beinhaltet auch das in der Praxis sattsam bekannte Problem der Vertriebskanalhygiene, auf das in Kapitel 5.8.3 ausführlich eingegangen werden wird. Nur allzu oft beschäftigen Beschwerden der Verkäufer eines Kanals über vermeintliche „Übergriffe" anderer Verkaufsinstanzen den Vertriebsleiter und ebenso oft gibt es schlichtweg keine eindeutige, alle Parteien zufrieden stellende Lösung. Dann belastet eine Maßnahme, die einem Kanal nutzt, einen anderen und ein Ausgleich ist gefordert.

5.8.1 Vertriebskanalanalyse

Bei der Vertriebskanal(einzel-)analyse werden folgende Aspekte analysiert und im weiteren Verlauf dieses Kapitels ausführlich beschrieben:

1. Vertriebseffektivität (Verkaufsergebnis)

2. Vertriebseffizienz (Kosten des Verkaufs)

3. Kostenstruktur

4. Entwicklung von Ergebnis, Kosten und Kapitalrentabilität

5. Relative Position der eigenen Verkaufskanäle im Vergleich zu jenen der Wettbewerber

6. Marktabdeckung

Ad 1: Vertriebseffektivität (Verkaufsergebnis)

Vertriebseffektivität, die konkreter als Verkaufseffektivität bezeichnet werden muss, wird je nach Branche entweder durch

- Mengen (Stückzahlen),

- Mengensurrogate (Mannstunden bei Unternehmensberatungen, Flächen bei Saatgutverkauf),

- Umsätze (Menge multipliziert mit dem Preis, je nach Rechnung abzüglich Rabatten) oder durch

- kundenbezogene Erfolgsgrößen gemessen.

Bezugsgröße ist die Zeitperiode, die analysiert werden soll, ggf. eingegrenzt auf Produkte, Produktbereiche oder Verkaufsinstanzen innerhalb des Vertriebskanals. Abbildung 54 stellt diese Bezüge exemplarisch dar.

Abbildung 54: Bezugsgrößen der Vertriebskanalanalyse

Die sich hieraus ergebenden Kennzahlen leiten sich direkt ab und wurden in vorherigen Kapiteln bereits ausführlich besprochen. Von Interesse sind die Entwicklung der Messwerte als Verlauf in der Vergangenheit sowie der Vergleich der Werte zwischen den Vertriebsinstanzen innerhalb eines Vertriebskanals, um Maßnahmen zur Steigerung der Effektivität zu ermitteln. Daher ist wünschenswert, innerhalb des Verkaufsprozesses anhand verschiedener Messpunkte zu ermitteln, wie sich Kunden verhalten. Die Messmethode wurde in Kapitel 5.4.3 erläutert. Für den in Abbildung 54 dargestellten Fall, also einem Präsenz-Großhandel für Installateure, könnten als Messpunkte z.B.

1. die Anzahl von Besuchen von Kunden bei Großhändlern pro Tag,

2. die Anzahl von Kaufvorgängen sowie

3. die Anzahl von Besuchen wegen Reklamationen

festgelegt werden. Natürlich wäre darauf zu achten, an welchem Wochentag die Daten ermittelt werden und ob Sondereffekte greifen, etwa, ob eine eigene werbliche Maßnahme oder eine des Wettbewerbs den Besuchsstrom außergewöhnlich beeinflussen. Ferner sollten, um später die Daten für einen internen Vergleich mit anderen Großhandelsgeschäften zu nutzen, die Daten auf eine Vergleichsgröße bezogen werden, z.B. Quadratmeter Verkaufsfläche, um den Wert des Besucherstroms interpretieren zu können. Tabelle 74 fasst das Vorgehen zusammen.

Schritt	Messwert	Kennzahl	Ergebnis
1	Analyse der Anzahl Besucher im Großhandel Bonn		
	Besucher Montag		2.015
	Besucher Dienstag		1.851
	…		…
	Besucher Samstag		2.516
		Ø Anzahl Besucher Kalenderwoche 23	2.123
		Flächennutzungsquote = Ø Anzahl Besucher je qm und Tag im Mai	0,2
2	Analyse der Anzahl Kaufvorgänge		
	Käufe Montag		498
	Käufe Dienstag		412
	…		…
	Käufe Samstag		884
			0,247
		Anzahl Kaufvorgänge je Besucher und Wochentag	0,223
			…
			0,351
		Kaufquote: Kaufvorgänge je 100 Besucher in Kalenderwoche 23	0,29
3	Analyse der Anzahl Besuche wg. Reklamationen		
	Reklamationen Montag		56
	Reklamationen Dienstag		41
	…		…
	Reklamationen Samstag		31
		Reklamationsquote in Kalenderwoche 23	2,01%

Tabelle 74: Messpunkte und Messwerte bei der Analyse eines Großhandelsmarktes

Im vierten Schritt würde auf Basis der in Tabelle 74 gewonnenen Daten ein Verlaufsdiagramm über mehrere Kalenderwochen erstellt werden, um eine verkaufsinstanzenbezogene Trendanalyse zu ermöglichen (Abbildung 55). Zu beachten ist hier, wie bereits mehrfach erläutert, dass ein Liniendiagramm stetige Funktionen abbildet, wöchentliche Quoten aber unstetig sind und darum mittels eines Balkendiagramms dargestellt werden müssten. Der Vorteil des methodisch somit nicht einwandfreien Diagramms ist aber, Trends auf einen Blick erkennen zu lassen. Ferner wurde hier in diesem Beispiel die Reklamationsquote mittels einer Sekundärachse auf der rechten Seite des Graphen dargestellt. Darauf muss der Vertriebscontroller in seiner Ergebnisdarstellung hinweisen.

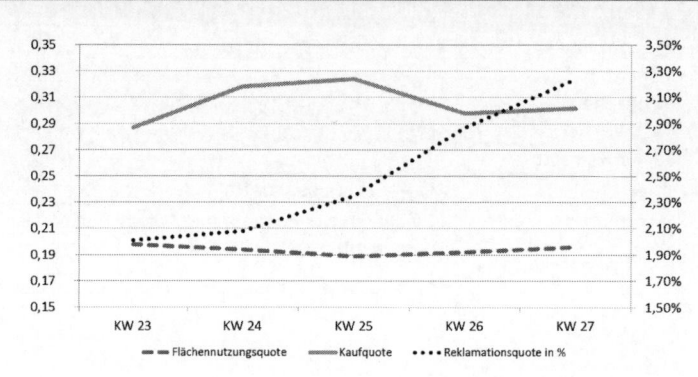

Abbildung 55: Verlaufsdiagramme für die Trendanalyse eines Großhandelsmarktes

In einem fünften Schritt kann der Vertriebscontroller die Kennzahlen verdichten und so einen Vertriebseffektivitätsindikator errechnen. Ist z.B. zu ermitteln, wie gut es gelingt, Besucher zu einem Kauf zu animieren, spielt die Flächennutzung keine Rolle. Auch sind die Besucher, die einer Reklamation wegen den Großhandelsmarkt besuchen, abzuziehen, so dass die durchschnittlichen Verkäufe je zu vergleichender Periode durch die Anzahl nichtreklamierender Besucher zu teilen ist. Für den Montag in dem Beispiel aus der Tabelle 74 ergibt sich aus der allgemeinen Formel

$$Vertriebseffektivität(Ort,t) = \frac{Verkaufsvorgänge}{Besucher - Reklamierer} * 100$$

der konkrete Wert für den Großhandelsmarkt in Bonn am Montag

$$Vertriebseffektivität(Bonn, Montag) = \frac{498}{2015 - 56} * 100 = 25,4\%$$

Die ermittelten Werte bzw. deren Wochendurchschnitte lassen sich nun einfach mit jenen anderer Großhandelsmärkte des selben Vertriebskanals vergleichen, so, wie sich auch die Reklamationsquoten, die Flächenerfolgsquoten usw. vergleichen ließen.

Ad 2: Vertriebseffizienz (Kosten des Verkaufs)

Die Vertriebseffizienz betrachtet den Ressourceneinsatz, der für den gegebenen Verkaufserfolg erforderlich war. Im Mittelpunkt stehen die pekuniären Kosten, also jene, die in Geldeinheiten ausgedrückt werden können. Erst als eine Erweiterung können auch nicht-pekuniäre Kosten betrachtet werden, etwa der Verlust von Umsatz oder Kunden durch Präsenzlücken im Warenangebot.

Den Ausgangspunkt der Analyse stellt in der Regel die mehrstufige Deckungsbeitragsrechnung dar, wie sie in den Kapiteln 3.2.2 und vor allem in 5.4.2 dargestellt wurde. Wie in Tabelle 75 anhand unseres Beispiels demonstriert, dient der Deckungsbeitrag 1 dazu, zu errechnen, welchen Anteil die betrachtete Vertriebsinstanz – hier der Großhandelsmarkt in Bonn – zur Deckung der Fixkosten des Vertriebsbereichs West sowie des Gewinns des Unternehmens beiträgt. Der Deckungsbeitrag 2 weist aus, welchen Beitrag der Vertriebsbereich West zur Deckung der Fixkosten des Vertriebskanals „Präsenzhandel" sowie des Gewinns des Unternehmens beiträgt und so weiter. Am Ende steht nach dem schrittweisen Abzug aller Fixkosten der Betriebsgewinn.

In Erweiterung des Modells aus Kapitel 5.4.2 sollen nun zwei unterschiedliche Herangehensweisen an die mehrstufige Deckungsbeitragsrechnung aufgezeigt werden. Die übliche ist in Tabelle 75 (Beträge in tausend Euro) wiedergegeben. Stufenweise werden Fixkosten der nächstabstrakten Wertschöpfungsstufe der jeweils vorgelagerten Stufe zugeschlagen. Am Ende steht ein Betriebsgewinn. Die stufenweise Fixkostenkalkulation kann dabei beliebig fein untergliedert werden, je nachdem, welche Daten für die Zwecke des Vertriebscontrollings zu berechnen sind. Auf der Stufe der Fixkosten des Vertriebsbereichs wurden hier exemplarisch zwei Kostenarten (Personalkosten und sonstige Fixkosten) ausgewiesen.

Vertriebskanal	"Präsenzhandel"				"Versand"		"Außendienst"
Vertriebsbereich	West		Süd				
Vertriebsinstanz	Bonn	Köln	Aalen	Fürth	Web-Shop	Katalog	
Bruttoerlöse	2.345	1.987	3.265	2.876	967	4.127	1.264
abzgl. Rabatte	129	89	264	146	0	167	89
Verkäuferprovisionen	0	0	0	0	0	0	205
Nettoerlöse	2.216	1.898	3.001	2.730	967	3.960	970
Wareneinsatz	1.418	1.356	1.921	1.747	571	2.336	697
Fixkosten der Instanz	201	243	276	206	53	98	145
Deckungsbeitrag 1	597	299	804	777	343	1.526	128
Personalkosten des Vertriebsbereichs	101		95		21		75
Sonstige Fixkosten	140		90		2		38
Deckungsbeitrag 2	655 €		1.396		1.846		15
Fixkosten des V´Kanals	521				218		0
Deckungsbeitrag 3	1.530				1.628		15
Fixkosten des Unternehmens	1.246						
Betriebsergebnis	1.927						

Tabelle 75: Mehrstufige Deckungsbeitragsrechnung für Vertriebskanäle, in Tsd. €

Eine andere Form der mehrstufigen Deckungsbeitragsrechnung, die korrekterweise „mehrstufige Zuschlagskalkulation" genannt werden müsste, ist in Tabelle 76 dargestellt. Auf der jeweils folgenden Stufe werden die zuzuschlagenden Fixkosten nach einem zu berechnenden Zuschlagssatz den einzelnen Vertriebsinstanzen zugerechnet. Ein solcher Zuschlagssatz könnte sich ergeben aus

- der Anzahl der Mitarbeiter der jeweiligen Instanz in Relation zur Gesamtmitarbeiterzahl aller Instanzen des Vertriebsbereichs (und so fort), denn diese verursachen auch einen Großteil der Verwaltungskosten,

- der relativen Anzahl der Verkaufsvorgänge,

- der relativen Anzahl an Reklamationen oder, wie hier dargestellt,

- dem Anteil der Bruttoerlöse am summierten Erlös der nächsthöheren Stufe.

Methodisch ist das Verfahren der Kostenträgerrechnung entlehnt und wird in der Produktdeckungsbeitragsrechnung verwendet, eignet sich aber ganz hervorragend dazu, relative Kosten je Vertriebsinstanz zu betrachten. Ergänzt um Kennzahlen, wie im Beispiel in Tabelle 76 (Beträge in tausend Euro) aufgezeigt, z.B. der Wareneinsatzquote, lassen sich Schwachstellen in der Effizienz von Vertriebsinstanzen aufdecken.

Vertriebskanal	"Präsenzhandel"				"Versand"		"Außendienst"
Vertriebsbereich	West		Süd				
Vertriebsinstanz	Bonn	Köln	Aalen	Fürth	Web-Shop	Katalog	
Bruttoerlöse	2.345	1.987	3.265	2.876	967	4.127	1.264
abzgl. Rabatte	129	89	264	146	0	167	89
Verkäuferprovisionen	0	0	0	0	0	0	205
Nettoerlöse	2.216	1.898	3.001	2.730	967	3.960	970
Wareneinsatz	1.418	1.356	1.921	1.747	571	2.336	697
Wareneinsatzquote	64%	71%	64%	64%	59%	59%	72%
Fixkosten der Instanz	201	243	276	206	53	98	145
Deckungsbeitrag 1	597	299	804	777	343	1.526	128
Fixkosten des Vertriebsbereichs[143]	241		185		23		113
Zuschlagssatz[144]	54%	46%	53%	47%	19%	81%	100%
Anteilige Vertriebsbereichs-Fixkosten	130	111	98	87	4	19	113
Deckungsbeitrag 2	467	188	706	690	339	1.507	15
Fixkosten des V´Kanals	521				218		0
Zuschlagssatz	22,4%	19,0%	31,2%	27,4%	19,0%	81,0%	100%
Anteilige V-Kanal-Fixkosten	117	98	163	143	42	176	0
Deckungsbeitrag 3	350	90	543	547	297	1.331	15
Fixkosten des Unternehmens	1.246 €						
Zuschlagssatz	13,9%	11,8%	19,4%	17,1%	5,7%	24,5%	7,5%
Deckungsbeitrag 4	176	- 57	302	334	226	1.025	- 79
Betriebsergebnis	1.927						

Tabelle 76: Mehrstufige Zuschlagskalkulation für Vertriebskanäle, in Tsd. €

Über diese Methoden hinaus eignen sich natürlich auch alle in den vorherigen Kapiteln dargestellten Kennzahlen für die Darstellung der Verkaufseffizienz. Wesentlich ist, wie bei der Berechnung der Effektivität auch, dass die Grundlagen und (Zeit-, Produkt- oder sonstigen) Bezüge dokumentiert werden

---

[143] Summe aus den Personalkosten (101 Tsd. €) sowie den Sonstigen Kosten (140 Tsd. €) des Vertriebsbereichs „West", Daten vgl. Tabelle 75.

[144] Lesehilfe: Die Vertriebsinstanz „Bonn" erzielt im „Vertriebsbereich West" 54% der Bruttoerlöse. „Köln" hingegen 46%, so dass die Fixkosten des „Vertriebsbereichs West" auch in diesem Verhältnis aufgeteilt werden.

und geeignet sind, einen Vergleich der Daten sowohl über die Zeit (Trends) als auch zwischen den Vertriebskanälen zu ermöglichen.

Ad 3: Kostenstruktur

Wesentlicher Betrachtungsgegenstand der Kostenstruktur eines Vertriebskanals ist der Fixkostenanteil. Je höher der Anteil der variablen Kosten, also jener Kosten, die proportional mit dem Umsatz oder zumindest proportional mit der Anzahl von Verkäufen verlaufen, desto risikoärmer ist die Kostenstruktur. Ist umgekehrt der Fixkostenanteil relativ hoch, so besteht bei einem temporären Absatzrückgang das Problem der Kosten der Verkaufsüberkapazitäten und bei einem dauerhaften Absatzrückgang das Problem der Remanenzkosten.

Zu den Fixkosten eines Vertriebskanals zählen beispielsweise die abzuschreibenden Initialkosten (Ladenausstattung, Programmierung Web-Shop, Baukosten Kaufhaus), die monatlichen Fixkosten (Personal, Miete, Betriebskosten) sowie variable Kosten mit Fixkostencharakter, vor allem Kapitalkosten für Bestandsware (Präsenzware im Verkaufsraum) und der dauerhafte Mindestwechselgeldbestand. Diese können nicht oder nur verzögert Absatzschwankungen angepasst werden, wobei typisch ist, dass bei einem steigenden Absatz der Kostenaufbau schneller vonstattengeht als bei einem sinken Absatz der Kostenabbau. Diese Ursachen dieser Kostenremanenz sind im Wesentlichen:

- Rechtliche Hürden, etwa Kündigungsfristen bei Personal und Mieträumen

- Unternehmensstrategische Vorgaben

- Wartezeit bis zum Start der Umsetzung der Kostenreduktionsmaßnahmen, weil auf eine Erholung der Absatzzahlen gehofft wird

- Technische Ursachen beim Rückbau von verkaufsrelevanten Objekten (z.B. Showroom)

- Verzögerung beim Abbau des Warenbestands, gerade in abverkaufsschwachen Zeiten

- Zögerliches Vorgehen, weil Imageschäden befürchtet werden

In Abbildung 56 ist die Abhängigkeit verschiedener Arten von Vertriebskanälen vom Grad der sie auszeichnenden Kostenremanenz sowie der monatlichen Fixkosten in Relation z.B. zum Umsatz dargestellt. Die Positionierung ist hier allegorisch zu verstehen und vom Vertriebscontroller für den konkreten Einzelfall anhand konkreter Daten vorzunehmen.

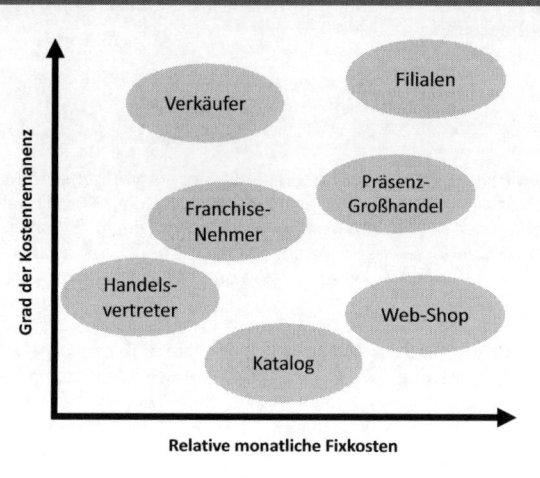

Abbildung 56: Kostenremanenz und Fixkosten exemplarisch ausgewählter Vertriebskanäle

Die variablen Kosten sind grundsätzlich die Warenkosten selbst. Da jedoch in vielen Vertriebskanälen ein Präsenzwarenbestand unvermeidlich ist (Autohaus, Lebensmitteleinzelhandel, Stahlgroßhandel), kommt der Warenumschlaghäufigkeit eine besondere Bedeutung zu. Je häufiger eine Wareneinheit umgeschlagen wird, je kürzer also ihre Verweilzeit im Verkaufsprozess ist, desto geringer sind ihre Kapitalbindungskosten. Je nach Wert oder Menge können diese von erheblicher Bedeutung sein und möglicherweise eine ganze Vertriebsform rechtfertigen, etwa das Lebensmitteldiscountgeschäft, dessen Warensortiment ausschließlich aus „schnelldrehenden" Produkten besteht. Zu den variablen Kosten zählen ferner die sogenannten **Sondereinzelkosten des Vertriebs**, die im Zusammenhang mit einem konkreten Verkaufsakt stehen (Bestellannahme, Auftragsabwicklung, Inkasso) sowie Kosten, die weitgehend proportional mit der Absatzmenge verlaufen, z.B. die Reklamationskosten.

Ad 4: Entwicklung von Ergebnis, Kosten und Kapitalrentabilität

Die Vertriebskanalanalyse ist selten eine ausschließlich stichtagsbezogene Auswertung von Daten. Vielmehr ist wichtig, Trends der wichtigsten Kennzahlen zu verfolgen, um durch eine Prognose die erwartete zukünftige Entwicklung abschätzen zu können. Welche Kennzahlen und Indikatoren als besonders wichtig erachtet werden, ist von der Branche und dem Geschäftsfeld abhängig, stets sind dies aber Kerndaten wie Umsatz, Absatzmenge, Deckungsbeitrag, Kapitalrendite usw. Wesentlich ist, bei Zeitreihen berechenbare Abweichungen, die z.B. durch Feiertage und Urlaubszeiten bedingt sind, entweder zu kennzeichnen oder mittels Korrekturziffern zu glätten. Das Vorgehen und das methodische Grundgerüst wurden bereits beschrieben.

Ad 5: Relative Position der eigenen Verkaufskanäle im Vergleich zu jenen der Wettbewerber

Der Vergleich der Performance als Konglomerat von Effizienz und Effektivität ist, wie oben erläutert, bereits bei einer unternehmensinternen Betrachtung komplex, weil die Kostenstrukturen zu einem unterschiedlichen Risikoprofil führen. Ein Vergleich der eigenen Vertriebskanäle mit jenen der Wettbewerber ist ungleich aufwändiger und wird in der Mehrzahl der Fälle ein Vergleich der Ergebnisse sein, da Kosten- und Kostenstrukturdaten nicht zur Verfügung stehen. Neutralisierende Benchmark-Studien werden nur selten durchgeführt, denn sie sind aufwändig, teuer und verlangen neben dem Vertrauen der Teilnehmer, dass die eigenen Daten nicht weiter gereicht werden, aus methodischer Sicht auch, dass Vertriebsstrukturen für eine geraume Zeit stabil bleiben, damit die Inputdaten vergleichbar sind und nach einem Output korrigierende Maßnahmen greifen können.

Detailliertere Informationen über die Vertriebskanalperformance von Wettbewerbern sind, wenn überhaupt, entweder in etablierten Branchen oder bei mediengestützten Vertrieben, in denen die Performancedatenerhebung sehr einfach ist (Web-Shop), verfügbar.[145]

Ad 6: Marktabdeckung

Abgesehen von einem Vergleich von Effektivität und Effizienz des eigenen Vertriebskanals mit jenem der Wettbewerber, steht bei der Analyse die Frage im Raum, wie erfolgreich ein Kanal den relevanten Markt bedient, oder ob potentielle Kunden durch die Art und Weise, wie der Vertrieb aufgebaut ist, unadressiert bleiben. Tabelle 77 beschreibt, welche den Marktzugang erschwerenden Aspekte bei Vertriebskanälen eine Rolle spielen.

---

[145] Z.B. für Banken die Studie „Benchmark Vertriebserfolg" von *consulting partner* aus dem Jahr 2010, www.consulting-partner.de, für Versicherungen die Versicherungsvertriebs-Benchmarkstudie der Beratungsgesellschaft *Bain & Company*, für den technischen Handel die Studie der *Fraunhofer-Arbeitsgruppe für Supply Chain Services SCS* im Auftrag des VTH Verband Technischer Handel e.V. mit dem Titel „Benchmarking im Vertrieb des Technischen Handels" oder für die Beziehungen zwischen Automobilherstellern und Händlern die *KUBE*-Projektstudie, auszugsweise wiedergegeben in einem Artikel, zu finden unter http://www.dietram-schneider.de/downloads/Benchmarking_Hersteller-Haendler-Beziehung_Automobilbranche.pdf. Zuletzt geprüft am 08.01.2013.

Vertriebskanal (Auswahl)	Aspekte der Adressierbarkeit von Interessenten
Web-Shop	Verfügbarkeit von internetfähigen Computern
TV-Shop	Fernsehkonsummöglichkeiten, insb. bei Berufstätigen
Katalogversandhandel	Verfügbarkeit qualifizierter Adressen, Bereitschaft zu Weiterempfehlungen auf privater Ebene
Franchise-System	Flächendeckende Präsenz von Outlets, gezielte Gewinnung von Franchisenehmern in Wunschzielgebieten, vertraglicher Gebietsschutz
Präsenzfilialen	Flächendeckende Präsenz von Outlets, Standortoptimierung, Logistikoptimierung
Präsenz-Großhandel	Zugangsbeschränkung für Privatkunden, Präsenz von Wettbewerbsprodukten
Verkäufer	Optimierung der Verkäufer-Interessenten-Quote, Geschwindigkeit bei der Erschließung neuer Zielgruppen
Reseller	Verzicht auf Wertschöpfung und eigene Produktideen
Handelsvertreter nach HGB	Flächendeckende Präsenz, Präsenz von Wettbewerbsprodukten, Einflussnahmemöglichkeiten
Strukturvertrieb	Schwer steuerbare Verkaufsinstanzen, streng ergebnisorientiert, zuweilen „verbrannte Erde"

Tabelle 77: Den Marktzugang erschwerende Aspekte ausgewählter Vertriebskanalformen

Die relevanten Fragestellungen der Analyse des Marktabdeckungsgrades sind folglich:

- **Kosten-/Nutzen-Relation aus Interessentensicht**: Ist der Aufwand für einen Interessenten, die Kontaktschnittstelle zu besuchen, in Relation zum erwarteten Produktnutzen akzeptabel? Diese Einschätzung ist je nach Produktkategorie subjektiv unterschiedlich. Bei homogenen Gütern, insbesondere jenen des täglichen Bedarfs, werden Kunden den nächstliegenden Verkaufsort aufsuchen oder aber jenen, der in ihrem Mind-Set an führender Stelle steht. Bei privaten oder geschäftlichen Investitionsgütern werden höhere Beschaffungskosten akzeptiert. Schwer zu planen sind temporäre Effekte, bei denen aufgrund von Moden, Trends oder akuten Notwendigkeiten (Kult-Modemarken, hippe Technik) Interessenten relative hohe Kosten akzeptieren, jedoch schwer abzuschätzen ist, wie sich der Marktzugang nach Abebben des Nachfrageschubs einpendeln wird.

- **Kosten-/Nutzen-Relation aus Anbietersicht**: Grundsätzlich rentiert sich ein Verkaufskanal bzw. Verkaufsort (medial oder physisch) immer, wenn das für dessen Aufbau und Betrieb eingesetzte Kapital unter Berücksichtigung von Economies of Scale die geforderte Verzinsung erfährt oder aber den gewünschten Deckungsbeitrag erzielt. Je stärker der Markt mittels eigener oder konkurrierender Verkaufskanäle durchdrungen ist, desto weniger Luft werden die Planrechnungen haben und desto risikoanfälliger ist die Rentabilitätsprognose. Dies gilt umso mehr in Verdrängungsmärkten (Tankstellen, Apotheken, Bäckereien, Büromöbel), wenn Verkaufsinstanzen/-kanäle nur dann erfolgreich sind, wenn sie Geschäft anderer Instanzen oder Kanälen substituieren.

- **Technische Zugangsrestriktionen**: Durch die nahezu flächendeckende Penetration aller Unternehmen und Privathaushalte mit TV, Radio, Telefon und Computer, sind strukturelle Grenzen eher dort zu suchen, wo lange und komplizierte Anfahrtswege in Kauf zu nehmen sind (siehe oben). Die letzten Hürden des medialen, vor allem Web-gestützten Vertriebs, nämlich ein begrenztes Vertrauen in das „Internet", wurden durch normierende Verfahren wie einem erweiterten Verbraucherschutzgesetz stark abgebaut.

- **Gesetzliche Zugangsrestriktionen**: Altersbeschränkungen (Spielhallen, Alkohol, Zigaretten), wirtschaftliche Qualifikation (Gewerbeanmeldung, berufsständische Befähigungsnachweise für z.B. den Handel mit Giften oder chemischen Stoffen) oder Selbstschutz (Verschreibungspflicht für Medikamente) sind ordnungspolitisch gewünschte oder aus Gründen der Sicherheit erforderliche Marktzugangsschranken, die aber insofern unkritisch sind, als dass sie einerseits für alle Wettbewerber gelten und sie andererseits berechenbar sind. Dies betrifft grundsätzlich auch Beschränkungen der Vertriebskanäle selbst (Haustürgesetz § 355 ff. BGB, Erlaubnis von Werbekontaktaufnahmen – Opt-in – § 7 Abs. 2 UWG).

- **Moralische Zugangsrestriktionen**: Schwerer zu fassen sind moralische Zugangsbeschränkungen, bei denen aufgrund sozialer Normen die Kundenkontaktschnittstelle vorbelastet ist. Erst in letzter Zeit konnten sich beispielsweise der Vertriebskanal Präsenzeinzelhandel für Erotikprodukte etablieren, zuvor waren diese nur an Orten anzutreffen, die sowieso dem Rotlichtmilieu zuzuordnen sind, so dass lediglich ein der häuslichen intimen Atmosphäre vorbehaltener katalog- und prospektgestützter Versandhandel als Vertriebskanal blieb. Ähnliche moralische Zugangsrestriktionen gibt es heute bei Spielhallen und – abhängig vom sozialen Status bzw. der intellektuellen Prägung der Klientel – bei Fast-Food-Restaurants, 1-€-Shops oder Lebensmitteldiscountern.

Der Ausgangspunkt einer Abweichungsanalyse zwischen der möglichen und der bereits realisierten Marktabdeckung ist, die Zahl, Kaufbereitschaft und Kaufkraft der adressierbaren Interessenten zu ermitteln. In der Regel reicht es, diese Daten näherungsweise zu schätzen, z.B. für den Präsenzeinzelhandel über demographische Strukturdaten oder für den b-to-b-Vertrieb über eine datenbankgestützte Auswertung potentieller Kunden (Hoppenstedt, Handelsregister online). Es ist erforderlich, eine Abgrenzung – oder besser: Zuordnung – der potentiellen Kunden zu machen. Diese erfolgt, sofern sich Interessenten oder Verkäufer räumlich bewegen müssen, durch geographische Grenzziehung[146] oder bei medial gestütztem Vertrieb über die Instrumente der Media- und hier insbesondere der Reichweitenplanung. Die Methodik der Abweichungsanalyse wurde in Kapitel 3.6 erläutert.

5.8.2 Controlling des Vertriebskanalmix

Eine Aggregation der zuvor besprochenen Themen stellt das Controlling des Kanalmix dar.

> Das Vertriebskanalmixcontrolling umfasst Planung, Steuerung, Koordination und Kontrolle aller Aktivitäten, welche die Performance eines Kanals oder das Verhältnis der Kanäle zueinander und zum Unternehmen beeinflussen.

Grundsätzlich ist es die Aufgabe des Vertriebsleiters bzw. der für das Management des Kanalmix verantwortlichen Rolle, darauf zu achten, dass im Zusammenspiel der kanalspezifischen Einzelinteressen ein für das Unternehmen langfristig optimales Ergebnis heraus kommt. Die Stellgrößen finden sich in der Ressourcenallokation, also bereits in der Planungs- und Budgetierungsphase. Die Kontrollgrößen umfassen sowohl die Überprüfung der Mittelverwendung sowie die damit erzielten Ergebnisse. Die Herausforderung für den Vertriebscontroller ist, die Wechselwirkungen kanalspezifischer Maßnahmen zu erkennen und zu prognostizieren.

---

[146] Aus formaler Sicht interessant sind Modelle zur Optimierung von Lagerstandorten, etwa das Steiner-Weber-Modell, der Varignon´sche Apparat, das ADD- und das DROP-Verfahren, die analog angewendet werden. Praktikabel sind solche Methoden aber nur, wenn die Anzahl zu betreuender Interessenten gering ist, typischerweise unter 20, und bei dieser Marktgröße führen bei der Vertriebskanalplanung auch heuristische Näherungslösungen zu akzeptablen Ergebnissen.

Planung des Vertriebskanalmix

Die Planung fokussiert sich im Wesentlichen auf den Ressourcenbedarf für vorgeschlagene Maßnahmen im Rahmen des Unternehmensplanungsprozesses. Die Schwierigkeiten liegen jedoch nicht in der Abschätzung der Kosten, sondern erstens in der Prognose zu erwartender Erlöse und zweitens in der Prognose von Erlösrückgängen, falls die Maßnahme den Erfolg anderer Maßnahmen beeinträchtigt. Ferner besteht das in der Kostenrechnung sattsam bekannte Problem der Verteilung von Gemeinkosten, die ihrerseits von der Prognose der Absatzmenge abhängig ist. Natürlich wäre an dieser Stelle eine ausführliche Kritik an der Naivität sowie an der unternehmerisches Handeln hemmenden Wirkung von Budgetierungsprozessen angebracht, doch wird diese allgemein bekannt sein. Dennoch sei auf den wunderbaren Aufsatz von Jensen verwiesen, indem er nicht polemisch, sondern analytisch darstellt, welche Kosten Budgetierung verursachen kann.[147]

Nachfolgend ist dargestellt, wie eine schrittweise Planung des Vertriebskanalmix aus der Sicht des Vertriebscontrollers erfolgen kann:

- **Schritt 1: Festlegung des strategischen Handlungsrahmens**: Am Beginn des Planungsprozesses steht die Frage nach der Unternehmens-, Marketing- und Vertriebsstrategie bzw. nach dem Zielsystem, aus dem sich der Vertriebscontroller seine Handlungsmaxime ableitet: Stehen Umsatz, Absatzmenge, Gewinn, Kapitalrendite oder die risikomindernde Senkung von Fixkosten im Vordergrund? Welche Pläne verfolgt das Marketing? Welche Produkt-, Markt- und Wettbewerbsziele hat sich das Unternehmen gesetzt? Stehen Aktivitäten an, die den Vertrieb in außergewöhnlichem Maße beeinflussen werden, etwa die Einführung eines neuen wichtigen Produkts, die Expansion in einen neuen Markt oder die Fusion mit einem Wettbewerber?

- **Schritt 2: Organisation des Planungs- und Budgetierungsprozesses**: Es ist zu klären, wer die Planungshoheit im Sinne einer Projektleitung inne hat (meist das Unternehmenscontrolling), wer Teilverantwortlicher für die Planung des Vertriebs ist (Vertriebscontroller) und in welchem inhaltlichen und zeitlichen Rahmen sowie mit welchem Detailierungsgrad diese vonstattengehen soll. Ferner sollte, um spätere Abstimmungsrunden abzukürzen, der mögliche finanzielle Handlungsrahmen (Liquidität, Investitionen) abgesteckt werden sowie die Vorhaben anderer betrieblicher Teilbereiche, insbesondere die des Marketings, aber auch jene der Produktion und der Logistik, bekannt sein.

- **Schritt 3: Einleitende Inputrunde**: Es ähnelt einem Wunschkonzert, wenn Vertriebskanalverantwortliche ihre Budgetpläne für die kommende Periode definieren. Das verführt den Vertriebscontroller zu einer leichtfertigen Abwehrhaltung, oft auch aus einer empfundenen Position der Planungsmacht heraus. Aber es ist nicht Aufgabe des Vertriebscontrollers, über Höhe und Art der angeforderten Ressourcen zu urteilen, das ist allein Aufgabe des Managements. Seine Aufgabe ist vielmehr

  1. die Kontrolle der einheitlichen und richtigen Verwendung von Kostenbegriffen, der korrekten Zuordnung von Kostenarten und der einwandfreien „technischen" Umsetzung,

  2. die Plausibilität der Inputdaten zu prüfen,

  3. Planungslücken schließen zu helfen und

  4. gemeinsam mit dem Fachverantwortlichen einen Korridor für die Eintrittswahrscheinlichkeit der Plandaten zu ermitteln, wenn nicht sofort, dann spätestens in Schritt 5.

---

[147] Jensen, 2001

Ein immer wieder auftauchendes Thema ist dabei die Vertriebselastizität und somit die Frage, inwieweit sich die Verkaufseffektivität bzw. die Verkaufseffizienz eines Kanals verändert, wenn die Zahl der Verkaufsinstanzen erhöht wird. In einer Meta-Analyse sind Albers, Mantrala und Sridhar für die Vertriebsinstanz „personalgestützter Verkauf" dieser Frage nachgegangen und haben versucht, Faustgrößen zu ermitteln.[148] Es zeigte sich, dass im Schnitt bei einer Erhöhung der in die Verkaufsinstanzen investierten Ausgaben um 10% ein Mehrerlös von ca. 3,1% zu erwarten sei. Ist der Mehrdeckungsbeitrag, der aus dem Mehrerlös resultiert, höher als der Mehreinsatz, lohnt es sich, die Vertriebskapazität auszuweiten. Gelingt es dem Vertriebscontroller kongruent zu diesem Ergebnis, für sein Unternehmen die Vertriebselastizität durch einen Vergleich der Kanäle oder zumindest der Vertriebsinstanzen zu errechnen, stünde dem Management eine wertvolle Erkenntnis für die Ressourceneinsatzplanung zur Verfügung.

Die einzelnen ggf. korrigierten Ressourcenbedarfe werden aggregiert und das Ergebnis in dem gewählten Planungstool (z.B. MS Excel) dargestellt. In den meisten Unternehmen wird hierzu zwischen der monetären Planung in Geldeinheiten und einer Planung des Personalbedarfs, z.B. in „Personal Equivalent Units" oder „Headcounts", unterschieden.

- **Schritt 4: Iterationen innerhalb des Unternehmens**: Es sind vor allem vier Bereiche, mit denen der Vertrieb in enger Abhängigkeit steht. Allen voran ist das Marketing zu nennen und hier vor allem die drei verbleibenden Segmente des Marketingmix, nämlich die Produkt-, Preis- und die Kommunikationspolitik. Alle drei wirken sich unmittelbar und rasch auf den Vertrieb aus, eine Iteration ist selbstverständlich.

  Der zweite Funktionalbereich ist die Produktion. Hierbei spielen je nach Geschäftsmodell die Mengenplanung oder aber die Fähigkeit, Produkte mittels Variation bzw. Differenzierung an weitere Zielgruppen zu adaptieren, die führende Rolle. Auch sind intervall- oder sprungfixe Kosten und produktionstechnische Restriktionen zu beachten. Bei Dienstleistungen sind diese Aspekte von besonderer Relevanz, da hier der Automatisierungsgrad selten eine kurzfristige lineare Steigerung der Ausstoßmenge erlaubt.

  Der dritte Funktionalbereich ist das Cash Management. Dessen Aufgabe ist es, die Liquidität des Unternehmens sicher zu stellen, so dass finanzielle Engpässe, die strategische und operative Vorhaben behindern könnten, vermieden werden. Die wichtigste Quelle für finanzielle Mittel sind die vom Vertrieb erzielten Erlöse und somit ist vordergründig die Planung der Vertriebskanalverantwortlichen auch die Planungsgrundlage für das Cash Management und somit sensibel. Allerdings lehrt die betriebliche Praxis, dass ein verantwortungsvoller Liquiditätsmanager die Erlösprognosen aus den Vertriebsplanungen mit äußerster Vorsicht verwenden sollte. Er wird ausreichend Puffer einplanen und mit einem eigenen Frühwarnsystem Planabweichungen ausgleichen (vgl. hierzu die ausführlichen Darstellungen in Kapitel 8.7).

  Der vierte Funktionalbereich, der eng mit dem Vertriebscontrolling verbunden ist, ist das Unternehmenscontrolling. Die Abgrenzung der Verantwortungsbereiche ist normalerweise schwierig genug, aber im günstigsten Falle poolt das Unternehmenscontrolling die Planaktivitäten und übernimmt den iterativen Ausgleich, so dass dem Planungsverantwortlichen, dem Vertriebsleiter und dem Vertriebscontroller, lediglich der Marketingbereich als Ansprechpartner, mit dem es sich abzustimmen gilt, bleibt.

- **Schritt 5: Iterationen innerhalb der Vertriebsorganisation**: Im Dialog zwischen dem Vertriebsleiter und dem hierarchisch unterstellten Vertriebskanalverantwortlichen wird ein Planausgleich zwischen den einzelnen Kanälen herbeigeführt. Der Vertriebsleiter achtet dabei auf die Kanalhygiene, um etwaige Konflikte bereits im Ansatz zu erkennen und zu vermeiden. Die Rolle des Vertriebscontrollers ist dabei, mit den erforderlichen Daten diesen Prozess zu begleiten. So hat er darauf zu achten, dass die Annahmen der einzelnen Vertriebskanäle, die in Schritt 3 möglicherweise noch plausibel klangen, aggregiert sinnvoll sind. Ein Beispiel: Gerne

---

[148] Albers, et al., 2010

wird das mögliche Einkaufsvolumen der Zielklientel von mehreren Vertriebskanälen als Erlös eingeplant, was jeweils plausibel, aber in Summe eine zu optimistische Planung zur Folge hat. Ferner fahndet der Vertriebscontroller bei den einzelnen Kostenpositionen nach Synergiechancen, etwa die gemeinsame Nutzung eines Sekretariats, und versucht, mit diesen und anderen Mitteln, die vertriebsrisikofördernden Fixkosten zu reduzieren.

- **Schritt 6: Ableitung von kanalspezifischen Zielvorgaben**: Wurde durch die unternehmensweiten und dann die vertriebsinternen Iterationen eine plausible Gesamt- und vertriebskanalspezifische Einzelplanung erstellt, mit der sich alle Beteiligten einverstanden erklären oder sich zumindest in ihr Schicksal fügen, so werden je Vertriebskanal Einzelbudgets als Handlungsgrenzen errechnet und auf der Erfolgsseite Verkaufsziele ausgewiesen. Die Kostenvorgaben bilden eine Aufwandsobergrenze, die Erfolgsziele eine Ertragsuntergrenze.

Steuerung des Vertriebskanalmix

Ziel der Steuerung ist die Nachsteuerung mittels geeigneter Maßnahmen bei festgestellten Planabweichungen. Grundlage sind demnach Abweichungsanalysen (vgl. Kapitel 3.6). Die Sollwerte entstammen der Planung, die Istwerte der laufenden Berichterstattung der Vertriebskanäle.

Welche Maßnahmen geeignet sind, entscheidet der Vertriebsleiter. Aufgabe des Vertriebscontrollers ist es, die Auswirkungen möglicher Maßnahmen zu ermitteln. Zur Orientierung hilft eine Klassifizierung nach Typ der Maßnahme, wie sie in Abbildung 57 dargestellt ist. Gewählt wurden zwei Kriterien, eines, das die Auswirkung auf die Kosten der Maßnahme beziffert und das zweite, das den zeitlichen Horizont der Wirkung beschreibt.

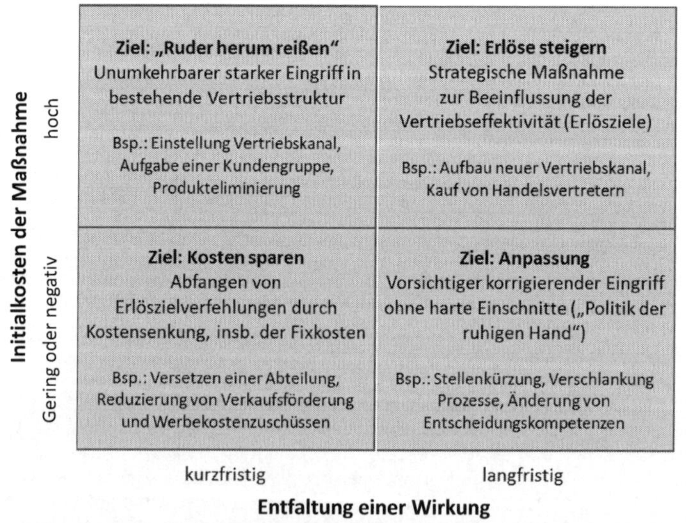

Abbildung 57: Klassifizierung von Nachsteuermaßnahmen des Vertriebskanalcontrollings

Das Portfoliomodell der Maßnahmenwirkung, das in Abbildung 57 dargestellt ist, kann vom Vertriebs-controller als plakatives Instrument zur Vorbereitung konkreter Entscheidungen verwendet werden, dann allerdings mit konkreten Achsenwerten. Außerdem bietet es die Möglichkeit, in einer dritten Dimension, die optisch leicht darzustellen ist, z.B. die angestrebte Ertragsveränderung (Abbildung 58, Größe der Ellipse = Höhe des erwarteten Ertrages) oder die erwarteten Abwehrreaktionen der betroffenen Vertriebsinstanzen (Abbildung 59, Stärke der Umrandung = erwartetes Maß des Umsetzungswiderstands) zu dokumentieren.

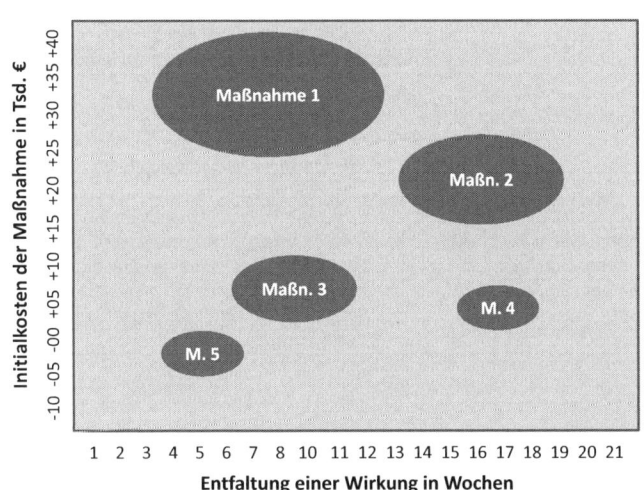

Abbildung 58: Beispiel eines Maßnahmenportfolios zur Steuerung von Vertriebskanälen, Ellipsengröße = erwarteter Mehrertrag aus der Maßnahme

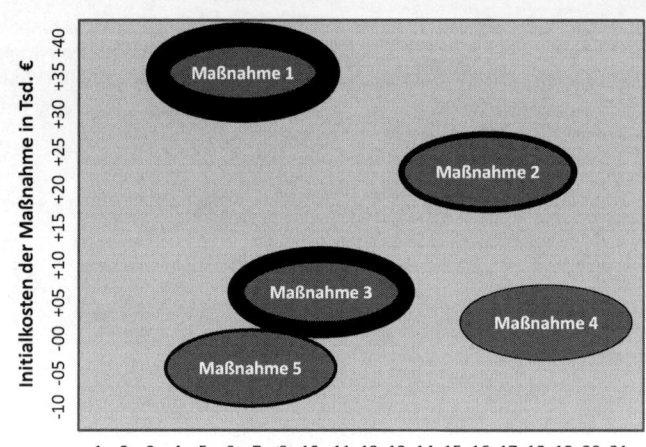

Abbildung 59: Beispiel eines Maßnahmenportfolios zur Steuerung von Vertriebskanälen, Stärke des Ellipsenrandes = Höhe des erwarteten Umsetzungswiderstands

Koordination von Maßnahmen des Vertriebskanalmix

Gegenstand dieser Teilaufgabe ist nicht die Koordination von Planungsprozessen, denn diese fanden
bereits statt, sondern die Unterstützung der Abstimmung zwischen den Vertriebskanälen, wenn korrigierende Maßnahmen ergriffen werden bzw. zu ergreifen sind. Wenn beispielsweise ein Vertriebskanal den Verkauf eines Produktes einstellt (z.B. Auslaufware im Präsenzeinzelhandel), weil es in Relation zu den verkaufsspezifischen Kosten zu wenig Deckungsbeitrag erwirtschaftet, so kann es für einen anderen Vertriebskanal (z.B. Web-Shop oder Label-freier Verkauf an Reseller) immer noch lukra-
tiv sein. Entsprechend wären Maßnahmen zu ergreifen und zu finanzieren. Die Aufgabe des Vertriebscontrollers ist die Unterstützung der Vertriebsleitung mit hierfür entscheidungsrelevanten Daten.

Kontrolle von Maßnahmen des Vertriebskanalmix

Durch zeitpunktbezogene Analysen (z.B. Deckungsbeitragsrechnung), regelmäßige Reports (z.B.
Forecast) und permanente Fortschreibung von Inputdaten (z.B. Auftragserfassung) kann der Vertriebscontroller Abweichungen von Planzahlen feststellen. Voraussetzung ist natürlich, dass die Daten
in Form von Kennzahlen so aufbereitet sind, dass sie mit den Daten der Planung verglichen werden
können. Ferner werden Planabweichungskorridore festgelegt und Eskalationsprozeduren definiert, die
gestartet werden müssen, wenn der Vertriebskanalverantwortliche oder der Vertriebscontroller ein
Verlassen dieser Korridore bemerkt. In Verbindung mit einem Frühwarnsystem (vgl. Kapitel 3.3.6) für
kritische Kennzahlen führt dies zu einem in sich geschlossenen System der Kontrolle der Zielerreichung einerseits sowie der Wirkung von Maßnahmen andererseits.

Ein besonderes Augenmerk gilt der Beobachtung von Verläufen sowohl auf der Verkaufsergebnis- als
auch auf der Kostenseite. Eine strukturelle Schwäche der Budgetierung als Instrument der Unterneh-

mensplanung und finanziellen Führung ist der Drang, zum Periodenende hin Budgets ausschöpfen zu wollen, unabhängig von der zwingenden betrieblichen Notwendigkeit. Auch Vertriebskanalverantwortliche neigen dazu, am Quartals- oder Jahresende z.B. bei den Werbekostenzuschüssen „noch eine Schippe drauf zu legen", wenn es die Budgets hergeben. Diesem Verhalten kann – negative Affirmation! – die Angst vor einer Budgetkürzung in der Folgeperiode zugrunde liegen oder aber – positive Affirmation! – auf ein besonders sparsames und verantwortungsvolles Verhalten des Vertriebskanalverantwortlichen hindeuten, der am Periodenende mit einer geplanten Sonderaktion Gas gibt. Dies zu unterscheiden ist eine Frage der Interpretation, aber Aufgabe des Vertriebscontrollers ist zunächst, es zu erkennen. Abbildung 60 zeigt ein Beispiel für einen solchen Kosten-Erlös-Verlauf. Sofern nicht dokumentierbare Sonderkosten, z.B. intervallfixe Kosten, angefallen sind, wäre zu prüfen, wofür die Kosten aufgewendet wurden.

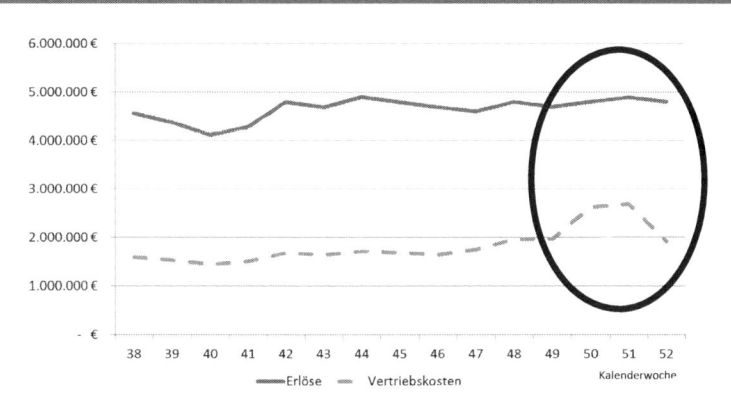

Abbildung 60: Typischer Kostenverlauf bei Budgetausnutzung am Periodenende

Leichter macht es sich der Vertriebscontroller, wenn er zur Kontrolle des Ausgabeverhaltens eine Kennzahl einführt. Die einfache Relation aus Kosten und Erlösen, hier mit den gleichen Daten wie jenen, die der Abbildung 60 zugrunde lagen, verschafft einen schnellen Überblick, wie Abbildung 61 eindrucksvoll zeigt.

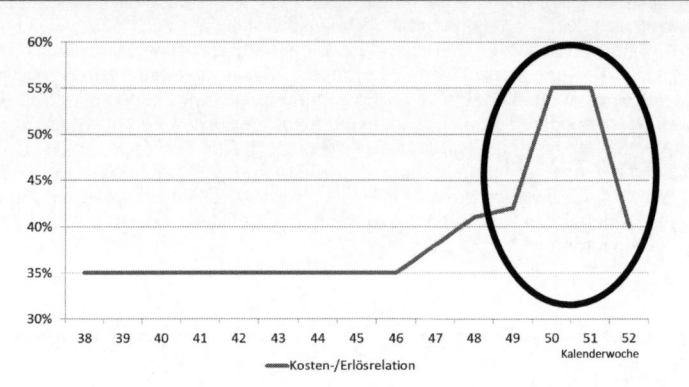

Abbildung 61: Typischer Kennzahlenverlauf bei Budgetausnutzung am Periodenende

5.8.3 Vertriebskanalhygiene

Die Vertriebskanalhygiene ist grundsätzlich ein Führungsproblem. Sind Ressourcen, Kompetenzen, Produktverfügbarkeit, Preisgestaltungsspielräume und Zielklientel eindeutig den einzelnen Kanälen zugewiesen und klar abgegrenzt, sollten auf den ersten Blick keine Konflikte entstehen können.[149] In der Praxis tauchen jedoch Themen auf, die – will das anbietende Unternehmen nicht in Untätigkeit erstarren – angegangen werden müssen und unweigerlich parallele Vertriebskanäle ungleich belasten oder fördern. Die Konflikte entstehen in der horizontalten Beziehung zwischen den Vertriebskanälen, werden aber vertikal, also zwischen den Vertriebskanälen und dem Management des Unternehmens, ausgetragen. Es scheint ähnlich einem Streit zwischen zwei Kindern zu sein, die zu ihrer Mutter laufen und von ihr eine Schlichtung erwarten, und hier wie dort ist die Angst vor einer Benachteiligung eine Haupttriebfeder für Konflikte: Noch bevor Auswirkungen einer Maßnahme sichtbar werden, wird deren schädigende Wirkung approximiert und ein Ausgleich für den befürchteten Schaden verlangt. Wird dieser Ausgleich gewährt, werden sich andere Vertriebskanäle melden und ihrerseits einen Ausgleich verlangen, um eine aus ihrer Sicht faire Behandlung zu bekommen und so fort.

Doch welche Rolle spielt hier der Vertriebscontroller? Sein Job ist es, durch eine analytische Betrachtung der Handlungs- und Wirkungsfolgen einer Maßnahme zur Entemotionalisierung beizutragen. Er beginnt bei der **Anamnese** und somit bei der Beschwerde eines Verkaufskanals, geäußert vom Verkaufskanalmanager oder von den dem Kanal angehörenden Verkaufsinstanzen. Sodann folgt die **Diagnose**, ein zuweilen kreativer Akt, bei dem der Vertriebscontroller über die in der Anamnese beschriebenen **Symptome** hinaus die Ursache des empfundenen Problems herauszufinden versucht. Anschließend wird die **Relevanz** des zunächst nur subjektiv empfundenen Problems geprüft, z.B., indem die möglichen Auswirkungen in Relation zum Gesamtverkaufsvolumen gesetzt werden. Abschließend werden die **Folgen** für die jeweiligen Vertriebskanäle betrachtet, wie üblich im Vertriebscontrolling mit den zwei Parametern „Wert" und „Eintrittswahrscheinlichkeit". Insofern ähnelt die Betrachtung der Folgen der Bewertung von Risiken (Risikowert multipliziert mit der Eintrittswahrscheinlichkeit), wie sie in Kapitel 3.3.6 unter der Zwischenüberschrift „ad 2: Der Zeithorizont" beschrieben wurden.

---

[149] Ausführlicher: Oelsnitz, 2007, S. 329

Schritt 1: Diagnose der Konfliktursache

Anders als die Überschrift vermuten lässt, geht es nicht um die Konfliktursachendiagnose auf interpersonellem Gebiet.[150] Vielmehr ist die Aufgabe des Vertriebscontrollers, die sachliche Ursache auszumachen, obgleich es bekannt sein dürfte, dass abhängig von der Vorgeschichte der Interaktionen ein Vertriebskanalkonflikt sehr wohl auch nur die (vorgeschobene) Folge, nicht aber die Ursache eines Konflikts sein kann. In solchen Fällen sollte der Vertriebscontroller, unser Protagonist, den Kopf einziehen und die Probleme von dem lösen lassen, der dafür bezahlt wird: Vom Vertriebschef.

Bezüglich ihrer Typologie kann bei Konfliktursachen zwischen

- prognoseinduzierten Konflikten,

- neidinduzierten Konflikten und

- Besitzstandswahrungskonflikten

unterschieden werden. Die prognoseinduzierten Konflikte wurzeln in einem erwarteten negativen Effekt einer Maßnahme für den eigenen Vertriebskanal, der sich in einer vermuteten messbaren Reduzierung der Zielerreichung niederschlägt. Dies ist der Fall, wenn durch eine Maßnahme z.B. Zielklientel umverteilt wird, Deckungsbeiträge erodieren oder es zu Liefer- bzw. Produktionsausfällen kommen könnte. Diese Konflikttypen scheinen einfach zu lösen zu sein, denn die wahrscheinlichen negativen Effekte können, sofern strategisch gewünscht, durch einen Ausgleich im Vorfeld (z.B. eine zusätzliche Verkaufsfördermaßnahme) oder einen Ausgleich nach Eintritt und Messung der negativen Effekte (z.B. Provisionsausgleich) kompensiert werden.

Komplexer sind die neidinduzierten Konflikte. Ihre Wurzeln sind Unzufriedenheit, weil andere Vertriebskanäle einen Vorteil erhalten, der dem eigenen Kanal vorenthalten wird. Oft nützt es auch nicht, Verständnis für eine strategische Notwendigkeit wecken zu wollen. Der „befürchtete" Erfolg des vermeintlich oder tatsächlich geförderten Kanals wird als Zurücksetzung des eigenen Kanals empfunden, als das Bröckeln des eigenen Sockels, auf dem sich so mancher zu stehen wähnt.

Der dritte Typ sind Besitzstandswahrungskonflikte. Hierbei dreht es sich um den Erhalt des Status Quo und damit um den Erhalt der eigenen Position im Vertriebskanalmix. Anders als neidinduzierte Konflikte sind diese sachlich begründet und es wird eine Reduzierung der bereitgestellten Ressourcen befürchtet.

Die Klärung der Relevanz stellt in der Regel nicht die Lösung dar, trägt aber zur Objektivierung des Konflikts bei, indem festgestellt wird, worin der Streitwert besteht. Erforderlich ist nun der dritte Schritt.

Schritt 2: Klärung der Relevanz des Beschwerdegrunds

Hier ist der Vertriebscontroller in seinem Element. Er verdichtet den Beschwerdegegenstand auf eine messbare Größe. Aus „Mir gehen Kunden verloren, wenn die Werbung für den Web-Shop verstärkt wird" werden die Kennzahlen „Kunden pro Periode" und „Umsatz pro Periode" extrahiert und aus „Die informieren sich in meiner Filiale und bestellen dann aus dem Katalog" werden die Kennzahlen „Nichtkaufende Interessenbesuche pro Periode" und „Besuche je x € Umsatz".

Ist dieser erste Schritt getan, werden die möglichen Folgen der betreffenden Maßnahme zugunsten eines Verkaufskanals abgeschätzt. Dabei sollte zunächst ein Korridor der Extremerwartungen gebildet werden, also eine Abschätzung der schlimmsten erwarteten Veränderung der Kennzahlen durch den Beschwerdeführer als Untergrenze und eine Abschätzung der durch Dritte erhofften Veränderung,

---

[150] Hierzu sei auf die Standardliteratur verwiesen, insbesondere die Werke von Friedrich Glasl, etwa Glasl, 2011.

z.B. „die Werte bleiben unverändert". Es wird berechnet, welche Auswirkung die zwei extremen und vielleicht noch ein oder zwei intermediäre Szenarien auf die primären Erfolgsgrößen (Umsatz, Absatzmenge usw.) haben.

Nachdem die Wirkung der zur Diskussion stehenden Maßnahme in alternativen Eintrittsszenarien bewertet wurde, ist der zweite Schritt, die Eintrittswahrscheinlichkeit zu prüfen: Ausgehend von der Annahme, dass die Befürchtungen des Beschwerdeführers durchaus berechtigt sind, lässt sich nun diskutieren, wie realistisch das Eintreffen von Szenarien ist (Tabelle 78). Schon an dieser Stelle wird der Konflikt erheblich entemotionalisiert und zuweilen findet sich eine Lösung, ohne dass es weiterer Maßnahmen bedarf.

Maßnahme: Forcierung der Werbung für den Web-Shop Beschwerde: Umsatzrückgang bei Präsenzfilialen Beschwerdeführer: Leiter des Verkaufskanals „Filialen" Umsatz der Filialen: 12 Mio. € pro Monat, Betrachtungszeitraum: Monat				
Szenario	Erwarteter Umsatzrückgang	Eintrittswahrscheinlichkeit	Erwarteter Umsatzrückgang nach Maßnahme	Relevanz in % vom ursprünglichen Umsatz
Beschwerdeführer	10%, entspricht 1,2 Mio. €	50%	0,6 Mio. €	5%
Beschwerdegegner	2%, entspricht 0,24 Mio. €	75%	0,18 Mio. €	1,5%
Intermedium 1	5%, entspricht 0,6 Mio. €	75%	0,45 Mio. €	3,75%
Intermedium 2	8%, entspricht 0,96 Mio. €	25%	0,24 Mio. €	2,0%

Tabelle 78: Analyse der Relevanz von Beschwerden bei Vertriebskanalkonflikten

Schritt 3: Folgenbetrachtung

Im Mittelpunkt steht die Frage: Was passiert, wenn die befürchteten Auswirkungen für den beschwerdeführenden Vertriebskanal eintreffen? Handelt es sich um emotionale Probleme, etwa der befürchtete Verlust von Ansehen, wird auf der hier diskutierten Ebene keine Lösung zu finden sein. Im Gegenteil: Die Mathematik wird, führt sie zu einer Bloßstellung der Ängste des Beschwerdeführers, zu einem tiefen Graben führen.

Typische Folgen von Maßnahmen, die einen Vertriebskanal relativ benachteiligen sind beispielsweise:

- Verstärkte Konkurrenz um die Zielklientel, Kannibalisierungseffekte

- Verschiebung der Aufgaben eines Vertriebskanals und damit verbunden Verschiebung der Kosten- und Erlösstruktur (Zunahme von Beratungsaufwand, Preisnachverhandlungswünschen oder Reklamationen)

- Gefährdung der Preishygiene, Deckungsbeitragsschwund bei Anpassung eines Preises an jenen alternativer Vertriebskanäle

- Produktlieferengpässe

Schritt 4: Lösung

Nachdem diese drei Schritte vollzogen wurden, kommt es zum finalen Schritt 4, der Bereinigung negativer Effekte. Dieser kann im Ausgleich von Provisionsansprüchen liegen, in der Zuteilung weiterer Ressourcen oder einer Anpassung der Zielwerte. Dies ist in der Regel eine Frage der Verhandlung zwischen dem Vertriebsleiter und dem Vertriebskanalverantwortlichen.

6 Kundenerfolgsrechnung

Betrachtungsgegenstand der Kundenerfolgsrechnung ist der Kundenstamm (Kapitel 6.1) oder der einzelne, individuelle Kunde (Kapitel 6.2 und 6.3). Ziel ist, seinen Kapitalwert für das Unternehmen zu berechnen. Nur seinen Kapitalwert? Reduziert das einen Kunden nicht auf den zum Gegenwartswert bewerteten Zahlungsstrom und blendet Aspekte wie Kundenbindung, Weiterempfehlungschancen oder Krisenstabilität aus? Keineswegs! Im Gegenteil: Die Kapitalwertbetrachtung bietet die Chance, alle diese Aspekte zu einer einzigen Zahl zu verschmelzen und folgt damit dem Leitmotiv des Vertriebscontrollings, den Vertrieb zu entmystifizieren.

Dabei ist die Aggregation vieler Einzelaspekte zu einer Resultanten geübte Praxis der Unternehmensführung. Preisuntergrenzen werden durch die Kostenträgerstückrechnung ermittelt, der Leistungsbeitrag von Angestellten als Gehalt bewertet und sogar der Unternehmenserfolg, der alle Wertschöpfungsbeiträge umfasst, am Periodenende als Jahresüberschuss oder Jahresfehlbetrag bewertet.

Warum sollte es dann nicht möglich sein, auch den Wert eines Kunden für das Unternehmen zu berechnen? Dies schützt vor Diskussionen über Maßnahmen und Zugeständnisse, die allein auf subjektiven Argumenten aufbauen („Das ist ein strategischer Kunde", „Der ist Meinungsführer", „Wenn der geht, kündigen andere auch"). Der persönliche Eindruck vom Erfolgsbeitrag eines Kunden weicht einem so objektiv wie möglich ermittelten quantitativen Wert. Damit ist ausdrücklich nicht gemeint, dass Überlegungen, mit welchen vertrieblichen Kniffen und zu welchen Kosten einem Wunschinteressenten beizukommen sei, allein durch eine Tabellenkalkulation stattfinden sollten. Ziel der Kundenerfolgsrechnung ist lediglich, monetäre Handlungsfolgen aufzuzeigen: Die finanziellen Auswirkungen werden berechnet und stehen damit als eine von vielen Aspekten der Entscheidungsfindung zur Verfügung.

Darum schließt dieses Kapitel auch mit einer Methode ab, die bei der Berechnung des Erfolgsbeitrags kundenbezogener verkaufsfördernder Maßnahmen hilft (Kapitel 6.4). Auch hier ist das Ziel, monetäre Handlungsfolgen zu ermitteln und nicht, die Kreativität der Verantwortlichen durch den Taschenrechner zu ersetzen.

6.1 Kundenstrukturanalyse

Ziel der Kundenstrukturanalyse ist eine stichtagsbezogene Klassifizierung der vorhandenen Kunden nach ausgewählten Kriterien. Sie kommt beispielsweise zum Einsatz, wenn

- Risiken, die sich aus der Kundenstruktur ergeben, bewertet,

- strategische Potentiale entdeckt,

- operative Vertriebsoffensiven geplant,

- das Verhältnis zwischen Kunden und Vertriebsinstanzen geprüft oder

- für einen Vertriebsinstanzen- und Vertriebskanalvergleich kundenbezogene Daten ermittelt

werden sollen.

Im Vordergrund steht eine Bewertung der Kunden hinsichtlich ihres Beitrags zum Vertriebserfolg, also Umsatz, Absatzmenge, Auftragseingang, Rentabilität oder Gewinn. Diese Kriterien sind allesamt vergangenheits- und gegenwartsorientiert und bilden den Status Quo ab, losgelöst von der subjektiven Einschätzung einer zukünftigen Entwicklung. Hier nun zeigt sich beispielsweise, ob die Sonderrabatte, die einst gewährt wurden, um den „strategischen Kunden" zu gewinnen, sich auch tatsächlich gelohnt haben, ob die Kunden-werben-Kunden-Aktion, die mit viel Tamtam und Ressourceneinsatz ins Leben gerufen wurde, neue Kunden brachte und ob die Strategie, lieber viele kleine als nur wenige große Kunden zu haben, aufging oder nicht.

Die Stunde der Wahrheit.

Allerdings setzt dies voraus, und dieser kleine Exkurs sei gestattet, dass Entwicklungsvermutungen, Vorhersagen über Auftragseingänge oder Prognosen über den Erfolg einer Aktion, die in der Vergangenheit angestellt wurden, auch dokumentiert sind. Eine solche Dokumentation soll aber nicht dazu dienen, die Fähigkeit zur Wahrsagerei, oder freundlicher ausgedrückt: die Prognosetreffsicherheit, im Sinne einer unterschwelligen Aufforderung zur Rechtfertigung zu überprüfen. Ziel des Vergleichs von Istdaten mit früheren Planwerten ist es, Prognosefehler als Anhaltspunkt für die Bewertung der Eintrittswahrscheinlichkeit für zukünftige Ergebnisse von Maßnahmen zu verwerten. Wenn der Vertriebscontroller gut arbeitet, wird er in zeitlicher Abfolge sicherstellen,

1. dass Prognosen über das Ergebnis einer Maßnahme messbare Kriterien enthalten (statt: „Die Kundenbindung wird viel besser" nun: „Durch verbesserte Kundenbindung werden 2%-Punkte Rabatt eingespart"),

2. dass diese Kriterien so gewählt sind, dass sie als prozessintegrierte Messpunkte eine ständige Erfolgskontrolle ermöglichen,[151]

3. dass die stichtagsbezogene Auswertung der Ergebnisse einer Maßnahme u.a. genau jene Kriterien beinhaltet, die bei der Ausgangsprognose verwendet wurden,

4. dass er eine Abweichungsanalyse durchführt und

5. dafür Sorge tragen, dass die Erkenntnisse zur Steigerung der Planungssicherheit in zukünftige Prognosen einfließen.

So theoretisch sich dies auch anhören mag: Es geht schlichtweg darum,

- dass Prognosen nachprüfbar sein müssen,

- peinliche Fehlprognosen nicht unter den Teppich gekehrt werden,

- systematische Planungsfehler erkannt, abgestellt oder durch mathematische Korrekturen zukünftig vermieden und

- nicht-systematische Abweichungen in der Hinsicht bewertet werden, dass sie Korridore zukünftiger Planungstoleranzen markieren.

So lässt sich die naive Wahrnehmungsverzerrung vermeiden, zu glauben, dass jede zukünftige Prognose treffsicherer sei als eine ehemalige. Dieses wird uns beim Thema Forecasts in Kapitel 8.7 wiederbegegnen, dort mit ganzer Wucht.

In der betriebswirtschaftlichen Forschung sind Ansätze zur Segmentierung von Kunden und zur Bewertung des Nutzenbeitrags dieser Kunden für das eigenen Unternehmen gut untersucht. Einen Überblick geben beispielsweise Krafft und Albers. Die klassischen Ansätze unterteilen sie in der in Tabelle 79 dargestellten Form.[152]

---

[151] Vgl. hierzu das Vorgehensmodell in Kapitel 5.4.3
[152] Krafft & Albers, 2000, S. 517

	Individuelle Darstellung von Kunden	Kumulierte Darstellung von Kunden
Eindimensionale Bewertung	• Qualitative Segmentierung • Kundendeckungsbeitrags-rechnung • Customer Lifetime Value	• Qualitatives Ranking aller Kunden • ABC-Analyse
Mehrdimensionale Bewertung	• Scoring-Ansätze • Radarchart (je Kunde)	• Scoring-Portfolio • Klassisches Kunden-Portfolio

Tabelle 79: Ansätze zur Segmentierung von Kunden nach Krafft und Albers

Im Folgenden werden jene Verfahren vorgestellt und deren Methode erläutert, die für das Vertriebs-controlling relevant sind. Die ausgelassenen Verfahren werden üblicherweise in der kundenbezogenen Marktforschung eingesetzt.

6.1.1 Kunden-ABC- sowie ABC/XYZ-Analyse

Eines der einfachsten und bekanntesten Managementinstrumente ist die ABC-Analyse, mit der zu untersuchende Subjekte oder Objekte (Produkte, Mitarbeiter, Beschaffungsgüter oder eben auch Kunden) in drei „Klassen" aufgeteilt werden, die jeweils ein Intervall der Messgröße eines Bewertungskriteriums umfassen. Doch trotz aller Banalität des Modells bietet es dem Vertriebscontrolling die Möglichkeit, analytische Ergebnisse einfach und schnell zu vermitteln. Der Nutzen liegt somit in der Vereinfachung von Erkenntnissen bei akzeptablem Informationsverlust.

Das Vorgehen gestaltet sich wie folgt:

Schritt 1: Wahl eines Bewertungskriteriums

Wenn Kunden in Klassen bzw. Kategorien (A, B und C) eingeteilt werden sollen, ist ein Kriterium erforderlich, nach dem diese Einteilung erfolgen soll. Dieses leitet sich aus dem primären strategischen Vertriebsziel ab, z.B. Umsatz, Absatzmenge, Deckungsbeitrag, Gewinn oder Rentabilität. In einer von Schmöller durchgeführten Untersuchung nutzten ca. 80% der befragten Unternehmen die ABC-Analyse, davon

• 51,6% mit dem Umsatz und

• 29% mit dem Umsatz sowie dem Deckungsbeitrag

als Kriterium.[153] Für das hier demonstrierte Vorgehen sei der Umsatz das gewählte Kriterium.

Schritt 2: Analyse der Kundendaten

Der Ausgangspunkt der Kunden-ABC-Analyse ist die Liste mit den Umsätzen je Kunde innerhalb eines Betrachtungszeitraums, z.B. des letzten Quartals. Anschließend werden die Kunden in dieser

---

[153] Schmöller, 2001, S. 248

Liste nach Umsatzhöhe sortiert und das Ergebnis grafisch dargestellt. Es ergibt sich zunächst eine unspektakuläre Kurve, wie sie in Abbildung 62 für ein Portfolio von 30 Kunden dargestellt ist.

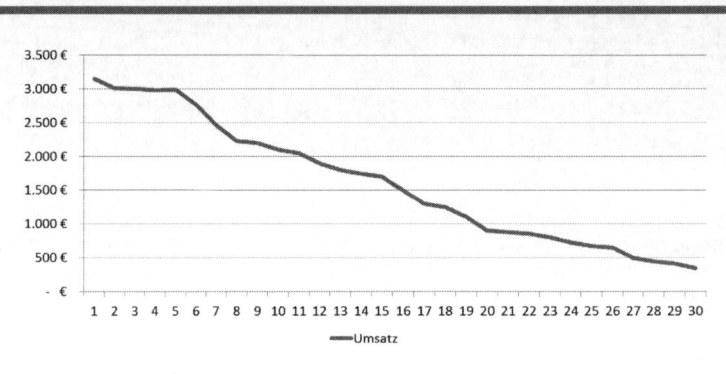

Abbildung 62: Darstellung der Kundenumsätze zur Vorbereitung einer ABC-Analyse

Schritt 3: Festlegung der Klassengrenzen

Die Klassen- bzw. Kategoriengrenzen lassen sich auf mehrere Arten festlegen:

- Nach **Umsatzhöhe**: Der Klassiker. Die Grenzziehung erfolgt willkürlich oder richtet sich nach Faustgrößen.

- Nach **Anzahl Kunden**: Auch hier kommen Faustregeln zum Einsatz, etwa die einfache Drittelung der Kundenzahl (hier zum Beispiel: 10:10:10) oder die Festlegung einer bestimmten Gruppengröße (im Beispiel: A: Top 5, B: Top 6-15, C: Rest).

- Nach einer **externen Größe**, z.B. nach Anzahl der durch eine bestimmte Vertriebsinstanz realistisch betreubaren Kunden. Hier hängt die Menge der zu einer Gruppe zugehörigen Kunden von einer externen Größe ab, z.B. der Kapazität einer Vertriebsinstanz oder eines Vertriebskanals. Für das Beispiel könnte das heißen, dass ein Key Account Management maximal 3 Kunden, die dann der Kategorie A angehören, betreuen kann, das Account Management maximal 10 (Kategorie B) und der Rest von Handelsvertretern bedient wird (Kategorie C).

- Nach **kalkulatorischem Proporz**, z.B. in Form einer Aufteilung A: 1/6, B: 1/3, C: 1/2.

- Nach **natürlichen Grenzen**, sofern sich solche feststellen lassen, etwa mittels Umsatzsprüngen oder mittels Über- oder Unterschreiten von Deckungsbeitrags- oder Gewinnschwellen.

Für die Zwecke unseres Beispiels aus Abbildung 62 wird, wie in Abbildung 63 zu sehen, eine Aufteilung nach Umsatzhöhe vorgenommen, so dass die Kunden 1 bis 7 mit einem Umsatz von mindestens 2.500 € der Kategorie A, die Kunden 8 bis 16 (1500 € bis 2500 € Umsatz) der Kategorie B und alle anderen der Kategorie C angehören.

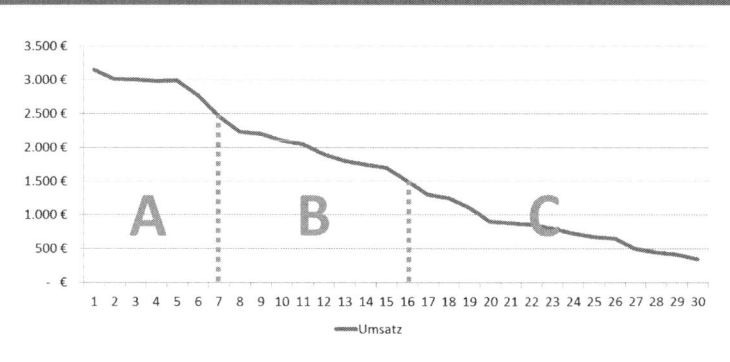

Abbildung 63: Kunden-ABC-Analyse nach Umsatz

Schritt 4: Erweiterung zu einer ABC/XYZ-Analyse

Eine sinnvolle Erweiterung der ABC-Analyse ist die aus der Materialwirtschaft entlehnte ABC/XYZ-Analyse. Dort werden Lagerbestände bewertet, indem Lagerwaren in erster Dimension nach ihrem Wert (gebundenes Kapital) in die Kategorien A, B oder C und in zweiter Dimension nach der **Berechenbarkeit** ihres Umschlags in die Kategorien X, Y oder Z eingeteilt werden. Um dieses Schema auf die Zwecke der Kundenstrukturanalyse zu übertragen, kommt nach der primären Klassifizierung z.B. nach Umsatz eine zweite hinzu, z.B. eine Kennzahl, die die Profitabilität des jeweiligen Kunden betrachtet, entweder absolut (Deckungsbeitrag) oder relativ (Deckungsbeitrag geteilt durch Umsatz). Das Ergebnis sind neun Cluster, in die Kunden eingeteilt werden, wobei als Vereinfachung auch vier Cluster (AB/YZ-Analyse) denkbar wären. Abbildung 64 zeigt ein mögliches Ergebnis.

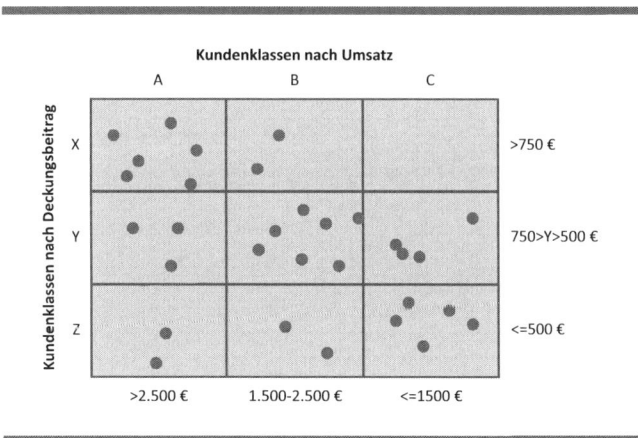

Abbildung 64: ABC/XYZ-Kundenanalyse

Schritt 5: Interpretation der Analyse und Nutzung der Ergebnisse

Die Analyse ist stets eine vergangenheitsorientierte Betrachtung. Um dies zu heilen, könnte sie auch Erwartungswerte einbeziehen, etwa, indem sie Ergebnisse der Kundenkapitalwertrechnung verwertet. Die Methode bleibt aber die gleiche.

Im Ergebnis liegt nun ein Hilfsmittel vor, anhand dessen entschieden werden kann, welchen Kunden eine besondere Aufmerksamkeit zuteilwerden sollte, entweder, um sie zu enger an das Unternehmen zu binden, oder um sie zu entwickeln. Auch lassen die Ergebnisse in Abbildung 64 erkennen, inwieweit Umsatz und Deckungsbeitrag korrelieren: Ex ante ist eine Verteilung der Kunden auf die drei Cluster A/X, B/Y und C/Z zu erwarten, denn A-Kunden sollten auch den höchsten Deckungsbeitrag bringen und so fort. Tatsächlich aber sind in den Clustern A/Y und A/Z Kunden vertreten, die trotz des guten Umsatzes weniger Deckungsbeitrag liefern als zu erwarten gewesen wäre, während die Cluster B/X, B/Y und C/Y hochprofitable Kunden enthalten. Abbildung 65 verdeutlicht dies. Die dunkel eingefärbten Cluster markieren den Erwartungsraum, die schraffierten kennzeichnen Cluster von Kunden mit einem höheren als dem zu erwartenden Deckungsbeitrag, die karierten dementsprechend Cluster von Kunden mit einem geringeren als dem zu erwartenden Deckungsbeitrag und der verbleibende A/Z-Cluster treibt dem Unternehmenscontroller ebenso die Tränen in die Augen, wie Kunden im C/X-Cluster Grund zu großer Freude wären.

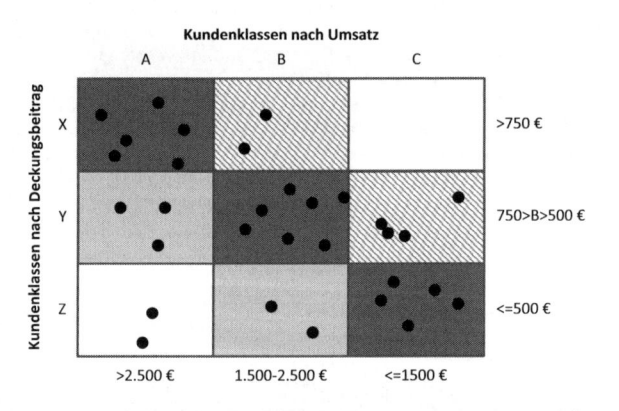

Abbildung 65: Interpretation der Ergebnisse der ABC/XYZ-Analyse

6.1.2 Darstellung des Kundenportfolios

Fast schon weltberühmt ist die Vier-Felder-Matrix, die ursprünglich auf Harry Markowitz zurückgeht.[154] In Kapitel 4.5.3 wurde sie hier eingeführt. Obgleich sie ursprünglich für Marktpositionierungsmodelle entwickelt wurde, kann sie leicht auf die Kundenstrukturanalyse übertragen werden. Das Ergebnis sind vier Quadranten, die so wunderbar plakativ mit den Begriffen „Cash Cow", „Question Mark", „Star" und „Poor Dog" bezeichnet werden, doch die Frage ist, welche Werte die Achsen abbilden.[155]

---

[154] Vgl. hierzu die umfassende Würdigung von Markowitz´ Arbeiten in Rubinstein, 2002.

[155] Vgl. hierzu ausführlich Oetinger, 2000.

Den größten Nutzwert hat die Matrix, wenn als Achsenwerte eine intrinsische und eine extrinsische Größe miteinander kombiniert werden. Die intrinsische behandelt die Sicht des eigenen Unternehmens auf den Kunden, die extrinsische die Sicht des Kunden auf das Unternehmen.

Intrinsische Größen können beispielsweise sein:

- Umsatz

- Deckungsbeitrag

- Absatzmenge

- Strategische Bedeutung des Kunden

- Länge und Qualität der Geschäftsbeziehung mit dem Kunden

Mögliche extrinsische Größen sind:

- Lieferantenstatus beim Kunden

- Kundenzufriedenheit

- Produktpenetration (Wie viel Prozent des Kundenbedarfs deckt das eigene Unternehmen ab?)

- Position als Lieferant im Vergleich zu den Wettbewerbern

Sinn ist, die Perspektive eines Kunden beim Blick auf das eigene Unternehmen einzunehmen. Zweifellos ist die Datenbeschaffung sehr viel komplizierter als bei der oben dargestellten ABC-Analyse. In der Praxis wird darum häufig die am leichtesten berechenbare Größe verwendet, nämlich die Produktpenetration. Die eigene Liefermenge ist bekannt und der theoretische Gesamtbedarf lässt sich mit Erfahrungswerten abschätzen, die der Geschäftsbeziehung mit Kunden entlehnt werden, die ihren gesamten Beschaffungsbedarf beim eigenen Unternehmen decken.

Ein häufiger Fehler ist, dass die Einteilung der Kunden nach subjektivem Empfinden anstatt nach berechneten Werten erfolgt. Dadurch verliert – zumindest für einen Vertriebscontroller – die Methode ihren Sinn und verkümmert zu einer Fotografie persönlicher Einschätzungen und Wünsche.

Somit ist

- der erste Schritt die Wahl der Achsengrößen,

- der zweite die Festlegung von Wertgrenzen,

- der dritte die Berechnung der zwei Werte je Kunden und

- der vierte die Darstellung in der Matrix, wie es Abbildung 66 zeigt.

Jeder Punkt repräsentiert einen Kunden.

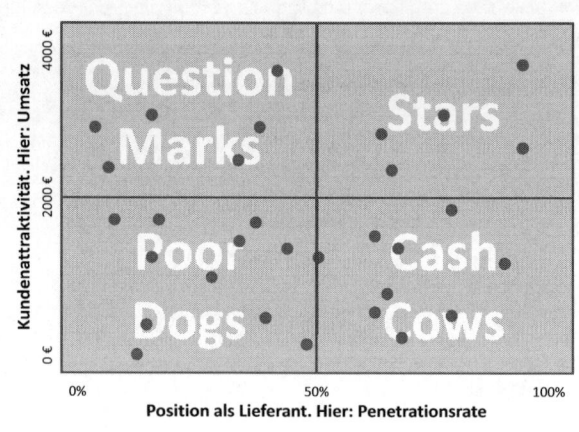

Abbildung 66: Darstellung von Kunden mittels Portfoliomodell

Der fünfte Schritt ist die Interpretation der Ergebnisse. Die Matrix hilft, sogenannte **Normstrategien** festzulegen, die sich beim Blick auf die Matrix aufdrängen (Tabelle 80), aber für konkrete Entscheidungen zu grob sind. Sie nutzen jedoch hervorragend als Einstieg in den Prozess der Strategiefindung.

Quadrant	Normstrategie
Cash Cow	Schutz vor dem Zugriff der Wettbewerber, Pflege und Konstanz der Beziehung, keine Entwicklungsmaßnahmen
Question Mark	Einzelfallentscheidung hinsichtlich Investition in die Kundenbeziehung
Star	Verstärkter Mitteleinsatz, investieren, Konzentration der besten Kräfte, vor allem direkt steuerbarer Vertriebsinstanzen
Poor Dog	Reduzierter eigener Einsatz, keine Preisverhandlungsspielräume gewähren, ggf. Auslagerung an indirekten Vertrieb

Tabelle 80: Normstrategien als Ergebnis der Interpretation der Kundenportfoliomatrix

Eine Variante des Portfoliomodells ist die Darstellung des Kundenportfolios mit den Achsenparametern „Deckungsbeitragsanteil" (Ordinate) und „Strategischer Nutzen" bzw. „Strategische Relevanz" (Abszisse). Der Deckungsbeitragsanteil gibt den relativen Beitrag des jeweiligen Kunden zur Deckung von Fixkosten und Gewinn wieder, die Strategische Relevanz ist das Ergebnis einer Nutzwertanalyse. Zu beachten ist eine sinnvolle Skalierung der Abszisse, um keine der in Kapitel 4.5.1 erläuterten Darstellungsverzerrungen und damit fehlerhafte Normstrategiezuweisungen zu erhalten.

6.1.3 Kunden-Ranking auf Basis von Scoring-Modellen

Ein weiteres Verfahren, Kunden nach ihrer Bedeutung zu sortieren, bedient sich im Kern der Methode der Nutzwertanalyse, wie sie in Kapitel 3.5 beschrieben wurde. Ziel ist, den „Nutzwert" eines Kunden zu ermitteln, um anhand der sich daraus ergebenden Reihenfolge eine Prioritätenliste für zu ergreifende Maßnahmen zu erstellen. Diese wird beispielsweise bei Lieferengpässen oder bei Produktionsproblemen herangezogen, um zu entscheiden, welche Kunden als erstes und welche später informiert und betreut werden sollen. Auch kann eine solche Liste bei der Organisation von Vertriebsinstanzen helfen, etwa bei der Zuweisung von Kunden zu speziellen Vertriebsinstanzen wie dem Key-Account-Management. Werden benamste Kunden („Leads") einzelnen Verkäufern zugeordnet, wird auch vom „Lead Management" gesprochen.[156]

Das Vorgehen entspricht dem einer Nutzwertanalyse und wird an dieser Stelle nur kurz wiedergegeben:

1. Festlegen des Projektteams, mit dem insbesondere die Schritte 2 und 3 erarbeitet werden

2. Definition von Kriterien, anhand deren ein Scoring durchgeführt werden soll

3. Gewichtung der Kriterien, entweder in Prozent oder anhand einer Gewichtungsmaßzahl, die anschließend in den „relativen Bedeutungsanteil" umgerechnet wird

4. Festlegen einer Bewertungsskala, etwa von 0 bis 15 Punkten, entsprechend der Notenskala in der Oberstufe

5. Kundenweise Bewertung der Kriterien, entweder mit dem Projektteam (siehe Schritt 1) oder mit einer weiteren, festzulegenden Gruppe

6. Berechnung des Nutzwertes

Wie immer bei einer Nutzwertanalyse oder der Anwendung dieser Methode sind die Schritte zwei und drei, also die Festlegung der Bewertungskriterien und deren Gewichtung, von besonderer Bedeutung. Sie determinieren – und verzerren möglicherweise – das Endergebnis, wie in Kapitel 3.5 ausführlich dargestellt wurde. So ist es, dies sei wiederholt betont, beispielsweise wenig sinnvoll, einem Brainstorming gleich alle Kriterien aufzuschreiben, die einen Kundenwert ausmachen könnten und die dem Team gerade in den Sinn kommen. Das Ergebnis eines solchen Brainstormings wäre nämlich folgende Liste:

---

[156] Zum Themen der Customer Scorings siehe auch das Standardwerk von Hughes, 1996. Einen umfassenden Überblick über den Forschungsstand geben Rhee & McIntyre, 2008. Hilfreich ist auch der Beitrag von Köhler, 2010.

- Umsatz
- Deckungsbeitrag
- Gewinn
- Bedarfsvolumen
- Auftragskontinuität
- Bonität
- Customer Lifetime Value

- Kundentreue
- Rabattquote
- Weiterempfehlungsrate
- Cross-Selling-Potential
- Produktpenetration
- Meinungsführerschaft
- usw.

Das Festlegen eines Katalogs von Kriterien auf Basis eines solchen Brainstormings wird zu kognitiven Verzerrungen führen. Werden beispielsweise fünf Kriterien gefunden, welche die Bindung des Kunden an das eigene Unternehmen beschreiben, so wird die Summe der Einzelgewichte der fünf Kriterien höher sein, als wären beispielsweise nur zwei Kriterien zu diesem Komplex gefunden worden. Ein Kriterium ist umso wichtiger und wird im Scoring-Modell umso stärker gewichtet, je mehr Subkriterien „zufällig" gefunden werden. Nicht die Realität entscheidet, sondern die semantischen Fähigkeiten der Teilnehmer. Eindeutig ein methodischer Fehler. Um diese Klippe zu umschiffen, empfiehlt sich die **Kategorisierung** der Kriterien. Diese Kategorien lassen sich einfacher gewichten. Das Vorgehen wurde in Kapitel 3.5 als „Optionaler Schritt 4a" beschrieben. Für die Zwecke des Kunden-Rankings bieten sich die in Tabelle 81 dargestellten vier Kategorien mit den als Auswahl aufgeführten Einzelkriterien an.

Kriterienkategorie	Mögliche Kriterien
Auftragsvolumen	<ul><li>Umsatz</li><li>Absatzmenge</li><li>Auftragskontinuität und -berechenbarkeit</li></ul>
Profitabilität	<ul><li>Deckungsbeitrag</li><li>Rabatterfordernisse</li><li>Preisdurchsetzbarkeit</li><li>Customer Lifetime Value</li><li>Kapitalrentabilität</li><li>Zahlungstreue</li></ul>
Bindung	<ul><li>Wiederkaufrate</li><li>Weiterempfehlungen</li><li>Cross-Selling-Potentiale</li><li>Produktpenetration</li></ul>
Betreuungsaufwand	<ul><li>Sondereinzelkosten des Vertriebs</li></ul>

Tabelle 81: Kategorisierung von Kriterien für ein Kunden-Ranking

Nun werden für die vier Kategorien die Gewichte festgelegt. Tabelle 82 zeigt das Ergebnis eines möglichen Kunden-Scorings, auf dessen Basis das Kunden-Ranking erfolgt. Dieses könnte wiederum Messgröße für eine ABC-Analyse sein, wie sie in Kapitel 6.1.1 erläutert wurde.

Kategorie	Kat.-Gewicht	Kriterium	Bedeutung (0-15)	Kriterie ngew.	Kunde A		Kunde B		Kunde C	
					Punkte (0-100)	Gew. Wert	Punkte (0-100)	Gew. Wert	Punkte (0-100)	Gew. Wert
Auftragsvolumen	20%	Umsatz	12	10,91%	56	6,11	68	7,42	41	4,47
		Absatzmenge	7	6,36%	90	5,73	80	5,09	85	5,41
		Auftragskontinuität	3	2,73%	12	0,33	35	0,95	68	1,85
Profitabilität	50%	Deckungsbeitrag	10	9,09%	45	4,09	86	7,82	41	3,73
		Rabatterfordernisse	4	3,64%	78	2,84	41	1,49	13	0,47
		Preisdurchsetzbarkeit	7	6,36%	5	0,32	71	4,52	49	3,12
		CLV	12	10,91%	51	5,56	26	2,84	62	6,76
		Kapitalrentabilität	14	12,73%	51	6,49	47	5,98	36	4,58
		Zahlungstreue	8	7,27%	100	7,27	100	7,27	90	6,55
Bindung	20%	Wiederkaufrate	10	8,00%	78	6,24	85	6,80	65	5,20
		Weiterempfehlungen	6	4,80%	0	0,00	40	1,92	40	1,92
		Cross-Selling	2	1,60%	70	1,12	70	1,12	54	0,86
		Produktpenetration	7	5,60%	50	2,80	41	2,30	64	3,58
Betreuung	10%	SEK Vertrieb		10,00%	70	7,00	80	8,00	70	7,00
Summe	100%			100%		55,90		63,52		55,51

Tabelle 82: Kunden-Scoring

6.2 Kundenwertanalyse

Während die im noch folgenden Kapitel 6.3 erläuterte Kundenpotentialanalyse den Fokus auf den zukünftigen Wertbeitrag eines Kunden richtet, ist die Kundenwertanalyse eine vergangenheitsorientierte Betrachtung einzelner Kunden. Ihr Ziel ist, festzustellen, welchen Beitrag ein bereits existierender Kunde in der Vergangenheit bis zum Zeitpunkt der Analyse zur Entwicklung des eigenen Unternehmens geleistet hat.

Gemessen wird zunächst der monetäre Beitrag. Hierfür bietet sich die Deckungsbeitragsrechnung an (Kapitel 6.2.1). Darüber hinaus wird der Nutzen, den ein Kunde gebracht hat, gemessen, der nicht oder aber nur mit erheblichem Aufwand in Geldeinheiten bewertet werden kann. Dies gelingt, indem die Kundenbindung erfasst wird, die Grundlage all jener Nutzenkomponenten ist, auf denen der Wertbeitrag basiert (Kapitel 6.2.2). Schlussendlich ist zur vollständigen Erfassung des Kundenwertes zu untersuchen, ob Potentiale dadurch nicht genutzt werden, dass zu wenige Kenntnisse über einen Kunden vorlagen (Kapitel 6.2.3).

Keine Berücksichtigung finden hier die in der Literatur erwähnten „Customer Value"-Modelle wie der St. Galler Ansatz[157], der stellvertretend für zahlreiche andere Modelle steht, den Kundenwert als ein strategisches Führungsinstrument zu etablieren. Ihre innere Logik ist zwingend, aber der jeweilige Versuch, umfassend alle Aspekte der unternehmerischen Wertschöpfung aus dem Blickwinkel der

---

[157] Ausführlich beschrieben in Belz & Bieger, 2006, S. 115 ff.

Kundenwertoptimierung zu verstehen, scheitert an der Abstraktion: Letztlich kann der Unternehmenserfolg auch über die Leistungen der Reinigungskräfte, die Effizienz der Lagerhaltung oder die Datenübertragungsgeschwindigkeit der LANs beeinflusst und somit beschrieben werden, denn als kybernetisches System ist in einem Unternehmen alles miteinander verwoben. Doch was nutzt diese Erkenntnis im betrieblichen Alltag? Wo soll der Vertriebscontroller anpacken, um dem Vertrieb zu helfen, erfolgreicher zu verkaufen? Bleiben wir auf dem Teppich...

6.2.1 Kundendeckungsbeitragsrechnung

Die Deckungsbeitragsrechnung dient im Rahmen der Gewinn- und Verlust- bzw. der Kostenträgerzeitrechnung der Ermittlung eines Periodenerfolgs. Für einen gewählten Zeitraum, z.B. das zurückliegende Geschäftsjahr oder das zurückliegende Quartal, werden die einem Kunden zurechenbaren Kosten von den Erlösen abgezogen. Das Ergebnis ist ein Betrag, der zur Deckung der Fixkosten sowie des Gewinns beiträgt.

Tabelle 83 zeigt ein typisches Berechnungsschema. Selbstverständlich sind auch andere Varianten denkbar, denn wie immer hat der Vertriebscontroller bei der Wahl seiner Methoden Gestaltungsfreiheit und wann immer eine Methode den grundsätzlichen Anforderungen gerecht wird (siehe zu den Anforderungen Kapitel 3.1), kann sie versucht und eingesetzt werden. Die Grundidee des hier gezeigten Schemas ist, schrittweise dem Kunden zurechenbare Kosten von dem auf der Vorstufe jeweils verbleibenden Restbetrag abzuziehen. Wesentlich ist, dass nur (kunden-) variable Kosten erfasst und abgezogen werden, nicht aber die Fixkosten.

Position	Quelle	Beispiele
Bruttoerlöse je Kunde	Debitorenbuchhaltung	
./. Erlösschmälerung	Auftragserfassung, Debitorenbuchhaltung	• Rabatte • Skonti • Boni
= Nettoerlös je Kunde		
./. Produkteinstandskosten	Kostenträgerstückrechnung	• Produktionskosten • Lagerkosten • Distributionskosten • Kalkulatorische produktbezogene Kosten
= Kundendeckungsbeitrag 1 (KDB 1)		
./. Sondereinzelkosten des Verkaufs	Kostenrechnung	• Angebotserstellungsaufwand • Akquisitionskosten • Betreuungskosten • Verkaufsunterstützende Muster, Proben und Testmaterial • Kundenauftragsbezogene unentgeltliche Zusatzleistungen wie Schulungen, Installation • Bestechungsgelder (schlechter Scherz, aber allzu häufig Realität)
= Kundendeckungsbeitrag 2 (KDB 2)		
./. Sondereinzelkosten der Auftrags- und Kundenverwaltung	Kostenrechnung	• Bestellannahme • Auftragserfassung • Auftragsabwicklung • Inkassoaufwand • Forderungsausfall • Kapitalbindungskosten • Vertragsmanagement
= Kundendeckungsbeitrag 3 (KDB 3)		

Tabelle 83: Kundendeckungsbeitragsrechnung

Der Nutzen dieser Art der Kundendeckungsbeitragsrechnung ist es, in jeder gewünschten Granularität die Kostentreiber einer Kundenbeziehung erkennen zu können. Doch um einen Vergleich mit anderen Kundenbeziehungen zu ermöglichen, reichen die absoluten Ergebnisse nicht aus. Hier empfiehlt sich, mit Kennzahlen zu arbeiten. Bezugsgröße ist jeweils der Bruttoerlös mit dem einzelnen Kunden, so dass die Kennzahlen

$$Nettoerlösquote(t,k) = \frac{Nettoerlös(t,k)}{Bruttoerlös(t,k)} * 100$$

sowie für die jeweilige Kundendeckungsbeitragsstufe 1 bis 3 (x)

$$Kundendeckungsbeitragsquote(t,k,x) = \frac{KDBx(t,k)}{Bruttoerlös(t,k)} * 100$$

als Vergleichsmaßstab dienen sollten. Ein Ergebnis zeigt Abbildung 67 für die Produkte A bis E, bei der als Interpretationshilfe Korridore eingezeichnet wurden, die eine Erfassung von Ausreißern auf den ersten Blick ermöglichen. Deutlich zeigt sich beispielsweise, dass Kunde A zwar noch eine akzeptable KDB 2-Quote aufweist, aber zu hohe Sondereinzelkosten der Auftrags- und Kundenverwaltung aufweist, so dass die KDB 3-Quote die niedrigste im Vergleich mit den anderen Kunden ist. Bei Kunde C hingegen ist interessant, dass die KDB 1-Quote sehr gut ist, aber die Sondereinzelkosten des Verkaufs so hoch sein müssen, dass die KDB 2-Quote zwar im akzeptablen Bereich liegt, aber die vergleichsweise geringen Produkteinstandskosten durch hohe Sondereinzelkosten des Verkaufs überkompensiert wurden. Vorteile auf der einen Stufe wurden durch Kostennachteile auf der nächsten Stufe erkauft.

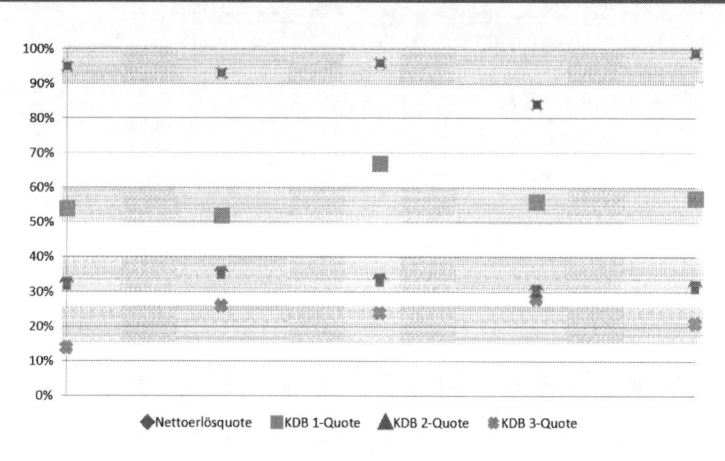

Abbildung 67: Ergebnis einer Kundendeckungsbeitragsrechnung

Bisher wurden der Kundendeckungsbeitrag und die Höhe des Deckungsbeitrags auf verschiedenen Stufen als absoluter sowie – hier in Bezug auf die Bruttoerlöse – als relativer Wert betrachtet. In jedem Falle findet lediglich eine Einperiodenbetrachtung statt. Nun gibt es aber Fragen, die an den Vertriebscontroller gerichtet werden, die eine Betrachtung mehrerer zurückliegender Perioden erforderlich machen. Beispielsweise soll untersucht werden, ob ein unter großem Aufwand akquirierter Kunde, der seinerzeit als „strategischer Kunde" zahlreiche Vergünstigungen erhielt, tatsächlich für das Unternehmen lohnenswert war.

Um diese Fragestellung zu beantworten, stehen dem Vertriebscontroller zwei Verfahren zur Aufwahl:

Nicht-askontierende Kundenrentabilitätsrechnung

Alle bisher für den zu analysierenden Kunden angefallenen Kosten werden von allen bisher mit diesem Kunden erzielten Erlösen abgezogen. Eine Zuweisung zu Perioden ist nicht erforderlich, bietet sich aber an, um den Überblick zu behalten. Erforderlich sind hierfür lediglich die dem Kunden zurechenbare Erträge und Aufwendungen, also die durch den Kunden induzierte Veränderung des Gesamtvermögens. Hierfür reicht eine einfache Journalbuchführung aus, deren Aufwand so gering ist, dass sie im Bedarfsfall sogar parallel zur Finanzbuchhaltung durchgeführt werden könnte.

Allerdings berücksichtigt die nicht-askontierende Kundendeckungsbeitragsrechnung – wie der Name bereits sagt – keine Zins- und Zinseszinseffekte. Der Barwert (genauer: Endwert) einer früheren Zahlung entspricht dem Nennbetrag und es ist unerheblich, ob ein Zahlungsüberschuss vor einigen Jahren oder in der jüngsten Periode anfiel. Somit ist diese Methode lediglich eine Überschlagsrechnung, die sich nur eignet, wenn die Deckungsbeiträge so hoch sind, dass Fehler von einigen Prozent nicht bedeutsam sind. Für niedrigmargige Geschäfte, etwa im Lebensmitteleinzelhandel, kann diese Methode nicht empfohlen werden, denn die Nichtberücksichtigung von Zinsen verfälscht die Ergebnisse zu stark.

Zur Erfassung aller Erlöse und Kosten empfiehlt sich eine Art Checkliste, wie sie sich aus Tabelle 83 ableitet. Ein mögliches Ergebnis für einen Kunden und die vier Jahre 2010 bis 2013 zeigt Tabelle 84. Für dieses Beispiel ergäbe sich bei einem Gesamterlös von 1,886 Mio. € und einem Gewinn von 110,5 Tsd. € eine Kundenrentabilität von 6,39%.

Position, Beträge in Tsd. €	2010	2011	2012	2013
Bruttoerlöse	313	448	504	578
./. Rabatte	21	16	14	19
./. Skonti	5	6	7	8
./. Jahresendboni	45	42	31	34
./. Produktkosten	112	142	154	161
./. Produktlagerkosten	2	2	2	3
./. Distributionskosten	23	21	22	24
./. Kalkulatorische produktbezogene Kosten	1	1	1	1
./. Angebotserstellungsaufwand	2	4	2	3
./. Akquisitionskosten	12	11	14	13
./. Betreuungskosten	4	3	6	5
./. VKF-Material	2	3	2	6
./. unentgeltliche Zusatzleistungen	13	15	18	21
./. Bestellannahme	2	2	2	2
./. Auftragserfassung	2	2	2	2
./. Auftragsabwicklung	4	6	5	7
./. Inkassoaufwand	0	0	0	0
./. Forderungsausfall	12	9	4	1
./. Kapitalbindungskosten	2	3	3	4
./. Vertragsmanagement	9	8	9	6
= Gewinn pro Jahr vor Fixkosten	40	152	206	258
Gewinn insgesamt vor Fixkosten	**656**			
Rentabilität p.a.	**12,8%**	**33,9%**	**40,9%**	**44,6%**
Gesamtrentabilität der vier Jahre	**35,6%**			

Tabelle 84: Nicht-askontierende Kundenrentabilitätsrechnung

Askontierende Kundenrentabilitätsrechnung

Für eine genauere Analyse, insbesondere bei niedrigen Margen, etwa im Handel, ist es unerlässlich, die Zins- und Zinseszinsrechnung mit einzubeziehen. Hierfür wird zunächst ein interner Zinsfuß ermittelt. Bei der zukunftsgerichteten Kapitalwertrechnung enthält dieser sowohl die Inflationserwartung als auch eine Risikoprämie (vgl. die ausführlichere Darstellung in Kapitel 6.3.2). Bei der hier durchzuführenden Rückwärtsbetrachtung ist die Inflationsrate als erste Komponente des internen Zinsfußes bekannt. Ein Risiko, die zweite Komponente, hat sich entweder nicht realisiert oder schlug sich bereits in den Erlös- oder Kostenpositionen nieder. Somit ist der Zinssatz für die Askontierung der durchschnittliche Inflationssatz der betrachteten Periode. Jedoch kann auch berücksichtigt werden, dass die jüngere Vergangenheit stärker bei der Gewinnermittlung berücksichtigt werden soll als die weiter zurück liegende. Der interne Zinsfuß wird dann um einen Faktor ergänzt, der dies berücksichtigt. Im hier vorgestellten Beispiel, das auch in Tabelle 85 weiter fortgeschrieben wird, wird in zwei Beispielrechnungen zunächst ein Zinsfuß von 2,5% und anschließend einer von 10% angenommen.

Während bisher die Zuweisung der Kosten zu Perioden eher einen sortierenden Charakter hatte, ist sie nun zwingend für die Zinsberechnung erforderlich. Aufwände und Erträge der Vergangenheit werden mittels der Formel

$$G = (Aufwendungen - Erträge) * (1 + i)^n$$

auf den Gegenwartswert G aufgezinst. „n" bezeichnet die Anzahl der Perioden zwischen der Periode, in der die Erträge und Aufwendungen verbucht werden, und der Gegenwart. Die Gesamtrentabilität der Betrachtungsperiode von vier Jahren, also das Verhältnis des jeweils jährlich aufgezinsten Gewinns zur Summe der nicht aufgezinsten Bruttoerlöse[158], beträgt in dem Beispiel, dass in Tabelle 85 fortgeschrieben wird, 36,46% bzw. 39,16%.

Position, Beträge in Tsd. €	2010	2011	2012	2013
Ausgangsrechnung ohne Askontierung (Tabelle 84)				
Bruttoerlöse	313	448	504	578
Summe aller variablen Aufwendungen	273	296	298	320
Nicht-askontierter Jahresgewinn vor Fixkosten	40	152	206	258
Gesamtrentabilität der vier Jahre, ohne Fixkosten	35,6%			
Modellrechnung 1				
Zins = Ø Inflationsrate	2,5%			
Gegenwartswert des Gewinns für 2013[159]	43,1	159,7	211,2	258
Gewinn insgesamt vor Fixkosten	672			
Gesamtrentabilität der vier Jahre, ohne Fixkosten	36,46%			
Modellrechnung 2				
Zins = Ø Inflationsrate zzgl. Berücksichtigung der abnehmenden Bedeutung der Vergangenheit	10%			
Gegenwartswert des Gewinns für 2013	53,2	183,9	226,6	258
Gewinn insgesamt vor Fixkosten	721,7			
Gesamtrentabilität der vier Jahre, ohne Fixkosten	39,16%			

Tabelle 85: Askontierende Rentabilitätsrechnung

---

[158] Warum werden nun die Gewinne askontiert, also aufgezinst, nicht aber die Bruttoerlöse? Der Grund ist, dass lediglich die Gewinne als Ergebnis des Wirtschaftens zinsbringend angelegt werden können, nicht aber die Bruttoerlöse, denn von diesen sind noch die Aufwendungen des jeweiligen Jahres abzuziehen.

[159] $Endwert = Wert\ im\ Zeitpunkt\ t_0 * (1 + i)^n$ mit i = interner Zinsfuß und n = Anzahl aufzuzinsender Perioden.

6.2.2 Kundenbindungsanalyse

Eine der Kernfragen der Vertriebsstrategie ist, wie belastbar die Bindung der Kunden an das verkaufende Unternehmen ist. Vollkommen unabhängig von der Art der Klientel (Unternehmen, Privatkunden) oder der Branche liegt der Nutzen der Kundenbindung in mehreren Aspekten, von denen hier nur einige genannt werden:

- **Berechenbarkeit** des Absatzvolumens durch hohe Wahrscheinlichkeit des Wiederkaufs

- **Krisenfestigkeit** mit hoher Wahrscheinlichkeit des Wiederkaufs nach Überwindung der Krise

- **Preistoleranz** mit dauerhaft hohen Deckungsbeiträgen

- Bereitschaft zu **Feedback** hinsichtlich zukünftiger Bestellungen, Produkten, Kritik und Angeboten von Wettbewerbern

- Bereitschaft zur **Weiterempfehlung** des eignen Unternehmens

- Bereitschaft zur Teilnahme an **Experimenten**, etwa hinsichtlich Produktmodifikationen

- Bereitschaft zu **distributiver Integration**, z.B. durch automatisierte Bestellungen, die beidseitig Kosten spart, aber für den Kunden den Nachteil hat, den Lieferanten kurzfristig nicht austauschen zu können

- **Cross-Selling-Effekte**, also die Bereitschaft, über die erworbenen Produkte hinaus weitere beim eigenen Unternehmen zu kaufen

Oft wird Kundenbindung mit Kundenzufriedenheit gleich gesetzt und unterstellt, dass ein zufriedener Kunde eine engere Bindung zum eigenen Unternehmen aufbaut. Kundenzufriedenheit ist dabei „das Ergebnis eines Vergleichs der Kundenerwartungen mit der wahrgenommenen oder erlebten Leistung eines Anbieters"[160]. Doch für das Vertriebscontrolling hat die Zufriedenheit an sich keinen messbaren Wert, obgleich sie eine Grundlage für Bindung sein wird und darum Ansatzpunkt der Arbeiten des Marketings im Allgemeinen und des Vertriebs im Speziellen ist. Ein quantitativer Nutzen entwickelt sich jedoch erst, wenn aus Zufriedenheit Bindung wird. Die Zufriedenheit ist die Investition, die Bindung erlaubt die Ernte und steht darum hier im Mittelpunkt des Interesses.

Interessant sind in diesem Zusammenhang die Forschungsergebnisse von Schmitt, Meyer und Skiera[161], die untersuchten, welchen Einfluss verschiedene Ausprägungen auf den Kundenwert haben: Während die Weiterempfehlungsbereitschaft – Achtung, jetzt kommt´s! – **nicht** auf vermehrte Kundenbindung rückschließen lässt und **keinen** signifikanten Einfluss auf den Kundenwert hat, konnte ein klarer Zusammenhang zwischen Kundenzufriedenheit und Kundenwert gefunden werden. Jedoch korreliert die Weiterempfehlungsbereitschaft mit dem kundenindividuellen Deckungsbeitrag. Schmöller ermittelte darüber hinaus, dass auch das Wiederkaufverhalten kein adäquates Maß für Kundenloyalität sei. Dennoch zogen 87% der von ihr befragten Unternehmen dieses Kriterium zur Beurteilung ihrer Kundenbindung heran.[162]

Es lohnt sich also, sich mit seinem Kunden und der Frage, was ihn an das eigene Unternehmen bindet, intensiver zu beschäftigen (was auch in den Kapiteln 6.2.3 und 6.3.3 geschehen wird).

Ausreichend erforscht ist, dass Kundenbindung ein Effekt ist, der sich aus einer sachlichen und einer subjektiven Komponente zusammensetzt. Die **sachliche Komponente** resultiert aus der mehr oder

---

[160] Belz & Bieger, 2006, S. 109

[161] Schmitt, et al., 2010

[162] Schmöller, 2001, S. 245

weniger intensiven Kontrolle von Preisen, Qualität, Reklamationstoleranz, Liefertreue und weiterer messbarer und mit Wettbewerbern vergleichbarer Faktoren. Vermutlich werden Kunden im Laufe der Zeit immer weniger Vergleichsmessungen vornehmen, diese jedoch nie gänzlich unterlassen: Die alleinerziehende Mutter, die einem Discounter treu ist, schaut sich Werbeprospekte von Wettbewerbern an, um zu prüfen, ob ein Wechsel, vielleicht trotz eines längeren Anfahrtsweges und damit höherer Beschaffungskosten, lohnt, ebenso, wie ein Kraftwerkbetreiber periodische Neuausschreibungen für Turbinenwartungsdienste durchführen wird.

Die **subjektive Komponente** basiert auf **Vertrauen**.[163] Dieses kann weder unmittelbar erkauft noch aktiv organisiert werden. Das liefernde Unternehmen, vertreten durch die Verkaufsinstanz, die für die Gestaltung der Kundenkontaktschnittstelle verantwortlich ist, kann lediglich die Voraussetzungen dafür schaffen, dass das kaufende Unternehmen, vertreten von der Beschaffungsinstanz, Vertrauen fasst. Mehr nicht. Vertrauen ist ein unidirektionaler Akt. Vertrauen (aktiv) können auch nur Personen, aber es kann Personen, Produkten, Unternehmen, Prozessen oder „Ideen" entgegengebracht werden.

Vertrauen ist die Vermutung, dass das Vermutete eintreffen wird und je mehr vertraut wird, desto größer ist die vermutete Wahrscheinlichkeit, dass das Vermutete eintrifft.

Der Nutzen von Kundenbindung für das verkaufende Unternehmen wurde oben ausführlich beschrieben. Aber was nutzt Kundenbindung dem Kunden? Warum verhält er sich nicht opportunistisch und nutzt die motivierende Kraft ständigen Wettbewerbs, um seine Lieferanten zu größtmöglichen Anstrengungen anzuspornen? Die klassische Antwort ist, dass der vertrauende Kunden Beschaffungskosten spart:

- **Geringere Prozesskosten** der Beschaffung (Marktinformation, Angebotseinholung, Entscheidungsprozess)

- **Reduzierung des Fehlschlagrisikos** bei einer Fehlentscheidung für einen schlechten Lieferanten

- **Sicherheit**, am Nutzen des Lieferanten, der sich aus der langfristigen Beziehung ergibt, zu partizipieren („Shared Value"-Ansatz), etwa in Form von Belieferungspräferenzen, erhöhter Reklamationstoleranz, Akzeptanz von verlängerten Zahlungszielen bei Liquiditätsengpässen, Privilegien

- **Berechenbarkeit** der Lieferkette, insbesondere bei für die Produktion kritischen Produkten.

Während die sachliche Komponente des Vertrauens problemlos mit Inputdaten aus der Auftragserfassung bzw. der Debitorenbuchhaltung bewertet werden kann, ist es nur sehr schwer möglich, Kriterien für die Messung der subjektiven Komponente zu finden. Wheelness und Grotz schlagen hierfür eine Liste von Eigenschaften vor, die Vertrauen bewirken (Abbildung 68).[164] Doch die von ihnen vorgeschlagene Messung der Eigenschaften gestaltet sich auch nicht einfacher als die Messung des Ergebnisses, des Vertrauens, selbst. Die direkte Methode wäre, die Kontaktschnittstelle des Kunden, also z.B. den Einkäufer oder den beschaffenden Fachentscheider, zu befragen. Wären die Voraussetzungen für eine solche Marktforschung gegeben (Anonymität, Neutralität, statistische Fehlerkorrektur usw.), könnte tatsächlich ein „Vertrauensbild" und somit die subjektive Komponente der Kundenbindung gezeichnet werden. Ein Längsschnitt über die Zeit durch die periodische Wiederholung der Befragung würde zudem den Fortschritt der Bemühungen der Verkaufsinstanzen aufzeigen.

---

[163] Bahnbrechend ist hierzu der Beitrag von Morgan, 1994. Zum komplexen Thema der Kundenbindung siehe Bruhn & Homburg, 2010.

[164] Wheeless & Grotz, 1977, S. 254

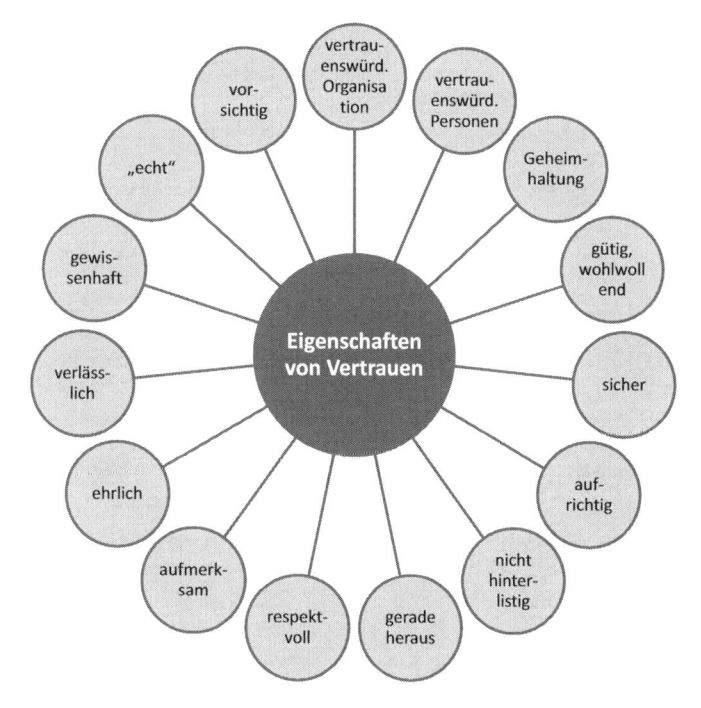

Abbildung 68: Ausprägungen von Vertrauen, angelehnt an Wheeless und Grotz

Diese subjektive, auf Emotionen basierende Einschätzung des Verhältnisses zwischen zwei Parteien, die im geschäftlichen Austausch stehen, ist vermutlich in gewissen Grenzen unabhängig von den handelnden Personen. Sowohl die Verkäufer als auch die Einkäufer kommen und gehen, die Ansprechpartner wechseln, aber das Vertrauen besteht fort. Warum das so ist, scheint – zumindest in der Betriebswirtschaftslehre – noch nicht ausreichend erforscht, aber alleine schon die Botschaft, dass zwischen zwei Unternehmen eine langjährige Geschäftsbeziehung besteht, determiniert einen Vertrauensvorschuss. Sätze wie „Mit dem Lieferanten x sind wir durch dick und dünn gegangen" oder „Dem Lieferanten y kannst Du trauen, der hat uns noch nie übers Ohr gehauen" reichen aus, damit ein neu eingeführter Einkäufer Vertrauen fasst, auch ohne eigene Erfahrungen. Die gute Nachricht dabei ist, dass sich langfristige Investitionen in eine ausbalancierte Geschäftsbeziehung zu lohnen scheinen.[165]

Um nun die Bindung des Kunden an das eigene Unternehmen zu messen, wird der Vertriebscontroller mehrstufig vorgehen müssen. Der Schwerpunkt liegt auf der Messung der objektiven, sachlichen Komponente. Diese Reduktion der Kundenbindung auf nur eine der zwei beschriebenen Determinan-

---

[165] Natürlich können an dieser Stelle nicht alle Gesetzmäßigkeiten und Effekte von „Vertrauen" als Element persönlicher Handlungsmotivation dargestellt werden. Ziel ist, den Einfluss der subjektiven Komponente auf die Kundenbindung, und hier steht das Vertrauen im Mittelpunkt, zu umreißen. Es gibt jedoch dutzende Fachbücher zu diesem Thema, leider mit teilweise konträren Erkenntnissen.

ten ist akzeptabel, denn Vertrauen hat am Ende der Wirkungskette das Ziel, dem eigenen Unternehmen im Wettbewerb einen Vorteil zu verschaffen und dazu beizutragen, dass langfristig positive Ergebnisse erwirtschaftet werden. Vertrauen ist ein Produktionsfaktor, also Input. Gemessen werden soll aber der Output. Die zugehörigen Kennzahlen wurden bereits im Zusammenhang mit der von der Vertriebsinstanz zu beeinflussenden Kundenloyalität dargestellt und in Tabelle 53 zusammengefasst.

6.2.3 „Knowledge of Customer"-Index

Den Kunden zu kennen, zu wissen, was dieser denkt, wie er entscheidet und wie er zu handeln beabsichtigt, ist ein Schatz. Den zu heben und zu nutzen ist bewusst oder unbewusst inhaltlicher Schwerpunkt der Verkaufsarbeit. Dementsprechend gibt es zahlreiche Literatur zu diesem Thema.[166] Diese unterstellt regelmäßig, dass der Verkäufer umso erfolgreicher verkaufen kann, je mehr er über den Kunden weiß. Tabelle 86 fasst typische Fragestellungen zusammen.

Fragestellung	Inhalte (Beispiele)
Was wollen wir über unsere Kunden wissen?	• Einkaufsverhalten • Einkaufsvolumen • Einkaufsprozeduren, Entscheidungskompetenzen, Zeichnungsrechte (bezüglich der Einkaufsvolumina) • Ansprechpartner, Entscheider, „Graue Eminenzen" • Preistoleranz • maximale Zahlungsbereitschaft • Bedeutung als Lieferant für den Kunden • Fehlertoleranz (Produktmängel, Lieferschwierigkeiten) • Eskalationsstufen im Mängelfall
Was weiß der Kunde, das wir gerne wissen würden?	• Wettbewerbsangebote • Produktnutzungsmöglichkeiten • Substitutionsmöglichkeiten • Strategische Ziele, die unsere Lieferbeziehung beeinflussen
Wer muss über die Kunden Bescheid wissen?	• Verkäufer • Vertriebsentscheider und Vertriebskanal • Vertriebscontrolling • Marketing, insb. Produktmanagement
Wie kann Wissen über den Kunden bereitgestellt werden?	• Institutionalisiert via CRM-System • Organisation der Weitergabe und der Aggregation von Wissen (Wissensmanagement) • Organisation der bedarfsbezogenen Wissensweitergabe (Beantworten von Fachfragen) • Speicherung von subjektiver Einschätzung und Vermutung

Tabelle 86: Fragestellungen bzgl. Kundenwissens

Ein aus dem betrieblichen Alltag bekanntes Problem ist, dass Wissen über den Kunden nicht systematisch erfasst wird. Im b-to-c-Markt sowie bei medial gestützten Vertriebsformen werden zwar Kassendaten ausgewertet, aber das Zustandekommen von Kaufentscheidungen wird lediglich im Rahmen von Marktforschungsprojekten durch Experimente oder Beobachtungen erforscht. Im b-to-b-Markt, in

---

[166] Empfohlen seien Kleinaltenkamp & Schmitz, 2012 (Reprint der 1. Auflage von 1996), Ritter & Andersen, 2010 und Rath, 2008.

dem persönliche Verkaufsinstanzen zum Einsatz kommen, akkumuliert sich das Wissen über einzelne Kunden bei den Verkäufern, fließt aber nur sehr begrenzt in die Organisation ein.

An dieser Stelle soll nun weder auf den Nutzen von Kundenwissen noch auf Modelle, mit denen Verkäufer motiviert werden sollen, ihr Kundenwissen zur Verfügung zu stellen, eingegangen werden, denn das sind klassische Problemstellungen des Vertriebsmanagements. Das Vertriebscontrolling kann diese Arbeit sinnvoll unterstützen, indem es für jede Vertriebsinstanz, jeden Vertriebskanal, jeden Kunden oder jede Kundengruppe misst, wie gut das jeweilige Wissen über diese ist. Hierbei werden zwei Stufen der Wissensverfügbarkeit unterschieden:

1. **Institutionalisiertes Wissen**, das mit Hilfe eines CRM-/VIS-/ERP-Systems der Organisation zugänglich ist

2. **Personalgebundenes Wissen**, das lediglich in den Köpfen der Verkäufer existiert

Ferner wird der Vertriebscontroller ermitteln, ob dieses Wissen ausreichend ist oder nicht. Um dies festzustellen, benötigt er eine Messlatte, eine Referenz, die sich vordergründig aus dem Informationsbedarf der funktionalen Teilbereiche des eigenen Unternehmens zusammensetzt. Aber nur vordergründig, denn im Sinne der **Wissenseffizienz** ist der oft zu hörende Wunsch, „möglichst alles" über einen Kunden wissen zu wollen, Unsinn. Auch Wissen hat einen abnehmenden Grenznutzen und darum wird Aufgabe des Vertriebscontrollers sein, ein Maß für wirtschaftlich optimales Wissen über die Kunden zu ermitteln. Das Ergebnis seiner Arbeit ist der „Knowledge of Customer Index" (KCI), dessen Zustandekommen nachfolgend erläutert wird. Ziel ist auch hier, durch die Objektivierung mittels quantitativer Methoden das spezifische Wissen der Verkäufer zu entmystifizieren. Aus einem „Ich kenne meine Kunden aus dem Effeff!" wird eine nachprüfbare Kennzahl (der KCI), die Vergleiche zwischen den Vertriebsinstanzen sowie auf dem Zeitstrahl ermöglicht. Abgesehen vom operativen Nutzen für die Vertriebssteuerung, besteht der vertriebsstrategische Nutzen darin, zu erkennen, inwieweit sich das eigene Unternehmen sicher sein kann, Potentiale bei Bestandskunden erschlossen zu haben. Abbildung 69 zeigt, wie der KCI in Kombination mit einer ABC-Analyse (hier werden aus Gründen der Vereinfachung und Verdeutlichung der Methodik nur zwei Kundenklassen dargestellt, quasi eine AB-Analyse) zu einer prägnanten Darstellung kombiniert werden kann.

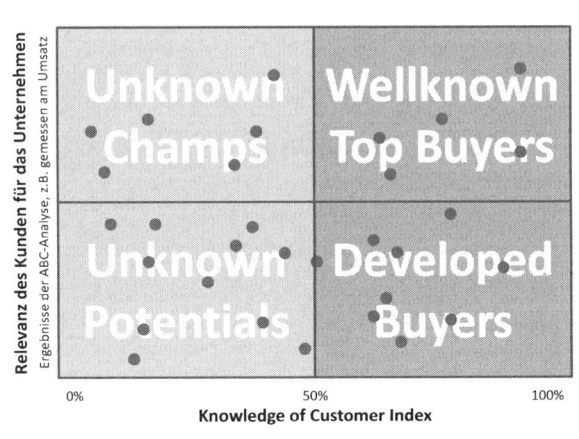

Abbildung 69: Kundenportfolio mit "Knowledge of Customer"-Index

Bei der Interpretation des Ergebnisses gilt es, die vier Quadranten zu beschreiben:

- **Unknown Champs**: Die Beziehung zu diesen Kunden stellt eine ernst zu nehmende Gefahr dar. Ihr Einkaufsvolumen besitzt eine hohe Relevanz für das eigene Unternehmen, aber über Kaufmotivation, Zahlungsbereitschaft oder Wettbewerber ist zu wenig bekannt. Diese Kunden sind unberechenbar und zwar aus einem selbst verschuldeten Grund. Es besteht dringender Handlungsbedarf.

- **Wellknown Top Buyers**: Es wird sich tendenziell um berechenbare, sichere Kunden handeln, deren Entwicklungspotential weitestgehend bekannt ist. Das Portfoliomodell sagt jedoch nichts darüber aus, wie hoch dieses Potential ist, denn betrachtet werden nur die bereits realisierten Umsätze. Die Absicherung steht im Vordergrund.

- **Unknown Potentials**: Über diese Kunden besteht die größte Unsicherheit. Ob ihr Einkaufsbedarf erschöpft ist, ob Wettbewerber dominieren oder welche Absichten bestehen, ist noch zu wenig bekannt, um sich ein Bild vom Potential zu machen. Zielsetzung hier muss die systematische Potentialanalyse sein.

- **Developed Buyers**: Die Kunden sind gut bekannt, aber die Relevanz ist durch das geringe Umsatzvolumen begrenzt. Da die Beschaffungsvorhaben, die Wettbewerbersituation und die Entwicklungsmöglichkeiten – da weitestgehend bekannt – limitiert sind, lohnt hier lediglich eine durchschnittliche Aufmerksamkeit.

Zweifellos ist eine solche Übersicht nützlich, um als Vertriebsleiter zu entscheiden, wie die Ressourcen eingesetzt werden sollten. Aber wie wird dieser „Knowledge of Customer"-Index erstellt? Hierzu wird der Vertriebscontroller in mehreren Schritten vorgehen, die nachfolgend am Beispiel der KCI-Ermittlung für dedizierte Kunden (nicht für Kundengruppen) erläutert werden.

Schritt 1: Ermittlung des Wissensbedarfs

Im Unternehmen gibt es mehrere Bedarfsträger, die Informationen über Kunden benötigen (Abbildung 70). Diese Informationen beantworten die typischen Fragestellungen, die helfen sollen, den Kunden effizienter und effektiver zu betreuen. Zur Berechnung des KCI beginnt der Vertriebscontroller damit, diese Wissensbedarfe zusammen zu stellen. In einer tabellarischen Auflistung entsteht so ein „Wunschkatalog" von kundenbezogenen Informationen, typischerweise mit recht unterschiedlichem Detailgrad.

Abbildung 70: Informationsbedarfsträger im Unternehmen

Der Katalog erinnert zunächst frappierend an das Ergebnisprotokoll eines Brainstormings. Darum sollte der Vertriebscontroller vom Bedarfsträger verlangen, zu begründen, wozu die Daten gebraucht werden. Dies erlaubt, sich ein Bild über die Relevanz der benötigten Informationen zu verschaffen. Tabelle 87 zeigt exemplarisch einen Auszug aus einem solchen Katalog, bei dem bereits die nachgefragten Informationen in Kategorien eingeteilt wurden.

Information	Informationsdetails	Bedarfsträger (außer VC)	Verwendungszweck
Kategorie: Mitarbeiter des Kunden			
Ansprechpartner	Name, Kontaktdaten, persönliche Daten	Verkäufer	Kontaktgestaltung
Entscheider	Kompetenzen, Know-how, Präferenzen, Kontaktdaten	Verkäufer, Vertriebsleiter, Management	Kontaktgestaltung, Eskalation
Produktverwender	Name, Kontaktdaten, Position im Unternehmen oder in der Familie	Verkäufer, Marketing	Kontaktgestaltung, Nutzung, Bedarfsermittlung
usw.			
Kategorie: Beschaffungsverhalten des Kunden			
Potential	Mögliches Einkaufsvolumen, Entwicklungschancen	Marketing, Vertriebsleiter	Bedarfsplanung, Marktanalyse
Lieferanten	Wettbewerb, Produkt- und Preisunterschiede, Verteilung der Beschaffungsrisiken	Marketing, Vertriebsleiter	Bedarfsplanung, Forecast, Preisbildung
Forecast	Bedarfsentwicklung, zukünftige Aufträge	Verkäufer, Vertriebsleiter	Unternehmensplanung
Entscheidungspräferenzen	Beeinflussbarkeit, Preiselastizität	Marketing, Verkäufer	Kampagnen, Produkt- und Preispolitik
usw.			
Kategorie: Produktnutzung			
usw.			

Tabelle 87: Ermittlung eines Katalogs gewünschter Informationen zur Erstellung eines KCI

Ob all diese Informationen überhaupt beschafft werden können und wenn ja zu welchen Kosten, ist unerheblich. Es geht allein um die Frage, ob für eine effiziente Erfüllung der jeweiligen Aufgabe eine Information benötigt wird oder nicht, egal, ob sich dadurch Risiken vermeiden, Fehlallokationen reduzieren lassen oder Zeit gewonnen werden kann.

Schritt 2: Bewertung der Bedeutung der Informationskategorien

Empfehlenswert ist, die Wichtigkeit der Informationskategorien in einem Managementkreis festlegen zu lassen, von dem angenommen werden kann, dass dieser ohne bereichsspezifische Egoismen einschätzen kann, welche spezifische Bedeutung die einzelnen Kategorien von Informationen über den Kunden für das eigene Unternehmen haben. Hierzu geht der Kreis der Bewertenden von 100%, also dem vollkommenen Nutzen durch Wissen, aus und entscheidet, wie viele Prozentpunkte jede einzelne Kategorie dazu beiträgt. Hätte der Vertriebscontroller beispielsweise aus der Aggregation der gewünschten Informationen genau drei Kategorien gebildet und der Nutzenbeitrag jeder einzelnen Kategorie wäre gleich groß, so betrüge er je Kategorie 33,33%. Gibt es im Kreis der Bewertenden große Differenzen in der Einschätzung, so empfiehlt sich, die bereits vorgestellte Paarvergleichsmethode anzuwenden. Vermutlich werden die Bewertenden gegen dieses Modell protestieren, denn es wiederspricht dem persönlichen Gefühl, die Relevanz von Informationen gegeneinander aufzuwiegen. „Alles ist wichtig" ist eine dieses Gefühl beschreibende Aussage. Als gedankliche Hilfe kann folgende Frage in den Raum gestellt werden: „Wenn sie 100 € zur Verfügung hätten, mit denen Sie drei Informationspakete (die Kategorien) kaufen könnten, wie würden sie ihr Geld aufteilen?" Tabelle 88 zeigt den Zwischenstand des Verfahrens für einen Anwendungsfall mit vier Informationskategorien, die einen jeweils unterschiedlichen Nutzenbeitrag liefern.

Informationskategorie	Nutzenbeitrag
Kategorie 1	20%
Kategorie 2	40%
Kategorie 3	10%
Kategorie 4	30%

Tabelle 88: Schritt 2 zur Ermittlung eines KCI: Bewertung des Nutzenbeitrags der Informationskategorien

Schritt 3: Bewertung des Nutzens nachgefragter Informationen

Der Kreis derjenigen, die die Information gewünscht haben, bewertet nun Information für Information anhand der immer wieder gleichen Frage: „Wie wichtig ist diese Information für eine effiziente/risikoarme/schnelle Erledigung der dazugehörigen Aufgabe?" Als Bedeutungsmaßzahl wird ein subjektiver Wert zwischen 0 und 10 gewählt (0=vollkommen unwichtig; 10=unerlässlich). Korrekturen sind während des Schritts erlaubt, denn so kann sich ein gefühlter durchschnittlicher „Bewertungspegel" bilden, quasi ein imaginärer Standardlevel. Methodisch interessant ist, dass für weitere Verfahren nicht wichtig ist, ob die Bewertung der Bedeutung einer Information tatsächlich genau ist. Versuche von Teilnehmern, die persönlichen Informationswünsche dadurch relativ aufzuwerten, dass sie ihnen eine hohe Bedeutungsmaßzahl zuweisen, führen nicht zum gewünschten Ergebnis.

Den Zwischenstand des Verfahrens gibt Tabelle 89 wieder. Die Anzahl von Informationen je Kategorie ist, wie bereits in Kapitel 6.1.3 ausgeführt, egal. Die Granularität hat keinen Einfluss auf das spätere Ergebnis, so dass es möglich ist, die Informationsbedarfe in einer Kategorie sehr detailliert, in einer anderen nur grob aufzulisten und zu bewerten.

Informations-kategorie	Information	Nutzen-beitrag	Bedeutungs-maßzahl
Kategorie 1		20%	
	Information 1.A		7
	Information 1.B		6
	Information 1.C		8
	Information 1.D		5
	Information 1.E		9
Kategorie 2		40%	
	Information 2.A		8
	Information 2.B		5
	Information 2.C		7
Kategorie 3		10%	
	Information 3.A		4
	Information 3.B		9
Kategorie 4		30%	
	Information 4.A		4
	Information 4.B		9
	Information 4.C		7

Tabelle 89: Schritt 3 zur Ermittlung eines KCI: Bewertung der Bedeutung nachgefragter Informationen

Schritt 4: Bewertung vorhandenen Wissens

Im nächsten Schritt werden die Informationsbedarfsträger gefragt, zu wie viel Prozent ihrer Einschätzung nach die erforderlichen Informationen bereits jetzt verfügbar seien. Tabelle 90 zeigt das exemplarische Ergebnis dieses vierten Schrittes.

Informations- kategorie	Information	Nutzen- beitrag	Bedeutungs- maßzahl	Verfüg- barkeit
Kategorie 1		20%		
	Information 1.A		7	80%
	Information 1.B		6	60%
	Information 1.C		8	50%
	Information 1.D		5	100%
	Information 1.E		9	80%
Kategorie 2		40%		
	Information 2.A		8	90%
	Information 2.B		5	75%
	Information 2.C		7	30%
Kategorie 3		10%		
	Information 3.A		4	10%
	Information 3.B		9	80%
Kategorie 4		30%		
	Information 4.A		4	80%
	Information 4.B		9	40%
	Information 4.C		7	60%

Tabelle 90: Schritt 4 zur Ermittlung eines KCI: Bewertung der aktuellen Ver- fügbarkeit gewünschter Informationen

Schritt 5: Berechnung des Differenzfaktors

Der Rest des Verfahrens ist einfache Mathematik. Die Zuarbeit anderer ist für den Vertriebscontroller ab dieser Stelle nicht mehr erforderlich. Es wird nun für jede Information eine mit der Verfügbarkeit gewichtete Relevanzzahl errechnet, indem die Bedeutungsmaßzahl mit dem Prozentsatz der Informa- tionsverfügbarkeit multipliziert wird. Tabelle 91 zeigt das Ergebnis.

Informations-kategorie	Information	Nutzen-beitrag	Bedeutungs-maßzahl	Verfüg-barkeit	gew. Re-levanz-zahl
Kategorie 1		20%			
	Information 1.A		7	80%	5,6
	Information 1.B		6	60%	6,4
	Information 1.C		8	50%	4,0
	Information 1.D		5	100%	5,0
	Information 1.E		9	80%	7,2
	Summe		35		28,2
Kategorie 2		40%			
	Information 2.A		8	90%	7,2
	Information 2.B		5	75%	3,75
	Information 2.C		7	30%	2,1
	Summe		20		13,05
Kategorie 3		10%			
	Information 3.A		4	10%	0,4
	Information 3.B		9	80%	7,2
	Summe		13		7,6
Kategorie 4		30%			
	Information 4.A		4	80%	3,2
	Information 4.B		9	40%	3,6
	Information 4.C		7	60%	4,2
	Summe		20		11

Tabelle 91: Schritt 5 zur Ermittlung eines KCI: Berechnung der gewichteten Relevanzzahl je Information und je Informationskategorie

Schritt 6: Berechnung der Informationsbedarfsdeckung je Informationskategorie

Die prozentuale Abweichung der Summe der gewichteten Relevanzzahlen und der Summe der Bedeutungsmaßzahlen je Kategorie entspricht einem Abweichungsfaktor, der ausdrückt, um wie viel Prozent der Informationsbedarf im Durchschnitt nicht durch vorhandene Informationen abgedeckt werden kann. Tabelle 92 zeigt das Zwischenergebnis.

Informations-kategorie	Nutzen-beitrag	Summe der Bedeutungs-maßzahlen	gew. Re-levanz-zahl	Abweichungs-faktor
Kategorie 1	20%	35	28,2	0,8
Kategorie 2	40%	20	13,05	0,65
Kategorie 3	10%	13	7,6	0,58
Kategorie 4	30%	20	11	0,55

Tabelle 92: Schritt 6 zur Ermittlung eines KCI: Berechnung des kategoriespezifischen Abweichungsfaktors

Schritt 7: Berechnung des KCI

Der finale Schritt ist, je Kategorie den Nutzenbeitrag mit dem Abweichungsfaktor zu multiplizieren und die Produkte zu addieren. Tabelle 93 zeigt das Endresultat, den KCI.

Informations-kategorie	Nutzen-beitrag	Abweichungs-faktor	Produkt je Kategorie	KCI
Kategorie 1	20%	0,8	16%	
Kategorie 2	40%	0,65	26%	64,3%
Kategorie 3	10%	0,58	5,8%	
Kategorie 4	30%	0,55	16,5%	

Tabelle 93: Schritt 7 zur Ermittlung eines KCI: Berechnung des KCI

Für dieses Beispiel ergibt sich ein Index von 64,3%. Dieser berücksichtigt die Abweichungen zwischen benötigten und vorhandenen Informationen und gewichtet diese mit der Relevanz für das eigene Unternehmen. Werden KCIs für die wichtigsten Kunden und wichtigsten Kundengruppen durchgeführt, lassen sich die Ergebnisse wie in Abbildung 69 dargestellt abbilden. Das dargestellte Verfahren lässt sich methodisch natürlich variieren, etwa, um Unterschiede in der Betreuungsqualität zwischen Verkaufsinstanzen oder Vertriebskanälen aufzuzeigen. Solche Analysen sind jedoch auf systematische Fehler und Mängel hin zu überprüfen. Wenn Verkäufer ihren eigenen Informationsbedarf bewerten, setzen sie diesen immer sehr hoch an. Die Frage nach der Verfügbarkeit von Informationen werden sie ähnlich subjektiv beantworten, jedoch bei jenen Informationen, die sie selbst nicht beschaffen können, den Bestand niedrig schätzen. Informationen, die sie selbst haben, aber nicht dem Unternehmen zur Verfügung stellen, werden sie auch nicht vermissen, wohl aber z.B. der Marketingmitarbeiter und so fort.

Empfehlenswert ist in jedem Fall, den hier beschriebenen KCI-Prozess durchzuführen. Der Erkenntnisgewinn ist erstaunlich, alleine schon deswegen, weil sich Mitarbeiter mit dieser Fragestellung beschäftigen.

6.3 Kundenpotentialanalyse

Die Kundenpotentialanalyse fügt der Kundenwertanalyse eine weitere Dimension hinzu: Die Zukunft! Ausgehend von einem erreichten Status versucht der Vertriebscontroller die prognostische Frage zu beantworten, welches zukünftige Potential ein bestimmter Kunde besitzt, um beispielsweise zu entscheiden, wie viele Ressourcen in dessen Betreuung investiert werden sollen. Zu einer tragfähigen Antwort führt zum einen die Analyse der Produktpenetration, mit der ermittelt wird, wie viel Umsatz mit dem Kunden noch erzielt werden dann (Kapitel 6.3.1), zum anderen die Berechnung des Kundenwertes über den gesamten Zeitraum der Kundenbeziehung hinweg (Kapitel 6.3.2).

6.3.1 Produktpenetrationsanalyse

Die Penetration, also Durchdringung eines Kunden mit den eigenen Produkten, ist zugleich die Messung des noch möglichen Absatzes. Im Vordergrund stehen mehrere Fragestellungen, die vor dem Hintergrund der zugrunde liegenden Szenarien zu unterschiedlichen methodischen Ansätzen führen:

1. Absolute Produktpenetrationsrate

2. Gleitende Produktpenetrationsrate

3. Quantitative Produktpenetrationsrate

4. Qualitative Produktpenetrationsrate

Ad 1: Absolute Produktpenetrationsrate

Gibt es eine absolute Sättigungsgrenze für das betreffende Produkt und ist der Bestand für mindestens eine Periode (ein Jahr o.ä.) konstant, so interessiert die absolute Produktpenetrationsrate. Sie ist typisch für Anlagevermögen oder – im privaten Bereich – für langlebige Wirtschaftsgüter (Auto, Waschmaschine, TV-Empfangsgerät, Bohrmaschine). Anhand des Bestands kann der eigene Marktanteil errechnet werden. Voraussetzung ist, dass der Gesamtwert des Bestands des betreffenden Produktes bekannt ist. Wird außer Acht gelassen, dass auch langlebige Güter irgendwann wiederbeschafft werden müssen, ist der Nutzen der Maßzahl der absoluten Produktpenetrationsrate die Möglichkeit, zwischen Kunden bestimmter Vertriebsinstanzen vergleichen zu können. Gelingt es beispielsweise, bei Kunden eigener Filialen eine Penetrationsrate von 80% des Gesamtbedarfs zu erreichen, bei Kunden von Handelsvertretern hingegen nur von 40%, ist dies ein Signal für den Vertriebsleiter, dass das eigene Produkt von den Vertriebspartnern noch nicht hinreichend verkauft wird.

$$Absolute\ Produktpenetrationsrate(k,p) = \frac{Absatzvolumen(k,p)}{Gesamtes\ Beschaffungsvolumen(k,p)} * 100$$

Ad 2: Gleitende Produktpenetrationsrate

Verbrauchsgüter bzw. Roh-, Hilfs- und Betriebsstoffe werden ständig beschafft. Die gleitende Produktpenetrationsrate beziffert den relativen Anteil am regelmäßigen Einkaufsvolumen. Entscheidend ist für diese relativ einfache Quotenberechnung, das Beschaffungsvolumen des Unternehmens zu kennen. Zuweilen verraten es die Einkäufer selbst, um bewusst eine Wettbewerbssituation zu pflegen, von der sie sich – oftmals zu recht – eine Optimierung der Einkaufskonditionen versprechen. Konkurrenz belebt das Geschäft. Wird dieses nicht offen kommuniziert, hilft nur eine Schätzung, entweder

- auf Basis einer Hochrechnung des Verbrauchsbedarfs in Relation zur Mitarbeiterzahl, Ausbringungsmenge oder Familiengröße,

- auf Basis von Vergleichswerten, etwa innerhalb einer Branche oder

- auf Basis von Durchschnittswerten (Shampoo-Menge in Liter pro Kopf und Jahr, Druckerpapier pro Mitarbeiter und Monat, Bier pro Einwohner und Tag).

$$Gleitende\ Produktpenetrationsrate(k,t,p) = \frac{Absatzvolumen(k,t,p)}{Periodisches\ Beschaffungsvolumen(k,t,p)} * 100$$

Ad 3: Quantitative Produktpenetrationsrate

Bisher wurde unterstellt, dass Kunden ein fixes maximales Einkaufsvolumen für das betrachtete Produkt, gleich von welchem Lieferanten es bezogen wird, haben und dieses entweder einmalig bzw. in großen Zeitabständen wiederholt oder aber regelmäßig ausgeben. Die quantitative Produktpenetrationsrate geht nun davon aus, dass eine Belieferung über die bisher erworbene Menge hinaus möglich wäre (Joghurt, Zimmerpflanzen, Musik-CDs) und setzt das aktuelle Liefervolumen mit dem approximierten, wenn auch noch nicht realisierten Volumen, in Relation.

Die Frage ist nur: Wie lässt sich diese mögliche Nachfrage beziffern? Liegen Vergleichswerte im Sinne von Benchmarks oder aus analogen Kunden- oder Marktsituationen vor, können solche Werte als Sollwerte herangezogen werden. Ansonsten führen nur subjektive Annahmen weiter, was methodisch selbstverständlich unbefriedigend ist.

$$\begin{aligned} &Quantitative\ Produktpenetrationsrate(k,t,p) \\ &= \frac{Absatzvolumen(k,t,p)}{Theoretisch\ mögliches\ Beschaffungsvolumen(k,t,p)} * 100 \end{aligned}$$

Ad 4: Qualitative Produktpenetrationsrate

Im Mittelpunkt der Betrachtung steht nun nicht mehr die Absatzmenge, sondern der Gewinn, oder spezieller: die Lieferkonditionen. Die qualitative Produktpenetrationsrate untersucht, ob durch eine „Optimierung" der Lieferkonditionen (aus Sicht des eigenen Unternehmens), und hier vor allem des Preises, eine Gewinnverbesserung bei konstanter Absatzmenge möglich wäre. Zu den Lieferkonditionen zählen vor allem

- der Preis, aber auch

- Erlösschmälerungen in Form von Rabatten, Boni oder Skonti,

- die Lieferbedingungen wie Transportart, Lieferzeit, Verpackung oder Lieferrisikoabsicherung,

- die Rücknahmebedingungen (Kommissionsware, Rückgaberechte, Kulanzregelungen),

- die Regelung der Übergabe oder

- Zusatzleistungen wie kostenlose Beigaben, Werbematerial oder Annoncen.

Das Kernproblem ist, dass die Anzahl der Versuche, die eine Verkaufsinstanz hat, für den Kunden schlechtere Lieferkonditionen durchzusetzen, begrenzt ist, insbesondere im Account- und Key-Account-Vertrieb, also dem personalgestützten Direktvertrieb des b-to-b-Sektors. Entscheidend sind hier die Marktmachtverhältnisse, die durch vielerlei Parameter bestimmt werden und einem permanenten Wandel unterliegen könnten. Besteht die Möglichkeit, vergleichbare, aber von einander isolierte Kundengruppen zu definieren, sind Markttests möglich. Dieses Instrument ist im Einzelhandel ebenso verbreitet wie im kataloggestützten medialen Verkauf, aber inhaltlich Aufgabe des Marketings und soll aus diesem Grunde hier nicht weiter vertieft werden.

$$\begin{aligned} &Qualitative\ Produktpenetrationsrate(k,t,p) \\ &= \frac{Gewinn\ aus\ Absatz(k,t)}{Theoretisch\ möglicher\ Gewinn\ aus\ Absatz(k,t,p)} * 100 \end{aligned}$$

„Gewinn" steht hier für den Kundengewinn aus der Summe aller Einzelbelieferungen während der Betrachtungsperiode. Aus Gründen der Vergleichbarkeit dieser Kennzahl zwischen Kunden, Vertriebsinstanzen oder zeitlich, ist zu dokumentieren, welche fixen und variablen Kosten der Vertriebscontroller vom Verkaufserlös abzieht. Es empfiehlt sich, alle Kostenarten, die die Lieferkonditionen beeinflussen, die Fixkosten zumindest per Zuschlagskalkulation, einzubeziehen.

6.3.2 Customer Lifetime Value

Ziel der Berechnung des Kundenlebenswertes ist es, auf betriebswirtschaftlich korrekte Art herauszufinden, welchen Wert ein Kunde für das Unternehmen hat. Steht ein Kunde stellvertretend für eine Kategorie, so ist der Customer Lifetime Value-Ansatz auch als Bewertungsansatz für eben diese Kategorie (Zielgruppe, Kundengruppe) zu verwenden. Im Gegensatz zur Kundendeckungsbeitragsrechnung, die in Kapitel 6.2.1 vorgestellt wurde, wird jetzt der Blick auf die Zukunft gerichtet und gemessen, welchen Wert der Kunde ab heute bis zum vermeintlichen Ende der Lieferbeziehung mit dem eigenen Unternehmen hat. Erforderlich ist ein solcher Wert, um zu entscheiden, welche Ressourcen in einen Kunden bzw. eine Kategorie von Kunden investiert werden sollen. Dies ist nichts anderes als eine Investition und folgerichtig wird mit Modellen der dynamischen Investitionsrechnung gearbeitet, was sich komplizierter anhört, als es ist. Meistens.

Die Herausforderung des Customer Lifetime Value-Ansatzes ist es, eine Vielzahl von zukunftsgerichteten Parametern zu prognostizieren. Diese Problemstellung ist aus der Investitionsrechnung wohl bekannt. Hier wie dort müssen zukünftige Erlöse und Kosten approximiert, Marktentwicklungen vorweggenommen und Prognoseunsicherheiten berücksichtigt werden. Aber: Eine uns unbekannte Zukunft kann nicht durch noch so ausgefuchste mathematische Methoden zu etwas Gewissem werden. Die einzige Möglichkeit, solche Prognoseunsicherheiten zu berücksichtigen, ist, mit Szenarien möglicher Zukünfte zu arbeiten oder als realistisch erscheinende Korridore zu berechnen, bestenfalls noch mit deren Eintrittswahrscheinlichkeiten. Leider sind es gleich mehrere Parameter, deren zukünftige Entwicklung abgeschätzt werden müssen, um den Gegenwartswert eines Kunden, der die zukünftigen Aufträge beinhaltet, zu bewerten:

- **Lebensdauer**: Wie lange wird der Kunde mit dem eigenen Unternehmen in einem Geschäftskontakt stehen? Wie lange wird er Produkte kaufen? Wie lange müssen Rückstellungen für außergesetzliche Garantieleistungen eingebucht werden?

- **Produktpreise und -kosten**: Wie entwickeln sich die Markt- und dann auch die eigenen Produktpreise? Bleibt die Proportionalität zwischen Preis und Kosten, also die Marge, erhalten oder verändert sie sich? Spielen bei einer Mischbelieferung mit mehreren Produkten die jeweiligen Produktlebenszyklen eine Rolle? Wird es Substitutionseffekte durch alternative, neue Produkte geben?

- **Auftragsverhalten**: Wann, mit welcher Regelmäßigkeit und zu welchen Preisen werden Aufträge vom betrachteten Kunden eingehen?

- **Inflationsrisiko**: Einnahmeüberschüsse in vielleicht 5 Jahren sind vom heutigen Standpunkt aus betrachtet weniger Wert als Einnahmeüberschüsse im aktuellen Jahr. Die Inflation zehrt den Geldwert auf, so dass 100,- € in fünf Jahren bei einer Inflationsrate von 3% heute nur 86,- € wert sind.

- **Unternehmerisches Risiko**: Aber nicht nur die Inflation ist schuld daran, dass spätere Einnahmeüberschüsse einen geringeren Wert haben: Ihr Eintritt ist unsicher. Neue Produkte, eigene Lieferschwierigkeiten, neue gesetzliche Vorgaben, aber vor allem die Möglichkeit, dass der Kunde vor seinem prognostizierten „Lebensende" zur Konkurrenz wechselt, sind Teile der kalkulatorischen Risiken, die nicht versicherbar und darum nicht in den Produktkosten enthalten sind, aber durch einen Risikoaufschlag berücksichtigt werden können.[167]

Diese unvollständige Liste lässt erahnen, dass die Berechnung eines Customer Lifetime Values nur dann sinnvoll ist, wenn die Zukunft einigermaßen berechenbar ist. Solche Standardsituationen sind dann anzutreffen, wenn die Beziehung zu Kunden prognostizierbar ist, weil sie ähnlich wie eine definierte Referenzbeziehung verläuft (Verbrauchsmaterial, Convenience Goods), eine langfristige Vertragsbeziehung besteht (Strom, Mobilfunk, Zeitschriftenabonnements) oder die Masse an Kunden das Herausarbeiten einer Referenzbeziehung erlaubt (Lebensmitteleinzelhandel, Automobilhandel, Kioskgeschäft).

> Folglich ist der Customer Lifetime Value-Ansatz kein Instrument zur Berechnung des Kapitalwerts einzelner, womöglich besonders wichtiger Kunden[168], sondern ein Instrument, um Erwartungskorridore für „typische" Kundenbeziehungen in einem Mengenmarkt zu berechnen.

Grundlegende Methode des Customer Lifetime Value-Ansatzes ist die Kapitalwertrechnung. Periode für Periode werden die Einzahlungsüberschüsse berechnet und mit einem zu bestimmenden Zinssatz auf die Gegenwart diskontiert. Die anzuwendende Formel lautet:

$$CLV(k) = \sum_{t=0}^{t=n} \frac{Deckungsbeitrag(t) - Fixkosten(t)}{(1 + Zinsfuß)^t}$$

n steht für die erwartete Lebensdauer der Kundenbeziehung in Jahren.

Der *Deckungsbeitrag* in der Periode t errechnet sich über alle Produkte p wie folgt:

$$DB(t) = \sum_{p=1}^{p=n} Erlös(p,t) - Erlösschmälerung(p,t) - Variable\ Stückkosten(p,t)$$

Die Bestandteile der *Fixkosten* in der Periode t müssen vom Vertriebscontroller definiert werden, denn es gibt mehrere Möglichkeiten, sie zu berücksichtigen:

- Der pragmatische Ansatz ist, über eine mehrstufige Deckungsbeitragsrechnung einen Fixkostenzuschlag für einen Kunden, z.B. proportional zum Erlös, zu berechnen. Je nach Deckungsbeitragsstufe können so sämtliche Fixkosten eines Unternehmens als Erlösanteil berücksichtigt werden.

- Alternativ können für den jeweils betrachteten Kunden die Sondereinzelkosten des Vertriebs und der Verwaltung angesetzt werden, auch hier als Prozentsatz vom Erlös und somit als Zuschlagssatz, der auch für die zukünftigen Perioden gilt. Die ermittelten Fixkosten der Gegenwartsperiode werden der Einfachheit halber auch für Zukunft als Kostensatz unterstellt.

Je nach gewählter Methode werden mehr oder weniger Fixkosten berücksichtigt. Um den Kapitalwert eines spezifischen Kunden auszurechnen, sei jedoch empfohlen, auch nur die kundenbezogenen Fixkosten zu berücksichtigen, also den zweiten genannten Ansatz zu verfolgen.

---

[167] Einen wunderbaren Überblick über die Entwicklung der modernen Investitionsrechnung und vor allem eine gute Idee von der Art und Weise, wie die Berücksichtigung von Zukunftsrisiken Eingang in die Investitionsrechnung gefunden haben, gibt Behringer, 2010.

[168] So z.B. Krafft & Albers, 2000 und Fischer & von der Decken, 2001.

Eine Schlüsselgröße stellt der Zinsfuß (oder: „interne" Zinsfuß) dar. Dieser setzt sich aus zwei Komponenten zusammen und ist für den gesamten Betrachtungszeitraum konstant (vgl. auch Kapitel 6.2.1).

$$Zinsfuß = Inflationsrate + Risikoerwartung$$

Der Zinsfuß als Diskontierungsfaktor ist, wie weiter unten gezeigt werden wird, maßgeblich für das Ergebnis der Kapitalwertrechnung verantwortlich und bedarf darum besonderer Aufmerksamkeit.

Zur Abschätzung der zukünftigen Inflationsrate benötigt der Vertriebscontroller eine Glaskugel und Gottvertrauen. Anhaltspunkte geben die Monatsberichte der EZB. Spannender und als Hebel einflussreicher ist die Risikoerwartung. Sie ist eine Größe, die von Unternehmen zu Unternehmen, von Branche zu Branche unterschiedlich sein dürfte. Oftmals werden vom Zentralcontrolling fixe Größen vorgegeben, die verbindlich für alle Arten der Investitionsrechnung, also auch auf die Customer Lifetime Value-Berechnung, anzuwenden sind. Typisch sind Größen von 10% bis 15%.

Eine alternative Herangehensweise ist, die Risiken der Kundenbeziehung nicht in den Formelgrößen „Deckungsbeitrag" oder „Fixkosten" zu verarbeiten, sondern ebenfalls in der Größe „Zinsfuß". Dieser wird mit festzulegenden Kriterien korrigiert, die ein kundenartenindividuelles Risikoprofil repräsentieren. Fischer und von der Decken schlagen beispielgebend Korrekturmöglichkeiten vor, wie sie in Tabelle 94 dargestellt sind.[169] Das Problem ist jedoch die Anwendbarkeit dieses Modells. Ist das Zusammenstellen der Risikofaktoren noch leicht möglich, werden die Definition der Ausprägung sowie die Zuweisung eines Risikozu- bzw. -abschlags willkürlich erscheinen. Nicht nur die Höhe der Zu- und Abschläge sind schwer zu bestimmen, auch sind diese unter Umständen voneinander abhängig, so dass multiplikative Folgefehler in der Kalkulation lauern wie ein verschmitzter Hase in seiner Sasse.

Beispiele kundenspezifischer Risikofaktoren	Ausprägung	Risikozu- bzw. -abschlag
Kauffrequenz	monatlich	-1%
	halbjährlich	-0,5%
	jährlich	+0,5%
	seltener	+1%
Kumulierter Umsatz der letzten drei Käufe	bis € 1.000	+1%
	€ 1.001 - € 4.999	+0,5%
	€ 5.000 – € 9.999	-0,5%
	mehr als € 10.000	-1%
Zahlungsverhalten des Kunden	bis 10 Tage	-1%
	11-20 Tage	-0,5%
	21-30 Tage	+0,5%
	mehr als 30 Tage	+1%

Tabelle 94: Beaufschlagung des Zinsfußes mit Risikofaktoren in Anlehnung an Fischer und von der Decken

Tabelle 95 zeigt ein mögliches Ergebnis einer Customer Lifetime Value-Berechnung für einen Kunden. Es werden außer der Gegenwartsperiode 0 noch sechs weitere glückliche Jahre der Zusammenarbeit

---

[169] Fischer & von der Decken, 2001, S. 319

unterstellt. Zur Vereinfachung und zur Verdeutlichung des Diskontierungseffekts werden gleichbleibende Erlöse und Kosten angenommen.

Position	Periode						
	0	1	2	3	4	5	6
Erlöse	75.000 €	75.000 €	75.000 €	75.000 €	75.000 €	75.000 €	75.000 €
Erlösschmälerung	5.000 €	5.000 €	5.000 €	5.000 €	5.000 €	5.000 €	5.000 €
Produktkosten	45.000 €	45.000 €	45.000 €	45.000 €	45.000 €	45.000 €	45.000 €
Kundenfixkosten	10.000 €	10.000 €	10.000 €	10.000 €	10.000 €	10.000 €	10.000 €
Einzahlungsüberschuss	15.000 €	15.000 €	15.000 €	15.000 €	15.000 €	15.000 €	15.000 €
interner Zinsfuß	13,50%	13,50%	13,50%	13,50%	13,50%	13,50%	13,50%
Barwert	15.000 €	13.216 €	11.644 €	10.259 €	9.039 €	7.964 €	7.016 €
Kapitalwert in der Gegenwart (t_0): 74.138 €							

Tabelle 95: Berechnung des Customer Lifetime Values

Den Einfluss des internen Zinsfußes auf den Kapitalwert zeigt die Abbildung 71. Betrüge dieser nicht 13,5%, sondern z.B. nur 8%, so wäre der Kapitalwert immerhin 84.343 €, also um 13,8% höher.

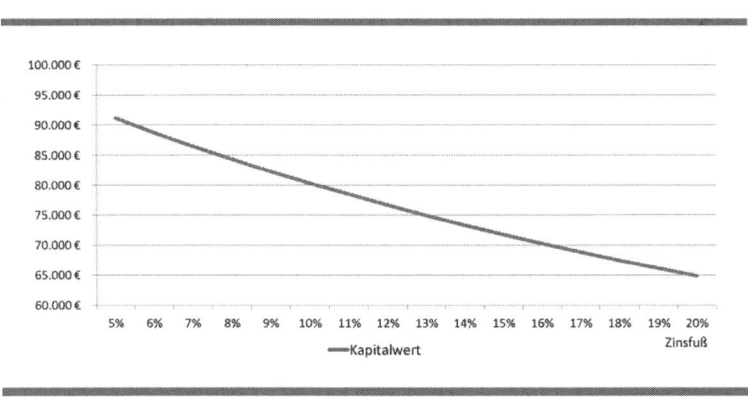

Abbildung 71: Veränderung des Kapitalwertes bei Variation des Zinsfußes

Eine weitere Variation, welche die Sensibilität des Kapitalwertes zeigt, ist in Abbildung 72 dargestellt. Es wird mit den Daten aus Tabelle 95 gearbeitet, aber für die Produktkosten eine jährliche Steigerung von 0% bis zu 12% angenommen. Schon bei einer Steigerungsrate der Produktkosten von 6% p.a. halbiert sich der Kapitalwert, bei ca. 11,2% p.a. sinkt der Kapitalwert auf null.

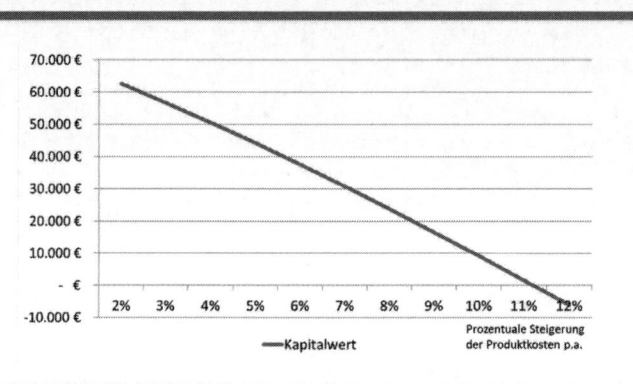

Abbildung 72: Veränderung des Kapitalwertes bei Variation der Produktkosten

In ähnlicher Form können Sensitivitätsanalysen vorgenommen werden, um ein Gefühl für die kritischen Größen der Customer Lifetime Value-Berechnung zu bekommen. In der betrieblichen Praxis ist es zuweilen sogar das Ziel, mittels Variation stets nur eines Parameters Handlungsfolgen abzuschätzen.

Natürlich berücksichtigt die Customer Lifetime Value-Analyse ausschließlich den zukünftigen monetären Nutzen. Außer Acht bleiben nicht-quantifizierbare Vorteile, so z.B. Weiterempfehlungen, Rückkopplungen zur Produktweiterentwicklung oder Economies of Scale durch die Produktionsmengenausweitung. Solche zu quantifizieren ist per se schwer und viele Verkäufer konzentrieren sich bei der Rechtfertigung besonderer Anstrengungen für ihre „strategischen Kunden" genau darauf, eben weil sie nicht quantifiziert werden können. Wenn das ultimative, also letzte Ziel des Unternehmens jedoch die Gewinnerzielung ist, werden alle Maßnahmen langfristig auf dieses Konto einzahlen müssen. Der Nutzen eines Kunden, der weiter empfiehlt, besteht dann in verringerten Akquisitionskosten für andere Kunden. Methodisch könnte dies berücksichtigt werden, indem die eingesparten Verkaufsaufwendungen als kalkulatorische Leistungen dem Kunden zugerechnet werden, bei einer Mehrperiodenbetrachtung jeweils diskontiert. Dann aber, und hier liegt der Hase im Pfeffer, sind in Höhe der kalkulatorischen Leistungen auch Kosten für den Vertrieb bzw. den Verkauf zu kürzen und erfahrungsgemäß sind spätestens hier Proteste zu erwarten. Außerdem ist zu prüfen, ob eine gewisse Quote an Weiterempfehlungen nicht grundsätzlich bei der Vertriebsbudgetplanung unterstellt wurde.

Welches auch immer die Kalkulationsgrundlage des eigenen Unternehmens sein mag, der Customer Lifetime Value bietet trotz seiner immanenten Unsicherheit durch gleich mehrere Planannahmen die Möglichkeit, die Werthaltigkeit einer Kundenbeziehung schnell und plakativ zu berechnen.

6.3.3 Net Promoter Score

Als Reichheld, ein Mitarbeiter einer großen Unternehmensberatung (Bain & Company), 2006 sein „Net Promoter Score"-Konzept (NPS-Konzept) vorstellte,[170] etablierte er damit ein recht einfaches Verfahren, dass

1. zu einem Element des quantitativen und somit vom Vertriebscontrolling unterstützten Kundenmanagements und

2. als Frühindikator für die Veränderung des Unternehmenswertes verwendet werden kann.

Die zweite hier genannte Anwendung, deren Nutzwert durchaus kontrovers diskutiert und bezweifelt wird, soll an dieser Stelle nicht weiter beschrieben werden. Die erste jedoch ist für den Vertriebscontroller interessant, denn sie verspricht eine Methode, mit der mittels der Messung der Weiterempfehlungsbereitschaft der Kundenwert berechnet werden kann. Im Mittelpunkt des NPS-Konzepts steht eine einzige Frage, die sich in einer Vielzahl empirischer Studien als entscheidend heraus kristallisierte:

> "How likely is it that you would recommend (company x) to a friend or colleague?"[171]

Zur Messung werden Kunden mit dieser einen Frage konfrontiert. Die Skala reicht dabei von 0 („Ich werde das Unternehmen keinesfalls weiter empfehlen") bis 10 („Ich werde das Unternehmen aktiv und

---

[170] Reichheld, 2006

[171] Reichheld, 2006, S. 50. Bei weitergehendem Interesse zum Forschungs- und Praxisgebiet „Customer Metrics" siehe vor allem Gupta & Zeithaml, 2006, Morgan & Rego, 2006 und die dazugehörige Kommentierung von Keiningham, et al., 2008.

in jedem Fall weiter empfehlen").[172] Anschließend wird der Net Promoter Score ermittelt, wie in Abbildung 73 dargestellt und mit folgender Formel berechnet:

$$NPS = (Kunden, die\ 9\ oder\ 10\ Punkte\ vergeben) - (Kunden, die\ weniger\ als\ 7\ Punkte\ vergeben)$$

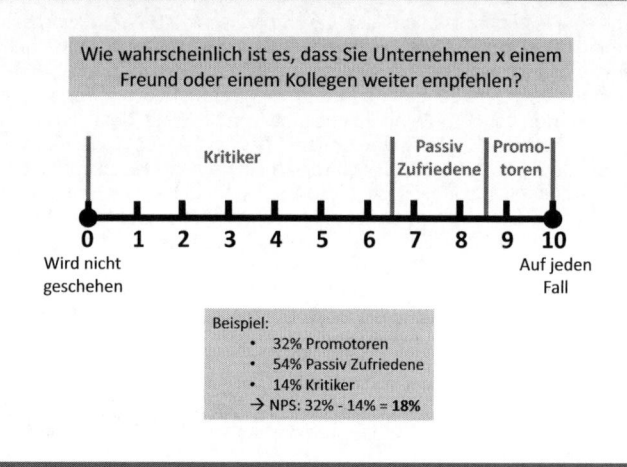

Abbildung 73: Berechnung des Net Promotor Scores

Interessant sind nun die Erkenntnisse von Schmitt, Meyer und Skiera, die bereits angesprochen wurden: Danach hat die Weiterempfehlungsbereitschaft

- einen hoch signifikanten Einfluss auf den kundenindividuellen Deckungsbeitrag,

- keinen Zusammenhang mit dem Kundenwert und auch

- keinen Zusammenhang mit der kundenindividuellen Bindung.

Es zeigt sich, und auch das ist äußerst spannend, dass die Kundenzufriedenheit einen hohen Einfluss auf den Kundenwert hat. Diese Ergebnisse bedeuten somit auch, dass wenn sich eine hohe Weiterempfehlungsbereitschaft positiv auf den Kundendeckungsbeitrag auswirkt, diese aber nicht mit dem Kundenwert korreliert, die Kundenbindung unabhängig von der Weiterempfehlungsbereitschaft ist. Also:

> Wenn Kunden das eigene Unternehmen weiter empfehlen, heißt das noch lange nicht, dass sie treu bleiben werden.

---

[172] Reichheld stellt fest, dass in den von ihm untersuchten Branchen Autovermietung, Internet Service Provider und Airlines die „Net Promotors" mit dem Wachstum des Unternehmens korrelieren: Je mehr „Weiterempfehlungswillige", desto mehr Wachstum. Dieser Aspekt aber ist, wie bereits erwähnt, für das Vertriebscontrolling von geringerer Bedeutung. Außerdem ist die Frage, was Ursache und was Wirkung ist, denn die Kernaussage erscheint auch umgekehrt sinnvoll: Je mehr ein Unternehmen wächst, desto mehr Weiterempfehlungswillige finden sich unter seinen Kunden.

Seine praktische Bedeutung hat das NPS-Konzept durch seine einfache Methode erlangt. Eine einzige Frage kann Aufschluss über die Qualität des Kundenmanagements geben. Verkaufsinstanzen lassen sich dadurch ebenso vergleichen wie Klientengruppen (Kunden und Interessenten) oder Perioden. Häufig findet sich das NPS-Konzept im Konsumgütermarketing. Die Schlüsselfrage nach der Wahrscheinlichkeit, mit der das eigene Unternehmen an Freunde oder Kollegen weiter empfohlen werden würde, wird hier in Umfragen eingebettet bzw. mit mehr oder weniger relevanten Fragen eingerahmt.

6.4 Bewertung kundenbezogener verkaufsfördernder Maßnahmen

Wann immer kundenspezifische Maßnahmen anstehen, die über das übliche Maß hinausgehen, stellt sich die Frage nach ihrem Nutzen. Dieser ist, wie im vorangegangenen Kapitel erläutert, nur zum Teil monetärer Natur. Typische Motive zur Durchführung solcher Maßnahmen sind:

- **Umsatz- und Gewinnsteigerung**: Die Erhöhung der Absatzmenge bei gleichen Preisen oder die Preiserhöhung bei gleich bleibender Absatzmenge sind die vermutlich zentralen und häufigsten Motive einer Maßnahme. Vom Mehrumsatz werden die Zusatzkosten der Maßnahme abgezogen und es verbleibt – so die Hoffnung – ein Mehrgewinn.

- **Kauffrequenz erhöhen**: Durch kürzere Bestellintervalle wird die Absatzmenge planbarer, die Lagerhaltung entlastet und der Zahlungsstrom geglättet.

- **Cross-Selling**: Kunden werden auf ein zusätzliches Produktangebot aufmerksam gemacht. Die Folge ist mehr Umsatz und eine weitergehende Verzahnung, die ein Mehr an Kundenbindung bewirken kann.

- **Kundenbindung**: Zweck der Maßnahme ist die Schaffung eines Schuldverhältnisses. Der Kunde erhält ein „Geschenk", das ihn veranlassen soll, bei seiner nächsten Einkaufsentscheidung großzügig zu sein. Dieser Effekt, die Reziprozität, wurde bereits besprochen.

- **Weiterempfehlungsrate erhöhen**: Der Wert einer Kundenempfehlung ist – wenn auch kaum zu quantifizieren – jedem Verkäufer bewusst. Eingespart werden Akquisitionskosten. Somit kann es sinnvoll sein, mit konkreten Maßnahmen die Weiterempfehlung zu intensivieren und zu belohnen.

- **Reaktivierung**: Kunden, die ihren Liefervertrag gekündigt haben oder ehemalige Kunden sollen bleiben bzw. zu einem Neukauf bewogen werden. Da eine Lieferbeziehung bereits bestand, wird davon ausgegangen, dass die Akquisitionskosten unter jenen einer Neukundengewinnung liegen.

- **Verbesserung der Absatzmengenplanung**: Bei begrenzten Produktionskapazitäten oder kostenintensiver Rohstoffbeschaffung birgt eine planbare Absatzmenge Produktionskostensenkungspotentiale. Durch Maßnahmen werden Kunden motiviert, langfristig zu planen und zu bestellen.

Welches Motiv auch immer Grund für die Maßnahme ist: Langfristig muss sie einen Wertschöpfungsbeitrag bieten, denn sonst hätte sie auch unterbleiben können. Jede kundenbezogene verkaufsfördernde Maßnahme hat einen Investitionscharakter, bei dem zunächst eine Auszahlung erfolgt und später – mit einem gewissen Risiko – Einzahlungen zurückfließen. Die Auszahlung ist sicher, die Einnahmen sind es nicht.

Aufgabe des Vertriebscontrollings ist es nun,

- zu prognostizieren, ob die Maßnahme lohnt,

- zu berechnen, welchen Mindesterfolg eine Maßnahme bringen muss, damit sie lohnt und

- ex post zu überprüfen, ob sich die Maßnahme gelohnt hat.

Um das Risiko einer Maßnahme zu bewerten, sind drei Kriterien von Bedeutung:

1. **Rentabilität**: Verhältnis der jährlich einzusetzenden Mittel zum jährlich erwarteten Mehrerlös, bei langfristig wirkenden Maßnahmen jeweils auf den Barwert diskontiert.

2. **Zeitlicher Wirkungshorizont**: Je schneller eine Maßnahme einen Mehrerlös einbringt, desto geringer ist das Risiko, dass aufgrund einer Fehleinschätzung oder sich veränderter Rahmenbedingungen die Wirkung ausbleibt. Insbesondere dann, wenn Einzahlungen aus Erlösen zeitlich wesentlich später erfolgen als die Auszahlungen, ist eine verkaufsfördernde Maßnahme finanzmathematisch nicht anders zu behandeln als jede andere Investition auch.

3. **Kostenartenverhältnis**: Je variabler die Kosten einer Maßnahme sind, desto proportionaler sie sich also zu den Erlösen verhalten, desto risikoärmer ist die Entscheidung. Die variablen Maßnahmenkosten erhöhen die Sondereinzelkosten des Vertriebs und fließen somit in den Deckungsbeitrag 2 ein. Mit mehr Risiko verbunden sind Entscheidungen für Maßnahmen, die vorwiegend Fixkosten verursachen (Anzeige in einer Zeitschrift, Messeteilnahme). Die Kosten fallen unabhängig davon an, ob mehr verkauft wurde oder nicht.

Diese Kriterien werden nun bei der Bewertung der Maßnahme berücksichtigt, wobei das für das Vertriebscontrolling typische und selbstverständliche Vorgehen induktiv ist, das heißt, dass zunächst versucht wird, messbare Größen zu berücksichtigen. Hierzu bietet sich folgendes Vorgehen an:

Schritt 1: Berechnung des Kapitalwerts einer Maßnahme

Für den Vergleich mehrerer Maßnahmen empfiehlt es sich, deren Wirkung in einem ersten Schritt auf quantitative Größen zu reduzieren. Dies erlaubt, die Maßnahmen im dritten Schritt vergleichend in einem prägnanten und einfach zu verstehenden Portfoliomodell darzustellen. Die erste Dimension bilden die beiden erstgenannten Kriterien „Rentabilität p.a." und „Wirkungshorizont in Jahren", die mit einer Kapitalwertrechnung gemeinsam erfasst werden. Diese Kapitalwertrechnung unterscheidet sich jedoch von der in der Investitionstheorie üblichen in der Form, dass für die Zahlungsströme „Einzahlungen" und „Auszahlungen" **unterschiedliche Zinsfüße** unterstellt werden:

- Auszahlungen, also die jährlich anfallenden „Kosten" einer Maßnahme, werden mit einem internen Zinsfuß belegt, der die Inflationsrate sowie die marktübliche Unsicherheit hinsichtlich der Kostenkalkulation berücksichtigt. Mögliche unerwartete Preissteigerungen werden wie ein Risiko bewertet. Ein typischer interner Zinsfuß für die Auszahlungen betrüge somit 3% für die Inflation zzgl. ca. 3-6% für mögliche unvorhergesehene Kostensteigerungen.

- Einzahlungen, also die jährlichen „Leistungen" einer Maßnahme, werden mit einem internen Zinsfuß belegt, der die Inflationsrate sowie die Prognoseunsicherheit hinsichtlich des Eintreffens der Mehrerlöse in der Zukunft berücksichtigt. Ein typischer interner Zinsfuß für die Einzahlungen betrüge somit 3% für die Inflation zzgl. ca. 10% bis 50% für das Misserfolgsrisiko.

Es werden also **nicht** zunächst die Auszahlungen von den Einzahlungen einer Periode abgezogen und die Differenz diskontiert, sondern die jeweiligen Barwerte der Auszahlungen und der Einzahlungen **separat** berechnet und subtrahiert.

Diese Betrachtung ist selbstverständlich pessimistisch, denn das maximal für möglich gehaltene Risiko wird in der Kalkulation berücksichtigt. Sinnvoll wäre folglich bei der Beurteilung einer Einzelmaßnahme, sowohl ein optimistisches als auch ein pessimistisches Szenario zu kalkulieren, um einen Erwartungskorridor aufzeigen zu können (Tabelle 96).

Auf dem Weg zur Berechnung gibt es jedoch eine Fallgrube, die leicht übersehen werden kann: Bei oberflächlicher Diskussion der Ausgaben und der erwarteten Mehreinnahmen werden oft pauschale Beträge benutzt, die jedoch mit den internen Zinsen diskontiert werden müssen. Dabei ist entscheidend, **wann** die Teilbeträge anfallen. Sind diese nicht konstant, z.B., wenn für eine Werbemaßnahme in der ersten Periode die Rechnung der Werbeagentur zu bezahlen ist, aber in den Folgeperioden nur noch die Kosten der Anzeigenschaltung, oder wenn unterstellt wird, dass eine Maßnahme ihre Wirkung erst in späteren Jahren entfaltet, muss der Barwert der Differenz aus Einzahlungen und Auszahlungen einer jeden Periode berechnet und die jeweiligen Jahresergebnisse zum Kapitalwert aufaddiert werden. Die Formel zur Berechnung des Barwertes in jeder Periode, in der die Maßnahme wirksam ist, lautet:

$$Barwert = \frac{Einnahmen(n) - Ausgaben(n)}{(1+i)^n}$$

„*Einnahmen*" sind hier alle durch die zu untersuchende Maßnahme erzielten Mehreinnahmen, was natürlich eine Abgrenzung der Gesamteinnahmen erfordert, die sich besonders dann als schwierig – wenn nicht gar willkürlich – erweist, wenn mehrere Maßnahmen parallel durchgeführt werden. Zu den „*Ausgaben*" werden jene für die zu untersuchende Maßnahme gerechnet, was wiederum eine Abgrenzung erfordert.

Der Kapitalwert der Maßnahme errechnet sich nun durch die Addition Barwerte:

$$Kapitalwert\ der\ Maßnahme = \sum_{t=0}^{n} Barwerte$$

Leichter ist es, wenn unterstellt werden darf, dass die Einzahlungen und die Auszahlungen eines jeden Jahres die gleichen sein werden. Die für Tabelle 96 unterstellten Ausgaben und die erwarteten Mehreinnahmen wurden für die jeweilige Gesamtperiode mit 80 € bzw. 100 € geschätzt und davon ausgegangen, dass diese erstens jährlich konstant und zweitens auch im jeweiligen Jahr ausgabewirksam seien.

Nun kann mit der oben beschriebenen Formel der jährliche Barwert errechnet und die Ergebnisse dann zu einem Kapitalwert aufsummiert werden. Wenn die Beträge jedes Jahr die gleichen sind, geht es zum Glück auch einfacher:

$$Kapitalwert\ der\ Maßnahme = Jährlich\ wiederkehrender\ Betrag * \frac{(1+i)^n - 1}{i*(1+i)^n}$$

Die Wirkung der Zinsfüße auf den Kapitalwert der Maßnahme verdeutlicht die Tabelle 96. Für die Maßnahmen A, B und C werden als Szenarien lediglich der Zinsfuß der Einzahlungen variiert und einmal mit 10% und dann mit 40% angenommen. Es zeigt sich, wenn auch wenig überraschend, dass die Bewertung des Maßnahmenrisikos sowie die Laufzeit der Maßnahme einen erheblichen Einfluss auf die Planungssicherheit hat.

Maß-nahme	Lauf-zeit, Jahre	Einzahlungen (100 €)			Auszahlungen (80 €)			KW ge-samt
		Betrag p.a.	Zinsfuß	KW	Betrag p.a.	Zinsfuß	KW	
A	2	50 €	10%	86,8	40 €	7,5%	71,8	15,0
			40%	61,2				-10,6
B	3	33,3 €	10%	82,8	26,67 €	7,5%	69,3	13,5
			40%	52,9				-16,4
C	5	20 €	10%	75,8	16 €	7,5%	64,7	11,1
			40%	40,7				-24,0

Tabelle 96: Beispiele für die Berechnung der Kapitalwerte verschiedener Maßnahmen

Schritt 2: Berechnung des Kostenartenrisikos

Die zweite Dimension des Portfoliomodells ist das Risiko, dass sich aus dem Verhältnis der Kostenarten ergibt. Maßnahmen, die einen hohen Fixkostenanteil haben, sind per se risikoreicher als solche, deren Kosten mit den Mehrerlösen, also den zusätzlichen Aufträgen, korrelieren, die also einen vergleichsweise hohen Anteil an variablen Kosten haben. Die Berechnungsformel für die Darstellung der Maßnahmen in dem Portfoliomodell im dritten Schritt lautet:

$$Fixkostenanteil = \frac{Fixkosten}{Gesamtkosten} * 100$$

Schritt 3: Erstellung des Maßnahmenportfolios

Abbildung 74 zeigt ein mögliches Maßnahmenportfolio, wobei auf die Skalierung der Achsen zu achten ist. Da der Kapitalwert keine relative, sondern eine absolute Kennzahl ist, sollte die Skala der Ordinate entsprechend der Kapitalwerte der zu prüfenden Maßnahmen gestaltet werden.

Das Risiko einer Aktion steigt, je geringer der erwartete Kapitalwert und je höher der Fixkostenanteil ist. In der Abbildung finden sich die risikoreichsten Maßnahmen im weißen Quadranten. Die schraffierten Quadranten kennzeichnen Maßnahmen mittleren Risikos, entweder, weil der Kapitalwert nicht gut, aber dafür die Kosten weitgehend variabel sind, oder, weil die Kosten zwar überwiegend fix sind, aber ein hoher Kapitalwert erwartet wird.

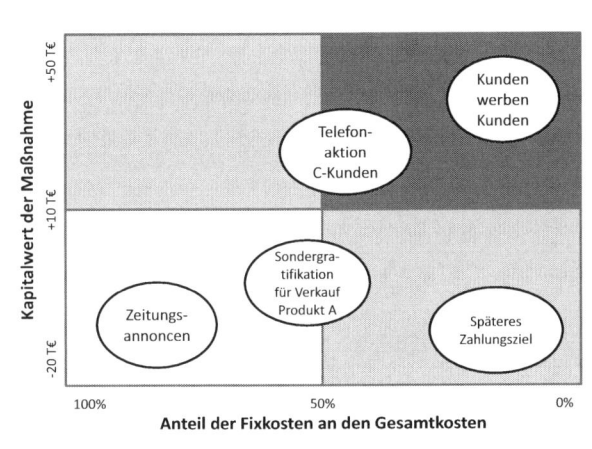

Abbildung 74: Quantitativ bewertbares Maßnahmenportfolio

Schritt 4: Berücksichtigung von positiv wirkenden Ausstrahlungseffekten der Maßnahme

Nun werden auch die nicht-quantifizierbaren Vorteile erfasst. Hierzu wird die Nutzwertanalyse, ausführlich in Kapitel 3.5 dargestellt, verwendet. Die Methode ist exakt die gleiche. Tabelle 97 zeigt das Ergebnis einer möglichen Nutzwertanalyse für drei alternative Maßnahmen. Die wesentlichen Herausforderungen sind wie immer, die richtigen Kriterien zu finden, ihnen das richtige Gewicht zuzuordnen und anschließend für jede Maßnahme eine konsistente Wertung abzugeben.

Kriterium	Ge-wicht	Maßnahme A		Maßnahme B		Maßnahme C	
		Punkte (0-15)	gew. Punkt wert	Punkte (0-15)	gew. Punkt wert	Punkte (0-15)	gew. Punkt wert
Kauffrequenz	10%	6	0,6	7	0,7	2	0,4
Cross-Selling-Effekte	30%	8	2,4	12	3,6	6	1,8
Kundenbindung	20%	11	2,2	8	1,6	14	2,8
Weiterempfehlungsrate	20%	14	2,8	9	1,8	12	2,4
Planbarkeit des Absatzes	20%	5	1,0	4	0,8	2	0,4
Summe			**9,0**		**8,5**		**7,8**

Tabelle 97: Nutzwertanalyse zur qualitativen Bewertung von Maßnahmen

An dieser Stelle dürfte die Zuarbeit des Vertriebscontrollers für die Bewertung einer verkaufsfördernden Maßnahme beendet sein. Die quantitativen Daten wurden verarbeitet, die Prognoseunsicherheit hinsichtlich der Eintrittswahrscheinlichkeit der erwarteten Mehrerlöse berücksichtigt und die qualitativen positiven Ausstrahlungseffekte einer Maßnahme mit Hilfe des Scoringmodells in Form eines

Nutzwertes quantifiziert. Die Entscheidung für oder gegen eine Maßnahme obliegt vermutlich dem Vertriebsleiter bzw. dem Marketing.

7 Produkterfolgsrechnung

Ziel der Produkterfolgsrechnung ist es, zu ermitteln, welchen Wertbeitrag die vom Vertrieb verkauften Produkte zur Unternehmens- und Vertriebsstrategie liefern. Sie überschneidet sich mit den Aufgaben des Produktmanagements und eine Grenzziehung ist nicht eindeutig möglich. Dass sich das Vertriebscontrolling intensiv mit dem Produkterfolg beschäftigen muss, wie es in den Kapiteln 7.1 und 7.2 erläutert wird, ergibt sich aus der Steuerungsaufgabe. Nur, wenn der Erfolgsbeitrag der jeweiligen Produkte bekannt ist, kann sich der Vertrieb auf rentable Verkaufsprojekte konzentrieren. Dabei lehnt sich die Produkterfolgsrechnung eng an die klassische Kostenrechnung an; insbesondere die Kostenträgerrechnung liefert einen wesentlichen Teil des methodischen Handwerkszeugs.

Doch bilden die Kosten eines Produktes nur eine Komponente der Erfolgsmessung ab. Die zweite ist natürlich der Preis. Aufgabe des Vertriebscontrollings ist jedoch nicht, preispolitische Maßnahmen zu konzipieren. Hierfür ist das Marketing verantwortlich, z.B. für die Preisfindung und somit auch die Preiskalkulation. Dass diese hier in den Kapiteln 7.3 und 7.4 dennoch erläutert wird, ist der Beobachtung unternehmerischer Praxis geschuldet: Da in vielen Märkten mangels eigenem Preissetzungsspielraums die nachfrage- und wettbewerbsorientierte Preisfestsetzung dominiert, machen sich viele Marketiers nicht einmal mehr die Mühe, die Auswirkungen von Preisveränderungen auf den Produkt- und Betriebserfolg auszurechnen. Mit nur einem diffusen Gefühl von der Preis-Absatz-Funktion sowie einer groben Ahnung von Kostenstrukturen und Deckungsbeiträgen schlingert so mancher Produktmanager durch seinen Arbeitsalltag wie ein ahnungsloser Wanderer durch ein Minenfeld marschiert: Immer mit dem Blick für die Schönheit der Blumen und die schillernden Farben der Schmetterlinge, aber ohne Interesse an dem garstigen rostigen Stück Metall, auf das er gleich treten wird.

Auf welcher Grundlage soll dann aber ein Vertriebsmanager entscheiden, welchen Preisverhandlungsspielraum er seinen Verkaufskanälen zubilligt? Wie plump und unflexibel muss er produktbezogene Kalkulationsvorgaben befolgen: hier ein Rabatt für Produkt A, dort einer für Produkt B, und am Ende ein Skonto als Margenvernichter on top? Nein, nur mit dedizierter Kenntnis der monetären Wirkungszusammenhänge kann ein Vertriebsmanager seiner Verantwortung gerecht werden und gewinnmaximierend agieren. Und diese Kenntnis liefert ihm das Vertriebscontrolling.

Der Einstieg in die Produkterfolgsrechnung wird in den Kapiteln 7.1 und 7.2 folgerichtig mit den Themen erfolgen, die vom Vertriebscontrolling ebenso beherrscht werden müssen wie vom Produktmanagement oder dem Produktcontrolling auch, nämlich der Bewertung des monetären Erfolgs von Produkten. Anschließend werden in den Kapiteln 7.3 und 7.4 detaillierte Aspekte der Preiskalkulation zur Bestimmung eines Angebotspreises sowie zum Aufzeigen der Folgen von Preisverhandlungen dargestellt. Und es wird überraschende Ergebnisse bringen, Automatismen, die sich in der betrieblichen Praxis eingeschlichen haben (Skonto, Rabatte) mit dem Taschenrechner zu hinterfragen.

7.1 Bewertung des Erfolgs von Produkten

Um den Erfolg von einzelnen, voneinander unabhängigen Produkten berechnen zu können, bedarf es der Kostenträgerstückrechnung. Ihr Ziel ist es, den Produkten genau jene Kosten zuzurechnen, die sie verursachen (Einzel- oder Stückkosten). Ferner werden Gemeinkosten nach dem Tragfähigkeitsprinzip auf die Kostenträger (Produkte) umgelegt, so dass sämtliche Kosten, die in einem Unternehmen entstehen, auf die Grundgesamtheit aller zu verkaufenden Produkte verteilt werden. Bleibt nach Abzug der jeweiligen Stück- und Gemeinkosten von den Erlösen „noch etwas übrig", so handelt es sich um den Stückgewinn. So weit, so gut. Doch während in der Regel nun die Produktstückkosten relativ einfach kalkuliert werden können, ist es komplizierter, die Gemeinkosten sinnvoll zu verteilen. Zur Verdeutlichung: Die Preisuntergrenze eines Produktes entspricht zunächst (genauer wird dies in Kapitel 7.3.2 diskutiert) der Summe der Stück- und der anteiligen Gemeinkosten. Um diese anteiligen Gemeinkosten zu berechnen, müssen zu Beginn der Verkaufsperiode, für die eine Preisuntergrenze errechnet und vorgegeben werden soll, sowohl die **gesamten Gemeinkosten** als auch die **Absatz-menge** bekannt sein. Die Gemeinkosten lassen sich dabei recht präzise vorausplanen, denn für diese hat das eigene Unternehmen die Gestaltungshoheit. Aber die Absatzmenge? Diese hängt vom Markt ab, von den Kunden, vom Verkaufserfolg. Wie aber soll dieser zu Beginn einer Periode geschätzt werden? Die Berechnungsbasis, die herangezogen wird, um die Gemeinkosten zu verteilen (also die Absatzmenge), ist nur bedingt planbar und eine Abweichung von der Planung macht eine ständige Neuberechnung der Produktkosten erforderlich. Hier kommt der Vertriebscontroller ins Spiel, dessen Aufgabe es ist, die Nähe zum Verkauf zu nutzen und die Wechselwirkung tatsächlicher oder prognostizierter Absatzzahlen und deren Auswirkungen auf den Produkterfolg zu berechnen und das Ergebnis dem Vertriebsmanagement als Entscheidungsgrundlage bei der Gestaltung von Preisverhandlungsspielräumen des Verkaufs zu liefern.

7.1.1 Ein- und mehrstufige Produktdeckungsbeitragsrechnung

Produkte zu verkaufen ist die langfristig einzige Möglichkeit für ein Unternehmen, seine Kosten zu decken und vor allem einen Gewinn zu erzielen. Dieser Gewinn stellt eine Rendite auf das eingesetzte (Eigen-) Kapital dar und dürfte für fast alle Unternehmen die primäre Zielsetzung wirtschaftlichen Handelns sein. Auf jeden Fall ist er die Existenzgrundlage des Unternehmens, sofern nicht ständig Mittel von außen zufließen, etwa in Form von Spenden oder ständigen Eigenkapitalzuschüssen. Wenn aber der Verkauf der Produkte die nahezu einzige Erlösquelle ist, ist es auch unabdingbar, dass Klarheit darüber besteht, ob die und – in einem Mehrproduktunternehmen – welche der Produkte am besten in der Lage sind, Kosten zu tragen und einen Gewinn zu ermöglichen. Dies wird dadurch erreicht, dass, bezogen auf das einzelne Produkt, durch den Vertrieb am Markt ein Preis erzielt wird, der hierfür ausreicht. Es ist der Vertrieb, der durch die Gestaltung der Kundenkontaktschnittstelle diesen Preis bei Kunden durchsetzt. Und der Vertrieb braucht auch Klarheit über seine Preisgestaltungsspielräume, denn der Hebel ist groß: Wird auf ein Produkt, dass 100 € kostet und einen Gewinn von 10 € abwirft, ein Rabatt von 5% gegeben, beträgt der Erlös 95 €, aber der Gewinn wird um erschreckende 50% reduziert. Mit der ein- und mehrstufigen Produktdeckungsbeitragsrechnung gelingt es dem Vertriebscontrolling mit einfachen Mitteln der Kostenrechnung, dem Vertrieb und hier sowohl der Verkaufsinstanz als auch dem Vertriebsleiter, seinen Aktionsspielraum deutlich zu machen.

> Die Produktdeckungsbeitragsrechnung ist ein Instrument zur Steuerung der Verkaufsinstanzen: Der Fokus wird auf den Verkauf der Produkte mit dem größtmöglichen Gewinn gelenkt und in Preisverhandlungssituationen werden Aktionsspielräume definiert.

Nachdem die Ziele der Produktdeckungsbeitragsrechnung bereits in Kapitel 3.2.2 erläutert wurden, wird sie nachfolgend in vier auf einander aufbauenden „Stufen" ausführlich erklärt. Von Stufe zu Stufe wird die Kalkulation verfeinert, wobei jeweils mehr Daten, die aus der betrieblichen Kostenrechnung bzw. der Finanzbuchhaltung stammen, erforderlich sind.

Schritt 1: Einstufige Produktdeckungsbeitragsrechnung

> Die einstufe Produktdeckungsbeitragsrechnung, auch „Direct Costing" genannt, konzentriert sich auf die variablen Kosten eines Produkt. Werden diese vom Produkterlös abgezogen, ist das Resultat der Deckungsbeitrag, der zur Deckung der Fixkosten sowie des Gewinns dient.

Diese ausgesprochen einfache Form der Kostenrechnung bietet sich an, wenn der Fixkostenanteil gering ist bzw. nur wenige Gemeinkosten zu verteilen sind. Diese Voraussetzungen sind beispielsweise bei vielen Dienstleistungsarten gegeben, etwa einer Unternehmensberatung, in der das Produkt, das Beratungsprojekt, fast ausschließlich mit Personaleinsatz und somit zu variablen Kosten erzeugt wird, hingegen die produktbezogene Sachleistungskomponente, welche oftmals für die Fixkosten verantwortlich ist, nur eine geringe Rolle spielt. Doch auch hier gibt es weitere Gemeinkosten, etwa die Büromiete, die Sekretärin oder der Firmenwagen des Chefs, die vom Deckungsbeitrag getragen werden müssen.

Zu den variablen Kosten werden für die einstufige Produktdeckungsbeitragsrechnung fünf Kostenarten gezählt:

1. **Erlösschmälerungen**: Alle Zugeständnisse, die der Verkäufer beim Preis macht, werden als stückvariable Kosten erfasst, etwa ein Rabatt oder ein anteilig auf das jeweilige Produkt entfallender Jahresendbonus.

2. **Materialeinzelkosten**: Im Falle unserer Unternehmensberatung wären dies die Kosten von Handouts, Reisekosten, Spesen, Miete für Tagungsräume oder zugekaufte Fremdleistungen.

3. **Fertigungseinzelkosten**: Im Wesentlichen sind dies die Personalkosten, bei einem Produktionsbetrieb die produktbezogenen Maschinenkosten, die über eine Umlage errechnet werden.

4. **Sondereinzelkosten des Vertriebs**: Hierzu zählen nur jene Kosten, die im Vertrieb für den Verkauf des jeweils zu kalkulierenden Produkts anfallen, für die Unternehmensberatung z.B. die Akquisitionskosten, die angefallen sind, um an den Projektauftrag zu gelangen (Personalaufwand für Angebotserstellung usw.).

5. **Sondereinzelkosten der Verwaltung**: Auch hier ist Bedingungen, dass die Verwaltungskosten explizit für das jeweilige Produkt, also den jeweiligen Beratungsauftrag, angefallen sind.

Somit ist der Produktdeckungsbeitrag, der auch als Produktdeckungsbeitrag 1 bezeichnet wird, wie folgt zu berechnen:

$$
\begin{aligned}
Produktdeckungsbeitrag\ 1 = {} & Erlös \\
& -Erlösschmälerung \\
& -Materialeinzelkosten \\
& -Fertigungseinzelkosten \\
& -Sondereinzelkosten\ des\ Vertriebs \\
& -Sondereinzelkosten\ der\ Verwaltung
\end{aligned}
$$

Schritt 2: Erweiterung der einstufigen Produktdeckungsbeitragsrechnung: Verteilung von Produktgemeinkosten

Um nun auch Gemeinkosten nach dem Tragfähigkeitsprinzip einem Produkt zuweisen zu können, können unterschiedliche Verfahren eingesetzt werden. Die bekanntesten sind in Tabelle 98 zusammengefasst. Sie sind für unterschiedliche Produktarten sinnvoll.

Kalkulationsverfahren	Produktart	Methode
Divisionskalkulation	Einheitliche Produkte, Massenfertigung	$Produktkosten(var.) = \dfrac{Gesamte\ variable\ Kosten}{Abgesetzte\ Menge}$
Äquivalenzziffernkalkulation	Artverwandte Produkte	Proportional zu einem Verteilungsschlüssel werden die gesamten Gemeinkosten verteilt. Dieser Verteilungsschlüssel kann bei gleichen ungefähren Herstellkosten die Stückmenge je Produkt oder das relative Verhältnis der direkt zurechenbaren Einzelkosten sein. Bsp.: Einzelkostenverhältnis Fahrrad zu Roller zu Dreirad = 6:1:3, also werden dem Fahrrad 60%, dem Roller 10% und dem Dreirad 30% der Gemeinkosten zugewiesen.
Zuschlagskalkulation	Nicht artgleiche Produkte, Mix von Sach- und Dienstleistungen	Die mittels z.B. Betriebsabrechnungsbogen in der Kostenstellenrechnung ermittelten Zuschlagssätze für Kostenstellen wie Material, Fertigung, Verwaltung und Vertrieb werden mit produktindividuellen Zuschlagssätzen, die sich an den Einzelkosten oder den sog. „Herstellkosten des Umsatzes" orientieren, multipliziert.
Maschinenstundensatzkalkulation	Unterschiedliche Produkte, die mit gleichen Maschinen gefertigt werden	Grundsätzlich wie Zuschlagskalkulation. Ermittelt wird die Maschinennutzungszeit des einzelnen zu produzierenden Produktes. Dieses wird beaufschlagt mit: $Maschinenstundensatz = \dfrac{Gemeinkosten\ der\ Maschine}{Geleistete\ Maschinenstunden}$
Kuppelkalkulation	Produkte, die miteinander entstehen	Es gibt diverse Verfahren. Bei der Restwertrechnung als einem Näherungsverfahren z.B. werden die Erlöse der Nebenprodukte von den Gesamtkosten abgezogen und die Restkosten auf die Anzahl der Hauptprodukte verteilt. Dies ist nur akzeptabel, wenn die Erlöse der Nebenprodukte vergleichsweise gering sind.

Tabelle 98: Kalkulationsverfahren der Kostenträgerstückrechnung

Offen ist bislang noch die Frage, **welche** Gemeinkosten mittels der in Tabelle 98 dargestellten Verfahren auf die Produkte verteilt werden. Nach den Grundsätzen der Kostenrechnung wären dies alle, denn sämtliche Kosten eines Unternehmens müssen von den Kostenträgern geschultert werden. Diese Herangehensweise ist aber mitnichten die leichteste, denn das Aufsummieren aller Kosten eines Unternehmens (abzgl. der Einzelkosten) reicht nicht aus. Vielmehr sind innerbetriebliche Leistungen zu verrechnen und die Frage ist zu klären, wie mit den sogenannten „Zusatzkosten" als Bestandteil der kalkulatorischen Kosten (kalkulatorischer Unternehmerlohn, kalkulatorische Miete usw.) umgegangen werden soll. Daher empfiehlt es sich, zunächst nur jene Gemeinkosten zu berücksichtigen, die unmittelbar mit der Produktion der Produkte in Zusammenhang stehen. Nennen wir sie **Produktgemeinkosten**. Sie ergeben sich aus der Summe aller Kosten der Hauptkostenstellen (Fertigung, Material usw.) abzgl. der Stückkosten. Diese Reduzierung ist akzeptabel, wenn es um die Bewertung des Erfolgs eines Produktes im Vergleich zum Erfolgsbeitrag anderer Produkte geht und ist somit für diese Aufgabenstellung des Vertriebscontrollings geeignet. Für die Zwecke der Ermittlung von Preisuntergrenzen (Kapitel 7.3.2) ist dieses Vorgehen jedoch methodisch falsch.

Das Ergebnis ist nun ein um die anteiligen Produktgemeinkosten erweiterter Produktdeckungsbeitrag, der als – Sie raten es nicht! – **Produktdeckungsbeitrag 2** bezeichnet wird.

$$Produktdeckungsbeitrag\ 2$$
$$= Erl\ddot{o}se - Produktdeckungsbeitrag\ 1 - Anteilige\ Produktgemeinkosten$$

Oder auch:

$$Produktdeckungsbeitrag\ 2 = Gewinn + Sonstige\ Gemeinkosten$$

mit

$$Sonstige\ Gemeinkosten = Gemeinkosten - Produktgemeinkosten$$

Schritt 3: Mehrstufige Produktdeckungsbeitragsrechnung

Ziel der mehrstufigen Produktdeckungsbeitragsrechnung ist es, durch die schrittweise Verteilung von Gemeinkosten auf die jeweiligen Kostenträger (Produkte) den anteiligen Beitrag eines Produktions-programms zum Betriebsergebnis zu berechnen. Diese Methode ist für Mehrproduktunternehmen entwickelt worden, bei denen Produkte zu einem Sortiment und Sortimente zu einem Produktpro-gramm zusammengefasst werden können.

Die Mechanik ist identisch mit der in Tabelle 57 dargestellten mehrstufigen Deckungsbeitragsrech-nung für Vertriebsinstanzen und wird exemplarisch in Tabelle 99 gezeigt. Ergänzt wurde diese Tabelle mit einigen Kennzahlen, die einen schnellen Vergleich der Produkte und Sortimente erlauben.

Sortiment	Küchengeräte			Badezimmergeräte		
Produkt	Mixer	Bräter	Quirl	Waage	Rasierer	Föhn
Erlös	30.000 €	75.000 €	12.500 €	40.000 €	100.000 €	25.000 €
Preisnachlässe	1.250 €	10.000 €	1.000 €	2.500 €	7.500 €	750 €
Rabattquote	4,17%	13,33%	8,00%	6,25%	7,50%	3,00%
variable Kosten	10.000 €	20.000 €	4.500 €	14.000 €	77.500 €	8.500 €
Deckungsbeitrag 1	18.750 €	45.000 €	7.000 €	23.500 €	15.000 €	15.750 €
DB1-Quote	62,50%	60,00%	56,00%	58,75%	15,00%	63,00%
SEK Vertrieb	150 €	250 €	100 €	500 €	1.000 €	250 €
SEK Marketing	1.250 €	3.500 €	750 €	5.000 €	10.000 €	0 €
SEK Verwaltung	750 €	1.800 €	600 €	2.200 €	11.000 €	800 €
Deckungsbeitrag 2	16.600 €	39.450 €	5.550 €	15.800 €	-7.000 €	14.700 €
DB2-Quote	55,33%	52,60%	44,40%	39,50%	-7,00%	58,80%
Sortimentsbezogene Vertriebs- und Marketingkosten	25.000 €			5.000 €		
Sortimentsbezogene Verwaltungskosten	15.000 €			15.000 €		
Deckungsbeitrag 3	21.600 €			3.500 €		
DB3-Quote	18,38%			2,12%		
Vertriebsgemeinkosten	5.000 €					
Deckungsbeitrag 4	20.100 €					
DB4-Quote	7,12%					
Unternehmensgemeinkosten	7.500 €					
Betriebsergebnis	12.600 €					
Erlösrendite	**4,46%**					

Tabelle 99: Mehrstufige Produktdeckungsbeitragsrechnung

Die erste spannende Information, auf die ein Vertriebscontroller neugierig sein dürfte, liefert die Rabattquote. Diese könnte ein Hinweis auf eine anspruchsvolle Konkurrenzsituation oder auf die Lebensphase des eigenen Produktes sein, so, wie beim Bräter. Der Deckungsbeitrag 1 bzw. die dazugehörige Quote zeigt im gewählten Beispiel ein ausgewogenes Bild, außer jedoch bei den Rasierern! Warum? Der Grund könnte sein, dass Rasierer als Handelsware nicht selbst produziert, sondern zugekauft werden. Da die variablen Kosten keinen Aufschluss über ihre Zusammensetzung liefern, ist dies nicht zu erkennen und hier auch nicht wichtig.

Der Deckungsbeitrag 2 berücksichtigt Kosten und nun erstmals auch Fixkosten, die von der Verkaufsmenge und somit vom Verkaufserlös unabhängig, aber exakt dem jeweiligen Produkt zurechenbar sind. Es sind dies:

- Sondereinzelkosten des Vertriebs: Auf das jeweilige Produkt bezogene Kosten, z.B. Vertriebspartnerprovision (variabel und/oder fix), Produktschulung, Angebotskosten.

- Sondereinzelkosten des Marketing: Auf das jeweilige Produkt bezogene Kosten des Marketings, z.B. Verkaufsfördermaßnahmen, Werbung oder die Kosten des Produktmanagers.

- Sondereinzelkosten der Verwaltung: Verwaltungskosten, die für das jeweilige Produkt anfallen. Beispielsweise sind diese im Falle der Rasierer recht hoch, weil z.B. die Verhandlung der Lieferverträge und die Qualitätssicherung für das Handelsprodukt kostenintensiv sind.

Die DB2-Quote kann immer noch produktspezifisch ermittelt werden und berücksichtigt alle Produkteinzelkosten sowie die durch das Produkt (wenn auch unabhängig von der Verkaufsmenge) verursachten Gemeinkosten. Für die Rasierer zeigt sich ein interessantes Bild: Während die DB1-Quote noch positiv war, also die Erlöse die variablen Kosten deckten, ist die DB2-Quote, die die Produktgemeinkosten berücksichtigt, nun negativ.[173]

Der Deckungsbeitrag 3 aggregiert nun Produkte zu Sortimenten und weist ihnen die sortimentsbezogenen Marketing- und Vertriebskosten, hier zusammengefasst, sowie die sortimentsbezogenen Verwaltungskosten zu. Ziel ist, den Beitrag der Sortimente zur Deckung der übrigen Gemeinkosten sowie zum Gewinn zu vergleichen und das Ergebnis spricht Bände: Die Badezimmergeräte sind ein Problemfall, jedenfalls aus Sicht der Kostenrechnung.

Der Deckungsbeitrag 4 berücksichtigt als Zwischenschritt die Vertriebsgemeinkosten, die sich nicht auf Produkte oder Sortimente kaprizieren lassen, also in der Regel die Kosten der Vertriebsleitung und seines Stabs. Nach Berücksichtigung aller restlichen Gemeinkosten, hier Unternehmensgemeinkosten genannt, verbleibt der Deckungsbeitrag 5, hier Betriebsergebnis genannt. Die Erlösrendite setzt das Betriebsergebnis mit dem Bruttoerlös in Relation.

Selbstverständlich können die Deckungsbeitragsstufen anders als hier dargestellt gewählt werden (siehe hierzu die Erläuterungen in Kapitel 3.2.2). Voraussetzung ist die Einhaltung der groben Struktur, in der von den Erlösen erst die variablen Produktkosten und dann die produktbezogenen Gemeinkosten abgezogen werden, bevor die übrigen Gemeinkosten nach sinnvollen Kriterien angerechnet werden.

Schritt 4: Kombination der mehrstufigen Produktdeckungsbeitragsrechnung mit der Zuschlagskalkulation

Die mehrstufige Produktdeckungsbeitragsrechnung lässt sich variieren: Nach dem Abzug aller produktbezogenen Kosten, also sowohl der Stück- als auch der Gemeinkosten, werden auch alle sonstigen Gemeinkosten quotal nach dem Tragfähigkeitsprinzip auf die Produkte verteilt. Die Frage ist hier, welche Größe als Bezugsgröße dient. Vordergründig bieten sich die Bruttoerlöse an. Diese Größe ist allerdings nur dann sinnvoll, wenn alle Produkte die gleiche Kostenstruktur haben. Im Beispiel der Tabelle 99 ist dies jedoch nicht der Fall, denn die Rasierer werden nicht produziert, sondern sind Handelsware. Also sollte eine Bezugsgröße gewählt werden, bei der die unterschiedlichen Einstandskosten bereits berücksichtigt wurden, hier der Deckungsbeitrag 1. In Tabelle 100 ist die resultierende Kalkulation wiedergegeben, einmal, um den Unterschied im Ergebnis aufzuzeigen, mit der Bezugsgröße „Erlöse" und anschließend in Tabelle 101 mit der Bezugsgröße „Deckungsbeitrag 1".

---

[173] Sie wird natürlich noch schlechter ausfallen, wenn nach einem der in Tabelle 98 beschriebenen Verfahren (sinnvoll hier: Äquivalenzziffernkalkulation) auch die übrigen Gemeinkosten angerechnet werden. In Kapitel 7.3.2 wird erläutert, dass die Preise für Rasierer somit über der kurzfristigen, nicht aber über der langfristigen Preisuntergrenze liegen.

Sortiment	Küchengeräte			Badezimmergeräte		
Produkt	Mixer	Bräter	Quirl	Waage	Rasierer	Föhn
Erlös	30.000 €	75.000 €	12.500 €	40.000 €	100.000 €	25.000 €
	282.500 €					
Anteil des Produkts an den Erlösen	10,6%	26,5%	4,4%	14,3%	35,4%	8,8%
Preisnachlässe	1.250 €	10.000 €	1.000 €	2.500 €	7.500 €	750 €
Rabattquote	4,17%	13,33%	8,00%	6,25%	7,50%	3,00%
variable Kosten	10.000 €	20.000 €	4.500 €	14.000 €	77.500 €	8.500 €
Deckungsbeitrag 1	18.750 €	45.000 €	7.000 €	23.500 €	15.000 €	15.750 €
SEK Vertrieb	150 €	250 €	100 €	500 €	1.000 €	250 €
SEK Marketing	1.250 €	3.500 €	750 €	5.000 €	10.000 €	0 €
SEK Verwaltung	750 €	1.800 €	600 €	2.200 €	11.000 €	800 €
Deckungsbeitrag 2	16.600 €	39.450 €	5.550 €	15.800 €	-7.000 €	14.700 €
Sortimentsbezogene Vertriebs- und Marketingkosten	25.000 €			5.000 €		
Sortimentsbezogene Verwaltungskosten	15.000 €			15.000 €		
Anteil am Sortimentserlös	25,53%	63,83%	10,64%	24,24%	60,61%	15,15%
Deckungsbeitrag 3	6.387 €	13.918 €	1.295 €	10.952 €	-19.121 €	11.670 €
DB3-Quote	21,29%	18,56%	10,36%	27,38%	-19,12%	46,68%
Vertriebsgemeinkosten	5.000 €					
Anteil an Gesamterlösen	10,62%	26,55%	4,42%	14,16%	35,40%	8,85%
Deckungsbeitrag 4	5.856 €	12.591 €	1.073 €	10.244 €	-20.891 €	11.227 €
DB4-Quote	19,52%	16,79%	8,59%	25,61%	-20,89%	44,91%
Unternehmensgemeinkosten	7.500 €					
Beitrag zum Betriebsergebnis[174]	5.060 €	10.600 €	742 €	9.182 €	-23.546 €	10.564 €
Betriebsergebnis	12.600 €					
Relativer Beitrag zum Betriebsergebnis	40,2%	84,1%	5,9%	72,9%	-186,9%	83,9%
Betriebsergebnis der profitablen Produkte	26.630 €					
Relativer Beitrag zum Betriebsergebnis der profitablen Produkte	14%	29%	2%	25%		29%

Tabelle 100: Mehrstufige Produktdeckungsbeitragsrechnung mit Zuschlagskalkulation, Bezugsgröße: Erlöse

---

[174] Lesehilfe: *Beitrag zum Betriebsergebnis = DB4 − Unternehmensgemeinkosten ∗ jeweiliger Anteil am Erlös*, für das Produkt „Mixer" also: *Beitrag zum Betriebsergebnis = 5.856€ − 7.500€ ∗ 10,6% = 5.060€.*

Sortiment	Küchengeräte			Badezimmergeräte		
Produkt	**Mixer**	**Bräter**	**Quirl**	**Waage**	**Rasierer**	**Föhn**
Erlös	30.000 €	75.000 €	12.500 €	40.000 €	100.000 €	25.000 €
Preisnachlässe	1.250 €	10.000 €	1.000 €	2.500 €	7.500 €	750 €
Rabattquote	4,17%	13,33%	8,00%	6,25%	7,50%	3,00%
variable Kosten	10.000 €	20.000 €	4.500 €	14.000 €	77.500 €	8.500 €
Deckungsbeitrag 1	18.750 €	45.000 €	7.000 €	23.500 €	15.000 €	15.750 €
	125.000 €					
Anteil des Produkts am DB 1	15%	36%	5,6%	18,8%	12%	12,6%
SEK Vertrieb	150 €	250 €	100 €	500 €	1.000 €	250 €
SEK Marketing	1.250 €	3.500 €	750 €	5.000 €	10.000 €	- €
SEK Verwaltung	750 €	1.800 €	600 €	2.200 €	11.000 €	800 €
Deckungsbeitrag 2	16.600 €	39.450 €	5.550 €	15.800 €	- 7.000 €	14.700 €
Sortimentsbezogene Vertriebs- und Marketingkosten	25.000 €			5.000 €		
Sortimentsbezogene Verwaltungskosten	15.000 €			15.000 €		
Anteil am DB1 des Sortiments	26,50%	63,60%	9,89%	43,32%	27,65%	29,03%
Deckungsbeitrag 3	5.999 €	14.008 €	1.592 €	7.136 €	-12.530 €	8.894 €
DB3-Quote	20,00%	18,68%	12,74%	17,84%	-12,53%	35,57%
Vertriebsgemeinkosten	5.000 €					
Anteil an Gesamt-DB1	15,00%	36,00%	5,60%	18,80%	12,00%	12,60%
Deckungsbeitrag 4	5.249 €	12.208 €	1.312 €	6.196 €	-13.130 €	8.264 €
DB4-Quote	17,50%	16,28%	10,50%	15,49%	-13,13%	33,05%
Unternehmensgemeinkosten	7.500 €					
Beitrag zum Betriebsergebnis[175]	4.124 €	9.508 €	892 €	4.786 €	-14.030 €	7.319 €
Betriebsergebnis	12.600 €					
Relativer Beitrag zum Betriebsergebnis	32,7%	75,5%	7,1%	38%	-111,3%	58,1%
Betriebsergebnis der profitablen Produkte	26.630 €					
Relativer Beitrag zum Betriebsergebnis der profitablen Produkte	15,5%	35,7%	3,3%	18%		27,5%

Tabelle 101: Mehrstufige Produktdeckungsbeitragsrechnung mit Zuschlagskalkulation, Bezugsgröße: Deckungsbeitrag 1

---

[175] Lesehilfe: *Beitrag zum Betriebsergebnis = DB4 − Unternehmensgemeinkosten * jeweiliger Anteil am DB1*, für das Produkt „Mixer" also: *Beitrag zum Betriebsergebnis = 5.249€ − 7.500€ * 15% = 4.124€.*

Erwähnenswert ist die Berechnung des relativen Beitrags des Produktes zum Betriebsergebnis. Die Quote errechnet sich aus dem jeweiligen Verhältnis des produktspezifischen Ergebnisbeitrags zur Summe aller positiven Beiträge.

$$Relativer\ Beitrag\ zum\ Betriebsergebnis\ (p) = \frac{Ergebnisbeitrag\ (p)}{\sum_{p1}^{pn}(Ergebnisbeiträge > 0)}$$

Das negative Ergebnis der Rasierer ab dem Deckungsbeitrag 2 wird bei der Summenbildung ignoriert, denn dieses Produkt liefert keinen Beitrag mehr, sondern zehrt am Beitrag aller anderen Produkte. Für den Rasierer ist die Entscheidung zu treffen, ob er im Sortiment belassen wird, z.B., weil er als Koppelprodukt die Abverkäufe anderer Produkte fördert oder weil sein Beitrag zur Deckung der Fixkosten bzw. hier der Sondereinzelkosten als wichtig errechnet wird.

Die resultierenden relativen Beiträge zum Betriebsergebnis weichen je nach Bezugsgröße (Erlös, Deckungsbeitrag 1) zum Teil erheblich voneinander ab, vor allem im Sortiment „Badezimmergeräte" und hier bei den Waagen. Entsprechend ist bei Sortimentsentscheidungen die Wahl der Methode von wesentlicher Bedeutung und sollte sorgfältig geprüft werden. Im Zweifel empfiehlt es sich immer, verschiedene methodische Varianten zu berechnen. Dank MS Excel ist der Aufwand gering.

7.1.2 Direkte Produktrentabilität

Die Direkte Produktrentabilität ist eine Sonderform der Produktdeckungsbeitragsrechnung. Sie ist eine Prozesskostenrechnung, wird aber aufgrund ihrer methodischen Nähe zur Produkterfolgsrechnung an dieser Stelle und nicht in Kapitel 8 behandelt.

Es wird auch hier der Erfolgsbeitrag eines jeweils betrachteten Produktes zum Betriebsergebnis berechnet. Kernelement der Betrachtung sind die Sondereinzelkosten des Vertriebs sowie die Sondereinzelkosten der Verwaltung. Diese spielen im Einzelhandel eine überdurchschnittlich große Rolle und werden hier als „**Handlungskosten**", gelegentlich auch als Logistikkosten bezeichnet. Weil diese Handlungskosten jedoch neben den Warenkosten selbst einen Großteil der Gesamtkosten ausmachen, sollen sie nicht über einen wie auch immer gearteten Schlüssel verteilt, sondern produktspezifisch vom **Zeitpunkt des Wareneingangs bis zum Zeitpunkt des Abgangs der Ware**, also des Verkaufs, berechnet werden. Mit den Ergebnissen sollen

1. die Waren-, Informations- und Zahlungsströme der Verkaufsstätte optimiert und

2. die argumentative Position in Verhandlungen des Händlers mit den Lieferanten gestärkt werden.

Die Idee ist gut: Wenn es einem Händler gelingt, gegenüber einem Lieferanten nachzuweisen, dass sein Produkt höhere Handlungskosten als jenes des Wettbewerbers erzeugt, z.B., weil es fragiler verpackt ist und darum die Warenbewegung (Lagerung, Entpacken, Einräumen ins Regal, zerstörte Ware durch Ungeschick der Kunden) mehr Kosten verursacht, könnte es auch gelingen, den Lieferanten durch Preisnachlässe an diesen Kosten zu beteiligen. Es wäre nicht nur der Zufälligkeit der Verhandlungssituation überlassen, die Konditionen aus Sicht des Einkäufers zu verbessern.

Die Handlungskosten werden vom Einkäufer nun als Zuschlag auf den Einstandspreis kalkuliert. Diese Methode entspricht der Kostenträgerstückrechnung, bei der z.B. die Fertigungs- und Materialeinzelkosten mit einem in der Kostenstellenrechnung ermittelten Gemeinkostenzuschlagsatz beaufschlagt werden. Dieser produktspezifische Handlungskostenzuschlag berechnet sich wie folgt:

$$Handlungskostenzuschlagsatz(p) = \frac{Handlungskosten(p)}{Einstandspreis(p)}$$

mit den

$$Gesamtkosten(p) = Einstandspreis(p) * (1 + Handlungskostenzuschlagssatz(p))$$

Bestandteile der Handlungskosten sind:

- Beschaffungskosten (Angebot, Verhandlung, Kapitalkosten)

- Beschaffungsdistributionskosten (Warenannahme, Qualitätsprüfung, Reklamationen)

- Lagerkosten (Lager, Sonderkosten bei Lagerung, Bestandsmengenplanung)

- Innerbetriebliche Logistik (Transport der Waren bis in die Verkaufsstätten)

- Verkaufsstättenlogistik (Personalkosten, Regalpflege, Transportverpackungsentsorgung)

- Präsentationskosten (Regalfläche, Personalkosten, Schulungsmaßnamen, Kundenberatungs-aufwand, Sonderkosten bei spezifischen Produktanforderungen wie Kühlung)

- Werbekosten (Instore-Werbung wie Regalreiter, Hängedisplays usw., Prospekte, Plakate)

- Kosten des Abverkaufs (Kassennutzung, Datenverarbeitung)

- Produktausschusskosten (Reklamationsbearbeitung, Aussortieren veralteter Ware, Rück-transport)

- Kalkulatorische Kosten (Abschreibungen, Warenversicherung, Kapitalkosten für Rückstellun-gen)

- Allgemeine Verwaltungskosten (Lieferanten- und Vertragsmanagement)

Die Direkte Produktrentabilität (DPR) ist dann:

$$DPR(p) = \frac{Verkaufspreis(p) - Gesamtkosten(p)}{Eingesetztes\ Kapital(p)} * 100$$

Das eingesetzte Kapital entspricht grundsätzlich dem Einstandspreis, also dem Wareneinkaufspreis. In der Praxis ist dies jedoch nur selten der Fall, denn abgesehen davon, dass Produkte zuweilen als Kommissionsware (Bezahlung erst nach erfolgreichem Verkauf) bereit gestellt werden, werden zum Teil komplexe Konditionenpakete vereinbart, die Mengenrabatte und Zahlungsziele ebenso beinhalten wie Zusatzleistungen (Verkaufsdisplays, Warenrücknahmegarantien, Umsatzgarantien).

Ist die Berechnung des eingesetzten Kapitals schon kompliziert genug, gestaltet sich auch die Kalkulation der Kosten für das betrachtete Produkt sperrig: Ein Großteil dieser Kosten sind ganz offensichtlich Gemeinkosten, zum Teil Fixkosten, die erst über einen angemessenen Schlüssel, etwa den erwarteten Umsatz, verteilt werden müssen. Der Aufwand dafür ist beträchtlich und für einen Außenstehenden so lange nicht nachvollziehbar, bis er Einblick in die Kostenrechnung des Unternehmens bekommt. Also nie.

Ferner können die meisten Kosten, wie auch das eingesetzte Kapital, entweder nur auf Basis von Prognosewerten oder aber ex post korrekt kalkuliert werden. Beide Aspekte führen dazu, dass die DPR als Grundlage der Kostendarstellung in Preisverhandlungen mit Lieferanten nur selten zum Einsatz kommt bzw. vorzugsweise dann, wenn die Marktmacht des Handels die Marktmacht des Herstellers übersteigt.

7.1.3 Break-Even-Analyse

Im Rahmen der Produkterfolgsrechnung dient die Break-Even-Analyse dazu, die sogenannte **kritische Ausbringungsmenge** oder bei einer festgelegten Produktionsmenge den **kritischen Preis** zu berechnen. Beide Werte stellen Schwellen dar, ab deren Erreichen Gewinne erzielt werden. Unterstellt wird jeweils, dass erstens mit steigender Verkaufsmenge die Produktstückkosten sinken und zweitens der Verkaufspreis höher ist als die variablen Stückkosten. Abbildung 75 zeigt den grundsätzlichen Zusammenhang bei einem gegebenen Produktionsprogramm.

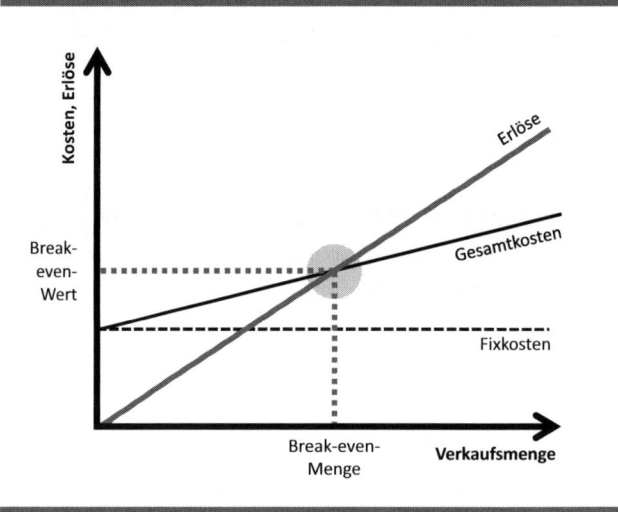

Abbildung 75: Break-Even-Point

Der Break-Even-Point hat folglich zwei Dimensionen: Eine wertmäßige, die ausdrückt, welche Netto-Erlöse zu erzielen sind, um in die Gewinnzone zu gelangen, sowie eine mengenmäßige, die bei gegebenem Verkaufspreis die Mindestverkaufsstückzahl vorgibt. Dies ist dann die Zielplanung für den Vertrieb.

Jegliche Veränderung eines der relevanten Parameter (Fixkosten, variable Kosten oder Preis) führt dazu, dass sich der Break-Even-Point verschiebt, z.B. aus folgenden Gründen:

- die variablen Kosten und damit die Gesamtkosten steigen

- die fixen Kosten und damit die Gesamtkosten steigen, und zwar linear, sprung- oder intervall-fix

- die Erlöse sinken, etwa durch reduzierte Preise

Ähnlich bedeutsam wie bei der Risikobewertung einer verkaufsfördernden Maßnahme (vgl. Kapitel 6.4) ist das Verhältnis der fixen zu den variablen Kosten. Verkaufsmengenunabhängige fixe Kosten stellen ein hohes Risiko dar für den Fall, dass die für den Break-Even-Point erforderliche Verkaufsmenge nicht erreicht wird. Danach zahlt sich dieses Risiko wiederum aus, denn der Gewinn wird nicht weiter durch variable Kosten arrondiert. Ist der Fixkostenanteil gering, stellen sich die Gewinne früher ein, wie Abbildung 76 deutlich zeigt.

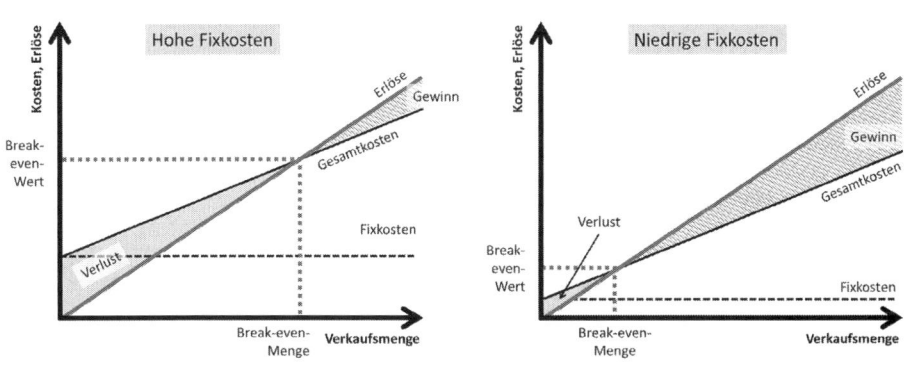

Abbildung 76: Abhängigkeit des Break-Even-Points von den Fixkosten

Die zur Berechnung des Break-Even-Points der Verkaufsmenge (x) gehörende Formel lautet:

$$Erlös(x) = Kosten(x)$$

mit

$$Kosten(x) = variable\ Kosten(x) * x + fixe\ Kosten$$

und

$$Erlös(x) = Preis(x) * x$$

Die **Verkaufsmenge im Break-Even-Point** beträgt:

$$BEP(x) = \frac{fixe\ Kosten}{Preis(x) - variable\ Kosten(x)}$$

Der **Verkaufserlös im Break-Even-Point** beträgt:

$$BEP(\text{€}) = \frac{fixe\ Kosten}{1 - \dfrac{variable\ Kosten(x)}{Preis(x)}}$$

Der **Preis im Break-Even-Point** beträgt:

$$Preis(x) = variable\ Kosten(x) + \frac{fixe\ Kosten}{x}$$

und wird somit ohne die Berücksichtigung eines Gewinns berechnet. Er entspricht der langfristigen Preisuntergrenze, wie sie in Kapitel 7.3.2 ausführlich besprochen wird.

Erstaunlich und für den Vertriebscontroller wichtig zu verstehen ist, dass sich Auswirkungen von Ursachen, die zu einer Erhöhung der Break-Even-Menge führen, nicht einfach kumulieren, wenn sie gleichzeitig eintreffen. Ein Beispiel: Die Fixkosten einer Produktion betragen 100 €, die variablen Kosten 1 € je Stück. Der Preis beträgt 3 €. Dann stellt sich der Break-Even-Point nach obiger Formel ein bei:

$$BEP(x) = \frac{100€}{3€ - 1€} = 50\ Stück$$

Dies sei die Kalkulationsgrundlage des eigenen Unternehmens, mit der am Anfang einer Periode gearbeitet wird. Nun treten im Laufe dieser Periode diverse Effekte auf, die zunächst einzeln, danach mit überraschendem Ergebnis kumuliert betrachtet werden:

- Erhöhung der Fixkosten um 20% auf 120€: Der Break-Even-Point wird erst bei einem Verkauf von 60 statt 50 Stück erreicht, die Mindestverkaufsmenge steigt somit um 20%, wobei hier, obwohl dies augenfällig zu sein scheint (20% - 20%) keineswegs eine lineare Beziehung vorliegt. 20% mehr verkaufen? Eine straffe Anforderung an den Vertrieb, die sich aus folgender Berechnung ergibt:

$$BEP(x) = \frac{120€}{3€ - 1€} = 60\ Stück$$

- Statt der fixen steigen nun die variablen Kosten um 10% auf 1,1€ je Stück. Ergebnis: 3 Stück (also 6%) mehr Mindestverkaufsmenge zur Erreichung des Break-Even-Points:

$$BEP(x) = \frac{100€}{3€ - 1,1€} = 53\ Stück$$

- Verringerung des Preises um 10% auf 2,7€ je Stück. Ergebnis: 9 Stück (also 18%) mehr Mindestverkaufsmenge zur Erreichung des Break-Even-Points:

$$BEP(x) = \frac{100€}{2,70€ - 1€} = 59\ Stück$$

- Treten nun aber alle drei Effekte gleichzeitig auf, beträgt die erforderliche Mindestverkaufsmenge nicht etwa 22 Stück (10+3+9), sondern die Effekte verstärken sich und der Vertrieb muss 25 Stück (plus 50%!) mehr verkaufen, damit der Break-Even-Point erreicht und beim Verkauf weiterer Stücke ein Gewinn erzielt werden kann:

$$BEP(x) = \frac{120€}{2,70€ - 1,1€} = 75\ Stück$$

Hier zeigt sich ein gefährlicher Effekt, der dann zum Tragen kommt, wenn die Planannahmen für eine Preiskalkulation zu optimistisch waren und sich während der Betrachtungsperiode gleich mehrere nachteilige Effekte einstellen.

7.2 Produktbezogene Gewinn- und Verlustrechnung

Mit der produktbezogenen Gewinn- und Verlustrechnung wird der Erfolg einer unternehmerischen Aktivität in einer Periode berechnet. Für die Produkterfolgsrechnung wird ein Produkt oder ein Produktsortiment als eine solche unternehmerische Aktivität betrachtet und berechnet, welchen Gewinnbeitrag dieses bzw. diese geleistet haben. Das Instrumentarium liefert die **Kostenträgerzeitrechnung**.

Klassisch wird hierbei zwischen dem Gesamtkosten- und dem Umsatzkostenverfahren unterschieden. Diese Unterteilung findet sich auch bei der Gewinn- und Verlustrechnung (GuV) im Rahmen eines Jahresabschlusses, ist also für die Finanzbuchhaltung und darauf aufbauend die Kosten- und Leistungsrechnung geübte Praxis. Der Unterschied liegt im Wesentlichen in der Behandlung

- der Veränderung des Lagerbestands für fertige oder unfertige Produkte und

- der aktivierten Eigenleistungen, also von Produkten, die nicht am Markt veräußert, sondern im eigenen Unternehmen verwendet werden.

Für die Zwecke der Produkterfolgsrechnung wird das **Umsatzkostenverfahren** eingesetzt, das nur jene Produkte berücksichtigt, die in der Betrachtungsperiode zu Umsatz respektive Erlös geführt haben. Es werden auch nur die Kosten eben dieser Produkte berücksichtigt, denn um den Produkterfolg in einer Periode für die Zwecke des Vertriebscontrollings zu bewerten, spielen z.B. produktionsbedingte Lagerbestandsveränderungen keine Rolle. Voraussetzung ist, dass die Kostenrechnung dem Vertriebscontrolling abgegrenzte bewertete Kosten und Leistungen zur Verfügung stellt und jene, die für die Lagerbestandsveränderungen und die zu aktivierenden Eigenleistungen entstanden sind, herausrechnet. Ist diese Voraussetzung nicht gegeben, ist eine produktbezogene Gewinn- und Verlustrechnung nicht möglich.

Das methodische Vorgehen ähnelt sehr der Deckungsbeitragsrechnung. In beiden Fällen werden von den Erlösen aus dem Verkauf der Produkte zunächst die Stückkosten und anschließend die geschlüsselten anteiligen Gemeinkosten abgezogen. Der Nutzen der produktbezogenen GuV ist nun, dass für den Betrachtungszeitraum der Verlauf der Kosten und Erlöse dargestellt werden kann, z.B. für das zurückliegende Jahr in einer monatsweisen Betrachtung. Es werden für Produkte Trends ersichtlich und so z.B. neben den absoluten Veränderungen erkennbar, wie stark Kosten und Erlöse korrelieren. Tabelle 102 zeigt exemplarisch eine solche GuV.

	Jan	Feb	Mrz	Apr	Mai	Jun	Jul	Aug	Sep	Okt	Nov	Dez
Absatzmenge	325	350	350	325	350	375	300	275	300	450	650	800
Einzelpreis	32 €	32 €	32 €	32 €	32 €	32 €	32 €	32 €	32 €	32 €	32 €	32 €
Brutto-Erlös	10.400 €	11.200 €	11.200 €	10.400 €	11.200 €	12.000 €	9.600 €	8.800 €	9.600 €	14.400 €	20.800 €	25.600 €
Rabatte etc.	832 €	896 €	896 €	832 €	896 €	960 €	960 €	880 €	960 €	864 €	832 €	512 €
Netto-Gesamterlös	9.568 €	10.304 €	10.304 €	9.568 €	10.304 €	11.040 €	8.640 €	7.920 €	8.640 €	13.536 €	19.968 €	25.088 €
Stückkosten:												
Materialeinzelkosten	12,00 €	12,00 €	12,00 €	12,00 €	12,00 €	12,00 €	12,00 €	12,00 €	12,00 €	12,00 €	12,00 €	12,00 €
Fertigungseinzelkosten	4,00 €	4,00 €	4,00 €	4,00 €	4,00 €	4,00 €	4,00 €	4,00 €	4,00 €	4,00 €	4,00 €	4,00 €
Vertriebsprovisionen	2,50 €	2,25 €	2,00 €	2,00 €	2,00 €	2,00 €	2,25 €	2,25 €	2,50 €	2,25 €	2,00 €	2,00 €
SEK d. Vertriebs	1,00 €	1,00 €	1,00 €	1,00 €	1,00 €	1,00 €	1,50 €	1,55 €	1,60 €	1,65 €	1,65 €	1,65 €
SEK d. Verwaltung	1,00 €	1,00 €	1,00 €	1,00 €	1,00 €	1,00 €	1,00 €	1,00 €	1,00 €	1,00 €	1,00 €	1,00 €
Summe Stückkosten	20,50 €	20,25 €	20,00 €	20,00 €	20,00 €	20,00 €	20,75 €	20,80 €	21,10 €	20,90 €	20,65 €	20,65 €
Gemeinkostenzuschlag	23%	23%	23%	23%	23%	23%	23%	23%	23%	23%	23%	23%
Gesamtkosten je Stück	25,22 €	24,91 €	24,60 €	24,60 €	24,60 €	24,60 €	25,52 €	25,58 €	25,95 €	25,71 €	25,40 €	25,40 €
Gesamtkosten	8.195 €	8.718 €	8.610 €	7.995 €	8.610 €	9.225 €	7.657 €	7.036 €	7.786 €	11.568 €	16.510 €	20.320 €
Ergebnis	1.373 €	1.586 €	1.694 €	1.573 €	1.694 €	1.815 €	983 €	884 €	854 €	1.968 €	3.458 €	4.768 €
Produktergebnis je Stück	4,22 €	4,53 €	4,84 €	4,84 €	4,84 €	4,84 €	3,28 €	3,22 €	2,85 €	4,37 €	5,32 €	5,96 €
Produktrentabilität	13,20%	14,16%	15,13%	15,13%	15,13%	15,13%	10,24%	10,05%	8,90%	13,67%	16,63%	18,63%

Tabelle 102: Produktbezogene GuV nach dem Umsatzkostenverfahren

Ein Hinweis zur letzten Zeile: Die Produktrentabilität wird hier errechnet aus:

$$Produktrentabilität = \frac{Produktergebnis\ je\ Stück}{Bruttopreis} * 100$$

Selbstverständlich wäre auch möglich, vom Bruttopreis zunächst die Erlösschmälerungen abzuziehen und den Nettopreis als Bezugsgröße zu verwenden. Die Produktrentabilität im Januar wäre dann:

$$Produktrentabilität = \frac{Produktergebnis\ je\ Stück}{Nettopreis} * 100 = \frac{4,22€}{\frac{9.568€}{325\ Stück}} * 100 = 14,33\%$$

Grundsätzlich ist – jedenfalls für das Vertriebscontrolling – die Wahl der Erlös- und Kostenpositionen, die in der GuV ausgewiesen werden, frei. Erlaubt ist, was zum Erkenntnisgewinn beiträgt und dem Vertriebsmanagement oder den Verkaufsinstanzen hilft, erfolgreich zu sein, und das bedeutet nicht, so viel wie möglich zu verkaufen, sondern eben, mit der Preissetzung beim Verkauf von Produkten die monetären Ziele des Unternehmens (Gewinn, Rendite) erreichen zu helfen.

Begrenzt wird die Gestaltungsfreiheit durch die Qualität und Differenziertheit der Inputdaten. Es empfiehlt sich, die Ergebnisse zur Präsentation in Liniendiagramme zu überführen, um Trends zu visualisieren. Der Vertriebscontroller sollte im Auge behalten, dass es den meisten Menschen schwer fällt, Erkenntnisse aus Zahlentabellen abzuleiten. Möchte er z.B. auf einer Versammlung von Verkäufern Trends aufzeigen, sollte er eine Darstellungsform wählen, die der Zuhörergruppe eingängig ist. Der Köder muss dem Fisch schmecken, nicht dem Angler.

7.3 Preiskalkulation

Natürlich liegt die Verantwortung für die Preisgestaltung bei der Mehrzahl der Unternehmen im Marketing und nicht im Vertrieb oder gar beim Vertriebscontrolling. Typisch ist, dass Verkaufspreise vorgegeben und diese durch Zugeständnisse, die Verkaufsinstanzen in definierten Fällen geben dürfen, in ebenfalls definierten Grenzen gesenkt werden.

Natürlich gibt es eine Reihe von Branchen und Geschäftsmodellen, in denen Preise in jeder Kundenkontaktsituation individuell gefunden werden. Dies ist bei einer Internet-Versteigerung ebenso der Fall wie bei projektorientierten Dienstleistungen. Doch nicht nur in der Theorie, sondern auch in der Praxis ist der Zusammenhang zwischen Preis und Absatzmenge evident. Da aber allein der Interessent entscheidet, ob er kaufen wird, gilt die Aufmerksamkeit des Verkäufers folgerichtig diesem. Der Preis wird dabei als Variable empfunden, die der Verkäufer – anders als die Entscheidung des Interessenten – direkt beeinflussen kann. Also wird der Verkäufer ab einem bestimmten Zeitpunkt des Interessentenkontaktes über den Preis sprechen. Die Aufgabe des Vertriebscontrollers ist nun, die Folgen der Veränderung des Preises für das eigene Unternehmen aufzuzeigen. Er ist nicht Richter, nicht Entscheider, er ist Analytiker, der Handlungsfolgen berechnet. Und da der Preis selten eine singuläre Größe ist, sondern aus vielen Einzelkomponenten besteht, ist auch die Berechnung der Handlungsfolgen, hier die Veränderung der Höhe der Preisbestandteile – eine komplexe Aufgabe, die nachfolgend beschrieben wird. Mindestens für diese Fälle muss der Vertriebscontroller über das Handwerkszeug der Preiskalkulation verfügen, um bei der gewinn- und renditeoptimierenden Preisfindung unterstützen zu können.

7.3.1 Aspekte der Preiskalkulation

Das eigentliche Problem der Preiskalkulation ist, dass der Preis **vor** der Leistungserbringung festgelegt werden muss. Nur in wenigen Fällen ist es möglich, eine Bezahlung nach Aufwand durchzusetzen und selbst dann sind in der Regel Einzelpreise (Stundensatz, Stückpreis, Preis je Quadratmeter usw.) vorab verhandelt.

Zunächst ist von Bedeutung, die grundsätzlich möglichen Verfahren einer Preissetzung zu kennen. Dies sind:

1. **Kostenbasierte Preisfindung**: Kalkulation von Teil- oder Vollkosten als Untergrenze, zuzüglich eines Gewinnaufschlags.

2. **Wettbewerbsorientierte Preisfindung**: Insbesondere bei anspruchsvoller Konkurrenzsituation auf Käufermärkten, etwa bei Produkten des täglichen Bedarfs, bleibt zuweilen nichts anderes übrig, als innerhalb eines schmalen Korridors einen etablierten Marktpreis zu übernehmen.

3. **Nachfrageorientierte Preisfindung**: Es wird versucht, einen Preis zu finden, der den Nutzen des Produktes für den Käufer wiederspiegelt. Bei Schwankungen der Nachfrage passt sich auch der Preis an.[176]

4. **Monopolpreise**: In der Mikroökonomie finden sich Modelle, die zum optimalen Preis für ein Produkt in einer Situation ohne Konkurrenz führen. Dieser Preis ergibt sich aus dem Gewinnmaximum des Monopolunternehmens im „Cournotschen Punkt". Da die Preise bei natürlichen Monopolen meist reguliert werden, scheint die Monopolpreisbildung keine Relevanz mehr zu besitzen. Tatsächlich aber kann jedes Produktangebot, auch das des Kiosks an der Straßenecke, als räumliches, zeitliches oder konstellatives temporäres Monopol aufgefasst

---

[176] Gerne wird die nachfrageorientierte Preisfindung auch als das „Schluck-und-Zuck-Prinzip" der Preissetzung bezeichnet: Was schluckt der Interessent? Wann zuckt er?

werden, so dass es bei flexibler Bepreisung hilfreich sein kann, sich mit solchen Modellen zu beschäftigen.

5. **Regulierter Preis**: Für erstaunlich viele Produkte sind die Preise reguliert oder teilreguliert. Dies gelingt über Abgaben an die öffentliche Hand, die zum Teil weit über den Produktionskosten liegen, so dass quasi ein Mindestpreis vorgegeben wird (Benzin, Heizöl, Zigaretten), über die Vorgabe von Preisen oder Preiskorridoren (Fernsehgebühren) oder über die Festsetzung bzw. Genehmigung von Preisen für Vorleistungen (Interconnect-Preise in der Telekommunikation, Gas). Ferner werden Preise zahlreicher Produkte überwacht, um gesellschaftliche Auswirkungen der Produktnutzung zu überwachen (Genussmittel). Der Preis wird zu einem Steuerungsinstrument.

6. **Versteigerung**: Wie keine andere Form der Preissetzung spiegelt sich durch die Versteigerung die aktuelle Zahlungsbereitschaft der Kunden wider. Der Gewinn je Produkt wird maximiert, sofern alle potentiellen Nachfrager an der Versteigerung teilgenommen haben oder hätten teilnehmen können. Der Nachteil ist, dass kein Mengenvertrieb möglich ist. Üblich ist die Form der transparenten Versteigerung, bei der alle Teilnehmer die Gebote anderer mitgeteilt bekommen bzw. zeitgleich mit dem Verkäufer erfahren. Es gibt jedoch auch andere Varianten, die regelmäßig zum Ziel haben, den am Ende resultierenden Preis zu maximieren.[177] Eine interessante Variante der Versteigerung ist das „Veiling" (insb. Blumen), bei dem ein Produktpreis aufgerufen und so lange in kleinen Schritten reduziert wird, bis der erste Kunde zuschlägt.

7. **Individualverhandlung**: Als Klassiker des b-to-b-Marktes werden Preise für Produkte, insbesondere für Dienstleistungen, individuell verhandelt. Dazu benötigt die Vertriebsinstanz einen Spielraum, der an der unteren Grenze von den Ergebnissen der Kostenrechnung festgelegt wird und dessen obere Grenze die theoretische, aber dem Verkäufer nicht bekannte maximale Zahlungsbereitschaft des Kunden markiert. Wie die Versteigerung auch, ist ein Mengenvertrieb nicht mit Individualverhandlungen zu organisieren.

Die Rolle des Vertriebscontrollers im Rahmen von Preisverhandlungen ist zumeist, die kurz- und mittelfristige Preisuntergrenze anzuzeigen (siehe Kapitel 7.3.2) und die Auswirkungen der je nach Verhandlungsverlauf vorläufigen Preisgestaltung zu berechnen. Der Ausgleich findet dabei, wie Abbildung 77 zeigt, zwischen den Parameter Gewinnerwartung, Menge, die zu diesem Preis abgesetzt werden kann, Stückkosten, Gemeinkosten, Auswirkung auf die Finanzierung von Produktnebenleistungen und Absatzrisiko statt.

---

[177] Ein in der relevanten Literatur häufig zitiertes Bespiel ist die Versteigerung der UMTS-Mobilfunk-Frequenzen durch der Bundesnetzagentur (damals: Regulierungsbehörde für Telekommunikation und Post) im Jahr 2000. Das Ergebnis war, dass der Preis der Frequenzen mit ca. 620 € je Einwohner weltweit zu den höchsten gehörte. Bei Interesse: Klemperer, 2002.

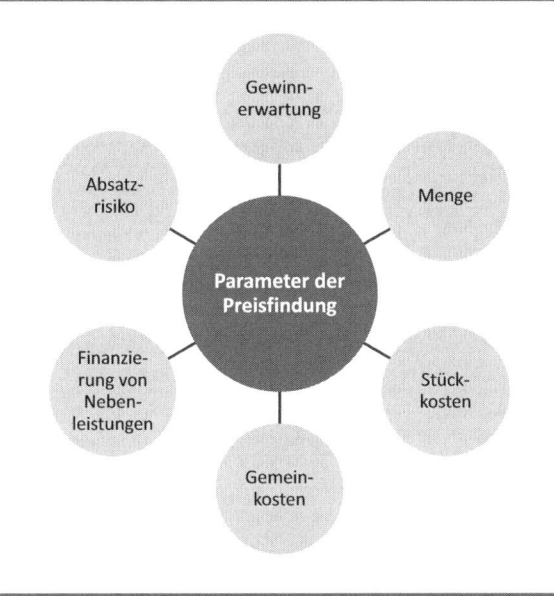

Abbildung 77: Einflussparameter auf die Preisfindung

Einer Erläuterung wert sind die beiden letztgenannten Positionen: Die **Auswirkungen auf die Finanzierung von Produktnebenleistungen** bedeutet, dass der Deckungsbeitrag eines Produktes auch dazu dient, die Gemeinkosten der Nebenleistungen wie kostenlosen Kundenservice, Garantien oder Produktzugaben zu finanzieren. Unter der Voraussetzung, dass diese Teil der methodisch hoffentlich einwandfreien Produktkostenkalkulation sind, können Preiszugeständnisse durch eine Reduzierung dieser Zusatzleistungen finanziert werden. So begründen sich Entscheidungen von Unternehmen, vormals kostenlose Nebenleistungen separat zu bepreisen. Das **Absatzrisiko** beeinflusst die Preisgestaltung in der Hinsicht, dass die Verkaufswahrscheinlichkeit für eine bestimmte Menge umso höher ist, desto „billiger" ein Produkt dem potentiellen Kunden erscheint, desto mehr der aufgerufene Preis also unter der maximalen Zahlungsbereitschaft liegt. Andererseits sind gegenläufige Effekte bekannt,

- bei denen Kunden ein zu billig erscheinendes Produkt weniger nachfragen, weil sie z.B. Qualitätsmängel vermuten[178] oder sie aufgrund ihrer Preiserwartung ein billiges Produkt aus ihrer imaginären Auswahlliste („Mind-Set") ausschließen, oder

- bei denen die Nachfrage bei einer Preiserhöhung steigt (Veblen-Güter, Snob-Effekt).[179]

Die Methodik der Preiskalkulation, oder präziser, der Kalkulation von kurz- und langfristiger Preisuntergrenze wird im folgenden Kapitel 7.3.2 beschrieben. Der heilige Gral der Preispolitik, die Preis-Absatz-Funktion und mit ihr die Chance, die Preiselastizität der Nachfrage zu berechnen, wird in Kapi-

---

[178] Bekannt ist auch, dass die relative Preishöhe mit der Qualitätsvermutung korreliert. Auf diesen Effekt wiesen vor allem hin: Klein & Leffler, 1977.

[179] Bei Interesse sei entweder die Originallektüre empfohlen: Veblen, 1899 oder die Zusammenfassung der wesentlichen Erkenntnisse bei Bagwell & Bernheim, 1996.

tel 7.3.3 leider nicht gefunden, aber die Methodik erläutert und erklärt, worin die Unsicherheiten bestehen.

7.3.2 Ermittlung der kurz- und langfristigen Preisuntergrenze

Die unzweifelhaft wichtigste Quelle für das Working Capital eines Unternehmens – es sei wiederholt wie das Schnarren einer tibetanischen Gebetsmühle – sind die Umsätze aus dem Verkauf der Produkte. Diese müssen hoch genug sein, um alle Kosten zu decken und den Gewinn zu finanzieren. Der „Erfolg" eines Produktes aus Sicht des Unternehmens ist also keineswegs, ob sich dieses „gut" verkaufen lässt und die Verantwortung des Verkäufers hört nicht damit auf, möglichst viel eines Produktes zu verkaufen, sondern, mit dem Verkauf die Grundlage zu schaffen, einen Gewinn zu erwirtschaften.

Dennoch kommt es im betrieblichen Alltag immer wieder vor, dass auf Produkte Preisnachlässe gegeben werden, aus welchen Gründen auch immer. Dabei sind Preisuntergrenzen zu beachten (Abbildung 78), welche sich aus der Produktdeckungsbeitragsrechnung ergeben und wie sie in Kapitel 7.1.1 erläutert wurde.

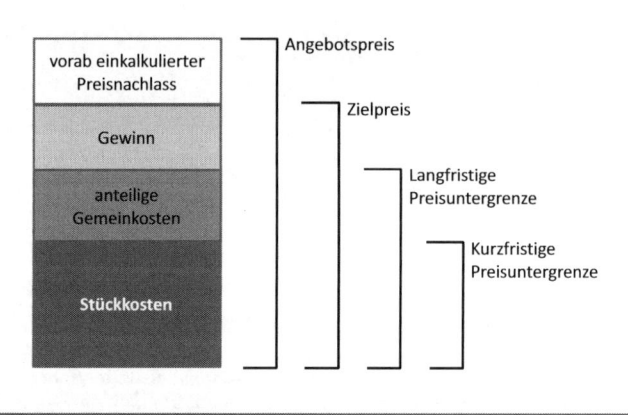

Abbildung 78: Preisarten und Preisuntergrenzen

Neben dem Zielpreis, das jenen Preis repräsentiert, der auf Basis welchen Preissetzungsverfahrens auch immer als der „richtige" Marktpreis für das eigene Produkte definiert wurde, gibt es die langfristige und die kurzfristige Preisuntergrenze.

Wirkung der langfristigen Preisuntergrenze

Wird die langfristige Preisuntergrenze bei der kalkulierten Absatzmenge als Preis realisiert, werden immer noch alle Kosten des Unternehmens gedeckt und es entsteht, wenn schon kein Gewinn, so wenigstens kein Verlust. Das Unternehmen, und der Einfachheit halber ist zunächst von einem Einproduktunternehmen auszugehen, kann langfristig überleben und benötigt keine anderen Finanzierungsmittel als den Erlösstrom aus dem Verkauf der Produkte. Gewinne werden allerdings keine erwirtschaftet, die Eigenkapitalrentabilität ist Null und somit ist das wirtschaftliche Engagement langfristig wertlos, ja es birgt sogar die Gefahr, bei einer weiteren Preissenkung oder einer Erhöhung irgendwelcher Kosten Verluste zu erwirtschaften und somit einen Verzehr des Eigenkapitals zu riskieren. Ist es in solchen Fällen dann nicht möglich, den Preis zu erhöhen, wird das Unternehmen zwangsläufig die Kosten senken müssen, um wieder aus der Verlustzone zu kommen. Hierbei sind Effekte zu berücksichtigen, die jeweils eine gewisse Gefahr bergen:

1. **Fokus auf Senkung der Stückkosten**: Die variablen Kosten des Produktes werden im Wesentlichen von den Material- und den Fertigungskosten bestimmt. Andere Stückkosten, vor allem die Sondereinzelkosten, fallen nur gering ins Gewicht. Da es in den meisten Unternehmen Verantwortliche für Produkte gibt, entweder Produktmanager oder der Vertriebscontroller selbst (meist bei Dienstleistungen), gibt es auch jemanden, der die Kosten des Produktes beeinflussen kann. Dieser Einfluss beschränkt sich allerdings auf die variablen Kosten. Also wird der Produktverantwortliche diese zu beeinflussen suchen, in dem er die Produkteigenschaften verändert. Übertreibt er, verändert sich der tatsächliche oder wahrgenommene Produktnutzen für die Klientel, die dann einen nur noch geringeren Preis akzeptiert und so fort. Eine Abwärtsspirale, die nur in Gang gesetzt wurde, weil es für die Stückkosten, nicht aber die Gemeinkosten, einen Verantwortlichen gibt.

2. **Resilienz der Gemeinkosten**: Die Höhe fertigungsnaher Gemeinkosten, die über einen Schlüssel auf die Produkte verteilt werden, hängen von der Anzahl produzierter Stücke ab. Je mehr produziert wird, auf desto mehr Kostenträger (Produkte) verteilen sich diese Kosten. Dieser Zusammenhang ist klar und lässt sich auch nicht verändern. Allerdings stellen die fertigungsnahen nur einen Teil der Gemeinkosten dar. Die restlichen sind fertigungsfern, vor allem Kosten der Beschaffung, Verwaltung, Kantine, Betriebskindergarten, Finanzierung, Führung usw. Diese Kosten zu reduzieren ist nicht nur schwierig, weil es hierfür außer der Unternehmensführung selbst keinen direkten Verantwortlichen gibt, sie neigen auch dazu, sich selbständig zu erhöhen und trotz einer Reduzierung der mit den Gemeinkosten verbundenen Leistung nach einen gewissen Zeit wieder auf ihr Ausgangsniveau zurück zu kehren. Dieser Resilienzeffekt hat noch viele andere Namen und wird oft nur diffus oder über Indizien (Zuwachs von Formalismen) wahrgenommen, darf aber als Grundgesetzlichkeit sich entwickelnder Organisationen unterstellt werden.

3. **Kostenremanenz**: Der Abbau insbesondere der Gemeinkosten eines Unternehmens hinkt stets zurück gehenden Umsätzen hinterher. Zuweilen ist dies Absicht, wenn Organisationstrukturen und Kapazitäten bei vorübergehenden Absatzproblemen erhalten werden sollen, um den erwarteten anschließenden Aufschwung bewältigen zu können. Oft jedoch sind es die bereits genannten Gründe, welche eine Kostenanpassung nicht zeitnah gelingen lassen.[180]

Für einen Vertriebscontroller, der mit der Kalkulation der Stück- und Gemeinkosten bzw. des Preises eines Produktes beauftragt ist, stellen diese Kosteneffekte zuweilen Mauern dar, die er nicht einreißen oder überwinden kann – schon gar nicht „auf die Schnelle". Ein oft in der Praxis zu beobachtender Schritt ist, zur Erhöhung des Preisgestaltungsspielraums Teile der Gemeinkosten aus der Kalkulation auszusparen. Das ist grundsätzlich erlaubt, sofern es sich um ein Mehrproduktunternehmen handelt und die Kosten von anderen Produkten geschultert werden können. Bei einem Einproduktunternehmen ist dieses Vorgehen keine legitime Option, denn dann würden Kosten nicht durch die Erlöse aus dem Produktverkauf gedeckt werden.

Wirkung der kurzfristigen Preisuntergrenze

In dem Falle, dass der Preis über die Stückkosten hinaus die Gemeinkosten nicht oder nicht vollständig deckt, entsteht ein Stückverlust in Höhe der nicht gedeckten Gemeinkosten. Die variablen (Stück-)

---

[180] Vergleiche die Erläuterungen samt Literaturhinweisen in Kapitel 3.2.2 und weiterführend auch Kapitel 5.8.1.

Kosten eines Produktes markieren die kurzfristige Preisuntergrenze. Werden die Produkte zu einem Preis verkauft, der genau der kurzfristigen Preisuntergrenze entspricht, entsteht ein Verlust, der mit der Zeit steigt, jedoch unabhängig von der Anzahl verkaufter Produkte. Werden die Produkte zu einem Preis unterhalt der kurzfristigen Preisuntergrenze verkauft, steigt der Verlust mit jedem weiteren verkauften Produkt. Eine solche nicht kostendeckende Preisgestaltung kann marktstrategisch sinnvoll sein, etwa, um in kurzer Zeit das eigene Produkt als Marktstandard zu etablieren. Kritisch ist die Situation jedoch, wenn sie durch nicht beeinflussbare Marktbedingungen (Konkurrenz, Nachfrageschwäche) oder durch verpasste Anpassungsmaßnahmen (Produkterneuerung, Produktionskostensenkung) entsteht. Nicht zu Unrecht wird die kurzfristige auch die **absolute Preisuntergrenze** genannt[181], in der betrieblichen Praxis vulgo „Verkauf zu Grenzkosten".

Die entstehenden Verluste müssen natürlich gegenfinanziert werden. Hierfür gibt es folgende Möglichkeiten:

- **Finanzierung aus dem Cash-Flow**: Insbesondere bei erwarteten Cross-Selling-Verkäufen, wenn das unrentable Produkte den Verkauf rentabler Produkte fördert, kann das Unterschreiten der kurzfristigen Preisuntergrenze sinnvoll sein, sofern in der Addition der Gewinne und Verluste aus dem Verkauf aller Produkte ein Gewinn verbleibt. Es erfolgt eine (Quer-)Subventionierung und der Cash-Flow reicht aus, um die Verluste des nicht gesamtkostendeckend verkauften Produktes zu tragen. Sind die Produkte nicht miteinander verbunden, ist es eine schiere Subvention und nur sinnvoll, wenn erwartet wird, dass der zukünftige Verkaufspreis mittel- oder langfristig

    1. kostendeckend ist und

    2. die in der Kostenunterdeckungsphase entstehenden Verluste nebst Verzinsung ausgleichen kann.

- **Fremdkapitalbasierte Finanzierung der Verluste**: Insbesondere bei Produkteinführungskampagnen wird auf Fremdkapitalquellen zurückgegriffen. Die wichtigsten sind Lieferanten- und Bankkredite. Entsprechend der „goldenen Bilanzregel", nach der die Fristen der Kreditbereitstellung den Fristen der Investition entsprechen sollen[182], müssen solche Kredite derart ausgestaltet sein, dass Tilgung und Zinsen erst dann anfallen, wenn mit dem Produkt ein Gewinn erzielt wird.

- **Eigenkapitalbasierte Finanzierung der Verluste**: Vor allem junge Unternehmen werden Schwierigkeiten haben, Lieferanten- oder Bankkredite für die Finanzierung ihrer Produkteinführungskampagnen zu bekommen. Auch besitzen sie noch keinen oder zumindest keinen ausreichenden (Free) Cash Flow. Ihnen bleibt nichts anderes übrig, als vorhandenes Eigenkapital zu verwenden, was das unmittelbare Risiko offen zu Tage treten lässt.

- **Das ständige Missverständnis: Verlustfinanzierung durch Rückstellungen**: Viel zu oft ist zu hören, dass für erwartete Verluste in der laufenden und möglicherweise der folgenden Periode Rückstellungen zu bilden seien. Für so manchen scheint damit das Problem der Verlustfinanzierung gelöst. Tatsächlich ist eine Rückstellung nichts anderes als eine Bilanzposition auf der Passivseite, welche die Finanzierungsfrage nicht beantwortet. Vor allem aber wird unterschlagen, dass ein Verlust liquiditätswirksam ist: Auf der Ebene der Zahlungsströme, also im Cash Flow, stehen den Auszahlungen für die Herstellung des Produktes (bis zur Verkaufsreife), also den variablen Kosten, die zudem vorab anfallen, keine entsprechenden Einzahlungen aus den Verkäufen, die später eintreffen, gegenüber. Dies gilt für alle Produktarten, also auch für Dienstleistungen. Diese Zahlungsstromlücke, die – es sei wiederholt – entsteht, weil

    1. die Einzahlungen später erfolgen und dann auch noch

---

[181] Reichmann, 2011, S. 189

[182] Genauer: Der Frist, bis eine Investition einen positiven Return on Investment abwirft.

2. in einer nicht die Auszahlungen deckenden Höhe,

muss geschlossen werden. Hierfür stehen wiederum nur die bereits beschriebenen Instrumente zur Verfügung. Folglich ist das Bilden von Rückstellungen aus Sicht der Finanzbuchhaltung korrekt, aber es hätte fatale Folgen, wenn das Vertriebscontrolling bzw. Marketing vergisst, die Liquiditätsplaner rechtzeitig von der Unterschreitung der kurzfristigen Preisuntergrenze zu unterrichten.

In der Praxis des Vertriebscontrollings wird die Schwierigkeit der Ermittlung lang- und kurzfristiger Preisuntergrenzen in der Aufteilung der Kosten liegen. Insbesondere die Gemeinkosten, die nicht einem Produkt direkt zugerechnet werden können, müssen verursachungsgerecht verteilt werden, was wiederum eine Prognose der Absatzmenge verlangt. Oft ist eine ständige Preisanpassung, nur, weil sich bei Nachkalkulationen die Kosten verändern, nicht möglich und selbst wenn, beeinflussen Preisveränderungen wiederum die Abverkaufsmenge und dieser Wirkungszusammenhang artet in einen ständigen Kalkulationsbedarf aus (Abbildung 79).

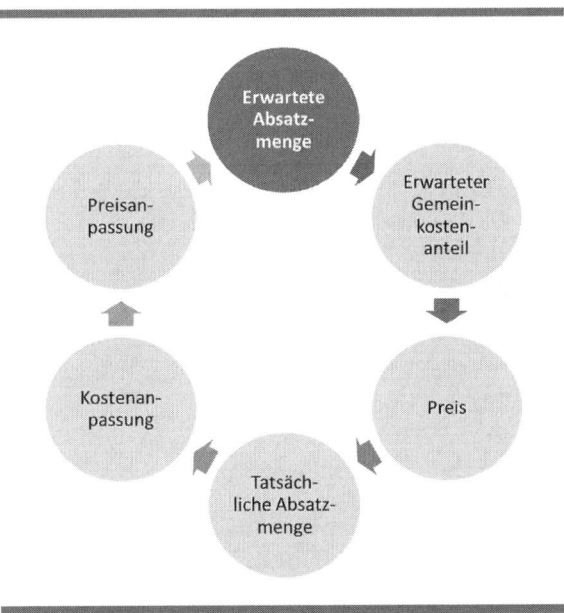

Abbildung 79: Teufelskreis der Preisanpassung

7.3.3 Preis-Absatz-Funktion und Preiselastizität

Die Preis-Absatz-Funktion ist – wie bereits beschrieben – die heilige Kuh des Marketings. Wenn vorab bekannt wäre, wie viele Einheiten eines Produktes bei einem bestimmten Preis verkauft werden würden, wäre unternehmerisches Handeln nahezu vollends planbar. Ist es aber nicht und es ist auch nicht die Aufgabe des Vertriebscontrollers, eine solche Preis-Absatz-Funktion zu berechnen. Allerdings gehört das Verständnis der Methodik und der Wirkungszusammenhänge zu den Grundlagen und dürfen auch an dieser Stelle nicht fehlen. Schnell wird sich jedoch zeigen, dass die Preis-Absatz-Funktion in der Mehrzahl der Fälle mehr ein theoretisches Gedankengerüst darstellt als eine praktikable Herangehensweise an eine Preis- und Mengenplanung. Lediglich in

- einem weitgehend standardisierten und durch eine Begrenzung der Handlungsmöglichkeiten von Marktteilnehmern berechenbaren Umfeld, z.B. bei Monopolen, sowie

- in Polypolen, bei denen eine große Anzahl von Anbietern mit nutzengleichen Produkten auf eine große Anzahl von Nachfragern trifft,

lässt sich die Preis-Absatz-Funktion ermitteln und für die Unternehmensplanung instrumentalisieren.

> Eine Preis-Absatz-Funktion drückt das direkte Verhältnis von Verkaufspreis und Absatzmenge aus. Bei welchem Preis werden wie viele Einheiten eines Produktes verkauft?

Die Multiplikation der Werte ergibt den Umsatz bzw. Erlös. Dabei wird als Grundmodell von Gegenläufigkeit ausgegangen: Eine Preiserhöhung zieht sinkende Absatzmengen nach sich und umgekehrt. Veblen-Güter werden nicht betrachtet. Abbildung 80 zeigt mögliche Verläufe von Preis-Absatz-Funktionen.[183]

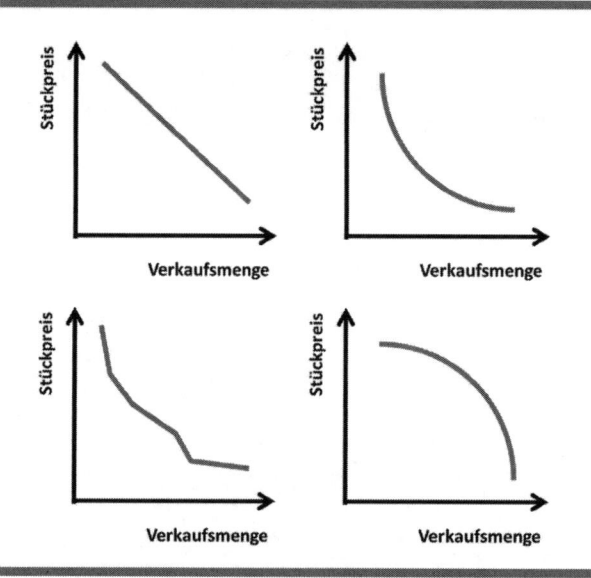

Abbildung 80: Mögliche Verläufe von Preis-Absatz-Funktionen

In der Praxis werden Preis-Absatz-Funktionen anzutreffen sein, die tendenziell einem der in Abbildung 80 skizzierten Verläufe entsprechen, allerdings im Detail einen erratischen Verlauf nehmen. Ursache sind all die nicht in der Praxis ausschließbaren externen Einflüsse, das schlechte Wetter, die Werbung

---

[183] Ausführlich hierzu siehe Thommen & Achleitner, 2003, S. 213 ff.

eines Wettbewerbers, der Zeitpunkt des Gehaltseingangs auf dem Konto der Kunden usw. Aber dem Vertriebscontroller geht es auch nicht um den präzisen Verlauf der Preis-Absatz-Funktion, es geht ihm um das grundsätzliche Verständnis, wie sich die Absatzmenge verändert, wenn der Preis variiert.

Diesen Zusammenhang drückt die Kennzahl **Preiselastizität der Nachfrage** oder kurz die Preiselastizität aus. In Kapitel 3.2.3 wurde der Mechanismus erläutert, hier kommt er zur Anwendung. Sie ist ein zentrales Element der Preispolitik und gibt Auskunft darüber, wie sich die Nachfrage (relativ) nach einem Produkt ändert, wenn der Preis (relativ) verändert wird. Die Formel dazu lautet:

$$Preiselastizität\ der\ Nachfrage(p)$$
$$= \frac{\frac{\Delta x}{x}}{\frac{\Delta P}{p}} = \frac{\frac{Absatzmenge\ nach\ Preisänderung\ -\ Absatzmenge\ vor\ Preisänderung}{Absatzmenge\ vor\ Preisänderung}}{\frac{Neuer\ Preis\ -\ Alter\ Preis}{Alter\ Preis}}$$

Zur Interpretation dienen die Beschreibungen in Tabelle 15.

Während Preiselastizität und Preis-Absatz-Funktion nur in standardisierten, berechenbaren Massenmärkten einen praktischen Nutzen für den Wirkungszusammenhang zwischen Absatzpreis und Absatzmenge haben, muss für konkrete, einzelne Kundenkontaktsituationen auf ein artverwandtes Elastizitätsmaß zurückgegriffen werden: Die **Elastizität der Kaufwahrscheinlichkeit**. Sie drückt aus, um welchen Prozentsatz sich die Kaufwahrscheinlichkeit verändert, wenn der Preis gesenkt oder angehoben wird.

$$Elastizität\ der\ Kaufwahrscheinlichkeit$$
$$= \frac{\frac{\Delta P}{xP}}{\frac{\Delta W}{W}} = \frac{\frac{Neuer\ Preis\ -\ Alter\ Preis}{Alter\ Preis}}{\frac{Kaufw'keit\ nach\ Preisänderung\ -\ Kaufw'keit\ vor\ Preisänderung}{Kaufw'keit\ vor\ Preisänderung}}$$

Dieses Maß ist bei Verhandlungspreisen im b-to-b-Markt relevant und es ist eine andere Sicht auf die **Zahlungsbereitschaft** des Kunden. Abbildung 81 stellt in einer Übersicht die jeweiligen Verläufe von Kauf- und Verkaufswahrscheinlichkeiten aus der Sicht des Käufers und der Sicht des Verkäufers dar.

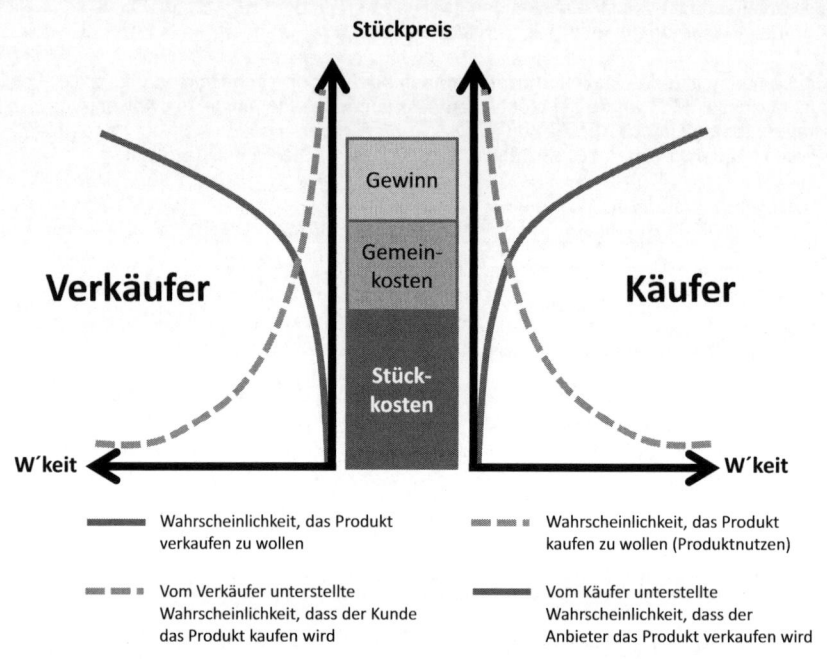

Abbildung 81: Verkaufs- und Kaufwahrscheinlichkeiten

Für den Anbieter eines Produktes wird die Wahrscheinlichkeit, ein Produkt tatsächlich verkaufen zu wollen, gering sein, wenn der Preis die langfristige oder gar die kurzfristige Preisuntergrenze unterschreitet. Ausgeschlossen ist das freilich nicht, wenn strategische Gründe (Marktzugang, wichtiger Kunde, Testmarkt) dafür sprechen. Ist die Gewinnschwelle erreicht, steigt die Verkaufsbereitschaft signifikant und beträgt beim verbindlich angebotenen Preis 100%. Gleichzeitig ist sich der Verkäufer bewusst, dass die Zahlungsbereitschaft des Käufers begrenzt ist und er einen Abschluss umso sicherer erzielen wird, je preiswerter das Produkt ist. Der Käufer hingegen wird das Produkt umso wahrscheinlicher kaufen, je günstiger es ist. Wird es zu teuer, wird er sich beim Wettbewerber eindecken oder auf den Kauf verzichten, weil der erwartete Nutzen des Produktes die Kosten nicht mehr rechtfertigt. Die Kostenfunktion des Verkäufers kennt der Kunde in der Regel nicht. Auch hat Letzterer in einem Käufermarkt allein dadurch schon die stärkere Verhandlungsposition, weil er über die Annahme oder Ablehnung eines Angebots entscheiden kann. Wären nun die Nutzenfunktion und somit der Kaufwahrscheinlichkeitsverlauf nicht nur eines Interessenten, sondern aller potentiellen Kunden bekannt, ergäbe sich daraus die Preis-Absatz-Funktion.

7.4 Preisnachlass-Entscheidungen

Preisnachlässe werden eingesetzt, um eine Kaufentscheidung zu beeinflussen oder um durch die Verlagerung von kostenverursachenden Funktionen auf den Kunden den Preis senken zu können.

Zu unterscheiden sind grundsätzlich

1. Skonti,

2. Boni und

3. Rabatte.

Die Aufgabe des Vertriebscontrollers ist es, die Wirkung von Preisnachlässen zu bewerten, und zwar zum einen hinsichtlich der Veränderung des Gewinns bzw. des Deckungsbeitrags und zum anderen hinsichtlich der Wirkung des Preisnachlasses. Zunächst werden die grundsätzlichen Varianten von Preisnachlässen beschrieben und deren Wirkung auf Kosten und Leistungen bzw. auf den Gewinn dargestellt. Hieraus leiten sich Handlungsempfehlungen ab, ob und in welchem Rahmen die jeweiligen Varianten verwendet werden sollten.

Ad 1: Skonti

Der (das) Skonto ist eine Ermäßigung auf den Rechnungsbetrag unter der Bedingung dass innerhalb einer vorgegebenen Frist bezahlt wird. Er wird zumeist mittels eines prozentualen Skontosatzes angegeben und unterscheidet sich von Branche zu Branche signifikant. Ziel ist, einen Kunden zur schnelleren Bezahlung einer Rechnung zu bewegen, als es das Zahlungsziel vorsieht. Die Kosten des Skonto aus Sicht des Verkäufers errechnen sich wie folgt:

$$Skontokosten = Skontosatz * Rechnungsbetrag - Eingesparte\ Kapitalkosten$$
$$- Reduziertes\ Zahlungsausfallrisiko$$

Das reduzierte Zahlungsausfallrisiko ist hier der am schwierigsten quantifizierbare Wert. Sind über den jeweiligen Kunden keine näheren Informationen bekannt, ist der durchschnittliche Forderungsausfall des vergangenen Jahres für die Zeitersparnis anzurechnen. Hierzu wird der Zeitraum einer früheren Bezahlung, im in Tabelle 103 dargestellten Beispiel sind dies zwei, bei Rechnung B acht und bei Rechnung C fünf Wochen, mit dem durchschnittlichen Forderungsausfall (Rechnungsbetrag mal durchschnittlichem Forderungsausfall per annum) je Woche multipliziert.

	Rechnung A	Rechnung B	Rechnung C
Rechnungsbetrag	100.000 €	100.000 €	100.000 €
Zahlungsziel in Wochen	4	12	6
Skontosatz	3%	2%	2%
Kapitalkostensatz	7,5%	7,5%	15%
Skontoabzug…	3.000 €	2.000 €	2.000 €
…bei Zahlung nach Wochen	2	4	1
Kapitalkosten des Zahlungsziels ohne Skonto	576,92 €	1.730,77 €	1.730,77 €
Kapitalkosten des Zahlungsziels mit Skonto	288,46 €	576,92 €	288,46 €
Einsparung Kapitalkosten durch Skonto	288,46 €	1.153,85 €	1.442,31 €
Ø Forderungsausfall p.a.	2%	3%	4%
Risikominderung durch verkürzte Bezahlfrist	76,92 €	461,54 €	384,62 €
Monetärer Nutzen des Skontos	**-2.634,62 €**	**-384,62 €**	**-173,08 €**

Tabelle 103: Berechnung der Kosten des Skontos

Alle drei Rechnungsbeispiele führen zu einem negativen Nutzen des Skontos, selbst im Falle von Rechnung C, in dem vergleichsweise hohe Kapitalkosten angenommen und eine hohe Risikoreduktion unterstellt wurde. Der Effekt ergibt sich dadurch, dass Skonti einen Abzug vom absoluten Gesamtrechnungsbetrag darstellen, der monetäre Nutzen aber lediglich für den Zeitraum, den die Zahlung früher erfolgt als ohne Skonti, anfällt.

Skonti sind, werden sie nicht sauber berechnet, Deckungsbeitragskiller. Zudem werden hohe Skonti selten dem Verhandlungsgeschick des Einkäufers zugerechnet, sondern als selbstverständlich unterstellt. Sie haben also – wenn überhaupt – nur eine sehr geringe Kaufanreizwirkung.

Ad 2: Boni

Boni stellen eine Belohnung für den Kunden dar, wenn er innerhalb eines bestimmten Zeitraums, z.B. eines Jahres, eine vorher festgelegte Menge eines Produktes kauft. Diese Menge kann in Stückzahlen oder in monetären Größen definiert werden. Es handelt sich jeweils um einen bedingten Rabatt, der für den Verkäufer den Vorteil hat, dass er sich nicht auf Kaufabsichtserklärungen gründet, sondern auf realisierten Beschaffungsvolumina. Er erhofft sich, dass der Kunde sein Beschaffungsvolumen bündelt und nur noch beim Boni-gewährenden Hersteller einkauft. Der zweite anzunehmende Effekt, dass ein Kunde seinen Verbrauch erhöht, um einen Boni zu erreichen, ist allenfalls im Lebensmitteleinzelhandel zu erleben, wenn Kunden Einkäufe tätigen, um eine für eine Belohnung erforderliche Rabattmarkenmenge zusammenzutragen. Ein Sonderfall sind Boni auf Kauffunktionen, etwa für die Nutzung einer bestimmten Kreditkarte, oder einem am Periodenende vergüteten Pfandsystem nicht unähnlich, jene für die Rückgabe von Transportverpackungen. Für den Kunden stellen Boni einen planbaren Rabatt dar, wenn bereits zum Zeitpunkt des Kaufs absehbar ist, dass die Schwellwertmenge erreicht werden wird.

Bei der Berechnung von Boni sind folgende Aspekte zu beachten:

- **Messgröße der Bonuszielerreichung**: Gemessen werden üblicherweise Umsätze. Möglich ist aber auch, Absatzmengen als Messgröße zu verwenden. Festzulegen ist in beiden Fällen, ob die tatsächlich erzielten (Zahlungseingang bzw. Auslieferung) oder aber die beauftragen Werte (Auftragserteilung) für die Zielerreichungsmessung herangezogen werden. Dieser Aspekt kann am Periodenende eine große Rolle spielen, wenn Kunden, um Boni zu erreichen, „im letzten Augenblick" Aufträge platzieren. Ferner ist festzulegen, für welchen Leistungsgegenstand Boni ausgelobt werden (Produkte, Sortimente, beauftragte Manntage).

- **Art der Bonifikation**: Grundsätzlich gibt es vier Möglichkeiten der Bonifikation:

  o Die Umsatzrückerstattung ist das grundsätzliche Modell der Bonifikation. Sie bewirkt einen Zahlungsausgang am Anfang der Folgeperiode (Rechnungsabgrenzung nicht vergessen!).

  o Anstatt der monetären Rückerstattung können auch zusätzliche Produkte geliefert werden, was beim eigenen (liefernden) Unternehmen zu Einsparungen in Höhe des kalkulierten Produktgewinns führt, denn der Kunde bewertet seinen empfangenen Sachleistungsbonus in den von ihm – abzüglich des Bonus – zu bezahlenden Preisen, für den Hersteller fallen aber lediglich die Vollkosten des Produktes an.

  o Eine weitere Variante ist, den Kunden mit einem Sachgeschenk zu belohnen. Diese Methode findet sich vorwiegend im b-to-c-Markt, auf dem Überraschungen einen Kaufanreiz ausüben. Im b-to-b-Geschäft werden monetäre oder als Sachleistung berechenbare Boni erwartet.

  o Die vierte und zugleich für den Lieferanten günstigste Möglichkeit ist, wenn der Bonus in Form eines Rabatts auf zukünftige Aufträge gegeben wird. Die Kosten werden noch

weiter in die Zukunft verlagert und durch die zusätzlichen Aufträge finanziert. Zu beachten ist, dass ein Rechenmodus gefunden werden muss, wie diese mit einem „Bo-
nus-"Rabatt erworbenen Produkte in die Berechnung der Boni der Folgeperiode eingehen.

Festzulegen ist in jedem Falle, **wann** die Bonusauszahlung erfolgt, ob bei Erreichen des Zielwertes oder am Ende einer Periode, sowie das Prozedere der Bonifikation (Zeitdauer, Auto-
matismus).

- **Bonus-Funktion**: Für den Verlauf der Kurve, die den Bonuswert abbildet, können verschiedene Funktionen unterschieden werden, wie sie Tabelle 104 darstellt.

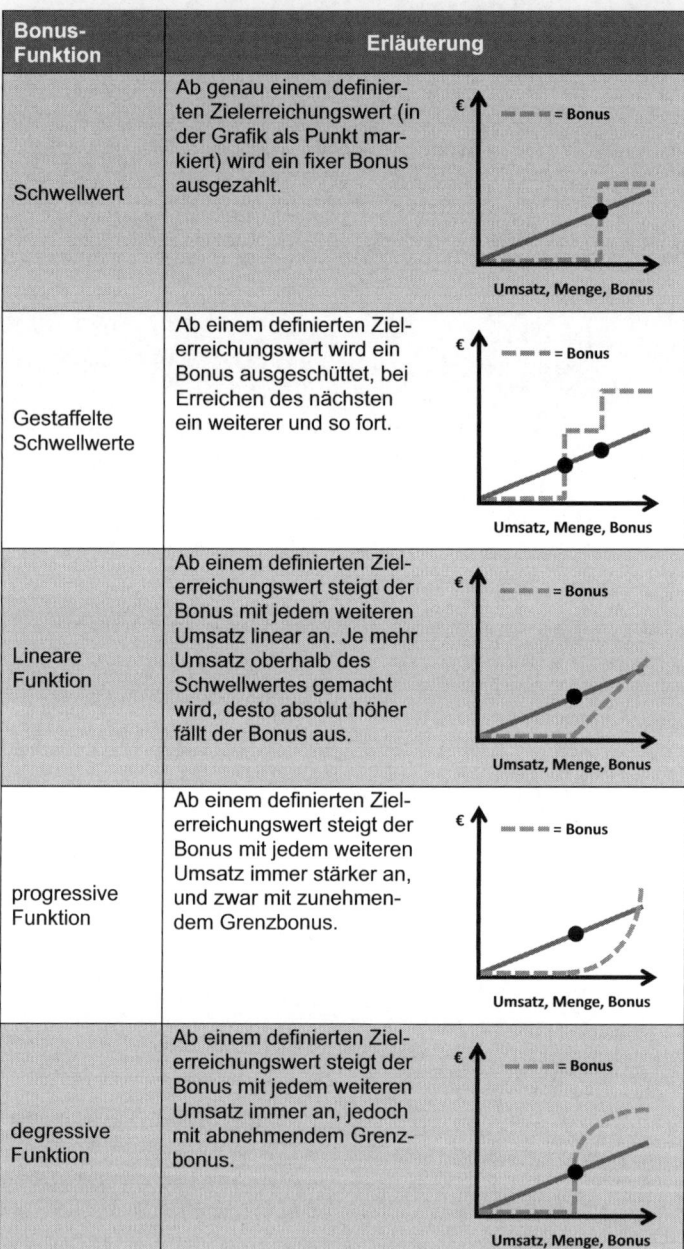

Bonus-Funktion	Erläuterung
Schwellwert	Ab genau einem definierten Zielerreichungswert (in der Grafik als Punkt markiert) wird ein fixer Bonus ausgezahlt.
Gestaffelte Schwellwerte	Ab einem definierten Zielerreichungswert wird ein Bonus ausgeschüttet, bei Erreichen des nächsten ein weiterer und so fort.
Lineare Funktion	Ab einem definierten Zielerreichungswert steigt der Bonus mit jedem weiteren Umsatz linear an. Je mehr Umsatz oberhalb des Schwellwertes gemacht wird, desto absolut höher fällt der Bonus aus.
progressive Funktion	Ab einem definierten Zielerreichungswert steigt der Bonus mit jedem weiteren Umsatz immer stärker an, und zwar mit zunehmendem Grenzbonus.
degressive Funktion	Ab einem definierten Zielerreichungswert steigt der Bonus mit jedem weiteren Umsatz immer an, jedoch mit abnehmendem Grenzbonus.

Tabelle 104: Bonifikationsfunktionen

- **Bildung von Liquiditätsrückstellungen** für die Auszahlung von Boni: Je nach Art der Bonifikation sind zu Beginn der Folgeperiode Zahlungen für die Boni der Vorperiode zu leisten. Dies kann die Liquiditätssituation belasten, sofern diese Auszahlungen nicht geplant und hierfür Rückstellungen gebildet wurden.

- **Wahrscheinlichkeit der Bonuszielerreichung**: Insbesondere für die Liquiditätsplanung ist erforderlich, zu Beginn der Periode und rollierend auch währenddessen die Wahrscheinlichkeit der Bonuszielerreichung abzuschätzen. Für einen einzelnen Kunden mag dies wenig relevant sein, weil dieser möglicherweise mit einer einzigen Bestellung sein Bonusziel erreichen könnte, aber über viele Kunden betrachtet gleichen sich Prognosefehler aus und es entsteht eine akzeptable Planungsgrundlage.[184]

Bei der Berechnung der Kosten der Boni ist – außer natürlich bei dem sich aus der Bonusfunktion ergebenden Betrag – der Kapitalertrag der monatlich anteiligen zurückzulegenden Boni zu berücksichtigen. Dieser entspricht einem kalkulatorischen Zins und ist der Gegenwert der Kapitalkosten von nicht bezahlten Preisnachlässen. Dies senkt die kalkulatorischen Kosten der Boni. Tabelle 105 verdeutlicht dies anhand einiger Beispiele.

		Kunde A	Kunde B	Kunde C	Kunde D
1	Zielerreichungswert	100.000 €	200.000 €	200.000 €	200.000 €
2	Bonussatz	3%	3%	10%	10%
3	Bonus	3.000 €	6.000 €	20.000 €	20.000 €
4	interner Zinsfuß	7,50%	7,50%	7,50%	7,50%
5	Kalkulatorischer Zins auf nicht ausgezahlte Rabatte	122 €	244 €	813 €	813 €
6	Bonuskosten	2.878 €	5.756 €	19.188 €	19.188 €
7	Bonusart	Rückzahlung	Rabatt auf zukünftige Aufträge (+12 Mon.)	Rückzahlung	Produktlieferung
8	Produktgewinn		20%		20%
9	Bonuskosten am Jahresende	2.878 €	4.605 €	19.188 €	15.350 €
10	**Kapitalwert heute**	2.677 €	4.284 €	17.849 €	14.279 €

Tabelle 105: Berechnung der Barwerte von Boni

Unterstellt werden in Zeile 2 unterschiedliche Bonussätze. Der interne Zinsfuß in Zeile 4 gibt den unternehmensinternen Zinssatz für das (eingesparte) Eigenkapital wieder, aus dem sich in Zeile 5 die kalkulatorischen (Opportunitäts-)Zinsen ergeben. Zu beachten ist, dass eine monatliche Gleichverteilung der Umsätze unterstellt wurde. Die Bonuskosten ergeben sich nun aus den zukünftigen Auszahlungen abzüglich der Opportunitätszinsen aus Zeile 5. Somit wurde für die Berechnung davon ausgegangen, dass die Boni ein Surrogat für Rabatte sind, die alternativ als Kaufanreiz hätten ausgelobt werden müssen. In Zeile 7 wird die Bonusart vorgegeben. Zeile 9 benennt die Bonuskosten am Jahresende, die sich je nach Modell unterschiedlich zusammensetzen. Stets ist jedoch der Kapitalwert als Gegenwartswert aus diesen Bonuskosten zu berechnen. Die Formel dazu ist bekannt und lautet für die Berechnungen mit den Werten aus Tabelle 105:

---

[184] Über die Schätzfehler bei Vertriebsprognosen vgl. die Darstellungen in Kapitel 8.7

$$Kapitalwert = \frac{Bonuskosten\ am\ Jahresende}{(1 + Zinsfuß)^n} = \frac{Bonuskosten\ am\ Jahresende}{1{,}075}$$

Die Ergebnisse sind je nach Bonusmodell wie folgt zu interpretieren:

- Mit den Kunden A und C wurde eine **pagatorische Rückzahlung** („Cash") vereinbart. Der Kapitalwert ergibt sich direkt aus der Abzinsung der Bonuskosten, die am Jahresende anfallen.

- Mit Kunde B wurde eine **Rabattierung der zukünftigen Aufträge** vereinbart. Da unklar ist, wann der Kunde die nächsten Produkte bestellen wird, wird hier der „teuerste" Fall unterstellt, nämlich jener, dass Kunde B sofort zu Beginn der Folgeperiode weitere Produkte bestellt und auf diese den Rabatt erhält. Würde Kunde B hingegen erst am Ende der Folgeperiode bestellen, ergäben sich durch die dann höhere Abzinsung geringere Bonuskosten, wie die Berechnung zeigt:

$$Kapitalwert_{(Kunde\ B)} = \frac{4.605\ €}{(1 + 0{,}075)^2} = 3.985\ €$$

- Kunde D erhält am Jahresende eine **Produktlieferung**, wobei die Produkte zum Verkaufspreis bewertet werden. Die Bonuskosten reduzieren sich um den Produktgewinn. Der sich ergebende Kapitalwert zeigt, dass jener dem Kunden in Aussicht gestellte Bonus in Höhe von 10% des Zielerreichungswertes von 200.000 € Umsatz, also in Höhe von 20.000 €, für das eigene Unternehmen lediglich einen Kapitalwert von 14.279 € besitzt.

Ein weiterer Aspekt, der zu berücksichtigen ist, behandelt die Steuerungswirkung von Boni für die Kundenbeziehung. Werden der Verkaufsinstanz regelmäßig Informationen über den relativen Zielerreichungsgrad gegeben, z.B. auf Monatsbasis, kann diese den Kunden darüber informieren und zu Bestellungen motivieren. Eine einfache Gegenüberstellung der monatlichen Soll- mit den Istumsätzen im Stile der in Kapitel 3.6 vorgestellten Abweichungsanalyse reicht hierfür aus.

Ad 3: Rabatte

Rabatte dienen dazu, in einer Kundenkontaktsituation Kaufanreize zu setzen. Zuweilen ist das Ziel, den Abschluss grundsätzlich zu erzielen, etwa dann, wenn die Waren- bzw. Dienstleistungspreise über jenen vergleichbarer Wettbewerbsprodukte liegen. Diese **Kaufmotivationsrabatte** sind insbesondere im b-to-c-Markt Usus, etwa die plumpen aber oft verkaufswirksamen „buy 3 pay 2"-Scharaden. Oft ist aber das Ziel ein Leistungsaustausch: der Kunde bezahlt weniger, muss im Gegenzug aber etwas akzeptieren oder tun, was er ursprünglich nicht im Sinn hatte. Solche **Funktionsrabatte** finden sich vorwiegend im b-to-b-Markt, in dem die Möglichkeit einer individuellen Gestaltung der Leistungsbeziehung besteht (Einzelverträge). Eine Aufzählung möglicher Rabatte bietet Tabelle 106.[185]

---

[185] Darstellung gekürzt übernommen aus Meffert, et al., 2008, S. 596, teilweise ergänzt.

Rabattart	Definition	Beispiele
Funktionsbezogene Rabatte	Abschläge für die Übernahme von Funktionen, die sonst der Hersteller ausüben müsste	• Kostenübernahmerabatt, z.B. für Transport oder Lagerung • Marktbearbeitungsrabatt • Messerabatt • Zweitplatzierungsrabatt • Sonderaktionsrabatt • Finanzierungsrabatt • Skonto • Delkredere • Inkasso
Mengenbezogene Rabatte	Abschläge für bestimmte Abnahmemengen	• Großauftragsrabatt (Auftragsvolumen) • Auftragszusammensetzungsrabatt • Periodenrabatt • Abschlussrabatt • Umsatzrabatt
Zeitpunktbezogene Rabatte	Abschläge für bestimmte Bestellzeitpunkte	• Einführungsrabatt • Vorausbestellungsrabatt • (Nach-)Saisonrabatt • Veralterungs- bzw. Auslaufrabatt
Sortimentsbezogene Rabatte	Abschläge für den Bezug des kompletten Produktprogramms des Herstellers	• Abschlussrabatt

Tabelle 106: Rabattarten

Aus Sicht des Anbieters schmälern Rabatte die Erlöse, und zwar sofort und nicht wie Boni erst am Ende einer vereinbarten Periode. Oder sie reduzieren die Auftragsrentabilität, weil zum gleichen Preis eine größere Produktmenge abgegeben werden muss. In beiden Fällen sinkt auf den ersten Blick die produkt- und auftragsbezogene Umsatzrentabilität. Doch gibt es auch kostensparende Effekte zu beachten, welche die Kosten eines Rabatts reduzieren. Wird durch eine Zugabe das Produktionsvolumen gesteigert und lassen sich dadurch Betriebsgrößenvorteile realisieren, wirken die Einsparungen auf die gesamte Liefermenge. Tabelle 107 zeigt ein einfaches Rechenbeispiel, das diesen Effekt deutlich macht.

Position	Berechnung	Ergebnis
Schritt 1, Ausgangssituation: Kein Rabatt		
Produktpreis vor Rabatt		100 €
Liefermenge vor Rabatt		1.000 Stück
Erlös vor Rabatt		100.000 €
Produktkosten bei einer Produktionsmenge von …	1.000 Stück: 80 €	80.000 €
Gewinn des Auftrags vor Rabatt	$G = Erlös - (Liefermenge * Produktkosten)$	20.000 €
Umsatzrentabilität des Auftrags vor Rabatt	$R = \dfrac{Gewinn}{Erlös} * 100$	**20,0%**
Schritt 2: Gewährung eines Mengenzugabe-Rabatts, zunächst ohne Berücksichtigung von Economies of Scale		
Rabatt (Mengenzugabe)		100 Stück
Liefermenge nach Rabatt		1.100 Stück
Erlös nach Rabatt	Wie zuvor	100.000 €
Summe der Produktkosten bei einer Produktionsmenge von …	1.100 Stück: 80 €	88.000 €
Gewinn des Auftrags nach Rabatt	$G = 100.000€ - (1.100 * 80€)$	12.000 €
Umsatzrentabilität des Auftrags nach Rabatt	$R = \dfrac{12.000€}{100.000€} * 100$	**12,0%**
Schritt 3: Gewährung eines Mengenzugabe-Rabatts, nun mit Berücksichtigung von Economies of Scale		
Produktkosten bei einer Produktionsmenge von …	1.100 Stück: 78 €	85.500 €
Gewinn des Auftrags nach Rabatt	$G = 100.000€ - (1.100 * 78€)$	14.200 €
Umsatzrentabilität des Auftrags nach Rabatt und Economies of Scale	$R = \dfrac{14.200€}{100.000€} * 100$	**14,2%**

Tabelle 107: Kalkulation der Auftragsumsatzrentabilität unter Berücksichtigung von Rabattkosten

Häufig unterschätzt wird die Wirkung von plumpen Preisnachlässen auf die Umsatzrentabilität, oft vom Verkäufer als **Mengenrabatt** deklariert. Ein Rabatt von z.B. 5% hört sich unkritisch an, aber die Minderung des Erlöses um 5% bedeutet auch, dass der Gewinn um 5%-Punkte (!) gemindert wird. Mit einer einfachen Formel lässt sich errechnen, um wie viel Prozent der Erlös gesteigert werden muss, um nach einem Preisreduktionsrabatt den gleichen absoluten Auftragsgewinn zu erzielen:

$$Erforderliche\ Erlössteigerung = \frac{erwartete\ Auftragsrentabilität}{erwartete\ Auftragsrentabilität - Rabatt\ in\ \%}$$

Wird, wie in der Ausgangskonstellation (Schritt 1) der Tabelle 107 angegeben, eine Auftragsrentabilität von 20% erwartet, aber ein Preisreduktionsrabatt von 5% gewährt, ergibt sich folgende Rechnung:

$$Erforderliche\ Erlössteigerung = \frac{20\%}{20\% - 5\%} = 1,33$$

Der Auftragswert müsste also um den Faktor 1,33 bzw. um 33% steigen, statt 100.000 € nun also 133.000 € betragen, um den gleichen Gewinn mit dem Auftrag zu erwirtschaften. Kleine Ursache, große Wirkung. Tabelle 108 zeigt diesen Zusammenhang als Übersicht. Auch das obige Beispiel (5% Preisminderung bei 20% Auftragsrentabilitätserwartung) findet sich, markiert, in der Tabelle wieder.

P↓	Erforderliche Erhöhung des Auftragswertes zur Kompensation eines Preisnachlasses (P↓) bei einer erwarteten Auftragsrentabilität von …							
	5%	10%	15%	20%	25%	30%	35%	40%
1%	25%	11%	7%	5%	4%	3%	3%	3%
2%	67%	25%	15%	11%	9%	7%	6%	5%
3%	150%	43%	25%	18%	14%	11%	9%	8%
4%	400%	67%	36%	25%	19%	15%	13%	11%
5%		100%	50%	33%	25%	20%	17%	14%
6%		150%	67%	43%	32%	25%	21%	18%
7%		233%	88%	54%	39%	30%	25%	21%
8%		400%	114%	67%	47%	36%	30%	25%
9%		900%	150%	82%	56%	43%	35%	29%
10%			200%	100%	67%	50%	40%	33%
11%			275%	122%	79%	58%	46%	38%
12%			400%	150%	92%	67%	52%	43%
13%			650%	186%	108%	76%	59%	48%
14%			1400%	233%	127%	88%	67%	54%
15%				300%	150%	100%	75%	60%
16%				400%	178%	114%	84%	67%
17%				567%	213%	131%	94%	74%
18%				900%	257%	150%	106%	82%
19%				1900%	317%	173%	119%	90%
20%					400%	200%	133%	100%

Tabelle 108: Erforderlicher Mehrumsatz zur Kompensation von Rabatten[186]

Die Berechnung der Wirkung von **Funktionsrabatten** ist ähnlich einfach. Die Kosten der auf den Kunden übertragenen Wertschöpfung werden von den Produkt- bzw. Auftragskosten subtrahiert, der Deckungsbeitrag steigt. Aufgabe des Vertriebscontrollers ist zu berechnen, ob sich die Erlösminderung und die Kostenminderung relativ die Waage halten, so dass die Produkt- bzw. Auftragsrentabilität vor und nach dem Funktionsrabatt die gleichen sind. Das Ergebnis dieser Kalkulation ist dann einfach zu interpretieren:

- **Auftragsrentabilität vor Rabatt > Auftragsrentabilität nach Rabatt**: Versteckte Preisminderung, gut getarnt als Funktionsrabatt. Ein möglicher Vorteil liegt in der Preishygiene, also darin, dass der Verkäufer auf seinem Listenpreis bestehen und gleichzeitig dem Kunden eine Preisreduktion bieten kann. War dies jedoch nicht die Absicht, z.B. immer dann, wenn es überhaupt keinen Listenpreis gibt, dann ist der Rabatt zu hoch.

- **Auftragsrentabilität vor Rabatt = Auftragsrentabilität nach Rabatt**: „Gerechter" Rabatt aus Sicht des Anbieters. Für den Kunden kann sich ein Vorteil aus dem vertraglich vereinbarten

---

[186] Nach Detroy, et al., 2007, S. 588-589. „P↓" steht für die Preissenkung in Prozent.

Rabatt ergeben, z.B. dann, wenn für ihn die zusätzlichen Kosten der übernommenen Wertschöpfung geringer sind als eingesparten Kosten des Anbieters (Nutzung bislang leer stehende Lagerkapazitäten usw.).

- **Auftragsrentabilität vor Rabatt < Auftragsrentabilität nach Rabatt**: Der Idealfall aus Sicht des Anbieters. Durch den Rabatt, insbesondere einen Funktionsrabatt, wurde die Auftragsrentabilität gesteigert.

8 Vertriebsprozesscontrolling

> Das Vertriebsprozesscontrolling richtet seine Aufmerksamkeit auf die Effizienz der Abfolge aller verkaufsgerichteten Arbeiten.

Nicht der Verkaufserfolg steht im Vordergrund, sondern der für einen bestimmten Erfolg erforderliche Mitteleinsatz: Wie lassen sich Kosten und Zeit sparen?

Gerne wird an dieser Stelle auf die üblichen Plattitüden á la „Die Prozessoptimierung muss sich an den Ansprüchen der Kunden orientieren" vieler Management- und Vertriebslehrbücher verzichtet. Natürlich muss sie das. Ohne einen erfolgreichen Verkauf generiert das eigene Unternehmen keinen Cash Flow und wird untergehen. Dabei ist die Konzentration auf die Kundenbedürfnisse, so einleuchtend und selbstverständlich sie erscheint, keineswegs der Königsweg. Dazu ein fast schon legendäres Gleichnis: Die Royal Air Force versuchte im zweiten Weltkrieg, ihren Verlust an Bombern zu reduzieren, indem sie untersuchte, an welchen Stellen ihre zurückgekehrten Flugzeuge Einschusslöcher aufwiesen. Diese Stellen sollten gepanzert werden. Der Mathematiker Abraham Wald schlug jedoch vor, die Flugzeuge an jenen Stellen, die **nicht** getroffen wurden, zu panzern. Warum das? Er ging davon aus, dass Flugzeuge durch Treffer abgeschossen wurden, die an Stellen einschlugen, an denen bei den zurückgekehrten Maschinen **keine** Einschusslöcher gefunden wurden. Diese Stellen seien, so Wald, die empfindlichen und würden die Bomber dort getroffen, würden sie abstürzen, denn sonst wären sie ja zurückgekehrt. Ähnlich verhält es sich mit den Kundenbedürfnissen: Die Bedürfnisse der Kunden zu kennen ist gut, aber offensichtlich hat man diese befriedigen können, denn sonst wären die Kunden nicht zu ebenjenen geworden. Aber kennt das Unternehmen auch die Bedürfnisse all jener Interessenten, die nicht zu Kunden geworden sind?

Um Marktanteile zu gewinnen ist also wichtig, dass sich die Prozesse nicht nur an den Kundenbedürfnissen, sondern an den Bedürfnissen jener Interessenten, die zusätzlich gewonnen werden sollen und die bislang noch beim Wettbewerb kaufen, orientieren. Oder, wie Beck es plakativ ausdrückt: „Auf die Verlierer kommt es an".[187]

Das Vertriebsprozesscontrolling wäre nun aber mit der Aufgabe überfordert, die Verkaufsprozesse hinsichtlich dieser Ziele zu gestalten oder zu optimieren. Dies ist Aufgabe des Marketings bzw. des Vertriebsmanagements. Vielmehr ist der Netto-Wertschöpfungsbeitrag des Vertriebscontrollers, die **Kosten** des Verkaufsprozesses zu steuern und so den Gewinn zu beeinflussen. Der praktikable Weg hierzu ist, den Verkaufsprozess in funktionale Prozessschritte zu unterteilen. Untersucht werden dann

- die Effizienz der jeweiligen Prozessschritte sowie

- die Effizienz der Transaktionen zwischen den Prozessschritten, also die Übergabe des Outputs eines Schritts als Input an den nachgelagerten Schritt.

Als gedankliches Grundmodell für den Vertriebscontroller dient das in Abbildung 82 dargestellte Referenzmodell eines Vertriebsprozesses.[188]

---

[187] Beck, 2012

[188] Zur Erinnerung: Ein exemplarischer Verkaufsprozess für den b-to-b-Markt wurde bereits in Abbildung 46 dargestellt.

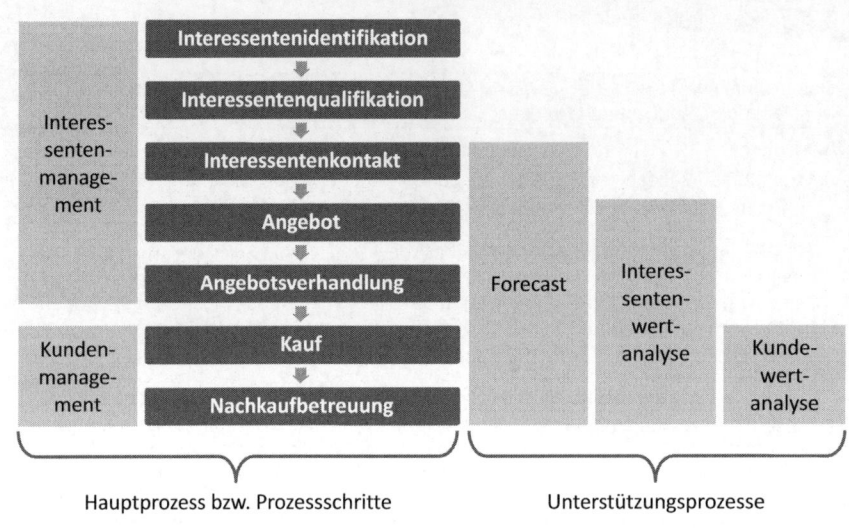

Abbildung 82: Referenzmodell eines Vertriebshauptprozesses mit Unterstützungsprozessen

Dieser Darstellung folgend werden nach einer Einführung in die Methoden der Prozesskostenrechnung und der Prozessanalyse (Kapitel 8.1 und 8.2) sowie einer Zusammenfassung der für das Vertriebsprozesscontrolling erforderlichen Kennzahlen und Kennzahlensysteme in Kapitel 8.3 Vorschläge für eine Optimierung von Vertriebsprozessen gemacht (Kapitel 8.4). Diesem folgt die Darstellung von Methoden des Interessenten- und anschließend des Kundenmanagements aus Sicht des Vertriebscontrollings (Kapitel 8.5 bzw. 8.6). Der Unterstützungsprozess „Forecasting" wird ob seiner Bedeutung für die Unternehmensplanung und finanzielle Führung abschließend und separat in Kapitel 8.7 erläutert. Die in Abbildung 82 zu sehende Kundenwertanalyse wurde bereits in Kapitel 6.2 erläutert.

Der nomenklatorischen Konsistenz geschuldet ist der Hinweis, dass die Begriffe „Verkaufsprozess" und „Vertriebsprozess" nicht synonym verwendet werden können. Der Prozess des Verkaufens beschreibt den Ablauf des Kontaktes zwischen einem Interessenten und einer Verkaufsinstanz, der Prozess des Vertreibens ist hingegen weiter definiert und impliziert alle Vorgänge, die dazu dienen, einen Interessenten zu einem Kunden zu machen und diesen langfristig zu halten. Dies schließt den Verkaufsprozess ein, aber auch alle z.B. innerbetrieblichen Aktivitäten, die nur mittelbar den Interessenten- und Kundenkontakt betreffen.

8.1 Prozesskostenrechnung bzw. Activity Based Costing

Einer der Eckpfeiler des Vertriebsprozesscontrollings ist die **Prozesskostenrechnung**. Zwar steht sie nicht in dessen Mittelpunkt, doch ist sie ein zwingend erforderliches Werkzeug und steht darum am Anfang dieses Hauptkapitels. Leitgedanke ist eine andere Sicht auf den Ressourcenverzehr im Unternehmen (zu dessen Bewertung die Kostenrechnung da ist): Statt wie üblich Organisationseinheiten als Kostenstellen zu verstehen, die den Werteverzehr verursachen und im Gegenzug Leistungen für andere Kostenstellen produzieren, wird die Leistungserstellung nun als Wertschöpfungs**prozess** verstanden. Der Prozess als solches liefert einen Output, eine Leistung, und benötigt dafür Input, der Kosten verursacht.

Diese Betrachtungsweise, die seit den 80ern auch bei uns üblich ist und im Groben dem im angloamerikanischen Sprachraum verbreiteten Begriff des „Activity Based Costing" (ABC) entspricht, ist eine Konsequenz aus der Verschiebung der Kostenstruktur in Produktionsbetrieben: Der Gemeinkostenblock steigt zunehmend, die Bedeutung insbesondere von Fertigungseinzelkosten geht zurück.[189] Zudem ist der Outsourcing-Anteil nahezu aller Wertschöpfungsstufen gestiegen und auch für Handelsunternehmen, zu denen durchaus auch moderne ITK-Firmen gezählt werden dürfen, die über keine eigenen Vermittlungsnetze mehr verfügen, ist es unbefriedigend, wenn die Produktdeckungsbeiträge nur noch geschätzt werden können, weil der Gemeinkostenanteil dominiert. Ferner steigt der Anteil der Unternehmen, z.B. in der Konsumgüterindustrie, für welche die Kosten für Marketing und Vertrieb die Kosten für die Fertigung übersteigen. Werden diese Bereiche aber nur als Hilfskostenstellen betrachtet, leistet die Kostenrechnung keinen Input mehr für Optimierungsmaßnahmen.

In der Praxis zeigt sich schnell, dass die Prozesskostenrechnung immer dann ein sinnvolles ergänzendes Instrument der Kostenrechnung ist, wenn es sich um Prozesse handelt, die

- repetitiv sind und für die es nur

- geringe Entscheidungsspielräume

gibt.[190] Für Prozesse, die dem Charakter nach Projekte sind (neuartig, einmalig, von besonderer Bedeutung, Einzelfallentscheidungen, hohes wirtschaftliches Risiko), eignet sich die Prozesskostenrechnung nicht. Eine Voraussetzung ist, dass eine an den Abläufen orientierte Ressourcenverrechnung eingerichtet wird. Dabei werden Kosten zweifach erfasst: Erstens werden die Kosten in der Kostenstellenrechnung der den jeweiligen Prozessschritt durchführenden Organisationseinheit zugerechnet und zweitens für die Prozesskostenrechnung organisationseinheitenübergreifend.[191] Der Aufwand ist nicht unbeträchtlich. Darum werden in praxi oftmals die Prozesse so definiert, dass ihren Teilschritten deckungsgleich Kostenstellen zugewiesen werden können. Leider ist das nur selten akzeptabel, denn im Ergebnis bleiben so die großen Gemeinkostenblöcke, die ja durch die Prozesskostenrechnung aufgelöst werden sollten, erhalten. Ist der erwartete Erkenntnisgewinn groß genug, lohnt jedoch die Umstellung, die zumeist an der Kostenartenrechnung und hier beim Kontenrahmen ansetzt.

Die Prozesskostenrechnung ist eine Vollkostenrechnung. Das heißt, dass sie nicht zwischen variablen und Fixkosten unterscheidet. Dies ist vor dem Hintergrund der Aufgabenstellung, nämlich der Ermittlung des Werteverzehrs der Prozesse, auch nicht wichtig, zeigt aber, dass der Vertriebscontroller z.B. für die Ermittlung von Preisgrenzen, die Deckungsbeitragsrechnung, die Berechnung von Break-Even-points oder die Budgetkontrolle nicht auf die klassische Kostenrechnung verzichten kann.

Für die Prozesskostenermittlung wird ein Prozess in seine Einzelschritte zerlegt, wie es an späterer Stellte Tabelle 110 zeigen wird. Die Kosten in Relation zum Prozessergebnis (Output) ergeben Kennzahlen (Kosten je qualifiziertem Interessenten, Kosten je Auftrag usw.), die Vergleiche zwischen den Verkaufsinstanzen, den Produkten, den Kunden oder in zeitlicher Hinsicht ermöglichen.

Diese Betrachtung ist jedoch zu grob, um bei repetitiven Prozessen eine Optimierung der Kosten zu ermöglichen. Darum werden die Tätigkeiten in Einzelschritte zerlegt, und der jeweilige Aufwand wird ermittelt. Für das Beispiel der Auftragsannahme, z.B. in einem Zeitschriftenverlag, ist dies in Tabelle 109 dargestellt. Das Ergebnis sind kalkulatorische Prozesskosten je Kunde, die sich als Planungsgrundlage verwenden lassen.[192] Da fixe und variable Kosten nicht gesondert ausgewiesen werden, sind bei einer Mengenänderung (mehr oder weniger Kunden als zuvor) die Prozesskostensätze nach-

---

[189] Coenenberg, et al., 2009, S. 146

[190] Coenenberg, et al., 2009, S. 151 und Link & Weiser, 2011, S. 223

[191] Reichmann, 2011, S. 138 ff.

[192] Ausführlich: Schmöller, 2001, S. 63 ff.

zurechnen, um die Effekte remanenter, sprung- oder intervallfixer Kosten aufzudecken und die Kostenansätze zu korrigieren.

Tätigkeiten	Anzahl Kunden	Personalaufwand	Materialaufwand	Prozesskostensatz in €/Kunde
Stammdatenerfassung	12.000	13 Fälle je Stunde á 45 €, insg. 41.538 €	0 €	3,46 €
Abgleich mit Altdaten	12.000	22 Fälle je Stunde á 23 €, insg. 12.545 €	1.250 €	1,15 €
Bonitätsprüfung	8.750	Über Dienstleister	2.500 € Pauschale, á 1,95 €	2,24 €
Beauftragung Zeitschriftenlogistik	12.000	Automatisiert		0 €
Beauftragung Werbegeschenklogistik	6.500	15 Fälle je Stunde á 23 €, insg. 9.967 €	Geschenkwert hier nicht erfasst	1,53 €
Versand Auftragsbestätigung	12.000	25 Fälle je Stunde á 23 €, insg. 11.040 €	Fulfillment, Porto, á 0,55 €	1,47 €
Summe				9,85 €

Tabelle 109: Ermittlung Prozesskostensatz

8.2 Istanalyse von Vertriebsprozessen

Die Vertriebsprozessanalyse verfolgt zwei Aufgaben: Die Identifikation von Ineffizienzen und das Liefern von Ansätzen zur Optimierung von Prozessschritten. Die Untersuchungsobjekte sind:

1. Vertriebsinterne Prozessschritte

2. Schnittstellen zwischen den vertriebsinternen Prozessschritten

3. Prozessunterstützende Tätigkeiten zuliefernder Einheiten

4. Schnittstellen zwischen unterstützenden und vertriebsinternen Prozessschritten

Das Vorgehen ist im Wesentlichen selbsterklärend:

Schritt 1: Analyse der Prozessschrittinhalte

Grundsätzlich wird bei der Prozessanalyse deduktiv, also vom Allgemeinen zum Speziellen und von hinten nach vorne vorgegangen. Der Start ist also stets, das gewünschte Ergebnis eines Prozesses und dann das Ergebnis jedes einzelnen Prozessschritts zu beschreiben. Sodann wird der Aufgabenumfang jedes Prozessschritts abgegrenzt, indem definiert wird, welcher Input zur Verfügung steht. Die „produktive Differenz" zwischen dem Output und dem Input eines jeden Prozessschritts entspricht dem Leistungsumfang. Sodann werden die Methoden, die eingesetzt werden, um aus dem Input den gewünschten Output zu machen, untersucht. Dies entspricht dem Input-Throughput-Output-Modell der Produktion und ist in Abbildung 83 dargestellt.

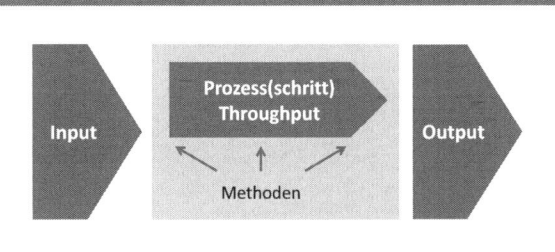

Abbildung 83: Input-Throughput-Output-Modell der Prozessanalyse

Der Schlüssel liegt jedoch in der Beschreibung des Outputs. Was soll der untersuchte Prozessschritt leisten? Welche Ergebnisse sollen produziert werden? Welche Inputdaten können verwendet werden? Und schlussendlich, die Schlüsselfrage: **Wenn der betrachtete Prozess(-schritt) nicht existieren würde, wie könnte er ressourcenoptimal gestaltet werden?** Diese Frage ist der Kern des Business Reengineering, so, wie es alle paar Jahre erneut in den Mittelpunkt der Managementliteratur rückt, als müsste es jeder neuen Generation von Managern erneut nahe gebracht werden.[193] Aber vielleicht muss es das auch.

Ist der Output beschrieben, ist dessen Wert zu ermitteln. Dieser wird jedoch nicht durch die Summe der Kosten, die durch den Throughput verursacht werden, bestimmt, sondern von dessen **virtuellem Marktpreis**. Dieser entspricht dem Betrag, den die nachgelagerte Prozessstufe bezahlen würde, um den Output des jeweils vorherigen Prozessschritts als Input zu erhalten. Was sich wie Theorie anhört, führt, konsequent angewendet, zu einem Kostenrahmen, mit dem die Istkosten verglichen werden können.

Ein Beispiel:

Der Prozessschritt „Interessentenkontakt" aus Abbildung 82, dessen Throughput es ist, dass eine Verkaufsinstanz in direkten Kontakt mit einem potentiellen Kunden tritt, benötigt als Input qualifizierte Adressen von Interessenten. Je besser und genauer diese Qualifizierung ist, desto geringer ist der Anteil kontaktierter Interessenten, die nicht Kunde werden. Die Qualität der Vorstufe bestimmt somit die Effizienz der nachgelagerten Stufe. Nun wäre alternativ möglich, die Vorqualifizierung am Markt einzukaufen, z.B. im Falle des b-to-b-Handels auf Basis personalgestützten Direktvertriebs durch ein externes Call Center, das Interessenten anruft, deren grundsätzliches Interesse hinterfragt und mittels eines Scoring-Modells bewertet. Es ist nun einfach, einen Preis für diese Arbeit in Erfahrung zu bringen, denn diese Dienstleistung ist tatsächlich marktgängig. Kostet die Qualifizierung von 1.000 Interessenten z.B. 50.000 € und werden 200 Interessenten als kontaktwillig identifiziert, so betragen die Inputkosten des Prozessschritts „Interessentenkontakt" 250 € je Kontakt. Die Qualität der Vorarbeiten lassen sich schnell über einen Vergleich verschieden erzeugter Inputs ermitteln.

Würden die Verantwortlichen für den Prozessschritt „Interessentenkontakt" nun eine oberflächlichere Vorqualifizierung akzeptieren, z.B. weil sie davon überzeugt sind, trotz einer höheren Quote nicht zum Erfolg führender Kontakte insgesamt einen größeren Gesamterfolg erreichen zu können, so könnte auch hierfür ein Marktpreis eingeholt werden. So führen die Kosten z.B. des schieren telefonischen Vorqualifizierens, für das – um das Beispiel fortzuschreiben – bei 1.000 Interessentenkontakten 25.000 € zu bezahlen wären, zu einem Input- bzw. Marktpreis von 25 € je Interessentenkontakt.

---

[193] Wirklich motivierend ist die Lektüre der Bücher von Hammer und Champy, z.B. Hammer & Champy, 1998.

Bezogen auf den Prozessschritt „Interessentenqualifikation" steht nun ein Kostenbudget von maximal 25.000 € zur Verfügung, zu dem eine Leistung gleicher oder besserer Qualität für die nachgelagerte Stufe zu erbringen ist.

Wird der **Gesamtprozess** betrachtet, zeigt das Beispiel die Gefahren der Analyse auf: Für eine Ersparnis von 25.000 € wird eine Mehrarbeit von 800 zusätzlichen Kontakten im nachgelagerten Prozessschritt „Interessentenkontakte" generiert. Sollte ein einzelner Kontakt mehr als 31,25 € (25.000 €/800 Kontakte) kosten, würde sich der Output dieses Schrittes verteuern. Die vermeintlichen Einsparungen, die sich bei der isolierten Betrachtung zweier Prozessschritte ergaben, erweisen sich dann als Mehrkosten. Um den Überblick zu behalten, sollte der Vertriebscontroller mit einer Prozesskostentabelle arbeiten, wie sie Tabelle 110 darstellt. Diese Tabelle repräsentiert einen Prozess, hier die Kundengewinnung, und bildet diesen Schritt für Schritt ab. Die Kosten werden für jeden Schritt ermittelt und addiert, weshalb dieses Vorgehen auch als „Anbauverfahren" bezeichnet wird.[194]

Prozessschritt	Anzahl Kontakte	Inputkosten	Throughput-kosten	Outputkosten kumuliert
Interessentenidentifikation	10.000	0 €	75.000 €	75.000 €
Interessentenqualifikation	1.000	75.000 €	50.000 €	125.000 €
Interessentenkontakt	200	50.000 €	20.000 €	145.000 €
Angebot	50	20.000 €	50.000 €	195.000 €
Angebotsverhandlung	20	50.000 €	10.000 €	205.000 €
Kauf	5	10.000 €	10.000 €	215.000 €
Nachkaufbetreuung	5	10.000 €	20.000 €	235.000 €

Tabelle 110: Prozesskostentabelle der Vertriebsprozessanalyse

Die Throughputkosten eines Schritts sind das Marktpreissurrogat und somit die Inputkosten des nachgelagerten Schritts. Mit Hilfe der Prozesskostentabelle lässt sich zudem errechnen, welchen Wert ein Kontakt auf jeder Stufe hat (Tabelle 111). Diese Kontaktwerte repräsentieren in der Praxis jedoch nur auf den ersten Stufen des Vertriebsprozesses einen Marktpreis, und tatsächlich gibt es auch ein breites Angebot an Interessenten(vor-)qualifizierungsleistungen. Je mehr Prozessschritte abgearbeitet werden, desto mehr führt (hoffentlich) das spezifische Wissen der beauftragten Vertriebsinstanzen zu einer Individualisierung der Wertschöpfung und desto geringer ist die Chance, die Prozessschrittleistungen am Markt einkaufen zu können. Umgekehrt deutet ein existierender und in der Nähe der eigenen Prozesskosten liegender Marktpreis für die Gesamtvertriebsleistung darauf hin, dass es eine Alternative zur gegebenen Vertriebsinstanz gibt.

---

[194] Coenenberg, et al., 2009, S. 153

Kontaktstufe	Wertberechnung (W = Wert)	Wert je Kontakt
Wert eines unqualifizierten Interessenten	$W_{Stufe1} = \dfrac{75.000€}{10.000}$	75 €
Wert eines qualifizierten Interessenten	$W_{Stufe2} = \dfrac{125.000€}{1.000}$	125 €
Wert eines kontaktierten Interessenten	$W_{Stufe3} = \dfrac{145.000€}{200}$	725 €
Wert eines Interessenten, dem ein Angebot unterbreitet wurde	$W_{Stufe4} = \dfrac{195.000€}{50}$	3.900 €
Wert eines Interessenten, mit dem das Angebot verhandelt wird	$W_{Stufe5} = \dfrac{205.000€}{20}$	10.250 €
Wert eines Kunden	$W_{Stufe6} = \dfrac{215.000€}{5}$	43.000 €
Wert eines betreuten Kunden[195]	$W_{Stufe7} = \dfrac{235.000€}{5}$	47.000 €

Tabelle 111: Einzelkontaktwert als Ergebnis der Prozesskostentabelle

Für die Analyse des Istprozesses nach dem hier vorgestellten Schema sind immer die Berechnung und die Bewertung der Outputkosten erforderlich. Hierin liegt eines der Hauptprobleme, auf das auch Hammer und Champy hinwiesen: So lange es kein objektives Ziel für die Prozesseffizienz gibt, ist der Erfolg einer Kostenreduktion nur relativ und kann nur durch eine prozentuale Einsparung ausgedrückt werden. Ob durch eine Umgestaltung des Prozesses bzw. Prozessschritts statt deren schiere Optimierung nicht noch wesentlich geringere Kosten erreichbar gewesen wären, bleibt unentdeckt.

Der durch die hier erläuterte Prozesskostentabelle unterstützte Weg der Marktpreisermittlung hilft, im weiteren Verlauf erzielte Prozesskosteneinsparungen zu bewerten. Hammer und Champy hingegen halten diesen Ansatz für inkonsequent und schlagen vor, den Prozess unabhängig von einer vorhandenen Organisationsstruktur gänzlich neu, also „auf der grünen Wiese", zu erstellen. Letztlich aber wird das pragmatische Vorgehen eines Vertriebscontrollers ein kombiniertes Vorgehen sein, zu dem immer auch die Istprozess(schritt-)analyse gehören wird.

Schritt 2: Analyse der Prozessschrittressourcen

Im zweiten Schritt werden die durch den betrachteten Prozessschritt verbrauchten Ressourcen beschrieben. Einfach ist es, wenn Personen einer Tätigkeit nachgehen, die eine bestimmte Zeit in Anspruch nimmt (Personalkostensatz mal Zeitbedarf) oder Material verbraucht wird. Schwieriger ist es, auch jenen Prozessbeitrag zu bewerten, der nur mittelbar erfolgt, etwa die Aufmerksamkeit, die ein Vertriebsleiter einem für ihn spannenden Kundenkontakt widmet.

Das übliche Vorgehen ist, ähnlich auflaufende Prozesse als „Standardprozesse" zu definieren. Für den Prozessschritt „Angebotsverhandlung" könnte so entweder der durchschnittliche Werteverzehr, also die durchschnittlichen Kosten, ermittelt werden, oder es werden z.B. drei Standardprozesstypen – je nach Angebotsumfang und somit Verhandlungsaufwand – definiert, z.B.:

- Standardprozess „Angebot Typ A": Jahresumsatz bis 1 Mio. €

---

[195] Nicht verwechseln! Erfasst ist hier der Wert aus Sicht der Vertriebsprozesskosten, nicht der Customer Lifetime Value im Sinne eines Wertschöpfungsbeitrags eines Kunden für das Unternehmen.

- Standardprozess „Angebot Typ B": Jahresumsatz größer als 1 Mio. € bis max. 5 Mio. €

- Standardprozess „Angebot Typ C": Jahresumsatz größer als 5 Mio. €

Wenn diese Subprozesstypen nun noch mit anderen Kriterien, etwa der Kundenkategorie aus der Kunden-ABC-Analyse, verbunden werden, entsteht ein Aussagesystem, das einen wertvollen Beitrag zur Justierung der Vertriebsstrategie liefern kann.

Einer der häufigsten Fehler bei der Analyse von Prozessschrittressourcen ist, unbewusst **Risikopuffer** zu berücksichtigen. So ist zu erklären, dass beispielsweise bei einer Horizontalprüfung, in welcher der angegebene Zeitaufwand aller Projekttätigkeiten eines Verkäufers addiert wird, eine unrealistische wöchentliche Arbeitszeit ermittelt wird, nur, weil der Verkäufer den Zeitbedarf jeder Tätigkeit aufgerundet hat. Was zunächst nur lässlich erscheint, erweist sich als Nebelbombe, denn es verschleiert die unproduktiven Tätigkeiten. Nun wäre der konsequente Ansatz, mit der Stoppuhr die Dauer jeder Tätigkeit zu messen, aber das dürfte nur im Falle von Call Center-Vertrieben praktikabel (aber dort meist verboten) sein. Also bleibt nur zu hoffen, dass sich der befragte Verkäufer proportional gleich verschätzt, so dass der Zeitbedarf seiner einzelnen Tätigkeiten proportional korrigiert werden kann, z.B. wie folgt:

$$Zeitkorrekturfaktor = \frac{Realistische\ Wochenarbeitszeit}{Summe\ des\ Zeitaufwands\ für\ alle\ Tätigkeiten\ zzgl.\ Pausen} * 100$$

Schritt 3: Analyse der Prozessschrittschnittstellen

Jeder Prozessschritt, auch der erste und der letzte, weist Schnittstellen auf. Es sind Schnittstellen

- zum vorgelagerten Prozessschritt,

- zum nachgelagerten Prozessschritt,

- zu internen Inputlieferanten,

- zu externen Inputlieferanten (Kunden etc.).

Diese Schnittstellen können zwischen Menschen, Maschinen oder zwischen Menschen und Maschinen bestehen. Zu untersuchen ist nun, ob die Schnittstellen in ihrer Kapazität bzw. in ihrer zeitlichen Verfügbarkeit begrenzt sind. Es geht, wohlgemerkt, nicht darum, wie lange z.B. der Hausjurist benötigt, einen Angebotsvorschlag des Verkäufers zu prüfen, es geht um die Schnittstelle zwischen den beiden, und hierzu zählt der Transportweg (Mail), das Transportformat (PDF-Datei), die Transformation zwischen der Output- und der Inputstelle (Verkäufer versendet per Mail, Jurist druckt zunächst aus) sowie die Zwischenlagerzeit (Posteingangskorb des Juristen), bis der nächste Prozessschritt beginnt. Gemessen wird wiederum der Ressourcenbedarf der Schnittstelle, hier vor allem die Zeit und ggf. die Materialkosten.

Die Schnittstellenanalyse ist vor allem interessant, weil sie zeigt, ob durch die Verlagerung von Tätigkeiten zwischen der Output- und der Input-gebenden Stelle Prozesse effizienter gestaltet werden könnten. Sollte der Jurist z.B. zunächst seine Sekretärin beauftragen, das Angebot auszudrucken, kommen als Kosten erstens der Zeitaufwand dieser Schleife und zweitens die Personalkosten der Sekretärin hinzu. Eine aufwandsreduzierende Lösung wäre hier, das Angebot im Word-Format zu versenden und den Überarbeitungsmodus zu verwenden, sofern dies einem studierten Juristen zugemutet werden darf. Entschuldigung.

Auch deckt die Schnittstellenanalyse Kosten von Produktionstoleranzen und Produktionsabweichungen auf. Wenn die nachgelagerte Stelle andere Ergebnisformate erwartet, als die vorgelagerte Stelle liefert, muss sie nachbearbeiten, so, wie unser Jurist die PDF-Datei nicht am Monitor liest, sondern zunächst ausdrucken lässt, um seine Korrekturen anbringen zu können. Da diese Toleranzen und Sollabweichungen in jedem Falle überwunden werden müssen, ist die Frage, an welcher Stelle die dafür aufzubringenden Kosten anfallen. Ist das Mittel der Wahl Personaleinsatz, wäre z.B. zu klären, welche direkten (Gehalt) und indirekten (Arbeitsausfall) Kosten dieser Personaleinsatz verursacht. Wenn also schon ein Angebot ausgedruckt werden muss, sollte dies tatsächlich die Sekretärin tun und nicht der „teurere" Verkäufer.

Einen gänzlich anderen Blick auf die Schnittstellen bietet die Transaktionskostentheorie, die vom Nobelpreisträger Coase[196] etabliert und beispielsweise von Jost[197] sehr verständlich ausformuliert wurde. Bei dieser wird davon ausgegangen, dass bei der Interaktion verschiedener Instanzen im Rahmen eines Wertschöpfungsprozesses Handlungskosten anfallen. Je mehr Instanzen involviert sind, desto mehr Kosten können entstehen. Die Transaktionskosten setzen sich zusammen aus

- Anbahnungskosten,

- Vereinbarungskosten,

- Kontrollkosten,

- Anpassungskosten und

- Risikovermeidungskosten

und können auf verschiedene Weise reduziert werden. Die Organisationstheorie propagiert, dass Handlungs-, Kontroll- und Sanktionsrechte besser verteilt werden sollten, doch oftmals reicht es schon aus und kommt den Möglichkeiten des Vertriebscontrollers näher, dass Prozessschrittinhalte und deren Outputs geringere Schwankungsbandbreiten, also geringere Ergebnistoleranzen aufweisen. Wenn die Kostentreiber sowie die Prozessschrittmengen in Art, Umfang, Güte usw. berechenbar sind, reduzieren sich die Transaktionskosten sukzessive und (hoffentlich) automatisch.

Schritt 4: Analyse der Kostentreiber und Prozessmengen

Der Begriff „Kostentreiber" ist böse beleumundet. Aber in seinem ursprünglichen und für das Vertriebscontrolling gültigen Sinne sind Kostentreiber jene Faktoren, die nach Menge und Wert ursächlich die Prozess(schritt-)kosten bestimmen. Im Prozessschritt „Interessentenqualifizierung" sind es die Interessenten, im Prozessschritt „Angebotsfreigabe" die Angebote. Somit sind die Kostentreiber die Prozessgrößen, deren Quantität den Output des Prozessschritts und dessen Kosten ausmachen. Gelingt es im Rahmen der Prozessanalyse nicht, einen Kostentreiber eindeutig zu identifizieren, so ist der Prozessschritt fehlerhaft definiert.

Die Prozessschrittkosten je Kostentreiber ergeben sich nun aus der Summe

- der mit der Prozessmenge proportionalen variablen Kosten sowie

- dem relativen Anteil an den Prozessschrittgemeinkosten.

Eine Untersuchung der variablen Kosten fällt in der Praxis wesentlich leichter als eine Analyse der Gemeinkosten. Es wäre nun aber verkehrt, sich auf die Reduktion der variablen Kosten zu konzentrieren, eben weil dies einfacher ist und schnelle nachweisbare Erfolge bringt. Dieses Phänomen ist aus der Produktdeckungsbeitragsrechnung wohl bekannt, denn auch dort konzentrieren sich Produktentwickler gerne auf die (variablen) Stückkosten, um die Gesamtkosten zu senken, da sie auf die Ge-

---

[196] Coase, 1937
[197] Jost, 2001

meinkosten keinen Zugriff haben. Ausführlicher wird dies in Kapitel 7.3.2 im Zusammenhang mit der langfristigen Preisuntergrenze beschrieben. Das Ergebnis ist hier wie dort eine Verschlechterung des Outputs (z.B. Einsparungen bei den Produktmaterialien) und eine relative Zunahme der Gemeinkosten, was für den Fall, dass diese zugleich Fixkosten sind, das unternehmerische Risiko erhöht (Remanenz).

Schritt 5: Analyse der Prozessschrittinvolvierten

Eine praktikable Methode für diesen Arbeitsschritt ist die RACI-Matrix. Für alle kosten- und wertschöpfungsrelevanten Tätigkeiten eines Prozessschritts werden Rollenträger identifiziert, wobei mindestens die in Tabelle 112 dargestellten Rollen relevant sind.

Rolle		Funktion
Responsible	R	Person, welche die wertschöpfende Tätigkeit durchführt
Accountable	A	Person, welche hierfür die Verantwortung trägt
Consultant	C	Person, deren Rat eingeholt wird
Inform	I	Person, welche über die Tätigkeit informiert wird

Tabelle 112: Rollen in der RACI-Matrix

Für den Prozessschritt Angebotsverhandlung sähe eine RACI-Matrix somit beispielsweise wie in Tabelle 113 dargestellt aus.

Tätigkeit	Verkäufer	Vertriebsleiter	Jurist	Vertriebscontroller	...
Kundenbesuche	R	A		I	
Preisangebot	R	A, C		C	
Preisnachlass bis 3%	R, A	I		C, I	
Preisnachlass über 3%	I	A, R	I	I	
Überarbeitung Angebot	R	A	C		
...					

Tabelle 113: RACI-Matrix für den Prozessschritt "Angebotsverhandlung"

Neben der üblichen RACI-Matrix, wie sie vor allem im Projektmanagement angewendet wird, haben sich noch einige Varianten etabliert, die sich darin unterscheiden, dass weitere Rollen definiert werden. Ferner ist es sinnvoll, anwendungsspezifisch Spielregeln zu definieren, z.B., dass eine Tätigkeit immer genau einen Verantwortlichen („A") braucht, mindestens einen Durchführenden („R") oder aber die Verpflichtung, einen zu Informierenden („I") immer auch informieren zu müssen.

Schritt 6: Design eines alternativen Prozesses bzw. Prozessschritts

Dieser zweifelsfrei schwierigste Schritt geht über die Aufgabenstellung der Istanalyse und meist auch über die Aufgabenstellung für einen Vertriebscontroller hinaus und soll hier nur der Vollständigkeit halber erwähnt werden. Ziel ist es, einen wertschöpfungsgleichen, also ebenso effektiven Prozess bzw. Prozessschritt zu entwickeln, der geringere Kosten verursacht und somit effizienter ist. Mögliche Hilfsmittel, derer sich der Vertriebscontroller bedienen kann, werden in Kapitel 8.4 vorgestellt. Vorab sollte geklärt sein, welche Faktoren als Kosten aufgefasst werden. Ist beispielsweise die Verkürzung der Angebotserstellungsdauer von zwei Wochen auf eine durch den Wegfall von Wartezeiten gleichbedeutend mit einer Kosteneinsparung? Aufwendungen (im Sinne der Finanzbuchhaltung) werden keine eingespart, aber dennoch entstehen Vorteile aus der kürzeren Bearbeitungszeit, etwa die Chance, eine Woche früher Umsatz zu generieren. Somit zählen zu den effizienzsteigernden Auswirkungen

- eingesparte Aufwendungen für Material,

- eingesparte Personalkosten,

- verzögert anfallende Auszahlungen (Zahlungsstrom),

- Verringerung der Kapitalbindung,

- Variabilisierung von Kosten,

- Einsatz geringer qualifizierten Personals,

- zeitliche Verkürzung des Prozessschritts bzw. Prozesses,

- Standardisierung des Prozess(schritt-)inhalts,

- Standardisierung von Schnittstellen sowie

- Erhöhung der Fähigkeit zur Skalierung des Prozessschritts, also der einfacheren Kapazitätsanpassung bei Veränderung der Anzahl Kostentreiber.

Zusätzlich kann durch die Effizienzsteigerung sogar die Effektivität positiv betroffen sein. Wird das Angebot schneller bearbeitet, ist der Kunde möglicherweise eher bereit, zu kaufen.

8.3 Kennzahlen und Kennzahlensysteme im Vertriebsprozesscontrolling

Kennzahlen, die im Vertriebsprozesscontrolling zum Einsatz kommen, beschreiben eine Relation von eingesetzten Ressourcen (Zeit, Material, Ergebnisse des vorgelagerten Prozessschritts) zum Output. Betrachtet wird, in welchem Maße und zu welchen Kosten die Kostentreiber verarbeitet wurden. Entsprechend des in Tabelle 110 exemplarisch dargestellten Musterprozesses werden ergänzend zu Tabelle 17 und Tabelle 69 in Tabelle 114 weitere Kennzahlen aufgeführt. Zum Steuerungsinstrument werden diese Kennzahlen, wenn sie im Periodenvergleich betrachtet oder als interne Benchmarks für den Vergleich von Verkaufsinstanzen, Produkten, Sortimenten, Regionen oder Vertriebskanälen genutzt werden.

Prozess-schritt	Kennzahl
Interessen-tenidentifikation	$Relevanter\ Markt = Menge\ aller\ theoretisch\ in\ Frage\ kommenden\ Kunden$ (Kriterien des relevanten Marktes sind z.B. Branche, Unternehmens- oder Haushaltsgröße, Einkaufsvolumen, Bonität, Region, Beschaffungsverhalten usw.) $$Kosten\ des\ identifizierten\ Kontakts = \frac{Gesamtkosten\ des\ Prozessschritts}{Anzahl\ identifizierter\ Kontakte}$$ (auch: CpTP, „Cost per Target Prospect")
Interessen-tenqualifika-tion	$$Kosten\ pro\ Interessent = \frac{CpTP + Gesamtkosten\ des\ Prozessschritts}{Anzahl\ qualifizierter\ Interessenten}$$ (auch: CpI, „Cost per Interested Party") Als qualifiziert gilt ein Interessent, wenn die für die Kontaktaufnahme erforderlichen Informationen vorliegen, insb. die Kontaktdaten des Ansprechpartners, aber auch – je nach Vorgaben – Kaufabsicht, Entscheiderstrukturen oder Einkaufsvolumina.
Interessen-tenkontakt	$$Kosten\ je\ Interessentenkontakt = \frac{CpI + Gesamtkosten\ des\ Prozessschritts}{Anzahl\ kontakteter\ Interessenten}$$ (auch: CpL, „Cost per Lead") $$Prospectratio = \frac{Anzahl\ identifizierter\ Interessenten}{Anzahl\ kontakierter\ Interessenten}$$ $Kontaktaufnahmedauer:$ $Ø\ Dauer\ ab\ Vorliegen\ der\ Daten\ eines\ qualifizierten\ Interessenten$ $bis\ zur\ erfolgten\ Kontaktaufnahme$ $$Erstkontakterfolgsquote = \frac{Erfolgreiche\ Kontaktaufnahmen}{Indentifizierte\ Interessenten}$$
Angebot	$$Kosten\ je\ abgegebenem\ Angebot = \frac{CpL + Gesamtkosten\ des\ Prozessschritts}{Anzahl\ abgegebener\ Angebote}$$ (auch: CpP, „Cost per Proposal") $$Angebotsabgabequote = \frac{Anzahl\ abgegebener\ Angebote}{Anzahl\ qualifizierter\ Interessenten}$$ (alternativ für den Nenner: Anzahl kontaktierter Interessenten, Anzahl identifizierter Interessenten) $$ØAngebotsvolumen(t) = \frac{\Sigma\ Angebotsvolumina(t)}{\Sigma\ Angebote(t)}$$ $ØAngebotserstellungsdauer:$ $Ø\ Dauer\ ab\ Angebotsaufforderung\ durch\ Kunden\ bis\ Angebotsabgabe$

Angebotsver-handlung	*Ø Angebotsverhandlungsdauer: Ø Dauer ab Angebotsabgabe bis Entscheidung* *Ø Angebotsverhandlungskosten = Gesamtkosten des Prozessschritts* *Ø Anzahl Besuchstermine (inkl. Erstpräsentation)*
Kauf	$$Ø\ Auftragseinzelkosten = \frac{Gesamtkosten\ bis\ Auftragseingang}{Aufträge}$$ (auch: CpO, „Cost per Order") *Ø Akquisitionsdauer:* *Ø Dauer ab Vorliegen der Daten eines qualifizierten Interessentenkontaktes bis Auftragseingang* *Ø Akquisitionsdauer abgelehnter Angebote:* *Ø Dauer ab Vorliegen der Daten eines qualifizierten Interessentenkontaktes bis Ablehnung* $$Auftragsquote(t) = \frac{Anzahl\ abgegebener\ Angebote(t)}{Aufträge(t)}$$ (Jeweils bei Bedarf differenziert nach Verkaufsinstanz, Produkt, Region usw. Statt „Anzahl abgegebener Angebote" auch „Anzahl kontaktierter Interessenten".) $$Auftragsvoluminarealisierungsquote\ bzw.\ Marktanteil$$ $$= \frac{\Sigma\ Auftragsvolumina\ in\ €}{Extrapoliertes\ Gesamtvolumen\ des\ relevanten\ Marktes}$$
Nachkaufbe-treuung	Vgl. Tabelle 53 und Tabelle 54.

Tabelle 114: Kennzahlen im Vertriebsprozesscontrolling

Je nach Branche haben sich insbesondere für die Kosten je jeweils definiertem Prozessschritt eigene Kennzahlen und Kennzahlensysteme etabliert. Für das Internetmarketing und hier speziell für die Schaltung von Anzeigen in Web-Sites wie Suchmaschinen oder für das Affiliate Marketing haben sich beispielsweise folgende Begrifflichkeiten etabliert:

- **Tausenderkontaktpreis:** In der Werbebranche und hier insbesondere im Konsumgütermarketing etablierter Begriff für den Aufwand bzw. Preis einer Kommunikationsmaßnahme pro 1.000 erreichten Personen einer Zielgruppe.

- **Cost per Click:** Zu entrichtende Provision für den Klick auf einen definierten Bildschirmbereich, zumeist einen Werbebanner oder einen markierten Hyperlink. Der Werbende bezahlt an den Website-Betreiber. Das Ergebnis ist in der Nomenklatur der Tabelle 114 ein qualifizierter Interessent („Interested Party"). Er ist für das werbende Unternehmen noch anonym, hat aber durch sein Klick-Verhalten Interesse bekundet.

- **Cost per Lead:** Zu entrichtende Provision für einen vorqualifizierten Interessenten. Dieser Begriff wird fälschlicherweise oft mit „Cost per Click" gleichgesetzt. Hier wird ein Interessent, nachdem er sein Interesse bekundet hat (Klick auf Werbebanner o.ä.) entweder durch einen (Online-)Dialog oder durch den Abgleich mit weiteren Daten aus anderen Quellen vorqualifiziert.

- **Cost per Action:** Zu entrichtende Provision für einen Interessenten, der, nachdem er z.B. auf einen Werbebanner geklickt hat, weitere Aktionen durchführt, z.B. sich mit dem Produktangebot des Werbenden beschäftigt. Vermieden werden Provisionen für versehentliche Klicks oder für in betrügerischer Absicht generierte Massenklicks. Zu prüfen ist für beide Seiten der Aufwand für den Nachweis der Aktionen. Je nach Aktion entspricht diese Maßzahl den „Cost per Proposal".

- **Cost per Order:** Für die „Cost per Order" gibt es außer der oben dargestellten weitere unterschiedliche Interpretationen, beispielsweise:

    o   Zu entrichtende Provision für einen erfolgreichen Auftrag

    o   Durchschnittliche Akquisitionskosten eines Auftrags im repetitiven Mengengeschäft (Mobilfunkverträge, Zeitungsabonnements, Stromlieferverträge)

    o   Gesamtkosten einer Werbe- oder Verkaufsförderaktion im Verhältnis zur Anzahl dadurch generierter Aufträge

- **Cost per Sale:** In der Regel gleichbedeutend mit „Cost per Order"

- **Revenue Share:** Als Umsatzanteil zu entrichtende Provision an den Betreiber einer Web-Site, auf der die relevante Werbung platziert wurde. Oft liefert der Web-Site-Betreiber eigene Wertschöpfung und präsentiert sich als Themenportal. Zwischen dem Leistungsanbieter und dem Portalbetreiber werden Verträge geschlossen, die sich an das Handelsvertreterrecht des HGB anlehnen. Der Portalbetreiber bietet dem Interessenten eine Strukturierung seiner Bedürfnisse und bietet alternative nutzengleiche Angebote an (Strom, Gas, Mobilfunk, Reisen, Flugverbindungen).

8.4 Typische Maßnahmen zur Optimierung von Vertriebsprozessen

Der letzte, sechste Schritt des Kapitels 8.2 befasste sich einführend mit der Frage, wie ein alternativer Prozess entwickelt werden kann, der effizienter als der Istprozess ist. Dabei wurde darauf Wert gelegt, dass der Vertriebscontroller nicht nur die offensichtlichen Kosteneinsparungen, sondern auch die darüber hinausgehenden Nutzenaspekte im Blick behält. Nachfolgend werden übliche, dem Vertriebscontroller immer wieder begegnende Schlagwörter und Standardinstrumente vorgestellt und deren Nutzen für seine Arbeit beleuchtet.

8.4.1 Das „Meer der Verschwendung"

In Anlehnung an die „Lean Logistic" bzw. die „Lean Production" werden nach einer Checkliste typische Verschwendungsarten auch im Vertriebsprozess unterstellt und nacheinander geprüft, ob diese vorliegen und wenn ja, in welchem Maße. In der Praxis erinnert dies mehr an ein Brainstorming als an eine fundierte Methode und die Ergebnisse sind allein von der Kreativität der Mitdenkenden abhängig. Aber sie ist dennoch empfehlenswert, denn sie erfordert keinerlei Vorbereitung oder methodischen Kenntnisse, ist intuitiv und darum für das jährliche Vertriebs-Kick-off, auf dem jeder aus seiner Sicht die Probleme anprangern möchte, wie geschaffen.

Als Checkliste eignet sich die von Barber und Tietje, die mit Beispielen aus dem Vertrieb ergänzt in Tabelle 115 wiedergegeben ist.[198] Sie entspricht im Wesentlichen den – je nach Autor – sieben bis zehn klassischen Aspekten, die im Rahmen von Lean Production-Konzepten zu bearbeiten sind:

1. Überproduktion

2. Wartezeit

3. Transport

4. unnötige Bearbeitung

5. Bestände

6. Körperbewegung

7. Fehler

8. falsch genutzte Talente

9. unzureichende oder divergierende Ziele

Verschwendungsart	Beispiele aus dem Vertrieb
Überproduktion	Anrufe bei nicht vorab qualifizierten Interessenten, ausarbeiten von Lösungen und Angeboten, bevor der Kunde eine Kaufabsicht hat
Lagerung	Überangebot an Broschüren und anderen Verkaufsmaterialien
Warten	Warten auf Vorschläge und Zuarbeiten anderer zur Ausarbeitung einer kundenindividuellen Lösung, warten auf Informationen, die der Kunde liefern soll
Extraprozesse	Verloren gegangene Informationen, neu formulierte, unnötige oder ausufernde Informationsanfrage
Korrekturen	Stammdatenfehler, Fehler in den Angeboten oder bei der Rechnungsstellung
Übermaß an Aktionen der involvierten Mitarbeiter	Kopierarbeiten, Bindungen, Versand, Teilnahme an Organisations-Meetings, Reisezeiten, die nicht zu einem Kundenkontakt führen
Transport	Mails und Telefonate, die geführt werden, um Rückfragen zu Zuarbeiten zu klären
Nicht genutzte Personalressourcen	Begrenzte Handlungsrechte und Verantwortlichkeiten für den Verkäufer bzw. die zuarbeitenden Stellen, Überkontrolle durch Management, nicht sinnvolle technische Hilfsmittel

Tabelle 115: Mögliche Quellen von Verschwendung innerhalb des Vertriebsprozesses

Im nächsten Schritt ist das Ziel, die jeweils identifizierten Verschwendungen nach ihrer Relevanz zu sortieren. Hierfür eignet sich das in Kapitel 3.5 vorgestellte Scoring-Verfahren. Ziel ist, das wichtigste, drängendste Problem als erstes und zunächst auch nur dieses zu bearbeiten. Abbildung 84 verdeut-

---

[198] Barber & Tietje, 2008, S. 157

licht nun den Effekt: Wie aus einem Meer ragt das dringlichste Problem als Insel empor. Es ist durch seine Sichtbarkeit allen präsent. Dieses wird zunächst bearbeitet und es verschwindet aus dem Blickfeld. Sinkt nun der Wasserstand, der den Grad der Verschwendung repräsentiert, verringern sich also die Anstrengungen zum Ausgleich der Verschwendungen, taucht das zweitwichtigste Problem auf. Wird auch dieses beseitigt, reduzieren sich die fehlgeleiteten Anstrengungen wiederum, das nächste Problem taucht über der Wasseroberfläche auf und so fort.

Abbildung 84: Meer der Verschwendung im Vertrieb

Die Idee ist hier also nicht, durch umfangreiche Projekte alle identifizierten Probleme gleichzeitig lösen zu wollen, sondern lediglich das jeweils wichtigste, drängendste in Angriff zu nehmen und erst danach zu schauen, welches Problem das nächstwichtige ist. Oftmals verschiebt sich die Perspektive und was zunächst als Ergebnis des Scorings als zweitwichtigstes Problem genannt wurde, tritt nun, da das wichtigste aus dem Weg geräumt ist, in den Hintergrund.

Diese Methode eignet sich immer dann, wenn eine langfristige und sukzessive Verbesserung der Vertriebsprozesse angestrebt wird und „operative Hektik" vermieden werden soll.

8.4.2 Werteorientierung zur Formalisierung der Prozesse

Eine Möglichkeit zur Entmystifizierung des Verkaufs ist, Prozesse zu formalisieren und der Organisation eine stringente Struktur in Form eines Wertesystems vorzugeben. Ziel ist der effiziente Verkauf bzw. darüber hinaus, Kunden zu aktiven Weiterempfehlern zu machen. Hierfür gibt das hier vorgestellte System den Verkaufsinstanzen einen klaren Handlungsrahmen vor, reduziert Individualität, aber erzeugt mehr Berechenbarkeit im Ergebnis. Die jeweiligen Vor- und Nachteile sind offensichtlich und bedürfen keiner weiteren Erläuterung.

Die Tätigkeiten der jeweiligen Prozessschritte werden hinsichtlich eines Wertesystems überprüft und ggf. überarbeitet. Abbildung 85 zeigt ein solches Wertesystem mit seinen Auswirkungen auf die Tätigkeiten, die im Rahmen des bereits vorgestellten Muster-Vertriebsprozesses durchgeführt werden.

Abbildung 85: Wertesystem mit Auswirkungen auf das persönliche Verhalten
in Prozessen

Konkret auf einen Prozessschritt angewandt, z.B. auf den Schritt „Interessentenkontakt", ergäben sich die in Tabelle 116 sicherlich unvollständig dargestellten Verhaltensregeln für die durchzuführenden Tätigkeiten.

Wert	Wertebasierte Regeln für Tätigkeiten im Prozessschritt „Interessentenkontakt" einer Einzelhandelsfiliale
Disziplin	• Immer frisch geduscht und in sauberer Kleidung erscheinen • Pünktlich sein, auch bei schlechtem Wetter • Keinen Kunden länger als 30 sec. warten lassen • Auch nervige Kunden freundlich behandeln • Kassiervorgänge streng nach Vorschrift – jeder Kunde erhält unaufgefordert seinen Kassenbon • Meldezyklen für Waren- und Kassendaten einhalten
Fleiß	• Auf die Pause verzichten, wenn der Laden voll ist • Zu Peak-Zeiten (vor Feiertagen, bei Produkteinführungen) aushelfen, auch, wenn der Dienstplan es nicht vorsieht
Klarheit	• Lieferzeiten ehrlich abschätzen • Rabattanfragen von Kunden eindeutig ablehnen • Kunden auf für ihn vorteilhafte Bundles oder Rabattaktionen hinweisen • Schwache Kollegen identifizieren, wenn möglich fördern, sonst ersetzen
Fokus	• Kunden vor Beginn des Beratungsgesprächs einschätzen • Nicht den spaßigsten Kunden, sondern den umsatzträchtigsten zuerst bedienen • Abschlussorientiert argumentieren • Reklamationen verhindern und erschweren
Ehrlichkeit	• Kassiervorgänge nur mit Personalnummer • Kassendifferenzen melden, nicht aus der „Kaffeekasse" ausgleichen • Falschberatung gegenüber Kunden zugeben und korrigieren
Weitere Werte	• tbd.

Tabelle 116: Anwendung des Wertesystems auf Tätigkeiten im Prozessschritt „Interessentenkontakt" in einer Einzelhandelsfiliale

Was sich anachronistisch liest, wird als Methode in der Praxis häufig angewandt. Insbesondere markengebundene filialisierende Händler (ITK-Industrie, Mitnahmemöbel, Mode, Bäckereien) versuchen, durch eine Werteorientierung in den Prozessen berechenbares Handeln zu schaffen und sie erreichen dieses Ziel schon dadurch, dass Personen ausscheiden, die mit dem vorgegebenen Wertesystem nicht einverstanden sind oder klar kommen. In jedem Falle erleichtert die Werteorientierung vor allem dann die Führung, wenn das Verkaufspersonal aus weniger gut ausgebildeten Menschen besteht, die klare Arbeitsaufträge und Grenzen bevorzugen. Interessanterweise, aber hierzu liegen keine Studienergebnisse vor, scheinen Handlungsraumkorridore, deren Grenzen mit einem Wertesystem begründet werden, auch von gut ausgebildeten, erfahrenen und an individuelles Handeln gewöhnte Verkäufer (Key-Account-Manager, Senior Sales Manager, Vertriebsleiter) akzeptiert zu werden. Ein „da entlang" ist zuweilen hilfreicher als ein „alles ist möglich".

8.4.3 Analyse der Nützlichkeiten von Tätigkeiten durch Prozessschrittfragmentierung

Eine recht umfangreiche Methode, die sich dann anbietet, wenn Prozesse bereits weitgehend optimiert zu sein scheinen, aber dennoch Verbesserungspotential vermutet wird (etwa aufgrund von externen Benchmarkanalysen), ist die Fragmentierung der Prozessschritte in **Tätigkeiten**. Anschließend werden Arbeitstechniken für diese Tätigkeiten unter die Lupe genommen und untersucht, wie nützlich die jeweilige Technik für die Durchführung der Tätigkeit ist.

Übersetzt in die Sprache der Statistik wird die Tätigkeit zu einem „Faktor" des Prozessschritts. Der Nutzenbeitrag jeder Arbeitstechnik wird durch die „Faktorladung" bestimmt, wobei „1" bedeutet, dass die Arbeitstechnik die Tätigkeit vollends umsetzt, „0" hingegen bedeutet, dass die untersuchte Arbeitstechnik keine Auswirkungen auf die Tätigkeit und dessen Ergebnis hat. Für die Untersuchung sind Kenntnisse in der statistischen Faktorenanalyse erforderlich, die hier vorausgesetzt werden.

Eine umfangreiche Analyse, die leider schon über 30 Jahre alt, aber für das Vertriebscontrolling immer noch hilfreich ist, stammt von Dubinsky.[199] Er untersuchte 84 Verkaufstechniken mit ihren jeweiligen Faktorladungen im Rahmen von Tätigkeiten des „Personal Selling Process", den er ähnlich wie in Tabelle 110 dargestellt unterteilt. Obwohl eine neuere Untersuchung dieser Qualität wünschenswert wäre, die dann auch den medialen Vertrieb über das Internet berücksichtigen könnte, sind die Ergebnisse erstaunlich und die umfangreichen Ergebnisse (Tabelle 117 bis Tabelle 123) liefern dem Vertriebscontroller Hinweise und Ideen für eine eigene Untersuchung.[200] Für die Interpretation der Ergebnisse ist zu beachten, dass die Faktorladung keinen Hinweis auf die absolute Nützlichkeit einer Verkaufstechnik für den gesamten Vertriebsprozess gibt, sondern sich stets nur auf den jeweiligen Faktor bezieht. Zudem wären für eine eigene Analyse die jeweiligen Kosten einer Verkaufstechnik zu ermitteln. Es zeigt sich, dass Maßnahmen mit ähnlicher Faktorladung, die somit einen ähnlichem Nutzen entfalten, recht unterschiedlich aufwändig sein können.

Prozessschritt: Identifikation von Interessenten		
Faktor	**Verkaufstechnik**	**Faktorladung**
Externe Quellen	Interessenten nach Empfehlungen fragen	0,78249
	Freunde und Bekannte nach möglichen Interessenten fragen	0,73174
	Interessenten nach möglichen anderen Interessen fragen	0,55552
	Mitglieder- und Teilnehmerlisten von Organisationen, Veranstaltungen usw. nutzen	0,51050
	Interessenten von nicht-konkurrierenden Verkäufern erfragen	0,40598
	Kultivieren der Beziehung zu Meinungsführern und „sichtbaren", andere beeinflussenden Interessenten	0,37952
Interne Quellen	Beantworten von Anfragen potentieller Interessenten	0,87779
	Beantworten von Interessentenantworten auf Werbung	0,66088
	Auswertung von Aufzeichnungen, Verzeichnissen und anderen Datenbanken des Unternehmens	0,28493
Persönliche Kontakte	Cold Calls bei bisher unbekannten Interessenten	0,70882
	Persönliche Beobachtungen des Verkäufers auf der Suche nach möglichen Interessenten	0,59588
Verschiedenes	Besuch von Messen, auf die auch Interessenten gehen	0,67109
	Nachwuchsverkäufer losschicken, um Interessentenkontakte zu suchen, die an den Senior Verkäufer abgegeben werden (Spürhunde)	0,42364

Tabelle 117: Wirkung von Vertriebstätigkeiten im Prozessschritt „Identifikation von Interessenten" nach Dubinsky

---

[199] Dubinsky, 1980. Vergleiche hierzu auch die Ausführungen in Kapitel 5.6.1, insbesondere Tabelle 67.

[200] Noch einmal: Die Tabellen liefern Ideen und zeigen – im Sinne dieses Buches – die Methode auf. Da die Untersuchung zu einer Zeit entstand, als weder E-Mails noch Mobilfunktelefone oder gar das Internet in Gebrauch waren, sähen die Ergebnisse heute sicherlich anders aus.

Prozessschritt: Vorbereitung der Ansprache		
Faktor	**Verkaufstechnik**	**Faktor-ladung**
Vorbereitung der Kundenbesuche	Verbindliches Empfehlungsschreiben eines existierenden Kunden, mit dem der Verkäufer eingeführt wird	0,82788
	Schriftliche Ankündigung des Besuchs mit Vorstellung des Verkäufers	0,73713
	Nutzung anderer Mittler, etwa Freunde, Bekannte, gemeinsame Geschäftspartner usw., um Besuch zu arrangieren	0,70304
	Anruf beim Interessenten, um einen Besuchstermin zu vereinbaren	0,45003
Informationsquellen	Geschäftsmodell und Geschäft des Interessenten ergründen, z.B. während der Wartezeit	0,74097
	Interessenten direkt befragen	0,62477
	Kunden des Interessenten befragen	0,50413
	Verkäufer anderer, nicht konkurrierender Unternehmen über den Interessenten befragen	0,40895
	Medien nutzen, um Informationen über den Interessenten zu erhalten	0,39492
	Persönlicher, unangemeldeter Besuch oder Anruf	0,35634

Tabelle 118: Wirkung von Vertriebstätigkeiten im Prozessschritt „Vorbereitung der Ansprache" nach Dubinsky

Prozessschritt: Ansprache eines Interessenten		
Faktor	**Verkaufstechnik**	**Faktor-ladung**
Nicht produktbezogene Ansprache	Ängste erzeugen	0,57509
	Geschenk als Belohnung für den Besuchstermin überreichen	0,52841
	Ungewöhnliches Auftreten und ungewöhnliche Aktivitäten während des Besuchstermins („Showman"-Verhalten)	0,52741
	Name eines eigenen bekannten Kunden als Referenz verwenden	0,39726
	Knappe Einführung, nur mit Namen und Firma, um Spannung zu erzeugen	0,32552
Aufmerksamkeitsspitze erzeugen	Möglichen Kundennutzen benennen und schauen, ob der Interessent daran interessiert ist	0,72678
	Möglichen Kundennutzen benennen, von dem angenommen wird, dass er den Interessenten neugierig machen wird	0,62643
Ansprechpartner adressieren	Kompliment machen	0,52877
	Anbieten, nützlich zu sein, z.B. in Form von Recherchen, die der Verkäufer für den Interessenten vornimmt	0,46651
	Fragen stellen	0,43628
Produktbezogene Ansprache	Produkt dem Interessenten ohne oder mit nur wenigen Erklärungen übergeben	0,63153

Tabelle 119: Wirkung von Vertriebstätigkeiten im Prozessschritt „Ansprache eines Interessenten" nach Dubinsky

Prozessschritt: Verkaufspräsentation		
Faktor	**Verkaufstechnik**	**Faktor-ladung**
Präsentation von Charts	Visualisierung des Produktangebots durch Bilder, Film, Modell, Broschüre usw.	0,78777
	Vorführung oder Produktdemonstration	0,76601
Arten von Verkaufspräsentationen	Maßgeschneiderte Verkaufspräsentation	0,81202
	Teilweise standardisierte Verkaufspräsentation, für jeden Interessenten eine angepasste	0,66512
	Standardisierte Verkaufspräsentation	0,61982
Nicht-visuelle Erläuterungen	Vergleiche in der Verkaufspräsentation ziehen („Unser Produkt ist doppelt so effizient wie das des Wettbewerbs.")	0,72230
	Sprache und Fachausdrücke des Interessenten verwenden, dem Interessenten unbekannte Fachsprache meiden	0,70559
	Während der Präsentation Rückfragen stellen, um sicher zu stellen, dass der Interessent dem Verkäufer folgen kann	0,55576
	Nutzung ungewöhnlicher Effekte („Showman"-Verhalten)	0,53288

Tabelle 120: Wirkung von Vertriebstätigkeiten im Prozessschritt „Verkaufspräsentation" nach Dubinsky

Prozessschritt: Umgang mit Einwänden und Verkaufswiderständen		
Faktor	**Verkaufstechnik**	**Faktor-ladung**
Widerspruch und Opposition	Einwände lächelnd ignorieren	0,66117
	Humor, um Druck abzubauen	0,64051
	Akzeptieren eines Einwands mit dem Hinweis, dass der Interessent den Nachteil akzeptieren muss (oder eben nicht)	0,63788
	Einwand mit Hinweis auf spätere Diskussion „parken"	0,62699
	Direkte Ablehnung des Einwands mit Gegendarstellung	0,59102
	Variantenvergleich: Der Verkäufer präsentiert zwei oder mehr Produktvarianten; bei Einwänden wird die jeweils andere Version weiter diskutiert	0,49160
Suchen nach Ausgleich	Akzeptieren des Einwands durch Zustimmung, anschließend entkräften	0,73462
	Einwand als unwichtig darstellen, indem er mit etwas Akzeptablem verglichen wird (Bsp.: Ein teures Produkt kostet nur x Cent pro Tag)	0,69418
	Einwand goutieren, aber Vorteil herausstellen, der den Einwand kompensiert (themengleich)	0,62418
	Kundenreferenzen: Darstellen, welchen Nutzen Kunden, die das Produkt bereits kauften, erzielt haben	0,45709
Klärung von Einwänden	Testnutzung vorschlagen	0,76728
	Produktdemonstration	0,72282
	Bumerang-Technik: Der Einwand des Interessenten wird als Kaufgrund dargestellt	0,60755
Verschiedenes	Produkt mit Wettbewerbsprodukten vergleichen, so dass die eigenen Vorteile herausgestellt werden	0,79615
	Einwand hinterfragen, bis der Interessent einsieht, dass dieser unberechtigt war	0,40103

Tabelle 121: Wirkung von Vertriebstätigkeiten im Prozessschritt „Umgang mit Einwänden und Verkaufswiderständen" nach Dubinsky

Prozessschritt: Vertragsabschluss		
Faktor	**Verkaufstechnik**	**Faktor-ladung**
Abschluss herbeiführen	Produktdemonstration, um endgültig zu überzeugen	0,72667
	Vergleich des Produktes mit Wettbewerbsprodukten, um endgültig zu überzeugen	0,69847
	Auswahl statt Wahl: Verkäufer fragt, welches der zwei oder mehr zur Auswahl stehenden Produkte gewählt wird	0,63729
	Verkäufer fokussiert auf Vertragsdetails (Lieferzeitpunkt) und unterstellt, dass der Interessent sich bereits entschieden hat	0,44468
	Verkäufer berichtet von erfolgreichen Verkauf an einen Kunden mit vergleichbaren Parametern, dem das Produkt sehr genutzt hat	0,40505
Psychologisch unterstützter Abschluss	Emotionen beim Interessenten hervorrufen, etwa Angst, Liebe, Statusempfinden, Konkurrenzgefühl, Anerkennung	0,81926
	Handlungs- und Entscheidungsdruck erzeugen: Wenn der Kauf nicht jetzt stattfindet, dann gar nicht	0,78084
	Schweigen	0,52809
	Entscheidungshürde abbauen, indem zunächst ein leichter Einstieg geschaffen wird	0,51946
Ehrlicher Abschluss	Direkte Frage nach einem Auftrag	0,72699
	Konzentration auf die Beseitigung des letzten, kaufverhindernden Einwands	0,71646
	Zusammenfassung aller „Benefits" des Produkts	0,67410
Zugeständnisse für Abschluss	Zugeständnisse wie Rabatte, Zugaben o.ä. zur Motivation eines Abschlusses	0,85291

Tabelle 122: Wirkung von Vertriebstätigkeiten im Prozessschritt „Vertragsabschluss" nach Dubinsky

Prozessschritt: Nachkaufbetreuung		
Faktor	Verkaufstechnik	Faktor-ladung
Kundenservice	Beratungsorientierter Service; Kunden werden individuell beraten	0,80544
	Installations- bzw. Wartungsdienste	0,74371
	Schulung	0,74143
	Reibungslose Rechnungsstellung	0,61614
Zufriedenheit fördern	Beschwerdemanagement	0,80391
	Begleitung der Produkteinführung bzw. ersten Produktnutzung beim Kunden	0,57843
	Periodische Treffen zur Sicherstellung der Kundenzufriedenheit	0,56812
	Verkäufer bedankt sich förmlich beim Kunden für den Auftrag	0,56812
	In Folgetreffen versichert sich der Verkäufer des Vertrauens des Kunden	0,53860
	Erfüllt das Produkt nicht die Erwartungen des Kunden, gewährt der Verkäufer einen Ausgleich	0,45436
Weiterempfehlung durch Kunden	Verkäufer bittet den Kunden, ihn weiter zu empfehlen und fragt ihn konkret nach Kontaktadressen	0,82440

Tabelle 123: Wirkung von Vertriebstätigkeiten im Prozessschritt „Nachkauf-betreuung" nach Dubinsky

8.4.4 Sales Process Automation

Die Automatisierung des Verkaufsprozesses scheint untrennbar mit dem Begriff des Enterprise Ressource Planning (ERP) verbunden zu sein, oder spezieller: mit der Einführung eines ERP-Systems von SAP, Sage, Oracle, Microsoft, Infor oder wem auch immer. Dabei sind diese Systeme nur die Folge, nicht aber die Ursache. Der ursprüngliche motivierende Ansatz war und ist, durch die Automatisierung von Tätigkeiten innerhalb der Prozessschritte Kosten einzusparen sowie die Arbeitsqualität repetitiver Tätigkeiten zu erhöhen. Diese Effekte werden dadurch erreicht, dass die Automatisierung eine Verlagerung von Tätigkeiten auf kostengünstigere „Produzenten" im Hause oder extern (Outsourcing, Call Center, Assistenten) und eine Verbesserung der Verrichtungsqualität (Kundendatenbereitstellung, Terminerinnerung) ermöglicht.

So stellten Erffmeyer und Johnson folgerichtig fest, dass die wichtigsten Auswirkungen von Sales Force Automation folgende sind:[201]

- Effizienzsteigerung: 72%

- Verbesserung des Kundenkontakts: 44%

- Verkäufe steigern: 33%

Mittlerweile hat die Automatisierung von Verkaufsprozessen in der betrieblichen Praxis ihren festen Platz. Ihren Beitrag zur Optimierung von Verkaufsprozessen leistet sie durch zwei methodische Ansätze:

1. Stringente Beschreibung von Teilprozessen mittels Arbeitsanweisungen

2. Unterstützung der Arbeit der Verkaufsinstanzen durch IT-Systeme

---

[201] Erffmeyer & Johnson, 2001, S. 170

Ad 1: Teilprozessbeschreibungen mittels Arbeitsanweisungen

Die Automatisierung zeigt sich hier in der Automatisierung von Abläufen, die manuell oder durch technische Systeme unterstützt ablaufen. Ausgangspunkt ist eine Prozessbeschreibung auf dem Detaillevel einer Arbeitsanweisung und Arbeitsablaufbeschreibung. Der Spielraum für individuelles Handeln der ausführenden Personen wird begrenzt, die Ergebnisse werden berechenbar. Kriterien für Ausnahmen werden definiert.

Ziel ist, eine Tätigkeit so zu beschreiben, dass sie von kostengünstigeren Stellen durchgeführt werden kann als bisher, ohne dass Qualitätsverluste beim Output die Einsparungen zunichtemachen. In der Praxis stellt sich schnell heraus, dass es sich um solche Tätigkeiten handelt, die den Kundenkontakt als solchen, also die Domäne des Verkäufers, wenig tangieren. Es sind dies

- die Identifizierung und Qualifizierung des Interessenten,

- eventuell der Erstkontakt,

- für alle folgenden Prozesse die Unterstützung der Verkaufsinstanzen (Datenerfassung, Angebotsformulierung, Lektorat, Versand) sowie

- nach erfolgtem Kaufabschluss die Auftragsbearbeitung,

sofern diese Tätigkeiten noch Angelegenheit der Vertriebsorganisation sind. Für all diese Prozessschritte gibt es einen regen Outsourcing-Markt und letztlich ist es eine Make-or-buy-Entscheidung, deren Vor- und Nachteile in Tabelle 124 aufgeführt sind.

Kriterium	Mögliche Vorteile des Outsourcing	Mögliche Nachteile des Outsourcing
Kostenhöhe	Absolute Einsparungen	Rüst- bzw. Initialkosten
Kostenstruktur	Variabilisierung bei schwankendem Arbeitsanfall	Mindestauftragsvolumen
Kontrollierbarkeit	Qualität durch Benchmarking leicht zu überprüfen, Prozessmenge definiert	Inhaltliche Qualitätsverluste durch mechanistisches Abarbeiten von Kontakten
Steuerbarkeit	Steuerung auf Basis von Vertragsbeziehung, Grundlage: Arbeitsanweisung, definierter Output	Leistungserstellung von außen allenfalls beobachtbar, Schulungsaufwand
Planbarkeit	Je nach Vereinbarung variable Leistungsabnahme, Mengenanpassung mit kurzem Vorlauf, keine Einschränkungen durch Betriebsvereinbarungen	Arbeitsausfälle (Streiks) beim Zulieferer kündigen sich nicht vorher an
Koordinierbarkeit	Übergabeschnittstellen in die interne Organisation sowie Mengen können definiert werden	Teilschritte nur mit Aufwand veränderbar, zuweilen Anpassung des Vertrags erforderlich

Tabelle 124: Vor- und Nachteile des Prozessschrittoutsourcing im Rahmen der Sales Process Automation

Ad 2: IT-System

Nach Erffmeyer und Johnson ist noch weit vor der Effizienzsteigerung mit 36% der verbesserte Zugang zu Informationen mit 80% der Nennungen wesentlicher Vorteil der Einführung von Sales Force Automation.[202] Ungeachtet der Sinnhaftigkeit einer diesen Zahlen zugrundeliegenden direkten Befragung von Verkäufern zeigen die Ergebnisse doch, dass ein IT-System, durch das kunden- und interessentenrelevante Daten bereit gestellt werden, als sinnvoll und nützlich empfunden wird.

Aus Sicht von Verkäufern steigt der Nutzen des direkten Zugriffs auf Interessenten- und Kundendaten, je unpersönlicher der Kontakt verläuft. Somit ist die IT-Unterstützung als Instrument der Sales Process Automation vor allem bei häufigen Besuchen persönlich nicht oder nur unzureichend bekannter Kunden hilfreich. Im klassischen Key Account Management verfügt hingegen der Verkäufer über die Informationshoheit und wird somit den Wert eines IT-Systems weniger hoch einschätzen.

Bei den Informationen selbst, die per IT-System zur Verfügung stehen sollen, lässt sich zwischen fünf (und bei anderer Betrachtung sicherlich auch mehr) Informationsarten unterscheiden, für die Beispiele in Tabelle 125 aufgeführt sind.

---

[202] Erffmeyer & Johnson, 2001

Informationsarten	Beispiele
Informationen des Verkäufers für den Verkäufer	• Besuchsnotizen als Gedankenstütze für Folgetermine • Wiedervorlage für Aktivitäten • Persönliche Notizen als „Aufhänger" für Folgegespräche (Vorlieben und Abneigungen des Gesprächspartners, besprochene Small-Talk-Themen)
Informationen des Vertriebs für den Verkäufer	• Vorqualifikation von Interessenten, insb. Ansprechpartner und dessen Funktion • Anrufe oder anderweitige Kontaktaufnahmen des Kunden bzw. bereits vom Verkäufer angesprochener Interessenten • Vom IT-System auf Basis von Algorithmen generierte Informationen, in der Regel Wiedervorlageerinnerungen
Informationen anderer Funktionalbereiche für den Verkäufer	• Inkasso-Informationen über Kunden (Zahlungsverzögerungen) • Informationen über Belieferung des Kunden (Lieferdaten, Qualität, eventuelle Reklamationen) • Markt- und Wettbewerbsforschungsergebnisse des Marketings • Feedback auf Werbe-, Verkaufsförderungs- oder sonstige Maßnahmen des Marktkommunikationsbereichs, z.B. generierte Kontaktdaten potentieller Interessenten
Informationen des Verkäufers für den Vertriebscontroller	• Informationen, die der Vertriebscontroller vom Verkäufer für die Verkaufsinstanzen-, Produkt- und Kundenerfolgsrechnung benötigt
Funktionalbereiche	• Informationen des Verkäufers für den Vertrieb und andere Kontakterfolge bei bereitgestellten bzw. vorqualifizierten Interessentendaten • Forecast-Daten bzgl. erwarteter Auftragseingänge, sofern diese per IT-System erfasst werden • Zum Arbeitsnachweis taugliche Informationen für die Vertriebsleitung (Anrufe, Besuche, Angebote)

Tabelle 125: Von einem Sales Process Automation-IT-System bereitgestellte Informationsarten

Somit ist das IT-System keine Einbahnstraße, sondern eine Informationsdrehscheibe, die von verschiedenen Funktionalbereichen, aber insbesondere vom Verkäufer genutzt wird, und es ist unerheblich, ob diese Systeme VIS (Vertriebsinformationssystem), VUS (Vertriebsunterstützungssystem), CRM (Customer Relationship Management-System) oder SSS (Sales Support System) genannt werden, ob damit eine neue Organisation des Vertriebs unterstützt oder eine neue Management-Attitüde begründet wird (gerne bei Einführung von CRM-Systemen „genommen") und ob der Verkäufer das System nützlich und gut findet oder nicht.

Die größten Schwierigkeiten bei der Einführung und anschließend der Einbindung eines IT-Systems in den Arbeitsalltag sind dabei die folgenden:

• **Technische Implementierung:** Erstaunlicherweise ist auch heute noch die Einführung eines solchen Systems ein Abenteuer. Insbesondere dann, wenn eine Systemintegration z.B. mit bereits vorhandenen Auftragserfassungs- und Buchhaltungssystemen stattfinden soll, weichen Projektziel und -wirklichkeit eklatant voneinander ab. Für Zweifler bereits ein Beweis für den mangelnden Nutzen eines solchen Systems.

• **Training:** Legendär sind Geschichten über missglückte Einführungsschulungen, horrende Kosten der Trainings und deren mangelnder Erfolg. Dabei geht es zunächst um die Nutzung des Computerprogramms als solches, um die Bedienerführung, um die Frage, wo welche Information oder selten genutzte Funktionen (Serien-Briefe oder Terminlisten) zu finden sind.

- **Prozessuale Implementierung:** Da die Arbeit bisher auch ohne IT-System geleistet wurde, stört dieses die bisherigen Abläufe, zumindest so lange, bis neue, das IT-System nutzende Prozeduren gelernt sind. Es ist also erforderlich, nicht nur die als bedeutsam erscheinenden übergreifenden Prozesse und Prozessschritte neu zu organisieren, sondern auch die alltäglichen Tätigkeiten, die ständigen Handreichungen und Aktivitäten, die durch das IT-System nun unterstützt werden sollen. Basiert die Kundendatenverwaltung des Verkäufers beispielsweise bislang auf seinem Holzkästchen mit den gesammelten und mit Notizen beschriebenen Visitenkarten, ist es keineswegs selbstverständlich, wie erstens all die Informationen in ein IT-System gelangen sollen und zweitens, dass der Verkäufer dieses Kästchen zukünftig nicht mehr nutzt und statt dessen die Kundendaten direkt in das IT-System eingibt und somit dem eigenen Unternehmen zur Verfügung stellt.

- **Balance zwischen Informationsnutzen und -aufwand:** Deren Beurteilung ist individuell. Für den Verkäufer, der bisher mit seinem Holzkästchen prima klar kam, bedeutet das IT-System zusätzlichen Aufwand und einen negativen Nutzen, für den Vertriebscontroller, der nun z.B. erstmals die Entwicklung von Interessenten zu Kunden nach dem Modell eines Sales Funnels betrachten kann, ist es ein Gewinn. Die in der Praxis ebenso häufig zu beobachtende wie naive Reaktion überforderter Vertriebsmanager ist nun, in Workshops und großen Runden den gesamtunternehmerischen Nutzen des IT-Systems zu erläutern und zu hoffen, dass jeder Einzelne dieses zum Wohle der Firma toll findet. Anschließend, nachdem sich die erste Enttäuschung über die bestenfalls unzureichende, oft aber erbärmliche Nutzungsintensität eingestellt hat, wird die Nichtnutzung bestraft und z.B. erst dann eine Provision auf einen Kundenauftrag ausgeschüttet, wenn die zugehörigen Daten im IT-System gefunden werden können.

- **Vollständigkeit der Informationen:** Nur dann, wenn alle verfügbaren Informationen ausschließlich vom IT-System bereit gestellt werden, wenn also alle informationsgebenden Instanzen verpflichtet werden, ihre Daten bereit zu stellen, entsteht eine prozessinduzierte Notwendigkeit der Nutzung. Und in Folge dessen auch eine prozessinduzierte Selbstverständlichkeit. Etablieren sich jedoch „Schleichwege", auf denen Informationen – vielleicht sogar fallspezifisch effizienter – bereitgestellt werden, lernt die Organisation auch das und das IT-System wird mit der Zeit überflüssig. Die Nutzungsselbstverständlichkeit ist ein Schlüssel zum Erfolg und im Anfang muss diese unter Umständen erzwungen werden.

Aus Sicht des Vertriebscontrollers sind IT-Systeme als Datengrundlage für laufende Beobachtungen nahezu unverzichtbar. Zwar ist die Produkt- und in Grenzen auch die Kundenerfolgsrechnung ohne möglich, aber die Verkaufsinstanzenerfolgsrechnung oder der Aufbau eines Frühwarnsystems nicht. Wünschenswert ist, dass der Vertriebscontroller bei der Implementierung des Systems involviert ist, um sowohl den Dateninput als auch die Reporting-Möglichkeiten mit zu definieren.

8.4.5 Total Quality Management im Verkauf

1993 begannen die ersten Autoren (vor allem James Cortada), das TQM-Konzept auch für den Vertrieb zu erschließen. Nach Plank handelt es sich um eine philosophische Orientierung für Organisation und Management, die zu Prozessdenken führt und zu ständiger

- Verbesserung der Prozesse,

- Verbesserung des Personals und zur

- Messung der Verbesserungsmaßnahmen.[203]

Das Vorgehensmodell ist schnell beschrieben und entspricht dem im Kapitel 8.2 zugrunde gelegten Vorgehen:[204]

1. Beschreibung der Ist-Prozesse als Ausgangspunkt:

    - Wie wird für den Kunden Wert geschaffen?

    - Welche Werte sind für den Kunden wirklich wichtig?

2. Identifikation der Schlüsselcharakteristika des Prozesses

3. Identifikation des idealen Prozesses aus Sicht der Bedürfnisse des Kunden

4. Spiegeln der Ist- gegen die Sollprozesse

Der Ausgangspunkt der Betrachtung sind die Bedürfnisse des Kunden.[205] Ein solcher Standpunkt erweist sich in der Praxis jedoch als zu oberflächlich: Schon die Frage, wer dieser Kunde sei, reizt zur Diskussion: Ist z.B. im b-to-b-Markt „der Kunde" das kaufende Unternehmen, der Ansprechpartner des Verkäufers, der Entscheider des Auftrags oder der Produktverwender? Ist der Kunde bei Kauf eines Teddybären das Kind, das mit dem Bären spielen möchte, die Mutter, die den Kauf des Bären als Weihnachtsgeschenk goutiert oder die Großmutter, die nach einem Geschenk für den Enkel fragte und den Bären bezahlt?

Ferner wird immer wieder übersehen, dass „Qualität", das begriffliche Epizentrum von TQM, ein relativer Begriff und keine absolute Maßzahl ist. Nach Heskett handelt es sich um das Verhältnis von erhaltenem Nutzen zu erwartetem Nutzen.[206] Die Bezugsgröße des TQM ist also nicht das Kundenbedürfnis, sondern der vom Kunden **erwartete Nutzen** des Produktes. Je mehr der erhaltene Nutzen den erwarteten Nutzen übersteigt, als desto größer, respektive besser, wird die Qualität empfunden; dies gilt selbstverständlich auch für die Qualität des Verkäuferkontaktes. Neben der objektiven, anhand von technischen Größen zu messenden Qualität steht somit das Erwartungsmanagement, das vom Verkäufer bzw. der Kommunikations- und Werbeabteilung bestimmt wird, im Vordergrund.

Die Leitfragen, die der Vertriebscontroller beim TQM im Vertrieb/Verkauf stellen muss, sind folglich jene:

- An welchen Kriterien bemisst der Kunde den erhaltenen Nutzen?

- Wie können vermutliche Abweichungen zwischen dem vom Kunden erwarteten Nutzen und jenem, den er erhält, frühzeitig erkannt und beseitigt werden?

- Welche realistischen Erwartungen an den Verkäuferkontakt können geschürt werden?

- Wie können Handlungsfehler festgestellt werden, bevor sie der Kunde erlebt?

---

[203] Plank, et al., 1997, S. 53

[204] Vgl. Plank, et al., 1997, S. 54

[205] So auch in der typischen Verkaufsmotivationsliteratur, z.B. bei Monroe & Cox, 2004, die das „KANO-Modell der Qualität" propagieren. Jedoch sollte dem Leser durch Ausführungen in den vorangegangenen Kapiteln klar sein, dass der Autor auf Phrasen wie „Die Bedürfnisse des Kunden stehen im Vordergrund" allergisch reagiert. Im betrieblichen Alltag ersetzen sie fundierte Argumente und dienen als Rechtfertigung jeglicher Handlungen, ob sinnvoll oder nicht. Wer traut sich schon, in einem Managementmeeting zu sagen, dass die Kundenbedürfnisse NICHT im Mittelpunkt seines Denkens stünden?

[206] Heskett, 1986, S. 61. Vgl. ausführlicher und dort auf eine Dienstleistung als Produkt bezogen Kühnapfel, 1995, S. 169 ff. Siehe auch den Hinweis zur Kennzahl „Verkaufsqualität des Vertriebspartners" in Tabelle 64.

- Wie werden Handlungsfehler erkannt?

- Wie werden Handlungsfehler beseitigt?

- Wie werden Handlungsfehler dokumentiert, um systematische Fehler oder systematische Fehlerquellen zu erkennen?

- Welche Handlungsfehler können vermieden werden, welche die internen Prozesskosten erhöhen bzw. vom Kunden als Störung des Verkaufsprozesses empfunden werden?

Nicht die Kundenbedürfnisse stehen im Vordergrund, sondern die **Kundenerwartungen**. Dieser erste Eckpfeiler des TQM-Ansatzes wird durch einen zweiten ergänzt: **Fehler werden gemacht!** Diese oder irgendeine andere Phrase dient dazu, die Angst vor dem Zugeben eines Fehlers zu nehmen. Verkäufer, zu deren Nimbus die Mystifizierung ihres spezifischen Wissens gehört, geben Fehler ebenso ungern zu wie ein Chirurg oder ein Richter. Dabei fällt es vergleichsweise leicht, Fehler bei der Ausgestaltung eines Kundenkontaktes zu vertuschen: Der Verkäufer wird seine persönliche Schuld nur selten zugeben und für den Interessenten, der sich für den Wettbewerber entschieden hat, gibt es keine Motivation, ein abgelehntes Angebot anders zu begründen als mit irgendwelchen austauschbaren Pauschalaussagen wie „zu teuer" oder „Produkt nicht geeignet". Warum auch sollte er artikulieren, dass er dem Verkäufer misstraut oder dessen Verhalten als zu druckvoll empfand? Wie aber kann TQM im Vertrieb funktionieren, wenn die Fehleridentifikation verlässlich nur für die repetitiven Prozessschritte und Aktivitäten, nicht aber für den erfolgsentscheidenden Schritt, den Kundenkontakt selbst, möglich ist? TQM im Vertrieb bleibt somit eine gedanklicher Ansatz, eine Attitüde, eine Philosophie und es ist nicht verwunderlich, warum es als Konzept in der Praxis meist nur in Verbindung mit der Einführung von IT-Systemen auftaucht.

8.4.6 Lean Management im Verkauf

Ein dem TQM nahe kommendes Konzept ist das Lean Management. Ziel ist, durch eine Verlagerung der in Tabelle 59 beschriebenen Rechten (Initiation-, Notification-, Ratification-, Implementation- und Monitoring Rights) von Führungs- auf ausführende Kräfte sowohl Effektivität als auch Effizienz der Vertriebsprozesse zu verbessern. Barber und Tietje beschreiben für die Einführung von Lean Management das Value Stream Mapping als Tool und stellen die Frage nach den vom Kunden nachgefragten Werten („Value") in das Zentrum. Ihr Vorgehensmodell sieht wie folgt aus:[207]

1. Welchen Wert wollen die Kunden wirklich („Löse mein Problem komplett! Verschwende nicht meine Zeit! Liefere das, was ich will! Liefere Wert, wo ich ihn brauche! Liefere Wert, wann ich ihn brauche! Reduziere die Anzahl von Entscheidungen, die ich treffen muss, um ein Problem zu lösen! Mache mich zum Sieger in meiner Organisation!")?

2. Identifikation der Wertschöpfung jedes Produktes und Eliminierung der Schritte, die keinen Wert beitragen

3. Sinnvolle Anordnung der verbleibenden Schritte, um Wartezeiten und Lagerkosten zu sparen

4. Push-Vertrieb auf Pull-Vertrieb umstellen, bei dem Kunden aktiv nachfragen

5. Schritte 1-4 immer wieder durchführen, um sich kontinuierlich zu verbessern

Ihre „Lean Principles" sind

- Minimierung von Work-in-Process-Zeiten außerhalb der Produktion,

---

[207] Barber & Tietje, 2008, S. 155 f.

- Flaschenhälse eliminieren,

- Kundenbedürfnisse bei Lieferungen treffen und nicht wahllos übererfüllen und

- Aktivitäten eliminieren, die dem Produkt keinen Wert beisteuern.

Das liest sich gut. Leider wird dieser Ansatz in der Praxis selten stringent umgesetzt, und dies ist nur zu gut verständlich: „Lean Sales Production", um einen weiteren Begriff einzuführen, kann sich eben nicht nur an Kundenbedürfnissen orientieren, sondern immer sind Regeln der eigenen Organisation zu beachten, die nur bedingt umgestoßen und neu formuliert werden können. Ein Vertriebscontroller, der „Lean Management" im Vertrieb einführen oder zumindest etablieren möchte, wird ständig an Grenzen stoßen, die von gut begründeten Regeln gesetzt werden. So ist es beispielsweise keine Willkür, wenn Rabattvergaberechte limitiert werden. Die Notwendigkeit, für umfangreichere Rabatte zunächst eine weitere Instanz (Vertriebsleiter, Controller) um Erlaubnis fragen zu müssen, hat den Nachteil, Aufwand zu generieren und die Angebotsverhandlungen zu erschweren, ist aber im Gesamtzusammenhang zur Limitierung der Inanspruchnahme sinnvoll. Lean Management steht, wie das Beispiel zeigt, mit Verfahrensregeln in Konkurrenz und es ist ein kontinuierlicher Prozess des Ausgleichs.

In diesem Zusammenhang sei noch einmal auf die Erläuterungen in Kapitel 2.3 verwiesen, die deutlich machen, dass Sales Process Automation, TQM oder Lean Management erst durch die zunehmende Arbeitsteilung des Verkaufs in der Teambildungs- und dann in der Taylorisierungsphase zu einem Thema werden, wenn die Interaktion von Individuen Transaktions- und Agenturkosten verursachen. Sales Process Automation, TQM und Lean Management sind dann nichts anderes als Methoden, deren Anwendung zu einer Reduktion dieser Kosten führen soll. Es sind keine Patentrezepte, aber im Vertriebscontrolling, dessen Wertschöpfung auf Systematik und Struktur basiert, nützliche Hilfsmittel, methodische Anleitungen oder zumindest doch Anregungen.

8.5 Interessentenmanagement

Das Interessentenmanagement befasst sich mit den Frühphasen des Verkaufsprozesses, wie er in Tabelle 110 skizziert wurde. Aus dem diffusen Kreis aller theoretisch in Frage kommenden Kunden eines mehr oder weniger präzise beschriebenen Marktes werden Interessenten identifiziert, bei denen sich eine Kontaktaufnahme zu lohnen scheint. Zielsetzung hierfür ist am Ende des Prozesses der Kauf, der Auftrag, der Abschluss, der einen Interessenten zu einem Kunden macht.

Ein Interessent ist aus Sicht des eigenen Unternehmens jeder, der für einen Produktkauf in Frage kommt und von dem nicht bekannt ist, dass er bereits Kunde ist. Das ist bei registrierten Kunden (Versicherungen, Banken, Individualverträge für Strom, Mobilfunk, Abonnements usw.) einfach zu entscheiden. Doch ist der Besucher eines Drogeriemarktes ein Kunde oder ein Interessent? Hat er bereits gekauft oder nicht? Und wenn sein letzter Kauf – sagen wir mal – zwei Jahre zurück liegt? Ist er dann schon ein Kunde? Aus Sicht des Vertriebscontrollings ist die Definition einfach: Ein Interessent ist, wer kaufen könnte, aber nicht als Kunde bekannt ist. Interessenten sind somit weder Kunden noch Nachfrager, die aufgrund ihrer räumlichen, zeitlichen, rechtlichen oder nachfragebedingten Situation nicht als Kunde in Frage kommen.

Die nächsten Unterkapitel zeigen, welchen Beitrag das Vertriebscontrolling zum Management dieser Interessenten leisten kann. Auch hier liegt der Schwerpunkt der Betrachtungen auf der Verkaufseffizienz, nicht auf der Effektivität. Das Vertriebscontrolling leistet keinen wesentlichen systematischen Beitrag zu der Frage, wie Interessenten am besten zu Kunden gemacht werden können. Aber es ist dafür verantwortlich, die Kosten im Auge zu behalten und zu prüfen, ob der gleiche Verkaufserfolg zu geringeren Interessentenmanagementkosten möglich wäre.

Die Bedeutung der Aufgabe, die Prozessschritte zu steuern und deren Ergebnisse zu messen, ist offensichtlich: Unternehmen des b-to-b-Sektors geben durchschnittlich 65% ihres Marketing-Budgets dafür aus, um Informationen über Interessenten zu erhalten.[208] Aber nur ungefähr 70% der durch das Marketing erzeugten Interessentenkontakte werden von Verkäufern verfolgt[209], weil diese andere Aufgaben bzw. Prioritäten haben. Die Folge ist in den meisten Unternehmen bekannt: Die Verkäufer beschweren sich über die schlechte Qualität der Vorqualifizierung und den beträchtlichen Zeitaufwand, der erforderlich sei, die große Menge abzuarbeiten, das Marketing darüber, dass die Verkäufer die teuer bezahlten und mühsam generierten Kontakte nicht verfolgten. In einer umfassenden Studie mit ca. 500 verwertbaren Datensätzen ermittelten Sabnis, Chatterjee, Grewal und Lilien[210], dass Verkäufer ihre Entscheidung, ob sie einen „Lead" verfolgen oder nicht, von folgenden Faktoren abhängig machen:

- Qualität der vorqualifizierten Kontakte (Inhalt, Details)

- Beobachtung („Tracking") durch das Vertriebsmanagement

- Gesamtvolumen ständig verfügbarer Leads

- Bisherige Erfahrungen mit Leads

Der wesentliche Faktor jedoch ist die Qualität der vorqualifizierten Kontakte: Je besser diese ist, desto mehr sind Verkäufer bereit, diese weiter zu verfolgen. Aufgabe des Vertriebscontrollings ist nun, an den richtigen Stellen die jeweilige Nutzung von Leads und somit deren Wertschöpfungsbeitrag zum Vertriebsprozess zu messen.

8.5.1 Prozessschritte Interessentenidentifikation und -qualifikation

Die Aufgabe des Vertriebscontrollers in diesem ersten Prozessschritt, deren Umfang Abbildung 86 umreißt, ist es, das Kosten-/Nutzenverhältnis der Identifikation und Qualifikation[211] von Kaufwilligen zu messen. Die in dieser Frühphase des Verkaufsprozesses geleistete Arbeit ist ausschlaggebend

- für die Akquisitionskosten eines späteren Auftrags,

- die Rentabilität der späteren Kunden,

- die Quote der gewonnenen Kunden im Verhältnis zu der theoretischen Gesamtzahl an Kunden, die hätte erreicht werden können.

---

[208] SiriusDecisions, September 2006

[209] Michiels, Juli 2009

[210] Sabnis, et al., 2013

[211] Die Begriffe „Qualifikation" und „Qualifizierung" werden synonym verwendet.

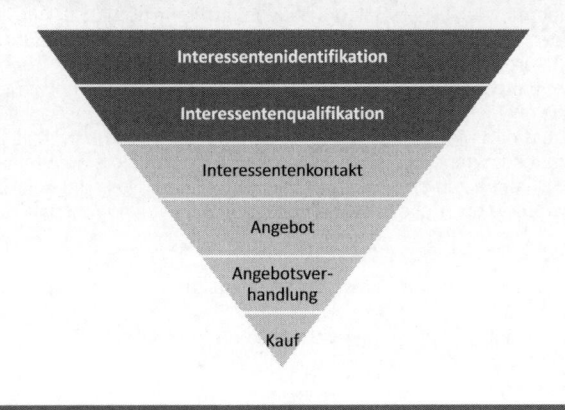

Abbildung 86: Sales Funnel, Prozessschritte 1 und 2

Da hier noch kein direkter Kundenkontakt erfolgt, zumindest kein gezielter Kontakt mit den für den Kauf verantwortlichen Personen, bieten sich diese Prozessschritte wie keine anderen für ein Outsourcing an. Umso bedeutender ist die Zuarbeit des Vertriebscontrollings, um Qualität und Kosteneffizienz zu beobachten und ggf. steuernd einzugreifen.

Die für die Messung von Kosten und Nutzen der hier relevanten Prozessschritte erforderlichen Kennzahlen wurden bereits in Tabelle 114 vorgestellt. In Ergänzung dazu beschäftigen das Vertriebscontrolling weitergehende Fragen, die für die Steuerung und Kontrolle erforderlich sind:

Werden alle relevanten Interessenten identifiziert?

„Relevant" ist ein Interessent, wenn er für einen Kauf in Frage kommt. Verworfene Interessenten sind, sofern sie ihrerseits nicht aktiv werden und Produkte nachfragen, verlorenes Potential. Natürlich ist es fast unmöglich, dieses unerschlossene Potential zu messen, genauso, wie es unmöglich ist, die Anzahl nicht entdeckter Galaxien zu zählen. Lediglich eine Hilfsgröße steht zur Abschätzung Verfügung:

$$Fehlerkoeffizient\ der\ Interessentenidentifikation(t)$$
$$= \frac{Kunden, die\ nicht\ als\ Interessenten\ identifiziert\ wurden(t)}{Kunden(t)}$$

Mit dieser Maßzahl lässt sich die „Treffgenauigkeit" von Maßnahmen erkennen. Während nun aber die absolute Größe einen geringen Aussagewert besitzt, lässt sich aus dem Vergleich von „Fehlerkoeffizienten der Interessentenqualifikation" (FdI) unterschiedlicher Verkaufsregionen, Verkaufsinstanzen oder Perioden erkennen, wie effizient die Maßnahmen der Interessentenidentifikation und -qualifikation sind. Allerdings wäre es naiv, aus einem besseren FdI auf einen effizienteren Verkaufsprozess zu schließen. Beispielsweise kann es sinnvoll sein, in diesem ersten Prozessschritt nur die besonders wichtigen Interessenten zu identifizieren, z.B. die Meinungsführer oder jene, deren Beschaffungsvolumen als hoch eingestuft wird. Die Kosten dieser Maßnahme wären geringer als jene des Versuches, ausnahmslos alle potentiellen Kunden zu erreichen. Diese Strategie wäre z.B. bei einem noch weitgehend unerschlossenen Markt empfehlenswert. Erst in einer Gesamtbetrachtung des Verkaufsprozesses und einer korrespondierenden Auswertung aller Kennzahlen ergibt sich für den Vertriebscontroller ein Gesamtbild, dessen Interpretation wertvolle Rückschlüsse für seinen Kunden, hier den Vertriebsmanager, zulässt.

Zur Ermittlung dieses Koeffizienten[212] sind einige Voraussetzungen zu erfüllen:

- Es ist durch Markierung (Datenbank, CRM) feststellbar, ob ein Kunde den Identifikations- und Qualifikationsprozess durchlief oder nicht.

- Es liegt ein definierter Markt mit einer in ihrer Größe bekannten Grundgesamtheit vor. Die Anzahl potentieller Interessenten ist somit bekannt.

- Die Messung erfolgt bei permanenter Interessentenqualifikation und -qualifizierung diskontinuierlich.

- Bei aktionsorientierter Interessentenidentifikation und -qualifizierung erfolgt die Messung erstmals nach der Dauer eines typischen Angebotsverhandlungszyklusses.

Das Ergebnis drückt aus, wie präzise die Identifikation und Qualifizierung funktioniert. Diese Präzision korreliert mit den Kosten des betrachteten sowie der folgenden Prozessschritte. Je aufwändiger und intensiver nach Interessenten gefahndet und diese anschließend qualifiziert werden, desto geringer wird der Fehlerkoeffizient sein. Allerdings fallen die Mehrkosten einer präziseren Suche für alle Identifizierten und Qualifizierten an, also auch für jene, die auch bei oberflächlicherer Suche gefunden worden wären. Das Ziel ist also nicht, alle potentiellen Kunden zu identifizieren und zu qualifizieren, sondern ein **Kosten-/Nutzenoptimum** zu erzielen. Je bedeutender jeder einzelne Kunde für das Gesamtergebnis des Unternehmens ist, desto aufwändiger darf die Suche sein und mündet in der Frage, welchen Preis ein Unternehmen für einen identifizierten und anschließend für einen qualifizierten Interessenten zu zahlen bereit ist. Die Antwort ist das Budget, das diesen Prozessschritten zur Verfügung steht:

Wie viel darf die Interessentenidentifikation und -qualifikation kosten?

Die Budgetierung dieser Prozessschritte gelingt nur über eine Rückrechnung, ausgehend vom Kundendeckungsbeitrag. Alle Kosten der Identifikation und Qualifikation sind zunächst Fixkosten. Diese können über eine einfache Divisionskalkulation als Sondereinzelkosten des Vertriebs auf die gewonnen Kunden verteilt werden, sofern die Kosten abgegrenzt werden können (perioden- oder aktionsgenau). Dann ist es auch unerheblich, ob die Kosten für die ersten beiden Prozessschritte selbst fix oder variabel sind. In der Berechnungsformel markiert das „k", dass die Sondereinzelkosten des Vertriebs für jeden einzelnen Kunden anfallen und im Zuge einer Kundendeckungsbeitragsrechnung zu berücksichtigen sind.[213]

$$Sondereinzelkosten\ des\ Vertriebs(k, Identifikation + Qualifikation)$$
$$= \frac{Gesamtkosten\ für\ Identifikaton\ und\ Qualifikation}{\Sigma\ Kunden}$$

Um dem in der Kostenrechnung üblichen Tragfähigkeitsprinzip gerecht zu werden, werden nun in Erweiterung dieser Formel die Kosten proportionalisiert: Kunden, mit denen viel Umsatz gemacht wird, sollten mehr der Identifikations- und Qualifikationskosten tragen als Kunden, mit denen wenig Umsatz gemacht wird. Statt des Umsatzes sollte auch der Deckungsbeitrag 1 als Bezugsgröße genommen

---

[212] Dem Autor ist sehr wohl bewusst, dass die Fülle an Fachbegriffen, die nachfolgend verwendet werden, das Verständnis für jeden, der nicht in der Kostenrechnung beheimatet ist, erschwert. Ersparen lassen sie sich aber nicht, denn spätestens bei der ersten fachlichen Diskussion im Unternehmen muss der Vertriebscontroller diese Vokabeln sowieso beherrschen. Denn: Will ein Jäger als Jäger anerkannt werden, muss er die Jägersprache sprechen. Will ein Skater als Skater cool sein, muss er das Skater-Jargon sprechen. Will ein Vertriebscontroller als Vertriebscontroller … Sie wissen schon.

[213] Es bleiben jedoch nicht die einzigen, denn die Kosten der weitergehenden Prozessschritte werden später noch zu den Sondereinzelkosten des Vertriebs hinzuaddiert werden müssen.

werden, wenn sich dieser von Kunde zu Kunde signifikant unterscheidet, z.B., weil jeweils individuelle Preise für vergleichbare Leistungen (entspricht ähnliche variable Kosten) vereinbart werden. Normalerweise reicht die einfacher ermittelbare Bezugsgröße (Erlös oder Deckungsbeitrag 1). Somit ergibt sich – das Tragfähigkeitsprinzip berücksichtigend – folgende Berechnungsformel:

$$Sondereinzelkosten\ des\ Vertriebs(k, Identifikation + Qualifikation)$$
$$= \frac{Gesamtkosten\ für\ Identifikaton\ und\ Qualifikation * Erlös(k)}{\Sigma\ Erlöse}$$

Um das oben bereits angesprochen Kosten-/Nutzenoptimum zu berechnen, bedarf es einiger Vorüberlegungen: Ein weiterer Kunde ist für das eigene Unternehmen dann sinnvoll, wenn sich durch ihn die Rentabilität des eingesetzten Kapitals erhöht. Da neben der Kapitalrentabilität bei den allermeisten Unternehmen auch das Umsatzwachstum zu den Zielen gehören wird, wäre präziser zu formulieren, dass ein Kunde für das eigene Unternehmen dann sinnvoll ist, wenn er den Gesamtumsatz erhöht und gleichzeitig die Rentabilität des eingesetzten Kapitals nicht verringert. Für das Vertriebscontrolling ist es jedoch oft nicht einfach zu ermitteln, wie hoch das eingesetzte Kapital überhaupt ist. Auch spielt bei börsennotierten Publikumsgesellschaften auf der operativen Ebene das Eigenkapital keine Rolle. Hilfsweise wird darum auf den **Umsatz** als Bezugsgröße im Nenner und somit auf die **Rentabilität des Umsatzes** zurückgegriffen. Das ist akzeptabel und zur Bewertung des Geschäftserfolgs üblich, zumal alle erforderlichen Daten von der Gewinn- und Verlustrechnung bzw. der Kostenträgerzeitrechnung zur Verfügung gestellt werden und somit vorliegen sollten.

Mit der Sprache der Vollkostenrechnung ausgedrückt, bei der nicht zwischen fixen und variablen Kosten unterschieden wird, ist ein Kunde sinnvoll, wenn er die durchschnittliche Umsatzrentabilität nicht verringert, also:

$$\frac{Gesamtkosten(k)}{Erlöse(k)} \geq \frac{Gesamtkosten(\Sigma k)}{Erlöse(\Sigma k)}$$

Es ist sinnvoll, eine Zielumsatzrentabilität auf Vollkostenbasis festzulegen, die dem Durchschnitt entspricht. Mit

- den bekannten Durchschnittserlösen je Kunde,

- der Zielumsatzrentabilität sowie

- dem bekannten durchschnittlichen Anteil der Interessentenidentifikations- und -qualifikationskosten an den Gesamtkosten

lässt sich nun die umsatzabhängige Gesamtkostenobergrenze derselben errechnen:

$$Gesamtkostenobergrenze(k, soll) = Erlös(k, ist) - Erlös(k, ist) * Zielumsatzrentabilität$$

$$Kostenanteil\ für\ Ident. und\ Qual.(k, ist) = \frac{Kosten\ für\ Ident. und\ Qual.(k, ist)}{Gesamtkosten(k, ist)} * 100$$

$$Obergrenze\ der\ Kosten\ für\ Ident. und\ Qual.(k, soll)$$
$$= Kostenanteil\ für\ Ident. und\ Qual.(k, ist) * Gesamtkostenobergrenze(k, soll)$$

Tabelle 126 zeigt hierzu ein Beispiel. Das Ergebnis dieser pragmatischen Näherungsrechnung sind die Maximalkosten der hier relevanten Prozessschritte je Kunde.

Berechnung	Vorgehen
Vorgaben	Erlös eines potentiellen Kunden: 100.000 € Zielumsatzrentabilität: 15% Bisherige Ø Kosten für Identifikation und Qualifikation: 150 € Bisherige Gesamtkosten des Kunden: 76.000 €
Berechnung der Gesamt-kostenobergrenze	$Gesamtkostenobergrenze(k, soll)$ $= 100.000€ - 100.000€ * 15\% = 85.000€$
Berechnung des Ist-Kostenanteils	$Kostenanteil\ für\ Ident.\ und\ Qual.(k, ist) = \dfrac{150€}{76.000€} * 100$ $= 0,2\%$
Berechnung der Ober-grenze für die ersten Prozessschritte	$Obergrenze\ der\ Kosten\ für\ Ident.\ und\ Qual.(k, soll)$ $= 0,2\% * 85.000€ = 170€$

Tabelle 126: Berechnung der umsatzrenditeabhängigen Obergrenze für
Identifikation und Qualifizierung von Interessenten

Leider werden aber nicht aus allen identifizierten und qualifizierten Interessenten auch Kunden. Es ist nach der bisherigen Rechnung (Tabelle 126) zwar bekannt, dass der Identifikations- und Qualifizierungsaufwand je Kunde (in diesem Beispiel) 170€ betragen durfte, doch es fehlt noch der letzte Schritt: Es ist zu errechnen, wie hoch das Budget ist, das maximal investiert werden darf, um einen Interessenten erst zu identifizieren und anschließend zu qualifizieren. Hierzu wird die Quote errechnet, mit der aus einem Interessenten ein Kunde wird. Mit dieser Quote wird die – wie in Tabelle 126 gezeigt – Obergrenze der Kosten für Identifikation und Qualifizierung multipliziert:

$$Kostenobergrenze\ je\ identif.\ und\ qual.\ Interessenten$$
$$= Obergrenze\ der\ Kosten\ für\ Ident.\ und\ Qual.(k, soll)$$
$$* \frac{Kunden(ist)}{Anzahl\ der\ für\ diese\ Kunden\ ehemals\ notwendigen\ ident.\ und\ qual.\ Interessenten}$$

Konnten bisher z.B. aus ehemals 1.000 identifizierten und qualifizierten Interessenten 250 Kunden gewonnen werden, betrug die Umwandlungsquote nach dem zweiten Prozessschritt 0,25, die Kostenobergrenze im Beispiel der Tabelle 126 somit 42,50 €.

Das Ergebnis legt das Maximalbudget je Identifikation und Qualifizierung eines Interessenten fest, zu dem die geforderte Umsatzrentabilität erreicht wird. Wird nun dem Vertrieb ein Umsatzziel mit Neukunden vorgegeben, z.B. 1 Mio. €, und ist der durchschnittliche Umsatz je Neukunde bekannt, z.B. 10 Tsd. €, so sind automatisch auch die Budgetdaten für die Identifikation und Qualifizierung von Interessenten bekannt:

Ziel: 1 Mio. € Umsatz mit Neukunden

= 100 Neukunden bei Ø 10 Tsd. € Umsatz je Kunde

= 400 erst zu identifizierende und dann zu qualifizierende Interessenten bei einer Umwandlungsquote von 0,25

= 17 Tsd. € Budget für die Identifikation und Qualifizierung von Interessenten bei 42,50 € Maximalkosten bei einem vorgegeben Umsatzrenditeziel von 15%

Der Nachteil dieser Rückrechnung ist, dass bereits Erfahrungswerte für diese Prozesse bekannt sein müssen. Sind sie es nicht, etwa, weil diese das erste Mal gesondert berücksichtigt werden (Unternehmensgründung, erstmaliges Vertriebscontrolling), müssen diese wie bei einer Plankostenrechnung vorgegeben und sofort, wenn erste Erfahrungswerte vorliegen, angepasst werden.

Werden irrelevante Interessenten identifiziert?

Die ersten beiden Prozessschritte, also die Identifikation von Interessenten sowie deren Qualifizierung, finden ohne direkten Kundenkontakt statt. Das Ergebnis sind Kontaktdaten, Hinweise auf das Beschaffungsverhalten, die Organisation und die Entscheidungsprozeduren des potentiellen Kunden, seine bisherigen Bezugsquellen oder ganz allgemeine Informationen über Haushalts- oder Unternehmensgröße.

In der betrieblichen Praxis besteht die Gefahr, dass die Prozessschrittverantwortlichen ihren Output an der Anzahl zunächst identifizierter und anschließend qualifizierter Kontakte messen. Diese Anzahl kann erhöht werden, indem ein gröberer Filter verwendet wird, also mehr Interessenten als mögliche Kunden qualifiziert werden. Die Folge ist, dass die oben verwendete Umwandlungsquote sinkt und dass für die nachgelagerten Prozessschritte mehr Arbeit anfällt, also eine größere Anzahl von Interessenten kontaktiert werden muss. Da die Kosten späterer Prozessschritte im Falle des Vertriebs bis zum Moment des Kaufabschlusses stets höher sind als jene der früheren Schritte, ist es für die Gesamtkosten des Vertriebsprozesses schädlich, Arbeit von frühen auf spätere Prozessschritte zu verlagern.

Aufgabe des Vertriebscontrollings ist es somit, die Anzahl und den Anteil der nicht zu Kunden werdenden Interessenten zu reduzieren. Die einfache Relation „Kunden zu Interessenten", die für jede abgrenzbare Periode, jede Aktion und jede Region ermittelt wird, kann ausreichen, um eine adäquate Steuerung von zukünftigen Prozessen zu ermöglichen. Verschiedene Effekte werden dabei nicht erfasst, z.B. der Anteil der Kunden, die nie qualifiziert wurden oder der Anteil der Kunden, die zwar qualifiziert wurden, aber nicht kauften und erst später durch eigenen Antrieb zu Kunden wurden. Solche Effekte lassen sich mit Korrekturziffern berücksichtigen, ein Aufwand, der nur gerechtfertigt ist, wenn sie bezogen auf das Gesamtergebnis relevant sind. Andernfalls sollte der Vertriebscontroller sie als „Messtoleranz" akzeptieren und in den entsprechenden Auswertungen und Analysen auf sie hinweisen, um klar zu stellen, dass er diese Effekte kennt und deren Wirkung bewertet hat.

Werden bei der Qualifikation der Interessenten die tatsächlich wichtigen Informationen ermittelt? Werden überflüssige Informationen gesammelt?

Diese Frage zu beantworten ist letztlich Aufgabe der den Kontakt weiter betreuenden Vertriebsinstanz. Diese wird vermutlich so viele Daten wie möglich haben wollen und sich des abnehmenden Grenznutzens jeder weiteren Information sehr wohl bewusst sein. Für den Vertriebscontroller wäre wünschenswert, hier die Kosten der Informationsbeschaffung mit dem Nutzen der Informationsverwendung vergleichen zu können, um abzuschätzen, wo das Optimum liegt. Erfolgsaussichten auf einen gangbaren methodischen Ansatz gibt es ob der mehrfachen Individualität (Verkäufer, Interessent, Kontaktart, Zeitpunkt) jedoch nicht.

Ist gewährleistet, dass die „Auslieferung" der Qualifikationsdaten effizient erfolgt?

Handlungskostensenkend wirkt sich aus, wenn die Auslieferung der gesammelten Daten qualifizierter Interessenten an die Instanz, die anschließend den Interessentenkontakt initiiert, effizient erfolgt. „Effizient" bedeutet hier

- in zeitlicher Hinsicht verzögerungsfrei und kontinuierlich, zumindest jedoch in kurzen Intervallen sowie

- in ablauforganisatorischer Hinsicht entweder an die kontaktaufnehmende Instanz oder an eine Verteilerstelle, die je nach Last, Verfügbarkeit oder Qualifikation (Produkt, Sprache, Erfahrung) entscheidet, wer die Kontaktaufnahme verantwortet.

Ferner ist sicher zu stellen, dass alle, die über den Output der ersten beiden Prozessschritte informiert werden möchten, entsprechende Informationen erhalten. In der Regel werden die Identifikations- und Qualifikationsdaten selbst nur vom Kontaktaufnehmenden sowie der Marktkommunikation (für Mailinglisten usw.) nachgefragt, Vertriebscontroller, Marketiers, Vertriebsmanager usw. benötigen qualifizierte Mengengerüste und statistische parametrisierte Auswertungen, um sich ein Bild von der absoluten Menge sowie den Merkmalen der Identifizierten und Qualifizierten machen zu können.

8.5.2 Prozessschritt Interessentenkontakt

In diesem Prozessschritt (Abbildung 87) erfolgt der erste Kontakt zu einem Interessenten, der mit der direkten Motivation eines Abschlusses erfolgt. Eine Kontaktschnittstelle entsteht. Entsprechend qualifiziert wird die Verkaufsinstanz, zumeist eine Person, sein. Es ist davon auszugehen, dass die Kosten je Zeiteinheit hoch sind und deren Kapazität limitiert ist. Ob dieser Prozessschritt von einer selbst gesteuerten, einer vertraglich gebundenen oder einer externen Verkaufsinstanz durchgeführt wird, ist unerheblich. Auch kann es vorkommen, dass im Sinne des Outsourcings auch Teile dieses Prozessschritts von einem Dienstleister durchgeführt werden, dessen Aufgabe z.B. die Terminvereinbarung ist.

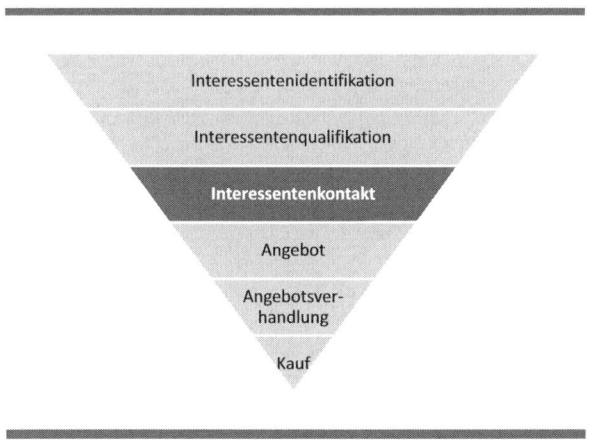

Abbildung 87: Sales Funnel, Prozessschritt 3

Inhalt dieses Prozessschritts ist die Entwicklung eines vorqualifizierten Interessenten, von dem zu Prozessbeginn nur Daten bekannt waren, zu einem potentiellen Kunden. Das Ergebnis ist die Entscheidung des Interessenten, ob er ein Angebot erhalten möchte oder nicht.

Die Effektivität, die sich durch Häufigkeit, Ernsthaftigkeit und Volumen der Angebotsaufforderung ausdrückt, kann auf einen Interessentenkontakt bezogen nicht absolut gemessen werden, denn diesen einen Kontakt gibt es in dieser Konstellation nur ein einziges Mal und das Messergebnis wäre im wahrsten Sinne des Wortes unvergleichlich. Aber es lässt sich durch den Vergleich der Ergebnisse ähnlicher Interessentenkontakte ermitteln, wie relativ erfolgreich – also effektiv – Verkaufsinstanzen sind. Ab einer statistisch relevanten Menge an Kontakten ist schon das einfache Auszählen der Angebotsaufforderungen ein Effektivitätsmaß: Welchen Prozentsatz an Angebotsaufforderungen erreicht eine Vertriebsinstanz oder eine Region?

Somit sind typische Effektivitätskennziffern:

- Angebotsaufforderungen je Interessentenkontakte

- Durchschnittliches Angebotsvolumen je Angebotsaufforderung

- Anteil der vom Interessenten erbetenen Wiedervorlagen

- Angebotsaufforderungen je aufgegriffener Wiedervorlage

Die Messung des Ressourceneinsatzes je Interessentenkontakt führt zur Bewertung der Effizienz. Es wird die Anzahl der Angebotsaufforderungen oder das in Euro oder Mengeneinheiten definierte Angebotsvolumen im Verhältnis zu den Kosten dieses Prozessschrittes oder zu den Gesamtkosten der ersten drei Prozessschritte bewertet. Tabelle 127 gibt einen Überblick über sinnvolle Kennzahlen.

Beschreibung	Kennzahl
Verhältnis der Angebotsaufforderungen zu den Kosten des Prozessschritts	$Prozessschritteffizienz(t)$ $$= \frac{Anzahl\ Angebotsaufforderungen(t,x)}{Kosten\ der\ Kontaktaufnahme(t)}$$ x steht für die zu bewertende Einheit der Anzahl der Angebotsaufforderungen, also absolute Menge oder Wert (gemessen in Euro).
Verhältnis der Angebotsaufforderungen zu den Gesamtkosten der ersten drei Prozessschritte	$$Prozesseffizienz(t) = \frac{Anzahl\ Angebotsaufforderungen(t,x)}{bisherige\ Gesamtkosten(t)}$$
Umwandlungsquote	$$Kontaktquote(t) = \frac{Qualifizierte\ Interessentenkontakte(t)}{Angebotsaufforderungen(t)}$$ oder $$Kontaktquote(t) = \frac{Identifizierte\ Interessentenkontakte(t)}{Angebotsaufforderungen(t)}$$
Umwandlungsgeschwindigkeit	Ø Zeitdauer, die benötigt wird, um von einem - identifizierten oder - qualifizierten Interessenten zu einem Angebot aufgefordert zu werden.
Wiedervorlagequote	$Interessentenwiedervorlagequote$ $$= \frac{Wiedervorlagen}{qualifizierte\ Interessentenkontakte}$$
Wiedervorlagenumwandlungsquote	$Wiedervorlagenumwandlungsquote(t)$ $$= \frac{Angebotsaufforderungen(t)}{Bearbeitete\ Wiedervorlagen(t)}$$

Tabelle 127: Kennzahlen zur Effizienzmessung des Prozessschritts Interessentenkontakt

8.5.3 Prozessschritt Angebotserstellung

Der Einzelschritt „Angebot" besteht im Wesentlichen aus interner Arbeit, nämlich der Erstellung des Angebots. Das Ergebnis ist ein dem qualifizierten, kontaktierten Interessenten vorgelegtes entscheidungsreifes Angebot. Ein Kundenkontakt wird in dieser Phase nur angestrebt, wenn Unklarheiten hinsichtlich der nachgefragten Produkte bestehen.

In der betrieblichen Praxis ist ein häufiger Diskussionspunkt, ob es besser sei, wenigen, aber dafür gut qualifizierten Interessenten oder aber vielen, aber dafür weniger gut „vorbereiteten" Interessenten ein Angebot zu unterbreiten. Die wichtigsten Gründe für beide Positionen sind klar: Dem Aufwand der Angebotserstellung steht die Chance einer Spontanentscheidung gegenüber. Allerdings ist für den Vertriebscontroller dieser Streitpunkt schnell zu klären, indem die Angebotsumwandlungsquote beobachtet und mit den Angebotserstellungskosten verglichen wird.

Eine wichtige Bezugsgröße sind hier, wie für anderen Kennzahlen auch, die „Ø Kosten je Angebot". Dieser Wert muss manuell erhoben werden, also durch die Addition von Personal- und Sachaufwendungen. Dieser Vorgang ist ebenso mühsam wie wichtig und einmal ermittelte Angebotskosten sollten in regelmäßigen Abständen überprüft werden.

Bei **kundenindividuellen Angeboten** stellt die Verkaufsinstanz Produkte, Preise oder Lieferkonditionen kundenindividuell zusammen, unabhängig davon, ob dies manuell oder durch einen automatisierten Prozess erfolgt. Davon abzugrenzen sind **universelle Angebote**, bei denen Interessenten aus einer vorgegebenen Auswahl von Produkten und Konditionen auswählen, etwa in einem Internet-Shop oder einem Lebensmittelsupermarkt. Der Unterschied besteht also darin,

1. wer die Zusammenstellung des Warenkorbs für ein Angebot übernimmt, die Verkaufsinstanz oder der Interessent, und

2. wer die Entscheidung über die Produktzusammensetzung, die zum Auftrag wird, trifft.

Somit können sich Angebotsarten innerhalb des gleichen Vertriebskanals unterscheiden: Einem Interessenten, der im Delikatessen-Markt Waren aus dem Regal nimmt, bezahlt und geht, wurde ein universelles Angebot gemacht, das dieser angenommen hat, einem Interessenten, der sich an den Verkäufer wendet und diesen bittet, für einen Bridge-Abend eine Tapas-Auswahl zusammenzustellen, ein kundenindividuelles.

Die Unterscheidung der Angebotsarten ist nun nicht nur nomenklatorischer Natur: Die Kostenstruktur ändert sich wesentlich. In vielen Branchen und Situationen ist es möglich, Angebote auf beide Arten zu erstellen. Individualität in der Ansprache wird gegen eine höhere Angebotserstellungsgeschwindigkeit und natürlich -kosten getauscht. Tabelle 128 stellt prototypisch und exemplarisch Kostenarten zweier alternativer Vertriebswege gegenüber.

Kostenart	Bedeutung bei individuellem Angebot	Bedeutung bei universellem Angebot
	Balkenlänge = Höhe der Kosten	
Personalkosten Verkäufer	███████████	▪
Personalkosten Verkaufsunterstützung	█████	keine
Angebotsprüfkosten	████ Jurist, Produktion	▪ Gemeinkosten, etwa Erstellung AGB
Personalkosten Management	████ Individualprüfung	▪
Kosten für Proben und Muster	████	▪
Sach- und Materialkosten Angebot (Einzelkosten)	▪ Ggf. nur Papier, ev. aufwändige Angebotspräsentation	Teil der Produktpräsentationskosten
Sach- und Materialkosten Angebotsgenerierung (Gemeinkosten)	▪	████
Produktpräsentationskosten (Gemeinkosten)	▪	████████ Web-Site, Verkaufsraum
Kalkulatorischer Risikopuffer für Produktvorhaltung (Präsenzbestand)	▪	████
Kalkulatorische Umsatzausfälle durch Präsenzlücken im Warenbestand	▪	█████

Tabelle 128: Vergleich der Bedeutung von Kostenarten bei verschiedenen Angebotsformen

Die Ermittlung der Angebotskosten erfolgt nun durch eine Einzelanalyse (siehe Tabelle 129). Zunächst werden, ähnlich wie in Tabelle 128, alle relevanten Kostenarten sowie die zugehörigen Messkriterien ermittelt. Anschließend erfolgt die Messung bei einer repräsentativen Auswahl von Angebotserstellungen. Natürlich wird insbesondere die Messung der Bearbeitungszeiten umständlich sein, aber eben notwendig.

Kostenart (Angebot)	Messwert	Ø Aufwand für Angebot		
		Top* 10%	Low* 10%	Median
Personalkosten Verkäufer	Stunden á 65 €	96 h 6.240 €	27 h 1.755 €	45 h 2.925 €
Personalkosten Verkaufsunterstützung	Stunden á 45 €	32 h 1.440 €	14 h 630 €	18 h 810 €
Angebotsprüfkosten	Stunden á 100 €	46 h 4.600 €	6 h 600 €	13 h 1.300 €
Personalkosten Management	Stunden á 120 €	8 h 960 €	2 h 240 €	3,5 h 420 €
Kosten für Proben und Muster	Herstellkosten	12.500 €	775 €	4.350 €
Angebotspräsentationskosten	Stunden á 75 €, Reisekosten	14 h 1.050 € plus 1.250 €	0 €	5 h 375 € plus 950 €
Summe der Kosten		28.040 €	4.000 €	11.130 €
Erlös nach Erlösschmälerung		225.000 €	54.000 €	115.000 €
Relative Angebotskosten		**12,46%**	**7,4%**	**9,7%**
*: TOP/Low 10% = jeweils 10% der untersuchten Angebote mit höchsten/niedrigsten Erlösen				

Tabelle 129: Ermittlung der Kosten je Angebot, hier: b-to-b

Vergessen werden sollte keinesfalls, Leer- und Wartezeiten zu berücksichtigen. Diese bilden insbesondere für die Optimierung der Gesamterstellungszeit die Datengrundlage (vgl. Tabelle 24 sowie Tabelle 69). Diese Analyse spielt nur bei individuellen Angeboten eine Rolle. Die Darstellung der aufeinander folgenden oder sich überlappenden Prozesse erfolgt mit Hilfe der Netzplantechnik. Ist diese methodisch unangemessen aufwändig, reicht ein einfaches, mit Excel in Szene gesetztes Gantt-Chart aus, wie es Abbildung 88 für den in der Kalkulation aus Tabelle 129 unterstellten Prozess (wenn auch mit anderen Kosten) zeigt. Dargestellt wird hier jedoch nicht die für die Kostenermittlung relevante Bearbeitungszeit, sondern die Gesamtbearbeitungsdauer. Diese kann geringer sein, wenn mehrere Personen parallel an einer Tätigkeit arbeiten, oder länger, wenn Leerzeiten entstehen.

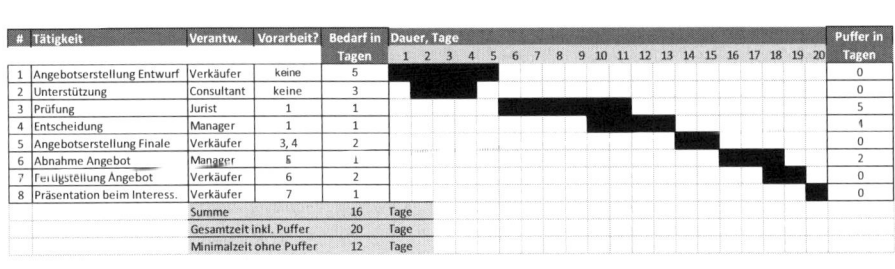

Abbildung 88: Gantt-Chart für Angebotserstellungsprozess

Die Ursachen der zeitlichen Verzögerung der Angebotserstellung sind durch die Auswertung der Pufferzeiten schnell ersichtlich. Im Beispiel, das Abbildung 88 zeigt, sind es der Manager und der Jurist, welche eine zeitliche Verzögerung verursachen, während der Verkäufer vollkommen ohne Puffer auskommt. Auf die Kosten haben diese Puffer jedoch keine Auswirkungen, allenfalls auf kalkulatorische Kosten, die einbezogen werden könnten, wenn eine durch die Puffer verursachte verzögerte Beauftragung und damit ein späterer Umsatz berücksichtigt werden würde, aber das verkompliziert die Berechnung in einem für die meisten Anwendungsfälle unnötigem Maße.

8.5.4 Prozessschritt Angebotsverhandlung

Ab dem Zeitpunkt, ab dem der Interessent Einblick in das Angebot genommen hat, beginnt der Angebotsverhandlungsprozess. Dieser ist abgeschlossen, sobald der Interessent eine der folgenden Entscheidung getroffen hat:

1. **Annahme des Angebots:** Der Interessent entscheidet sich direkt oder nach einer gewissen Anzahl von Nachbesserungen für die Angebotsannahme. In diesem Augenblick wird – auf das konkrete Angebot bezogen – aus dem Interessenten ein Kunde. Der Verkaufsprozess ist abgeschlossen.[214]

2. **Ablehnung des Angebots:** Der Verkaufsakt ist beendet. Der Gesamtprozess von der Identifikation über die Qualifizierung und Kontaktierung bis zur Erstellung des Angebots ist gescheitert. Die Auswertung des Grundes des Scheiterns wird schmerzlich, aber nützlich sein und ist Gegenstand von Kapitel 8.5.5.

3. **Wiedervorlage zu einem späteren Zeitpunkt:** Die Entscheidung ist vertagt. Im günstigen Falle hat sich die Situation im Laufe des Angebotsverhandlungsprozesses beim Kunden verändert, so dass eine sofortige Entscheidung – anders als zu Beginn der Angebotsverhandlung unterstellt – nicht getroffen werden kann. Oftmals ist die Bitte um eine Wiedervorlage jedoch eher ein „weiches Nein". Unklar und vom Vertriebsleiter festzulegen ist, wie Wiedervorlagen ohne konkreten Termin behandelt werden.

Ein typischer, in der Praxis zu beobachtender Zusammenhang ist, dass je effektiver der Prozessschritt „Kundenkontakt" und sein Resultat, das Angebot, verlief, desto einfacher und kürzer die Angebotsverhandlungen verlaufen. Je gründlicher die Vorbereitung, desto schneller fällt eine Entscheidung. Dies verdeutlicht wiederholt, dass es – wie bei den übrigen Prozessschritten auch – die Möglichkeit gibt, die Kosten von Prozessschritten untereinander zu verschieben. Dies gilt vor allem für die ersten Prozessschritte, jedoch gilt es im weiteren Verlauf des Verkaufsprozesses nur eingeschränkt: Wenn der Interessent als Entscheider gleichsam einem Richter über die Qualität der Arbeit des Verkäufers auftritt, kommt eine für die Verkaufsinstanz nur bedingt berechenbare Größe nicht hinzu. Während z.B. noch möglich war, eine „schlampige", aber dafür kostengünstige Interessentenidentifizierung durch die teurere Interessentenqualifizierung zu kompensieren, ist es nicht mehr ohne Weiteres möglich, ein „schlampiges", aber kostengünstig erzeugtes Angebot in einem dafür längeren und dafür teureren Angebotsverhandlungsprozess „schön zu reden", weil der Interessent auf Basis seines ersten Eindrucks und somit einer ersten Enttäuschung bereits von einer späteren Beauftragung absehen könnte, zumindest aber seine Entscheidung beeinflusst ist.

Im Rahmen des Angebotsverhandlungsprozesses stehen für den Vertriebscontroller zwei Aufgaben an: Zum einen ist mittels üblicher Kennzahlen, von denen einige in Tabelle 130 wiedergegeben sind, die Effizienz zu ermitteln.

---

[214] Abgeschlossen ist hier der Verkaufsakt im Sinne eines Vertrags. Als Vertriebsakt ist er selbstverständlich nie abgeschlossen, denn die Chance auf Weiterempfehlung, Nach- und Wiederverkäufe motiviert einen Verkäufer nachhaltig, sich um seinen frisch gewonnenen Kunden zu kümmern.

Beschreibung	Kennzahl
Dauer der Verhandlung	Zeitraum ab Abgabe des Angebots bis Entscheidung
Anzahl Verhandlungszyklen	Anzahl der Überarbeitungen des ursprünglichen Angebots bis zur Entscheidung
Verhandlungskosten	Gesamtkosten (Personal-, Material- und Sachaufwand), die während der Verhandlungsphase anfallen
Verhandlungszeit	Summe der Personentage, die für die Verhandlungsphase anfallen
Opportunitätskosten der Verhandlungszeit	Durchschnittlicher Umsatz, den eine Verkaufsinstanz in der Zeit, welche die Nachverhandlung in Anspruch nimmt, hätte machen können
Auftragskosten	$Auftragskosten(k) = \Sigma\, Prozesskosten(k)$
Akquisitionskosten	$Akquisitionskosten(t) = \Sigma\, Auftragskosten(t)$
Akquisitionskostenanteil	$Akquisitionskostenanteil(t) = \dfrac{\Sigma\, Auftragskosten(t)}{\Sigma\, Erlöse\ aller\ Neukunden(t1)}$ *t1* steht für durch den Auftrag erzielte kalkulierte Erlöse des ersten vollen Jahres der Vertragsbeziehung
Anteil der Akquisitionskosten am Umsatz	$Akquisitionskostenrelation(t) = \dfrac{\Sigma\, Auftragskosten(t)}{\Sigma\, Erlöse(t)}$ Die Akquisitionskostenrelation gibt Aufschluss über die Intensität der Verkaufstätigkeit; durch einen Periodenvergleich lassen sich im Sinne eines Frühwarnsystems Prognosen über zu erwartende zukünftige Erlöse anstellen.
Neukundenanteil	$Neukundenanteil(t) = \dfrac{Neukunden(t)}{Gesamtkunden(t)}$ Vgl. auch Tabelle 22 sowie zum Frühwarnsystem Tabelle 24.

Tabelle 130: Kennzahlen zur Effizienzmessung des Prozessschritts Angebotsverhandlung

Zum anderen, und dies ist die für das Unternehmen wertvollere Aufgabe, sollte der Versuch unternommen werden, zu ermitteln, aufgrund welcher im Verhandlungsprozess genutzter Stellschrauben ein Angebot zu einem Auftrag wird und welche Kosten diese Stellschrauben verursachen. Dies wird mittels einer Regressionsanalyse bewerkstelligt, deren Ergebnis die Abhängigkeiten der Abschlusswahrscheinlichkeit von den Dutzenden Faktoren, die einen Kauf beeinflussen, ist. Stehen verlässliche Daten hierzu nicht zur Verfügung, kann der Vertriebscontroller eine Näherungslösung versuchen: Er überprüft nur wenige Faktoren, nämlich jene, die sich auf der Ebene der Gewinn- und Verlustrechnung resp. der Kostenträgerzeitrechnung als ausgabe- und einnahmewirksam erweisen. So beantwortet er wenigstens die folgenden Fragestellungen:

- Um wie viel wahrscheinlicher wird ein Kauf, wenn x% Erlösschmälerung[215] akzeptiert werden?

---

[215] Siehe hierzu die methodischen Grundlagen zur korrekten Berechnung von Preisnachlässen in Kapitel 7.4.

- Wie ändert sich die Kaufwahrscheinlichkeit, wenn mehr/weniger Personal-, Sach- und Materialaufwand in die Verhandlungsphase investiert wird?

Hinter diesen Fragen steht der Ansatz, dem Wunsch des Verkäufers, hohe Rabatte bzw. niedrige Preise anbieten zu dürfen und damit die Kaufhürde für den Interessenten zu senken, eine Referenzberechnung gegenüber zu stellen, um dem Vertriebsmanager die Entscheidung zu erleichtern, ob die Preis- und somit Deckungsbeitragssenkung akzeptiert wird. Letztlich ist es die Suche nach der Preiselastizität der Nachfrage bzw. der Preis-Absatz-Funktion, wie sie in Kapitel 7.3.3 diskutiert wurde.

Darstellung von Vertriebsprozess-Teilergebnissen mittels des „Sales Funnels"

Ein wertvolles Instrument, mit dem der Vertriebscontroller die wichtigsten Kennzahlen des Vertriebsprozesses plakativ darstellen kann, ist der „Sales Funnel". Die Darstellung als Trichter ist jedoch etwas unglücklich. Vielmehr sollte an ein Stufensieb gedacht werden, bei dem „oben" eine große Menge an Interessenten eingefüllt wird, aber „unten" nur wenige Abschlüsse übrig bleiben. Welche Kennzahlen den Übergang von einem zum nächsten Prozessschritt beschreiben und mit dem Sales Funnel präsentiert werden, ist nun frei wählbar. Abbildung 89 zeigt ein Beispiel.

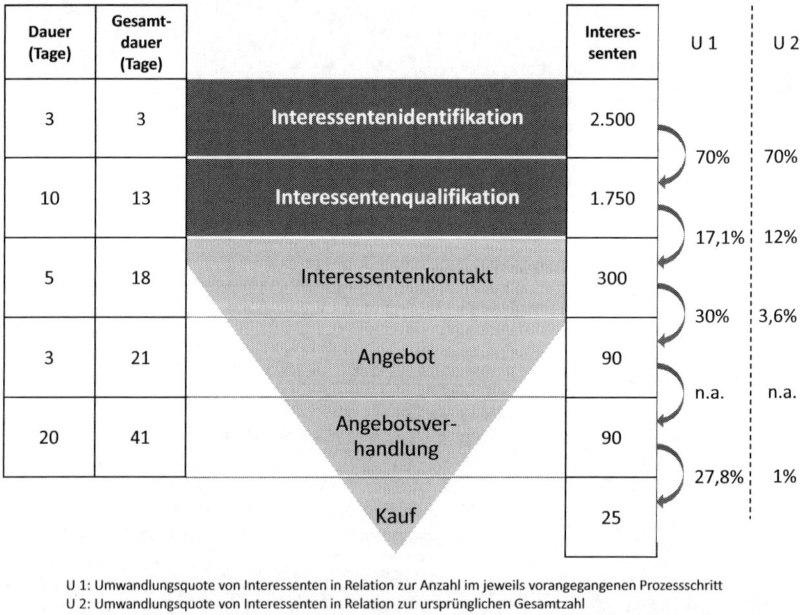

Dauer (Tage)	Gesamtdauer (Tage)		Interessenten	U 1	U 2
3	3	Interessentenidentifikation	2.500		
				70%	70%
10	13	Interessentenqualifikation	1.750		
				17,1%	12%
5	18	Interessentenkontakt	300		
				30%	3,6%
3	21	Angebot	90		
				n.a.	n.a.
20	41	Angebotsverhandlung	90		
				27,8%	1%
		Kauf	25		

U 1: Umwandlungsquote von Interessenten in Relation zur Anzahl im jeweils vorangegangenen Prozessschritt
U 2: Umwandlungsquote von Interessenten in Relation zur ursprünglichen Gesamtzahl

Abbildung 89: Exemplarischer Sales Funnel mit Angabe von Prozessschrittdauer und Umwandlungsquoten

Für einen definierten Ausschnitt der Vertriebsaktivitäten, also für eine Periode, eine Region oder eine Verkaufsaktion, gibt der Sales Funnel einen schnellen Überblick. Von Prozessschritt zu Prozessschritt können die wichtigsten Fortschrittsdaten erfasst werden (im Beispiel hier die Dauer und die Umwandlungsquote). Der Sales Funnel hat zudem den Vorteil, dass er sich gedanklich sehr eng an den Verkaufsprozess anlehnt und darum intuitiv verständlich ist. Eine Sammlung von „Sales Funnels" bzw. der dazugehörigen Daten kann für einen Vertriebscontroller zu einem Schatz werden, denn sie kumuliert wie kaum eine andere Methode Erfahrungswissen. Voraussetzung ist eine zweckadäquate Beschreibung dessen, was die Daten des Sales Funnels beinhalten.

Darstellung von Vertriebsprozess-Teilergebnissen mittels Listen

Eine zweite, vor allem im b-to-b-Sektor anzutreffende Form der Dokumentation von Fortschritten in der Angebotsverhandlung, ist die Listendarstellung. Anzutreffen sind solche Listen sortiert nach Verkäufern (Abbildung 90) oder – in etwas anderer Darstellung – nach Kunden (Abbildung 91). Der Nutzen ist jeweils, dass das Vertriebsmanagement den Prozessfortschritt nachverfolgen kann, ohne die Verkaufsinstanz – also den Verkäufer – zu gängeln. Die hier gezeigten Listen beginnen übrigens nicht mit der Angebotsabgabe, sondern sie umfassen auch die vorgelagerten Prozessschritte des Interessentenkontaktes sowie der Angebotserstellung. Diese etwa ausführlichere Darstellung bietet sich im Key-Account-Geschäft an, wenn eine recht begrenzte Anzahl von Interessenten eine jeweils besondere Aufmerksamkeit verdient. Beide Formen der Listen können und sollten mit listenorientierten Forecasts, wie sie in Kapitel 8.7 beschrieben werden, kombiniert werden.

Account Manager Dr. Klaus Fritze

Status zum 10.5.2013	Walter GmbH	Schmidt AG	Meier & Schulz SE	Hubert GmbH	ABC AG	DEF GmbH	HIJ & KLM AG	Gabler-Verlag
Angebotsvolumen	120.000 €	75.000 €	350.000 €	100.000 €	50.000 €	225.000 €	175.000 €	75.000 €
Erster Kontakt	04.04.2013	27.02.2013	19.03.2013	30.11.2012	15.01.2013	28.04.2013	19.03.2013	14.04.2013
Zweiter Kontakt	19.04.2013	01.03.2013	----	04.03.2013	14.02.2013	offen	14.04.2013	----
Dritter Kontakt	----	19.03.2013	----	09.04.2013	19.02.2013	----	03.05.2013	----
Angebotzusendung	30.04.2013	20.03.2013	02.04.2013	14.04.2013	25.04.2013	----	05.05.2013	30.04.2013
Angebotspräsentation	15.05.2013	24.03.2013	offen		16.04.2013	02.05.2013	----	
Status Verhandlungen	offen	Unterschrift erwartet	offen	Konzernzustimmung eingeholt	Entscheidung sollte am 2.5. fallen	----	Angebot wird verglichen	keine Rückfragen, alles OK
Entscheidung erwartet	30.06.2013	15.05.2013	offen	30.06.2013	Status unklar	31.07.2013	3. Quartal	15.05.2013
Einschätzung Erfolgschance	50%	40%	10%	25%	1%	3%	5%	90%

Hinweis: Farbige Markierung = letzter Kontakt vor Status

Abbildung 90: Angebotsfortschrittsreport von Account-Manager Dr. Fritze (Interessentenliste)

Status: 10.5.2013						
Kunde	Verkäufer	Volumen	Erstkontakt	Angebots-zusendung	Angebots-präsent.	Entschei-dung?
Audi	Schulze	252.000 €	07.02.2013	14.05.2013	offen	31.08.2013
BMW	Meier	350.000 €	23.12.2012	08.03.2013	12.04.2013	31.05.2013
Chrysler	Müller	150.000 €	03.01.2013	02.04.2013	09.04.2013	31.05.2013
Dacia	Müller	200.000 €	17.03.2013	09.04.2013	21.04.2013	15.06.2013
Ducati	Krawalli	75.000 €	23.01.2012	03.03.2013	14.03.2013	15.05.2013
Fiat	Meier	850.000 €	09.01.2013	25.02.2013	03.03.2013	30.06.2013
Hongqi	Meier	650.000 €	02.03.2013	25.04.2013	26.04.2013	31.12.2013
Hyundai	Murksi	120.000 €	02.03.2013	14.04.2013	19.04.2013	31.10.2013
Kia	Schmidt	50.000 €	13.11.2012	23.03.2013	31.03.2013	15.05.2013
KTM	Müller	200.000 €	04.04.2013	10.05.2013	offen	30.09.2013
Landwind	Schulze	100.000 €	19.01.2013	02.02.2013	31.03.2013	30.06.2013
Mercedes	Fraulich	325.000 €	12.01.2013	15.03.2013	19.03.2013	30.06.2013
Opel	Schmidt	475.000 €	18.12.2012	25.04.2013	04.05.2013	31.12.2013
Peugeot	Schulze	600.000 €	23.10.2012	30.01.2013	04.02.2013	31.12.2013
Porsche	Schmidt	100.000 €	05.01.2013	04.03.2013	09.03.2013	15.03.2014
Volvo	Krawalli	50.000 €	17.12.2012	19.02.2013	21.04.2013	30.09.2013
VW	Müller	175.000 €	21.03.2013	02.05.2013	09.05.2013	31.12.2013
Yamaha	Müller	250.000 €	09.01.2013	14.03.2013	17.04.2013	31.05.2013

Abbildung 91: Angebotsfortschrittsreport (Kundenliste)

8.5.5 Loss-Order-Reports

Natürlich ist ein von einem Interessenten abgelehntes Angebot eine Niederlage für die Verkaufsinstanz. Selbstverständlich können Lehren aus dem Grund der Ablehnung gezogen werden und es wäre wünschenswert, wenn der Nutzen dieser Erkenntnisse den Aufwand der bisher angefallenen Prozesskosten zumindest teilweise kompensieren könnte. Eine Verschwendung wäre, eine Absage nur zur Kenntnis zu nehmen und nicht weiter zu hinterfragen. Oftmals ist es Aufgabe des Vertriebscontrollers, aus Loss-Order-Reports der Verkaufsinstanzen ein Muster, eine Systematik zu erkennen, die zu Empfehlungen führen und als Input in den Verkaufsprozess einfließen.

Das Problem dieser Tätigkeit liegt darin, dass die angegebenen Ablehnungsgründe nur bedingt die wahren sein werden. Ein abgelehntes Angebot führt zu umso mehr Verzerrungen in der Bewertung des Ablehnungsgrunds,

- je intensiver der Kontakt zwischen Verkäufer und Interessent und

- je arbeitsintensiver die Erstellung des Angebots oder dessen Verhandlung war.

Der Interessent wird den Einsatz des Verkäufers als Verkaufsinstanz nach den Gesetzmäßigkeiten der Reziprozität würdigen. Der Verkäufer wiederum wird seinen eigenen Einsatz positiv darstellen und persönliche Fehler nur unzureichend ins Kalkül ziehen. Dies muss keine Absicht sein, kein planvolles Vorgehen, es ist ein natürlicher Selbstschutz, der tagtäglich bei strauchelnden Politikern oder Managern beobachtet werden kann. Der Erfolg hat viele Väter, der Misserfolg ist Waise.

Ein zweiter Effekt, der bei der Bewertung von Ablehnungsgründen berücksichtigt werden sollte, ist der zweifache Filter: Der Interessent wird die Ablehnung seinem Ansprechpartner, also dem Verkäufer, „politisch korrekt" mitteilen. Persönliche Gründe, etwa das überforsche Auftreten des Verkäufers oder Gründe, von denen der Interessent nicht möchte, dass der gescheiterte Anbieter sie erfährt (Wettbewerbspreise, Produkt-Bundles, Kooperationen), werden herausgefiltert. Der Verkäufer seinerseits wird

– bewusst oder unbewusst – die genannten Ablehnungsgründe bewerten. Er kombiniert die gehörten mit den von ihm vermuteten Argumenten, gelangt so zu einem Urteil, das er der Vertriebsorganisation (Vertriebsmanager, Vertriebscontroller, Kollegen) mitteilt. Der zweite Filter.

Ohne sich nun auf das Glatteis der Küchenpsychologie begeben zu wollen, ist dies ein Signal für das Vertriebscontrolling, die artikulierten Ablehnungsgründe vorsichtig zu bewerten und Wahrnehmungs-verzerrungen zu berücksichtigen. Ein typisches Vorgehen wäre das folgende:

Schritt 1: Sammeln der Ablehnungsgründe per Formalprozess

Es empfiehlt sich eine Formalisierung dieser Tätigkeit. Abgelehnte Angebote zu analysieren gehört zu jenen Tätigkeit, deren Sinnhaftigkeit jedermann einsieht, aber mit dem niemand so recht zu tun haben möchte: Wer wühlt gerne in der Suhle der Niederlage? Ein probates Mittel ist, aus der Ablehnungs-analyse einen Formalprozess zu machen, der entemotionalisiert und der Niederlage den Anklang von legitimer Ergebnisoption und somit von Normalität gibt. Ein kurzer Fragebogen, der wiederum Teil der Kundendaten in einem CRM werden sollte, ist ein guter Weg. Dieser böte auch die Chance, Ableh-nungsgründe zu kategorisieren, um sie später statistisch auswerten zu können. Neben den typischen Kategorien (Produkt verkehrt, Wettbewerb stark, Preis zu hoch) sollten jedoch detailliertere Gründe vorgegeben werden, die sich je nach Branche und Geschäftsmodell voneinander unterscheiden. Für den Verkäufer bzw. die Verkaufsinstanz bietet der Fragebogen noch einen weiteren Nutzen: Eine letztmalige Reflektion des Verkaufsprozesses und damit ein emotionaler Abschluss des Projektes.

Außer dem Verkäufer kann dieser Fragebogen auch dem Interessenten zur Verfügung gestellt wer-den. Dieser Schritt wird in den meisten Vertriebsorganisationen als kritisch eingeschätzt: Der Interes-sent, so wird gemutmaßt, wird seine eigentlichen Motive einem Unternehmen, dessen Leistungen er gerade abgelehnt hat, nicht mitteilen und wenn er dies doch tut, ist auf seine Aussagen kein Verlass, weil er den engagierten Verkäufer, sich und seine eigene Entscheidung, den beauftragten Wettbewer-ber oder die Strategie des Unternehmens, für das er tätig ist, schützen wird. Diese Vermutung wird umso zutreffender sein, je bedeutsamer der Beschaffungsvorgang für den Interessenten ist. Bei einem Routinekauf spielt sie hingegen kaum eine Rolle.

Dennoch kann die Interessentenbefragung eine wertvolle Erkenntnisquelle sein, signalisiert sie doch Interesse und den Wunsch, sich verbessern zu wollen. Damit öffnet sie zumindest eine Türe für eine Wiedervorlage und ebnet den Weg für ein späteres Projekt. Es ist – insbesondere im b-to-b-Sektor und im Widerspruch zur im vorherigen Absatz geäußerten Hypothese – erstaunlich oft zu beobachten, dass ablehnende Interessenten ausgesprochen auskunftsbereit sind, weil sie darin die Chance zum Ausgleich der Anstrengungen des Verkäufers sehen.

Ein sinnvoller Fragebogen besteht aus einer vorgegebenen Liste von Ablehnungsgründen, deren Zu-treffen auf einer Intervallskala vom Verkäufer und wenn möglich vom ablehnenden Interessenten be-wertet wird. Abbildung 92 zeigt ein Muster.

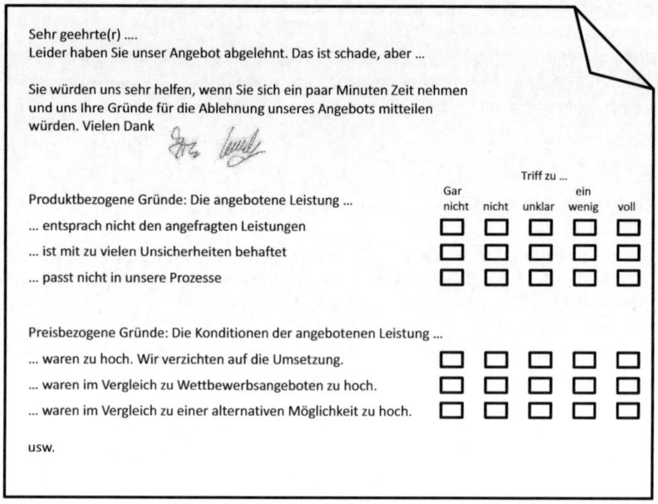
Sehr geehrte(r) ....
Leider haben Sie unser Angebot abgelehnt. Das ist schade, aber ...

Sie würden uns sehr helfen, wenn Sie sich ein paar Minuten Zeit nehmen und uns Ihre Gründe für die Ablehnung unseres Angebots mitteilen würden. Vielen Dank

	Triff zu ...				
Produktbezogene Gründe: Die angebotene Leistung ...	Gar nicht	nicht	unklar	ein wenig	voll
... entsprach nicht den angefragten Leistungen	☐	☐	☐	☐	☐
... ist mit zu vielen Unsicherheiten behaftet	☐	☐	☐	☐	☐
... passt nicht in unsere Prozesse	☐	☐	☐	☐	☐
Preisbezogene Gründe: Die Konditionen der angebotenen Leistung ...					
... waren zu hoch. Wir verzichten auf die Umsetzung.	☐	☐	☐	☐	☐
... waren im Vergleich zu Wettbewerbsangeboten zu hoch.	☐	☐	☐	☐	☐
... waren im Vergleich zu einer alternativen Möglichkeit zu hoch.	☐	☐	☐	☐	☐

usw.

Abbildung 92: Beispiel eines Fragebogens zur Ermittlung von Angebotsablehnungsgründen

Die Verwendung einer Likertskala ist sinnvoll. Sie erlaubt ein homogenes Bewertungsschema, wenn ggf. noch Fragen zur Betreuungsqualität, zum Image des eigenen Unternehmens oder zum Wettbewerbsangebot gestellt werden sollen. Werden lediglich die Ablehnungsgründe abgefragt, ist entweder ein digitales Beantworten („stimmt" vs. „stimmt nicht") oder aber eine graduelle Einschätzung (z.B. 0 bis 100%) möglich.

Schritt 2: Ermitteln der ursprünglichen Motivation, sich ein Angebot unterbreiten zu lassen

Ablehnungsgründe zu bewerten, gelingt nur, wenn die Motivation des Interessenten, sich ein Angebot unterbreiten zu lassen, berücksichtigt wird. Grundsätzlich gibt es folgende Motivationsschemata:

1. **Wettbewerbsvergleich**: Es werden, z.B. in Form einer offenen oder verdeckten Ausschreibung, zu einem konkreten Bedürfnis von mehreren Anbietern vergleichbare Angebote eingeholt. Zuweilen werden Form und Struktur, z.B. für die Einzelpreispositionen vorgegeben.

2. **Lösungsvergleich**: Für ein konkretes Bedürfnis werden von mehreren Anbietern nutzengleicher Produkte Angebote eingeholt, um eine sinnvolle Lösung für die Deckung des Bedarfs auswählen zu können. Die angebotenen Produkte sind nur schwer miteinander vergleichbar, weil außer den Kosten auch der Grad der Problemlösung und die Auswirkungen auf andere Funktionalbereiche des Kunden unterschiedlich sind.

3. **Marktüberblick**: Der Interessent lässt sich ein individuelles Angebot unterbreiten oder schaut sich ein universelles Angebot an, um einen Marktüberblick zu erhalten, das Preisniveau kennen zu lernen oder auch nur, um sich inspirieren zu lassen.

4. **Aufgedrängtes Angebot**: Werden der Verkaufsinstanz im Sinne der Verhaltenssteuerung (vgl. Kapitel 5.6.1) Angebotsmengen oder -volumina honoriert, werden Verkäufer Angebote häufiger erstellen („streuen"), als dies erforderlich wäre (siehe Einleitung zu Kapitel 8.5.3). Dies wird nur über die Befragung der ablehnenden Interessenten zu ermitteln sein und es bieten sich entsprechende Kontrollfragen an. Interessant wäre in diesem Zusammenhang, eine Korrelation zwischen der Anzahl der Interessentenkontakte (telefonisch, per Mail, persönlich) und der Erfolgschance des Angebots festzustellen. Die Ausgangshypothese wäre, dass je mehr Kontakte es zu einem Interessenten gibt, desto höher die Kaufquote sei.

5. **Scheinangebot**: Je nach Beschaffungsprozeduren des Interessenten dient das Scheinangebot zur Abwehr von Kritik an der letztlichen Einkaufsentscheidung. Dabei ist unerheblich, ob Unternehmen Vergleichsangebote vorschreiben oder ob öffentliche Einrichtungen an Ausschreibungsrichtlinien gebunden sind, in jedem Falle wären die Kosten des Angebots vermeidbar gewesen, wäre diese Motivation vorher bekannt gewesen. Allerdings wird die Abfrage von Ablehnungsgründen keine brauchbaren Ergebnisse liefern, da ein Interessent diese Motivation verschleiern wird.

Schritt 3: Bewertung der Ablehnungsgründe

Die Antworten des Fragebogens aus Schritt 1 werden nun vor dem Hintergrund der Angebotsmotivation aus Schritt 2 bewertet. Tabelle 131 stellt die dazu erforderlichen Aktionen dar.

Angebots-motivation	Behandlung der Antworten	
	Verkäuferfragebogen	**Interessentenfragebogen**
Wettbewerbs- und Lösungsvergleich	Auswertung beider Fragebögen und Gegenüberstellung der Antworten, Augenmerk auf unterschiedliche Antworten. Neben der Auszählung von Gründen auch vergleichende Korrelationsanalysen hinsichtlich wiederkehrender Ablehnungsgründe („Je geringer das Angebotsvolumen, desto geringer die Erfolgschance" usw.).	
Marktüberblick	Auswertung der Fragebögen möglich, jedoch nur eingeschränkte Verwertung der Antworten. Kein Mischen mit Antworten anderer Fragebögen!!!	
Aufgedrängtes Angebot	Fragebögen nicht auswerten	Identifikation durch Signalantworten (insb. „unpassendes Produkt" oder „kein akuter Bedarf").
Scheinangebot	Fragebögen nicht auswerten	

Tabelle 131: Auswertung von Fragebögen zu abgelehnten Angeboten in Bezug auf die Angebotsmotivation

Schwierig wird die Auswertung, wenn die Angebotsmotivation des Interessenten nicht eindeutig einer Kategorie zuzuordnen ist. Als Faustregel sollte jedoch gelten, dass wenn ein Angebot aufgedrängt oder nur zum Schein eingeholt wurde, eine weitergehende Auswertung wenig sinnvoll ist.

Schritt 4: Darstellung der Ergebnisse – ein Warnhinweis

Aufgabe des Vertriebscontrollers ist nicht, Verkaufsinstanzen bloß zu stellen. Aufgabe ist, Ineffizienzen im Interessentenmanagementprozess zu erkennen und aufzuzeigen. Dies gelingt auch über die

Auswertung abgelehnter Angebote und hier speziell darüber, vermeidbare Ablehnungsgründe zu identifizieren oder zumindest bei der Entscheidung zu helfen, ob sich der Aufwand für ein Angebot lohnt
oder nicht. Die Auswertung der Fragebögen (Schritte eins bis drei) ist eine Möglichkeit hierzu. Die
Voraussetzungen hierfür (Formalisierung usw.) wurden oben genannt.

Bei der Darstellung der Ergebnisse ist dringend darauf zu achten, dass nicht die Fähigkeiten der Verkäufer in Frage gestellt werden, sondern der Nutzen der Analyse im Vordergrund steht. Hier sei noch
einmal warnend auf das wesensimmanente Misstrauen zwischen Verkäufer und Vertriebscontroller
hingewiesen, dass dann zu Konflikten führen kann, wenn allzu investigativ im Steinbruch der Erfolglo-
sigkeit des Verkäufers gegraben wird (vgl. hierzu Kapitel 2.3).

8.6 Kundenmanagement

Mit der Kaufentscheidung, die der Interessent rechtsverbindlich, aber unabhängig von der Art der Annahme des Angebots (Bezahlen an der Registrierkasse, Online-Bestellung, förmlicher Vertrags-
schluss, Handschlag), trifft, wird er zum Kunden. Für das eigene Unternehmen beginnt nun die Phase
des Leistungsübergangs, der Gegenstand des Angebots war. Die Verkaufsinstanz hat ihre Aufgabe
erfüllt. Allerdings nicht abschließend, denn – „nach dem Kauf ist vor dem Kauf" – sie wird den Kunden
weiter betreuen, um den Kundenkontakt zur Vorbereitung späterer Verkäufe zu pflegen und um durch
Weiterempfehlungen einen leichteren Zugang zu anderen Interessenten zu erhalten.

Inwieweit die Verantwortung für den Kundenkontakt weiterhin bei jener Verkaufsinstanz liegt, die den
Kauf initiiert hat, obliegt der Organisation eines jeden Unternehmens und ist je nach Branche, Geschäftsmodell und Wahl der Vertriebsinstanzen unterschiedlich. Verantwortet der Vertrieb als Organisationseinheit weiterhin die Betreuung der Kontaktschnittstelle zum Kunden und dessen effiziente
Ausgestaltung, ist es auch Aufgabe des Vertriebscontrollers, hieran mitzuwirken.

Die Tätigkeiten des Kundenmanagements, etwa die Auftragsannahme, -abwicklung und die Kundenbetreuung, haben einen internen und eine externen Aspekt: Intern steht die Effizienz der Leistungs-
abwicklung und das dafür erforderliche Kundenmanagement und extern die Qualität der Kommunikation mit dem Kunden im Vordergrund. Letztere umfasst jeden kommunikativen Austausch, gleich, ob
zwischen Menschen, zwischen Maschinen oder zwischen Menschen mittels Maschinen, der getätigt
wird, um

- die Erfüllung vertraglicher Pflichten zu organisieren (Berichts- und Auskunftspflichten, Abspra-
che von Lieferzeiten, Organisation von Zuarbeiten des Kunden) und

- um ein „positives Miteinander" zu bewerkstelligen.

Dieses positive Miteinander hat nichts mit Sozialromantik zu tun. Jeder Kunde, ob er eine Dosensup-
pe erwirbt oder eine Autobahnbrücke beauftragt, wird nach dem Kauf Zweifel an seiner Entscheidung
haben – die berühmten „kognitiven Dissonanzen".[216] Diese Unsicherheiten wachsen, je irreversibler
die Entscheidung ist. Es ist nun nützlich, zu investieren, um diese Dissonanzen abzubauen: Je mehr
ein Kunde von der Richtigkeit seiner Kaufentscheidung überzeugt ist, desto

- konzilianter wird er im Falle von Reklamationen,

- kompromissbereiter im Falle von Beschwerden,

- toleranter bei Abweichungen des gelieferten Produktes von dem Erwarteten,

---

[216] Der Begriff und die Idee dahinter finden sich in wohl jedem Fach- und Lehrbuch über Marketing oder Werbung
beschrieben. Bei weitergehendem Interesse sei vor allem die Ursuppe, aus der alle anderen Autoren genascht
haben, empfohlen: Festinger, 1957.

- williger bei der Preisgabe von Vertriebskontakten und bei Weiterempfehlungen sein und

- desto bereitwilliger wird er Wiederholungskäufe tätigen.

Diese Aspekte haben einen monetären Nutzen und rechtfertigen ein Investment. Wie so oft ist nun das Problem für den Vertriebscontroller, dass er die Kosten sehr gut, den Nutzen hingegen nicht oder zumindest nur unzureichend messen kann. Somit ist der Ausgangspunkt, diese Kosten zu erfassen, um dem Vertriebsmanagement für dessen Entscheidung, welche Intensität der Nachkaufbetreuung „sich lohnt", ein Fundament zu liefern.

Zu berücksichtigen sind die in Tabelle 132 beschriebenen Tätigkeiten mit den zugehörigen Kosten.

Tätigkeit	Verantwortlich	Kosten
Entgegennahme des Auftrags	Verkaufsinstanz, Auftragserfassung	Keine
Quittierung des Auftragseingangs („Danke")	Verkaufsinstanz	Personalkosten für Telefonat, Brief, Mail oder andere angemessene Form eines Danks
Auftragserfassung	Je nach Organisation (Vertrieb, Produktion)	Archivierung, Verteilung an alle involvierten Funktionalbereiche, Beauftragung der leistungsverrichtenden Bereiche
Organisation der Leistungsverrichtung intern	Produktion	Personal- und Prozesskosten
Abstimmung der Leistungsverrichtung mit dem Kunden	Produktion, ggf. Verkaufsinstanz	Koordination der Tätigkeiten, bei denen der Kunde mitwirkt
Bestätigung der Leistungsverrichtung	Produktion	n.a.
Annahme Reklamation	Produktion oder Verkaufsinstanz	Prozess- und Organisationskosten
Abfrage der Zufriedenheit	Verkaufsinstanz, Marketing	Personalkosten
Kontaktpflegende Kundenkommunikation während der Leistungsverrichtung	Verkaufsinstanz, Marketing	Personalkosten

Tabelle 132: Tätigkeiten zur Auftragsannahme und -abwicklung

Selbstverständlich sind die Kosten der Tätigkeiten je nach Branche und Geschäftsmodell, aber vor allem je nach Produkt unterschiedlich. Tabelle 133 stellt exemplarisch Prozessverantwortlichkeiten für einige Geschäftskonstellationen gegenüber.

Marktsegment	Produkt	Auftragsannahme	Auftragsabwicklung
b-to-c, LEH	Dosensuppe	Kassierer(in), anonym	Keine explizite
b-to-c, Möbel	Einbauküche	Verkäufer, oft anonym, austauschbar	Montagetrupp, enge Bindung
b-to-c, Auto	Automobil	Verkäufer, persönlich bekannt	Oft Verkaufsinstanz, zumindest als Ansprechpartner
b-to-c, Online-Versandhandel	Schuhe	Web-Shop	Automatisiert, für Kunden intransparent
b-to-b, Verbrauchsmaterial	Büromaterial	Erstverkauf: Verkäufer, danach z.B. Web-Shop	Für Kunden intransparent, bei Reklamationen: Verkäufer
b-to-b, Consulting	Managementberatung	Berater als Verkäufer	Gleicher Berater, nun als Produzent
b-to-b, Industrie	Druckmaschine	Verkäufer	Produktion, oft Verkäufer als Ansprechpartner

Tabelle 133: Mögliche Prozessverantwortliche für Auftragsannahme und -abwicklung

Die weiterführenden Aspekte des Kundenmanagements sind für das Vertriebscontrolling nur ein bedingtes Arbeitsfeld. In der Regel wird die Wirtschaftlichkeit von Aktionen zu bewerten sein, welche die Bindung der Kunden an das eigene Unternehmen fördern sollen, sei es eine Mailingaktion, eine Vortragsveranstaltung oder ein Workshop mit eindeutigem Unterhaltungscharakter, dessen Sinn die Erzeugung von Reziprozität ist. Hier schließt sich der Kreis zur Methodik des Interessentenmanagements, deren Möglichkeiten und Verfahren der Erfolgs- und Kostenmessung in Kapitel 8.5 ausführlich erläutert wurden.

8.7 Vertriebs-Forecasts

Absatzprognosen könnten die Grundlage der Unternehmensplanung sein.[217] Ja, sie müssten es sogar. Denn die Abschätzung, ob und welche Aufträge Kunden dem eigenen Unternehmen zukünftig erteilen werden, wäre die quantitative Planungsgrundlage sämtlicher Unternehmensprozesse, von der Beschaffung über die Produktion und Logistik bis hin zur Buchhaltung. Es bräuchten nur bereichsspezifische Reserven vorgehalten werden, die Risiken auf den Beschaffungsmärkten abdecken. Alle sonstigen Risiken, die sich aus den Absatzmärkten ergeben, würden nicht existieren. Und tatsächlich: Es ist das Paradigma der Unternehmensplanung und der finanziellen Führung: Je langfristiger und verlässlicher eine Absatzprognose die Zukunft beschreibt,

- desto planbarer ist die Unternehmensentwicklung,

- desto geringer fallen Kosten für Risikopuffer aus und

- desto größer ist folglich das Betriebsergebnis.

Dem Vertriebs-Forecast müsste folglich ein entsprechender Stellenwert in Unternehmen zukommen. Tatsächlich aber zeigt sich in der Unternehmenspraxis ein uneinheitliches Bild: Während z.B. der Lebensmitteleinzelhandel es geschafft hat, kurzfristige und spezifische Absatzprognosen („Wie viele Tomaten werden morgen in München-Riem verkauft?") mit Hilfe ihrer IT-Systeme zu perfektionieren,

---

[217] Empfohlen sei auch hier das Studium der „alten Meister", hier z.B., um den Begriff der Prognose von Futurologie, Prophezeiung, Perspektive und Utopie abzugrenzen: Gisholt, 1976, S. 41 f.

scheinen andere Branchen äußerst lässlich mit den Chancen eines optimierten Forecasts umzugehen. Der Versuch, eine Studie über die Methodik und daraus resultierend die Schätzgenauigkeit von Forecasts zu erstellen, scheiterte 2012 daran, dass zu wenig Unternehmen identifiziert werden konnten, die ein Qualitätsmanagement für Forecasts (vgl. Kapitel 8.7.4) betrieben.[218] Interessant ist, dass Vertriebs-Forecasts in allen untersuchten Fällen erstellt werden, aber ihre Prognosequalität als derart unzureichend empfunden wurde, dass sie zur Steuerung der Vertriebsinstanzen, nicht aber zur Steuerung anderer betrieblicher Funktionalbereiche verwendet wurden. Bestenfalls hatten die Forecasts eine indikative Funktion.

In Anbetracht des potentiellen Beitrags von Forecasts, Agentur- und Transaktionskosten im Unternehmen zu sparen, ist die Anzahl neuerer wissenschaftlicher Literatur zum Thema ebenso erstaunlich kurz, wie die Qualität der praxisorientierten Beiträge überschaubar ist. Es gibt zwar eine eigene Zeitschrift, die sich mit diesem Thema beschäftigt, das „International Journal of Forecasting", das allerdings von Statistikern für Statistiker und entsprechend schwer verdaulich ist. Diesem Missstand kann hier natürlich nicht abgeholfen werden, aber es rechtfertigt einige Vorüberlegungen, die sich ein Vertriebscontroller, dessen Aufgabe die Entwicklung und Pflege eines Vertriebs-Forecasts ist, zunutze machen sollte.

8.7.1 Bedeutung des Forecasts

Forecasts sind Teil der Unternehmensplanung und bilden – zumindest theoretisch – deren Ausgangspunkt. Dieser Ansatz wurde und wird oft in Frage gestellt. Die Flagge der Budgetierungsgegner zeigt den Slogan „Beyond Budgeting" und propagiert eine alternative Form der Unternehmensplanung. Es liegen jedoch nur wenige empirische Studien vor, die beweisen, dass ein Verzicht auf den klassischen Planungsansatz Vorteile bringt. Homburg stellt hingegen das Gegenteil fest: Der Zusammenhang von Planungserfolg und Markterfolg ist evident und bleibt selbst bei hoher Marktdynamik bestehen.[219] Es ist also auch bei sich schnell verändernden Märkten, einem agilen Wettbewerbsumfeld oder stark schwankender Nachfrage nützlich, zu planen. Abgesehen von diesen Darstellungen obliegt die Entscheidung, ob und wenn ja wie geplant wird, sowieso nicht dem Vertriebscontroller.

> Der Vertriebs-Forecast ist ein Modell zur Prognose des zukünftigen Verkaufserfolgs.[220] Er quantifiziert die erwarteten Auswirkungen des Verkaufsprozesses in jeder seiner Phasen.

Diese Quantifizierung ersetzt sämtliche subjektiven Bewertungen der Verkaufsinstanzen und führt diese auf die Eckdaten, wann ein Auftragseingang zu erwarten ist, wie hoch dieser ist und mit welcher Wahrscheinlichkeit er eintritt, zurück. Der Forecast ist somit ein idealtypischer Zauberspruch zu der in Kapitel 1 beschriebenen Entmystifizierung des Verkaufs. Er zwingt jeden Verkäufer, die voraussichtlichen Folgen seines Handelns einzuschätzen. Als Führungsinstrument im Vertrieb eingesetzt, wirkt er gleichsam als Brennglas aller zuvor in ihrer möglichen Wirkung diffusen Aktivitäten. Er manifestiert ergebnisorientiertes Handeln als Maxime, und das klarer und präziser, als alle auf Maus-Pads oder Klebezetteln verewigten Unternehmensleitbilder dieser Welt es tun könnten.

Forecasts dienen als

1. Planungsgrundlage für den Vertrieb,

---

[218] Ehrmann & Kühnapfel, 2012

[219] Homburg, et al., 2008

[220] Zuweilen wird er als Instrument zur Berechnung von Vertriebszielen verstanden, so in Fließ, 2006. Diese Sichtweise findet hier keine Berücksichtigung.

2. Planungsgrundlage für alle anderen betrieblichen Funktionalbereiche, etwa unter Anwendung der „Percentage of Sales"-Methode, bei der jedweder Ressourcenbedarf als Faktor der erwarteten Erlöse (Verkaufsleistung) berechnet wird[221],

3. Steuerungsinstrument für Marketing und Vertrieb sowie als

4. Frühindikator für Nachfrageschwankungen (vgl. Kapitel 3.3.6).

Der Verwendungsschwerpunkt eines Forecasts variiert mit dem Geschäftsmodell und der Fristigkeit. Die drei Hauptanwendungsfelder sind:[222]

- **Mengenbedarfsplanung** (Beschaffung, Logistik, Materialmengen)

- **Produktionsplanung** (Produktion, Personalauslastung)

- **Finanzielle Führung** (Liquiditätsplanung)

Insbesondere der letzte Punkt, der oft vernachlässigt wird, verdient eine besondere Aufmerksamkeit: Der Verkauf von Produkten stellt – es wurde bereits mehrfach betont – die wichtigste Finanzierungsquelle für Unternehmen dar. Ohne die Erlöse, die der Vertrieb durch die Verkaufstätigkeit beschafft, ist ein langfristiges Überleben erwerbswirtschaftlicher Betriebe unmöglich. Ist der Verkauf aus Sicht des Cash Managements jedoch aleatorisch, müssten hohe Liquiditätsreserven vorgehalten werden, um Auszahlungen für die laufenden Kosten einerseits und für eine spontan startende Produktion andererseits leisten zu können. Da es jedoch einen ursächlichen Wirkzusammenhang zwischen Liquidität und Kapitalrentabilität gibt und beide negativ korrelieren[223], sinkt die Verzinsung des eingesetzten Kapitals mit der Höhe der Liquiditätsreserven. Hilft der Forecast hingegen, den Einzahlungsstrom zu berechnen, können Liquiditätsreserven abgebaut, deren Kosten gesenkt und damit die Kapitalrentabilität verbessert werden.

Die Relevanz eines guten, verlässlichen Forecasts dürfte somit klar sein. Der Aufwand ist gerechtfertigt, wenn auch nicht für jedes Unternehmen in gleichem Maße: Zu beachten ist, dass je nach Branche bzw. Geschäftsmodell einem Forecast eine jeweils unterschiedliche Bedeutung bei der operativen und strategischen Führung zukommt. Mittels der Faktoren „Relevanz der Prognose für die operative und strategische Entwicklung des eigenen Unternehmens" sowie „Verlässlichkeit der Prognose" lässt sich dies wie in Abbildung 93 dargestellt zeigen. Abbildung 94 zeigt Branchenbeispiele.

---

[221] Vgl. Arellano & Hussain, 2008

[222] Vgl. hierzu, auch hinsichtlich der Einschränkungen bei unreflektierter Anwendung von Vertriebs-Forecasts für die Unternehmensplanung den Beitrag von Wright, 1988.

[223] Liquiditätsreserven erwirtschaften keinen bzw. nur einen unbedeutenden Zins, denn sie werden als Bankguthaben oder in kurzfristig liquidierbaren Anlageformen vorgehalten. Die Eigenkapitalrendite dieses Liquiditätspolsters geht gegen Null, bei teilweiser Finanzierung durch Fremdkapital (der Normalfall) wegen der fälligen Zinsen ist sie sogar negativ.

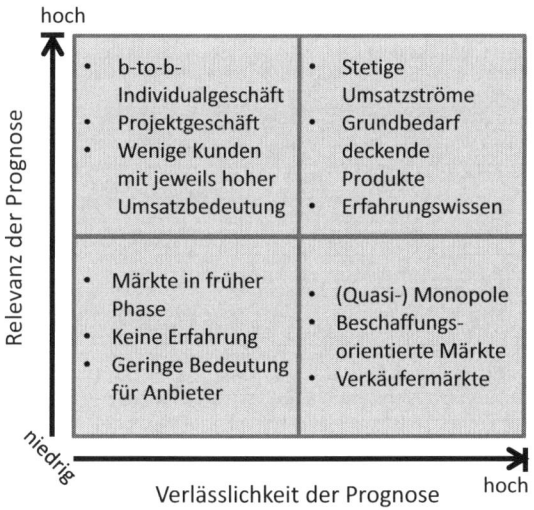

Abbildung 93: Bewertung der Nützlichkeit von Forecasts

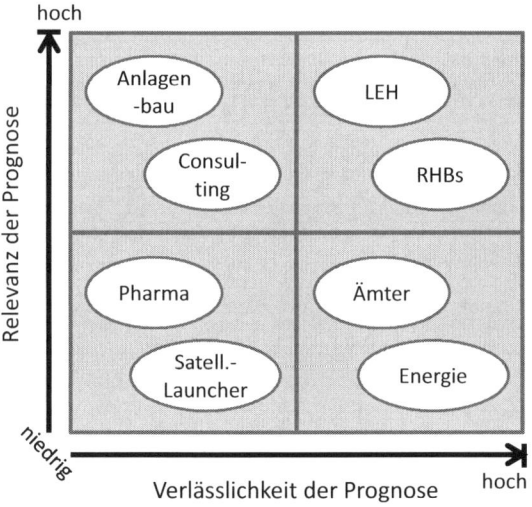

Doch wie sieht das der Verkäufer? Aus Sicht der Verkaufsinstanz stellt ein Forecast oftmals eine Belastung dar. Objektiv als Notwendigkeit für die Vertriebssteuerung und Unternehmensplanung akzeptiert, wird er subjektiv als Überwachungsinstrument wahrgenommen und fällt somit in die Kategorie „Kontrolle". Zweifelsfrei wirkt sich diese Ablehnung auf die Qualität der Absatzprognose aus, wie noch gezeigt werden wird. Für den Verkäufer schlägt sich die schiere Abschätzung von Verkaufserfolg nicht im Verkaufserfolg selbst nieder und so scheint es verständlich, wenn der Nutzen des Aufwands angezweifelt wird.[224] Dennoch entfaltet der Vertriebs-Forecast auch für ihn einen direkten Nutzen, indem er den Verkäufer zwingt, seine Handlungsfolgen analytisch zu betrachten und indem er somit seine Selbstorganisation unterstützt. Soweit die Theorie.

8.7.2 Methodische Anforderungen an einen Forecast

Planungsprozesse, und ein solcher ist die Erstellung eines Forecasts, sind immer wieder Gegenstand von Kritik.[225] Dabei sollte das Kind nicht mit dem Bade ausgeschüttet werden: Planung ist zwingend erforderlich, niemand wird das ernstlich bezweifeln. Keine Form der Unternehmensführung kommt an ihr vorbei. Die Kritik adressiert folglich nicht das **ob**, sondern das **wie** der Planung. Die wichtigsten Kritikpunkte zu berücksichtigen, heißt dann oft schon, die drohenden Klippen zu umschiffen. Solche Kritikpunkt sind:[226]

- Innenorientierung

- Mangelnde Flexibilität und Anreizorientierung

- Fehlende Integration in die übrige Unternehmensplanung

- Als zu hoch bewerteter Aufwand des Planungsprozesses

- Politisches Verhalten im Planungsprozess

Auch bei der Forecast-Erstellung sind diese selbsterklärenden Kritikpunkte zu berücksichtigen. Ferner kommen folgende spezifische Kriterien, die nachfolgend erläutert werden, hinzu:

1. Inhaltliche Abbildung der zukünftigen Realität

2. Umfang der Prognosedaten

3. Relevanz der Prognosedaten

4. Verfügbarkeit von Inputdaten

Ad 1: Inhaltliche Abbildung der zukünftigen Realität

Diese Anforderung an einen Forecast bezieht sich auf die Kongruenz von zukünftiger Realität einerseits und dem Prognosemodell andererseits. Wie bei der Szenariotechnik (vgl. Kapitel 4.2.5) ist zu prüfen, welche Faktoren die Zukunft abbilden, um anschließend im Sinne einer Faktorenanalyse zu

---

[224] Gerne genommener Standardsatz: „Ich möchte **mit** dem Interessenten reden, nicht **über** ihn".

[225] Erfrischend direkt liest sich beispielsweise Jensen, 2001.

[226] Exemplarisch übernommen aus Homburg, et al., 2008, S. 638-639.

ermitteln, welche die Zukunft bestmöglich beschreiben. Es ist bei der Prognose nicht wichtig, alle Faktoren zu berücksichtigen, sondern jene, welche die Chance auf einen zukünftigen Auftrag bestens beschreiben. Doch welche sind es?

Ein Beispiel: Beim individuellen, projektartigen Einzelauftragsgeschäft im b-to-b-Segment werden zunächst Faktorgruppen gebildet, deren jeweilige Faktoren je nach Faktorladung die Zukunft mehr oder weniger gut beschreiben. Diese Faktorengruppen sind:

- Angebotsinhalt: Faktoren, die sachlich-objektiv die Preis-Leistungsofferte beschreiben

- Kundenbeziehung: Faktoren die darstellen, wie die Kundenkontaktschnittstelle gestaltet wird

- Angebotsalternativen: Faktoren, die beschreiben, wie stark sich der direkte oder indirekte Wettbewerb positioniert

- Beschaffungsprozess: Faktoren, die die Auswirkung der eigenen Offerte auf den Beschaffungsprozess des Interessenten beschreiben

Je mehr Faktoren in die Beschreibung der Zukunft einfließen, desto genauer wird die Deskription sein, aber der Aufwand steigt natürlich auch. Ferner ist der Versuch, Abhängigkeiten der Faktoren von einander zu ermitteln, komplex. In der betrieblichen Praxis ist darum oft das gegenteilige Extrem anzutreffen: Der Verkäufer, der die Inputdaten für seinen Teil des Forecasts liefert, schätzt die Erfolgswahrscheinlichkeit subjektiv und „aus dem Bauch heraus". Es sind dann oft weder erkennbare Heuristiken noch vorhandenes Erfahrungswissen, die zu einer Einschätzung führen, sondern nicht nachvollziehbare Schätzungen, die einen Tag später bereits, wenn eine andere Grundstimmung vorherrscht, anders abgegeben worden wäre. Hinzu kommen Wahrnehmungsverzerrungen, denen Verkäufer wie alle anderen Menschen unbewusst ausgesetzt sind. Diese „Biases" vernebeln den Blick auf die Faktoren, welche die Auftragswahrscheinlichkeit bestimmen. Einige typische und die Bewertung von Absatzprognosen tangierende Arten von Wahrnehmungsverzerrungen sind in Tabelle 134 aufgelistet.[227]

---

[227] Die Liste an Literaturverweisen ist lang und wird dem Leser, der sich mit dieser Materie auseinander setzen möchte, helfen. Grundsätzlich empfohlen sei das brillante, aktuelle populärwissenschaftliche Buch des Nobelpreisträgers Daniel Kahneman (Kahneman, 2012).

Verzerrung	Erläuterung	Praxisrelevanz
Bestätigungs-[228] und selbstwert- dienliche Verzer- rung[229]	Suche nach der Bestätigung der eigenen Meinung. Für wahr gehalten wird, was die eigene Meinung bestä- tigt und die eigene Position als guten Verkäufer stützt.	Argumentationen, die ehemals zu einer richtigen Prognose führten, werden für allgemeingültig gehalten.
Rückschaufehler[230]	Wenn der Ausgang eines Ereignisses bekannt ist, wird angenommen, dass dieses besser vorausgesagt werden konnte, als es zum Prognosezeitpunkt tatsächlich mög- lich war.	Fehlbewertung der Vergangenheit („Früher war alles besser"), Überbe- wertung der eigenen prognostischen Fähigkeiten.
Überoptimismus[231]	Systematisch zu optimistische Erwar- tungen an die Zukunft.	Fehleinschätzung insbesondere hin- sichtlich der Abschlusswahrschein- lichkeit. Überschätzung des eigenen Einflusses auf den Ausgang eines Ereignisses.
Veränderungs- aversion[232]	Im Zweifel entscheiden wir uns ge- gen eine Veränderung und für die Beibehaltung des Status Quo.	Unbewusstes Festhalten an einem Standard-Prognosemodell für Faktorkonstellationen.
Hyperbolische Diskontierung[233]	Langfristig erwarteter Nutzen wird überproportional unterbewertet.	Je länger der Prognosehorizont ist, desto pessimistischer ist die Ein- schätzung.
Nichtlineare Nut- zenfunktion[234]	Risikoaversion bei der Chance, einen Gewinn zu erzielen aber Risikofreude bei möglichen Verlusten.	Fehleinschätzung von Zusammen- hängen zwischen Faktorausprägungen und Kaufwahr- scheinlichkeit.
Suche nach Mus- tern	Suche und Erkennen scheinbarer Muster aufgrund wiederholt auftre- tender, augenfälliger Umstände.	Verkäufer leitet aus dem häufigen Auftreten einer Variablen eine Ge- setzmäßigkeit ab.
Faktorgewichtung	Die Diskussion über einen Faktor erhöht seine Bedeutung für die sub- jektive Einschätzung.	Häufig im Verkaufsteam diskutierte Aspekte des Vertriebs werden über- bewertet, eben weil sie diskutiert werden.

Tabelle 134: Einfluss von Wahrnehmungsverzerrungen auf Vertriebs-
Forecasts

Zur Identifikation, Messung und Korrektur dieser Verzerrungen wurden in der Vergangenheit ver- schiedene Methoden vorgeschlagen.[235] Aber es gibt keine Lösung, die für einen Vertriebscontroller

---

[228] Nickerson, 1998

[229] Babcock & Loewenstein, 1997, S. 110

[230] Christensen-Szalanski, 1991

[231] Helweg-Larsen & Shepperd, 2001

[232] Samuelson & Zeckhauser, 1988

[233] Loewenstein & Prelec, 1992

[234] Kahneman & Tversky, 1979

[235] Bei weitergehendem Interesse an dieser spannenden Thematik, die uns Einblick in die Wirren menschlichen Verhaltens nehmen lässt, seien die Altvorderen empfohlen; dort finden sich auch – meist recht komplexe – An-

praktikabel wäre, außer, im Zeitverlauf systematische Abweichungen der Prognose- von den Istwerten mittels Korrekturziffern zu korrigieren. Sind die Abweichungen zufällig und unsystematisch, ist die Fehlersuche Detektivarbeit.

Nahezu programmatisch ist in diesem Zusammenhang die Willkür, die aus vielen praxisorientierten Beiträgen der gängigen Verkäuferliteratur spricht, von den Verkaufsworkshops á la „Top-Seller in drei Tagen" ganz zu schweigen: Mal wird herausgestellt, wie kritisch das Schätzen „aus dem Bauch heraus" sei, weil es jeder Berechenbarkeit entbehrt, mal wird herausgestellt, wie treffsicher erfahrene Verkäufer ihre Interessentenkontakte einschätzen können, je nachdem, welches Aussageziel der literarische Beitrag verfolgt. Unbefriedigend und geradezu gefährlich ist dies, wenn sich der Leser keinen umfänglichen Überblick über die Literaturlage verschafft und einzelnen Beiträgen Glauben schenkt.

Genauso gefährlich ist es, wenn Verkäufer oder Vertriebsmanager versuchen, aufgrund ihrer eigenen Beobachtung die Prognosegenauigkeit abzuschätzen. Nur allzu leicht werden Einzelerfahrungen („Ich hab´s doch voraus gesagt." oder „Da lag der Müller gründlich daneben.") generalisiert, ein Phänomen, dass in der Verhaltensökonomie gründlich erforscht ist.

Ein weiterer Aspekt ist die Veränderung der Prognosegenauigkeit in zeitlicher Hinsicht. Zunächst ist, um diesen Aspekt weiter zu betrachten, ein gemeinsames Verständnis dafür zu entwickeln, wann ein Forecast gut ist.

> Ein Forecast ist umso besser, je präziser und je langfristiger mit ihm der Eintritt des Verkaufserfolgs zeitlich, monetär und mengenmäßig abgeschätzt werden kann.

Seine Qualität wird an der Abweichung des geschätzten Wertes von dem im Augenblick der Schätzung selbstverständlich nicht bekannten, weil erst in der Zukunft eintreffenden, realen Wertes gemessen. Je näher diese Zukunft zeitlich rückt, desto präziser muss die Schätzung sein. Abbildung 95 verdeutlicht dies und zeigt das Ergebnis: eine sich trichterförmig zeigende Verteilung der Prognosewerte bei einem rollierenden, also in festen Zeitintervallen (wöchentlich, monatlich) aktualisierten Forecast.

---

sätze für die Korrektur der jeweiligen Wahrnehmungsverzerrung: Adams, 1986, Hogarth & Makridakis, 1981, Kahneman, et al., 1982, Makridakis, et al., 1979, Moriarty, 1985.

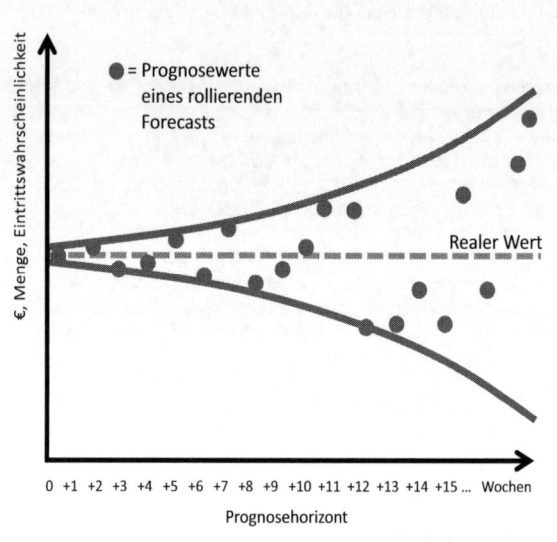

Abbildung 95: Trichter der Prognosewertfehler eines rollierenden Forecasts

Um die Prognosefehler zu messen, muss der Forecast in jedem Aktualisierungsintervall (hier: jede Woche) festgehalten, also gespeichert, werden. Wird er lediglich fortgeschrieben, ist es im Nachhinein nicht mehr möglich, zu ermitteln, wie gut der reale Eintrittswert vor x Wochen oder Monaten geschätzt wurde. Erfolgt das Speichern korrekt, kann überprüft werden, ob sich die Prognosewerte für einen zukünftigen Zeitpunkt t_z tatsächlich trichterförmig dem zunächst unbekannten Realwert annähern. Tun sie das nicht, weist dies auf zufällige Schätzungen hin. Ihre Korrektur wird in Kapitel 8.7.4 beschrieben.

Zwei weitere, zwar nicht zu vernachlässigende, aber in der Praxis nur schwer zu messende oder gar zu steuernde Anforderungen an einen Forecast sollen der Vollständigkeit halber nicht unerwähnt bleiben:

- **Kohärenz**: Ein Ereignis im Verkaufsprozess hat einen Einfluss auf die Wahrscheinlichkeit des Kaufs und spiegelt sich so im Forecast wider.

- **Objektivität**: Unterschiedliche Verkäufer würden einen Verkauf identisch prognostizieren, unabhängig von ihren individuellen Wahrnehmungsverzerrungen, Vorerfahrungen oder Zielen.

Beide Anforderungen sind elementar, um eine methodische Konsistenz zu gewährleisten. Sie sollten für den Vertriebscontroller, dessen Aufgabe die Erstellung und Pflege des Forecasts ist, wie ein Lackmuspapier die Qualität seiner gewählten Methode indizieren. Operationalisierbar sind sie in der betrieblichen Praxis hingegen nicht, vor allem nicht die Forderung nach Objektivität.

Ad 2: Umfang der Prognosedaten

Welche Prognosedaten erhoben bzw. ermittelt werden sollen, hängt von den betrieblichen Anforderungen ab. Typisch und in den meisten Fällen Usus ist es,

1. den Auftragswert in Euro,

2. den Auftragsumfang als Menge,

3. den Zeitpunkt des Kaufs,

4. die angebotenen Produkte bzw. Leistungsverrichtung sowie

5. die Wahrscheinlichkeit des Kaufs

zu prognostizieren. Je nach Geschäftsmodell und betrieblicher Erfordernis können diese Daten weiter spezifiziert werden (Lieferzeitpunkt, Lieferintervalle, Produktarten, Zwischenschritte im Verkaufsprozess, Rechnungsstellung, Zahlungseingang). Kriterien für den festzulegenden Umfang der Prognosedaten sind die betriebliche Notwendigkeit sowie der Aufwand der Datenermittlung.

Ad 3: Relevanz der Prognosedaten

Unternehmensplanung beruht grundsätzlich auf Annahmen über den zukünftigen Geschäftsverlauf, also auf Prognosedaten. Immer muss eine Annahme getroffen werden, wie viele Produkte verkauft werden, um zu entscheiden, welche Produktionskapazitäten, welcher Zahlungsmittelbestand oder welcher Lagerbestand erforderlich ist. Oft entstammen diese Prognosen einer Planrechnung, die auf der Extrapolation von Vergangenheitswerten beruht. Diese Vergangenheitswerte werden um diverse Faktoren korrigiert (gewünschtes Wachstum, externe Einflüsse, bekannte Marktverwerfungen) und stellen fortan das Mengengerüst der Zielplanung des Unternehmens dar. Es ist zugleich das Soll für den Vertrieb. Dieser Zusammenhang wurde bereits im einleitenden Kapitel 8.7.1 beschrieben.

Im Gegensatz zu einer **Top-down-Planung** ist der Vertriebs-Forecast zumeist, wenn auch nicht immer, eine **Bottom-up-Betrachtung** (vgl. Abbildung 96). Es werden keine Zielwerte vorgegeben, sondern anhand des jeweils aktuellen Stands im Verkaufsprozess – gleichsam einer Fotografie der zeitpunktbezogenen Werte des Sales Funnels – prognostiziert.

Der Vergleich von Soll- und Prognosewerten zeigt nun den erwarteten Zielerreichungsgrad auf. Ist dieser unter 100%, zeigt dies an, dass die Absatzziele nicht erreicht werden und die vorgehalten Ressourcen unterbeschäftigt sind. Die remanenten Fixkosten werden dazu führen, dass die Gewinnziele nicht erreicht werden können. Der Vertriebs-Forecast fungiert als Frühwarnsystem, was seine Relevanz ein weiteres Mal begründet.

Ad 4: Verfügbarkeit von Inputdaten

Der Ausgangspunkt des Forecast-Prozesses sind die Inputdaten. Ihre Verfügbarkeit ist ursächlich für die Prognosequalität verantwortlich. Dabei kommt es auf folgende Faktoren an:

- **Qualitative Konstanz**: Die Reliabilität als das Maß für die Genauigkeit, mit der die Inputdaten als Ausgangspunkt von Prognosen die erwartete Zukunft beschreiben, ist konstant. Wohlgemerkt geht es hier nicht um das Genauigkeitsmaß an sich, sondern um dessen Konstanz! Unsystematische Schwankungen lassen sich nicht durch methodische Korrekturen ausgleichen. Günstiger ist, dass wenn schon ein die Zukunft beeinflussender Faktor falsch eingeschätzt wird, dieser konstant falsch eingeschätzt wird.

- **Regelmäßigkeit**: Ein kontinuierlicher Prognoseprozess ist möglich, wenn die Inputdaten regelmäßig vorgelegt werden. Die Anpassung an Hinzugelerntes, etwa die Neueinschätzung eines Kundenkontaktes nach dem letzten Gespräch mit dem Einkäufer, erfolgt in aus Prozesssicht definierter Form, so dass sichergestellt ist, dass diese Information berücksichtigt wird.

- **Festgelegter Dateninput-Prozess**: Es ist festgelegt, auf welche Art und Weise Inputdaten in den Forecast einfließen. Ob es sich um eine Holschuld des Vertriebscontrollers oder um eine Bringschuld der Verkaufsinstanz handelt, ob die Belieferung IT-unterstützt, per Mail, in einem Meeting kontinuierlich oder diskontinuierlich erfolgt, ist definiert.

8.7.3 Arten von Vertriebsforecasts

Die Aufgabe des Vertriebscontrollers besteht darin, das richtige Verfahren für das jeweilige Ziel der Prognose auszuwählen. Die Gefahr besteht darin, dem Versuch zu erliegen, immer komplexere Verfahren einzusetzen und diesen mehr zu trauen als einfachen.[236] Eine Überprüfung der Prognosegenauigkeit nach Eintritt der ursprünglich berechneten Forecast-Daten wird zeigen, welches Verfahren die beste Vorhersagegenauigkeit gebracht hätte. Einen recht vollständigen Überblick über in der Praxis relevante Forecast-Verfahren gibt Abbildung 96.

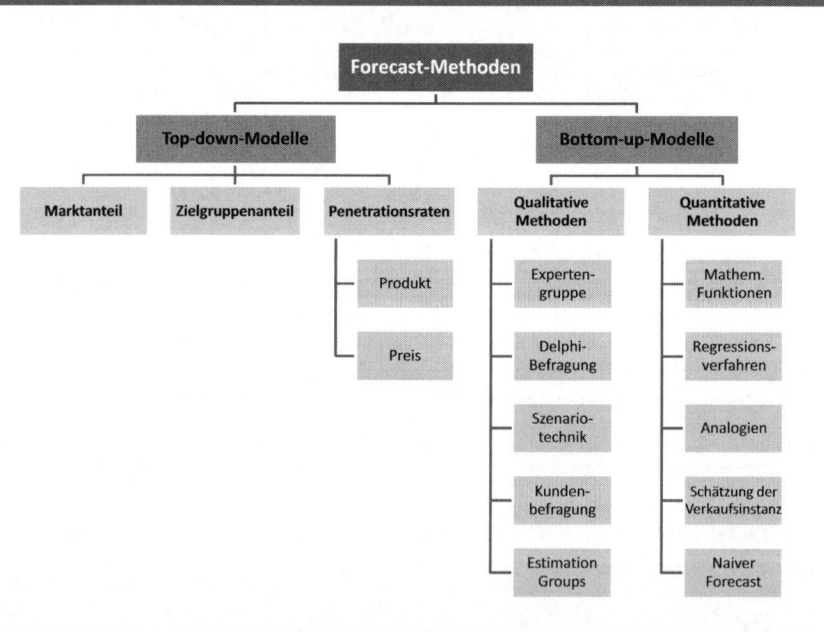

Abbildung 96: Forecast-Methoden

---

[236] Eine sehr lesenswerte Erklärung, warum und unter welchen Vorhersagen sinnvoll und wann sie zum Scheitern verurteilt sind, finden sich im Bestseller Silver, 2012.

Leider gibt es nur sehr wenige belastbare Studien über die Nutzung von Forecasts oder Forecast-Methoden. Eine – wenn auch weder sonderlich umfassende noch taufrische – ist die Zählung von angewendeten Forecast-Methoden in 134 US-amerikanischen Unternehmen.[237] Abbildung 97 zeigt die Ergebnisse.

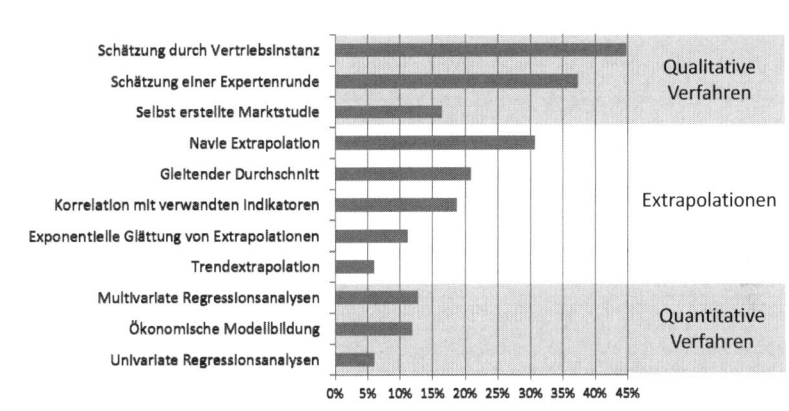

Abbildung 97: Nutzung von Forecast-Verfahren in US-amerikanischen Unternehmen

Nachfolgend werden die wichtigsten Forecast-Methoden und ihre Einsatzgebiete beschrieben. Eine generelle Empfehlung, welche Forecast-Methode für welchen Anwendungsfall geeignet ist, gibt es aber nicht und wäre auch nicht sinnvoll. Zudem ist es üblich, dass gleichzeitig mehrere Prognoseverfahren angewendet werden, die möglichst auch noch Inputdaten aus verschiedenen Quellen berücksichtigen, um eine Gegenprüfung der jeweiligen Werte vornehmen zu können.

Top-down-Forecasts

Diese Kategorie von Forecasts, deren Inhalt

1. Marktanteilsprognosen,

2. Zielgruppenanteilsprognosen oder

3. Produktpenetrationsprognosen

sind, dient der **Zielwertfestsetzung**. Durch die Fortschreibung von Vergangenheitswerten, eventuell multipliziert mit einem Anteilsausweitungsfaktor ($1 + x\%\ gewünschte\ Steigerungsrate$), oder die

---

[237] Die Daten wurden 1999 erhoben und damit vor dem Siegeszug von CRM-Systemen! Veröffentlicht wurde dieses Ergebnis in Cron & Decarlo, 2010, S. 63.

Berechnung der erreichbaren Markt-, Zielgruppen- oder Produktpenetrationsanteile aufgrund verfügbarer Ressourcen (Produktionskapazität, Personal, Versand, Kapital) wird ein Zielwert ermittelt, den der Vertrieb anzustreben hat. Dieser wiederum kalkuliert den Vertriebsressourcenbedarf, der zur Erreichung der Ziele erforderlich ist.

Die sich daraus ergebende Art der Budgetvereinbarung mit dem Vertrieb erfreut sich als Ansatz aktuell großer Beliebtheit. Es werden nun nicht mehr Vertriebsziele verhandelt, sondern vorgegeben. Zu verhandeln sind anschließend die Ressourcen, mit denen diese festgelegten Ziele erreicht werden sollen. Erwartet wird, dass das Vertriebsmanagement mit größerem Engagement an der Zielerreichung arbeitet.

Insofern sind Top-down-Forecasts Ausdruck eines alternativen Budgetierungsansatzes. Für die operative Führung der Verkaufsinstanzen sowie die unterjährige Kontrolle der Fortschritte reichen sie allerdings nicht aus und müssen z.B. mit einem rollierenden Forecast kombiniert werden.

Bottom-up-Forecasts

Die Bottom-up-Forecasts gehen gedanklich von einer zu planenden Menge an Verkaufskontakten aus und ermitteln über methodenspezifische Modelle einen Anteil erfolgreicher Abschlüsse. Der sich daraus ergebende Marktanteil oder die Zielgruppenpenetration werden nicht betrachtet. Die für die Praxis wichtigsten Varianten, von denen einige im weiteren Verlauf ausführlich beschrieben werden, sind:

1. Rollierender Forecast auf Basis der Einschätzung von Verkaufsinstanzen

2. Rollierender Forecast auf Basis von ERP-Daten

3. Trendextrapolation

4. Forecasts auf Basis des gleitenden Durchschnitts

5. Forecasts auf Basis exponentieller Glättung

6. Multivariate Regressionsanalysen

7. Naiver Forecast

Ad 1: Rollierender Forecast auf Basis der Einschätzung von Verkaufsinstanzen (Bottom-up-Forecast) – der „Standard-Forecast"

Zweifellos ist diese Methode die in der Praxis am häufigsten angewandte und das Synonym für einen Vertriebs-Forecast schlechterdings. Grundprinzip ist, dass Verkaufsinstanzen einschätzen, wann sie einen bestimmten Auftrag mit welcher Wahrscheinlichkeit erhalten werden. Es sind dabei nur wenige Parameter erforderlich, die in einen Datensatz eingepflegt werden, mindestens aber die verantwortliche Verkaufsinstanz, der Auftrag, das Auftragsvolumen, die Abschlusswahrscheinlichkeit und der erwartete Abschlusszeitpunkt. Ob die Inputdaten manuell in ein Excel-Sheet eingepflegt, dem Vertriebscontroller zugerufen oder einem CRM-/ERP-System entnommen werden, ist unerheblich. Tabelle 135 zeigt ein Beispiel, bei dem ein Auftrag mit den zwei Parametern „Kunde" und „Projekt" beschrieben ist.

Verkäufer	Kunde	Projekt	Auftragswert	W´keit	AE erwartet	Forecast-Wert
Müller	BMW	B-02: Batterien	435.000 €	25%	1.12.	108.750 €
Schmidt	Audi	A-01: LiMa	267.000 €	20%	1.10.	53.400 €
Schmidt	Skoda	S-02: LiMa	672.000 €	4%	1.11.	26.880 €
Schmidt	VW	V-01: Kabelbaum	110.500 €	80%	1.9.	88.400 €
Schulz	VW	V-02: LiMa	250.000 €	10%	1.10.	25.000 €
Beier	BMW	B-01: Kabelbaum	920.000 €	50%	1.11.	460.000 €
Beier	Skoda	S-01: Batterien	300.000 €	25%	1.9.	75.000 €
		Summe Auftragswerte, gewichtet				**837.430 €**
Datum: 1.6.2013		**Summe Auftragswerte, ungewichtet**				**2.954.500 €**

Tabelle 135: Beispiel für einen rollierenden Forecast auf Basis der Einschätzung von Verkaufsinstanzen

Dabei sind folgende Aspekte bei der Interpretation zu beachten:

- Eine Auftragseingangswahrscheinlichkeit von z.B. 25% bedeutet, dass von vier Angeboten, die unter ähnlichen Bedingungen mit den gleichen Inhalten abgegeben wurden, eines angenommen wird.

- Das Datum des erwarteten Auftragseingangs markiert den Zeitpunkt der Auftragsannahme, nicht aber den vereinbarten Lieferzeitpunkt, das Datum der Rechnungsstellung (Einnahme) oder gar des Zahlungseingangs (Einzahlung).

- Der berechnete Forecast-Wert als Faktor aus dem Auftragswert, also dem Angebotsvolumen, und der Auftragseingangswahrscheinlichkeit, ist der Erwartungswert. Er kann so, wie in der Tabelle angegeben, niemals eintreffen, denn bezogen auf die einzelnen Angebote kann der Wert nur Null oder den Auftragswert selbst annehmen. Teilaufträge werden nicht betrachtet, diese müssten als einzelne Angebote im Forecast aufgeführt werden. Die Summenwerte des Forecasts sind als Planwerte umso belastbarer, je größer die Grundgesamtheit an Projekten ist.

- Wird der Forecast ab dem Prozessschritt „Angebot" geführt, sind nur die Werte „Wahrscheinlichkeit" sowie der Zeitpunkt des Auftragseingangs geschätzt. Alle anderen Werte ergeben sich aus dem Angebot.

- Inkludiert der Forecast auch Kundenkontakte im Prozessschritt „Interessentenkontakt", ist zusätzlich der Auftragswert geschätzt. Einen Forecast bereits mit einem früheren Prozessschritt beginnen zu lassen, ist eher ungewöhnlich. In der betrieblichen Praxis wird hierfür auf den Sales Funnel als Darstellungsform zurückgegriffen.

- Die ungewichtete Summe der Auftragswerte entspricht einer Auftragseingangswahrscheinlichkeit von jeweils 100% und somit einem theoretischen „best case".

Der in Tabelle 135 dargestellte Forecast erlaubt nun weitere Auswertungen. So kann eine Sortierung nach Kunden, Produkten, Wahrscheinlichkeiten, erwarteten Auftragseingängen oder nach Priorität, z.B. proportional zum Auftragswert, vorgenommen werden. Das Ergebnis zeigt Tabelle 136.

Auswertung nach …	Ergebnis		Adressat
Auftragseingang	1.9.	163.400 €	Cash Management
	1.10.	78.400 €	
	1.11.	486.880 €	
	1.12.	108.750 €	
Produkten	Batterien	183.750 €	Beschaffung, Produktion, ggf. kombiniert mit Auftragseingang
	LiMa	105.280 €	
	Kabelbaum	548.400 €	
Auftragseingangs-wahrscheinlichkeit	0-10%	51.880 €	Unternehmensführung, Controlling, Vertriebsma-nagement
	11-20%	53.400 €	
	21-50%	643.750 €	
	51-100%	88.400 €	
Kunden	BMW	568.750 €	Vertriebsmanagement
	Skoda	101.880 €	
	Audi	53.400 €	
	VW	113.400 €	
Priorität nach Auf-tragswert	1.	B-01	Vertriebsmanagement
	2.	S-02	
	3.	B-02	

Tabelle 136: Mögliche Auswertungen auf Basis des rollierenden Forecasts

Der Forecast wird entweder permanent, also mit Auftreten neuer Informationen, oder zyklisch korrigiert. Dabei fallen eingegangene Aufträge heraus, neue Kundenkontaktsituationen werden aufgelistet und die jeweiligen Werte korrigiert. Es empfiehlt sich, Veränderungen in der Entwicklung der jeweiligen Angebotsprojekte kenntlich zu machen. Ob dies wie in Tabelle 137 gezeigt erfolgt, mit farbigen Markierungen oder auf andere Art und Weise, ist letztlich eine Frage der Übersichtlichkeit.

Verkäufer	Kunde	Projekt	Auftragswert	W´keit	AE erwartet	Forecast-Wert
Müller	BMW	B-02: Batterien	435.000 €	25%	1.12.	108.750 €
Schmidt	Audi	A-01: LiMa	267.000 €	20%	1.11. (1.10.)	53.400 €
Schmidt	Skoda	S-02: LiMa	800.000 € (672.000 €)	10% (4%)	1.11.	80.000 €
~~Schmidt~~	~~VW~~	~~V-01: Kabelbaum~~	~~110.500 €~~	~~80%~~	~~1.9.~~	~~88.400 €~~
Schulz	VW	V-02: LiMa	250.000 €	10%	1.10.	25.000 €
Beier	BMW	B-01: Kabelbaum	920.000 €	60% (50%)	1.11.	665.400 €
Beier	Skoda	S-01: Batterien	300.000 €	25%	1.9.	75.000 €
Müller	VW	V-03: Batterien	250.000 €	5%	1.12.	12.500 €
		Summe Auftragswerte, gewichtet				**1.020.050 €**
Datum: 1.7.2013		**Summe Auftragswerte, ungewichtet**				**3.222.000 €**

Tabelle 137: Fortschreibung des rollierenden Forecasts mit Kennzeichnung geänderter Werte

Eine Erweiterung des Forecasts erfolgt durch die Hinzunahme von Planwerten. Dies stammen aus der Langfristbeobachtung des Sales Funnels, wie er in Abbildung 89 dargestellt ist. Es wird die Auswertung nach Auftragseingangszeitpunkten zugrunde gelegt und die daraus resultierenden Werte mit den Planvorgaben verglichen. Abbildung 98 zeigt ein mögliches Ergebnis. Typisch ist, dass die Planabweichung umso größer sein wird, je weiter in die Zukunft geblickt wird.

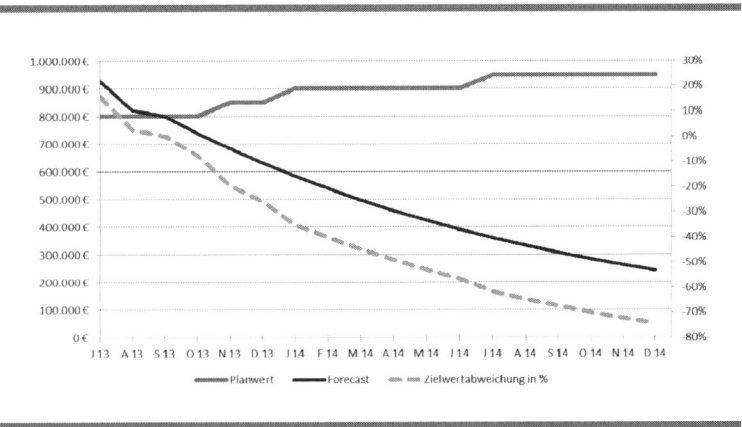

Abbildung 98: Abweichung von Plan- und Forecast-Werten

Die Erstellung und die Pflege des rollierenden Forecasts sind leider keineswegs so einfach, wie es die Methode vermuten lässt. Nachfolgend werden einige Nachteile mitsamt ihren methodischen Korrekturmöglichkeiten dargestellt:

Nachteil 1: Willkürliche Schätzung von Auftragseingangswahrscheinlichkeiten:

Die Ursachen für eine unbewusste Fehleinschätzung einer Interessentenkontaktsituation aufgrund von Wahrnehmungsverzerrungen wurden bereits in Tabelle 134 dargestellt. Hinzu gesellen sich von der Verkaufsinstanz bewusst vorgenommene Veränderungen der Forecast-Werte, entweder, weil diese sich durch ein forsches Auftreten Vorteile verspricht oder weil sie sich und andere durch betont pessimistische Schätzungen Enttäuschungen ersparen möchte. Ebenso kritisch sind Abweichungen bei der Quantifizierung der Wahrscheinlichkeit zwischen den Verkaufsinstanzen: Je nach Intellekt, Grundeinstellung und Veranlagung wird eine konkrete Interessentenkontaktsituation sehr unterschiedlich bewertet.

Die Lösung für beide Probleme liegt in der Vorgabe von Bewertungskorridoren. Hierzu wird der Verkaufsprozess in Tätigkeiten segmentiert, und zwar noch über das oben dargestellte Maß hinaus. Jeder erfolgreich abgeschlossenen Tätigkeit wird ein Wertekorridor zugeordnet, innerhalb dessen ein Verkäufer Bewertungen vornehmen darf. Abweichungen davon sind nicht zugelassen. Aufgabe des Vertriebscontrollers ist es, die Grenzen der Bewertungskorridore zu überprüfen und bei Vorliegen von Erfahrungswerten nach zu justieren. Tabelle 138 zeigt eine exemplarische Prozessschrittfragmentierung mit dem jeweils zugewiesenen Wertekorridor.

Prozessschritt	Tätigkeit/Aktion	Erlaubte Werte für W´keit	Erlaubter Auftragswert
Interessentenkontakt	Positiver Erstkontakt	0,1%	1 €
	Positiver Zweitkontakt		10% des vermuteten Auftragswertes
	Angebotsaufforderung	1%	
Angebot	Angebot abgegeben	1%	Auftragswert
	Angebot wurde präsentiert, positives Feedback während der Präsentation	1-5%	
Angebotsverhandlung	Angebot in Nachverhandlung	5-15%	Auftragswert
	Angebot in Endverhandlung (Lieferkonditionen, Details)	15-33%	
	Angebot beim Interessenten in der Endprüfung (Jurist)	33-50%	
	Interessent signalisiert Annahme		
	Interessent kündigt Annahme durch eine Mail oder einen Anruf an	50-75%	
	Letter of Intent		
Kauf	Rechtsverbindliche Annahme	100%	Auftragswert

Tabelle 138: Zuweisung von Wertekorridoren für die Bewertung der Auftragseingangswahrscheinlichkeit

Nachteil 2: Dominanz von Großprojekten

Einzelne Großprojekte verzerren den Forecast. Soll eine Überschätzung vermieden werden, kann bei der Auswertung ein Korrekturwert für dominierende Projekte mit einbezogen werden. Je mehr ein Projekt vom statistischen Mittel aller Auftragswerte abweicht, desto vorsichtiger wird seine Auftragseingangswahrscheinlichkeit bewertet. Ob hier ein umgekehrt proportionaler Zusammenhang (Auftragswert 25% über dem Durchschnitt führt zur Reduktion der geschätzten Wahrscheinlichkeit um 25%) angenommen oder mit Schwellwerten gearbeitet wird, richtet sich nach der bestmöglichen Abbildung der Realität, was wiederum nur durch eine langfristige Beobachtung des Forecasts möglich sein wird. Soll eine Unterschätzung vermieden werden, ist umgekehrt zu verfahren. Wohlgemerkt sollte die Korrektur der Wahrscheinlichkeit nicht von der Verkaufsinstanz vorgenommen werden, sondern im Berechnungstool hinterlegt und vom Vertriebscontroller nachjustiert werden.

Nachteil 3: Keine Berücksichtigung von Teamarbeit

Wird der Forecast als Instrument zur Steuerung der Vertriebsinstanzen, im Beispiel aus Tabelle 135 z.B. der Verkäufer, verwendet, sollten aus dem Forecast die Verantwortlichkeiten hervorgehen. Bei wechselnden Teams ist dies unter Umständen kompliziert darzustellen.

Nachteil 4: Unzureichende Aufschlüsselung nach Produkten, Lieferdaten, Zahlungseingang usw.

Eine Hauptaufgabe des Forecasts ist es, anderen betrieblichen Funktionalbereichen Informationen zu liefern, die jenen als Planungsgrundlage dienen. Der Auftragseingangszeitpunkt reicht hier in der Regel nicht aus. Entweder, die Funktionalbereiche entwickeln nun selbst Algorithmen, um die Folgen eines Auftragseingangs abzuschätzen, oder aber der Forecast wird erweitert. Die Summe der Aufwände ist die gleiche. In jedem Falle aber ist zu empfehlen, die Verkaufsinstanz mit solchen Ergänzungen nicht zu belasten bzw. deren Aufwand auf das Einpflegen von angebotsspezifischen Daten wie Lieferterminen, Teilmengenabgaben usw. zu begrenzen.

Ad 2: Automatisierter rollierender Forecast auf Basis von ERP-Daten (Bottom-up-Forecast)

Methodisch identisch ist die zweite Form des rollierenden Forecasts. Der Unterschied besteht in der Inputdatenquelle. Nun füttert ein IT-System den Forecast und berechnet die gewünschten Prognosewerte. Diese Berechnung erfolgt mit Hilfe von Algorithmen. Teil dieser Algorithmen sind Parameter und Korrekturfaktoren, die helfen, je nach zu prognostizierendem Sachverhalt eine bestmögliche Abbildung der Realität zu erzielen. Algorithmen, Parameter und Korrekturfaktoren werden im Zeitverlauf ständig nachjustiert.

Der wesentliche Vorteil ist, dass nahezu beliebig viele Interessenten- oder Kundenkontaktsituationen verarbeitet werden können. Ferner werden Wahrnehmungsverzerrungen in der oben beschriebenen Form vermieden, die Objektivität der Prognose ist lediglich durch die Ausgestaltung der zugrundeliegenden Formeln begrenzt.

Zum Einsatz kommt diese Art des Forecasts, wenn weitgehend standardisierte Produkte in großer Menge verkauft werden (Mobilfunk, Versicherungsverträge, Handelsware). Typisch ist hier, dass die Prozessschritte Interessentenqualifikation, Angebot und Angebotsverhandlung nicht voneinander zu trennen sind oder aber ohne die Möglichkeit einer Beeinflussung durch eine Verkaufsinstanz verlaufen. In solchen Fällen werden lediglich die Eingangsgrößen, z.B. die Größe der identifizierten Zielgruppe, sowie die Resultate, Kaufzeitpunkt und Kaufwert, verarbeitet, um zukünftige Abverkäufe abzuschätzen.

Typisch ist der Einsatz im Lebensmitteleinzelhandel. Durch den Einsatz von Scanner-Kassen und die Detailtiefe der Warenwirtschaft lassen sich, ausgehend vom Absatz eines Produktes und korrigiert mit Einflussparametern (Wochentage, Feiertage, Ferienzeit, Wettervorhersage), die zu beschaffenden Mengen für die nächsten Tage errechnen. Ziel ist, eine Mengenbedarfsplanung z.B. tausender von Supermarktfilialen mit je nach Marktkonzept 800, 5.000 oder über 15.000 verschiedenen Artikeln des Food- und Non-Food-Segments zu organisieren, welche die Ziele

- geringstmögliche Kapitalbindung,

- Vermeidung von Überbeständen und

- Vermeidung von Umsatzausfällen wegen Präsenzlücken

unter einen Hut bringen.

Für Unternehmen mit teilstandardisierten Produkten (Mobilfunkverträge, Versicherungsverträge) unterscheidet der Forecast meist nach Produktarten und dient primär der Vertriebskanal- und Verkaufsinstanzensteuerung, dem Cash Management, als Frühwarnsystem der Unternehmensplanung sowie der Kontrolle der Wirksamkeit von Marktkommunikationsmaßnahmen.

Ad 3 und 4: Trendextrapolation (Bottom-up-Forecast)

Bei der Trendextrapolation wird unterstellt, dass ein bereits beobachteter Trend auch in der Zukunft stattfindet. Ausgangspunkt ist die Betrachtung von Auftragseingängen in der Vergangenheit. Diese werden daraufhin untersucht, ob ein Trend zu verzeichnen ist. Die einfachste Form ist, die Entwicklung der Summe der Auftragswerte eines jeden Monats zu beobachten. Verläuft diese stetig, zeigt sie einen klaren Trend und sind für den Prognosezeitraum keine Störungen antizipierbar, so wird sie für die Zukunft fortgeschrieben.

Ad 5: Forecasts auf Basis exponentieller Glättung (Bottom-up-Forecast)

In der Praxis haben sich nur wenige Arten von Forecasts auf Basis der exponentiellen Glättung durchgesetzt. Meist sind diese als Algorithmus in IT-System-gestützten Forecasts zu finden, denn bereits die Abbildung der Formeln in Excel bereitet den meisten Schwierigkeiten. Dennoch sollte sich ein Vertriebscontroller von Anfangsschwierigkeiten und nur, weil er in der Statistik-Vorlesung nicht aufgepasst hat, nicht abschrecken lassen, denn die exponentielle Glättung von Trendverläufen erlaubt, Prognosewertschwankungen auszugleichen. Nützlich ist dies zum Beispiel zur Korrektur von automatisierten Forecasts im Rahmen der Trendextrapolation.[238]

Grundlage jeder Form der exponentiellen Glättung ist der gleitende Durchschnitt. Jedoch wird dieser gleitende Durchschnitt gewichtet und zwar derart, dass aktuelle Werte höher gewichtet werden als ältere Werte. Es wird also angenommen, dass die jüngere Vergangenheit mehr über die Zukunft aussagt als die ältere. Wie stark die jüngeren gegenüber den älteren Werten gewichtet werden, drückt der Glättungsfaktor **Alpha** aus. Alpha kann Werte zwischen 0 und 1 annehmen. Je niedriger der Alpha-Wert ist, desto stärker werden die älteren Werte berücksichtigt. Ein Alpha-Wert von 0,2 drückt zum Beispiel – etwas salopp formuliert – aus, dass 80% des Durchschnitts auf den jeweils älteren und 20% auf den jeweils jüngeren Wert entfallen. Je höher der Alpha-Wert ist, desto stärker werden die aktuelleren Werte berücksichtigt.

Einfache exponentielle Glättung

Das grundlegende Verfahren der einfachen exponentiellen Glättung unterstellt einen „Level" sowie ein „Rauschen" der Werte, also ein Ausschlagen der einzelnen Prognosewerte. Der Alpha-Wert glättet diese Ausschläge mit der folgenden Formel:

$$Forecast(X,t) = (Alpha * X_{t-1}) + (1 - Alpha) * Forecast_{(X,t-1)}$$

X steht für den Wert, der prognostiziert werden soll, repräsentiert also den in der Zukunft liegenden Auftragseingangswert.

Der Alpha-Wert sollte herabgesetzt werden, wenn die Ausschläge der einzelnen vorliegenden Werte sehr hoch sind. Wenn die Ausschläge gering sind und sich der Level, also das Niveau einer vermeintlichen, aber nicht klar erkennbaren Trendlinie, hingegen stark ändert und dieser Aspekt stärker berücksichtigt werden soll, empfiehlt sich, den Alpha-Wert höher anzusetzen.

In der Praxis sollten Monatswerte verwendet werden, um einen Trendverlauf sichtbar zu machen und fortschreiben zu können. Selbstverständlich sind auch Wochen- oder Tageswerte möglich; Quartals- und Jahreswerte werden für die meisten Vertriebs-Forecasts jedoch zu ungenau sein. Ferner sollte der Vertriebscontroller darauf achten, ausreichend viele Vergangenheitsdaten zur Verfügung zu haben. Als Faustregel gilt: mindestens 10 Werte. Der Alpha-Wert lässt sich justieren, wenn eine expo-

---

[238] Einen guten Überblick über die typischen Verfahren bietet Gardner Jr., 1985.

nentielle Glättung für weit zurück liegende Werte vorgenommen wird (z.B. $X_{(t-20)}$ bis $X_{(t-10)}$) und der Alpha-Wert so lange verändert wird, bis er bekannte, aber ebenfalls zurück liegende Werte (z.B. $X_{(t-9)}$ bis $X_{(t-1)}$) bestmöglich beschreibt.

Adaptive Glättung

Eine Variation der einfachen exponentiellen Glättung ist die adaptive Glättung[239]. Auch sie geht davon aus, dass die Vergangenheitsdaten zwar ein Rauschen und natürlichen einen Level besitzen, aber keinen erkennbaren Trend. Anders als die einfache exponentielle Glättung verändert sie jedoch den Alpha-Wert bei jedem einzelnen zu prognostizierenden Wert und zwar auf Basis des vorherigen Fehlers. Die Formel ist die gleiche wie zuvor. Die Frage ist, wie der Alpha-Wert bemessen wird. Hierzu ist erforderlich, von Periode zu Periode die Abweichung zwischen dem tatsächlichen Auftragseingang und dem prognostizierten Wert zu messen. Diese Abweichung führt zur Korrektur von Alpha. Trigg und Leach[240] schlagen folgende Berechnungsformel für den jeweils aktuell anzusetzenden Alpha-Wert vor:

$$Alpha_t = \frac{Forecastfehler_{(t-1)}, errechnet\ auf\ Basis\ der\ expontentiellen\ Glättung}{mittlere\ absolute\ Abweichung\ aller\ Werte}$$

Perioden mit einem hohen Forecast-Fehler werden dafür sorgen, dass der Alpha-Wert hoch ist und somit für eine schnelle Korrektur des Levels bei geringerer Dämpfungswirkung sorgen. Somit wird schnell justiert. Bei einem geringen Forecast-Fehler wird der Alpha-Wert automatisch niedrig, die Dämpfungswirkung ist höher, der Level wird weniger zügiger korrigiert.

Durch diese ständige Anpassung des Alpha-Wertes erfolgt eine automatische Justierung. Liegen ausreichend viele Vergangenheitswerte vor, gelingt eine recht präzise Angleichung an die tatsächlichen Gegebenheiten, die allerdings dann nicht mehr funktioniert, wenn sich der Markt und somit der Trend grundlegend ändern.

Doppelte exponentielle Glättung

Ebenfalls von Brown und Meyers wurde 1961 das Verfahren der doppelten exponentiellen Glättung als Forecast-Algorithmus beschrieben.[241] Nun wird neben dem Level und dem Rauschen auch der Trend in die Analyse mit einbezogen: Dies empfiehlt sich immer dann, wenn die Vergangenheitswerte, die als Prognose fortgeschrieben werden sollen, einen klaren Trend erkennen lassen. Die Formel lautet nun:

$$Forecast_{(t+m)} = a_t + (b_t * m)$$

Diese Formel bedarf allerdings einiger Erläuterungen:

m steht für die Anzahl von Perioden in der Zukunft, die betrachtet werden sollen. Werden beispielsweise Monatswerte prognostiziert, hieße $m = 9$, dass der Monatswert in neun Monaten berechnet wird.

Ferner gilt:

---

[239] Makridakis, et al., 1998 bieten einen guten Überblick über diverse Ansätze der adaptiven Glättung.

[240] Trigg & Leach, 1967

[241] Ausführlich wurde die exponentielle Glättung als Methode des Forecasting bereits 1961 beschrieben: Brown & Meyers, 1961.

$$a_t = (2 * S'_t) - S''_t$$

$$b_t = \frac{Alpha}{1 - Alpha} * (S'_t - S''_t)$$

$$S'_t = Alpha * X_t + (1 - Alpha) * S'_{t-1}$$

$$S''_t = Alpha * S'_t + (1 - Alpha) * S''_{t-1}$$

Im Ergebnis werden also sowohl der Level als auch der Trend geglättet, was der Realität näher kommt als die einfache exponentielle Glättung. Ein niedriger Alpha-Wert arbeitet dabei prinzipiell wie zuvor, wird also das Rauschen der Werte abschwächen, aber langsam auf Veränderungen von Level und Trend reagieren. Wenn ein Trend umschlägt, wird dies der berechnete Forecast nur verzögert anzeigen. Umgekehrt wird ein hoher Alpha-Wert das Rauschen der Werte in geringerem Maße glätten, dafür aber empfindlicher auf Trend- und Level-Änderungen reagieren.

Empfehlenswert ist, zunächst das Augenmerk auf das Rauschen der Vergangenheitswerte, also dessen Ausschläge zu richten. Sind diese gering, kann auf eine hohe Dämpfungswirkung des Alpha-Wertes verzichtet werden. Der Nutzen, Trend- und Level-Änderungen mit möglichst geringer Verzögerung anzuzeigen, steht dann im Vordergrund. Der Alpha-Wert wird also hoch angesetzt. Sind die Vergangenheitswerte hingegen mehr oder weniger chaotisch und soll auf die einfache exponentielle Glättung als Methode verzichtet werden, weil ein Trend unterstellt wird, so sollte der Alpha-Wert niedrig angesetzt werden, um eine bessere Glättung des Rauschens zu erreichen.

Zweiparameterglättung nach Holt

Eine Variante der doppelten exponentiellen Glättung ist die Zweiparameterglättung nach Holt.[242] Diese berücksichtigt wie zuvor das Rauschen, den Trend und den Level, führt aber neben dem Alpha-Wert einen weiteren, den Gamma-Wert ein. Dieser weist ebenfalls einen Wertebereich von 0 bis 1 auf. Nun kann die Glättung des Levels (Alpha-Wert) und die Glättung des Trends (Gamma-Wert, mittels b_t) unterschiedlich erfolgen. Die Berechnungsformel lautet:

$$Forecast_{(t+m)} = S_t + (b_t * m)$$

Ferner gilt:

$$b_t = \big(Gamma * (S_t - S_{t-1})\big) + ((1 - Gamma) * b_{t-1})$$

$$S_t = Alpha * X_t + (1 - Alpha) * (S_{t-1} + b_{t-1})$$

S_t gibt den Wert des Levels in Periode t an. Wie zuvor bedeuten niedrige Alpha- oder Gamma-Werte eine gute Rauschunterdrückung, aber ein träges Reagieren auf Veränderungen von Level oder Trend und umgekehrt.

Erweiterte exponentielle Glättung nach Winter

Eine vierte Variable und ein dritter Wert wird bei der erweiterten exponentiellen Glättung nach Winter[243] eingeführt: Er berücksichtigt das Rauschen, also die Ausschläge der Werte, den Level, den

---

[242] Holt, 1957

[243] Winter, 1960

Trend und, neu, die Saisonabhängigkeit. Nachdem bereits bei der Zweiparameterglättung nach Holt der Alpha-Wert den Level und der Gamma-Wert den Trend determinierten, kommt nun der Beta-Wert hinzu (Werte wie immer zwischen 0 und 1), der die Saisonabhängigkeit der Prognose beschreibt. Das verkompliziert die Formel nur unwesentlich; die Arbeit liegt für den Vertriebscontroller darin, Alpha, Beta und Gamma sinnvoll zu bewerten und ein Gefühl dafür zu entwickeln wie sie justiert werden müssen, um die erwartete Realität bestmöglich zu prognostizieren. Die Formel lautet:

$$Forecast_{(t+m)} = (S_t + (b_t * m)) * SA_{t+m-L}$$

b_t steht für den Wert des Trends in Periode t.

S_t bezeichnet den Wert des Levels in Periode t.

Die nun neue Phrase SA_{t+m-L} repräsentiert die multiplikative saisonale Justierung für die Periode $t + m$. L gibt die Anzahl von Perioden an, die eine festgestellte Saison in der Vergangenheit zurück liegt, also z.B. „12" bei einer jährlich wiederkehrenden Sommersaison.

Ferner gilt:

$$S_t = \left(Alpha * \left(\frac{X_t}{SA_{t-L}}\right)\right) + ((1 - Alpha) * (S_{t-1} + b_{t-1}))$$

$$b_t = \left(Gamma * (S_t - S_{t-1})\right) + ((1 - Gamma) * b_{t-1})$$

$$SA_t = \left(Beta * \left(\frac{X_t}{S_t}\right)\right) + ((1 - Beta) * SA_{t-L})$$

Es ist einsichtig, dass die zunehmend differenzierte Bewertung der Werte, bei der einfachen exponentiellen Glättung nur Rauschen und Level, bei der Zweiparameterglättung Rauschen, Level und Trend und nun Rauschen, Level, Trend und Saisonalität, zu einer immer besseren Wahrscheinlichkeit führt, mit der Prognosen zutreffen werden. Allerdings steigt der Aufwand, Alpha, Beta und Gamma festzulegen, an. Ferner gibt es für das hier vorgestellte Verfahren Verbesserungsvorschläge.[244] Ohne an dieser Stelle auf die Details eingehen zu können (und zu wollen), wird vorgeschlagen, die Justierung der Werte von Periode zu Periode vorzunehmen, so, wie es bereits bei der adaptiven Glättung vorgesehen ist.

Adaptive exponentielle Glättung nach Mentzer

Eine gute Kombination der Verfahren ist die erweiterte adaptive exponentielle Glättung nach Mentzer.[245] Auch hier werden die Vergangenheitsdaten Rauschen, Level, Trend und Saisonalität einbezogen. In Ergänzung zu Winters oben vorgestelltem Modell kann nun jedoch Alpha, also der Wert, der den Level und damit die Höhe des Forecasts bestimmt, justiert werden. Ausgangspunkt sind die Formeln, die schon Winter nutzt. Nachdem nun der tatsächliche Wert einer Prognose bekannt ist, wird der Alpha-Wert justiert und dieser korrigierte Wert wird für die nächste Prognose verwendet. Die Justierungsformel lautet:

$$Alpha_{(t+1)} = \left|\frac{F_t - X_t}{X_t}\right|$$

---

[244] Weiterführend und in ihren Vorschlägen zur Korrektur richtungsweisend: Archibald & Koehler, 2003.

[245] Mentzer, 1988

Der Alpha-Wert einer jeden Periode entspricht nun dem prozentualen Fehler der Vorperiode, wobei, wie in der Formel markiert, der Absolutbetrag verwendet wird. Wenn dieser Fehler über 100% ist, also der absolute Wert größer als 1,0, wird dieser mit 1,0 gleich gesetzt. Eine Variante ist, die von Trigg und Leach vorgeschlagene Korrekturmethode zu verwenden (siehe die Erläuterungen zur adaptiven Glättung), aber in der Praxis zeigt sich, dass die hier vorgeschlagene Korrekturmethode schneller auf Veränderungen des Levels, der durch den Alpha-Wert determiniert wird, reagiert. Natürlich könnten auch die Beta- und Gamma-Werte justiert werden. Dies wurde selbstverständlich auch getestet,[246] doch zeigte sich, dass der Gewinn an Präzision den Aufwand nicht lohnte.

Vergleich und Würdigung der Verfahren zur exponentiellen Glättung

In einem empirischen Test mit immerhin 14 verschiedenen Szenarien, jeweils bestehend aus Vergangenheitswerten, daraus erstellten Prognosen und tatsächlich realisierten Werten, verglich Mentzer die Prognosequalität mehrerer Verfahren und stellte – unabhängig von der aufwändigen Justierung auch der Beta- und Gamma-Werte – folgende Rangfolge fest:[247]

1. Adaptive exponentielle Glättung nach Mentzer

2. Doppelte exponentielle Glättung

3. Zweiparameterglättung

Mit gutem Grund sei allen Verfahren der exponentiellen Glättung ein Warnhinweis umgehängt: Mathematische Modelle haben die Fähigkeit, ausgesprochen glaubwürdig zu erscheinen. Die Macht der Formeln schlägt durch. Sie werden mangels Wissens nicht diskutiert. Mit Verve in einem Managementmeeting an die Wand projiziert, erlangen sie Gesetzescharakter. Sie werden nicht hinterfragt. Sie scheinen ein gutes Instrument für den Vertriebscontroller zu sein, eine Art Lufthoheit über die Zukunftsvoraussagen zu gewinnen. Und tatsächlich sind sie ein hervorragendes Instrument, Forecasts vom Joch der Subjektivität zu befreien. Es sei dringend empfohlen, sie parallel z.B. zum rollierenden Forecast einzusetzen. Sollte sich der Vertriebscontroller dabei en passant als Experte profilieren, schadet das selbstverständlich auch nicht.

Ad 6: Multivariate Regressionsanalysen (Bottom-up-Forecast)

Mit Hilfe der Regressionsanalyse wird versucht, den Zusammenhang zwischen Variablen zu ermitteln. Die Frage ist, ob eine Auftragseingangswertprognose als abhängige Variable von anderen Daten (unabhängigen Variablen) beschrieben wird. Dann wird von einem funktionalen Zusammenhang gesprochen. So einer könnte z.B. bestehen, wenn erkannt wird, dass die Höhe der Auftragseingänge von der Anzahl der Besuchstermine abhängt. Wäre dies so, dann ließe sich der Auftragseingang zum Zeitpunkt $t + m$ als eine Funktion der Besuchstermine beschrieben, z.B.

$$Auftragseingang_{(t+5)} = \frac{Besuchstermine_t}{150} * 25.000€$$

Diese Formel würde beschreiben, dass der Auftragseingang in fünf Perioden (Monaten) sich aus einer durchschnittlichen Auftragsgröße von 25.000 € sowie einer Umwandlungsquote von Besuchsterminen zu Aufträgen ergibt. Es liegt also eine Korrelation vor. Hier besteht sogar ein kausaler Zusammenhang, denn Auftragseingänge resultieren aus den Besuchsterminen. Dieser ist aber nicht erforderlich:

---

[246] Z.B. von Roberts & Reed, 1969

[247] Mentzer, 1988

Die Auftragseingänge in der Zukunft könnten auch eine Funktion der Anzahl ausgegebener Essen in der Betriebskantine sein. Doch um dies zu erkennen, bedarf es der Regressionsanalyse.

„Multivariat" bedeutet in diesem Zusammenhang, dass es mehrere unabhängige Variablen sind, die – mathematisch miteinander verknüpft – den Verlauf der abhängigen Variable beschreiben.

Die Frage ist nun: Welche Variablen beschreiben den zukünftigen Auftragseingang und wie hängen diese Variablen zusammen? Für die Zwecke des Vertriebs-Forecasts könnte der Vertriebscontroller folgende Variablen berücksichtigen:

- Exponentiell geglättete Erfahrungswerte für Umwandlungsquoten von Tätigkeit zu Tätigkeit bzw. Prozessschritt zu Prozessschritt, wie sie sich aus dem Sales Funnel (vgl. Abbildung 89) ergibt

- Verkaufsressourcen zum Zeitpunkt der Schätzung, insb. Verkaufsinstanzenkapazitäten

- Stand im Produktlebenszyklus

- Saisonale Schwankungen

Ist der Vertriebscontroller dazu in der Lage, empfiehlt es sich, bei vorliegenden Vergangenheitswerten mittels Regressionsanalysen zu ermitteln, welche unabhängige Variablen am besten dazu geeignet sind, die Zukunft zu prognostizieren. Auch hier ist der Nutzen die Objektivierung von Vorhersagewerten.

Ad 7: Naiver Forecast (Bottom-up-Forecast)

Bei einem naiven Forecast wird unterstellt, dass der Auftragseingang in der nächsten Periode exakt dem der gerade abgeschlossenen entspricht. Eine Anpassung des Prognosewertes, z.B. mit einer Steigerungsrate, findet nicht statt.[248] Tabelle 139 zeigt ein Beispiel.

	Mrz	Apr	Mai	Jun	Jul	Aug	Sep	Okt	Nov	Dez	Jan
Realisierter Auftragseingang	23	25	28	32	29	26	28	30	33	36	32
Naiver Forecast		23	25	28	32	29	26	28	30	33	36

Tabelle 139: Naiver Forecast

Sinnvoll ist dieses Vorgehen, wenn

- ein kurzfristiger Forecast erforderlich ist,

- relativ kurze Perioden gegeben sind,

- der Auftragseingang geringe Schwankungen aufweist und

- vorwiegend mittel- und langfristige Trends für Auftragseingangswertänderungen verantwortlich sind.

---

[248] Cron & Decarlo, 2010, S. 66

Der Nutzen des naiven Forecasts ist der eines Orientierungspunktes, um die durch andere Forecast-Methoden ermittelten Prognosen bewerten zu können.

Analogiemodelle

Den Regressionsanalysen sehr ähnlich versucht der Vertriebscontroller auch hier, Zeitreihen zu finden, die bereits in der Vergangenheit gezeigt haben, dass sie die Prognosewerte (Auftragseingangswerte) recht genau repräsentieren, allerdings zeitlich verzögert ("Backshift"). Es wird in der Regel ein kausaler Zusammenhang erwartet. Typisch sind folgende Analogien:

- Verlauf des Absatzes eines Produktes in anderen Ländern oder Regionen, in denen das Produkt schon früher eingeführt wurde

- Verlauf des Absatzes nutzengleicher Produkte, die sich schon länger im Markt befinden

- Verlauf des Absatzes von Produkten, die um die gleichen Ressourcen beim Kunden konkurrieren (z.B. konkurrieren Videospiele und Blueray-DVDs, beides „Time-Killer", um die Freizeit der Konsumenten und benötigen eine ähnliche Medienausstattung als Nutzungsvoraussetzung)

Dementsprechend werden nach Gisholt drei Arten von Analogien unterschieden, die historischen und die direkten Analogien sowie die Erfahrungstransformation. [249]

Expertenmodelle

Den Expertenmodellen liegt die Annahme zugrunde, dass Fachleute aufgrund ihres Wissens und ihrer Erfahrungen die Zukunft abschätzen können. Anders als beim rollierenden Forecast werden einmalig oder zu bestimmten Zeiten Experten, moderiert und unterstützt durch eine Methode, dazu genutzt, um eine Absatz- oder Marktprognose zu erarbeiten. Die typischen Techniken sind:

1. Forecast auf Basis von Expertisen

2. Delphi-Befragung (Kapitel 4.2.4)

3. Szenariotechnik (Kapitel 4.2.5)

4. Forecasts auf Basis von Kundenbefragungen

5. Forecast-Estimation-Group

Ad 1: Forecast auf Basis von Expertisen (Expertenmodell)

In einer Expertise erstellt ein Experte eine begründete Prognose. Diese Prognose ist entweder bereits der Forecast, oder aber sie ist die Grundlage dafür. So ist bereits z.B. eine Expertise über die Bevölkerungsentwicklung in einer bestimmten Region eine akzeptable Grundlage für die Absatzplanung, wenn aus der Vergangenheit bekannt ist, dass die Einwohnerzahl einer bestimmten Altersgruppe mit dem Produktabsatz korreliert.

---

[249] Gisholt, 1976, S. 121 f. und Crone, 2010, S. 87

Expertisen basieren in der Regel auf Marktforschungen, die von Verbänden, wissenschaftlichen Instituten oder Unternehmensberatungen initiiert werden. Sie beschreiben somit die Entwicklung von Märkten oder Marktsegmenten, nicht aber die zu erwartenden Absatzzahlen eines Unternehmens. Diese Transferleistung ist vom Vertriebscontroller zu bewerkstelligen, indem er den zukünftigen Marktanteil schätzt.

Der Vorteil ist die Zugänglichkeit. Der Nachteil hingegen ist, dass Expertisen, sind sie zugänglich, auch den Wettbewerbern zur Verfügung stehen. Trends, Entwicklungen, Verschiebungen usw. sind somit allen gleichermaßen bekannt. In der Regel werden Expertisen somit bei der qualitativen Argumentation für einen Forecast eingesetzt.

Ad 4: Forecasts auf Basis von Kundenbefragungen (Expertenmodell)

Eine vor allem im Marketing übliche Methode der Prognose von Absatzzahlen, ist, die anvisierte Zielgruppe zu befragen. Dies können Kunden oder Interessenten sein. Allerdings liefert die Frage „Würden Sie dieses oder jenes Produkt kaufen?" kaum brauchbare Ergebnisse, denn in der Abschätzung von bedingten Handlungsfolgen sind Menschen unzuverlässig. Das ist sehr schade, denn somit gelingt es auch nicht wie bereits an früherer Stelle diskutiert, über adaptierte Fragen wie „Wie viel würden Sie für dieses oder jenes Produkt bezahlen?" eine Preis-Absatz-Funktion zu berechnen.

Für die Erstellung eines Vertriebs-Forecasts stellen solide Marktforschungen jedoch ähnliche Quellen dar wie Expertisen und sollten zur Gegenprüfung von rollierenden Forecasts verwendet werden.

Ad 5: Forecast-Estimation-Group (Expertenmodell)

Eine in der Praxis selten formalisierte Methode ist die Schätzung von Absatzdaten durch eine Expertengruppe. Dieser können eigene Mitarbeiter ebenso angehören wie Externe. Grundsätzlich ist es eine Diskussionsrunde, deren Ergebnis ein Forecast ist, der im Dialog entstand. Dies markiert bereits den Nachteil dieser Methode: Konsensentscheidungen sind brauchbar, wenn keine außergewöhnlichen Schwankungen beim Markttrend zu erwarten sind bzw. diese – wie bei der Szenarioanalyse – als Störgrößen bewusst mit berücksichtigt wurden. Die individuellen Prognosen werden normalverteilt um einen Durchschnittswert liegen.

Zwei Vorteile bietet dieses Verfahren: Der erste ist, dass in den Forecast-Prozess Vertreter aller derjenigen Funktionalbereiche involviert werden können, die die Prognosen als Grundlage ihrer eigenen Planung verwenden möchten. Da sie selbst für den Entstehungsprozess (mit-)verantwortlich sind, sollte die Akzeptanz der Ergebnisse hoch sein. Der zweite Vorteil ist, dass insbesondere bei einer anstehenden Diversifizierung unterschiedliche Sichten in die Prognosetätigkeit einfließen. Jeder Vertreter bringt nicht nur sein Erfahrungswissen ein, er lernt auch von den Einschätzungen anderer. Darum ist die Forecast-Estimation-Group zumeist mit Führungskräften besetzt.

Eine weitere Variante ist die sich regelmäßig treffende Estimation-Group. Diese bietet sich an, wenn Verkaufsinstanzen wenig untereinander kommunizieren, weil sie räumlich oder inhaltlich voneinander getrennt agieren. Moderiert vom Vertriebsmanager oder vom Vertriebscontroller beraten die Leiter der jeweiligen Verkaufsinstanzen bzw. eine Delegation über eine Absatzprognose und verabschieden sie dann. Diese Beratungen sollten regelmäßig stattfinden, z.B. immer dann, wenn neue Absatzzahlen vorliegen und somit die Qualität zurückliegender Prognosen neu bewertet werden kann.

Ökonometrische Modelle

Ökonometrische Modelle sind mathematische Abbildungen volks- oder betriebswirtschaftlicher Zusammenhänge. Die Idee ist, die Zusammenhänge innerhalb eines Systems durch mathematische Gleichungen abzubilden und somit ist jeder Forecast auch ein ökonometrisches Modell. In der unternehmerischen Praxis und hier vor allem im Vertriebscontrolling sind solche Modelle jedoch noch nicht angekommen.[250]

8.7.4 Optimierung von Forecasts

Ein Forecast erfüllt nicht seinen Zweck, wenn er von den Prognosedatenverwendern ignoriert oder nicht als Grundlage ihrer planerischen Tätigkeit verwendet wird. In solchen Fällen sollte er optimiert werden, sofern davon ausgegangen wird, dass ein belastbarer und verlässlicher Forecast nützlich für das eigene Unternehmen ist. Aber wo beginnen? Die Erstellung eines Forecasts besteht – wie jeder andere Produktionsvorgang auch – aus Input, Methode und Output.[251]

Output

Sind die Forecast-Daten in einem akzeptablen Bereich korrekt, werden sie aber dennoch nicht verwendet und ist willentliches Ignorieren aus reiner Boshaftigkeit (ja, auch das gehört zum unternehmerischen Alltag, bleibt hier aber unerörtert) ausgeschlossen, so könnte der Fehler in der Art und Weise der Datenbereitstellung zu finden sein. Die typischen Fehlerquellen, die der Vertriebscontroller nacheinander ausschließen kann, sind nachfolgend aufgelistet. Es wird hierbei unterstellt, dass das Vertriebscontrolling die Interessen der Unternehmensführung im Auge hat und an einer Verbreitung und Verwendung der Daten interessiert ist. Dass muss es natürlich auch, denn (auch) darin besteht sein Netto-Wertschöpfungsbeitrag.

- **Adressierung der Daten**: Erreichen die Daten die planenden Stellen der jeweiligen betrieblichen Funktionalbereiche? Ist bekannt, dass ein Vertriebs-Forecast existiert und dieser mehr Nutzen bietet, als lediglich dabei zu helfen, die Verkaufsinstanzen zu steuern?

- **Frist und Zeitpunkt der Datenbereitstellung**: Werden die Prognosedaten rechtzeitig geliefert, damit sie als Planungsgrundlage anderer betrieblicher Funktionalbereiche dienen können?

- **Synchronität der Planungsperiode**: Sind die im Vertriebs-Forecast abgebildeten Prognoseintervalle ausreichend eng terminiert und entsprechen sie den Planungsintervallen der Funktionalbereiche? Ist der Prognosezeitraum langfristig genug?

- **Ratifizierung der Daten durch das Management**: Hat die Unternehmensführung, meist vertreten durch die für die Unternehmensplanung verantwortliche Stelle bzw. Person, die Nutzung des Vertriebs-Forecasts als Planungsgrundlage angeordnet? Werden statt dessen alternative Planungen, etwa die Daten der Planungsrechnung/Budgetierung, als verbindliche Grundlage verwendet, so dass der jeweilige betriebliche Funktionalbereich eines Fehlers bezichtigt werden könnte, wenn er die vom Vertriebscontrolling bereit gestellten Daten verwenden würde?

---

[250] Bei weitergehendem Interesse seien die Beiträge von Wolters, 1987 und Menges, 1967 empfohlen. Einen universellen Überblick liefert Winker, 2010.

[251] Vgl. ausführlicher Ehrmann & Kühnapfel, 2012.

- **Bedarfsgerechte Verdichtung oder Dekonstruktion der Daten**: Werden die Daten des Vertriebs-Forecasts bedarfsgerecht aufbereitet, z.B. so, wie es in den Tabelle 135 ff. beschrieben wird?

Methode

Sodann ist die verwendete Methode zu überprüfen: Diese ist korrekt, wenn die Abweichung prognostizierter von den real eintreffenden Werten akzeptabel ist. Inakzeptabel sind sie, wenn die Prognosedaten nicht verwendet werden und die Output-bezogenen Ursachen ausgeschlossen werden können. Dieses Kapitel 8.7 führt eine Fülle von Methoden auf, die je nach Branche und Geschäftsart angewendet werden können. Eine adäquate Auswahl ist zu treffen. Aber es soll auch betont werden, dass oftmals Methoden nur aus dem einen Grund nicht angewendet werden, nämlich dem, dass der Vertriebscontroller über zu wenig betriebswirtschaftliches oder mathematisches Wissen verfügt, um sie sich nutzbar zu machen.

Input

Der Hauptgrund, warum Forecasts suboptimal sind, liegt jedoch weder in der Methode noch in der Präsentation der errechneten Prognosewerte, sondern in der Qualität der Inputdaten. Die meisten Forecasts sind rollierend und verarbeiten die Inputdaten, welche die Verkäufer liefern. Jedoch ist zu befürchten, dass diese bei subjektiv einzuschätzenden Inputinformationen (Datum des Auftragseingangs, Wahrscheinlichkeit des Abschlusses und vor der Angebotserstellung auch des Auftragswerts) wie dargestellt derart daneben liegen, dass eine noch so ausgefuchste Methode zu erratischen Daten führen muss. Mehr noch: Die Hypothese wäre spannend zu überprüfen, dass je erfolgreicher ein Verkäufer ist, umso ausgeprägter sein empathisches Wissen sein wird, das er für eine zielführende Gestaltung der Kundenkontaktschnittstelle benötigt, aber desto unwichtiger ihm Methodenwissen erscheint und desto laxer er mit seiner Verantwortung für die Ablieferung der Inputdaten des Forecasts umgeht (vgl. hierzu noch einmal die Ausführungen in Kapitel 2.2).

Was beeinflusst die Qualität von Forecasts noch?

In diesem Zusammenhang ist eine empirische Untersuchung in 278 Unternehmen des deutschsprachigen Raums spannend. Es wurde untersucht, welche Einflussfaktoren eine Absatzplanung erfolgreich macht.[252] Das Team unterstellt dabei, dass die Forecast-Methode jeweils adäquat ist und die Verwendung des Outputs sachgerecht erfolgt. Die Ergebnisse sind in Abbildung 99 dargestellt. Ohne zu sehr auf die Untersuchungsmethode einzugehen, die im zitierten Beitrag nachzulesen ist, sei erwähnt, dass je höher der auf der Abszisse erreichte Wert ist, umso signifikanter ist der Einfluss des jeweils untersuchten Faktors auf die Qualität des Planungsprozesses. Alle sechs untersuchten Faktoren zeigen jedoch einen Wert > 0, weisen also einen jeweils signifikanten Einfluss auf.

---

[252] Homburg, et al., 2008

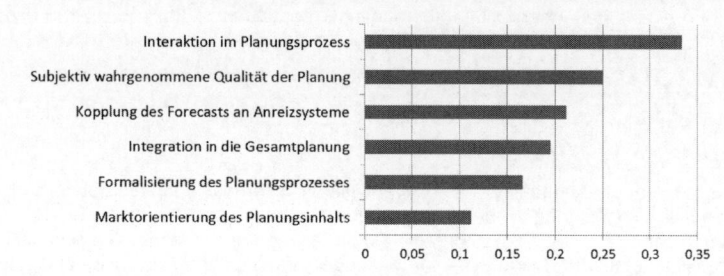

Abbildung 99: Einflussfaktoren auf den Prozess der Absatzplanung

Interessant ist, dass zwei subjektiv geprägte Faktoren mit „emotionaler Qualität" den bedeutendsten Einfluss haben: Die Interaktion der am Planungsprozess beteiligten Menschen untereinander sowie die von den Personen wahrgenommene Qualität der Planung. Wenn dies so ist, dann liegt ein Groß-teil der Verantwortung für einen erfolgreichen Forecast beim Vertriebscontroller, denn er kann durch eine gelungene Moderation und eine methodische Fundierung des Forecast-Prozesses diese Fakto-ren direkt beeinflussen. Es ist (auch) an ihm, die Inputdatenlieferanten zu überzeugen, konzentrierter als zuvor an dem Prozess mitzuwirken. Dass er dabei von den Führungskräften unterstützt werden muss, versteht sich von selbst, denn nur auf sein Geheiß hin wird eine Verkaufsinstanz keine zusätzli-che Zeit mit der Datenerfassung verbringen, denn sein Ziel ist noch immer der Verkauf, nicht aber die Dokumentation des Verkaufsprozesses.

Um den Aufwand zu minimieren, ist der Einsatz geeigneter Software-Systeme möglich. In der Praxis sind folgende Varianten anzutreffen:

- **Excel-Datei**: Auf den ersten Blick klingt es wie ein Scherz, aber tatsächlich hat sich in vielen kleinen und mittelständischen Unternehmen die Hilfslösung der **offenen** Excel-Datei bewährt. Diese wird so aufgebaut, dass in einer zugriffsgeschützten Registermappe die aggregierte Be-rechnung des Forecasts erfolgt und die Inputdaten dafür weiteren Registermappen entnimmt, von denen eine für jeden Verkäufer bzw. jede Verkaufsinstanz existiert. Die Excel-Datei wird auf einem Server-Laufwerk abgelegt und jeder Verkäufer aktualisiert, wann immer er Zeit da-zu findet, seine Mappe. In der Zeit, in der ein Verkäufer dies tut, ist die Datei für andere Ver-käufer gesperrt. Die zwei wichtigsten Spielregeln sind, dass erstens veränderte Daten ge-kennzeichnet werden, so dass der sonst mühsame Vergleich mit den Daten der vorherigen Forecast-Version erleichtert wird und zweitens jeder Verkäufer seine Änderungen bis zu ei-nem Stichtag vornehmen muss, z.B. bis zum vorletzten Arbeitstags eines Monats. Dem Ver-triebscontroller obliegt dann die Plausibilitätskontrolle sowie die Aufbereitung der Daten, bevor er z.B. am ersten Arbeitstag des Folgemonats einen aktualisierten Forecast präsentiert.

- **Vertriebsunterstützungssystem**: Die vereinfachten Versionen von CRM-Systemen bieten nur rudimentäre Tools zur Unterstützung von Forecast-Prozessen. Es reicht jedoch aus, wenn die wesentlichen Inputdaten abgefragt werden können. Die betriebliche Praxis lehrt jedoch, dass die Bereitschaft von Verkäufern, Vertriebsunterstützungssysteme zu nutzen, sehr unter-schiedlich ausfällt: der eine mag´s, der andere nicht. Das gefährdet die Integrität des Forecast-Prozesses. Auch die typische Reaktion des Vertriebsmanagements, einen Mecha-nismus zu etablieren, der einen Teil der variablen Vergütung von der beständigen Pflege des Systems durch den Verkäufer abhängig macht, führt nur selten zum Erfolg, denn niemand au-ßer dem Verkäufer selbst weiß, ob neue Erkenntnisse über den Interessentenkontakt vorlie-gen. Wenn er zu faul ist, nach einem Telefonat, aus dem sich solche neuen, den Forecast beeinflussenden Erkenntnisse ergaben, die Änderungen einzupflegen oder es schlichtweg vergisst, gibt es keine Möglichkeit, diesen Fehler festzustellen.

- **CRM-System:** Opulenter mit Funktionen ausgestattet sind CRM-Systeme, die über den gesamten Verkaufsprozess, von der Identifikation von Interessenten bis zur Abbildung einer laufenden Kundenbeziehung, Daten über den Interessenten- und Kundenkontakt bereitstellen. Sie bieten die Möglichkeiten, Prozesse abzubilden und sich unentbehrlich für den Verkäufer zu machen. Über sogenannte „Opportunity-Management"-Tools werden die Verkaufsaktivitäten überwacht und die einzelnen Aktivitäten der Verkäufer zu Inputdaten des Forecasts verdichtet. Soweit die Theorie. Aber erstens sind CRM-Systeme, die derart umfänglich die Vertriebs- und Marketingarbeit unterstützen, recht kostenintensiv, zweitens ist die Qualität immer noch von der Bereitschaft der Verkäufer abhängig und drittens sind die Forecast-Modelle recht einfach konstruiert. Komplexere Methoden kommen kaum zum Einsatz.

- **Business Intelligence-System**: Die Idee der Business Intelligence-System ist es, über den Zugriff auf Data Warehouses Informationen über das Unternehmen so zu suchen, zu finden und aufzubereiten, dass sie als Grundlage strategischer und operativer Entscheidung dienen können. In der Praxis sind es zumeist Datenauswerte-Tools, die die Datenbasis von ERP-Systemen nutzen („Data Mining"), aber wesentlich komplexere Auswertungen ermöglichen. Anders als bei CRM-Systemen können mit ihnen alle üblichen Forecast-Methoden abgebildet werden. Die Kosten und die notwendige Expertise führen dazu, dass Systeme dieser Art fast ausschließlich in Großunternehmen oder Konzernen zum Einsatz kommen, oftmals auch, um die Daten-Basen mehrerer ERP-Systeme gleichzeitig zu nutzen.[253]

- **ERP-System**: Die üblichen im Markt befindlichen ERP-Systeme bieten als Module Vertriebsunterstützungs- und CRM-Tools an und beinhalten dann auch Forecast-Modelle. Bekannt ist das Problem, dass die Nutzung der Software durch den Anwender einer eigenen Logik folgen muss und darum der Zeitaufwand für Schulung und Nutzung nicht unerheblich ist. Gerade Verkäufer, deren primäre Aufgabe der Kontakt zu Interessenten und Kunden sein sollte, nutzen solche als komplex und zeitraubend empfundene Systeme tendenziell ungern. Die Möglichkeiten der Forecast-Erstellung sind grundsätzlich gut bis sehr gut.

Diese sicherlich kurze Darstellung führt zu einem unbefriedigenden Ergebnis: Je komfortabler die IT-Systeme den Forecast-Prozess unterstützten, desto weniger begeistert werden Verkäufer über die Systeme sein. Der goldene Weg wäre, dass ein IT-System genutzt wird, das den Verkäufern am meisten nutzt und gleichzeitig die für die Forecast-Erstellung erforderlichen Daten in der notwendigen Qualität (Menge, Aktualität, Relevanz, Richtigkeit) liefert. Viel Erfolg bei der Suche.

---

[253] Zum Einsatz von Data Warehouse-Systemen im Kundenbeziehungsmanagement siehe u.a. Wittenborg, 2000 und Jobs, 2000.

9 Schlussbetrachtung

Zu Beginn dieses Buches wurden die Aufgaben des Vertriebscontrollers aufgeführt. Er soll

1. die Vertriebsprozesse berechenbar machen und somit Handlungsfolgen aufzeigen,

2. die vertriebsinduzierten Transaktionskosten im Unternehmen senken und

3. die Vertriebseffizienz, also den für einen bestimmten Vertriebserfolg erforderlichen Mitteleinsatz reduzieren helfen.

Sein Netto-Wertschöpfungsbeitrag ergibt sich jedoch - anders als bei strategisch wirkenden Entscheidungen - nicht aus grundsätzlichen Weichenstellungen, sondern aus einer operativen Unterstützungsleistung. Das Produktionsergebnis sind der Abbau von Informationsasymmetrien sowie die Erhöhung des Vertriebserfolgs (vgl. Abbildung 6). Vertriebsmanager, Verkaufsinstanzen oder zuweilen auch die Unternehmensführung werden mit Analysen vergangener, gegenwärtiger oder zukünftiger und somit geplanter Maßnahmen versorgt. Diese Analysen erfüllen jeweils die Anforderung größtmöglicher Objektivität. Ist diese eingeschränkt, arbeitet der Vertriebscontroller wie ein Prüfingenieur: Er dokumentiert methodische Schwächen, Annahmen und mögliche Fehlerkorridore.

Im Grunde genommen ist dies für einen Vertriebscontroller eine äußerst komfortable Situation. Er muss seine Arbeitsergebnisse nicht "verkaufen", nicht beschönigen oder durch verzerrende Darstellungen eine gewünschte Entscheidung des Vorgesetzten beeinflussen. Somit ist seine Arbeit jener eines Notars vergleichbar. Aber das heißt keineswegs, dass seine Arbeit komfortabel wäre. Will er seine Rolle adäquat ausfüllen und somit seinen Beitrag zur Entwicklung des Vertriebs leisten, so muss er sich zum Experten für die Methoden des Vertriebscontrollings entwickeln. Nur, wenn er die Evolutionsstufe des Excel-Junkies hinter sich lässt, finden seine Ergebnisse Gehör. Dies wiederum verlangt, dass er sich mit Vertriebsprozessen und den Wirkungsmechanismen verkaufsgerichteter Aktivitäten auskennt, belastbare Inputdaten erhält und weiß, wem welcher Output nutzt. Das geht natürlich nur, und hier wären wir wieder beim einleitenden Kapitel angelangt, wenn der Vertriebscontroller nahe am Verkauf wirkt, bestenfalls als Teil der Vertriebsorganisation. Wird er als Funktionsbereich-Controller verstanden, so, wie dies entsprechend der in Kapitel 2.2 zitierten Auswertung von Stellenanzeigen betriebliche Praxis zu sein scheint, bleibt sein Wirken auf einen engen Ausschnitt begrenzt, nämlich die mehr oder weniger offen kommunizierte Kontrolle des Vertriebsbereichs. Aber die drei oben genannten Aufgaben, also das, was einen Vertriebscontroller auszeichnet, erfüllt er nicht.

Ein letzter Aspekt sei abschließend noch betrachtet: Wie relevant ist die Perfektionierung der Vertriebseffizienz tatsächlich? Ist der Aufwand, den ein Vertriebscontroller veranstaltet und zuweilen auch verursacht, nicht übertrieben? Wie viel Promille oder Prozent Gewinnsteigerung können auf das Konto guten Vertriebscontrollings gehen? Oder ist es letztes Endes Ausdruck eines übertriebenen Verständnisses von "Finanzieller Führung" eines Unternehmens, eine Marginalie, welche den Gewinn ähnlich ungewiss beeinflusst wie ein gutes Kantinenessen oder schickere Firmenwagen für die Verkäufer?

Diese Frage muss jeder für sich beantworten. Vor allem ist der Vertriebsleiter gefragt, zu entscheiden, ob sich der Aufwand für seine Verkaufsorganisation lohnt oder nicht. Erstaunlich sind in diesem Zusammenhang jedoch zwei Beobachtungen: Die erste ist, dass gerade jene Unternehmen, deren Markterfolg für gewöhnlich "genialen" oder doch zumindest außergewöhnlichen Produktideen zugeschrieben wird, einen erheblichen Controlling-Aufwand betreiben. Sichtbar und in den wöchentlich oder monatlich erscheinenden Manager-Periodika journalistisch verwertet sind natürlich nur die Produkte, vielleicht noch die ungewöhnlichen Managementmethoden, von kreativitätsfördernden Arbeitsmodellen bis hin zu unorthodoxen Umgangsformen. Doch das Fundament bleibt als Selbstverständlichkeit unbeachtet. Vergessen wir nicht: Auch der buntestes Papagei mit den längsten Schwanzfedern und dem schönsten Gefieder hat die gleichen Organe wie das schnöde Suppenhuhn.

Die zweite Beobachtung ist, wie "eng" es an der Spitze zugeht. Immer wieder werden wissenschaftliche Untersuchungen veröffentlicht, die zeigen, dass "Market Excellence" hart erarbeitet werden will und langfristige Führerschaft eine Folge umfangreicher Optimierungsarbeit an allen Stellen der Wertschöpfungskette ist. [254] Nicht auf den Ressourceneinsatz im Vertrieb zu schauen oder die Folgen von Entscheidungen, den Verkauf der Produkte betreffend, nur grob abzuschätzen, wird sich kein Unternehmen leisten können, das "oben" mitspielen möchte.

---

[254] Z.B. Bloom, et al., 2012

Literaturverzeichnis

Adams, A. J., 1986. Procedures for Revising Management Judgement Forecasts. Journal of Academy of Marketing Science, September, S. 52-57.

Ahearne, M., Rapp, A., Hughes, D. E. & Jindal, R., 2010. Managing Sales Force Product Perceptions and Control Systems in the Success of New Product Introductions. Journal of Marketing Research, August, S. 764-776.

Albach, H., 1988. Kosten, Transaktionen und externe Effekte im betrieblichen Rechnungswesen. Zeitschrift für Betriebswirtschaft, Heft 11, S. 1143-1169.

Albers, S., Mantrala, M. K. & Sridhar, S., 2010. Personal Selling Elasticities: A Meta-Analysis. Journal of Marketing Research, Oktober, S. 840-853.

Ambler, T., 2000. Marketing and the Bottom Line. The new Metrics of Corporate Wealth. London: Financial Times Prentice Hall.

Anderson, E. & Oliver, R. L., 1987. Perspectives on Behaviour-Based Versus Outcome-Based Salesforce Control Systems. Journal of Marketing, Oktober, S. 76-88.

Anderson, E. & Oliver, R. L., 1994. An Empirical Test of the Consequences of Behavior- and Outcome-Based Sales Control Systems. Journal of Marketing, Oktober, S. 53-67.

Anderson, M. C., Banker, R. D. & Janakiraman, S. N., 2003. Are Selling, General and Administrative Costs "Sticky"? Journal of Accounting Research, März, S. 47-62.

Archibald, B. C. & Koehler, A. B., 2003. Normalization of seasonal factors in Winters' methods. International Journal of Forecasting, Januar-März, S. 143-148.

Arellano, F. & Hussain, A. Y., 2008. Measuring Forecast Errors in the Percentage of Sales Method. URL: http://papers.ssrn.com/sol3/papers.cfm?abstract_id=1095652, zuletzt geprüft am 11.03.2013.

Babcock, L. & Loewenstein, G. F., 1997. Explaining Bargaining Impasse: The Role of Self-Serving Biases. Journal of Economic Perspectives, Bd. 11, S. 109-126.

Backhaus, K. & Schneider, H., 2009. Strategisches Marketing. 2. Auflage, Stuttgart: Schäffer-Poeschel.

Bagwell, L. S. & Bernheim, D. B., 1996. Veblen Effects in a Theory of Conspicuous Consumption. The American Economic Review, Juni, S. 349-373.

Barber, C. S. & Tietje, B. C., 2008. A Research Agenda for Value Stream Mapping the Sales Process. Journal of Personal Selling & Sales Management, Frühling, S. 155-165.

Batt, R., 1999. Work Organization, Technology and Performance in Customer Service and Sales. Industrial and Labor Relations Review, Juli, S. 539-564.

Becker, J., 2001. Strategisches Vertriebsmanagement. 2. Auflage, München: Vahlen.

Beck, H., 2012. Auf die Verlierer kommt es an, Teil 34 der Reihe: Denkfehler, die uns Geld kosten. Frankfurter Allgemeine Zeitung vom 6.10.2012.

Behringer, S., 2010. Der Weg zur modernen Investitionsrechnung. Der Betriebswirt, Heft 1, S. 22-28.

Belz, C. & Bieger, T., 2006. Customer-Value. Kundenvorteile schaffen Unternehmensvorteile. 2. Auflage. Landsberg am Lech: mi-Fachverlag.

Berekoven, L., Eckert, W. & Ellenrieder, P., 2001. Marktforschung. Wiesbaden: Gabler.

Bloom, N., Sadun, R. & Van Reenen, J., 2012. How three essential practices can adress even the most complex global problems. Harvard Business Review, November, S. 77-82.

Brown, R. G. & Meyers, R. F., 1961. The Fundamental Theorem of Exponential Smoothing. Operations Research, Heft 5, S. 673-685.

Bruhn, M. & Homburg, C., 2010. Handbuch Kundenbindungsmanagement. 7. Auflage, Wiesbaden: Gabler.

Busch, R., Fuchs, W. & Unger, F., 2008. Integriertes Marketing. 4. Auflage, Wiesbaden: Gabler.

Buzan, T. & Buzan, B., 2005. Das Mind-Map-Buch. Die beste Methode zur Steigerung ihres geistigen Potenzials. 7. Auflage, München: Moderne Verlagsgesellschaft.

Christensen-Szalanski, 1991. The hindsight bias: A meta-analysis. Organizational Behavior and Human Decision Processes, Februar, S. 147-168.

Churchill, G. A., Ford, N. M., Hartley, S. W. & Walker, O. C. j., 1985. The Determinants of Salesperson Performance: A Meta-Analysis. Journal of Marketing Research, Mai, S. 103-118.

Coase, R. H., 1937. The Nature of the Firm. Economica, Heft 16., S. 386-405.

Coenenberg, A. G., Fischer, T. M. & Günther, T., 2009. Kostenrechnung und Kostenanalyse. 7. Auflage. Stuttgart: Schäffer-Poeschel.

Cravens, D. W., Ingram, T. N., LaForge, R. W. & Young, C. E., 1993. Behavior-Based and Outcome-Based Salesforce Control Systems. Journal of Marketing, Oktober, S. 47-59.

Crone, S. F., 2010. Neuronale Netze zur Prognose und Disposition im Handel. Wiesbaden: Gabler.

Cron, W. L. & Decarlo, T. E., 2010. Sales Management. Concepts and Cases. 10. Auflage, o.O.: John Wiley & Sons.

Czajka, S. & Jechová, P., 2012. Der Einsatz von Computer und Internet in privaten Haushalten in Deutschland. Ergebnisse der Erhebung 2011. Wirtschaft und Statistik. Wiesbaden: Statistisches Bundesamt.

Dalrymple, D., Cron, W. L. & DeCarlo, T. E., 2001. Sales Management. 7. Auflage, New York: John Wiley & Sons (aktuelle Auflage: 10. aus 2008, aktueller Titel: "Dalrymple´s Sales Management: Concepts and Cases).

Darmon, R. Y. & Martin, X. C., 2011. A New Conceptual Framework of Sales Force Control Systems. Journal of Personal Selling & Sales Management, Heft 3, Sommer, S. 297-310.

Deking, I. & Meier, R., 2000. Vertriebscontrolling: Grundlagen für ein innovatives, anwendungsorientiertes Verständnis. In: R. Reichwald & H. Bullinger (Hrsgg.): Vertriebsmanagement. Stuttgart: Schäffer-Poeschel, S. 249-267.

Detroy, E.-N., Behle, C. & Hofe, R. v., 2007. Handbuch Vertriebsmanagement. Landsberg am Lech: mi-Fachverlag.

Diller, H., 2005. Probleme des Kundenwerts als Steuerungsgröße im Kundenmanagement. In: H. Böhler & D. Scigliano (Hrsgg.): Marketing-Management. Stuttgart: Kohlhammer, S. 294-326 (Ausgabe 2002).

Dixon, M., Freeman, K. & Thomas, N., 2010. Was Kunden wirklich wollen. Harvard Business Manager, September, S. 36-44.

Dönitz, E. J., 2009. Effizientere Szenariotechnik durch teilautomatische Generierung von Konsistenzmatrizen. In: Was ist Szenariotechnik? Berlin, Heidelberg: Springer, S. 6-44.

Dowd, K., 1999. Beyond Value at Risk: The New Science of Risk Management. New York: John Wiley & Sons.

Dubinsky, A. J., 1980. A Factor Analytic Study of the Personal Selling Process. Journal of Personal Selling & Sales Management, Herbst/Winter, S. 26-33.

Duderstadt, S., 2006. Wertorientierte Vertriebssteuerung durch ganzheitliches Vertriebscontrolling (Diss.). Wiesbaden: Deutscher Universitäts-Verlag.

Duffie, D. & Pan, J., 1997. An Overview of Value at Risk. The Journal of Derivates, Frühling, S. 7-49.

Ehrmann, H., 2002. Vertriebscontrolling und -budget. In: W. Pepels (Hrsg.): Handbuch Vertrieb. München: Hanser, S. 865-893.

Ehrmann, T., 2006. Strategische Planung. Berlin, Heidelberg: Springer.

Ehrmann, T. & Kühnapfel, J. B., Dezember 2011. Vertriebscontrolling: Der Wechselbalg der Organisation. Diskussionspapier Nr. 7 des Instituts für Strategisches Management an der Westfälischen Wilhelms-Universität Münster.

Ehrmann, T. & Kühnapfel, J. B., 2012. Das Risiko des Nicht-Hinschauens. Warum Unternehmen ihren Vertriebs-Forecast nur unzureichend pflegen. ZFO - Zeitschrift Führung und Organisation, Heft 4, S. 249-251.

Ehrmann, T. & Kühnapfel, J. B., 2013. Die Rolle des Vertriebscontrollings in der Organisation. Der Betriebswirt, Zur Veröffentlichung in Ausgabe 1 angenommen.

Eisenfeld, B. L., 2000. Evaluating Field Sales Projects With a Balanced Scorecard. Ohne Ort. Eigenveröffentlichung der Gartner Group, USA.

End, V., 2005. Operatives Vertriebscontrolling: Kalkulierter Vertriebserfolg. sales Business, Dezember, S. 44-47.

Erffmeyer, R. C. & Johnson, D. A., 2001. An Exploratory Study of Sales Force Automation Practices: Expectations and Realities. Journal of Peronal Selling & Sales Management, Frühjahr, S. 167-175.

Fabel, O., Hilgers, B. & Lehmann, E., 2001. Strategie und Organisationsstruktur. In: Jost, Peter-J. (Hrsg.): Die Prinzipal-Agenten-Theorie in der Betriebswirtschaftslehre. Stuttgart: Schäffer-Poeschel, S. 183-216.

Festinger, L., 1957. The Theory of Cognitive Dissonance. Stanford University Press.

Fischbach, S., 2012. Grundlagen der Kostenrechnung. 5. Auflage, München: moderne industrie.

Fischer, T. M. & von der Decken, T., 2001. Kundenprofitabilitätsrechnung in Dienstleistungsgeschäften - Konzeption und Umsetzung am Beispiel des Car Rental Business. Zfbf - Zeitschrift für betriebswirtschaftliche Forschung, Mai, S. 294-323.

Fließ, S., 2006. Vertriebsmanagement. In: M. Kleinaltenkamp, W. Plinke & F. S. A. Jacob (Hrsgg.): Markt- und Produktmanagement: Die Instrumente des Business-to-Business-Marketing. 2. Auflage, Wiesbaden: Gabler, S. 369-492.

Gabele, E., 1981. Die Leistungsfähigkeit der Portfolio-Analyse für die strategische Unternemensführung. In: E. Rühli & J. Thommen, Hrsg. Unternehmensführung aus finanz- und bankwirtschaftlicher Sicht. Stuttgart: Poeschel, S. 45-61.

Gardner Jr., E. S., 1985. Exponential smoothing: The state of the art. Journal of Forecasting, Ausgabe 1, S. 1-28.

Gisholt, O., 1976. Marketing-Prognosen unter besonderer Berücksichtigung der Delphi-Methode. Bern: Haupt.

Glasl, F., 2011. Konfliktmanagement: Ein Handbuch für Führungskräfte, Beraterinnen und Berater. 10. Auflage, Stuttgart: Verlag Freies Geistesleben.

Gossen, H. H., 1854. Entwicklung der Gesetze des menschlichen Verkehrs und der daraus fließenden Regeln für menschliches Handeln. Braunschweig: Vieweg.

Gouldner, A. W., 1960. The Norm of Reciprocity: A Preliminary Statement. American Sociologycal Review, Ausgabe 2, S. 161-178.

Graumann, M., 2003. Controlling. Begriff, Elemente, Methoden und Schnittstellen. Düsseldorf: IDW.

Groll, K.-H., 2004. Das Kennzahlensystem zur Bilanzanalyse. 2. Auflage, München: Hanser.

Gupta, S. & Zeithaml, V., 2006. Customer Metrics and Their Impact on Financial Performance. Marketing Science, November/Dezember, S. 718-739.

Haag, J., 1990. Marketing-Controlling. In: E. Mayer & J. Weber (Hrsgg.): Handbuch Controlling. Stuttgart: Schäffer-Poeschel.

Hammer, M. & Champy, J., 1998. Business Reengineering. Die Radikalkur für das Unternehmen. München: Heyne.

Helweg-Larsen, M. & Shepperd, J. A., 2001. Do Moderators of the Optimistic Bias Affect Personal or Target Risk Estimates? A Review of the Literature. Personality and Social Psychology Review, Heft 1, S. 74-95.

Hendricks, D., 1996. Evaluation of Value-at-Risk Models Using Historical Datas. Economic Policy Review, April, S. 39-70.

Herndl, K., 2010. Führen und verkaufen mit der Kraft der Ordnung. Wiesbaden: Gabler.

Herzberg, F., 1987. One More Time: How Do You Motivate Employees? Harvard Business Review, September/Oktober, S. 88-99.

Herzberg, F., Mausner, B. & Bloch-Snyderman, B., 1959. The Motivation to Work. New York: John Wiley & Sons.

Heskett, J. L., 1986. Managing in the Service Economy. Harvard Business Press.

Hettler, N. & Gieringer, G., 2003. Provisionen. Hat das klassische Modell ausgedient? Absatzwirtschaft, Januar, S. 46-49.

Hogarth, R. M. & Makridakis, S., 1981. Forecasting and Planning: An Evaluation. Management Science, Februar, S. 115-138.

Holt, C. C., 1957. Forecasting Seasonals and Trends by Exponentially Weighted Moving Avarages. Office of Naval Research. Research Memorandum No. 52. Reprint in International Journal of Forecasting, Heft 1, Januar-März 2004, Seite 5-10.

Homburg, C., Artz, M., Wieseke, J. & Schenkel, B., 2008. Gestaltung und Erfolgsauswirkungen der Absatzplanung: Eine branchenübergreifende emprische Analyse. Zfbf - Zeitschrift für betriebswirtschaftliche Forschung, November, S. 634-570.

Horvath & Partners, Highland & Sykes, 2012. Sales Performance Excellence. Zu beziehen über www.horvath-partners.com.

Horvath, P., 2009. Controlling. 11. Auflage, München: Vahlen.

Hughes, A. M., 1996. The Complete Database Marketer. 2. Auflage, New York : McGraw-Hill.

Jamail, N., 2010. Don't be a victim. Bad biz is your fault. URL: http://www.exchangemagazine.com/morningpost/2010/week15/Wednesday/041401.htm. Zuletzt geprüft am 11.3.2013.

Jaworksi, B. J., 1988. Toward a Theory of Marketing Control: Environmental Context, Control Types, and Consequences. Journal of Marketing, Juli, S. 23-39.

Jensen, M. C., 2001. Corporate Budgeting is Broken - Let´s Fix It. Harvard Business Review, November, S. 94-101.

Jensen, M. C. & Meckling, W. H., 1976. Theory of the Firm: Managerial Behavior, Abency Costs and Ownership Structure. Journal of Financial Economics, Oktoker, S. 305-360.

Jensen, M. C. & Meckling, W. H., 1994. The Nature of Man. Journal of Applied Corporate Finance, Heft 2, S. 4–19.

Jensen, M. C. & Meckling, W. H., 1998. Divisional Performance Measurement. In: M. C. Jensen (Hrsg.): Foundations of Organizational Strategy. Harvard University Press.

Jobs, E., 2000. Data-Warehouses und Kundenmonitoring. In: M. Hofmann & M. Mertiens (Hrsgg.): Customer-Lifetime-Value-Management. Wiesbaden: Gabler, S. 155-166.

Jost, P.-J., 2001. Der Transaktionskostenansatz in der Betriebswirtschaftslehre. Stuttgart: Schäffer-Poeschel.

Jost, P.-J., 2001. Die Prinzipal-Agenten-Theorie in der Betriebswirtschaftslehre. Stuttgart: Schäffer-Poeschel.

Jost, P.-J., 2001. Die Prinzipal-Agenten-Theorie im Unternehmenskontext. In: Jost, Peter-J. (Hrsg.): Die Prinzipal-Agenten-Theorie in der Betriebswirtschaftslehre. Stuttgart: Schäffer-Poeschel, S. 11-43.

Kahneman, D., 2012. Schnelles Denken, langsames Denken. 16. Auflage, München: Siedler.

Kahneman, D., Slovic, P. & Tversky, A., 1982. Judgement under Uncertainty: Heuristics and Biases. Cambridge University Press.

Kahneman, D. & Tversky, A., 1979. Prospect Theory: An Analysis of Decision Under Risk. Econometrica, März, S. 263-291.

Kairies, P., 2008. So analysieren Sie Ihre Konkurrenz. 8. Auflage, Renningen: Expert Verlag.

Kaplan, R. S. & Norton, D. P., 1992. The Balanced Scorecard - Measures That Drive Peformance. Harvard Business Review, Januar/Februar, S. 71-79.

Kaplan, R. S. & Norton, D. P., 1993. Putting the Balanced Scorecard to Work. Harvard Business Review, September/Oktober, S. 2-18.

Kaplan, R. S. & Norton, D. P., 1996. Using the Balanced Sorecard as a Strategic Management System. Harvard Business Review, Januar/Februar, S. 3-13.

Kaplan, R. S. & Norton, D. P., 1997. Balanced Scorecard: Strategien erfolgreich umsetzen. Stuttgart: Schäffer Poeschel.

Keiningham, T. L., Aksoy, L., Cooil, B. & Andreassen, T. W., 2008. Net Promoter, Recommendations, and Business Performance: A Clarification on Morgan and Rego. Marketing Science, Mai, Juni, S. 531-532.

Kerr, S., 1975. On the folly of rewarding A, while hoping for B. The Acadamy of Management Journal, Dezember 1975, Heft 4, S. 769-783.

Kieser, H.-P., 2001. Moderne Vergütung im Verkauf. Leistungsorientiert entlohnen mit Deckungsbeiträgen und Zielprämien. 2. Auflage, Eschborn: RKW-Verlag.

Kieser, H.-P., 2012. Variable Vergütung im Vertrieb: 10 Bausteine für eine motivierende Entlohnung im Außen- und Innendienst. Wiesbaden: Gabler.

Kleinaltenkamp, M. & Schmitz, N., 2012. Customer Integration: Von der Kundenorientierung zur Kundenintegration. Wiesbaden: Gabler. Reprint der 1. Auflage von 1996.

Klein, B. & Leffler, K. B., 1977. The Role of Price in Guaranteeing Quality. Arbeitspapier der University of California, Los Angeles, Nr. 149 bzw. Arbeitspapier der University of Rochester Nr. CPB77-5.

Klemperer, P., 2002. How (not) to run auctions: The European 3G telecom auctions. European Economic Review, Mai, S. 829-845.

Köhler, R., 2010. Kundenorientiertes Rechnungswesen als Voraussetzung des Kundenbindungsmanagements. In: M. Bruhn & C. Homburg (Hrsgg.): Handbuch Kundenbindungsmanagement. Wiesbaden: Gabler, S. 401-434.

Krafft, M., 1999. An Empirical Investigation of the Antecedents of Sales Force Control Systems. Journal of Marketing, Juli, S. 120-134.

Krafft, M. & Albers, S., 2000. Ansätze zur Segmentierung von Kunden - Wie geeignet sind herkömmliche Konzepte? Zfbf - Zeitschrift für betriebswirtschaftliche Forschung, September, S. 515-536.

Krügerke, C., 2009. Aktuelle Praxis des Vertriebscontrollings - Ergebnisse einer empirischen Studie. ZfCM - Controlling & Management, Sonderheft Nr. 2, S. 23-29.

Krügerke, C. & Linnenlücke, A., 2009. Vertriebscontrolling als Forschungsfeld - ein Überblick über den Stand der deutschen und internationalen Literatur. ZfCM - Controlling & Management, Sonderheft Nr. 2, S. 5-10.

Kuhlmann, E., 2001. Industrielles Vertriebsmanagement. München: Vahlen.

Kühnapfel, J. B., 1995. Telekommunikationsmarketing. Wiesbaden: Gabler.

Kühnapfel, J. B., 2013. Die Aufgaben des Vertriebscontrollers. ZfCM - Controlling & Management. Zur Veröffentlichung in 2013 angenommen.

Künzli, B., 2012. SWOT-Analyse. Klassisches Instrument der Strategieentwicklung mit viel ungenutztem Potential. ZFO - Zeitschrift Führung und Organisation, Heft 2, S. 126-129.

Lebrenz, C. 2013. Führung in der Kennzahlenfalle. Frankfurter Allgemeine Zeitung vom 6.8.2012, S. 12.

Link, J. & Weiser, C., 2011. Marketing-Controlling. 3. Auflage, München: Vahlen.

Linnenlücke, A., 2009. Vertriebscontrolling - Rationalitätssicherung im Vertriebsmanagement. ZfCM - Controlllng & Management, Sonderheft Nr. 2, S. 18-22.

Linstone, H. A. & Turoff, M., 1975. Delphi Method: Techniques and Applications. Boston: Addison-Wesley.

Loewenstein, G. & Prelec, D., 1992. Anomalies in Intertemporal Choice: Evidence and an Interpretation. Quarterly Journal of Economics, Ausgabe 107(2), S. 573-597.

Mahlendorf, M. D., 2009. Sticky Cost Issues - Kostenremanenz bei Nachfrageschwankungen. ZfCM - Controlling & Management, Heft 3, S. 193-195.

Makridakis, S. & Hibon, M., 1979. Accuracy of Forecasting: An Empirical Investigation. Journal of the Royal Statistical Society, S. 97-145.

Makridakis, S., Wheelwright, S. C. & Hyndman, R. J., 1998. Forecasting: Methods and Applications. 3. Auflage, New York: John Wiley & Sons.

Mantrala, M. K. e. a., 2010. Sales force modeling: State of the field and reasearch agenda. Marketing Letters, Heft 3, S. 255-272.

Markowitz, H., 1952. Portfolio Selection. Journal of Finance, März, S. 77-91.

McGregor, D., 2006. The Human Side of Enterprise. Annoted Edition. New York: McGraw-Hill.

Meffert, H., Burmann, C. & Kirchgeorg, M., 2008. Marketing. 10. Auflage, Wiesbaden: Gabler.

Menges, G., 1967. Ökonometrische Prognosen. Statistische Hefte, Ausgabe 1, S. 18-31.

Mentzer, J. T., 1988. Forecasting with Adaptive Extended Exponential Smoothing. Journal of the Academy of Marketing Science, Herbst, S. 62-70.

Michiels, I., Juli 2009. Lead Lifecycle Management: Building a Pipeline That Never Leaks. Forschungsbericht der Aberdeeen Group.

Misra, S. & Nair, H., 2009, Update 2010. A Structural Model of Sales-Force Compensation Dynamics: Estimation and Field Implementation. Stanford University Graduate School of Business Research Paper No. 2037 und Simon School Working Paper No. FR 09-26.

Mohnen, A. & Schmidtlein, A., 2008. Vergütungssysteme im Vertrieb. ZfM - Zeitschrift für Management, Heft 3, S. 73-95.

Monroe, C. M. & Cox, C. A., 2004. Improving the Quality of Your Sales Process. The American Salesman, Juli, S. 10-13.

Morgan, N. A. & Rego, L. L., 2006. The Value of Different Customer Satisfaction and Loyality Metrics in Predicting Business Performance. Marketing Science, September/Oktober, S. 426-439.

Morgan, R. M. &. Hunt, S. D., 1994. The Commitment-Trust Theory of Relationship Marketing. Journal of Marketing, Juli, S. 20-38.

Moriarty, M. M., 1985. Design Features of Forecasting Systems Involving Management Judgements. Journal of Marketing Research, November, S. 353-364.

Mühlberger, A., 2009. Die Zukunft des Vertriebs. salesBusiness, September, S. 12-16.

Müller, H., 1998. Erfolgreich am Markt. Strategien und Wege für den Mittelstand. Berlin, Heidelberg: Springer-Verlag.

Müller, S., 2009. Führung im Vertrieb: Zentrale Konzepte in der internationalen Literatur. ZfCM - Controlling & Management, S. 12-17.

Nickerson, R. S., 1998. Confirmation Bias: A Ubiquitous Phenomenon in Many Guises. Review of General Psychology, Nr. 2, S. 175-220.

Nieschlag, R., Dichtl, E. & Hörschgen, H., 1988. Marketing. 15. Auflage, Berlin: Duncker & Humblot.

Oelsnitz, D. v. d., 2007. Kooperation und Koordination im Multi-Channel-Marketing. In: B. W. Wirtz (Hrsg.): Handbuch Multi-Channel-Marketing. Wiesbaden: Gabler, S. 325-345.

Oetinger, B. v., 2000. Das Boston Cunsulting Group Strategie-Buch: Die wichtigsten Managementkonzepte für den Praktiker. 8. Auflage, Berlin: Econ.

Pink, D., 2012. Weg mit den Provisionen. Harvard Business Manager, September, S. 42-43.

Plank, R. E., Blackshear, T. & Minton, A. P., 1997. Standardizing the Sales Process: Applying TQM to the Industrial Selling Funktion. American Business Review, Juni, S. 52-58.

Plinke, W., 1994. Grundlagen des Business-to-Business-Marketing. In: M. Kleinaltenkamp & W. Plinke (Hrsgg.): Technischer Vertrieb. Grundlagen. Berlin, Heidelberg: Springer, S. 15-38.

Porter, M. E., 1999. Wettbewerbsstrategie. Methoden zur Analyse von Branchen und Konkurrenten. 10. Auflage, Frankfurt: Campus.

Porter, M. E., 2010. Wettbewerbsvorteile. 7. Auflage, Frankfurt: Campus.

Pufahl, M., 2010. Vertriebscontrolling. So steuern Sie Absatz, Umsatz und Gewinn. 3. Auflage, Wiesbaden: Gabler.

Raab, G., Unger, A. & Unger, F., 2009. Methoden der Marketing-Forschung: Grundlagen und Praxisbeispiele. 2. Auflage, Wiesbaden: Gabler.

Rapp, R., 2005. Customer Relationship Management: Das Konzept zur Revulotionierung der Kundenbeziehungen. 3. Auflage, Frankfurt: Campus.

Rath, V., 2008. Management von Kundenwissen durch Customer Knowledge Management. In: Rath, V. & Wimmer, F. (Hrsgg.): Kundennahe Institutionen als Träger innovationsrelevanten Kundenwissens. Wiesbaden: Gabler, S. 61-87.

Reibnitz, U. v., 1998. Szenario-Technik. Instrumente für die unternehmerische und persönliche Erfolgsplanung. 2. Auflage, Wiesbaden: Gabler.

Reichheld, F. F., 2006. The One Number You Need to Grow. Harvard Business Review, Dezember, S. 46-54.

Reichmann, T., 2006. Controlling mit Kennzahlen und Management-Tools: Die systemgestützte Controlling-Konzeption. 7. Auflage, München: Vahlen.

Reichmann, T., 2011. Controlling mit Kennzahlen. 8. Auflage, München: Vahlen.

Reichwald, R. & Bullinger, H.-J. (Hrsgg.), 2000. Vertriebsmanagement. Stuttgart: Schäffer-Poeschel.

Reinecke, S., 2004. Marketing- und Verkaufskennzahlen. Zürich: Werd.

Rhee, S. & McIntyre, S., 2008. Including the effects of prior and recent contact effort in a customer scoring model for database marketing. Journal of Academic Marketing Science, Heft 4, S. 538-551.

Riebel, P., 1994. Einzelkosten- und Deckungsbeitragsrechnung: Grundfragen einer markt- und entscheidungsorientierten Unternehmensrechnung. 7. Auflage, Wiesbaden: Gabler.

Ritter, T. & Andersen, H., 2010. Building the Foundation of a Firm´s Market Competence. Marketing Review St. Gallen, Heft 1, S. 54-58.

Roberts, S. D. & Reed, R. J., 1969. The Development of a Self-Adaptive Forecasting Technique. AIIE Transcations, Heft 1, S. 314-322.

Roethlisberger, F. J., Dickson, W. J. & Wright, H. A., 1966 (Original: 1939). Management and the Worker. An Account of a Research Program Conducted by the Western Electric Company. 14. Auflage, Cambridge: Harvard University Press.

Rothschild, W. E., 1986. Vorsprung im Wettbewerb. Ziel und Wege. Hamburg: McGraw-Hill.

Rubinstein, M., 2002. Markowitz´s "Portfolio Selection": A Fifty-Year Retrospective. Journal of Finance, Juni, S. 1041-1045.

Rutschmann, M., 2011. Abschied vom Branding. Wiesbaden: Gabler.

Sabnis, G., Chatterjee, S. C., Grewal, R. & Lilien, G. L., 2013. The Sales Lead Back Hole: On Sales Reps´ Follow-Up of Marketing Leads. Journal of Marketing, Januar, S. 52-67.

Samuelson, W. & Zeckhauser, R., 1988. Status Quo Bias in Decision Making. Journal of Risk and Uncertainty, Heft 1, S. 7-59.

Schmitt, P., Meyer, S. & Skiera, B., 2010. Überprüfung des Zusammenhangs zwischen Weiterempfehlungsbereitschaft und Kundenwert. Zfbf - Zeitschrift für betriebswirtschaftliche Forschung, Februar, S. 30-59.

Schmöller, P., 2001. Kunden-Controlling (Diss.). Wiesbaden: Deutscher Universitäts-Verlag.

Schnaars, S. P. & Topol, M. T., 1987. The Use of Multiple Scenarios in Sales Forecasting. International Journal of Forecasting, September, S. 405-419.

Sharpe, W. F., 1967. Portfolio Analysis. Journal of Finance & Quantitative Analysis, Juni, S. 76-84.

Silver, N., 2012. The Signal and the Noise. Why so many predictions fail – and some don´t. New York: Penguin.

SiriusDecisions, September 2006. Marketing and Demand Creation in the B2B Marketplace. URL: www.knowledgestorm.com/shared/write/collateral/CST/50513_84768_64432_Webcast.pdf, zuletzt geprüft am 30.1.2013.

Steenburgh, T. & Ahearne, M., 2012. Was Vertriebler wirklich motiviert. Harvard Business Manager, September, S. 34-41.

Stegmüller, W. & Anzengruber, M., 2010. Verantwortungsgerechte Steuerung im Vertrieb. Controlling, September, S. 456-562.

Stelling, J. N., 2003. Kostenmanagement und Controlling. München: Oldenbourg.

Thaler, R., 1999. Mental Accounting Matters. Journal of Behavioral Decision Making, Band 12, S. 183-206.

Thomaszik, B., 2006. Wachstum im Blick. Vertriebsstrategie und Vertriebsumfrage. Absatzwirtschaft (Sonderausgabe Vertrieb), S. 25-28.

Thommen, J.-P. & Achleitner, A.-K., 2003. Allgemeine Betriebswirtschaftslehre. 4. Auflage, Wiesbaden: Gabler.

Trigg, D. W. & Leach, D. H., 1967. Exponential Smoothing with an Adaptive Response Rate. Operational Research Quarterly, März, S. 53-58.

Veblen, T., 1899. The theory of the leisure class: An economic study of institutions. Reprint 1994 bei Dover Publications, London: Unwin Books.

Vollmuth, H., 2006. Kennzahlen. Freiburg: Rudolf Haufe.

Walter, W. & Wünsche, I., 2005. Einführung in die moderne Kostenrechnung. 3. Auflage, Wiesbaden: Gabler.

Weber, J., Weißenberger, B. E. & Löbig, M., 2001. Operationalisierung der Transaktionskosten. In: Jost, Peter-J. (Hrsg.): Die Prinzipal-Agenten-Theorie in der Betriebswirtschaftslehre. Stuttgart: Schäffer-Poeschel, S. 417-447.

Wedler, F. & Funk, W., 2011. Internationales Vertriebscontrolling in einem Automobilkonzern. In: W. Funk & J. Rossmanith (Hrsgg.): Internationale Rechnungslegung und Internationales Controlling. 2. Auflage, Wiesbaden: Gabler, S. 413-442.

Weiand, A., 2011. Risikoanalyse. Projektrisiken erkennen und rechtzeitig bekämpfen. ZFO - Zeitschrift Führung und Organisation, Heft 4, S. 272-274.

Weis, E., 2008. Vertriebscontrolling. Kennzahlen zur Planung, Steuerung und Kontrolle des Verkaufsaußendienst. Saarbrücken: VDM Verlag Dr. Müller.

Wheeless, L. R. & Grotz, J., 1977. The Measurement of Trust and its Relationship to Self-Disclosure. Human Communication Research, Heft 3, S. 250-257.

Wilms, F. E. P., 2006. Szenariotechnik: Vom Umgang mit der Zukunft. Bern: Haupt-Verlag.

Windsperger, J., 2001. Strategie und Organisationsstruktur. In: Jost, Peter-J. (Hrsg.): Die Prinzipal-Agenten-Theorie in der Betriebswirtschaftslehre. Stuttgart: Schäffer-Poeschel, S. 155-181.

Winker, P., 2010. Empirische Wirtschaftsforschung und Ökonometrie. Berlin, Heidelberg: Springer.

Winter, I., 2010. Variables Gehalt als Motivation. SteuerConsultant, November, S. 38-42.

Winter, P. R., 1960. Forecasting Sales by Exponentially Weighted Moving Averages. Management Science, April, S. 324-342.

Wittenborg, G. P., 2000. Der Einsatz von Data-Warehouses im Customer-Relationship-Management. In: M. Hofmann & M. Mertiens (Hrsgg.): Customer-Lifetime-Value-Management. Wiesbaden: Gabler, S. 177-188.

Wolters, J., 1987. Ökonometrische Modelle bei Zeitreihendaten versus multivariate Zeitreihenmodelle - eine Übersicht. Statistische Hefte, Ausgabe 1, S. 1-25.

Wright, D. J., 1988. Decision Support Oriented Sales Forecasting Methods. Journal of the Academy of Marketing Science, Frühjahr, S. 71-78.

Zangemeister, C., 1976. Nutzwertanalyse in der Systemtechnik. Eine Methodik zur multidimensionalen Bewertung und Auswahl von Projektalternativen (Diss. 1970). 4. Auflage, München: Wittmansche Buchhandlung.

Zimmer, K. & Brakensiek, T., 2006. Vertriebscontrolling bei Banken. In: C. Zerres & M. Zerres (Hrsgg.): Handbuch Marketing-Controlling. 3. Auflage, Berlin, Heidelberg: Springer, S. 297-316.

Stichwortverzeichnis

Druck: KN Digital Printforce GmbH · Schockenriedstraße 37 · 70565 Stuttgart